제 2 판

지형공간 정보학개관

Concept of Geospatial Informatics

공학박사 유복모, 공학박사 유 연 공저

東明社

제2판을 내면서

본서가 출판된 이후 보내주신 격려와 충고에 감사드립니다.

본 제2판에서는 지형공간정보학을 보다 쉽고 짧은 시간 내에 이해할 수 있을 뿐만 아니라 순조로운 교과운영을 할 수 있게 하기 위하여 지형공간정보의 자료입력, 처리 및 오차해석에 관한 번거로운 사항을 부록으로 처리하고 본문에서는 지형공간정보학에 관한 본질, 현황, 국가시책 및 활용측면만을 다루었습니다. 또한 초판에서 미진하였던 부분을 다음과 같이 수정보완하였습니다. 제1장에서 3차원GIS에 관한 보완, 환경GIS의 추가, 제3장에서 GPS에서 VRS 및 FKP방식 추가, 제4장에서 오차의 용어보완, 제5장에서는 지형공간정보를 이용한 마케팅분석, 정책결정, 법적문제 및 실행을 위한 체계구축을 상세히 다루었고, 제6장에서는 토지정보체계에서 현행 한국토지정보시스템(KLIS), 도면자동화 및 시설물관리에서 도로점용물에 관한 사항을 추가하여 보완하였고, 지형공간정보체계의 자료운영, 응용 및 미래전망을 지형공간정보체계의 자료운영 및 응용분야로 수정하였습니다. 또한 소프트웨어의 운영환경변화, 교정착오로 일부 내용의 불명확성, 잘못된 숫자 및 자구를 수정하여 독자 여러분에게 부담 없이 내용을 숙지할 수 있도록 배려하였습니다.

이제까지 본서에 각별한 관심을 가져주신 선배제현과 독자 여러분에게 감사드리며 지속적인 지적과 편달을 부탁드립니다.

碩谷觀測科學技術研究院에서

2014년 1월 17일

저자 씀

Preface

머 리 말

우리가 살아갈 수 있게끔 이미 마련되어 있는 기본적인 것(지형자료 geo-data : 지구상에 존재하고 있는 자원들)과 모든 생명들이 살아가면서 이루어지는 삶의 형태표출인 활용적인 것(공간자료 spatial-data : 시간과 위치가 관련되어 변환되어가는 현상들)을 어떻게 유지하느냐에 따라 삶의 질 향상이 크게 달라질 수 있다. 이에 나날이 다양해지고 급변해가는 정보화 사회에서 살아가고 있는 현대인들은 정보화에 근간을 이루는 지형 및 공간자료에 의한 정보화의 올바른 뜻과 용어사용, 정보화 과정에서 필요한 자료의 생성과정 및 처리, 정보화의 활용분야실태, 정보화의 발전 동향 및 국가정보화시책의 미래계획 등을 잘 알아야 할 것이다. 지형자료에 의한 지형정보는 삶의 뿌리에 상응하는 기본적인 것이고 공간자료에 의한 공간정보는 줄기와 가지에 상응하는 활용적인 것이다. 최근 어느 한 정보만을 중시하는 편견은 정보화 발전에 도움이 되지 않을 것으로 사료된다. 이에 저자는 1970년대 후반부터 국정교과서, 각종 용어편집 및 저서활동(과학기술대사전 편집시 도시계획, 토목, 건축분야 담당, 문교부 1종도서, 토목 및 측량 용어 사전편집, 여러 권의 전공서적 저술, 최근 국제정보용어로 사용되고 있는 Geospatial Information의 용어를 창안하여 국제정보용어로 정착시키는데 기여함)을 하면서 최근 무분별하게 사용되고 있는 정보용어의 올바른 표기, 정보화의 각가지 처리방안 등을 정리하여 정보화 발전에 다소라도 도움이 되고자 지형공간정보학개관(地形空間情報學 槪觀 : concept of geospatial informatics)을 출간하게 되었습니다.

이 책의 제1장에서 지형과 공간에 관련된 학문적 정의를 명확히 정리하였으며 또한 지형공간정보의 연구동향, 지형공간정보체계의 구성요소, 자료처리체계, 자료운용에 관한 동향, 제2장에서는 지형공간정보의 자료의 성질을, 제3장에서는 지형공간정보의 자료생성에 관한 일반적인방법, 광파, 음파, 전파(VLBI) 레이저(LiDAR, SLR 등), Radar, MMS 및 인공위성(원격탐측, 측지위성) 관측방법, 수치영상, 수치형상모형, 지도 등에 관한 사항을, 제4장에서는 자료의 오차처리를, 제5장에서는 자료해석, 제6장에서는 자료의 입력, 관리 및 출력에 관한 사항을, 제7장에서는 정보체계의 이용자료, 체계정비 및 자료형태를, 제8장에서는 지형공간정보체계의 자료운용, 응용 분야에 관한 사항을, 부록Ⅰ에서는 토지, 자원 및 환경관측을 위한 인공위성의 현황 등에 관한 인공위성의 국내 및 국외동향을, 부록Ⅱ에서는 지구좌표변환을, 부록Ⅲ에서는 각종 국제단위계, 간단한 자료처리장비 및 참고문헌을 정리하였습니다.

본서 집필에 계기를 마련하여 준 내자 최연순(崔連淳), 원고정리에 도움을 준 석곡연구원 홍재민(洪在旼)이사, 동명사 김급태상무님을 비롯한 동명사 관계자 여러분들에게 감사의 뜻을 전합니다. 본서와 관련된 선배제현과 독자여러분의 지도편달을 부탁드립니다.

2011.8.25(음).

碩谷觀測科學技術研究院에서

저자

Contents

목 차

제1장 지형공간정보학 개관 총론

제2장 지형공간정보체계의 자료 구조

제3장 지형공간정보체계의 자료 생성

Chapter 01

지형공간정보학 개관 총론

1.1 개 설

지형공간정보학(Geospatial informatics)은 지구 및 우주공간 등 인간생활 영역에 관련된 제반형상 및 현상에 관한 정보를 해석하여 신속성(迅速(性), 정확성(正確性), 융통성(融通性), 완결성(完結性) 있게 함으로써 모든 상황에 관한 의사결정, 편의제공 등을 극대화시키는 학문이이다. 지형공간정보를 체계화 시킨 것을 지형공간정보체계(地形空間情報體系, GIS : Geospatial Information System 또는 GSIS : GeoSpatial Information System)라 한다. 지형공간정보학을 이루는 지형공간정보는 지형정보(geo information)와 공간정보(spatial information)로 구분할 수 있다.

정보(情報, information)는 자료를 처리하여 사용자에게 의미 있는 가치를 부여한 것이다. 이러한 정보는 체계의 개념을 떠나서는 과학적으로 분석될 수도 없기 때문에 기본적 대상인 지형자료와 활용적 대상인 공간자료를 고려한 체계와 연결시켜야만 효율적으로 정보를 이용할 수 있는 것이다.

정보의 주요한 특성은 다음과 같다. 정보는 시간의 차원을 가지고 있기 때문에 미래에 유용하게 사용될 수 있고, 복사가 가능하기 때문에 대량생산이 가능하며, 정보의 소비자는 이를 이용하여 새로운 분야에 대한 정보의 생산자가 될 수 있으며, 정보는 아무리 분배를 해도 줄어들지 않고 오히려 새로운 사용자에 의해서 그 가치는 더욱 증대하게 된다.

정보는 대상물의 특성을 일정한 기준에 따라 처리 · 규격화함으로써 의미를 가지며, 정보의 가치는 정보의 시기적절함, 정보가 적용되는 대상 및 내용, 그리고 정보의 수집, 저장, 조작과 표현에 소요되는 비용에 달려 있다. 오늘날 정보는 가치 있는 자산이며, 높은 가격으로 사고팔 수 있는 상품이다.

체계(體系, system)는 삶의 영역에 존재하는 대상들의 형상과 현상을 관측하여 취득된 다양한 정보들의 상관관계를 규정함으로써 여러 종류의 정보들에 대한 연결을 시도하고 이에 대한 자체적인 제어능력을 가진 개별 요소들의 집합체를 체계라고 한다.

지형공간정보체계(GIS)

⇩

지형공간분석(Geo-Spatial Analysis)

- 지형자료생성 : 특성을 지니고 형체를 갖춘 형상들
- 도면정보분석 : 지형도, 주제도, 설계도의 정보추출
- 영상정보분석 : 항공사진, 지상사진, 인공위성 및 각종 영상분석
- 특성정보분석 : 통계자료, 설문자료, 현지조사
- 공간자료생성 : 위치와 시간에 관련되어 변화되는 현상들
- 지형공간자료처리 : 입력, 저장, 검색, 출력
- 지형공간 분석 :
  - 위상관계분석, 점, 선, 면, 표면, 시 · 공간 분석
  - 보간(Interpolation)
  - 모형화, 회귀분석, 예측, 모의관측
  - 프랙탈, 퍼지, 혼돈이론 분석

⇩

활 용

- 의사결정(decision making)
- 계획(planning)
- 설계(design)
- 평가(assessment)
- 관리(management)

[그림 1.1] GIS의 기능적 측면

정보체계(情報體系, information system)는 다양한 이질적 관측량들을 적절히 가공하여 자료화하고, 이들 자료를 보다 이용하기 쉽도록 자료기반(DB : Data Base)을 구축하고 이를 바탕으로 하여, 일정한 목적에 부합하는 의미와 기능을 갖는 정보를 생산하며, 이들 자료와 정보를 효율적으로 결합 · 운영하여 통합된 기능을 발휘할 수 있도록 하는 체계라 하였다. 또한 위의 정의들을 토대로 하여 지형공간정보체계(GIS : Geospatial Information System)를 정의하면 지형공간정보체계는 삶의 터전에 나타나는 형상들(강, 산, 바다, 계곡, 가옥, 도로, 초원, 나무 등으로 살아갈 수 있도록 마련된 대상들)의 영역을 다루는 지형정보(地形情報, geo information)와 시간과 위치에 관련되어 발생되는 현상들(재난, 교통, 각종 수요에 따라 이루어지는 양식 및 환경조성 등으로 살아가면서 이루어지는 대상들)의 영역을 다루는 공간정보(空間情報, spatial information)를 효율적으로 결합 및 운영하는 체계라 할 수 있다. 지형공간정보학은 지형정보와 공간정보를 체계화시켜 처리, 해석, 및 활용하는데 기여하는 학문이다.

한편, 실행되고 있는 업무에 관점을 둘 경우, 정보체계는 두 가지 형태, 즉 처리과정체계(處理過程體系, transaction processing system)와 의사결정지원체계(意思決定支援體系, DSS : Decision Support System)로 구분될 수 있다. 처리과정체계에서는 처리과정을 기록하고 적절히 처리하는 것이다. 처리과정체계는 중앙처리전산기에 연결하거나 일괄처리형태에 의하여 모형화하거나 수정 보완할 수 있으며, 명확히 정의된 처리과정에 기반을 두고 있는 것으로 잘 알려진 예로는 은행업무와 항공기예약체계를 들 수 있다. 의사결정지원체계에서는 처리, 분석과 경영자, 산업관리자, 정부기관과 같은 의사결정자를 지원해 주는 목적을 모형화하는 데 목적을 둔다. 또한 의사결정지원체계는 전술적 분석 및 시장분석과 같은 경우에 많이 적용되는데 항상 수정 보완되고, 유연하게 관리되어야 한다.

지형공간정보체계에 관한 구상과 기본개념은 이미 1950년대 전후에 시작되었으나, 방대한 자료처리를 위한 대용량 전산기의 필요성과 많은 부분의 해석적 작업에 적합한 체계 개발문제 때문에 발전되지 못하다가 측량 및 지도제작과 관련된 수치지도제작체계(數値地圖製作體系, DMS : Digital Mapping System)가 현실화되면서부터 본격적인 개발 및 실용화단계에 이르게 되었다.

수치지도제작체계가 자료를 이루는 변량들을 지도, 단면도, 투시도 등으로 도면화하거나, 이에 관련된 수량적 처리를 주로 하는데 비하여, 지형공간정보체계는 이와 같이 도형,

영상 및 수치적 처리와 함께 특성정보의 처리까지 다루게 되었다.

지형공간정보체계는 수작업과 전산기에 기반을 둔 정보체계 모두를 포함한다. 그러나 현재의 정보체계는 대부분이 전산기에 기초하고 있다.

또한 지형공간정보체계가 좁은 의미의 기술적인 용어로 정의되어야 하는가, 아니면 넓은 의미의 조직적이고 제도적인 전망이 적절한 것인가 하는 것에 관한 몇몇의 논쟁이 있어왔다. Doe(1987)는 좁은 의미에 중점을 둔 사람으로 대표되며, Cater(1989)는 넓은 의미의 관점의 옹호자이다. 또한 Dickinson과 Calkins(1988) 및 Yeu(1992)는 지형공간정보체계는 세 가지 주요한 요소, 즉 지형공간정보체계 기술(하드웨어와 소프트웨어), 지형공간정보체계 자료기반(지형적이며 공간적으로 연관된 자료) 그리고 지형공간정보체계의 하부구조(제작진, 시설물과 지원요소)로 구성되어 있다고 주장했다.

1.1.1 지형공간정보학의 의의 및 적용

문명의 초기부터 지도는 지구 표면에 대한 정보를 묘사해 왔다. 항해자, 토지 측량사(토지 관리자), 그리고 군대에서는 중요한 지형공간정보 형태의 분포를 보여 주는데 주로 지도를 사용했다. 고대 로마시대에서도 토지 측량과 지도제작은 정부의 매우 주요한 업무였으나, 로마제국의 몰락과 함께 점차 쇠퇴하게 되었다.

18세기가 되어서야 비로소 지도의 가치를 깨달은 유럽의 정부들이 그들 영토의 이용계획과 기록의 수단으로서 지도를 만드는 작업이 활발하게 되었다. 자연자원에 대한 학문이 점차 개발됨에 따라 주제도가 지질, 지형, 토양, 식생 등의 지형공간적인 분포형태를 묘사하는데 사용되었다.

20세기에 들어와 과학과 기술의 가속화는 지도 내에 보다 빠르고 정확하며 많은 양의 지형공간정보자료를 표현하고자 하는 요구를 야기했다. 항공영상과 인공위성에 기초한 원격탐측(遠隔探測)과 같은 정찰기술의 발전과 더불어 지형공간정보 자료의 생성, 보다 광범위한 이용, 그리고 더욱 정교한 분석이 급속하게 확산되었다.

지형공간정보 자료는 전통적으로 지도 형식으로 종이나 필름 위에 점(點), 선(線), 면(面)으로 표현되었다. 또한 이들 자료들은 지도의 범례나 주제를 곁들여 설명된 기호나 문자, 색깔을 이용하여 부호화 되었다. 그러나 전산기의 이용, 지도 및 영상화에 대한 활용이 지형공간정보 자료기반을 구성하는데 큰 역할을 하게 되었다.

1. 의사결정을 위한 지형공간정보학의 이용

우리는 이 복잡한 현실세계에서 필요한 지식을 선택해야만 한다. 왜냐하면 우리는 완전한 지식을 가질 수 없고, 불완전한 정보를 가지고 결정을 내리곤 하기 때문이다. 우리는 기억하고 기록할 관련 정보를 선택한다. 이러한 선택과정을 통하여 우리의 현실 세계에 대한 개념적인 모형(model)을 창조하여야 한다. 모형이란 용어는 현실 세계에 대한 관계나 정보들의 집합이라는 의미로 사용되어 미래지향적인 삶을 실현할 수 있어야 한다.

'올바른 결정'이란 그 체계가 목적하는 바에 가장 부합되도록 제공되어야 한다. '올바른 결정'을 위해서는 그들의 목적과 다른 대안들의 결과를 정확하게 예견할 수 있는 능력과 실제 기준을 사용해 평가된 적합한 모형의 형태로 표현될 수 있는 관련자료가 필요하다.

2. 관련자료의 취득

지형공간정보에서 사용된 자료는 실생활에 대해 어떠한 시간 내의 여러 지점에 대한 많은 사항들을 발생시킬 수 있다.

"자료가 없으면 자료를 사용할 수 없다."

그러면 왜 모든 자료를 선택하지 않는가? 첫째, 결코 모든 자료를 수집할 수도 없고, 둘째, 우리가 자료를 얻을 수 있다 하더라도 모든 자료가 필요한 것은 아니기 때문이다.

"가장 효과적인 자료 수집방법은 필요한 자료만을 모으는 것이다."

너무 많은 양의 자료를 수집 · 저장 · 선택하는 작업은 불필요한 비용이 드는 일이다. 과다한 자료는 실제로 필요로 하는 자료의 사용을 오히려 어렵게 한다. 결론에 도움이 되지 못한 노력에 드는 모든 경비는, 시간 · 노력 · 자원에 드는 경비가 분석을 위해 사용되어야 했음에도 불구하고 그렇지 못했기 때문에 효율을 떨어뜨렸다고 할 수 있겠다. 이러한 논제는 자료의 특성에도 역시 적용된다.

"최적의 자료 특성이란 그 일을 할 수 있는 최소 수준의 특성이다."

자료 특성의 가장 중요한 관점은 정확성(accuracy), 정밀성(precision), 시간(time), 유통성(currency) 및 완벽성(completeness)이다. 정확성은 자료가 얼마나 자주, 그리고 많이 수정되며, 또 얼마나 잘 예견되는가를 나타낸다. 정밀도는 자료를 표현하는 데 사용된 축척의 섬세함을 나타낸다. 시간은 자료가 수집된 시간의 기간 혹은 그 시간을 가리킨다. 시간은 때때로 자료특성의 중요한 요소가 될 수 있다. 어떤 정보들은 빠른 속도로 구식화되어 버릴 수 있다. 유통성은 그 자료가 수집된 것이 얼마나 최근이었는지를 나타낸다. 어떤 경우 자료의 적합성은 그것들이 수집된 계절이나 연도에 달려 있을 수도 있다. 예를 들면, 동일한 지역이라도 여름에 찍힌 영상은 일반적으로 숲으로 우거진 형태로 찍힌다. 완벽성은 자료의 이용을 위한 대상지역의 할당된 부분을 말하고 있다. 자료 특성과 자료 비용 사이에는 상호관계가 있는데 이것을 그림으로 나타내면 [그림 1.2]와 같다.

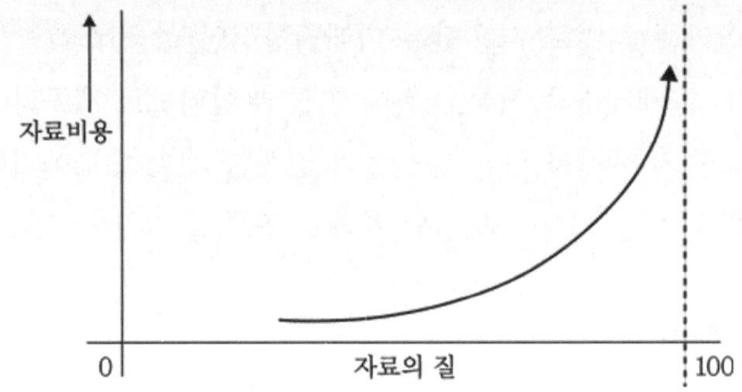

[그림 1.2] 자료의 질과 자료 비용의 관계

"자료의 특성이 적으면 적을수록 상대적으로 비용이 많이 든다."

이들 원칙들은 우리가 휴가를 갈 경우에 어떻게 적용되는지 살펴보자. 휴가에 관한 자료기반은 우리 자신의 휴가 장소에 대한 개인적인 지식뿐만 아니라 도로, 휴가 안내서, 여행안내책자로 구성될 수 있다.

보다 효과적인 접근방법은 우리가 신뢰할 수 있다고 생각되거나 여행에서 가고자 하는 모든 지역을 포함하는 정보의 집단을 선택하는 것이다. 이러한 방법을 통해 자료를 현명하게 선택하면 우리는 신뢰할 만한 정보를 보다 쉽게 얻을 수 있다. 우리는 이러한 과정을 통해 자료의 특성과 비용을 상호 연관시켜 고려해야 한다.

3. 자료의 조직화

자료를 조직화하는 일은 지형공간정보를 성공적으로 사용하는 데 두 번째로 중요한 요소가 된다. 자료기반은 이러한 조직화를 위해 사용된다. 자료기반은 다음과 같은 이유로 인해 매우 중요하다.

"올바른 자료가 올바른 시간에 올바른 장소에 놓이지 못하면 자료는 아무 가치가 없다."

자료기반체계로부터 우리가 필요한 수행영역과 자료의 양 및 이용시기를 적절하게 자료를 조직화함으로써 정보의 가치창출을 극대화시킬 수 있는 것이다.

4. 모형화(modeling)

모형이란 실생활에 존재하는 대상물이나 현상을 표현한다. 훌륭한 모형이란 관심 대상의 현상에 대한 실제 현상과 형상을 올바르게 예견할 수 있는 가장 단순한 모형을 말한다. 모형들은 실생활에서 어떻게 적용시켜야하는가를 예견할 수 있도록 창조되어야 한다. 모형들은 실제 생활에서 일어나는 사건들이 어떻게 일어나는지를 예견할 수 있도록 하기 위하여 자료들 간의 관계를 기술한다. 모형의 특성은 선택된 자료와 조직화된 방법 및 사용하는 비용에 의해서도 제한된다. 모형이 복잡할수록 사용하는데 비용이 많이 든다. 비용은 전산기의 비용이 될 수도 있고 전문가들의 시간이 될 수도 있다.

"가장 효과적인 모형은 최소한의 비용으로 최대한의 정확도를 얻을 수 있는 가장 단순한 모형이다."

이것이 왜 비용과 연관되는가? 비용에는 돈만을 의미하는 것이 아니라, 시간도 될 수 있기 때문에 정확한 정의를 내릴 수 없다. 비용과 실행에는 항상 상호 관련이 있다. 실행 수준이 너무 낮으면 정확도가 떨어지고, 결과가 늦어지며, 보다 나은 해결책을 놓치는 오류를 발생시켜 비용이 많이 들게 된다. 실행 수준이 너무 높으면 개선에 도움이 되지 않는 부분에 노력을 하게 되어 비용이 많이 들게 된다.

"실행 수준이 너무 높거나 낮으면 비용이 많이 든다."

휴가기간 동안 상대적으로 단순한 결정모형을 사용하는 예로서, 우리는 적당한 예산 내에서 가족들 전부가 즐길 수 있는 2주일의 휴일을 원할 경우, 이를 위하여 가능한 한 짧은 운전시간으로 도달할 수 있는 거리 내로, 갈 수 있는 지역을 제한시키고 행동을 제한시켜야 한다. 체계화시킨 모형은 자료를 분석하는데 사용될 수 있고 우리가 수집한 정보를 연구하여 채택된 다른 후보 목적지를 시험하는데 사용될 수 있으므로 최소의 비용으로 최대의 휴가활동을 즐길 수 있도록 활용될 수 있어야 한다.

5. 타당한 기준설정

지형공간정보를 훌륭하게 적용시키는데 중요한 요소 중의 하나로는 사람들이 만족할 만한 모형을 평가하는데 사용하는 기준이 설정되어야 한다. 선택된 행동은 우리의 모형에 의해 예견된 각각의 대안들의 결과를 고려하고 감안하여 결정되어야 한다.

아무리 자료특성의 수준이 높고 자료의 모형이 적합하게 사용되었다 하더라도, 지형공간정보를 평가하는데 잘못된 기준이 사용되었으면, 그 결과는 만족스럽지 못할 것이다.

"사람들이 결정을 내리는데 사용되는 기준은 누구에게나 만족스러워할 만한 공통된 것이어야 한다."

우리의 휴가에 대한 예문에서 가족의 한 사람이 결정권을 가지고 계획을 짜게 된다면, 가족들의 바람과 진의를 잘 반영하는데 문제가 발생할 수도 있을 것이다.

자료가 너무 많으면 계속해서 조사해야만 하고, 자료가 너무 적으면 목적지에 대해 잘못된 선택을 하거나 중요한 점을 놓칠 수 있다. 가장 좋은 휴가 장소는 각자의 여유시간과 예산에 상응하므로 좋은 시간을 보낼 수 있는 목적지를 적절하게 선택하여야 될 것이다.

자료의 정확도는 중요하다. 우리가 필요로 하는 정확도의 정도는 자료가 사용되는 결정 형태에 달려 있다. 자료를 수집하는데 드는 비용과 그것을 분석하는 능력은 항상 중요한 요소가 된다. 우리가 휴가를 결정하는데 있어서, 자료를 수집하고 해석하는데 드는 시간과 돈은 제한되어 있다.

결정된 모형은 적합해야 한다. 훌륭한 휴가를 위해서는 우리가 중요하다고 생각되는 요소(가족 개개인의 기호, 제한된 예산, 주어진 시간 등)들을 고려해야만 한다. 따라서 성공적인 결정을 내리기 위해서는 효과적인 기준이 사용되어야 한다. 지형공간정보의 이론을 설명하고 사람을 훈련시킨다는 것은 상대적으로 쉬운 일이다. 그러나 필요한 정보를 만족시키기 위해 효율적인 기술 적용방법을 어떤 사람에게 교육시킨다는 것은 어려운 일이다. 지형공간정보의 성공적인 적용을 위해 사용자에게 필요한 정보를 제공하는 방법이 개발되어야만 한다. 지형공간정보 적용의 성공 여부는 사용된 자료의 적합한 선택, 자료의 조직화 방법, 결정모형, 결정기준에 달려 있다.

6. 지형공간정보학의 관련자료

지형공간정보학의 자료는 일반적으로 두 가지 기본적인 요소들로 특성지어진다.

첫째는 지형자료인 물리적 차원이나 집합 내에서 나타나는 형상이며, 둘째는 공간정보인 대상의 현상으로 공간적 위치와 시간이다.

물리적 차원에 대한 예는 숲, 천정의 높이, 도시의 인구, 혹은 도로의 폭이 될 수도 있다. 물리적 집합에 대한 예는 암석의 종류, 식생상태, 혹은 도시의 이름이 될 수도 있다. 공간적 위치는 일반적으로 위도나 경도와 같은 좌표와 연관되며 시간요소는 때때로 뚜렷하게 나타나지 않지만 중요하다. 지형공간정보의 정보는 시간 내에 특별한 점으로서 존재하는 위치에 대해 묘사한다. 만약 그 지역이 급속하게 변화한다면, 이 정보는 급격히 구식이 될 수가 있다. 정보는 현재 토지 상태에 있어서 필요로 하는 결정을 내리는데 부적합할 수도 있다. 그러나 자료는 농업용 토지와 같이 다른 용도로 개조되는 역사적인 경향분석에 있어서 귀중한 것이 될 수도 있다. 예를 들면, 숲 지역이 벌목되면 그곳은 나무 종(種)의 구성 조직을 잃은 것이다. 그러나 나무 종에 대한 역사적 정보는 숲 재건계획에 가치 있는 준비 자료가 될 수도 있다.

지형공간정보 자료는 지형 및 공간적 자료의 형태로 표현된다. 지형공간정보 자료는 점, 선, 면, 형태와 같은 지도상에 형상이나, 시간과 위치와 관련된 현상으로 표현될 수도 있다. 점들은 어느 한 점의 지형공간정보적 형상을 표현하는데 사용되거나, 선이나 면으로 보기에는 너무 작은 지도상의 지세를 표현하는데 사용한다. 도시의 위치(작은 축척상의 지도에서), 산꼭대기, 임시 활주로와 같은 것은 점 요소로 표현된다. 선 형태는 순서적으로 연결된 점들의 모임이다. 해변, 등고선, 도로, 행정상의 경계와 같은 것들이 선 형태의 예들이다. 면 형태는 선 형태가 폐쇄된 지역을 말한다. 도시의 지형공간정보에 의한 확장, 숲 위치, 호수 같은 지역 요소에 의해 표현되어진다. 지역요소는 지형공간정보에서 다각형에 의해 표현된다.

7. 지형공간정보의 처리

넓은 의미로 보면 지형공간정보체계란 지형공간정보와 관련된 자료를 저장하고 조작하는데 사용되는 수동적, 혹은 전산기를 기반으로 한 체계이다. 지형공간정보란 지형공간정보 관련 자료를 다루는데 있어서 필요한 네 가지 과정, 즉 자료입력, 자료관리(자료저장과 검색), 처리와 분석, 자료출력을 수행할 수 있도록 해주는 전산기반체계이다.

이러한 기능들을 수행하고 운영하는데 사용되는 효과적인 수동적 체계가 많이 있다. 지형공간정보의 기본적 요소와 환경은 [1.3]에 도시되어 있다. 지형공간정보가 성공적으로 운영되기 위해서는 적절한 조직체계 내에 위치해야만 한다.

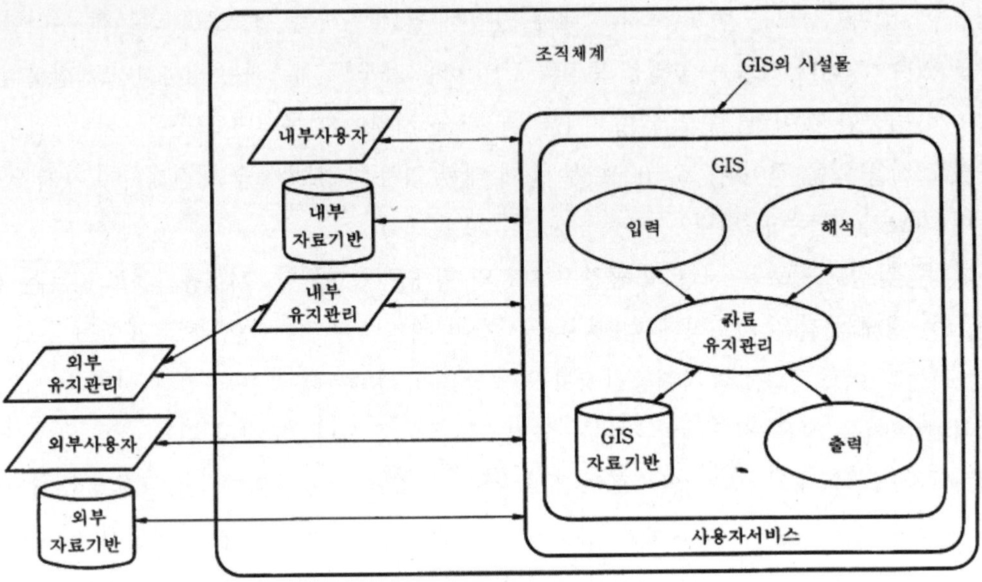

[그림 1.3] 지형공간정보 기능이 수행되어지는 처리과정

한 가지 예를 들면, 국가적인 지형측량을 효과적으로 실시하기 위해 지형공간정보체계를 사용할 수 있다. 또한, 그것은 일반적인 공공 시설물이나 다른 시설물에 대한 분석을 제공할 수 있다.

CADD(Computer Aided Design and Drafting), DBMS(Data Base Management System), 그리고 AM/FM(Automated Mapping/Facility Management) 체계들은 지형공간정보체계 자료로서 처리하여 운용한다. 이것들은 지형공간정보체계에 관한 한 기능으로서 수행될 수 있다. 지형공간정보는 공간 조사와 중첩과 같은 방법으로 운영된다. 이들 기능들은 영향권(buffer : 영향지역을 생성, 즉 예를 들면, 한 흐름을 중심으로 1km 이내의 모든 지역을 보여준다)을 미치는 지도를 중첩시킨다. 이로써 배수가 잘 되는 토양, 거주 개발지역, 현재의 숲 지역을 한꺼번에 보여 줄 수 있다.

8. 지형공간정보체계의 효과와 도입의 효율성

계획수립 방법이나 계획수립에 대한 이론이 낙후된 경우 계획수립 및 연구 시 자료수집과 처리에 대부분의 시간을 소비하게 된다. 지형공간정보체계를 이용하여 자료체계를 잘 통합하면 계획수립 시에 신속하게 자료의 취득과 처리를 할 수 있으므로 상대적으로 많은 시간과 인력을 가지고 계획수립이나 연구작업에 종사하여 계획수립 업무나 계획수립 이론의 급진적인 발전을 촉진할 수 있으며 토목, 건축, 지리, 도시, 교통, 토지, 치안 등의 모든 업무를 전산화 시킬 수 있다. 지형공간정보체계의 이용목적은 자료 상호간의 공유와 최대한 이용의 원칙에 의거하여 자료수집의 중복과 그에 따른 투자를 최소화시켜 사용자가 정책결정 과정에 있어 정확한 정보를 제공받을 수 있도록 하는 데 있다.

자료수집 및 취득 시, 지형공간정보체계의 이용은 다음과 같은 효과를 기대할 수 있다. 첫째, 수집한 자료를 다른 여러 자료와 용이하게 결합할 수 있게 해 주고, 또한 분업과 합작을 통해 자료의 수치화 작업을 용이하게 해 주며, 둘째, 자료기반과 전산망체계를 통하여 자료를 더욱 간편하게 사용하게 하고 자료 입수도 더욱 용이하다. 셋째로, 지형공간정보체계는 투자 및 조사의 중복을 최소화시킬 수 있다.

이와 같은 자료수집 시 지형공간정보체계의 기대효과를 도시정보체계에 도입함으로써 얻을 수 있는 효과를 열거하면 다음과 같다.

첫째, 정책일관성 확보에 있어서 기존정보의 정확한 진단, 대량정보의 유기적 결합 및 분석, 미래 예측 및 예방행정, 지역별 지구별 유기적 분석 및 인접지역 비교 분석 등을 하며, 둘째, 체계적 분석 및 계획의 일관성에서는 축척별 이용 매체의 통일로 정보 자료의 이기오차 제거, 최신 정보 이용 및 과학적 정책 결정, 유관 부서의 다양한 지형공간정보의 복합적 이용, 모의관측(simulation)을 통한 계획의 타당성 검증 등을 할 수 있다. 셋째, 업무의 신속성 및 비용절감에서는 도면의 제작, 수정, 갱신의 소요 공정 단축, 정보의 신속한 조회 및 주제도 출력, 기본 자료 조사 및 공사비용 절감, 유관기관 자료 공유 및 유기적 협조체계, 민원 발생에 대처 및 이용자별 다양한 정보 제공, 시장 자료 활용 및 효율적 자료 관리 등을 다룬다. 넷째, 도시계획 측면에서는 도시계획 기초조사 해석, 시가지 정보 기본계획, 정비, 개발 또는 보전의 방침 결정, 도시에 관한 기본계획의 검토, 주거환경 정비계획, 도시 기반 정비계획(공원, 도로 등) 등을 고려한다. 다섯째, 일상 업무지원에서는 건축 확인, 도로위치 지정, 도시계획 결정 내용의 조회, 열람, 야외 광고 허가, 주차장법 사무, 개발행위 심사, 도시계획법에 따른 건축허가, 주거표시, 국토와 관련법에 다른 서류 제출 등을 고려한다.

9. 지형공간정보체계의 적용

지형공간정보체계 기술은 신속하게 상업적 응용분야를 확장해 가고 있으며 그러한 응용분야는 각국에서 지형공간정보체계 산업을 위한 시장의 영역과 성장을 증대시켜 가고 있다. 금융 서비스에서부터 즉석식 식사(fast food)에 이르기까지 각종 산업들은 전략적·전술적 또는 조직상의 활동을 위해 투자하고 있다. 회사들은 고객들, 경쟁회사들, 판매경로, 시장, 가격, 공급자, 전망 그리고 심지어는 이윤에 있어서까지 각 지역에 따라 어떻게 다양한가를 알 필요가 있다. 상업에서는 수요자 분포, 구매력, 구매 기록, 광고효과, 성장지역, 경쟁사의 분포, 최소비용 경로, 환경적인 요소, 매상 분포, 그리고 지리적 영향에 의한 예산 분배 등과 같은 여러 가지 지역적인 문제를 해결하기 원한다. 이러한 문제와 또 다른 수많은 문제점들에 대한 해결책을 구하기 위해서는 복잡한 지형공간적 요소에 대한 정보가 필요하다.

지형공간은 물리적 공간자료와 다양한 상업정보를 관련짓기 위해 자연적으로 생성되는 하나의 틀이다.

1) 산업분야

새로운 자료와 계산 능력을 통해 새로운 지형공간적 이점으로부터 다양한 산업자료와 관련된 새로운 분석의 세계가 이용가능하게 되었다. 지형공간정보체계를 통해 한 회사의 정보는 이제 새로운 형식과 관계를 발견하기 위한 공동의 틀을 생성할 수 있게 되었다. 전혀 다른 정보들을 통합할 수 있는 근본적인 능력은 상업에서의 수많은 지형공간정보체계 응용분야로의 길을 닦아 놓았다.

현대사회의 상업이 추구하는 지형공간정보체계 응용분야 중 주류를 이루고 있는 형태는 계획수립, 경쟁력 분석, 위치 설정, 판매, 시장조사, 분배 최적화이다. 계획수립에 있어서는 경쟁력 분석, 위치 선정, 판매, 시장조사, 판매관리, 그리고 서비스와 상호 연관성을 고려하여야 한다. 이러한 능력에 있어서 지형공간정보체계는 자료 통합과 의사결정 지원 도구로서 상업적 계획수립에 중추적 역할을 하고 있다.

2) 마케팅 분석(marketing analysis)

마케팅 분석분야는 현재와 미래의 소비자 위치를 찾아내고, 마케팅량 추정 그리고 마케팅지역을 추정하며, 미개척된 상업지역을 찾아 개발하고, 경쟁회사는 현재와 미래에 어디에 있게 될 것인가를 검색하고, 경쟁에 의한 마케팅효과를 평가한다.

(1) 위치선정

마케팅 분석기술은 고도의 잠재 가능 지역을 식별하고 한 지역과 시장의 성장 가능성을 분석하며, 그리고 제품요구와 시장에서의 세력확장을 결정하는 데 사용가능하다.

(2) 판매

마케팅 분석부분은 성공적인 판매계획의 개발, 목표 판매수행, 소비자 측면, 판매 관리, 광고계획의 수립, 제품 판매 지원, 그리고 소비자요소를 상세히 묘사하는데 사용된다.

지형공간정보체계의 기술은 어디에 고객이 위치해 있는가를 찾는데 이용되며, 직접 우편 및 이메일 광고활동을 돕는 데 이용된다.

(3) 소량 시장판매

현대의 정보화 시대에 대량판매에 반하는 말은 소량판매이다. 현대의 시장은 폭넓고 다양한 소비자 요소로 구성되어 있으며 상업이 다음 세기까지 살아남기 위해서는 소비자들의 다양성에 의해 야기되는 변화에 적응하여야 한다. 지형공간정보체계는 제조, 광고 그리고 소매 기능들 간의 상업정보의 흐름을 통합할 수 있는 수단을 제공하여 소매 교류지역, 판매 영역, 중개시장, 그리고 개인 소비자를 한꺼번에 묶어 자료들을 관리할 수 있다. 상업에 있어서 지형공간정보체계는 광고, 판촉, 경로, 배달, 그리고 서비스 활동을 얽어매 주는 실과 같은 역할을 한다.

(4) 시장조사

각 지역별 총수요에 기초한 비교 지역 간의 다양한 판매고를 분석하는데 시장조사가 이용된다. 조사의 목적은 이러한 지역 각각의 현존하는 수요와 예상되는 수요에 따라 시장지역까지 가장 경제적인 제품과 서비스의 공급방법을 설정하는 것이다.

(5) 분배 최적화

제품과 서비스의 분배 최적화와 분배 평가 수행에도 지형공간정보체계는 이용된다. 한 지역으로부터 다른 지역까지의 대상물 취득은 수많은 요소들에 의해 복잡하게 얽혀져 있는데 이러한 고려 요소들을 선택적으로 처리함으로써 최적해법을 찾을 수 있다.

(6) 지형공간정보체계를 이용한 산업

현재 지형공간정보체계를 이용하고 있거나 응용분야에서 지형공간정보체계의 잠재력을 평가하고 있는 산업은 금융, 보험, 건설, 제조업, 부동산, 도소매, 수송배달, 공익사업, 통신 등 산업 전반에 관련되어 있다.

① 금융

금융계에서의 사용자들은 은행, 신용회사, 보증중개인, 상인, 증권거래소, 그리고 기타 금융기관이다. 금융업에서의 지형공간정보체계는 잠재된 고객 인식, 은행지점과 현금인출기의 위치, 그리고 대리점과 서비스 설비의 배달계획에 이용된다. 은행지점의 위치선정은 현재의 고객에 대한 서비스와 새로운 고객에 대한 유인에 매우 중요하다. 위치 결정은 오직 단 하나의 현금인출기만 포함할 수 있으나 가장 효과적인 장소에 현금인출기를 설치하는 것이 기본적으로 현존 고객을 위한 서비스이거나, 새로운 고객을 끌어들이기 위함인가 등에 관한 몇 가지 사항을 고려하여야 할 것이 있다. 누가 그 은행을 이용하는가? 그들은 어디에 사는가? 그들은 은행이 문을 여는 낮 시간 동안에는 무엇을 하는가? 여기에 대한 해답은 현금인출기를 어디에 설치해야 고객을 위한 최대의 서비스가 가능한가 하는 현실적인 관점을 제공한다.

② 보험

각종 보험회사와 다양한 보험 대행업체, 중개인, 그리고 서비스 기구들은 지형공간정보체계를 이용한다. 전형적인 보험에 관한 지형공간정보체계 응용분야는 재산보증보험이나 생명보험에 대한 위험분류 등이다. 재산과 생명보험에 있어서는 건강과 환경영향, 또는 응급실의 근접도와 같은 위험요소들의 지리적인 분포에 대한 지식은 대단히 중요하다. 보험회사는 집에 있는 동안에 발생한 절도사건과 직장으로 통근하는 동안에 발생하는 사건을 비교분석할 수 있다. 지형공간정보체계를 통해 범죄 수준과 범행 장소에 관한 사용 가능한 정보는 판단과 처리에 중요한 몫을 한다. 또한 위험정보는 우범지대에 위치한 집이나 쓰레기 처리장 가까이에 있는 집의 경우는 커다란 차이가 있다. 고객의 소유재산 위치확인, 시설물도로부터 소화전 위치, 지진 · 화재 · 홍수지역 또는 유해 쓰레기 매립장과 같은 자료들의 분석을 통해 위험정보 분석이 가능하다.

③ 건설

지형공간정보체계는 부지선정을 포함한 상업용 건축계획, 부지의 경쟁성, 주변여건, 교통량, 대중교통수단과의 근접성 등과 같은 수많은 요소들을 고려한다.

지형공간정보체계는 각각의 관련된 요소들을 통합하고, 그 중 서로 대치관계에 있거나 조화를 이루는 것이 무엇인가를 판단하기 위한 정보 분석을 통한 계획과 부지 선정과정을 지원한다. 주거용 건축에 있어서는 도시화와 선정형태를 고려하여야 한다. 무슨 용도의 건물인가? 그 지역에 적당한 가격은 얼마인가? 학교는 어디에 있으며, 장차 어느 곳에 세워질 것인가? 관공서는 어디에 있는가? 이런 공공기관을 지탱하는 세금의 가산점과 면적은 얼마인가? 그 위치가 경제적인 면에서 적합한가? 주변에 유효 요소나 범람하는 평야, 또는 건축이나 보험 요구조건에 영향을 미칠만한 특수한 환경이 있는가? 지형공간정보체계는 이러한 문제들에 대해 이해하기 쉬운 대답을 개발하는데 요구되는 정보의 수집에서부터 조직화, 분석능력을 제공한다.

④ 제조업

제조업 관련회사 중 지형공간정보체계를 이용하는 회사는 미국의 코카콜라 회사 등이 있다. 이들 회사는 공장건설, 재산관리, 교통수단의 접근성, 물품도매, 분배 등을 지원하기 위해 지형공간정보체계를 이용한다.

⑤ 부동산

부동산 사업은 건설개발회사, 소유자, 임대자, 은행, 보험회사, 상사(商社), 개인으로 구성된다. 또한 중개업자, 건축가, 계획가, 회사, 토목공학자, 회계사, 변호사, 그리고 부동산 중개업자와 같은 서비스 회사를 포함한다. 부동산 투자는 지형공간정보체계를 필요로 하는 사업으로 반드시 재산가치의 증감, 성장 역사, 양식, 일반 제한사항과 환경적인 제한사항, 수력, 가스, 전기와 공익사업(공익사업에 접근하기 위한 비용 등 모든 요소)들을 고려해야만 한다.

⑥ 도소매

일반상품가게, 식품점, 자동차 매장, 주유소, 의류가게, 가정용 가구점, 식당과 즉석식(fast food) 점포는 전형적인 도소매업이다. 그들의 기본적인 응용분야에서는 경쟁업체 분석, 새로운 지점과 소매점의 위치 설정, 포괄적인 시장 분석, 판매고의 계획과 관리, 판매 전망, 그리고 시장 경향, 영향 평가 등이 있다. 소매업자들은 “누가 내 제품을 사는가?”와 “어디서 고객들을 찾아야 하는가?”를 알 필요가 있다. 제품과 서비스, 소비자들을 지도화함으로써 새로운 위치, 수송, 그리고 가게에서의 접근성과 같은 것을 고려하는 소비자 재료가 개발된다. 일정 수입 수준의 가구의 위치와 수, 자녀의 수와 그 외의 구매특징은 판촉활동, 판매관리, 시장추적에 영향을 미친다. 다른 응용분야는 재고통제를 위한 지도화이다. 경영자의 위치에서는 지형공간정보체계를 통해 재고통제 상의 문제를 신속히 이해하고 대처할 수 있어서, 자본의 낭비와 판매기회 상실의 범위를 줄일 수 있게 된다. 또한 수천 개나 되는 점포의 판매행태를 관측하고 분석할 수 있으며, 언제 개선책이 필요한가를 결정할 수 있도록 한다. 또한 경영자는 상품과 목표시장 내에 위치한 점포에서 소비자요구를 짝지을 수 있다.

⑦ 수송과 배달

수송과 배달산업은 지형공간정보체계를 응용하여 배달 경로계획, 분배 최적화와 평가, 서비스 지역 팽창, 공항계획, 비상대책 등을 담당한다. 트럭, 버스, 택시, 구조차량은 모든 수송체계의 근간이 된다. 많은 회사들은 판매, 분배, 서비스로 이어지는 꽉 짜인 시간표 내에서 '정시도착'이라는 원칙 아래 움직인다. 제조, 생산 공정은 트럭이 정시에 도착하지 못하면 혼란에 빠지게 된다.

범세계 위치 결정시스템(GPS : Global Positioning System)과 다른 차량 추적 장치는 중앙집중 통제에 의해 차량을 추적 관리하는데 있어 주된 관심사가 되고 있다. 지형공간정보체계를 이용하여 차량위치 결정과 통행율을 커다란 비디오 스크린상의 노선도에 표시할 수 있다. 이동시간 계산과 경로정보는 차량항법체계(CNS : Car Navigation System)를 이용하여 쉽게 송달인에 의해 접근 가능하고, 각종 명령은 운전자들로 하여금 도로 장애물을 피하도록 도와줌으로써 교통체증 지역으로부터 벗어나게 하며, 즉시 수리담당 차량과 구급차량에 언제 어디서 사고가 났는지 통보해 준다.

⑧ 공익사업

공공사업체는 가스, 전기, 교통시설, 그리고 상하수도처리를 제공한다. 공공사업체는 오래 전부터 도면자동화 및 시설물관리(AM/FM : Automated mapping and Facility Management)에 지형공간정보체계가 응용 가능함을 알고 있었다. AM/FM은 공학적 제도와 가스관, 전기선로, 상수관, 하수관, 철도 부지와 재산 소유권, 그리고 식생정보를 위한 도면을 필요로 하는 각종 공사의 해결사로 널리 인식되어 왔다. 지형공간정보체계의 응용은 AM/FM의 범주를 넘어 체계와 망을 팽창시키는 계획까지 확대 가능하다. 성장세에 있는 공공사업체는 새로운 공장부지 계획이나 현재의 조직망 재구성에 지형공간정보체계를 이용한다. 또한 회사들은 그들의 고객이 어디에 쓰이는가, 그들이 필요한 게 무엇이며, 그들 각 개인이 있는 위치에서 이러한 서비스를 제공하는 최상의 방법이 무엇인가를 인식함으로써 고객에게 서비스를 제공할 수 있다.

⑨ 통신

지형공간정보체계는 통신, 광고, 그리고 원거리 통신, 케이블 TV, 라디오, 옥외광고, 신문발행, 잡지 발행과 같은 매체사업에 이용된다. 조직망의 확장, 소비자 요구 예견, 시장분석, 위치결정, 경로 선정, 그리고 분배 평가를 위해 원거리 통신과 케이블 TV 회사는 지형공간정보체계를 이용한다. 신문 발행인들은 경영배분뿐만 아니라 신문의 지방별 편집을 위한 시장의 특성을 결정하는데도 지형공간정보체계를 이용한다. 주간지는 특정지방 배달용으로 선택된 광고양식을 사용하기 위해 지형공간정보체계를 이용할 수 있다.

지형공간정보자료와 많은 형태의 응용분야에 대한 지형공간분석의 사용에 대한 관심이 고조되고 있다. 따라서 더 많은 회사들은 회사의 소유정보력을 전략적 경쟁이익으로 전환시키기 위해 지형공간정보체계를 이용하게 될 것이다.

1.2 지형공간정보학의 발전동향

1.2.1 지형공간정보체계(GIS)의 용어변천

지형공간정보체계는 1950년 미국 워싱턴대학의 지리학과에서 GIS(Geographic Information System)를 제안한 이래 1988년 Ubiquitous(Mark Weiser 제시), 1991년 SIS[Spatial Information System(Cracknell 제시-LIS, UIS, GIS 등을 총칭]에 이어 GSIS[Geo-Scientific Information System(Tuner와 Kolm 제시-GIS, UIS, LIS등을 총칭]란 정보체계용어가 지속적으로 등장되면서 발전해가고 있었다. 이러한 정보체계의 통합용어 제안 추세에 따라 우리나라에서도 1992년 2월 3일 본인에 의해 GSIS[Geo-Spatial Information System(Yeu, B.M. 제시 - GIS, UIS, LIS, SIS, AM/FM Ubiquitous 등을 총칭)]를 제창하게 되었다. 이는 인간의 총체적인 영역인 Geo(地 또는 地形 : 삶의 터전에 나타나는 형상들의 영역, 즉 생명체들이 살아갈 수 있도록 마련되어 있는 형상들의 영역)와 Space(空間 : 시간과 위치에 관련되어 이루어지는 현상들의 영역, 즉 살아가면서 각종 수요에 따라 발생되어 나타나는 현상들의 영역)를 결합한 Geospace라는 신종 용어를 제작한 후 이의 형용사인 Geospatial을 활용한 Geo-Spatial Information System(초기에는 GSIS이었으나 시간이 경과됨에 따라 GIS라고도 칭했음)이 모든 정보체계를 연계 및 융·복합하여 가장 적절하고 포괄적으로 표현할 수 있다고 주장한 것이다. 여기서 지형자료(地形資料 : Geo Data)는 지구(삶의 터전) 상에 존재하는 천연적 자연과 인공물이 물리화학적 측면에 의하여 모양새와 특성이 다르게 변형되어 나타나는 형상(形象-appearance)인 지모(地貌 : 강, 산, 계곡, 바다 등)와 지물(地物 : 가옥, 도로, 교량, 광물, 나무 등) 등 국토 및 도시 관리, 사회기반시설마련, 각종 삶의 요구에 필요한 대상의 형상 및 현상 등에 관한 계획, 설계, 제작 및 유지관리에 필수적으로 소요되는 기본적 대상[基本的對象 : Basic Object, 또는 정적대상(靜的對象 : Static Object)]이고 공간자료(空間資料 : Spatial Data)는 지구상에 존재하는 대상이 시(時 또는 시간 : time)와 위(位 또는 위치 : position)에 관련되어 물리화학적 및 인문사회적 측면에 의하여 변화되어 나타나는 현상(現象-Phenomena)이 각종 수요에 따라 다양하게 나타나는 것으로 환경조성, 교통, 재난, 각종 생활양식 변화 등에 필연적으로 대비하여야 하는 활용적 대상[活用的對象 : Applicable Object, 또는 (動的對象 : Dynamic Object)]을 뜻하는 것이다. 즉, 인간이 삶을 영위하기 위하여 필수요소의 기본적인 면을 다루는 기본자료(지형자료)와 활용적인 면을 다루는 활용자료(공간자료)를 다 함께 수용할 수 있는 정보체계용어로 Geospatial Information System을 제창하게 된 것이다. 어느 한 자료만을 중시해서는 선진화된 정보화를 이룰 수 가 없는 것이다. Geospatial Information이라는 용어를 창출하여 국제사회에 처음으로 제시하면서 정보화 사회에 기여할 수 있도록 한국에서는 1993년 4월 24일에 한국지형공간정보학회(KOGSIS : Korean Society for Geo-Spatial Information System)가 창립되었고, 1년 후인 1994년 3월 5일~12일에 개최된 국제측량사연맹[FIG : International Federation of Surveyors-FIG XX International Congress Melbourne, AUSTRALIA, March 5-12 1994] 총회에 "A Study in Geo-Spatial Information System for Urban Change Detection by Digital Processing of Aerial Photographs[FIG Congress.1994.3(Yeu Bock_Mo-Korea)]"라는 논문이 발표된 후 1994년 4월부터 미국 지리학회를 비롯한 GIS관련 분야에서 Geographic 보다 포괄적이고 완성도 높게 이루어진 용어가 Geospatial이란 것이 인정되고 사용됨에 따라 우리나라에서 처음으로 제창한 Geospatial Information이 국제적 정보용어로 자리 잡게 되었다. 이로써 미국, 캐나다, 중국, 일본 등 선진국에서 GIS에서 이용되는 G는 "Geographic" 대신에 "Geospatial"로 사용하는 것이 일반화 되었다. 미국 사진측량 및 원격탐측 학회인 PE&RS(Photogrammetric Engineering&Remote Sensing)에서도

학회지명을 "The official journal for imaging and geospatial information science and technology"로 표기하고 있다. 또한 1992년에 제안하여 1994년 국제정보체계용어로 정착된 Geospatial Information의 발전적인 GGIM(Global Geospatial Information Management)에 관한 UN 첫 Forum이 UN산하 NGII(National Geographic Information Institute)의 주최로 2011년 10월 24일~27일에 87개국 지리원장, 24개 국제기구의 장. 국내 · 외 정보분야 관련 전문가 등이 참석한 가운데 Geospatial Information을 처음으로 제창한 한국(Coex Convention Center, Grand Ball Room, Seoul Korea)에서 개최되었다.

1.2.2 국내 · 외의 동향

1. 국내의 발전 동향

정보의 다양성, 고유성, 정확성을 최대화시킬 수 있는 양질의 정보환경으로 변화되어 감에 따라 GIS의 몫이 민간차원에서는 한계가 있어 국가 전체의 지형공간정보체계와 기관과의 협력체계로 발전하게 되었다. 이에 우리나라의 국가 GIS구축사업의 제1단계는 1995~2000년으로 GIS기반조성, 제2단계는 2000~2005년으로 GIS활용의 확산, 제3단계는 2005~2010년으로 GIS연계통합으로 추진되어 왔으며, 제4단계는 2010~2015년으로 GIS연계, 통합, 활용으로 제5단계는 2015~2020년으로 GIS의 국내뿐만 아니라 전 세계의 GIS의 활용이 가능해짐에 따라 Global GIS 공유 및 활용을 확대할 계획을 추진하고 있다.

1) 제1단계(1995~2000년)

국가적으로 IMF를 맞고 대구지하철 가스폭발, 삼풍백화점 및 성수대교 붕괴, 지방자치시대개막 등으로 인한 환경, 방재 등 사회 전반적으로 GIS에 대한 인식이 높아짐에 따라 제1차 GIS구축사업이 시작되기에 이르렀다. 이에 지형도, 공동주택도, 지하시설물도 및 지적도 등 수치지도제작과 지형공간정보를 활용한 근로사업을 통하여 인력양성 등을 시행하였다.

2) 제2단계(2000~2005)

모바일폰 등장과 밀레니엄버그, 세계무역센터 테러, 보안기술개발 등으로 인한 국가정보보안기술에 대한 인식이 요구되어 국가 GIS유통망을 구축하고 기구축한 자료기반(data base)을 응용체계로 발전시키게 되었다.

3) 제3단계(2005~2010)

휴대폰(인터넷)원스톱, 홈뱅킹온라인민원업무, 3차원 국토GIS연계 및 활용, GIS를 이용한 내비게이션의 사용자 확대, 유비쿼터스의 사회로의 진입을 위한 지능형기술개발이 진행되었다.

4) 제4단계(2010~2015)

수요자중심의 지형공간정보 맞춤형서비스를 위해 다각화된 지형공간정보의 제공과 효율적 관리를 위해 지형공간정보의 연계, 통합, 활용 및 저탄소녹색성장(GG : Green Growth)의 기반인 정밀한 실내 · 외 지형공간정보 생산을 통한 U-City(Ubiquitous-City) 등 다양한 활용분야적용을 시도하고 있다. 이로써 국경 없는 새로운 지역사회형성 및 친환경 지속가능한 녹색도시공간을 이루는데 목적을 두고 있다.

5) 제5단계(2015~2020)

모든 대상들이 지능화됨에 따라 현실공간과 가상공간의 상호작용이 이루어지면서 개인별 지형공간정보의 자동갱신이 요구되어 고정밀 지형공간정보를 탑재한 로봇이 다양한 분야에서 활용할 수 있고, 재난 · 재해 · 범죄에 대처한 능동적 안정망을 구축할 계획이다. 이러한 제반기술을 한반도뿐만 아니라 전 세계의 지형공간정보활용이 가능하게끔 Global 지형공간정보를 공유하고 활용할 계획을 구상하고 있다.

2. 국외의 발전 동향

1) 미국

GOS(Geospatial One-Stop)사업을 중심으로 국가지형공간정보기반을 추진하고 있으며 자료정비의 효율화를 도모하기 위한 표준을 정하였다. 포털사이트 운영을 통해 분산된 자료에 대한 통합적 접근이 가능하도록 연방정부의 모든 지형공간정보의 서비스가 등록된 GOS1포털사이트 'http://gos2.geodata.gov/wps/portal/gos'를 개설하여 각종 지형공간정보를 검색 및 서비스를 제공하고 있다. 또한 민간분야의 인식증대 및 적극적인 참여유도를 위해 공간기술산업협회(STIA : Spatial Technologies Industry Association)에서 관련 과제들을 연구하고 있다.

2) 캐나다

각종 기관이 소유한 다양한 자료와의 통합 및 활용개발, 부가가치창출이 가능한 캐나다 지형공간정보기반(CGDI : Canadian Geospatial Data Infrastructure)을 구축하였다. 지형공간정보표준을 국가표준(CANOGSB)으로 운용하고 있으며 미국과 함께 북미지역표준화 공동추진 및 국제표준기구활동에 적극참여하고 있다. 또한 민간의 경비부담을 최소화시키기 위해 인터넷을 통해 정부의 지형공간정보를 쉽게 찾을 수 있도록 제공하고 있다. 지오매틱스(geomatics) 전문가 양성 및 성장산업지원, 교육 홍보로 캐나다의 지오매틱스 부분의 경쟁력 및 능력강화를 시도하고 있으며 고도의 지형공간정보기술개발을 가속시키기 위해 프로그램[자료활용, 지도제작, 기본지형공간정보구축 및 혁신(Geo Innovations), 파트너십, 기술개발, 지속가능위원회 운용, 산업협력체계 등)]을 구상하고 있다.

3) 유럽

유럽전역의 지형공간자료기반정비를 목적으로 INSPIRE(INfrastructure for SPatial InfoRmation in Europe)프로젝트를 추진하고 있다. 또한 지형공간정보의 접근 및 활용, 온라인 서비스를 위한 개방적이고 협력적인 기반구축, 유럽 국가들의 INSPIRE참가와 동시에 국가레벨에서의 지형공간자료정비를 추진하고 있다. 독일은 국가 연방정부와 민간의 협력 하에 German SDI를 구축하고, 핀란드는 시민을 위해 중앙 · 지방정부, 산업 및 유저가 함께 Finnish SDI를 구축하여 지형공간정보를 공급하고 있다.

4) 일본

지형공간정보활용추진기본법(2007년 8월)을 제정하고 기본적이며 기반이 되는 3종류(기본지형공간자료, 지형공간자료기반, 디지털영상)를 구축한 국가지형공간자료를 기준으로 국가 GIS산업을 체계적으로 추진하고 있다. 기반지도정보정비 관련업무의 기반지도정보 상호활용 및 원활한 유통, 인터넷을 통한 기본지형공간정보의 제공, 클리어링하우스 확충을 통한 유통환경정비, 지형공간정보체계와 관련된 위성의 활용, 파트너십 등에 관하여 연구개발을 활발히 함으로써 실무활용을 확대시켜나가고 있다.

1.2.3 우리나라 지형공간정보의 추진방향

1. 국가지형공간정보정책의 방향설정

'국가지형공간정보정책'이라는 용어의 등장은 단순한 용어 변화 이상의 의미를 가지게 된다. 국가지형공간정보에 관한 법률에 정의된 바와 같이 지형공간정보를 활용할 수 있는 제반 환경을 포괄하는 정책[1]이라고 볼 수 있다.

본 저서에서는 국가공간정보를 국가지형공간정보로 표기하기로 한다[*참조, 국토교통부, 제4차 국가공간정보정책기본계획, 2010. p.11(fig.1), p.27(fig.4), p.36(fig.5)].

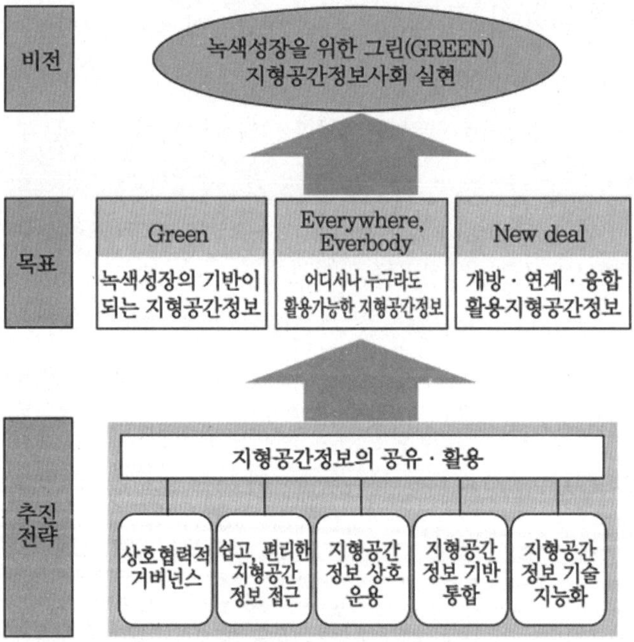

[그림 1.4] 국가지형공간정보정책의 구성

자료 : 국토교통부, '제4차 국가지형공간정보정책 기본계획(2010~2015)', 2010.3

국가지형공간정보정책은 [그림 1.4]와 같이 기본지형공간정보, 지형공간정보 관련 표준, 지형공간정보 유통(메타자료 포함), 지형공간정보 기술, 지형공간정보 인적자원, 파트너십, 법제도, 조직 등의 요소로 구성된 국가지형공간정보기반(NSDI)과 이를 활용하기

1) 정책은 국가기관이 당위성에 입각하여 사회문제의 해결 및 공익달성을 위한 정책의 목표와 수단에 대해서 공식적인 정치 · 행정적 과정을 거쳐 의도적으로 선택한 장래의 행동지침(박석복 · 이종렬, 2000)으로 정의됨.

위한 공공 부문과 민간 부문의 활용체계 및 지형공간정보산업을 포괄하는 것을 말한다.

국가지형공간정보정책을 체계적이고 합리적으로 수행하기 위해서는 새로운 패러다임에 부합하는 방향을 설정할 필요가 있다. 새로운 국가지형공간정보정책의 방향 설정을 위해 새로운 분석틀인 ERRC(Eliminate, Reduce, Raise, Create)를 활용하였다. 첫째, 지금까지 관행처럼 추진된 요소 가운데 시대의 변화에 맞지 않아 제거해야 할 요소는 무엇인가? 둘째, 점차 그 기능과 역할 또는 중요도를 감소시켜야 할 요소는 무엇인가? 셋째, 미래의 발전을 위해서 증가시켜야 할 요소는 무엇인가? 넷째, 앞으로 새롭게 창조해야 할 요소는 무엇인가? 이러한 고민을 토대로 [그림 1.5]와 같은 국가지형공간정보정책 방향의 설정요소를 도출하였다.

제 거	증 가
‣ 단방향 의사소통 ‣ 배타적 추진 ‣ 지형공간자료의 부정확성	‣ 민간/지자체의 역할과 기능 ‣ 적극적인 업무처리 정보화 의지 ‣ 구글과 같은 서비스 환경
감 소	**창 조**
‣ 공급자중심의 사고 ‣ 중복투자 ‣ 일방(하향)적 추진방식	‣ 지형공간정보의 부가가치(산업) ‣ 지형공간정보의 융 · 복합적 활용 ‣ 유비쿼터스 지형공간정보(u-GIS)

[그림 1.5] 정책방향의 설정요소

[그림 1.5]와 같은 ERRC 방법론에 근거해 설정된 요소들을 토대로 향후 국가지형공간정보정책이 추구해야 할 기본방향을 결정하였다. 기본방향은 정보환경, 정보형태, 활용대상, 업무수행방식, 정보공개, 정보영역 부문에서의 변화를 수용하는 방향으로 설정되었다. 디지털(digital) 환경에서 유비쿼터스(ubiquitous) 환경에 부합하는 국가지형공간정보체계 구축이 필요하고, 2차원지형공간정보에서 이동객체에 적합한 3차원지형공간정보의 수요에 부응할 필요가 있다. 지자체, 산업체, 시민 등 사용자의 파워와 기능이 커짐에 따라 공급자 중심에서 사용자 중심의 국가지형공간정보체계를 구축해야 한다. 중앙부처, 지자체, 민간의 협력체계 구축을 통한 국가지형공간정보정책이 추진되어야 한다. 폐쇄적이고 제한적인 정보공개에서 수요자 층에 맞는 개방적이고 비제한적인 맞춤형 지형공간정보 제

공이 이루어져야 한다. 각 분야별/부처별 등으로 구분되어 구축 · 관리되었던 정보영역에서 활용성을 높이는 지형공간정보의 연계 · 통합이 필요하다([표 1.1] 참조).

[표 1.1] 국가지형공간정보 정책의 기본방향

구 분	현 재	향 후
정보환경	디지털	유비쿼터스
정보형태	2차원지형공간정보	3차원지형공간정보
활용대상	공급자(supply) 중심	사용자(demand) 중심
업무수행	독립적	협력적
정보제공	폐쇄적, 제한적 공개(보안)	개방적, 공개
정보영역	개별분야	연계 · 통합

2. 제4차 국가지형공간정보정책 기본계획의 기조

새로운 조직과 새로운 법률에 근거한 국가지형공간정보정책을 시행하기 위해 기존에 수행되던 '제3차 국가지리정보체계 기본계획(2006~2009)'에 이어 '제4차 국가지형공간정보정책 기본계획(2010~2015)'을 2010년 3월에 수립하였다.

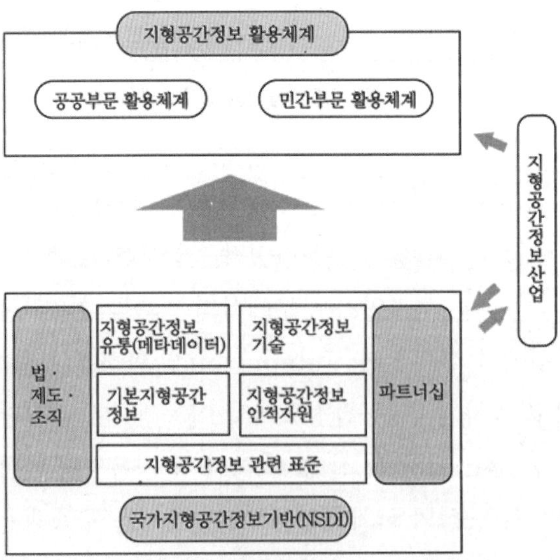

[그림 1.6] 제4차 국가지형공간정보정책 정책기조
자료 : 국토해양부, '제4차 국가지형공간정보정책 기본계획(2010~2015)', 2010.3

제4차 국가지형공간정보정책 기본계획은 [그림 1.6]과 같이 '녹색성장을 위한 그린(GREEN)[2]지형공간정보사회 실현'이라는 비전을 설정하였다. 또한 '녹색성장의 기반이 되는 지형공간정보', '어디서나 누구라도 활용 가능한 지형공간정보', '개방·연계·융합 활용 지형공간정보'의 3대 목표 및 '상호협력적 거버넌스', '쉽고 편리한 지형공간정보접근', '지형공간정보 상호 운영', '지형공간정보기반 통합', '지형공간정보기술 지능화'의 5대 추진전략을 정책기조로 추진하고 있다.

3. 국가지형공간정보정책의 추진전략

1) 일방적 지시체제(government)에서 상호협력체제(governance)로

상호협력적 측면에서는 지형공간정보 생산자, 사용자, 서비스 제공자 그리고 중앙정부, 지방자치단체, 산업체, 학술기관 등 이해관계자가 참여하는 협력적인 지형공간정보 운용체계의 구축을 목표로 하였다.

국가차원에서 다양한 정보를 함께 공유하기 위해 지형공간정보인프라가 구축될 것이며, 이를 효율적으로 구축하기 위해 이해관계자가 모두 참여하는 추진체계가 필요하다. 향후 지방자치단체의 역할과 기능 확대, 지형공간정보산업 성장에 따라 중앙정부와 지방자치단체 그리고 산업체, 학술기관 간에 수평적 · 수직적으로 합리적인 수행체계를 갖추어야 한다.

이를 위한 추진방향으로는 중앙정부, 지방자치단체, 산업체, 학술기관이 함께 참여하여 파트너십(partnership) 관계를 유지할 수 있는 운영조직을 구축할 예정이다. 실무적인 협력방안으로 다양한 워킹그룹(working group) 등을 구성하여 운용하고, 지형공간정보를 공유하고 활용하는데 장애가 되는 요소를 파악하고, 이를 제거하는 제도적 장치를 마련한다.

정보의 공유가 가능한 의사소통체계를 구축하고, 중앙정부와 지방자치단체 간의 상생협력을 위하여 광역자치단체, 기초자치단체의 기능과 역할도 정립할 예정이다.

2) 공급자 중심에서 수요자 중심의 쉽고 편리한 지형공간정보 접근으로

사용자가 언제, 어디서나 지형공간정보를 쉽고 편리하게 접근하여 활용하는 것을 목표로 한다.

---

2) 그린(GREEN)이란 GG(Green Growth), EE(Everywhere Everybody), N(New deal)의 약자를 결합한 것으로 GREEN의 의미를 구현할 수 있는 사회를 그린(GREEN) 지형공간정보사회라 한다.

모든 사용자가 필요로 하는 지형공간정보를 언제 어디서나 쉽게 접근하여 활용하는 것이 국가지형공간정보인프라의 지향점이며, 지금까지 공급자 중심의 "유통"은 사용자 중심의 "접근"의 개념으로 개선될 필요가 있다. 중앙부처가 주도적으로 자료를 수집하여 공급하고 있으나 지방자치단체 등이 자료 생산 · 보유자가 적극 참여하지 않음에 따라 활용실적이 낮게 나타나고 있다.

이를 해결하기 위한 추진방향은 지형공간정보를 생산 · 관리하고 있는 기관과 개인들이 정보공유의 필요성을 인식하고 자발적으로 참여할 수 있는 운영체계를 구축하고, 필요한 경우 관계 중앙부처와 지방자치단체가 함께 자료를 모으고 공유할 수 있는 방안(법제화 등)을 공동으로 추진하는 것이다. 공공부문과 민간부문이 생산 · 관리하고 있는 지형공간정보를 서로 제공 · 공유 · 활용할 수 있는 개방적 지형공간정보 접근방안을 모색하고, 사용자가 자료의 특성과 내용을 용이하게 파악할 수 있도록 자료의 생산과 함께 메타자료의 작성을 의무화한다. 사용자들이 지형공간정보와 서비스에 용이하게 접근할 수 있는 활용기술을 개발 및 지원하고, 지형공간정보의 접근에 어려움을 초래하는 규제 및 행정적 장애를 최소화할 수 있는 일관된 정책과 모범적인 실행절차를 마련한다.

사용자들이 자료 이용의 필요성에 대하여 이해할 수 있는 소통 체제를 구축하고, 사용자의 편의를 위해 국가차원에서 지형공간정보 목록을 작성하고, 사용자가 피드백 할 수 있는 체계를 개발하며, 지형공간정보 및 서비스의 접근성 향상을 위한 지형공간정보통합포털로 발전시킨다.

3) 개별적 운용에서 상호운용으로

국가지형공간정보 상호운용성(표준)을 확보하여 지형공간정보의 공유결합을 위한 적시성(適時性) 확보 및 첨단 기술 적용을 가능하게 하여 기술적 가치가 증대될 수 있도록 한다.

제 1,2,3차 국가GIS사업을 통해서 구축된 자료와 응용체계의 연계에 대한 요구가 증가하고 있으며, ITS(Intelligent Transportation System), U-City, 전자정부 등 타부처 정보화 산출물과 지형공간정보 연계를 통한 효율성이 증대되고 있다.

또한 지형공간정보와 첨단기술을 결합시키는 융 · 복합 지형공간정보 표준의 중요성이 증대되어 모바일 위치기술과 차량 제어기술의 결합, 지형공간마이닝 기술과 로봇기술의 결합, 건설기술과 지형공간정보기술의 결합 등이 이루어지고 있다. 세계 로봇시장 규모는 2013년 300억 달러[3], 초고층 빌딩시장 규모는 약 40조원으로 전망[4]된다.

GIS표준을 시장확보 및 시장선점을 위한 전략적 도구로서 활용하는 추세이다. 웹 기술 등장 이후 특정기관이 국제표준을 주도적으로 독점 개발하는 사례가 증가하고 있다. ESRI사에서 ISO 메타자료 표준을 개발하고, 유럽 Spacebel사가 소형인공위성시장을 겨냥한 해결책(solution)인 프로바(Proba)와 연계된 OGC표준을 개발하는 등 다수 사례가 조사되었다.

향후 지형공간정보참조체계 부여 및 지형공간정보 사업간 상호운용성의 시험 · 인증체계를 상시 운영함으로써 사업간 연계를 보장하고, 실무적으로 사용할 수 있는 국가지형공간정보 표준을 개발한다. 또한 지형공간정보 표준과 첨단 기술 결합을 통한 융 · 복합 표준 개발 및 기술 · 지적재산권과 결합한 전략적 국제표준을 개발함으로써 국제 · 지역 표준협력체계 확대를 통한 국내지형공간정보기술의 해외 시장진출 장벽을 해소하고, 지형공간정보 표준 기초역량을 강화하여 다각적으로 활용한다.

4) 분산형에서 통합으로

다양한 지형공간정보의 원활한 통합과 활용을 통해 사용자가 문제를 보다 효과적으로 해결할 수 있는 능력을 제고하는 것을 목표로 한다.

상호운용성과 마찬가지로 자료의 통합능력은 지형공간정보의 활용성을 높이는 매우 중요한 요소이며, 다양한 자료의 실질적인 가치는 유관한 자료 셋(set)을 서로 통합하여 지형공간분석의 효율성을 높이는데 있다.

향후 추진방향은 우선순위가 높고 사용자의 필요성에 부합하는 기본지형공간정보 셋을 개발하고, 이를 활용하도록 함으로써 지형공간정보의 통합성을 확보한다. 국가기본지형공간정보 셋의 공유 및 활용을 용이하게 하는 공통 분류체계, 지형공간적 참조 및 표준 목록, 자료 모형 등을 개발하고 이를 지속적으로 개선한다. 지형공간정보 생산에 대한 표준과 기준을 제시하고, 이를 준수하도록 함으로써 지형공간정보의 통합성을 확보한다. 지형공간정보 통합의 장애요인을 파악하고, 이를 해소할 수 있는 기술적 행정적 방안을 모색하며, 유비쿼터스시대를 선도하기 위한 핵심지형공간정보를 구축한다.

■ 개별 · 폐쇄적 활용기술 중심에서 지능화로

센서기술, 네트워크 기술 등 지능화 관련기술과 결합한 지형공간정보를 생산하고 활용

3) 교육과학기술부 외, 2009, 제1차 지능형로봇 기본계획, p.4

4) 국토해양부, 2008년도 국가GIS지원연구-국가GIS표준체계확립 및 표준관리, p33

함으로써 유비쿼터스 정보환경에 능동적으로 대응하는 것을 목표로 한다.

무선전파식별자(RFID : Radio Frequency IDentification)[5], 센서, 센서네트워크 등 스스로 인식하고 능동적으로 자료를 수집하는 유비쿼터스 관련기술이 발전함에 따라 지형공간정보도 점차 지능화 추세로 진화하고 있다. 또한 U-City 등 첨단정보도시 건설이 본격화됨에 따라 지형공간정보의 지능화에 대한 수요도 점차 커지고 있으며, 로봇산업이 활성화되고, 각종 모바일 장비에 위치인식 기능이 부착됨에 따라 능동적인 지형공간정보의 수요가 늘어나고 있다.

향후 추진방향은 지형공간정보와 유비쿼터스 관련기술을 연계하는 R&D(Research/Development) 사업을 지속적으로 추진하여 지형공간정보의 지능화를 세계적으로 선도하며, 지능형 지형공간정보의 유용성을 실험할 수 있는 검정장(test bed)을 설치하고 실험과 검증을 실시한다. 지능형 지형공간정보를 활용하는 실험프로젝트를 수행하고, 활용의 범용화를 모색하며, 지형공간정보 지능화의 기반이 되는 3차원 지형공간정보, 실내위치관측, 시간개념을 포함하는 자료기반(DB) 등에 대한 지속적인 연구개발을 추진한다.

4. 지형공간정보산업 진흥

세계적으로 지형공간정보 서비스가 빠르게 발전되고 확산됨에 따라 지형공간정보산업을 육성하려는 선진국의 움직임이 활발한 가운데 우리나라도 지형공간정보산업진흥법을 2009년 2월에 제정하였다. 우리나라의 지형공간정보산업을 육성하기 위해 정부의 다양한 시책을 제시할 필요가 있으며, 우리나라의 지형공간정보산업을 국가성장동력산업으로 자리매김할 수 있도록 하기 위해 지형공간정보산업진흥 기본계획을 별도로 수립하였다.

1) 변화전망

세계 지형공간정보산업의 규모는 급속하게 팽창 중이며 특히, 2000년대 초부터 시작된 지형공간정보 응용기술들의 본격적인 활용과 산업간 융·복합 등 지형공간정보 활용범위가 지속적으로 확산되고 있어 그 성장세가 폭발적으로 증가하고 있다.

또한 지형공간정보산업의 급격한 성장과 변화에 기업들의 신속한 대응이 이루어짐에 따라 고도화된 IT기술에 지형공간정보가 결합된 신기술 배양에 중점을 두고 있다. 또한

5) 대상물에 부착된 전파태그(tag)로부터 정보와 ID를 수집, 저장, 가공하여 위치관측, 관리 및 정보교환을 할 수 있는 기술

지형공간정보의 활용으로 새로운 수익모형 창출과 소비자의 다양한 요구충족을 위해 기업간 M&A를 추진하여 기술과 서비스의 융·복합 활성화를 추진하고 있다. 구글, MS 등 대형 포털 및 IT기업의 지형공간정보산업으로의 진출과 영향력 확대를 위한 노력이 지속되고 있다.

각국 정부는 지형공간정보산업을 위한 정책, 제도, 예산지원 등을 통해 지형공간정보산업 활성화에 대한 지원을 강화하고 있다.

2) 목표 및 추진전략

지형공간정보산업진흥 기본계획(2010~2015)은 지형공간정보산업 성장기반 조성 및 국가성장 동력 산업화라는 목표를 설정하였다. 추진전략으로는 공공부문의 선도적 활용으로 시장 조기창출, 지형공간정보 유통·공유 촉진 및 규제완화로 민간주도 산업발전 유도, 튼튼한 산업기반 조성을 통한 지속적 고도성장 실현을 설정하였다.

위의 목표와 추진전략을 달성하기 위한 추진과제로는 첫째, 지형공간정보산업 수요기반 확충이다. 이를 위해 선도적 수요 발굴 및 인식 제고, 지형공간정보 시범사업 실시, 지형공간정보 서비스 확산 등이다.

둘째, 지형공간정보의 원활한 생산, 유통, 공유 촉진이다. 이를 위해 공공 지형공간정보의 제공 및 유통 확대, 민간 지형공간정보 생산·유통 활성화, 지형공간정보의 생산·유통 활성화를 위한 제도개선 등이다.

셋째, 지형공간정보산업 성장기반 구축이다. 이를 위해 품질인증 및 표준화 체계 확립, 종합적인 산업지원체계 구축, 건전한 산업생태계 조성 등이다.

넷째, 기술개발 및 국제경쟁력 강화이다. 이를 위해 기술경쟁력 제고, 전문인력 양성, 국제협력 및 해외진출 지원 등이다.

5. 미래 지형공간정보사회의 모습

2000년 이후 모바일폰 등장과 밀레니엄버그 등으로 인해 국가정보보안기술 개발에 대한 수요가 요구되었으며, 기 구축한 자료기반(DB: Data Base)을 기반으로 응용체계 및 국가지형공간정보유통망이 구축되었다.

2005년부터 Web2.0, UCC(User Created Contents)의 활성화와 지형공간정보를 활용한 내비게이션의 사용자 확대와 RFID, UFID(Unique Feature IDentifier, 고유

특성식별자)[6], USN(Ubiquitous Sensor Network, 각종 센서에서 감지한 정보를 무선으로 수집할 수 있도록 구성한 유비쿼터스 조직망) 등 유비쿼터스 사회로의 진입을 위한 지능형 기술개발이 진행되고 있다.

향후 지형공간정보를 자유자재로 활용하는 사회가 도래할 것이다. 이를 위해서는 수요자 중심의 지형공간정보 맞춤형 서비스를 위한 다각화된 지형공간정보의 제공과 효율적 관리가 가능한 지형공간정보의 연계 · 통합 · 활용이 이루어져야 한다. 또한 저탄소 녹색성장의 기반인 정밀한 실내외 지형공간정보 생산을 통해서 지형공간정보를 활용한 U-City 등 다양한 활용분야에 적용될 것이다.

	기반조성	활용확산	연계통합	의사결정지원	지능형 공간
지형공간정보관련추진업무	■ 도면전산화 -지형도, 공통주제도, 지하시설물도 및 지적도 등 수치지도화 ■ 정보화 근로사업을 통한 인력양상	■ 데이터베이스유통 및 응용시스템 구축 ■ 국가지형공간정보유통망 구축 -총 139억 약 70만건 유통	■ 데이터베이스와 응용 시스템의 연계 · 통합 ■ KOPSS, UPIS, 3차원 국토지형공간정보 등 연계 및 활용	■ 수요자 중심의 지형공간정보 맞춤형 서비스 ■ 실내외 지형공간정보 구축 및 제공	■ 물리공간과 가상 공간의 상호작용 ■ 고정밀 지형공간정보 적용분야 도출
산업 · 기술적 이슈	Modem IPv4 Homepage E-mail Pager→City phone	Web portal PDA LAN, WAN T1, Cable Moblie Phone	Web 2.0, Blog Smart Phone Wireless, Fiberglass CNS, PNS, ITS, GPS Google map/Earth Cyber world, Convergence RFID, USN Our GIS Professional GIS	Twiter Wearable computing Intelligent CNs, D-GPS Mirror world, Metaverse Secind life Space Intelligence Social Network, U-City MY GIS Geospatial Web	Semantic web Invisible Devices Calm technology Grid computing Cloud computing Disposable computing Robot
사회 · 문화적 이슈	대구지하철 가스폭발 삼풍백화점 · 성수대교 붕괴 지방자치 시대 개막 IMF	세계무역센터 테러 밀레니엄버그 보안기술개발	UCC 휴대폰(인터넷) 원스톱, 홈뱅킹 온라인 민원 업무	국경없는 새로운 지역사회 형성 친환경 지속가능 녹색 도시공간	가상현실의 디지털 정체성 시 · 공간 개념의 변화 재난 · 재해 · 범죄에 대처한 능동형 안전망

1995 2000 2005 2010 2015 2020

[그림 1.7] 1995년부터 2020년까지 지형공간정보 관련 주요이슈

6) 국토공간과 대상물에 대하여 고유한 번호를 부여하고 식별자 하나로 그 대상의 위치와 내용을 정확히 파악할 수 있는 기술로 위치, 실시간 정보의 관리를 위한 센서 및 통신기술을 결합한 4차원 실감 GIS로 지상의 지형(지모와 지물-자연 및 인공시설물), 지하시설물 및 지하공간에 대한 체계적인 관리가 가능한 지형공간전파식별자(지형공간정보참조체계)이다.

사물이 지능화됨에 따라 현실지형공간과 가상지형공간의 상호작용이 이루어지면서 개인별 지형공간정보 자동갱신이 가능해질 것이며, 고정밀 지형공간정보를 탑재한 로봇이 다양한 분야에서 활동할 것이다. 한반도뿐만 아니라 전 세계의 지형공간정보 활용이 가능해 짐에 따라 글로벌 지형공간정보의 공유와 활용이 대세를 이루게 될 것이다. 또한 재난 · 재해 · 범죄 등에 대처한 사회적 안전망이 보다 세밀하게 구성되어 최근에 자주 발생하고 있는 사건 · 사고의 발생빈도가 상당히 줄어들게 될 것이다.

6. 향후 발전방안

국가지형공간정보정책과 관련된 사업을 추진함에 있어 많은 분야와의 결합을 통한 컨버전스가 이루어질 것이다. 국민생활을 편리하게 하는 교통, 보건 · 의료 · 복지, 환경, 방범 · 방재, 시설물관리, 교육, 문화 · 관광 · 스포츠, 물류서비스 등 다양한 분야에 활용될 수 있는 정보 및 정보체계가 국가지형공간정보정책에 의해 제시될 것이다. 이를 토대로 우리 국민들은 보다 더 편리하고 쾌적한 생활을 누릴 수 있으며, 우리의 도시들은 스마트(smart)하고 지속 가능한 미래 도시로 성장해 나갈 것이다.

언제 어디서나 인터넷을 통해 원하는 지형공간정보를 쉽게 취득하고 활용할 수 있는 '지형공간정보사회'가 실현될 것이다. 이러한 지형공간정보사회는 앞으로 10년 후의 우리 생활을 지형공간과 관련된 모든 사항을 의식하지 않아도 활용할 수 있는 사람과 지형공간이 완벽하게 결합된 형태로 변화시킬 것이라고 생각된다.

이러한 변화를 유도하는 방향성을 제시하는 것이 바로 제4차 국가지형공간정보정책 기본계획이며, 이 기본계획에 근거하여 내용들이 추진됨으로써 우리생활에 많은 변화가 이루어질 것이다.

1.3 지형공간정보체계의 구성자료 및 해석

1.3.1 체계의 구성

지형공간정보체계는 토지, 자원 및 환경 등에 관련된 다양한 정보를 위치와 특성에 맞추어 입력 · 저장하여 전산기에 의해 종합적 · 단계적으로 처리함으로써, 여러 목적에 맞게 활용 · 분석 및 출력할 수 있도록 발전하고 있다([그림 1.8] 참조).

이들 위치 및 특성자료는 소정의 축척, 투영법 및 좌표계에 따라 전산기에 적합한 수치 형식의 자료기반으로 저장되며, 자료기반은 개념적으로 자료층(資料層, layer) 또는 면(面, plane)으로 구성되어 각 층마다 상이한 주제의 정보가 수록된다. 이렇게 주제별로 수치기록된 다수의 층은 주어진 문제에 대한 자료은행(data bank)을 구상하게 된다.

각각의 자료집단이 주어진 기본도(基本圖, base map)를 기초로 좌표계의 통일이 되면 둘 또는 그 이상의 자료관측에 대하여 분석될 수 있으며, 이 기법을 중첩(重疊, overlay) 또는 합성해석(合成解析, composite analysis)이라 한다.

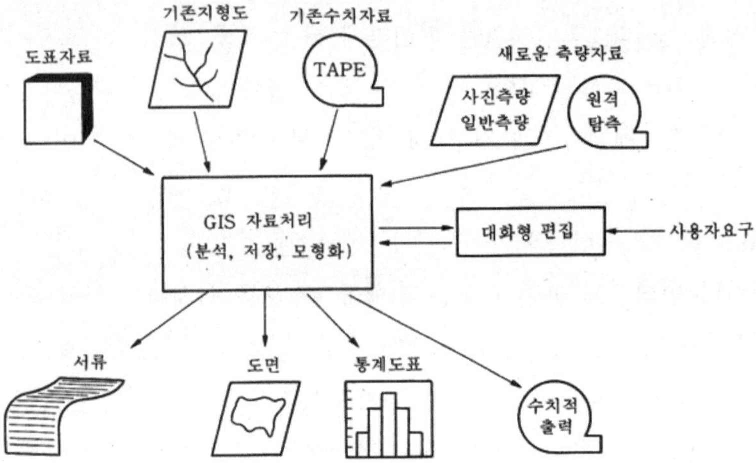

[그림 1.8] 지형공간정보체계의 구성

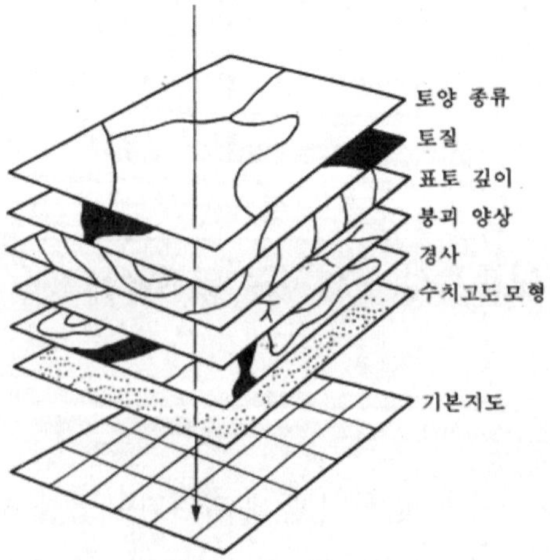

[그림 1.9] 지형공간정보체계 자료기반 구성의 예

1.3.2 체계의 구비요건

지형공간정보체계의 기능을 충분히 발휘하기 위하여 요구되는 구비요건으로는, 첫째, 하나 또는 그 이상의 자료입력방식(도면 및 도면중첩정보, 도표작성, 수치영상자료 등), 둘째, 소요공간관계와 관련된 정보의 저장 및 유지 기능, 셋째, 자료간의 상관성과 적절한 요소들의 원인-결과 반응을 고려한 모형화(模型化, modeling), 넷째, 다양한 방식에 의한 자료의 출력(도표, 비디오 출력, 도면 등)이 요구된다.

수치자료의 입력장치에는 도화기, 디지타이저, 지상측량용기기, 스캐너 등이 있으며, 출력장치에는 인쇄장치, 자동제도기, 영상표시장치 등이 있다. 자료기억장치는 수치화된 자료를 고속처리할 수 있는 대용량의 기억장치가 필요하다.

1.3.3 지형공간정보체계의 자료구성

지형공간정보체계의 자료기반(資料基盤)을 효율적으로 형성하기 위해서 많은 종류의 자료를 필요로 하나 크게 자료구조를 지형자료의 기본인 특성자료와 공간자료의 기본인 위치자료로 구분하여 처리하고 있다. 특성자료(特性資料, descriptive data)는 도형 및 속성자료(圖形 및 屬性資料, graphic & attribute data)와 영상 및 속성자료(映像 및 屬性資料, image & attribute data)로 세분된다. 위치자료(位置資料, positional data)는 절대위치자료(絕對位置資料, absolute positional data)와 상대위치자료(相對位置資料, relative positional data)로, 또는 절대위치 및 시간, 상대위치 및 시간으로 세분된다.

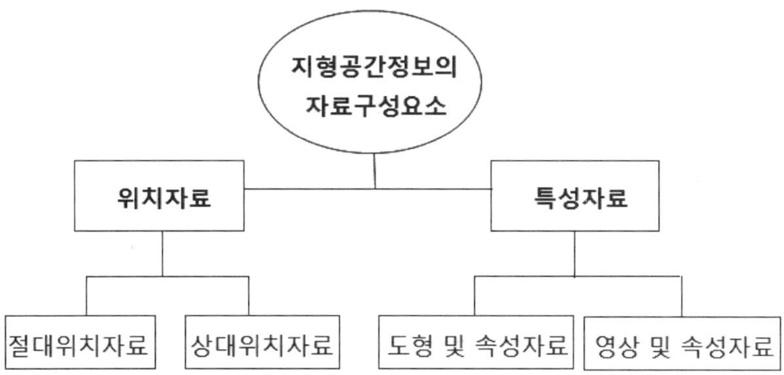

[그림 1.10] 지형공간정보체계를 표현하는 구성 체계

절대위치는 현실(現實) 또는 실제공간(實際空間, reality space)이나 측지학적공간(測地學的空間, geodetic space)에서의 위치이고 상대위치는 모형공간(模形空間, model space)이나 가상공간(假想空間, virtual space)에서의 위치이다.

위치에는 1차원, 2차원, 3차원 위치로 분류할 수 있다.

1차원 위치는 거리(距離, distance)와 고도(高度, height)가 있다. 고도는 일반적인 높이와 측지학적 높이(測地學的, geodetic height)로 평균해수면(平均海水面, MSL : Mean Sea Level)으로부터의 고도인 표고(標高, elevation, Z)가 있다.

2차원 위치는 일반적인 직교좌표 상에서의 수평위치(水平位置, plane position, x, y)와 측지학상의 직교좌표에서 수평위치인 경도(經度, longitude-λ or Lắnge-L)와 위도(緯度, latitude-ψ or Breite-B)가 있다.

3차원 위치는 일반적인 직교좌표상의 수평 및 수직(垂直)위치인 x, y, z와 측지학상의 경도, 위도 및 표고인 λ, ψ, z가 있다.

영상자료(imagery data)는 일반필름영상면(지상 또는 항공카메라 영상면, X-ray 영상면 등), 스캐닝체계(인공위성, 레이저, 레이더 등)에 의한 영상면, 비디오 및 각종 영상면 취득 장치에 의한 영상면이 있다.

도형자료(圖形資料, graphic data)는 대상의 형상을 가시화 한 것으로 도면(계획 및 설계도면, 구조물도면, 각종 대상의 도면), 지형도, 지도 등이 있다.

속성자료(屬性資料, attribute data)는 대상물의 자연, 인문, 사회, 행정, 경제, 환경 등에 관한 특징을 나타내는 자료로서 지형공간정보 분석이 가능하도록 문자나 숫자로 되어있다.

정보의 생활화를 위한 정보체계의 정량화 과정에서 정보체계 구성요소 취득이 가장 중요한 몫이다. 여기서 위치자료와 도형자료는 측량학의 고유 업무이며 영상자료 또한 일부 신호처리 이외는 영상탐측에서 다루어지고 있으므로 정보체계를 표현하는 구성요소 취득의 대부분이 측량을 통하여 이루어지고 있다.

1.4 지형공간정보학의 자료

일반적으로 지형공간정보체계의 자료는 위치자료와 특성자료로 크게 구분할 수 있다. 위치자료기반은 도면이나 지도와 같은 도형에서 위치의 값을 수록하는 정보의 파일이고, 특성자료기반은 일반적인 통계자료 또는 영상자료의 파일을 말한다. 이와 같은 위치 및 특성자료기반은 서로 연관성을 가지고 있어야 한다. 또한 지형공간정보체계 자료기반 파일은 기호파일, 초기 위치 좌표파일, 재생파일 등으로 나누어 볼 수 있으며, 지형공간정보가 수록된 각종 지도, 영상수치값(또는 영상면 수치값) 등을 처리하기 위한 파일 등이 있다.

1.4.1 지형공간정보체계의 필요성

일반적으로 도시, 환경, 토지, 자원에 관련된 행정업무에 있어서 지형공간정보체계의 필요성은 행정환경의 변화에 대응한 능동적이며 과학적인 행정체계를 구축하여야 하는 본질적 목적에 부합되어야 한다.

현대의 토지, 자원, 환경의 다각적인 문제는 삶의 질에 대한 향상욕구와 기회의 균등분배 및 행정참여의 욕구증대로 전문화, 도시화, 다원화의 현상이 심화되는 점이다.

또한 이들 분야에는 다음과 같은 측면에서 문제점이 발생하고 있다.

(1) 제도적 측면 : 통계 담당부서와 각 전문부서간의 업무연락 미약, 통계 전담부서 및 인원부족, 지역통계자료의 미약

(2) 내용적 측면 : 시간과 위치가 관련된 자료의 부족, 개념 및 기준의 불일치로 신뢰도 저하, 자료의 세분화 미비

(3) 관리 활용측면 : 자료중복조사 및 분산관리, 대부분의 통계자료가 작업의존, 통계조사 및 행정업무자료의 일반적 활용 곤란

이와 같은 문제를 해결하기 위해서는 지형공간정보체계와 같은 기법을 활용하여 정확한 정보를 제공받아 사회복지시책의 발굴 및 추진과 함께 행정절차 내용의 합리화와 사회, 경제 및 관리능력의 향상을 실현시켜야 된다. 따라서 복잡하게 변화하는 제반문제의 해결을 지형공간정보체계를 통해 실현하기 위해서는, 첫째, 관련 정보의 구조적 특성분석, 둘째, 관련 정보의 항목별 분류 및 정립, 셋째, 관련 법규를 활용한 자료의 표준화, 넷째, 정보체계 자료기반 구축의 기본구상 등과 같은 과학적이고 체계적인 구축방법이 면밀히

분석되어 추진되어야 한다.

한편, 사회 전 분야에 걸친 효율적인 관리방안과 정책조정을 위하여 지상측량, 항공영상탐측 및 원격탐측과 지형공간정보체계의 도입 및 활용이 절실히 요구됨에 따라 정확한 자료의 지속적 수집, 수집된 자료의 전송 및 전산기 입력, 효율적인 자료저장 방법, 각종 자료의 처리기법, 적합한 지형공간정보 선정 및 개발, 이미 개발된 지형공간정보와의 연결 및 호환성, 고해상도의 결과를 출력하는 기법 등과 같은 사항들이 이루어져야 한다.

따라서 지형공간정보체계가 우리나라에서 성공적으로 정착되기 위해서는 체계적이고 심도 있는 전문교육의 실시를 통한 인력양성이 절실하며, 최고관리자로부터 각 부서의 실무자까지 관련된 모든 사람들의 관심과 협력이 필요하다.

1.4.2 지형공간정보의 자료처리체계

지형공간정보체계의 자료처리체계는 자료입력, 자료처리, 출력의 3단계로 구분할 수 있으며, 보다 세부적으로는 ① 부호화, ② 자료입력, ③ 자료정비, ④ 조작처리, ⑤ 출력의 다섯 단계로 구분할 수 있다.

1. 자료입력(data input)

자료입력 과정은 지형공간자료인 위치자료, 도형자료, 영상자료 및 특성자료에 따라 방법이 다르지만 주로 키보드로 입력되는 속성자료를 제외하고는 기존의 자료 활용측면과 새로운 자료취득 측면으로 나눌 수 있다. 기존의 자료활용 측면에서 가장 많이 이용되는 것이 지도의 디지타이징과 스캐닝이며, 이는 반자동방식(디지타이저), 자동방식(스캐너)으로 구분된다. 점, 선, 면 또는 다각형 등에 포함된 지형공간적 변량을 부호화하는 데는 ① 격자형(raster)방식과 ② 선추적형(vector)방식의 두 가지가 사용된다.

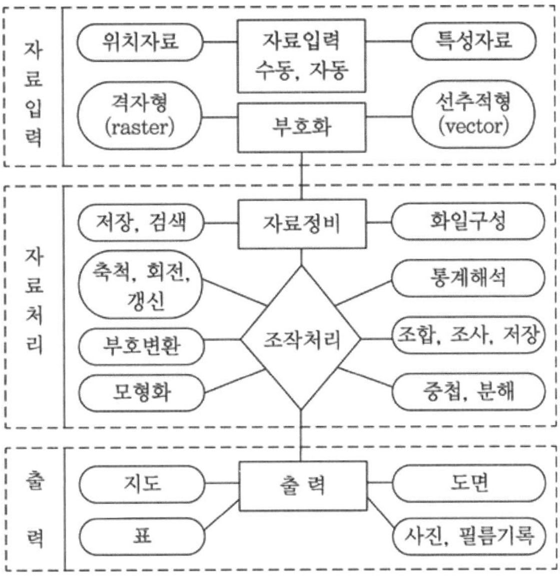

[그림 1.11] 자료처리체계

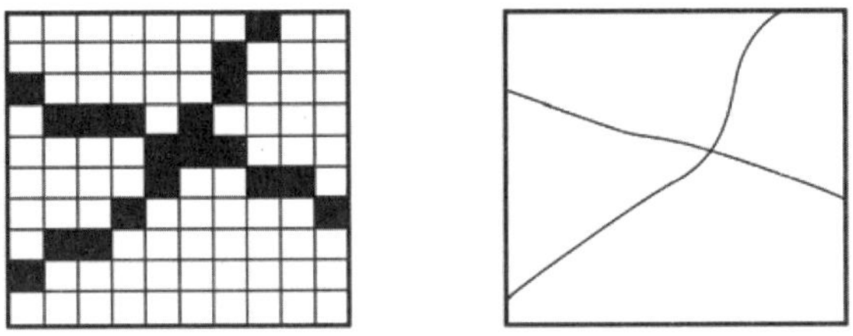

(a) 격자형 (b) 선추적형

[그림 1.12] 부호화

2. 자료처리(data processing)

1) 자료정비

자료의 방대함과 다양함 또는 응용범위의 광대함에 비추어서 자료관리 과정은 지형공간정보체계의 효율적 작업의 성공 여부에 매우 중요한 것이다. 자료유지관리는 모든 자료의 등록, 저장, 재생 및 유지에 관한 일련의 프로그램으로 구성된다.

2) 조작처리

지형공간정보체계의 분석처리에는 표면분석과 중첩분석의 두 가지 자동분석이 가능하다. 표면분석은 하나의 자료층 상에 있는 변량들간의 관계분석에 적용하며, 중첩분석은 둘 이상의 자료층에 있는 변량들간의 관계분석에 적용된다.

중첩에 의한 정량적 분석은 각각의 정성적 변량에 관한 수치지표를 부여하여 수행되며, 변량들의 상대적 중요도에 따라 경중률을 부가함으로써 보다 정밀한 중첩분석을 행할 수 있다.

정량적 해석과 경중률 부여기법에 의한 자료은행(data bank)은 두 가지 형태의 예측모형에 이용될 수 있다. 예를 들어서 평가모형은 산불 가능성, 지하수 오염, 교통체계 등의 환경특성평가에 적용될 수 있으며, 배치모형은 도시개발, 교통노선, 관개농경개발 등의 특정한 토지이용에 가장 적합한 지역결정에 적용될 수 있다.

3) 출력

지형공간정보체계는 도면이나 도표의 형태로 검색 및 출력할 수 있다. 대부분의 체계에서는 인쇄도면, 그림, 표 및 지도 등을 여러 가지 형태와 크기로 제작할 수 있으며, 관찰 및 감시(monitor screen)를 통해서 자료기반의 한 구역 또는 다중 자료기반에 관한 도형 및 도형정보를 표시해 볼 수 있다.

1.4.3 지형공간정보체계의 자료 및 운용기술 발전 동향

1. 자료의 형태와 자료기반 관리체계

1) 자료의 형태

(1) 메타자료(meta data)

지형공간정보의 메타자료(meta data)는 지형공간정보에 대한 내용, 품질, 용도, 판매가격, 조건 및 기타 특성 등의 상세한 정보를 사전에 제공함으로써 사용자의 요구에 맞는 정보의 접근을 용이하게 하는 자료 설명서(또는 자료의 이력)로써 정보에 대한 시간과 비용의 절약 및 정보유통의 효율성을 증대시킬 수 있다.

메타자료의 핵심요소는 자료품질정보, 지형공간자료 구성정보, 지형공간참조정보, 실체 및 특성정보, 배포정보, 메타자료 참조정보가 있다. 메타자료의 생성은 내부미디어(intra-media)나 미디어 내간(inter-media) 정보를 근거로 한다. 내부미디어 메타자료는 미디어 내부의 정보를 설명한다. 반면에 미디어내간 메타자료는 여러 개의 미디어와 그들 간의 관계에 대한 설명을 다룬다. 추출 함수의 종류에 따라서 내용-종속 메타자료(content-dependent metadata), 내용-특성 메타자료(content-descriptive metadata), 내용-독립 메타자료(content-independent metadata)로 메타자료를 분류할 수 있다. 메타자료의 생성방법에 있어서 메타자료는 미디어 개체에 추출 함수를 적용함으로써 생성된다. 메타자료를 추출하기 위해서 미디어 종속(media dependent), 미디어 독립(media independent), 메타상관관계(meta correlations)가 사용된다.

(2) 자료의 세밀도(LOD : Level Of Detail)

자료 중 가까운 대상은 자세히 표현하고 먼 대상은 세부적인 사항(level)을 낮추어 간략하게 표현한다.

(3) 자료기반(DB : Data Base)

서로 연관성 있는 자료들 간에 특정한 의미를 가지는 자료의 모임으로 자료의 표준화가 되어 많은 사용자가 자료를 공유할 수 있으나 초기에 자료구축 비용과 자료유지 관리비가 많이 소요된다.

2) 자료기반관리체계의 변천

(1) 관계형자료기반관리체계(RDBMS : Relational Data Base Management System)

RDBMS는 관계형 자료기반을 만들거나, 수정하고 관리할 수 있게 해주는 정보체계이다. 또한, 2차원의 행과 열로서 자료를 조직하고 접근하는 자료기반 체계로서 전형적으로 관계되는 정보들을 구조화 질의 언어를 이용하여 접근되도록 한다. 또한 다른 파일들로부터 자료 항목을 다시 결합할 수 있고 자료 이용에 효율적인 체계를 제공한다. RDBMS는 사용자가 입력하거나, 또는 응용프로그램 내에 포함된 SQL 문장을 이용하여 자료기반의 생성, 수정 및 검색 등의 서비스를 제공한다. 잘 알려진 RDBMS로는 마이크로소프트의 액세스, 오라클의 오라클11g, Ardent의 UniData 등이 있다.

RDBMS는 기업이 다양하게 변하는 업무 형태와 요구에 대해 빠른 대응을 위해서 개발되었다. 자료기반에서 가장 중요한 것은 자료기반 설계이다. 일반적으로 자료기반 설계를 하는데 전체 개발기간의 70% 이상을 소요하고 특히 실행과 밀접한 관계가 있다. RDBMS 설계에서 가장 중요한 것은 자료의 중복성을 제거하는 것이다.

(2) 객체지향자료기반관리체계(OO-DBMS : Object Oriented Data Base Management System)

객체지향 자료모형을 사용하여 자료기반에 표현되어 있는 대량의 자료를 보관, 관리하고 실세계를 표현, 모형화하는 체계를 의미한다. 사용자로부터 자료처리 요청을 받아 자료기반에 접근하여 작업을 수행하며 프로그램 내에서 처리절차보다는 조작의 대상이 되는 자료의 기능과 의미를 중요시하여 취급하는 사고방식을 말하며 이 개념을 사용하면 소프트웨어가 보다 사용자 중심이 되어 사용하기 편리하다.

(3) 객체관계형자료기반체계(OR-DBMS : Object Relational Data Base Management System)

관계형 DBMS 기술과 객체 DBMS 기술의 결합을 사용자가 자료 형식과 완성된 프로그램에 의한 일반적인 접근방법(routine method)으로 자료 형식을 처리하기 위한 저장 프로시저와 기능이 가능하도록 한 것과 자신만의 접근 방법(access method)으로 자료 형식을 효율적으로 저장하고 접근이 가능하도록 한 방법이다.

(4) 멀티미디어자료기반관리체계(M-DBMS : Multimedia Data Base Management System)

여러 명의 사용자가 동시에 대용량의 멀티미디어 자료기반을 구축, 검색, 삽입 · 삭제 · 갱신 등의 편집과 관리(보완, 회복 등) 할 수 있게 하는 것이 소프트웨어 체계이다. 또한 멀티미디어 DBMS는 각 자료형태에 속한 모든 자료를 자료 형식에 독립적으로 다룰 수 있다. M-DBMS는 기존의 DBMS기능에 내용 검색 체계 기능, 대용량 저장 체계 지원, 인터넷 지원 등의 기능을 향상 시킨 체계이다.

2. 자료운용 기술의 발전 동향

지형공간정보체계의 활용범위가 다양해지고 광역화 되어감에 따라 지형공간정보의 자료가 다음과 같이 운용되고 있다.

1) 개방형 GIS(openGIS)

OpenGIS는 GIS구축환경이 점점 다양하고 복잡해짐으로써 지형공간정보자료 공유의 필요성이 대두됨에 따라 GIS 소프트웨어들 간의 공통표준으로서 사용자들의 자신이 가지고 있는 다양한 형태의 저장자료에 대한 사용자의 접근 및 자료 처리 기능을 제공할 수 있는 지형공간정보 체계이다. openGIS를 실현하기 위한 상호가동성(interoperability)은 복잡하고 다양한 자료원과 자료형태를 지니고 있는 지형공간정보체계 관련분야를 효율적이고 경제적인 자료처리가 가능하도록 한다.

2) 기업형 GIS(enterpriseGIS)

EnterpriseGIS는 분산되어 사용되고 있는 각 부서의 지형공간정보를 자료기반 관리기술과 사용자/서버(client/server) 기술로 통합관리하는 GIS, 즉 기업형GIS를 의미하고, 경영정보체계(MIS : Management Information System)와 GIS체계를 통합하여 공동자료기반을 이용하는 것을 말한다. 이러한 기술이 가장 활발하게 운영되고 있는 예로는 은행, 대리점을 가진 업체 등을 들 수 있다.

3) 컴포넌트 GIS(component GIS)

컴포넌트 GIS란 정의된 인터페이스를 통해 특정서비스를 제공할 수 있는 소프트웨어의 최소단위라 할 수 있다. 컴포넌트 GIS는 응용프로그램, 네트워크, 언어, 도구와 운영체제를 넘어 플러그 앤 플레이(plug and play)가 가능한 독립적인 객체이다. 특정 목적의 자료기반을 개발하거나 기존의 응용을 더욱 확장시킬 수 있는 컴포넌트(component)를 요구하는 추세에 따라 구성요소를 중요시하는 기술이 등장하면서 객체(object)기술이 OLD(Object Linking Embedding), COM(Component Object Model), DCOM (Distributed Component Object Model), CORBA(Common Object Request Broker Architecture) 등으로 발전되어 가고 있다. 컴포넌트(component)는 하드웨어, 소프트웨어, 언어, 생산자, 전산환경 등에 종속되지 않고 컴포넌트별 전문적 생산으로 개발비 및 유지비를 감소시키고, GIS의 주요 client/server 개발 도구의 통합 작업형태를 제공한다. componentGIS의 등장으로 기술의 범용화가 가능해졌고, 분산환경에 적합한 통합 작업형태를 제공하게 되었다. componentGIS는 GIS 정보를 확장시킬 수 있는 도구이다.

4) 인터넷/웹 GIS

인터넷/웹 GIS는 인터넷의 기술을 GIS와 접목하여 지형공간정보의 입력, 수정, 조작, 분석, 출력 등 GIS자료와 서비스 제공이 인터넷 환경에서 가능하도록 구축된 것이다. internetGIS 구축과 관련 있는 표준 및 규약에는 openGIS, 하이퍼텍스트통신규약(HTTP : Hyper Text Transfer Protocol), JAVA, CORBA, Z39.50 등이 있고, internetGIS의 구현기법은 CGI(Common Gateway Interface), ActiveX컨트롤방식, JAVA 애플릿(applet : 작은 응용프로그램) 방식 등을 이용한다. 그리고 익스플로러(explorer)와 같은 브라우저(browser)를 이용하여 GIS자료를 볼 수 있도록 하는 것이다. 또한 인터넷/웹GIS는 대용량의 지형공간자료처리 및 GIS 애플리케이션 서버 요청과 web 서버 요청 사이의 트랜잭션 분산과 다중 사용자 처리가 중요하고 자료 근원(source) 접근을 효율적으로 분산시키므로 대량의 온라인 트랜잭션 처리와 트랜잭션의 집중을 여러 대의 서버에 분산하는데 적합하다.

5) 비즈니스 GIS(business GIS)

비즈니스 GIS는 복잡한 분석을 필요로 하지 않고 단순히 주어진 자료를 쉽게 지도로 생성하여 사용자들이 직관적으로 그 공간적 분포를 이해할 수 있도록 도와주는 기능을 갖추고 있다. 비즈니스 GIS 제품에는 지형공간 연산 및 질의 등이 포함되지 않으며 업무에서 그 사용이 빈번하고 동작을 단순화 시킬 수 있는 특징이 있다.

6) 데스크톱 GIS(desktop GIS)

데스크톱 GIS란 전문적(professional) GIS 성능에는 미치지 못하지만 최근 그 성능면에서 급속히 발전하는 탁상 PC(데스크톱 PC) 상에서 사용자들이 손쉽게 지형공간정보의 도면화와 지형공간분석을 수행할 수 있는 소프트웨어를 말한다. desktopGIS의 활용으로는 고객관리 및 분석, 입지선정분석, 자연보호에 활용, 교통사고 위험지역 분석 등 다양한 지형공간분석이 이루어지고 있다.

7) 전문적 GIS(professional GIS)

전문적 GIS는 각 분야의 전문성과 특정목적에 적용시킬 수 있는 GIS이다. 전문적 GIS

에서는 특성자료를 RDBMS와 연동할 수 있으며 각 제품에 따른 다양한 지형공간자료모형으로 위상관계를 형성할 수 있는 기능을 제공한다. 또한 데스크톱(desk top)이나 워크스테이션 이상의 설치영역(platform)에서 운영되어 효율적인 지형공간분석 기능과 지도작성 기능을 제공한다.

8) 가상 GIS(virtual GIS)

가상(virtual) GIS는 지형공간 세계를 3차원적인 가상공간으로 모형화하여 사용자로 하여금 고도의 현실감 속에서 가상 세계를 통해 각종 GIS 분석을 가능하게 해주는 정보체계를 말한다. 즉 2차원으로 입력되어 있는 지형공간자료를 실제와 같은 3차원의 지형공간자료로 보여주는 정보체계로 다양한 종류의 3차원 지상 및 지하 시설물을 모형화하고 분석 처리할 수 있는 기능을 제공한다.

9) 모바일 GIS(mobile GIS)

모바일 GIS는 언제, 어느 장소에서나 지형공간정보에 기반을 둔 유무선환경의 통신망을 통해 현재 위치 기반의 필요 정보를 제공할 수 있도록 구현된 GIS로써 위치기반 서비스, 텔레매틱스, 지형공간정보기반 고객관계체계(g-CRM) 및 무선 판매관리시점(POS : Point Of Sales)을 이용한 유통관리 체계 등의 현장 지원 체계에 활용되고 있다. 모바일 GIS 기술은 사용자의 요청에 의해 서버에서 보유한 위치정보 및 특성정보를 검색, 처리한 결과 값을 유/무선통신망을 통해 사용자가 원하는 클라이언트(client)로 보내주는 것을 기본으로 하고 있으므로 웹 GIS의 개념에 이동통신망 등의 무선 통신망과 휴대용 단말기(PDA, Pocket PC, Cellular Phone 등)가 결합된 형태이다.

10) 3차원 GIS

기존의 2차원 GIS는 실세계의 지형공간요소를 2차원적인 점, 선, 면의 객체로 추상화, 일반화함으로써 많은 정보의 손실을 가져온다는 단점이 있다. 3차원 GIS(지형공간정보체계)는 이러한 2차원 GIS(지리정보체계)의 한계를 극복하여, 현실세계를 사실적으로 표현해 줌으로써 좀 더 가시적이고 정량적 분석이 가능한 장점이 있다. 또한 3차원 지형 및 시설물의 연동 관리, 3차원 지형공간정보가 위상학적인 자료구조를 다양하게 관리하여 3차원 지형공간정보의 검색, 편집, 분석이 가능하고 사용자 질의처리 및 몰입적 상호작용을 지원한다. 3차원 GIS는 사용자가 가시적이고 정량적 분석을 신속하게 할 수 있어 현실 같은 가상세계에서 쉽게 정보를 이해하고 의사 결정을 할 수 있게 하는 체계이다.

11) 비디오 GIS(video GIS)

비디오 GIS(Video GIS : Video Geospatial Information System)이란 비디오 영상을 기반으로 하여 직접 사용자와 상호작용이 가능하고 지형공간자료를 분석 · 가공하는 것으로 지형공간정보 자료가 실제로 어떠한 모습으로 존재하고 있는지에 대한 정보를 얻을 수 있는 체계다. 이러한 영상 정보를 통해서 사용자는 현실 세계와 컴퓨터상으로 표현되는 지형공간정보 자료의 관계성을 더 정확하고 빠르게 알아볼 수 있다. 비디오 GIS를 구축하기 위하여 요구되는 비디오 자료 취득 및 위치관측을 위한 기술, 영상 처리 및 지형공간 객체 추출을 위한 기술, 연계정보 구축을 위한 기술 등이 있다. 텔레매틱스 기술과 연계하여 실시간으로 취득되는 영상정보와 항법자료를 기반으로, 운전자에게 현실감과 인지력, 편의를 제공할 수 있는 차량항법 기술 개발이 이루어져 가고 있다.

12) 지능형교통체계

지능형교통체계(ITS : Intelligent Transport System)는 고도의 정보처리 기술(전자, 제어, 통신 등)을 교통운용에 적용시킨 것으로 도로, 운전자, 차량, 신호체계, 대중교통 이용자들에게 매순간의 교통상황에 따른 적절한 대응책을 제시함으로써 원활한 교통소통과 교통시설의 효율적 운영, 운전자의 편의성과 안전성을 극대화하는 첨단의 도로교통체계이다. 지능형교통체계의 구성으로는 첨단교통관리, 첨단교통정보, 첨단대중교통, 상용차량운행, 첨단차량제어체계로 크게 5개 분야로 구분할 수 있다.

(1) 첨단교통관리체계(ATMS : Advanced Traffic Management System)

도심 및 교통수요의 통제와 조정을 통하여 교통량을 노선별로 적절히 분산시키고 지체시간을 줄여 도로의 효율성을 증대시키는 체계이다.

(2) 첨단교통정보체계(ATIS : Advanced Traffic Information System)

차량 내 · 외부 표시장치 및 단말기를 통하여 각종 교통정보를 제공하여 안전하고 쾌적한 이동을 지원하는 체계이다.

(3) 첨단대중교통체계(APTS : Advanced Public Transportation System)

버스, 지하철, 다인승 차량 등 대중교통을 효율적으로 운행관리하며, 현재 도로상에서 운행되는 버스, 지하철 등의 위치를 식별하여 운행상태를 파악하는 등 대중교통 운영정보와 요금징수를 자동으로 관리할 수 있는 체계이다.

(4) 상용차량운행체계(CVO : Commercial Vehicle Operations)

운행 중인 트럭, 택시, 버스 등 상업용 차량의 위치를 파악하고 고객이나 화물을 효율적으로 연결시켜 빈 차량의 운행이나 교통지체를 줄이고 통행속도를 높여 운행비용을 절감시키기 위한 체계이다.

(5) 첨단차량제어체계(AVCS : Advanced Vehicle Control System)

이 체계는 운전자의 운전행위를 도와주는 것으로 차량 내 · 외부에 송수신 장치를 장착하여 주행 중 차량간격, 차선위반여부, 속도 등의 안전운행에 관한 체계이다.

13) 위치기반서비스

(1) 의의

LBS(Location Based Services)란 위치기반 서비스로 필요한 장소, 필요한 시간에 위치기반 정보를 전달하는 응용분야로 정의할 수 있다. 위치기반 서비스는 이동식 사용자가 그들의 지리학적 위치, 소재 또는 알려진 존재에 대한 서비스를 받도록 하는 것[미국의 연방통신위원회(FCC : Federal Communications Committee)의 정의]으로 사용자는 이러한 서비스를 컴퓨터, 휴대폰, PDA(Personal Digital Assistant), 무선호출기 등의 장비를 이용하여 접근할 수 있다. LBS에서 사용자의 위치를 결정하는 방법으로는 크게 기존 이동통신 기지국 망을 이용하는 방법과 GPS를 이용한 방법으로 구분되고 있다.

(2) 위치 결정

① 기존의 이동통신망을 이용한 사용자의 위치 결정

AOD(Angle Of Arrival) 방식 : 2개 이상의 기지국에서 단말기로부터 오는 신호의 방향을 관측하여 방위각을 이용한 단말기의 위치를 결정한다.

TOP(Time Of Arrival) : 3개 이상의 기지국으로부터의 전파전달 시간을 이용하여 거리를 기반으로 위치를 결정한다.

② GPS 및 Galileo를 이용하여 사용자의 위치를 결정

③ 이동객체(DBMS : Data Based Mobile System)를 이용하여 위치정보 취득

④ Cell ID 방식

이용자가 속한 기지국의 서비스 셀ID를 통해 이용자의 위치를 결정한다.

(3) 문제점

LBS의 그 활용성이 방대하고 많은 이점을 지니고 있지만 개인정보유출 및 사생활 보호, 무선광고 등의 범람에 관한 문제가 해결되어야 한다. 이러한 문제는 법적으로 규제가 되어야 하며 기술적 해결방안에는 통지, 동의, 보안 그리고 기술적 중립성 등이 반드시 포함되어야 한다.

(4) 응용분야

지형공간정보를 활용한 유비쿼터스 시대의 가장 중요한 서비스로 위치기반서비스(LBS)가 주목을 받고 있다. LBS은 대부분의 통신 회사들이 자신들의 망 내에서 유선 또는 휴대전화 기반의 위치 추적 기술을 가지고 있다. 현재 LBS는 엔터테인먼트 위주로 '친구 찾기'와 같은 형태로 발전하고 있으나 향후에는 사람뿐만 아니라 자동차나 화물, 물체의 위치정보를 바탕으로 다양한 부가 서비스를 제공하게 될 것으로 예상된다. 주로 항법장치, 응급수송, 고객의 위치를 이용한 광고 및 마케팅, 도난차량 회수 등에 사용되고 있다.

14) 유비쿼터스(Ubiquitous)

(1) 의의

유비쿼터스(Ubiquitous)는 라틴어 어원으로 '동시·도처에 존재하는(being or seeming to be everywhere at the same time), 편재(遍在)하는(omnipresent)' 등의 뜻 즉, 시간과 장소에 구애받지 않고 언제 어디에서나 원하는 정보에 접근할 수 있는 기술이나 환경을 의미하는 것으로 1988년 Xerox의 PARA(Palo Alto Research Center)의 Mark Weiser가 처음으로 주장하였다. 실세계의 각종 제품들과 환경 전반에 걸쳐 컴퓨터들이 존재하게 하되, 이들이 사용자에게는 컴퓨터로서의 겉모습을 드러내지

않도록 환경 내에 효과적으로 내재시키는 기술을 의미한다. 세분화 시키면 물리공간을 지능화하는 유비쿼터스 컴퓨팅(Ubiquitous computing)과 물리공간에 펼쳐진 각종 사물들을 언제(anytime), 어디서(anywhere, anyplace), 어떤 장치(any media)임에 구애받지 않고 망으로 연결하는 유비쿼터스 조직망(UN : Ubiquitous Network)으로 구분할 수 있다.

① 유비쿼터스 환경에서 정보를 교환하는 상대는 '사람과 사람' 중심에서 '사람과 기계'로 바뀌고 있으며, '기계와 기계'간의 통신도 증가하고 있다.

② 유비쿼터스의 특징은 기기가 눈에 보이지 않아야 하고 유비쿼터스 망은 언제 어디서나 사용이 가능해야 하며, 반드시 망에 연결되어 있어야 한다.

③ 유비쿼터스 정보기술을 활용한 차세대 전자정부의 서비스 모형은 빠른접속(fast), 상시접속(always on), 모든 곳(everywhere)에서 접속, 쉽고 편리한(easy & convenient) 이용, 온·오프라인 연계(on-off line connection), 지능화(intelligent) 그리고 자연스러운 사용(natural)이 가능한 서비스를 지향한다.

(2) 기술의 문제점

① 모든 사물에 편재된 컴퓨터의 소유 및 설치 문제

- 소유자에 따라 설치 컴퓨터의 목적 및 사양이 달라질 수 있음
- 유비쿼터스 환경은 오랜 시간에 걸쳐 광범위하게 진행되므로 시간에 따라 또는 지역에 따라 설치 체계가 달라질 수 있음

② 공공시설에 설치된 컴퓨터의 보안성 문제

- 현재로서는 공공시설로의 접근은 용이한 편으로 컴퓨터의 조작 가능성이 존재한다.
- 개인보안장치를 이용한 체계 접근도 공공시설의 접근포인트(access point)에서는 보안성을 보장받지 못함 → 광범위하게 설치되는 컴퓨터에 대한 관리 및 법규 문제가 있다.

③ 필요 시 사용할 수 있는 보편성 및 신뢰성 문제

- 언제, 어디서나 사용자가 원할 때 사용할 수 있기 위해서는 access point에 대한 보편성 및 신뢰성이 필수적이다.
- 사용자가 지금이라도 불편을 느낀다면 자신만의 정보기기를 휴대할 것이다(공중전화

도 유비쿼터스의 한 형태로 생각할 수 있으며 사용자는 이를 외면하고 무선기기를 휴대함).

(3) 활용분야

개인이 살기 좋은 최적의 상태를 유지하기 위해 주위에 산재한 '위험요소'를 제거하는 서비스로 노부모 모니터링, 필요한 지원을 제공하는 조직(병원, 경찰서, 의사, 공공건강센터, 관련 커뮤니티 등) 등과 연결한다. 유비쿼터스를 활용한 전자정부 서비스는 다음과 같다.

① 조세부문

상품 스캔과 동시에 조세담당 행정기관에 정보가 전달되어 과세 및 세금징수 등이 가능하다.

② 환경부문

부품이나 폐기물에 RFID장착으로 리사이클 등을 효율적으로 관리 가능하다.

③ 보건의료부문

복지를 위한 인적자원의 고갈문제와 새로운 서비스 기대수준에 대응하는 서비스 제공이 가능하다.

④ 교통부문

향상된 내비게이션 서비스가 가능하다.

⑤ 방재 및 방범

산불, 홍수, 가뭄 등 자연재해 등을 자동 감지하여 대책 서비스 제공이 가능하다.

⑥ 유지 · 보수 부문

수도, 전기, 가스 등의 공공시설에 대한 효과적인 보수로 인한 비용절감이 가능하다. 향후 기술 발전 가능성과 발전 속도를 감안할 때, 신기술인 유비쿼터스 정보기술이 공공서비스에 이식되어 서비스 제공 방식과 서비스의 파급효과를 혁신적으로 변화시킬 차세대 전자정부서비스로의 실현가능성은 매우 높다.

⑦ U-City

첨단 정보통신기반과 유비쿼터스 정보서비스를 도시지형공간에 융합하여 생활의 편의증대와 삶의 질을 향상, 체계적 도시관리에 의한 안전과 주민복지증대, 신상업창출 등 도시기반기능을 혁신시킬 수 있는 첨단도시가 U-City이다.

⑧ U-생태도시(U-Eco City)

생태도시(Eco-city)는 자연환경의 변화 및 지구환경문제에 대한 위기의식에 의해 자원, 에너지기술, 자원복원기술 등을 기반으로 이루어진 도시를 뜻한다. 생태도시 건설의 국면(paradigm) 변화와 미래도시에 대한 새로운 요구에 따라 차세대 도시환경인 U-City와 지속가능한 생태도시의 개념이 융·복합된 새로운 형태의 도시가 U-생태도시(U-Eco City)이다.

1.4.4 지형공간정보학에 관련된 학술분야

지형공간정보 관리기법을 충분히 활용하기 위해서는 측량학 및 측지학(surveying and geodesy), 영상탐측학[imagematics 또는 사진측량(photogrammetry)], 지리학(geography), 전산과학(computer science), 수학(mathematics), 토목공학(civil engineering) 등의 지형공간정보를 다루는 학문에 대한 체계적이고 깊이 있는 교육 및 연구가 선행되어야 하며, 이를 바탕으로 각 부분간의 긴밀한 협조를 통한 통합적인 연구와 사업의 시행이 이루어져야만 실질적인 효과를 거둘 수 있다.

지형공간정보체계와 관련된 중요 기법으로 다음과 같은 것들을 들 수 있다.

(1) 도면자동화(AM : Automated Mapping)
(2) 시설물관리(FM : Facilities Management)
(3) 전산지원제도(CAD : Computer-Aided Drafting)
(4) 전산지원제도 및 설계(CADD : Computer-Aided Design & Drafting)
(5) 전산지원제도제작(CAM : Computer-Aided Mapping)
(6) 수치영상처리(DIP : Digital Image Processing)
(7) 형태인식(PR : Pattern Recognition)
(8) 인공지능(AI : Artificial Intelligent)
(9) 범세계 위치결정 체계(GPS : Global Positioning System)

(10) 수치형상모형(DFM : Digital Feature Model)

(11) 자료기반 관리체계(DBMS : Data Base Management System)

(12) 지형처리 및 망해석(GNA : Geoprocessing and Network Analysis)

(13) 다목적 지적(multipurpose cadastre)

지형공간정보체계에서 형상 및 위치정보와 도형정보의 기본은 좌표기준이다. 따라서 측량학 및 측지학의 지식 없이는 좌표기준을 처리할 수 없을 뿐만 아니라 자료기반 구축도 불가능하다. 또한 지형공간정보체계 구성에 있어서 자료기반구축 비용은 전체비용에 70% 이상을 점유하고 있다.

지형공간정보체계의 핵심을 이루는 주요 분야는 다음과 같다.

1. 측량학 및 측지학

1) 측량학(測量學, surveying or geomatics)

측량학은 지구 및 우주공간에 존재하는 제점간의 상호위치관계와 그 특성을 해석하는 것으로서 위치결정, 도면화 및 도형해석, 생활공간(지상, 지하, 해양, 시설물 및 우주공간)의 개발과 유지관리에 필요한 자료제공, 정보의 정량화(定量化), 경관(景觀)의 관측, 해석 등을 통하여 쾌적한 생활환경의 창출에 기여하는 학문이다.

측량학의 처리순서는 대상물에 대한 조사(investigation), 관측(observation), 정량화(quantification), 계획 및 설계(planning & design), 평가 및 유지관리(assessment & management)에 의하여 이루어지고 있다.

또한 측량학의 정량적 처리에 있어서는 평면, 곡면 및 공간을 고려한 거리와 각의 조합해석에 의하여 위치(수평, 수직 또는 삼차원위치)를 결정하고, 그 위치를 시간 또는 도형(graphics)과 함께 해석함으로써 자연물 및 시설물의 개발과 관리에 크게 기여하고 있다.

최근 측량학은 측량기기의 발달과 항공기, 인공위성 관측 등에 의한 토지, 자원, 환경 및 우주과학기술개발에 필수적인 학문으로 급성장하고 있다.

2) 측지학(測地學, geodesy)

측지학은 지구에 대한 특성을 해석하는 것을 주목적으로 하는 학문으로 기하학적 측지학(지구의 형상, 크기 등)과 물리학적 측지학(지구의 운동, 지자기, 중력, 지구내부특성 등)으로 대별되며, 제반 대상물에 대한 정량화를 수행하는 측량과는 상호보완적인 관계이다. 넓은 지구표면의 지형과 중력의 변화를 헤아리는 측지측량을 하기 위해서는 측지학의 지식을 필요로 하고 있다.

3) 영상탐측학(映像探測學, imagematics)

영상탐측학은 전자기파에 의한 영상을 이용하여 대상물에 대하여 정성 및 정량적인 해석을 하는 학문이다. 영상탐측은 지상카메라에 의한 지상영상탐측, 항공기에 탑재된 카메라 영상에 의한 탐측, 항공기나 인공위성에 탑재된 센서(sensor)에 의한 탐측[원격탐측(RS : Remote Sensing)]으로 대별된다.

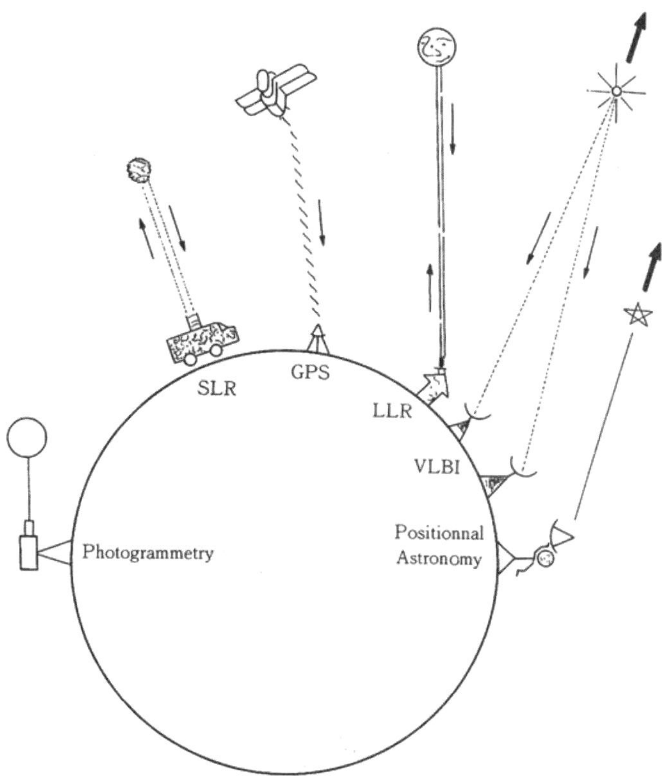

[그림 1.13] 지상 이외의 영역측량(Extra-Terrain Survey)의 개념도

원격탐측은 대상물에서 반사 및 복사되는 전자기파를 인공위성에 탑재된 다양한 감지기로 취득된 영상을 분석하여 토지, 환경, 도시 및 자원에 대한 정보를 얻을 수 있는 기법이

다. 먼 거리에 있는 대상에 대하여 직접적인 접근 없이도 센서(sensor)에 의한 정보취득이 가능하다하여 원격탐측이라는 단어를 사용하게 되었다.

4) 지리학(地理學, geography)

지리학은 인간의 터전을 이해하는 데 도움이 된다. 또한, 지리학은 지형공간분석에 있어서도 중요하게 사용되며, 지형공간적 인식과 분석을 하기 위한 기법을 제공한다.

5) 지도제작(地圖製作, cartography)

지도제작은 지형공간정보의 자료제공에 중요한 역할을 한다. 현재의 지형공간정보체계에 대한 입력자료의 주요 원천은 지도이며, 출력의 형태도 지형도의 형태가 주이다.

전산기 지도제작기술은 수치적 표현, 지도제작 특징의 조정, 시각화 방법에 대한 기법을 제공한다.

6) 통계학(統計學, statistics)

지형공간정보체계를 사용하여 만든 많은 모형은 통계학적 기법 분석을 이용하여 만들어진다. 통계학은 지형공간정보체계 자료에서 오차의 불확실성의 문제를 이해하는 데 중요한 몫을 한다.

7) 공정관리(工程管理, operation research)

지형공간정보체계의 많은 응용은 공정관리를 위한 의사결정에 최적기법으로 사용되고 있다.

8) 전산과학(電算科學, computer science)

전산지원설계(CAD)는 3차원에서 자료입력, 출력, 시각화, 재현을 위한 기법과 소프트웨어에 큰 기여를 하고 있다. 전산도형의 발전은 시각화의 기법, 도형 대상물의 출력과 취급을 위한 전산 소트프웨어를 제공한다. 자료기반 관리체계(DBMS)는 수치형태, 체계 설계를 위한 절차와 자료의 많은 양을 다루기 위한 방법을 제공한다. 또한, 인공지능(artificial intelligence)은 지도의 특성을 일반화시키고 지도를 설계하는 것과 같은 기능에서 전문가로서 활동할 수 있는 의사결정 전산기와 인간의 지능을 설계하는 것과 같은 기능에서 전문가로서의 활동으로 의사결정과 인간지능을 개발할 수 있는 방법에 전산기의 이용이 다양해지고 있다(비록 지형공간정보체계가 인공지능의 이점을 최대한 이용하지는 않지만 인공지능은 이미 체계설계를 위한 기법과 방법을 제공한다).

9) 수학(數學, mathematics)

수학에서 기하학과 도형학(graphics) 이론은 지형공간자료의 분석과 지형공간정보체계 설계 및 처리에 사용된다.

10) 토목공학(土木工學, civil engineering)

토목공학은 자연과 문명의 조화를 이루기 위하여 사회기반시설에 관한 조사, 계획, 설계, 시공 및 유지관리를 다루어 왔으나 최근 첨단과학기술의 복합적인 기술활용과 인공위성관측을 이용한 우주과학기술개발에도 기여하고 있는 공학분야로 성장해가고 있다. 또한 지형공간정보체계의 중요한 자료들을 제공하고 이용하는 상호보완적인 역할도 하고 있다.

1.5 지형공간정보학의 활용

지형공간정보학을 활용한 지형공간정보체계의 소체계는 다음과 같다.

1. 토지정보체계(LIS : Land Information System)

토지정보체계는 지형분석, 토지의 이용, 개발, 행정, 다목적 지적 등 토지자원 관련 문제해결을 위한 정보분석체계이다. 토지정보체계를 이용하여 다목적 국토정보체계 구축(표준좌표체계, 고정밀도 대축척 기본지도, 전국 지적정보체계, 표준특성자료파일), 건설계획과 환경보호의 조화를 이룬 최적계획수립, 발전소위치 설정계획(환경, 토지이용, 인접발전소 위치 등을 고려한 수력, 화력, 풍력 발전소 계획수립), 수치형상모형[數値形象模型, DFM : Digital Feature Model-수치지형모형(DTM : Digital Terrain Model), 수치고도모형(DEM : Digital Elevation Model), 수치외관모형(DSM : Digital Surface Model)]을 이용한 지형분석, 경관정보, 등기부의 자료기반화와 공정자산 정보관리를 할 수 있는 토지부동산 정보관리체계 및 다목적 지적정보체계 등 토지에 관한 각종 정보체계를 구축하여 활용하고 있다.

2. 지리정보체계(GIS : Geographic Information System)

지리정보체계는 지리좌표에 관련된 도형 자료를 효율적으로 수집, 저장, 갱신, 분석하기 위한 정보체계이다. 즉, 지도, 통계자료 등 지리자료, 특성자료의 입력, 정비, 가공 DB 구축, 분석, 출력에 관련된 일련의 정보체계를 말하는 것이다.

지리정보체계를 이용하여 계획요소의 지리적 분포, 통계분석의 가시적 표시 및 변화추출을 할 수 있는 행정업무지원체계, 공중보건위생관리체계, 야생동식물보호관리체계, 교육 및 학제관리, 경영 및 판매전략수립을 효과적으로 할 수 있다.

3. 도시 및 지역정보체계(UIS/RIS : Urban And Regional Information System)와 국토정보체계(NLIS : National Land Information System)

도시정보체계는 도시계획 및 도시화 현상에서 발생하는 인구, 자원 및 교통의 관리, 건물면적, 지명, 환경변화 등에 관한 자료를 다루는 체계로서, 도시현황파악 및 도시계획, 도시정비, 도시기반시설관리를 효과적으로 할 수 있다. 지역 및 국토정보체계(RIS/NLIS)를 이용하여 국민소득, 물가통계, 인구, 토지, 자원, 사회복지, 국가총예산회계 등을 고려하여 국정기본 정보 수집에의 활용 및 조직망을 구성할 수 있다. 또한, 대규모 건설공사계획 수립을 위한 지질, 지형 자료 체계 구축을 하기 위해 수치지형자료 및 지리, 지질, 토양 등의 특성자료, 도로망, 철도망 등 수송체계를 고려한다. 지역계획자료 체계를 구축하여 공업, 상업자료, 농어업 자료, 인구, 도시건설자료와 위치 및 지도자료를 결합하여 분석할 수 있으며, 교통망 · 공공설비망을 기본으로 국토정보체계 자료기반구축을 할 수 있다.

4. 수치지도제작 및 지도정보체계(DM/MIS : Digital Mapping and Map Information System)

수치지도제작은 지상측량, 항공영상탐측 또는 기존 지형도의 입력 등에 의하여 대상 지형(지모 · 지물)의 위치 및 특성자료를 수치형태로 입력하고, 편집 · 가공함으로써 도면 형태, 자기테이프 등의 소요형태로 지형도면 또는 수치정보를 얻는다. 측량체계에 의해 수치지도를 제작하는 것을 일반적으로 수치지도제작이라 한다.

수치지도제작은 위치, 지모, 지물, 기타 속성자료를 종합한 다목적 수치주제도 작성을 통하여 지형공간정보체계의 기준자료를 제공한다. 수치지도제작을 하는 방법에는 기존지도의 스캐너에 의한 수치지도제작, 지상측량자료에 의한 수치지도제작, 항공영상, 지상사진을 이용한 수치지도제작, 인공위성(KOMPSAT, IKONOS, SPOT, GPS 등)을 이용한 수치지도제작, 입체영상접합(stereo image matching) 기법을 이용한 지형도작성의 자동화 등이 있다.

지도정보체계는 수치지도의 활용면에 중점을 둔 정보체계로서 생활편리정보, 관광 및 위락 정보, 판매 경영정보(area marketing and business information), 차량운행 및 보행자 안내정보, 부동산 유통정보, 토지평가 및 토지가옥 관리정보, 안전관리정보 등이 있다.

5. 도면자동화 및 시설물관리(AM/FM : Automated mapping and Facility Management)

도면자동화는 소프트웨어를 이용하여 지형공간정보를 생성, 수정 및 합성하여 시설물관리를 효과적으로 하기 위한 체계이다. 도면자동화는 지도자료, 지점 또는 축척 등의 다양한 도면에 대한 정보를 조합하여 출력할 수 있는 체계이다. 이 체계는 시설물 관리체계에서 이용되는 지도나 도면을 수치정보화한다.

도면자동화란 수치적 방법에 의한 지도제작공정 자동화에 중점을 두는 것으로서, 주로 관련시설물 관리를 위한 기본도 및 현황도 제작과 대축척 지도제작에 중점을 둔다. 이러한 도면자동화를 기본으로 하여 상수도시설 관리체계, 하수도시설 관리체계, 전화시설 관리체계, 전력시설 관리체계, 가스시설 관리체계, 도로시설관리, 철도시설관리, 유선방송(CATV) 시설관리, 공항시설관리, 항만시설관리 등을 효율적으로 관리할 수 있다.

6. 측량정보체계(SIS : Surveying Information System)

측량정보체계는 광파종합관측기(TS : Total Station)에 의한 수치지형도 작성 및 DTM 자료기반구축을 하는 측량 및 조사정보체계, GPS 위성측량에 의한 3차원 위치를 결정하는 측지정보체계, 항공영상을 이용한 정밀 지형도 작성을 할 수 있는 사진측량정보체계, 위성영상의 분석처리에 의한 자원탐사, 환경변화를 검출할 수 있는 원격탐측정보체계를 통틀어 측량정보체계라 한다.

7. 도형 및 영상정보체계(GIIS : Graphic and Imagery Information System)

도형 및 영상정보체계는 적 · 녹 · 청의 명도, 색상, 채도변환을 이용한 고해상도 천연색 인공위성 영상의 수치영상처리를 기본으로 하여, 인공위성 영상의 수평위치 및 고도추출점 정확도를 향상시켜 2차원과 3차원 도형자료를 분석하는 체계를 말한다.

도형 및 영상정보체계를 이용하여 수치영상접합(DIM : Digital Image matching) 기법에 의하여 지형 추출점의 판별자동화 및 수치지형모형(DTM)을 생성할 수 있으며, 영상복원 및 입력부호화(encoding) 기법을 이용한 고속이동물체 영상의 선명도를 향상시켜, 핵자기공명 영상(NMRI) 처리에 의한 선명도 개선 및 3차원 입체영상을 재현 할 수 있다.

8. 교통정보체계(TIS : Transportation Information System)

교통정보체계를 이용하여 육상교통관리, 해상교통관리, 항공교통관리, 교통계획 및 교통영향평가를 할 수 있으며, 교통량 · 노선연장 · 운수업 · 화물수송량 · 도로보수공정 · 도로완공일정 등을 효과적으로 관리할 수 있다. 교통정보체계에는 철도운송체계현황, 고속도로교통현황, 국내 선박여객 운수량, 운행시간표, 항만관리체계, 항만 및 항로시설물 조직망구성, 공항별 화물운송량, 운행 횟수, 공항창고 출입량, 적재량, 항공운송정책 조사자료 등이 들어 있다. 지능형 교통체계(ITS, Intelligent Transportation System)의 활용성이 증대되고 있다.

9. 환경정보체계(EIS : Environmental Information System)

환경정보체계는 대기오염정보, 수질오염정보, 고형폐기물처리정보, 유해폐기물위치평가와 관련된 전산정보체계를 환경정보체계라 한다. 환경정보체계를 활용하여 산업체 입지분포, 풍향, 지형특성 등을 고려한 대기오염 예측 및 분석을 할 수 있으며, 하천수계별 수질오염분석, 화력 및 원자력 발전소의 냉각수의 온도확산 분포조사, 오염물 확산 평가, 산업쓰레기, 고형폐기물 처리를 위한 소각장, 매립장, 입지선정 및 영향평가, 원격탐측과 공간분석기법을 이용한 유해 폐기물 위치평가, 골프장 건설에 의한 자연환경, 생활환경, 생태계, 경관변화 예측 및 영향평가, 고층건물 및 대형시설물 건설에 따른 일조량 변화, 경관변화, 교통흐름 및 교통량 변화 대책수립을 체계적으로 할 수 있다.

10. 자원정보체계(RIS : Resource Information System)

자원정보체계는 농산자원정보, 삼림자원정보, 수자원정보, 지하자원 정보 등과 관련된 정보체계를 자원정보체계라 한다. 자원정보체계를 활용하여 위성영상과 지형공간정보기법을 활용한 농산물 작황조사, 병충해 피해조사, 수확량예측, 수목성장도, 수종별분포, 토양 및 토질, 지표특성 등을 고려한 삼림자원경영 및 관리대책 수립, 수리, 강수량, 유량, 함수비, 증발량, 기상, 수질, 지하수 등을 고려한 수문자료기반구축, 수자원계획, 수리, 수문에 관한 정기간행물 등의 자료기반 구축, 농업용수, 저수지운용, 상수도, 강설량 등을 고려한 수자원 모형 수립, 석탄 · 석유 수급현황분석 및 비상시 공급체계 대책수립을 세울 수 있다.

11. 조경 및 경관정보체계(LIS/VIS : Landscape and Viewscape Information System)

조경 및 경관정보체계는 수치형상모형, 조경을 이용한 환경해석, 경관요소 및 계획대안을 고려한 다양한 모의관측이 가능하여, 최적 경관계획안 수립을 가능하게 한다. 조경 및 경관정보체계를 이용하여 수치지형자료와 계획요소의 조합에 의한 경관조사, 계획 및 평가를 할 수 있으며, 3차원 도형해석과 수목, 석재 등을 이용하여 조경설계를 하며, 도로경관, 교량경관, 터널경관, 도시경관, 하천 및 호수경관, 항만경관, 자연경관 및 경관개선대책수립을 할 수 있다. 또한, 산악도로건설에 따른 외부경관 변화예측 및 자연경관보존, 생태계 피해 최소화를 위한 시설물, 조경계획 수립시 전원도시의 아름다운 skyline 보존과 개선을 위한 건축물 형태, 크기, 규제, 지침수립시 고층건물, 전망탑 등 지상표지(landmark) 건설계획에서의 경관평가시에도 이용된다.

12. 재해정보체계(DIS : Disaster Information System)

재해정보체계는 홍수방재체제 수립, 지진방재체제 수립, 민방공체제구축, 산불방재 등의 대책수립시 필요하다. 재해정보체계를 이용하여 수계특성, 유출특성 추출 및 강우빈도와 강우량을 고려해 홍수도달시간을 예측할 수 있고, 지진 빈발지역의 정기적 탐측에 의한 이상 징후, 수집체계 구축, 지구과학 정보의 종합해석을 통한 지진예측, $C^4 I$(Command, Control, Communication, Computer and Intelligence) 체제에 의한 긴급출동 및 범죄예방체제 구축, 수종, 산악지형, 풍향, 토지경사, 주변지역 급수대책 등을 고려하여 적절한 산불방재대책을 수립할 수 있다.

강수량, 토질, 사면경사, 골프장 시설물 건설에 따른 지형변화 등을 고려한 산사태 방재대책, 인공위성 영상분석에 의한 핵누출사고 탐지 및 경보, 방사능 물질 운송경로추적 및 영향평가, 원자력발전소 위치 선정 및 방사능 오염 모의관측 등도 할 수 있다.

13. 해양정보체계(MIS : Marine Information System)

해양정보체계는 해저영상수집, 해저지형정보, 해저지질정보, 해수유동, 해상정보 등을 포함한다. 해양정보체계를 이용하여 측면주사측심기(side scan sonar)에 의한 해저영상수집 분석, 초음파탐측에 의한 해저지형 및 해양지질조사, 해석영상처리에 의한 해저지질구조 분석 및 해양지하자원탐측, 조류와 조석 관측에 의한 파력 에너지 활용대책수립, 인공위성영상 자료결합분석에 의한 어로자원 이동상황 및 어장 현황예측을 할 수 있다. 또한, 인공위성 영상을 이용한 극지역 해양에서의 빙하유동 상황추적 및 이동경로예측, 항공방재대책 수립시나 해상관측자료와 시계열 분석을 이용한 조석예보, 해일 등에 의한 해안지역 피해예보를 하는 데 이용된다.

14. 기상정보체계(MIS : Meteorological Information System)

기상정보체계는 지상 및 인공위성의 영상분석에 의한 기상변동예측 및 장기간 일기예보체계 구축, 기후 및 기상관측의 자료전송 조직망(network) 구성, 기상정보의 실시간처리체계 구축, 위성영상 자료해석과 기상예측 모형의 발전방안을 수립, 기상위성 관측자료와 지형특성을 고려한 태풍경로추적 및 피해예측 등을 할 수 있다. 또한, 농업기상정보, 어업기상정보, 등산, 낚시 등 여가활용(recreation) 기상정보, 야외행사 일정계획 수립 등도 기상정보체계를 이용하여 효과적으로 할 수 있다.

15. 국방정보체계(NDIS : National Defense Information System)

국방정보체계는 인공위성자료를 이용한 적(敵)지역 지형도작성 및 지도 자료기반 구축, 시계열 영상분석(time-series analysis)에 의한 적정 변화 탐지 및 대응체제 수립을 할 수 있고, 위성영상 · GPS · 수치지형모형자료 조합해석에 의한 미사일 공격목표 선정 및 최대공격효과 예측, 항공영상 및 위성영상의 수치지형모형 중첩에 의한 작전지역의 3차원

영상생성 및 항공침투 모의훈련, 지형특성분석에 의한 레이더탐색범위 추출 및 방공체계 구축, SLAR(Side-Looking Airborne Radar) 영상에 의한 적정탐지 및 수치영상지도 작성, 위성 영상분석에 의한 적지역 농업, 삼림자원 현황조사 및 식량무기화 방안대책, 수치형상모형을 활용한 가시도(view shape analysis) 분석, 관측소 및 직사화기 발사점, 목표점간 은폐 · 엄폐분석 등을 효과적으로 할 수 있다.

국방행정정보 자료기반구축 및 활용을 통하여, 국군인사관리정보, 국군장비현황정보, 예비군정보, 군사과학기술 연구발전정보를 처리하고, 또한 작전정보체계 구축은 작전지휘통제 정보, 적정 상황보고, 치안정보 등을 다룬다.

16. 지하정보체계(UGIS : Under Ground Information System)

지하정보체계는 지하시설에 대한 정보를 의미하는 것으로 건축물, 도시시설, 교통시설, 도시공급처리시설 등의 기본도를 가지고 불가시, 불균질한 지형공간을 가시화시켜 시설물의 3차원 위치정보와 그 특성정보(지하상가, 지하철, 건축물 기초, 공동구 등)를 포함한다. 지하정보체계를 이용하여 지하지도를 작성할 수 있다. 여기서 말한 지하지도는 크게 도시계획도(지하도로 현황도, 주차장준공도, 지하도로 평면도 등), 지하도로도(지하도로 구조도, 각종 준공도, 건축도, 공사도, 지질도사도 등), 상하수도도(시설평면도, 관리도, 시공도, 배관도, 간선도 등), 통신도(관로 케이블도, 관로도, 평면도, 관로관리도, 관로매설도 등), 전기 · 가스도(평면도, 종단도, 계통도, 시설도 등), 소방도(지하도로도면, 소방활동자료 등), 도로 · 철도도(선로평면도, 선로종횡단도, 노선계획도, 출입로계획도) 등, 지하시설물과 이에 관련되는 지상정보와의 연계를 지하정보체계에서 다룬다. 또한, 지반지질정보와 지반자료기반과 결합하여 3차원 형상모형의 작성, 시추자료를 기초정보로 한 자료기반화, 지층의 구별 및 자갈층의 특성의 추적, 공내(空內) 재하시험, 탄성파 측량을 통한 정보취득 등을 처리하는 데 중요한 몫을 한다.

1장 연습문제

다음 각 사항에 대하여 답하시오.

1. 지형공간정보학과 체계, 지형자료 및 공간자료의 의미
2. 지형공간정보의 의미 및 적용
3. 지형공간정보체계의 효과 및 도입의 효율성
4. 지형공간정보체계의 용어변천
5. 지형공간정보학체계의 국내 · 외의 동향
6. 지형공간정보체계의 구성 및 구비요건
7. 지형공간정보체계의 운영 및 자료처리
8. 지형공간정보체계의 필요성
9. 지형공간정보학의 활용분야에 관하여 나열하고 설명

Chapter 02

지형공간정보체계의 자료 구조

2.1 지형공간정보의 분류

2.1.1 개요

지형공간정보체계를 표현하는 자료의 구성요소는 위치자료(position data)와 특성자료(descriptive data)로 나누어진다. 위치자료는 절대위치 또는 상대위치와 시간에 관련되는 변화된 현상이 표현된다. 특성자료는 항공, 인공위성, 비디오, 디지털카메라 및 각종 감지기(sensor)에 의해 취득된 영상자료(image data)및 도형으로 자료에 담겨진 내용은 특성자료로 표현된다.

2.1.2 공간자료(spatial data)

1. 상대위치자료와 절대위치자료

위치자료는 영상이나 지도 위의 점 또는 선위치를 평면위치(X, Y좌표)나 수직위치(Z좌표)로 나타내며, 다각형 등 다른 복잡한 것을 표현하기도 한다.

위치자료에서 상대위치자료는 모형공간(model space)에서의 위치자료를 말하는 것으로서 상대적 위치 또는 위상관계를 부여하는 기준이 된다. 임의의 기준에 의한 위치를 말한다.

절대위치자료는 실재공간에서의 위치자료를 말하며, 지상, 지하, 해양, 공중 등 지구공간(earth space) 또는 우주공간에서의 위치기준이 된다. 절대기준에 관한 위치의 개념으로 경도, 위도, 표고(고도) 등을 말한다.

상대위치자료나 절대위치자료의 경우 모두 어떤 공간내의 자료에 대한 것이므로 지형공간자료에 대한 이해가 있어야 한다.

1) 모형공간위치자료

(1) 함수공간과 통계공간

함수공간은 공간내에 함수모형을 포함하게 되며, 이 모형에 의해서 기하학적 또는 물리적인 특성을 표시하게 된다.

통계공간은 통계모형을 가지고 있으며, 이러한 통계모형은 함수모형에 포함되어 있는 모든 요소들의 통계적인 특성을 나타낸다. 또한 통계모형은 관측값들의 상관관계를 나타내는 정밀도(precision)와 관측점의 정확도(accuracy)를 포함하는 부가적인 점을 제공한다.

(2) 위상관계

위상관계(位相關係, topology relationship)는 그리스어의 'topos'와 'logos'를 결합시켜 만든 말로서, 처음으로 이 말을 사용한 사람은 리스팅(J.B. Listing)이다. 리스팅은 『토폴러지의 기초적 연구』라는 책에서 위상관계를 "공간 속의 점, 선, 면 및 위치 등에 관하여 양이나 크기와는 상관없이 형상이나 위치관계를 나타내는 학문"이라고 정의했다. 토폴러지를 우리말로는 '위상관계' 또는 '위상기하학'이라고 할 수 있으며, 이는 위치와 형상에 관한 관계 또는 그에 관한 기하학임을 나타낸다.

위상기하학에서는 어느 도형을 늘이거나 줄여서 서로 겹치게 할 수 있다면 같은 도형으로 간주한다. 즉, 위상관계는 도형을 연속적으로 변형시켰을 때 기본적으로 변하지 않고 일정하게 유지되는 성질을 연구하는 수학이라고 할 수 있다.

(3) 차원의 문제

차원의 수는 어떤 공간에 존재하는 하나의 점을 나타내는 데 필요한 좌표의 수를 말한다. 즉, 점은 0, 선은 1, 평면은 2, 그리고 입체는 3차원이다. 하나의 좌표를 정하는 데 쓰이는 양은 길이, 수, 각도 등이 있다.

(4) 좌표계

① 1차원 좌표(one dimensional coordinates)

1차원 좌표는 주로 직선과 같은 1차원 선형에 있어서 점의 위치를 나타내는 데 쓰인다. 직선상의 점을 위치로 표시하려고 할 때, 우선 직선상에 기준이 되는 한 점을 원점(origin)으로 잡고 양과 음(+, −)의 방향을 결정한 다음 적당한 단위의 길이를 1로 하면 원점에서 어느 점까지의 거리를 하나의 수치로 나타낼 수 있으며, 한 점의 위치는 하나의 실수와 대응한다. 이 때 이 실수 값을 이 점의 좌표(coordinate)라 한다. 원점과 방향, 단위길이를 갖는 선형을 좌표선(coordinate line)이라고 할 때 좌표선은 직선형, 즉 수치직선(numerical straight line)이거나 곡선형, 즉 수치곡선(numerical curved line)일 수 있다.

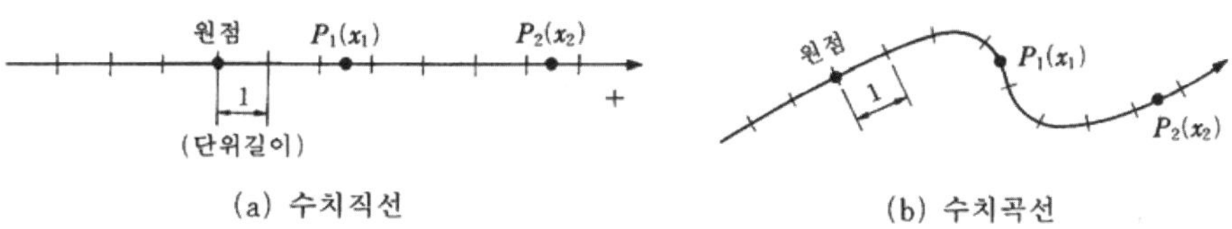

[그림 2.1] 1차원 좌표

② 2차원 좌표(two dimensional coordinates)

㉠ 평면직교좌표(plane rectangular coordinates 또는 cartesian coordinates)

평면상 한 점의 위치를 표시하는 데 있어서 가장 대표적인 좌표계로서 평면상 한 점 P의 위치는 두 실수의 순서쌍(x, y)에 대응하며, 역으로 순서쌍(x, y)이 주어지면 두 좌표축으로부터 P의 위치가 평면상에 결정된다.

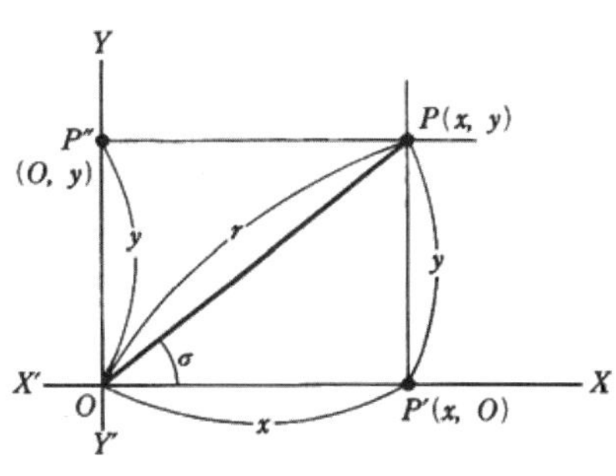

[그림 2.2] 평면직교좌표

ⓛ 2차원 극좌표(plane polar coordinates)

2차원 극좌표는 평면상 한 점과 원점을 연결한 선분의 길이와 원점을 지나는 기준선과 그 선분이 이루는 각으로 표현되는 좌표이다.

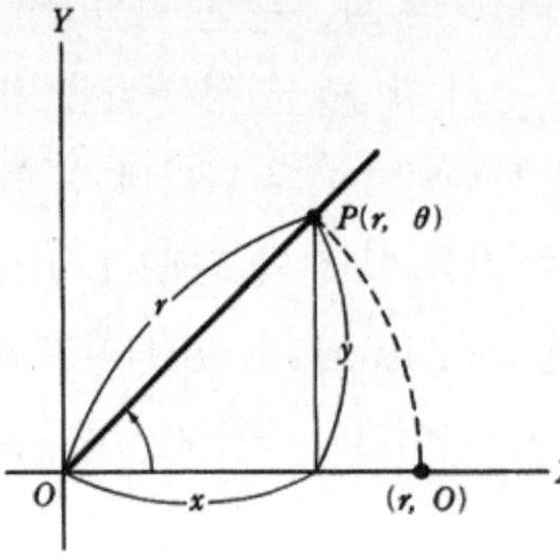

[그림 2.3] 2차원 극좌표

③ 3차원 극좌표(three dimensional coordinates)

㉠ 3차원 직교좌표(three dimensional cartesian coordinates)

3차원 직교좌표계는 공간의 위치를 나타내는 데 가장 기본적으로 사용되는 좌표계로서, 평면직교좌표계를 확장해서 생각하며, 서로 직교하는 세 축 OX, OY, OZ로 이루어진다.

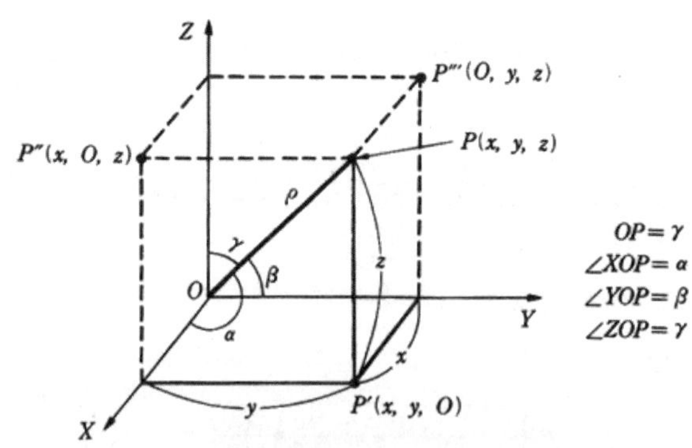

[그림 2.4] 3차원 직교좌표

ⓛ 구면좌표(spherical coordinates)

구면좌표는 원점을 중심으로 대칭일 때 유용하다. 구면좌표(球面座標)에서는 하나의 길이와 두 개의 각으로 공간상 위치를 나타낸다. 공간에서 O를 원점으로 하는 직교 좌표축을 잡고 공간의 점 P(x, y, z)에서 XY 평면에 수선 PP'를 내려서 $OP=\rho$, $\angle XOP'=\theta$ 라 한다. $\angle ZOP=\phi$라 하면 점 P는 (ρ, θ, ϕ) 되는 세 개의 실수의 순서쌍과 대응한다.

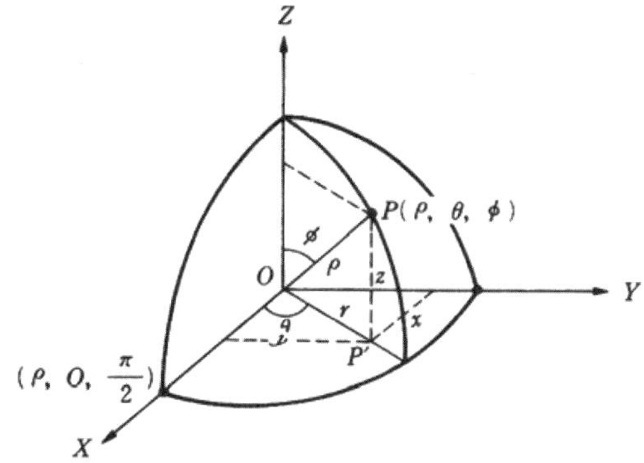

[그림 2.5] 구면좌표

2) 지형공간의 절대위치자료

(1) 지구 형상과 크기

지구의 형상 또는 지표면의 형태는 다음과 같이 크게 네 가지로 나눌 수 있다.

육지나 해양 등 자연상태의 지표면인 물리적 지표면(physical surface of the earth)은 매우 복잡하므로 수학적인 계산의 기준으로 사용하기 곤란하다. 또한, 지구의 중력 퍼텐셜론에 의하여 정해지는 지오이드적 지표면(geoid surface)은 물리적 지표면보다는 훨씬 매끄러운 모양이지만 위치결정 등에 필요한 수학적인 계산을 유효하게 수행하기에는 복잡한 형태이다. 따라서 이러한 관점에서 수학적으로 간단히 정의되는 회전타원체를 도입하여 지구타원체적 지표면(earth ellipsoid surface)을 대지측량계의 기준으로 사용한다. 이 밖에 극히 정확한 위치결정이나 측지학적인 문제를 다룰 때는 중력장에 의한 지표면을 수학적으로 표시하는 텔루로이드(telluroid), 의사(擬似) 지오이드(quasi geoid) 등의 수학적 지표면(mathematical surface)을 사용한다.

(2) 지구 좌표(earth coordinates)

① 경위도 좌표

지구상 절대위치를 표시하는 데 일반적으로 가장 널리 쓰이는 좌표계이다. 3차원 구면좌표계에서는 구의 반경 ρ와 두 개의 편각 θ, ϕ의 세 개의 실수(ρ, θ, ϕ)가 대응하여야 하지만 일반적으로 지구좌표계에서는 경도 λ와 위도 φ에 의한 좌표(λ, ϕ)로 수평위치를 나타낸다. 따라서 3차원 위치를 표시하려면 타원체면으로부터의 높이, 또는 표고(h)를 도입할 필요가 있다. 어느 지점의 경도는 본초자오선으로부터 적도를 따라 그 지점의 자오선까지 잰 최소각거리로서 동 · 서쪽으로 0°에서 180°까지 잰다. 위도란 자오선을 따라 적도에서 어느 지점까지 관측한 최소각거리로서 남 · 북쪽으로 0°에서 90°까지 관측된다.

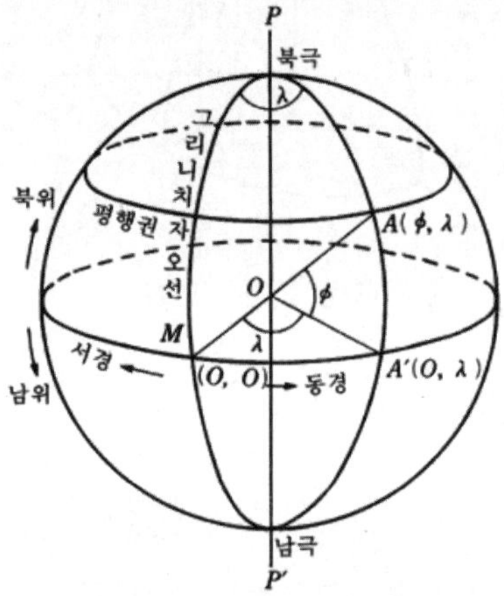

[그림 2.6] 경위도좌표

② 평면직교좌표

평면직교 좌표체계는 경위도 좌표와 함께 지형관측에 많이 사용된다. 평면직교 좌표값은 지구의 곡면을 지도의 평평한 면으로 위치 변환하는 여러 지도투영 중 하나로 표현된다. 대개 한 지도에서 다른 지도로의 자료변환은 특수한 변환 연산법을 통하여 정확도의 감소 없이 수행할 수 있다.

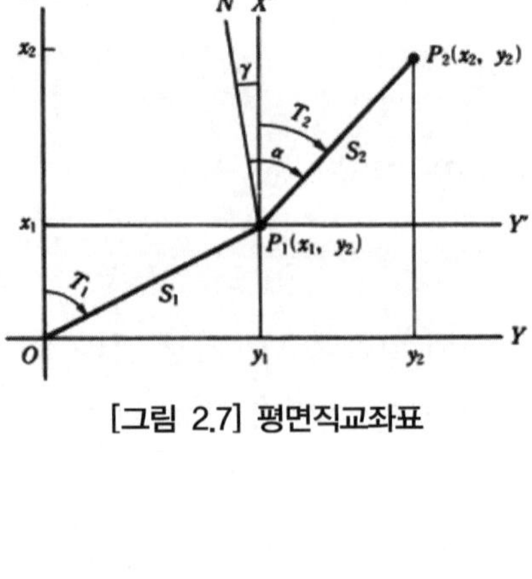

[그림 2.7] 평면직교좌표

③ 국제 횡메르카토르(UTM)좌표

국제 횡메르카토르좌표(UTM : Universal Transverse Mercator)는 투영법에 의하여 표현되는 좌표계로서 적도를 횡축, 자오선을 종축으로 한다. 이 방법은 지구를 회전타원체로 보고 지구 전체를 경도 6°씩 60개의 종대(縱帶, column)로 나누고 그 종대의 중앙 자오선과 적도의 교점을 원점으로 하여 원통도법인 횡메르카토르 투영법으로 등각투영한다. 각 종대에는 180°W 자오선에서 동쪽으로 6° 간격으로 1부터 60까지 번호를 붙인다.

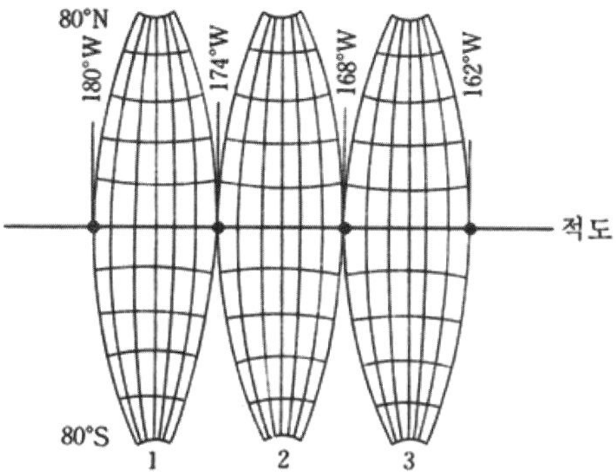

[그림 2.8] UTM좌표

위도는 남 · 북위 80° 까지만 포함시키며 다시 8° 간격으로 20횡대(橫帶, row)로 나누어 C(80°S~72°S)에서 X(72°N~80°N)까지 20개의 알파벳문자로 표시한다(단, I와 O는 제외). 따라서 종대 및 횡대는 결국 경도 6°×위도 8°의 직사각형 구역(zone)으로 구분된다.

UTM은 하나의 연속적인 체계로 전 지구를 덮는 국제적으로 인정된 투영법으로써, UTM 거리좌표값은 미터로 표시되며 측량이나 다른 세부목적에 적합한 정확도를 부여한다.

④ 횡메르카토르(TM : Transverse Mercator)좌표

회전타원체로부터 직접 평면으로 횡축등각원추도법(橫軸等角圓錐圖法)에 의해 투영하는 방법으로서 가우스 크뤼거도법(Gauss-Krüger)이라고도 한다. 이 도법은 원점을 적도상에 놓고 중심투영을 x축, 적도를 y축으로 한 투영으로 축 상에서는 지구상의 거리와 같다. 투영범위는 중앙경선으로부터 넓지 않은 범위에 한정하며, 넓은 지역에 대해서는 지구(地區)를 분할하여 지구 각각에 중앙경선을 설정하여 투영한다.

⑤ 국제극심입체(UPS)좌표

국제극심입체좌표(UPS : Universal Polar Stereographic coordinate)는 위도 80° 이상의 양극지역의 좌표를 표시하는 데 사용한다. UTM좌표의 상사투영법과 같은 특징을 가진다. 이 좌표계에는 양극을 원점으로 하는 평면직교좌표계를 사용하며, 거리좌표는 m 단위로 나타낸다. 좌표방안의 종축은 경도 0° 및 180°인 자오선이고 횡축은 90°W 및 90°E인 자오선이다. 원점의 좌표값은 횡좌표 2,000,000mE, 종좌표 2,000,000mN이며, 도북(圖北)은 북극을 지나는 180°자오선(남극에서는 0°자오선)과 일치한다.

2.1.3 지형자료(geo data)

1. 도형자료(graphic data)

도형자료는 대상의 형상을 수치화한 것으로 도면이나 지도의 특정한 요소(graphic or cartographic element)를 설명한다. 지형공간정보체계에서는 이 도형자료를 전산기의 영상면, 종이 등에 나타내기 위한 지도나 도면(map or graphic picture)을 생성하는 데 사용한다. 도형자료는 일정한 격자 크기나 영상소의 선추적형이나 격자형으로 입력된다. 격자형 자료는 일정한 격자 셀(cell)에 대한 고유한 설명으로 나타난다.

도형자료는 일정한 격자구조로 정의되며, 행렬값으로 저장된다. 각 특성값은 각 셀(cell)에 할당된다. 이 방법의 정확도는 격자 셀의 크기에 있으며, 필요에 맞게 적당한 크기를 선택하는 것이 중요하다. 크기가 크면 정확도가 떨어지고, 크기가 작으면 자료기반이 너무 커진다. 영상처리에서는 영상의 특성을 나타내는 가장 작은 요소인 격자셀(cell) 즉, 영상소(pixel)를 이용한다. 도형정보는 도면이나 지도형상과 주석(annotation)을 설명하기 위해 6가지 도형요소를 사용한다. 즉, 점, 선, 면, 격자셀, 영상소(pixel), 기호(symbol)인 6가지이다.

점(point)은 기하학적 위치를 나타내는 0차원(또는 무차원)이다. 절점(node)은 점의 특수한 형태로 역시 0차원이고, 위상적 연결이나 끝점을 나타낸다.

선(line)은 1차원적 표현이다. 선은 두 점을 잇는 직선 또는 곡선, 연결선(link) 및 그 조합이다. 선의 특수한 형태로 문자열(string), 호(arc : 수학적 함수로 정의되는 곡선을 형성하는 점의 궤적), 사슬(chain : 각 끝점이나 호가 상관성이 없을 경우 직접적인 연결)이 있다.

면(area)은 한정되고 연속적인 2차원적 표현이고 경계를 포함하는 것과 포함하지 않는 것이 있다. 각 면은 다각형으로 표현된다.

영상소(pixel)는 영상에서 눈에 보이는 가장 작은 셀로 2차원적 영상소이다.

격자셀(grid cell)은 연속적인 면의 단위 셀을 나타내는 2차원적 표현이다.

기호(symbol)는 지도 위에 점의 특성을 나타내는 도형요소이다.

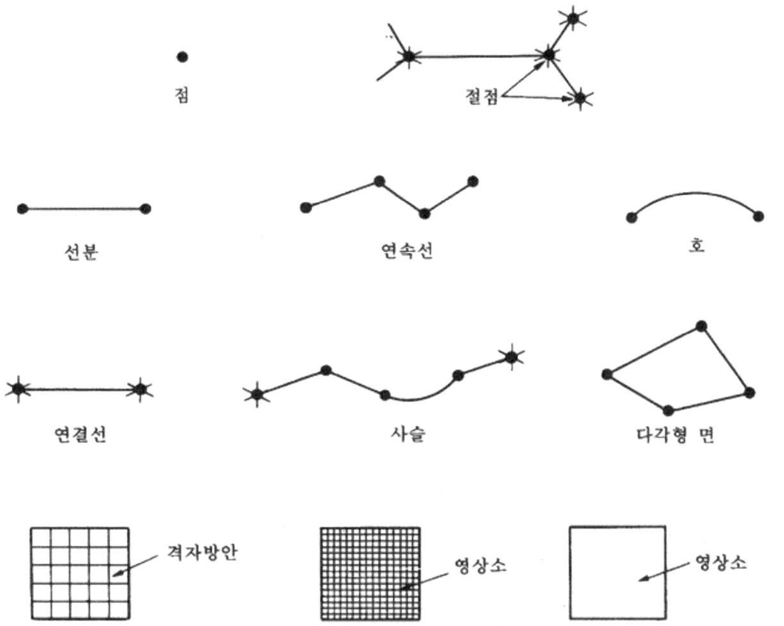

[그림 2.9] 6가지 도형요소

주석(annotation)은 도면이나 지도 위에 도형적으로 나타난 이름이고, 도로명, 지명, 고유번호, 차원을 기록한다.

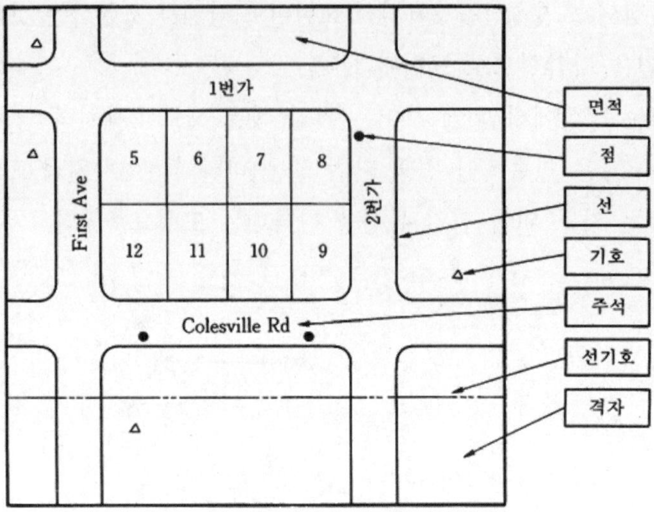

[그림 2.10] 6가지 요소와 주석으로 이루어진 각도

2. 영상자료(imagery data)

영상정보는 인공위성, 항공기, 지상, 비디오, CCD 등에 의한 영상을 수치화하여 자료로 입력한다. 이 자료는 디지타이저나 스캐너로 읽어서 전산기에 적합하도록 변환한다.

인공위성에서 보내오는 영상은 영상소 단위로 형성되고, 격자형으로 자료가 처리되고 항공영상의 경우도 이와 비슷하다. 영상정보는 영상탐측기법을 이용하여 영상에 나타난 대상물의 정확한 위치관계와 그 특성을 해석한다.

3. 특성자료(descriptive data)

특성자료는 지도상의 특성이나 질, 지모 · 지물의 관계 등을 나타낸다. 이 자료는 문자형태로 체계를 다루며 격자형태로 저장된다. 특성정보는 다시 속성(attribute), 지형적(topographic)으로 표준화된 자료, 지형목록, 공간적 관계로 나누어진다. 특성(description)은 도형요소에 의해 나타난 성질을 문자나 숫자로 설명한다. 지형적으로 표준화된 자료(geographically referenced data)는 물리적 현상, 인공현상, 고유의 지형위치를 설명한다. 지형색인(geographic index)은 지형인식을 위해 기초가 되는 자료와 지도형상을 위치화하는 데 필요하다. 공간적 관계(spatial relationship)는 지도형상의 관계와 연계성 및 인접성을 설명하는 데 이용한다.

1) 비도형적 특성

비도형적 특성은 도면이나 지도형상의 특성에 대해 설명정보를 부여한다. 특성은 도형과 비도형정보를 동시에 기록하는 지형기호(geo code)라 불리는 도형요소와 연결되어 있다. 비도형적 특성은 자료기반 내에 저장된 점, 선, 면, 망구성을 설명하는 질적 및 양적 자료를 포함할 수 있다. 예를 들어, 상수(上水) 계획체계에서 급수관을 묘사하는 지도층은 부분번호, 직경, 구성물질 등 특성 자료를 갖고 있다. 특성은 대개 도형 자료 파일(file)로부터 각각 저장되고, 인식을 통하여 연계된다.

2) 지형적으로 표준화된 자료

지형적으로 표준화된 자료는 고유위치에서 발생하는 현상을 설명할 수는 있으나, 특성과는 다르게 그 자체로 지도형태를 표현할 수는 없다. 그러나 지형적으로 표준화된 자료는 고유의 지형적 위치와 관계되는 항목(건물한계, 사고보고, 건강보건 등)을 설명한다. 대개 지형적으로 표준화된 자료는 지형공간자료기반에서 도형형태와 직접적으로 관계가 없는 파일과 체계를 이루어 저장한다.

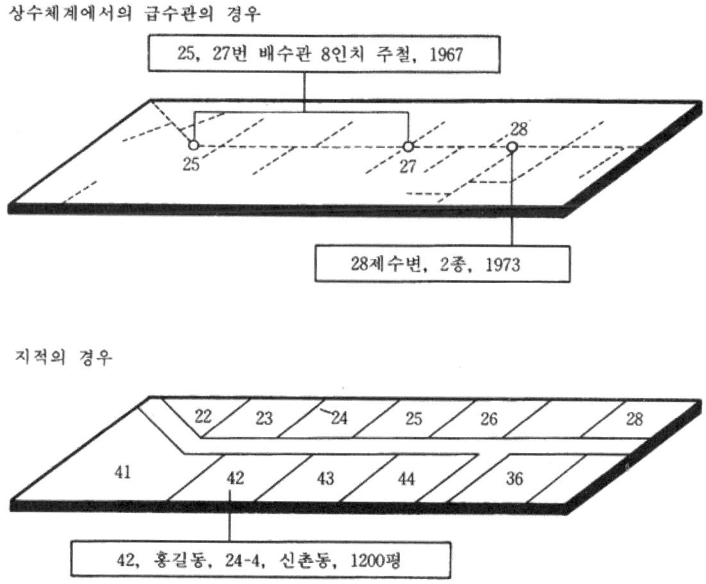

[그림 2.11] 도면이나 지도 형상과 특성정보

3) 지형목록(topographic list)

지형(지모 · 지물)목록은 지형인식에 의해 정의된 지형적 위치에 기초를 둔 자료를 선택하여, 관계를 주어 취득함으로써 GIS 내에서 유지된다. 목록은 다른 구조에서 사용된 사상(事象, entity)과 위치, 형태와 지형적 성질의 공간적 관계를 인식하기 위하여 지형부호의 목록은 다중인식을 포함한다. 예를 들면, 목록은 도로명, 우편번호, 구역번호, 사용자번호 같은 각 구역에 여러 인식을 담고 있다. 많이 사용되는 목록은 각 도로분할구역에 관계된 이름, 주소, 구획, 인구조사, 다른 지형부호를 담은 지형적 기본 파일(GBF : Geographic Base File)이다.

4) 공간적 관계

특별한 지형위치에서 성질의 공간적 관계는 많은 GIS처리과정에서 매우 중요하므로 간단하고 논리적이어야 한다. 이러한 관계는 응급사항 때 가장 적합한 경로, 혹은 인구조사 때 가장 적합한 경로를 얻는 데 유용하다.

도형요소와 지형적 성질 사이의 위상관계(topology relationship)는 매우 복잡한 것으로 도로 교차점, 도로연결, 도시지형의 면적 등을 들 수 있다. 이런 요소가 기록된 공간적 관계는 고유한 연결이 끝나는 한 쌍의 점과 고유면적의 선인 고유연결을 포함한다.

공간적 관계는 도형요소의 지형좌표로부터 계산되고 판독될 수 있다.

2.2 자료의 형태

우리가 살고 있는 사회가 급속하게 발전하고, 전 세계적인 교류가 여러 분야에서 활발하게 진행되고 있는 이 시대에서 정보의 파악과 그것의 유지 · 관리는 실로 중요하다고 말할 수 있다.

우리가 흔히 말하는 정보라는 것은 여러 자료들의 조합과정을 통해서 생성된다고 할 수 있다. 그러므로 유용한 정보를 찾아내고 이를 관리하기 이전에 정보를 구성하는 자료의 형태를 파악하는 것은 필수단계라고 할 수 있다.

이러한 자료들의 형태를 살펴보면 서류, 도면, 지도, 항공영상, 위성자료, 통계자료, 설문자료 등으로 구분할 수 있다.

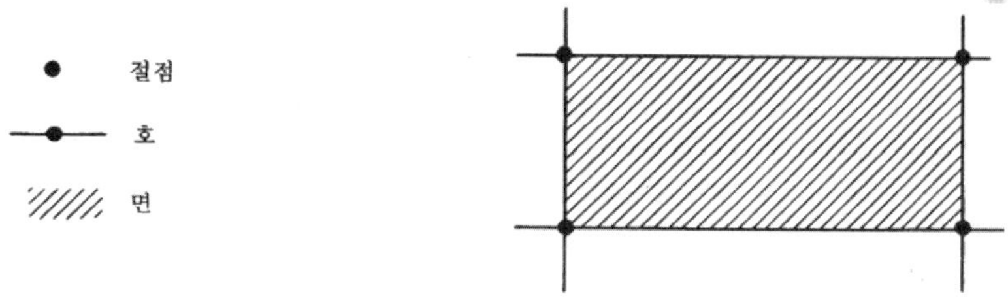

[그림 2.12] 위상관계

2.2.1 서류(document)

우리는 사회활동을 하면서 수많은 일과 경험을 하게 되며, 특히 어떠한 일을 수행하기 위해서는 사전에 충분한 검토와 계획수립이 선행되어야 한다. 이러한 계획수립을 위해서는 그에 따른 자료들을 모아 유용하게 쓸 수 있도록 분리하는 작업이 필요하게 된다. 이때 각각의 특성과 사용목적에 따라 분리된 자료들의 집합을 '서류'라고 한다.

서류에는 자료가 취득된 날짜와 장소가 구체적으로 명시되어야 하며, 이를 통하여 부수적인 자료의 이용이 가능해진다.

2.2.2 지도(map)

1. 지도의 정의

일반적으로 지도는 '주위 환경에 대한 자료를 좌표계에 기준하여 도형으로 표현한 것'이라고 정의되며, 넓은 의미에서 볼 때 여기서 말하는 환경에는 문화적인 환경과 물리적인 환경이 포함된다. 이러한 정의의 특징은 경관(viewscape)에 있어서 물리적으로는 나타낼 수 없는 추상적 개념도 정의에 포함될 수 있다는 것이다. 예를 들어, 물리적인 공간을 차지하지 않는 사람들의 생활양식 등이 지도화될 수 있음을 말한다. 그러나 이 책에서 앞으로 언급될 지도는 물리적인 것이기 때문에 다음과 같이 정의하고자 한다.

즉, 지도는 기준좌표계와 각각의 특성값에 의해서 정의되어지는 점, 선, 면의 집합이다. 여기서 기준좌표계는 절대위치(예 : 경도, 위도 표고 등)를 뜻한다.

2. 표현에 따른 지도의 분류

1) 일반도(general map)

일반인을 위한 다목적 지도로서 국가기본도(1/50,000, 1/25,000, 1/10,000, 1/5,000), 토지이용도(1/25,000), 지세도(1/250,000), 국가전도(대한민국전도 : 1/1,000,000) 등이 있다.

일반도는 '기준도'라고 할 수 있으며, 일반적으로 자연 대상물과 인공물의 지리적 위치를 타나낸다. 일반도는 대상물의 위치를 정확하게 나타내며, 대상물들의 변천과정과 그것들의 분포를 나타내는 것을 주목적으로 한다.

일반도에 나타나는 대상물에는 해안선, 호수, 강, 운하, 행정경계, 길, 주택 등이 있다.

2) 주제도(thematic map)

어느 특정한 주제를 강조한 지도로서 지질도, 토양도, 관광도, 교통도, 도시계획도, 산림도 등이 있다.

주제도는 하나의 특정한 목적을 위해서 제작된 지도로서, 과학자들이 사회학적 그리고 과학적 자료의 특성을 표현하고 하는 시도에서 비롯되었다.

국제 지도제작협회(international cartographic association)에서는 '특정한 형상이나 개념을 나타내기 위해 제작된 지도'라고 주제도의 정의를 내리고 있다. 모든 주제도의 목적은 시간, 방향관계, 위치형태, 방위의 변화 등과 같은 구조적 특성을 이용하여 특별히 지리적 분포를 표현하고자 함에 있다. 여기에는 물리적이나 문화적 현상 또는 그러한 현상에 대한 추상적인 개념들이 포함된다.

모든 주제도는 정성적인 부류와 정량적인 부류와 같이 크게 두 가지로 나눌 수 있다. 정성적인 주제도는 어떠한 자료의 공간적 분포나 위치를 나타내며 광물의 분포도 등이 여기에 포함된다. 반면에 정량적인 주제도는 공간상에 위치하는 자료들의 수학적인 개념에 중점을 두고 있다.

3) 특수도(specific map)

특수한 목적에 따라 사용되는 지도로서 항공도, 해도, 천기도, 점자지도, 입체모형도, 지적도 등이 있다.

3. 지형도 및 국가기본도

1) 지형도(topographic map)

지모(地貌 : 땅의 생김새-계곡, 구릉 등)와 지물(地物 : 자연물, 인공물-천연자원, 가옥, 교량 등)의 수평위치(x, y)와 수직위치(z)를 일정한 도식에 의하여 표현한 도면을 말한다.

2) 국가기본도(national bade map)

국가기본도는 전국을 통일된 축척과 정확도로 만든 지형도이다. 우리나라는 다음과 같이 3종류의 국가기본도가 있다. 1/50,000(1910~1918 : 종래 지상측량방법에 의하여 남북한을 제작하였다), 1/25,000(1966~1974 : 영상탐측방법으로 남한만을 제작하였다. 영상면의 축척은 1/37,500~1/40,000을 택하고 있다), 1/5,000(1975~1998 : 영상탐측방법으로 남한만을 제작하였다. 영상면의 축척은 1/20,000을 택하고 있다). 최근에 1:10,000, 1:5,000도 제작하였다.

4. 수치지도와 종이지도의 지도정보에 따른 정확도 비교

일반적으로 지상측량방법에 의한 종이지도의 허용오차한계는, 수평위치는 도상에서 ±0.5㎜, 수직위치는 등고선 간격의 1/2를 택하고 있다. 수치지도의 수평위치 정확도는 도상에서 ±0.7㎜ 이내, 수직위치점 높이의 정확도는 등고선간격의 1/3 이내, 등고선 정확도는 등고선 간격의 1/2를 규정하고 있다.

[표 2.1] 수지지도와 지상측량방법에 의한 종이지도의 지도정보에 따른 정확도 비교

지도정보레벨		축척	허용정확도	
			수평(x, y)	수직(z)
500	수치지도	1/500	±0.25m	±0.25m
	종이지도	1/500	±0.25m	±0.25m
1000	수치지도	1/1000	±0.7m	±0.33m
	종이지도	1/1000	±0.5m	±0.25m
5000	수치지도	1/5000	±3.5m	±1.66m
	종이지도	1/5000	±2.5m	±0.5m

2.2.3 항공영상(aerial imagery)

항공기 및 기구 등에 탑재된 측량용 카메라로 대상물에 대한 촬영을 하고 난 후 영상면 해석의 과정을 통해서 대상물의 크기, 위치 및 형상해석 등의 여러 분야에서 이용될 수 있는 자료가 생성된다.

여기에서 생긴 영상면자료는 토지, 자원 및 환경 등의 분야에 이용되는데, 토지에 대해서는 국가기본도나 지형도 작성, 지적도 작성, 토지이용도의 작성 등이고, 자원에 관해서는 지질 및 광물조사, 농작물의 분포조사, 환경에 있어서는 대기오염, 수질오염, 해상환경조사 및 기상조사 등에 이용된다.

2.2.4 위성영상자료(satellite imagery data)

과거에는 일반측량기구를 사용하여 지구를 측량하는 데 많은 시간을 소요했지만 1950년대 후반에 인공위성의 제작기법이 개발되면서 지구, 달, 혹성 및 태양계에 대한 지식이 크게 발전되었다. 현재에는 센서(sensor) 중 스캐너가 탑재된 인공위성을 이용하여 지구를 측량하고 있으며, 이러한 과정을 통해서 생성된 자료를 '위성자료'라고 한다. 지구의 측량에 이용된 위성은 미국의 LANDSAT-1, 2, 3, 4, 5, 6, 7호와 1986년에 처음 발사된 프랑스 위성인 SPOT-1, 2호와 3, 4, 5호, 2006년 7월에 발사된 한국 위성인 아리랑 2호, 3호 등이 있다.

지구측량에 이용되는 위성의 여러 가지 특성은 다음과 같다. 즉, 이러한 위성은 북에서 남으로 혹은 남에서 북으로 향하는 궤도를 가지고 있으며, 이 위성들은 지구가 자전하는 것과 같이 지구 둘레를 돌게 되므로 같은 지역에 대해서는 같은 지방시(地方時)의 자료가 얻어진다.

또한 이 위성들은 하나 또는 그 이상의 영역에서 전자기적 방사를 기록한다. 파장에 대한 자료는 다중 파장대 영상으로 나타나며, 스캐너는 천저에서 바라볼 때 생기는 영상을 생성하는 데, 여기에서 천저(天底, nadir)는 스캐너의 탐측기(detector) 바로 아래의 영역을 말한다.

2.2.5 통계자료(statistical data)

일반적으로 통계적 분석에 이용되는 자료를 통계자료라고 하며, 분석의 대상이 되는 자료가 어떠한 형태를 따르느냐에 따라 분석방법이 달라지므로 자료의 형태에 대한 구분이 필요하다.

학년, 성별 등에 해당하는 자료들은 범주별 자료(categorical data)라고 하며, 성별 변수의 경우 분석의 편의상 남자는 1, 여자는 2와 같이 숫자화할 수도 있다. 그러나 이때의 숫자는 순위의 개념이 없으며 이러한 자료를 명목자료(nominal data)라고 하는 반면에, 학년변수의 경우처럼 순위의 개념을 갖는 자료를 순서자료(ordinal data)라고 한다.

또한 학년, 성별과는 달리 키, 몸무게 등의 예에서 볼 수 있듯이 관측단위(measurement unit)의 존재를 가정하여 관측대상이 되는 각 개체에 관측값을 부여함으로써 얻어지는 자료를 관측형 자료(measurement data)라고 하며, 주로 연속적인 값을 가지므로 연속형 자료(continuous data)라고도 한다.

형제, 자매의 숫자 등과 같은 형태의 자료는 범주형 자료의 경우처럼 이산적인(discrete) 값을 갖기 때문에 두 형태의 자료를 묶어서 이산형 자료(discrete data)라고도 한다.

2.2.6 설문자료(census data)

정부나 각 기관에서 특정한 정책의 입안이나 계획을 수립하는 과정에서 그 주제에 대한 구성원들의 반응과 요구를 얻어내는 것은 기본적으로 선행되어야 할 작업이라고 할 수 있다. 이러한 목적으로 계획을 추진하는 기관에서는 구성원에 대한 설문조사를 실시하게 되는데, 이 때 생성되는 자료를 '설문자료'라고 한다.

이러한 자료들은 특정한 정책이나 계획수립과정에 중요한 변수로서 작용하게 되며, 설문자료가 어떠한 계획추진에 유용하게 이용되기 위해서는 자료의 신빙성과 편차에 대한 조사, 그리고 전체 구성원 중 몇 퍼센트가 이 설문조사에 참여했는지와 같은 다양한 요소를 정확하게 파악하는 것이 중요하다.

2.3 전산화관련 자료의 구조

2.3.1 파일(file) 구조

1. 구성요소

파일은 기록(record), 영역(field), 검색자(key)에 의해서 구성되며, 각각에 대한 개념은 다음과 같다.

1) 기록(record)

전산기에 의해서 자료들이 저장될 때, 서로 관련 있는 자료 항목들은 작은 무리(group)를 이룬 형태로 저장된다. 기록은 표상에서 행(row)이라고도 하며, 기록은 특성요소에 대한 정보를 나타난다. [그림 2.13]에서 보는 것처럼 기록 1은 '홍길동'이라는 사람에 대한 정보가 들어 있다.

2) 영역(field)

하나의 기록은 여러 개의 영역(field)으로 나누어지며, 각각의 영역은 자료의 항목(item)을 포함하고 있다. [그림 2.13]에서 보면 성과 이름, 학년, 전공분야 등에 관한 영역들이 나타나 있다.

	성 ↓	이름 ↓	학년 ↓	전공 분야 ↓
Record 1	홍	길동	2	토목공학
Record 2	박	달재	3	지 리 학
Record 3	김	건모	5	건 축 학
Record 4	서	태지	3	조 경 학

[그림 2.13] 자료파일 내의 기록의 구성

3) 검색자(key)

각각의 기록들은 자료파일(data file)로부터 검색자에 의해서 검색되어진다. [그림 2.13]에서 성과 이름의 영역은 검색자로 볼 수 있으며, 그 나머지 영역들은 속성 영역(attribute field)이라고 한다.

2. 파일의 종류

1) 단순목록(simple list)

파일의 가장 간단한 형태는 단순목록(simple list)으로서 새로운 항목이 파일의 가장 뒷부분에 계속 추가되어 파일의 길이는 계속 길어지게 된다. 이러한 이유 때문에 정보의 입력작업을 하기에는 용이하지만 정보의 수정에는 많은 어려움이 따른다는 특징이 있다.

2) 순차파일(sequential file)

사전의 표제어나 전화번호부에 수록된 이름의 알파벳순이나 '가나다'순으로 정리되어 있다. 이러한 형태는 새로운 항목을 추가하기 위해서는 항목이 추가될 여백을 미리 마련해야 한다는 불편한 점이 있지만 저장된 정보를 훨씬 빠르게 검색할 수 있다는 장점이 있다. 순차파일은 대부분 이진법에 의한 검색과정(binary search procedure)으로 처리된다. 이 방식은 파일을 처음부터 검색하는 것이 아니라 중간의 기록을 먼저 검색하며, 만약 검색자의 값이 일치하면 중간기록이 선택된다. 그러나 일치하지 않는 경우에는 찾고자 하는 값이 중간 기록의 값을 전후하여 어디에 있는가를 판단한 후 그 값이 포함된 부분만을 선택한다. 이러한 작업은 원하는 항목을 찾을 때까지 반복된다.

3) 색인 파일(indexed files)

간단한 순차 파일은 검색자의 특성에 따라 자료가 검색되는데, 지형공간정보체계에서 점, 선, 면과 같은 각 항목은 부여된 고유번호나 명칭과 같은 검색자의 특성을 가지고 있을 뿐만 아니라 관련될 수 있는 특성에 관한 정보도 가지고 있다. 정보처리에서 필요로 하는 것은 단순한 명칭이라기보다는 이러한 복합된 특성인 경우가 많다. 예를 들어, 토양계에서 사용하는 용어로 쓰인 토양 단면에 대한 목록의 경우 토양층의 깊이나 배수성, 산성도와 토양의 입경분포, 토양의 침식 등에 대한 정보를 검색할 필요가 있다. 이 때 또 다른 자료기반의 장치를 사용해야만 단순목록의 검색과 다르게 된다.

색인 파일을 이용함으로써 원래의 자료에 접근하는 속도가 증가되는데, 여기에는 다음의 두 가지 방식이 사용된다. 파일 내에 있는 자료의 항목이 파일의 주된 순서만을 나타낼 경우, 이러한 파일을 직접 파일(direct file)이라고 한다. 주된 파일 내에서 항목의 위치는 주제에 따라 분류되며, 이러한 주제는 역파일(inverted file)이라는 두 번째 파일에 주어진다.

직접 파일(direct file)에서는 각 항목에 대한 기록(record)이 충분하게 있기 때문에 불필요한 항목을 거치지 않고 효율적으로 검색을 하고 있다.

역파일(inverted file)의 색인을 만들기 위해서는 각 주제별로 처음의 자료를 순차적으로 검색해야 한다. 검색결과는 역파일이나 색인의 형태로 조합되어 자료 접근에 있어서 효율성을 높일 수 있다.

색인 파일은 자료기반에 대한 접근속도를 증가시키지만 자료가 계속 늘어나거나 줄어들기 때문에 상호작용적인 지도제작 프로그램과 같은 경우에는 문제가 된다. 직접적인 파일에서 기록이 늘거나 줄어들 때 파일과 색인이 동시에 수정되어야 한다. 색인 파일의 가장 큰 단점은 색인 파일의 검색자(key)를 통해서만 접근할 수 있고, 검색자와 연관되지 않은 정보에 대해서는 순차적인 검색방법을 통해서만 접근할 수 있다는 것이다.

2.3.2 자료기반(data base)의 구조

자료기반의 형태에는 평면구조, 계층구조, 조직망 구조, 관계 구조 등이 있다.

1. 평면구조(flat structure)

모든 기록들이 같은 자료항목을 가지며, 검색자에 의해서 정해지는 자료항목에 따라 순차적으로 배열된다. 또한 모든 기록들에 대한 접근은 순차적인 탐색이나 이진법에 의한 탐색, 색인을 기준으로 한 탐색에 의해서 이루어진다. 평면 구조의 장점은 어떤 기록을 찾고자 할 때 검색자를 사용함으로써 자료에 대한 검색이 빠르게 이루어지며, 구조가 간단하므로 프로그램을 작성하는데 용이하다. 단점은 주어진 기록에 대한 자료항목이 다양한 값을 가지는 경우에 처리가 곤란하며 프로그램을 작성하기가 난해하다. 또한 새로운 자료항목의 추가나 어떠한 자료항목의 길이를 확장시키고자 할 때 실제적인 프로그램의 변형이 필요하다.

2. 계층구조(hierarchical structure)

하나의 기록형태에 여러 가지의 자료항목이 들어 있고, 파일 내의 각각의 기록들은 각기 다른 파일 내에 있는 높은 단계의 기록과 연관을 가지고 있다. 또한 낮은 단계의 기록과 높은 단계의 기록을 연관시키는 데 지시자(pointer)가 사용된다. 계층 구조의 장점은 다양한 기록들이 다른 파일에 있는 기록들과 관련을 가지고 있으며 기록의 추가와 삭제가 용이하다. 또한 높은 단계의 기록을 통해서 접근한다면 자료의 검색속도가 증가한다.

한편, 자료에 대한 접근은 지시자에 의해서 설정된 경로만을 통해야 하는 단점을 가지고 있다. 즉, 관련된 기록을 얻기 위해서는 높은 단계의 기록을 먼저 거쳐야 한다. 또한 높은 단계의 기록에 대해서 개개의 연관성을 유지하기 위해서 낮은 단계의 기록들 내에 있는 똑같은 자료가 계속 반복되어야 하며, 지시자를 사용하기 위해서는 자료기반 내에 이를 위한 저장공간을 크게 확보해야 한다.

3. 조직망 구조(network structure)

기록들은 다른 파일에 있는 하나 이상의 기록들과 연관을 가지고 있으며, 다른 파일에 있는 기록들과 연관시키기 위해서 지시자가 이용된다. 조직망 구조의 장점으로는 다른 파일 내에 있는 기록들에 접근하는 경로가 다양하고, 기록들 사이에 다양한 연관이 있음에도 불구하고 자료항목이 반복되지 않는다는 것이다.

또한 하나의 파일에 들어 있는 기록들에서 변화가 발생해도 다른 파일을 사용하는 프로그램에 영향을 미치지 않으며, 기록들이 추가되거나 삭제되면, 서로 다른 자료철 내에 있는 기록들 사이의 연관성을 정의하는 지시자가 자동적으로 변화된다.

단점으로는 시간의 흐름에 따라 자료이용 영역이 확대되고, 이를 통해서 연관성은 더욱 복잡한 양상을 띠게 되며, 새로운 연관성을 위해서 자료가 재구성되었기 때문에 또 다른 새로운 연관성을 규정한다는 것은 어렵다.

한편, 조직망 구조에서는 커다란 자료기반을 가진 복잡한 망 내에 지시자를 저장하기 위해서는 광대한 저장영역이 필요하다.

4. 관계구조(relational structure)

자료항목들은 표(table)라고 불리는 서로 다른 평평한 파일에 들어 있고, 표 내에 있는 각각의 사상(事象, entity)은 반복되는 영역이 없는 하나의 자료 항목이다. 또한 표들은 횡방향으로 주어진 값들과 연관을 맺게 되며 표와 표 사이의 새로운 관계를 형성함으로써 새로운 분야에 대한 응용이 가능하다.

관계 구조의 장점은 기술자가 아닌 일반 사용자에게도 자료에 대한 접근이 용이하며, 새로운 기록이나 자료항목의 추가, 기록들 간의 새로운 관계설정이 되더라도 기존의 프로그램에는 영향을 미치지 않는다. 자료나 기록들 사이의 논리적인 관계에 영향을 미치지 않고 물리적인 자료저장방식이 변화될 수 있다는 것도 하나의 장점이다. 단점으로는 커다란 표 사이에 새로운 관계를 정립하기 위해서는 실제적인 처리시간이 필요하며, 표 내의 기록들에 대한 접근은 순차적이며 느리다.

디스크에 저장되어 있는 자료의 양은 처리시간에 상당한 영향을 미치게 되며, 사용자가 자료항목들 사이의 불필요한 관계를 설정하게 될 때에, 이러한 기록들 사이에는 높은 정확도의 유연관계가 있기 때문에 논리적인 오류가 발생할 수 있다.

5. 자료기반의 장단점

자료기반(data base)의 장점은 다음과 같다. 첫째, 통제의 집중화를 이룰 수 있다는 것이다. 개인이나 단체에 의해서 조절되는 하나의 자료기반 관리체계는 자료의 질에 대한 표준 유지, 안전성을 위한 제약, 여러 가지의 요구를 균형 있게 조절하고 자료기반의 통합을 유지한다.

둘째, 자료의 효율적인 분리가 가능하게 된다. 자료기반을 이용함으로써 자료기반 내의 정보는 유연한 조절방식에 의해서 분리되며, 자료기반 내에 있는 자료처리에 대한 서비스를 통해서 현재의 자료기반을 새로운 응용분야에 적용시키는 것이 용이하게 된다.

셋째, 자료의 독립성이 유지된다. 응용프로그램은 자료가 저장되어 있는 물리적인 형태와는 무관하다.

넷째, 자료기반의 새로운 응용을 용이하게 수행할 수 있다. 즉, 자료기반에 의해서 제공되는 서비스를 통해서 새로운 응용프로그램과 유일한 자료기반에 관한 연구가 쉽게 수행된다.

다섯째, 직접적인 사용자 접근이 가능하다. 자료기반 관리체계는 비전문적인 프로그램

작성자들이 난해한 분석을 행할 수 있도록 사용자의 접속기능을 부여하며, 동시에 자료기반에 대한 접근과 작동을 조절하며 일관성을 유지하게 한다.

여섯째, 자료의 중복을 방지할 수 있다. 파일을 처리할 때 분리된 자료의 파일은 각각의 응용분야에 이용되고 이를 통해서 상당한 양의 중복이 발생한다. 자료를 여러 개 복사하여 관리 할 수도 있겠지만 과도한 중복도로 인하여 이를 유지하기에는 비용이 너무 많이 들게 되므로 자료기반 관리체계는 중복도의 정도를 감시하고 감소시키는 역할을 한다. 또한, 자료기반 관리체계에는 자료를 갱신하는 과정도 포함된다.

일곱째, 자료기반 관리체계(DBMS)는 다양한 사용자의 입장을 반영하기 위해서 사용자 접속을 부여한다.

한편 자료기반의 단점은 크게 세 가지로 분류된다.

첫째, 비용면에서 자료기반체계에 관한 소프트웨어와 이와 관련된 처리장비는 매우 비싸다. 여기에는 부가적인 수집과 유지비용이 기본적으로 포함된다.

둘째, 부가적인 복잡성이 존재한다. 자료기반체계는 파일의 처리체계에 비해서 훨씬 복잡한데, 이론적으로 체계가 복잡할수록 실패과정을 겪기 쉽고 또한 회복이 불가능하다는 단점이 있다.

셋째, 집중된 통제에 따른 위험이 존재하게 된다. 즉, 응용프로그램의 실행동안 자료의 집중과 중복도의 감소 때문에 이론적인 손실이나 붕괴가 발생할 수도 있다. 그러나 자료를 다른 곳에 미리 저장하거나 복구과정 등을 통해서 자료기반 내의 이러한 위험을 최소화할 수도 있다.

2.3.3 자료기반 관리체계(DBMS : Data Base Management System)

1. 정의와 구성요소

자료기반 관리체계는 자료의 저장, 조작, 검색, 변화를 조작하는 특별한 소프트웨어를 가지고 있는 전산기 프로그램이다. 자료기반 관리체계의 중요한 구성요소는 커널(kernel)이라고 불리는 일련의 프로그램이다. 이러한 프로그램은 C언어 또는 FORTRAN에 의해 작성되었으며 질의어를 이용한 처리, 자료의 경로에 의한 접근, 저장관리, 색인, 여러 사용자들의 읽기와 갱신조작 과정을 조절한다. 커널에는 다양한 사용자 접속장치가 연결되어 있다. 이러한 장치에는 질의어 접속장치, 대용량의 자료 적재기(loader), 영상형태 관리체계(screen form management system), 선택사항 처리기(menu handler), 보고서 작성기(report writers), 프로그램화를 위한 언어 접속장치가 포함된다.

2. 기능

첫째, 파일 처리와 관리(file handling and management)가 가능하다. 파일 관리체계는 구조화된 자료기반을 필수적으로 요구하지는 않지만, 난해한 파일 처리체계는 자료기반 관리체계를 필요로 하며, 고도로 구조화된 자료를 가진 파일 처리체계는 사용자의 요구에 따라 자료의 입력과 검색을 처리하며 일반적인 목적에 사용되는 자료처리를 실행한다.

둘째, 자료기반 처리체계는 다양한 보안기능을 수행하는데, 예를 들어 특정한 사람에게만 자료의 특성을 바꿀 수 있는 권리를 부여함으로써 자료가 통합되는 것을 방지할 수 있다.

셋째로, 사용자가 언제라도 자료에 대한 접근을 할 수 있도록 자료를 유지하며 암호를 알고 있는 사람만이 특정한 처리를 할 수 있도록 점검한다.

3. 목적

다양한 접근방법을 통해서 자료에 접근할 수 있도록 자료를 구조화하며, 현재 잠재적인 응용가능성에 무관한 형태로 자료를 저장하여 언제든지 다른 분야에 이용하도록 한다. 또한 자료에 대한 접근을 조절하며 새로운 자료의 추가와 삭제를 포함한 자료의 갱신이나 변화를 용이하게 하고자 함에 그 목적이 있다.

한편 자료기반 관리체계는 자료의 중복을 최소화하여 검색시간을 단축시키며, 결국에는 작업의 효율성을 향상시키게 된다.

4. 설계

자료조사에 있어서 조사된 자료를 실체요소(entity)와 특성(description)을 가지게 되는데, '실제요소'라는 것은 존재하는 모양을 말하며 특성은 실체요소의 특성에 관한 개념이다.

자료의 모형화는 자료에 대한 개념적인 모형의 형성과정을 말하며, 주로 서로 다른 실체요소와 그에 따른 특성들 사이의 관계설정에 중점을 두고 있다.

자료기반 설계에서 자료기반 관리체계를 위한 실제적인 자료기반이 만들어진다.

자료기반의 실행에서 파일의 크기나 구성 등에 관한 세부적인 결정을 함으로써 자료기반이 유용하게 사용되도록 한다.

자료기반의 감시(monitoring)는 체계가 목적에 맞게 작동되는지를 점검한 후 원래의 목적과 다른 부분에 대해서 첨가나 삭제를 실시한다.

5. 자료기반관리체계의 종류

자료기반 관리체계의 종류는 크게 네 가지로 나눌 수 있다. 첫 번째로 단순 파일 체계(simple filing system)는 두 가지 종류의 파일로 구성되어 있는데, 첫째 서류에는 알파벳과 같은 순서로 자료가 들어 있고, 둘째 서류에는 그에 다른 특성값이 삽입된다. 이 체계는 자료 사이에 많은 중복이 발생한다는 단점이 있다. 이러한 문제점 때문에 체계가 유연성을 가지지 못하며 변형과정에서 많은 비용과 시간이 소비된다.

두 번째로 계층구조(hierarchical structure) 내의 자료들은 논리적으로 관련이 있는 영역으로 나누어지며, 하나의 주된 영역 밑에 나머지 영역들이 나뭇가지와 같은 형태로 배열되어 있다. 일련의 기록들은 순차적으로 배열되며 자료들은 미리 정해진 경로를 가지고 있는 다양한 단계를 통해서 검색된다.

세 번째로 조직망 구조(network structure)는 계층구조와 유사하지만 파일 사이에 다양한 연결이 있다는 것이 계층구조와 다른 점이다. 그러므로 사용자는 특정한 파일에 직접 접근할 수 있게 되며, 파일의 상층부에서 하층부에 이르기까지 체계 전체에 대한 탐색과정이 불필요하게 된다.

네 번째로 관계구조(relational structure)는 영역들이 가지는 계층구조를 제거함으로써 체계의 유연성을 높이기 위해서 만들어진 구조라고 할 수 있다. 이 구조 내에서 모든 영역(field)들은 정보를 검색하는 검색자(key)로 사용된다. 각각의 기록들은 2차원적 표상에서 '행(row)'이 되며 각각의 영역들이 '열(column)'이 된다.

2.3.4 의사결정 지원체계(DMSS : Decision-Making Support System)

어떠한 계획을 결정하기 위해서 의사결정자(decision maker)들은 일반적으로 여러 가지 형태의 이해와 요구를 수용하여 하나의 공통된 목표를 도출함으로써 결정을 내리게 된다. 하지만 때때로 해결하기 힘든 문제들이 발생하여 의사결정자들이 당황하기도 한다.

이러한 경우에 대비해서 해석적 모형화(analytical modeling)와 같은 결정탐색 과정을 도입하여 의사결정에 도움을 줄 수 있는 체계를 의사결정 지원체계라고 한다.

의사결정 지원체계가 갖추어야 할 기본적인 요건은 다음과 같다. 첫째 상호관계적 처리(interactive processing)가 가능해야 한다. 의사결정 지원체계는 완전한 자료 처리체계로 작용하는 것이 아니라 비정형적 · 비구조적 문제의 해결을 위해서 다양하게 변화하는 상황 속에서 작동하는 것이므로 의사결정자와 의사결정 지원체계가 서로 대화하면서 상호작용을 통한 조정처리라는 특성을 지녀야 한다.

두 번째로 질의능력(inquiry capability)을 가지고 있어야 한다. 의사결정자는 언제나 처리과정 전반을 파악하고 있으면서 필요한 경우에 특정 사항에 대한 문의나 반응을 얻어낼 수 있는 질의능력을 가지고 있어야 한다.

세 번째로 의사결정 지원체계는 문제에 따른 상황의 변동에 대해서 즉각적인 조정전환이 이루어질 수 있도록 적응적 체계(adaptive system)를 갖추고 있어야 한다. 의사결정 과정에서는 모든 내용이 예견될 수 없고 과정의 진행에 따라 취해지는 대응이 결과에 큰 영향을 미친다는 점을 볼 때 이러한 사항이 요구되는 것은 당연하다.

네 번째로 충분한 자료를 직결(on-line)체계로 연결하여 모든 의사결정 단계에서 적절한 자료의 활용이 가능해야 한다.

마지막으로 의사결정 지원체계에서는 분석, 설계, 구축, 수행까지의 과정을 하나의 단계로 파악하여 수차례에 걸친 반복을 되풀이하는 반복설계(iterative design)를 전제로 한다.

이러한 의사결정 지원체계는 다음과 같은 특징을 가진다.

첫째, 의사결정자와 문제 그 자체 사이의 목표가 완전하게 정의되지 않은 것과 같이, 구조화가 이루어지지 않은 문제들을 해결하기 위해서 제작되었다.

둘째, 의사결정체계는 아주 큰 능력과 사용이 용이한 사용자 접속장치(user interface)를 가지고 있다.

셋째, 이 체계를 통하여 사용자는 해석적 모형과 자료를 유연한 방식으로 조합한다.

넷째, 의사결정체계에서는 일련의 실행 가능한 대안들을 만들기 위해서 모형을 이용한다.

다섯째, 다양한 의사결정형태를 지원하며, 사용자의 요구에 부합하는 새로운 능력을 제공하기에 용이한 형태로 쉽게 바뀔 수 있다.

여섯째, 이 체계를 통하여 상호작용적이고 반복적인 문제가 해결될 수 있으며 다양한 경로를 통한 의사결정과정이 여기에 포함된다.

2.3.5 전문가 체계(expert system)

분류되지 않은 많은 양의 자료가 정보체계에 입력되어 있고 사용자는 필요한 것을 찾기 위해 분류 및 배정을 위한 연산법을 정의해야 한다. 이것은 결코 간단한 문제가 아니며 그 결과도 바람직하지 못할 때가 많다. 체계 내에서 그들의 요구를 정형화시키는 방법을 정확히 알지 못하는 비전문가를 위하여 전문가의 지식이나 경험을 전산기 체계 내에 비치함으로써 이용이 용이하도록 설계한 체계를 '전문가 체계'라고 한다.

[그림 2.14]는 전문가 체계의 개관을 나타내고 있으며 그 원리는 전문가의 지식을 전산기를 통하여 이용할 수 있게 하는 것으로 이 단계를 지식저장 또는 지식 취득(knowledge acquisition)이라고 한다. 얻어진 지식은 어떤 특성에 대한 지식의 기반(base)에 존재하는 인식이나 서술을 위한 규칙으로 변환된다.

처음에 지식은 논리적 문장의 형태로 기호화되지만 어떤 문제에 직면하게 되면 사람들은 유추(analogy)와 같이 보다 난해한 방법을 이용한다. 인공지능의 발전으로 인해서 인간이 사고 과정에 대한 많은 측면을 알아 낼 수 있는 체계의 형성이 더욱 확실하게 나타날 것이다. 지식기반에서 벗어난 정보를 얻고자 하는 사용자는 '추론기관(inference engine)'이라는 프로그램을 통하여 질의 내용을 입력시킨다. 이러한 양식에 의해서 사용자의 요구가 정형화된 질의로 변환되는데, 여기에서 질의는 취득된 지식이 들어 있는 자료기반의 유지에 사용된다. 또한 추론기관은 사용자에게 특정한 종류의 특성을 탐색하는 이유를 설명하는 기능도 가지고 있다.

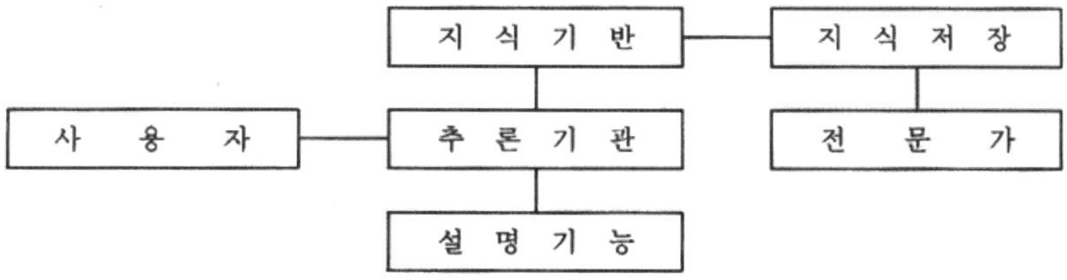

[그림 2.14] 전문가 체계

전문가 체계는 여러 영역에서 발전되어 왔는데, 특히 의학, 지질학적 탐사, 군사영역에서 많이 사용되어 왔다.

2.4 도형 및 영상정보의 자료구조

현대 정보체계로 처리되는 많은 다른 종류의 자료와는 달리 지형자료는 위치, 위상관계의 연결성(topological connection), 대상물의 특성에 대한 자료를 포함해야 하기 때문에 복잡하다. 지형공간자료처리는 지형적 · 공간적인 측면이 포함되므로 그래프와 지도에 대해 설계된 체계가 필요하며 지표면의 위치와 연과성이 있다.

지형공간자료의 위치는 좌표계의 표준체계를 이용함으로써 지구표면에 대한 위치에 의해 결정된다. 이 때 사용되는 좌표계는 제한된 지역에 대한 연구의 경우와 같이 순수하게 국소적이거나, UTM 좌표계와 같은 국제적으로 공인된 좌표계일 수도 있다. 지형공간자료의 명확한 대상물을 기준으로 하여 상대적인 위치로 표시되기도 한다. 모든 지형공간에 대한 연구에서는 복잡한 정보를 분석하거나 통합하는 기본단위로 마을, 하천유역, 범람원, 단위생태지역, 토양군 등과 같은 현상학적 개념을 사용해 왔다. 이러한 현상학적 기본단위는 자주 계층적으로 정의된 분류법에 따라 각각 다른 구모의 단위로 나누어지거나 조직화된다.

전산기는 지형공간양식을 어떻게 처리하고 나타낼 것인가에 대해 정확히 지시할 필요가 있다. 본질적으로 전산기에서는 지형공간의 대상좌표(또는 변량)를 부호화나 표현하는데 격자형(raster)방식과 선추적형(vector)방식[그림 2.15 참조]이 있다.

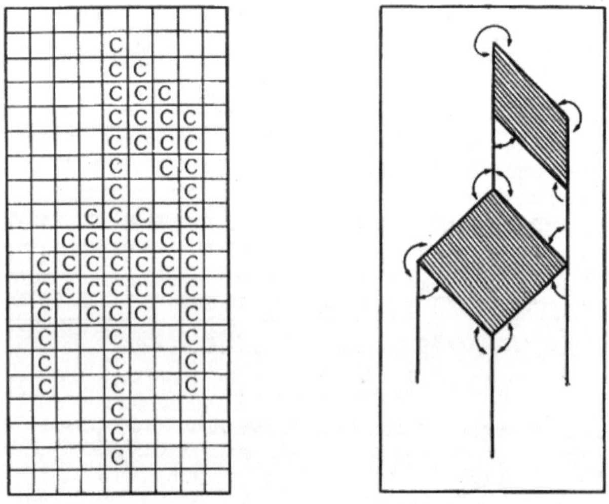

(a) (b)

[그림 2.15] 격자형(a)과 선추적형(b)의 비교

2.4.1 선추적형(vector)방식과 격자형(raster)방식

1. 선추적형방식

자료의 표현을 마디(또는 고리, mode)로 구성된다. 점은 하나의 마디, 선은 두 마디 이상이나 수 개의 절점(vertex)으로 연결, 면은 하나의 마디와 수 개의 절점으로 구성된 연결로 표현된다. 또한 벡터자료는 기하학(geometric)정보[점(x, y)은 하나로 저장, 선은 연결된 점들의 집합, 면은 면의 내부를 확인하는 참조점으로 구성]와 위상구조(topology)정보[점, 선, 면들의 공간형상들의 공간관계를 인접성(adjacency), 연속성(continuity), 영역성(area definition) 등으로 구성] 등을 구축한다.

2. 격자형방식

자료의 표현을 격자형(또는 작은 방, cell)들의 집합으로 형성된다. 또한 각 격자형은 속성값을 지니고 있으며 X, Y축을 이루어 존재한다.

3. 선추적형방식과 격자형방식의 표현차이

1) 저장공간

표현된 두 가지 방법은 몇 가지 점에서 서로 다른 차이를 보이고 있다. 첫째, 선추적형(線追跡型, vector)은 정보를 저장하는데 더 적은 수의 저장공간을 필요로 한다. 선추적형은 11개의 x, y쌍과 14개의 연결점을 사용하는 데 비해 격자형(格子型)은 60개의 셀(cell)을 사용한다.

2) 외관상의 형상

외관상의 형상 선추적형 표현은 격자형에 비해 외관상 보다 나은 형상을 나타낸다. 그림의 경우 격자형으로 0.5㎜ 격자를 가져야 하는데, 이 경우 470개의 x, y쌍이 필요하다.

3) 연결정보의 탐색 및 처리

의자의 형상이나 크기를 바꾸어야 할 경우, 선추적형보다 격자형이 더 빠르고 손쉽게 할 수 있다. 격자형에 있어서 자료를 수정하는 방법은 단지 임의의 값을 지우고 새로운 값을 입력하면 되지만 선추적형에서는 좌표값뿐만 아니라 연결도 새롭게 해주어야 한다.

2.4.2 선추적형 자료와 격자형 자료의 장단점

1. 선추적형 자료(vector data)

선추적형 자료의 장점은 격자형 자료에 비해 훨씬 압축되어 간결한 형태를 가지며 위상관계에 대한 부호입력이 용이한 경우일 때, 지형학적인 자료를 필요로 하는 망조직 분석에 매우 효과적이다. 또한 선추적형 모형은 수작업에 의해서 완성된 지도에 거의 비슷한 도형을 제작하는 데 적합하다.

단점으로는 간단한 격자형 자료보다 훨씬 복잡한 자료구조를 가지고 있으며 중첩기능을 수행하기가 매우 어렵고 지형공간적 편의를 나타내기에 비효과적이다. 또한 자료의 조작과정과 영상의 질을 향상시키는 데 효과적이지 못하다.

2. 격자형 자료(raster data)

격자형 자료의 장점은 간단한 자료구조를 가지고 있고 중첩에 대한 조작이 용이하며 매우 효과적이다. 둘째, 다양한 지형공간적 편의가 격자형 형태로 나타나며, 세 번째로 자료의 조작과정을 효과적으로 하고, 수치 영상의 질을 향상시키는 데 매우 용이하다.

단점으로는 첫째, 격자형 자료는 압축되어 사용되는 경우가 드물고, 지형관계를 나타내기가 훨씬 어렵다. 둘째, 격자형 자료는 주로 네모난 형태를 가지기 때문에 수작업에 의해서 그려진 완화된 선에 비해서 미관상 매끄럽지 못하다.

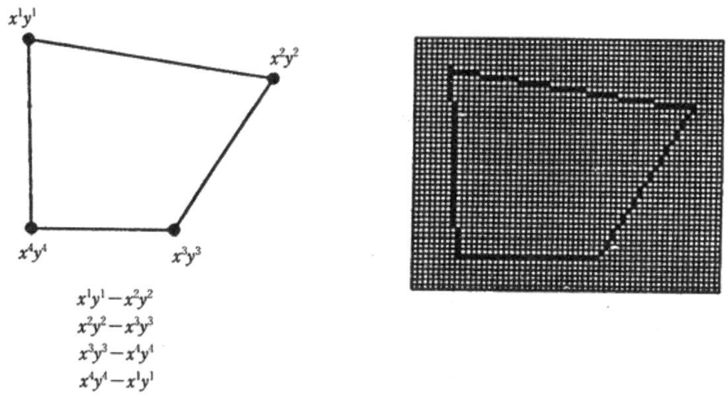

(a) 선추적 자료 (b) 격자형 자료

[그림 2.16] 선추적형과 격자형의 비교

2장 연습문제

다음 각 사항에 대하여 답하시오.

1. 지형공간정보체계를 표현하기 위한 자료의 구성요소
2. 지형공간정보체계에서 이용되는 좌표계
3. 전산화에 관련된 자료의 파일 구조를 열거하고 각각의 특징
4. 자료기반(database)의 구조
5. 자료기반관리체계
6. 선추적형(vector) 및 격자형(raster) 자료의 표현 및 장단점
7. 지형공간정보체계에서 사용되는 자료를 성질에 따라 분류하고 간단히 설명

Chapter 03 지형공간정보체계의 자료 생성

3.1 개 설

자료 생성은 지형공간정보체계를 수행함에 있어서 가장 먼저 고려하게 되는 부분으로서 우리에게 필요한 자료를 어떤 방법으로 얻어낼 수 있는가를 결정하는 것이다. 이러한 자료를 생성하는 방법에는 측량에 의한 위치 및 지도, 일반영상 및 수치영상을 이용하는 방법 등이 있으며 각각의 방법들은 실제적 관측방법과 원리면에서는 서로 다르다. 특히, 일반영상탐측과 원격탐측은 서로 밀접한 관계를 가지고 있으면서도, 커다란 차이점을 가지고 있다. 일반 영상탐측은 관측과정과 먼 거리에 있는 물체의 위치를 결정하는 기하학적인 면에 중점을 두는 반면, 원격탐측은 원격으로 감지된 영상정보를 계산하고 검사하는 면에 중점을 둔다. 그러나 이들 방법들은 서로 완전히 개별적인 관계는 아니고, 두 가지 혹은 여러 가지가 서로 조합이 되어 상호보완적인 관계를 이루며 공간적인 관련된 자료를 찾아내고 저장하며 표현한다. 이렇게 얻어진 자료는 여러 기기나 방법에 의해 입력되고 처리되어, 지형공간정보체계의 수행을 가능하게 한다.

3.2 위치관측값에 의한 자료생성

3.2.1 일반 측량방법

일반 측량은 측량계획에서 측량법, 축척, 도식, 정확도 등을 결정하고, 둘째 조사 및 선점에서는 도상선점은 1/25,000, 1/50,000 지형도를 이용하고, 도근점밀도는 도상 5㎝(중축척)~10㎝(대축척)당 1점씩 배점한다. 셋째 기준점 측량은 수평위치(삼각, 다각, 삼변측량)와 수직위치(수준측량)를 결정하며, 측지원점측량은 천문, 위성측량에 의하여 위도, 경위도, 방위각을 결정하며, 보조기준점 측량을 이용하여 기계도근점, 도해도근점, 다각점 등을 결정한다. 넷째 세부측량에서 평판, 시거, 지형측량, 영상처리 등을 이용하여 지형을 도면화한다. 이렇게 하여 얻은 도면이 측량원도이다.

길이, 각 시간 등을 조합 해석하여 1차원, 2차원(x, y), 3차원(x, y, z) 및 4차원(x, y, z, t) 위치 해석을 할 수 있다.

1. 1차원 위치

줄자, 각도기 및 전자기파 관측기 등을 이용하여 1차원 위치인 거리(수평거리), 레벨 및 전자기파 관측기 등을 이용하여 높이(수직거리)를 결정한다.

2. 2차원 위치(x, y)

거리, 각, 시, 전자기파 등을 이용하여 2차원 위치를 결정한다. 주로 이용되는 측량방법은 삼각측량, 다각측량, 천문측량, 전자기파측량 등이 있다. 영상탐측, 관성측량, 인공위성측량방법도 있으나 이는 3차원 위치결정도 가능하기 때문에 3차원 위치결정에서 다루기로 한다.

1) 삼각측량(triangulation)

기선을 결정한 다음 각만을 관측하여 수평위치를 결정하는 방법으로, 정밀도가 높아 국가기준점 설치에 이용되고 있다. 삼각망은 단열, 유심, 사변망 순으로 정확도가 좋다. 측표의 중심, 기기의 중심, 관측점의 중심이 일치하지 않을 때 편심(또는 귀심) 관측을 한다. 또한 산지 혹은 기선을 관측하기가 곤란한 경우, 과거 실측된 삼각 및 고저(수준) 성과표를 이용한다. 간접 삼각법에 의해 높이도 계산한다.

2) 다각측량(traverse survey)

거리와 각을 관측하여 수평위치를 결정하는 방법으로 보조기준점 위치결정에 이용되어 왔으나, 전자기파 거리측량기의 출현으로 거리측량의 정확도가 높아지자 고정밀 결합다각망은 국가 기본망 형성에도 이용된다. 개다각, 폐다각, 결합다각형의 순으로 정밀도가 높다. 다각측량은 수평위치 결정, 면적산정에 이용되며, 좁고 길거나 협소한 지역(도로, 수로, 인도 지적측량 등)에 많이 이용된다.

3) 삼변측량(trilateration)

거리만을 관측해서 거리로부터 각을 환산(cosine 제 2법칙, 반각공식, 면적조건 등을 이용)하고, 이 각과 거리에 의하여 수평위치를 결정하는 방법으로 다각측량보다 높은 정확도를 확보할 수 있다. 삼변망 조정에는 조건방정식, 관측방정식 등이 있으나 관측방정식이 주로 이용된다.

4) 천문측량(astronomical survey)

천체(별 또는 태양)의 고도, 방위각 및 시를 관측하여 지점의 경위도 및 방위각을 결정한다. GPS 출현 전에는 가장 정확도가 높은 수평위치 결정방법으로 측지원점결정에 이용되었다. 삼각측량, 삼변 측량, 다각측량 등은 기준타원체를 기준으로 하여 측지경위도를 구하나, 천문측량은 geoid를 기준으로 하여 천문경위도를 구한다. 천문좌표계는 지평, 적도, 황도, 은하좌표가 있다.

5) 전자기파측량(electromagnetic survey or electromagnetic position fixing)

전파, 적외선, 레이저 등을 이용하여 수평위치를 결정하는 방법이다. 육상에서도 이용되지만 해양인 경우 장거리(500해리 이상)에 Loran-A, Loran-C, Omega, 중거리(100~500해리)에 Radio Beacon, Consol, Decca, 단거리(100해리 이내)에 Hi-Fix, Raydist, Trisponder 등에 이용되고 있다.

3. 3차원 위치(x, y, z)

1) 영상탐측(imagematics)

지상 또는 항공기에 장착한 카메라에 의한 50% 이상 중복 촬영한 영상면과 기준점성과를 이용하여 기계적 또는 해석적으로 3차원좌표를 구한다. 기계적 방법은 중복촬영 된 투명양화를 정밀입체도화기에 장치한 다음 내부, 상호표정을 마친 후, 기준점성과를 이용하여 절대표정을 하면 3차원좌표를 구할 수 있다. 해석적 방법은 중복촬영 된 영상면으로부터 좌표를 관측한 다음, 기준점성과를 이용하여 수치적 방법으로 표정을 마치면 3차원좌표를 구할 수 있다.

2) 관성측량체계(INS : Inertial Navigation System)

세 가속도계를 서로 수직으로 설치하여 여기에 각각 자동평형기(gyro)를 부착한 후, 탑재기(platform)에 장착하여 물체의 거동으로부터 회전각과 이동거리의 변화를 계산해서 위치를 결정하는 자주적인 위치결정체계이다.

3) 3차원측량(three dimensional survey)

3차원 공간의 점 P(x, y, z)를 2차원공간의 점 P(x, y)로 투영하여 이 P(x, y)로부터 P(x, y, z)를 구하는 측량방법이다. 3차원측량에서는 모든 점에서 고저각과 천문경위도가 관측되어야하며, 천문경위도의 관측이 많을수록 3차원 대지측량망의 정확도는 높다.

3. 4차원측량(four-dimensional survey)

4차원 공간의 점 P(X, Y, Z, T)를 3차원 공간의 점 P(x, y, t)로 투영하여 P(X, Y, Z, T)를 구하는 측량이다. 카메라와 시간간격이 일정한 스트로보방전관을 동반한 영화촬영기를 사용하여 관측한다.

3.2.2 광파, 초음파, 전파, 레이저광 및 인공위성을 이용한 위치결정

광파를 이용한 광파종합관측기(TS), 다중음파를 이용한 음향 측심기(MBES), 전파를 이용한 VLBI, 레이저광을 이용한 LiDAR, SLR, 레이더영상 등이 있다. 또한 인공위성을 이용한 위치결정으로 remote sensing 기술과 위성측지(GPS, GLONASS, GALILEO

등) 기술이 이용되고 있다.

1. 광파종합관측기(TS : Total Station)에 의한 자료생성

광파종합관측기는 광파거리관측기, theodolite(각관측기)와 computer가 합쳐진 관측장비로서 각(수평각, 수직각)과 거리(수평거리, 수직거리, 경사거리)를 관측하여 삼각 및 다각측량원리를 이용하여 3차원 좌표값을 구할 수 있다. 관측범위는 3km정도이며 높은 정확도를 요할 시(1~1.5초 독취로 각관측)는 (1mm~2mm)+1ppm(1ppm은 1/1,000,000로 1km 관측일 경우 1mm에 해당)이고 일반적인 경우(3~5초 독취로 각관측)는 (3mm~5mm)+ 3ppm의 정확도를 확보할 수 있다. TS는 관측 시 공간적(지상, 지하, 좁은 지역, 건물, 숲속, 가로수 아래, 복잡한 도심 등)제한을 안 받고 관측값을 구할 수 있고 관측장비도 저렴하고 휴대도 가능하다. TS관측 시 시준선이 확보되어야 하며 기상조건에 영향이 큰 것이 단점이다. 거리관측 시 광파가 대기 중을 통과하여 반사경에 반사된 후 다시 관측장비로 되돌아 올 때까지의 시간을 계산하여 거리를 산출하여야 하므로 대기의 온도와 기압에 따라 관측값이 다르게 나타나므로 반드시 이를 보정해야 하는 번거로움이 있다.

2. 다중빔음향측심기[MBES : Multi Beam Echo Sounder]에 의한 자료생성

다중빔음향측심기는 배가 이동하면서 다중 음향신호를 발사하고, 이를 다시 수신함으로써 송 · 수파 가능 범위의 해저 횡단면 전체를 동시에 관측하는 음향측심기를 말한다. 하천이나 해양 저변에 있는 자료 취득, 해저 지형도 등을 작성하는 데에 이용된다.

기존의 음향측심기가 조사선의 수직하부 한 지점의 측심만 할 수 있는 것과는 달리 다중빔음향측심기는 송 · 수파 가능 범위의 해저 횡단면 전체를 동시에 관측할 수 있다. 관측자료는 기존의 음향측심기보다 우수하고, 조사해역 해저면의 해저지형을 약 1m이상의 해상도로 정확하게 표현할 수 있다. 관측된 자료는 선상(船上)에 있는 컴퓨터를 통해서 실시간 등심도(等深圖) 또는 지형도가 컬러그래픽으로 작성되며, 여러 형태의 정보로 분석 · 처리된다. 천해용과 심해용이 있는데, 심해용은 11,000m까지 관측할 수 있다.

[표 3.1] 단빔 음향측심과 다중빔 음향측심의 비교

구 분	빔 음파범위	3-D 수심도
단빔 음향측심	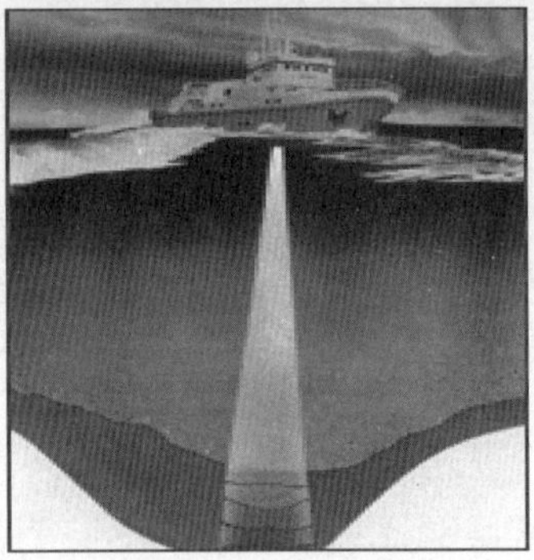	
다중빔 음향측심		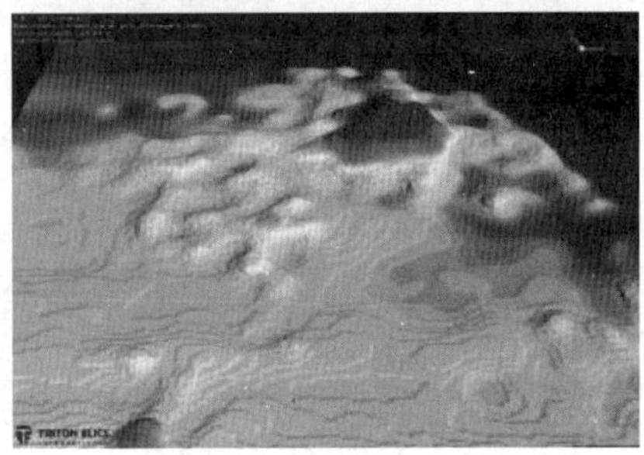

[표 3.2] 수중탐측장비별 특징과 장단점

장비	단빔 음향측심기	다중빔 음향측심기
특징	•계획된 경로를 따라 선박의 밑바닥에 대한 수심측량용 장비	•N개의 단빔을 설치, 수심을 측심할 수 있으며 3차원 자료를 추출
장점	•설치가 간편	•측심 폭이 단빔의 3배 •누락부분이 훨씬 적고 넓은 면적에 대해 측심이 용이
단점	•경로를 벗어난 곳은 관측이 안 됨 •암초나 대륙붕 등을 놓치기 쉬움 •측심시간이 오래 걸림	•송신기와 수신기가 여러 개 달여 있어 복잡 •점 단위로 송수신함으로써 누락 부분이 발생
용도	•하천 및 저수지 수심측량 등	•해도작성, 수로 조사사업 등

3. 전파(VLBI)에 의한 자료생성

초장기선 간섭계(VLBI : Very Long Baseline Interferometer)는 동일 전파원으로부터 방사된 전파를 멀리 떨어진 2점에서 동시에 수신하여, 2점에서 전파가 도착하는 시간차(지연시간)를 정확히 관측함으로써 2점 사이에 거리를 구하는 대상으로 하고 있기 때문에 거의 부동(不動)으로 간주할 수 있으므로 매우 안정된 관측기준을 확보할 수 있다. 한편 GPS, SLR관측은 인공위성을 기준으로 하고 있기 때문에 장기적으로는 위성궤도의 오차발생, 기술운용의 방법 등으로 안정성 있는 위치 확보에 한계가 있다. 안정된 천문기준좌표계에 의거한 VLBI 관측자료는 장기적으로도 안정하다. 이로써 VLBI는 GPS등 다른 우주기술의 관측자료의 장기 안정성을 확보할 수 있는 지침이 될 수 있다. GPS관측으로 얻어진 관측점은 GPS안테나의 위상중심(位相中心)에 위치하고 있기 때문에 외부의 전자기(電磁氣)환경에 의해 변위 될 수 있으므로 측량에 적용 시 오차에 대한 처리기술이 필요하다. VLBI 기법은 전파를 발사하는 천체의 위치나 구조를 관측하는 기술로써 고안되었으나, 1960년대 말경부터 대규모 측량에 적용 할 수 있도록 발전되고 있다. 전파망원경에서는 광선에 비해 방향의 분해능이 대단히 나쁘므로 안테나 지름을 크게 해야 하지만, 너무 크게 하기에는 경비나 기술적인 면에서 곤란하기 때문에 작은 지름의 안테나를 멀리 설치하여 큰 지름의 안테나와 같은 분해능을 갖도록 고안되고 있다. 초장기선 간섭계는 전파 분해능을 이용하여 전파원으로부터 109광년의 거리에 있는 준성(quasar)에 백색에 가까운 1~100GHz 정도의 주파수를 발사하여 초장(超長 : 수천 ㎞)기선관측으로 수 ㎜ 정밀도로 위치 관측이 가능하다. 무한거리에 있다고 볼 수 있는 준성에서의 전파는 거리 s만큼 떨어진 2개의 안테나에 평행하게 입사하므로, 도착시간차는 기하학적 지연시간(geometrical delay time)인 Tg이다. 지연시간의 관측은 준성으로부터의 전파를 정확한 시간과 함께 테이프 기록기에 기록하고 양안테나에서의 기록의 값으로부터 최대의 간섭이 얻어지는 시간차 τ를 결정한다. 이 시간차의 관측정밀도는 $\pm 0.1ns\,(1ns = 10^{-9}$초)에 달하며 광속으로 환산한 거리는 $\pm 3cm$에 해당한다. 측지VLBI망은 전 세계에 구축되어 있다. GPS는 단거리 관측에서는 VLBI에 필적하는 정확도를 확보할 수 있으나 지구를 주기적으로 회전하고 있는 인공위성을 기준으로 하고 있음으로 지구규모의 초장기선 관측에서는 정확도가 떨어짐으로 측지VLBI를 사용해야 한다.

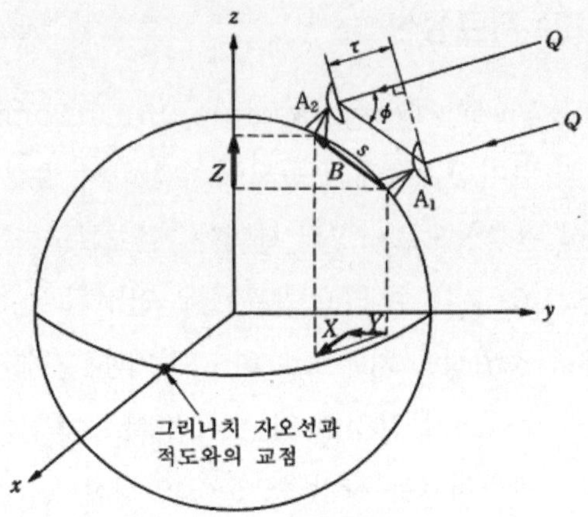

[그림 3.1] VLBI의 원리

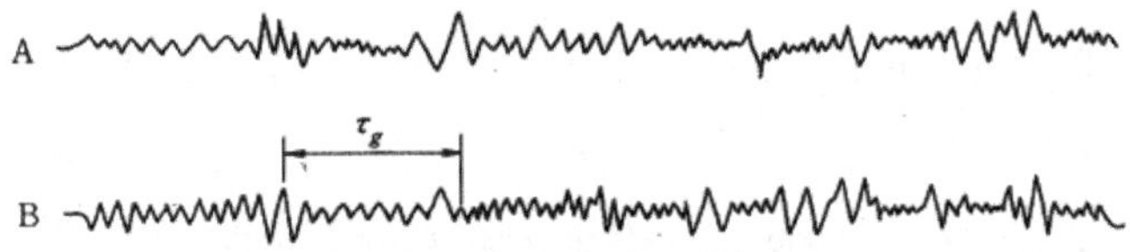

[그림 3.2] 시간차 τ의 관측

기선 벡터를 B, 준성의 방향단위 벡터를 Q, 광속을 c라 할 때 τ_g는

$$\tau_g = \frac{B \cdot Q}{c}$$

이다.

■ 우주측지기술로서의 측지VLBI, GPS, SLR의 상관성

국제지구회전기준좌표계제공(IERS : International of Earth Rotation and Reference Systems Service)에서 이용되고 있는 3가지 우주측지기술에 관한 표는 [표 3.3]과 같다.

[표 3.3] 우주측지기술에 있어서의 VLBI의 역할

observational techniques	reference frames		earth orientation parameters			polar motion accuracy
	ICRF	IRTF	Pol. Mot.	UTI	Prec. & Nut	
VLBI	○	○	○	○	○	≤ 0.2mas
GPS	×	○	○	△	×	02.mas
SLR	×	○	○	△	×	0.3~0.4mas

VLBI는

가) 우주론적원방(遠方)에 있는 은하계외 전파원에 준거하고 있으며 순수기하학적인 측지원리를 기준으로 하고 있다.

나) 천구기준좌표계(ICRF : International Celestial Reference Frame)를 구축하고 지구자세를 나타내는 모든 parameter(Polar motion, UTI, Precession & Nutation)를 결정한다(UTI는 지구회전계의 세계시임)

다) 가장 높은 정확도를 확보할 수 있어 최첨단 기술로서 중요한 관측방법으로 역할을 할 수 있다.

4. 레이저 관측(LiDAR, SLR, LLR)에 의한 자료생성

1) 3D 레이저스캐너(scanner)에 의한 방법

대상물의 표면을 스캐닝하여 실제형상을 도면화하는 관측장비로 수평방향으로 360°, 연직방향으로 150° 범위를 회전하면서 1초당 2,000개의 레이저빔을 발사한다. 관측대상물에 대하여 관측점선 정밀도를 높게 하여 취득된 3차원 좌표를 이용하여 모형화(modeling)함으로써 실제형상과 거의 실물과 동일한 영상과 도면작성을 할 수 있다.

2) LiDAR에 의한 방법

레이저에 의한 라이다(LiDAR : Light Detection And Ranging)관측은 정밀하고 빠르게 물체의 3차원 형상을 측량할 수 있는 기법이다. 기본적으로 종전의 레이저 측량의 기능을 갖고 있으며, 초당 최대 5,000~500,000점까지 레이저를 대상체 표면에 발사하여 대상체 표면의 지형공간위치정보(x, y, z)를 갖는 무수한 관측점군(point-cloud)으로서 표현하게 된다. 지상 LiDAR는 대상체면에 투사한 laser의 간섭이나 반사를 이용하여 대상체면상의 관측점의 지형공간정보를 취득하는 관측방식으로서, 3차원 정밀 측량은 대상체의 표면으로부터 상대적인 3차원(X, Y, Z) 지형공간좌표를 각각의 점 자료(point data)로 기록하며, 관측방법에 따라 일정량의 굴절각 증분을 주기 위해 하나 또는 두 개의 거울(mirror)을 사용하거나, 장비 전체가 회전하여 3차원 지형공간좌표를 얻는다. 이와 함께 디지털 카메라를 이용하여 스캐닝과 동시에 디지털 영상을 확보하여 3차원 모형의 구축 시 텍스처(texture) 자료로 활용이 가능하므로 3차원 지형공간정보 구축에 큰 편리성을 확보할 수 있다.

(1) 지상 LiDAR

지상 LiDAR 측량을 해석하는 방법으로는 시간차(time-of-flight)방식, 위상차(phase shift)방식, 삼각측량법(triangulation)방식 등이 있다.

TOF(Time-Of Flight)방식은 레이저를 발사하여 반사되어 오는 시간적인 차이로 거리를 계산하며 레이저 송신부, 수신부, 처리부로 구성되어 있다. 레이저가 반사되어 돌아오는 시간을 계산하여 거리를 결정하고 각도만큼 수평, 수직으로 회전하여 관측한 점 위치를 결정하는 방법이다. 이 방법은 삼각법에 비하여 근거리에는 정밀도가 다소 떨어지나 중 · 장거리 거리 관측에는 많이 사용하는 방법이다.

최근에는 사용의 편리성 및 정확도가 확보 되는 시간차방식이 주로 사용되어지고 있다.

위상차(phase shift)방식은 주파수가 다른 파를 동시에 발산하여 생성된 두 파의 위상변위는 거리와 시간에 따라 점진적으로 큰 위상변위를 생성한다. 동일한 거리에서 두 신호를 검출하고 두 파의 출발시간을 알면 위상변위를 알 수 있다. 관측된 위상변위를 발생하기 위해 생성된 파일의 수와 일정한 속도가 주어진다면, 관측거리는 계산될 수 있다.

삼각측량법(triangulation) 방식은 일반적으로 근거리에 대한 지형공간자료 취득을 위하여 사용되는 기술이며, 지도 제작법이나 GPS 위치관측에 사용된다. 간단한 삼각측량법(triangulation)원리를 이용한 방법이며, 레이저가 점이나 선으로 대상 물체 표면에 투영되는 것으로 하나 또는 그 이상의 광전소자(CCD : Charge Coupled Device) 카메라로 물체의 위치를 기록한다. 레이저 빔의 각도는 스캐너가 내부적으로 기록하고, 고정된 기선(base) 길이로부터 기하학적으로 대상 물체와 장비의 거리가 결정되는 정밀한 측량 방법으로서, 특히 가까운 거리에서의 정밀도가 높다.

정확도는 스캐너의 기선길이와 물체와의 거리에 의존하며, 정밀도가 높은 반면에 시간이 오래 걸린다는 것과 실물에 주사된 레이저가 CCD 카메라로 구분이 가능해야 하므로 직사광선이 있는 곳에서는 자료의 오류가 많이 발생하므로 보다 좋은 자료를 얻기 위해서는 야간에 측량해야 하는 불편함을 가지고 있다. 레이저 스캐너 내부에서의 관측각을 사용하여 기지점을 근거로 미지점의 위치를 개별적으로 구하는 방법으로서, 주로 전방교선법(intersection)이 적용된다. 기지점(레이저 스캐너에 의해 인식된 임의의 기계좌표)에 기기를 설치하여 미지점의 방향을 관측한 후 그들 방향선의 교점으로서 미지점의 위치를 결정하게 된다.

(2) 항공 LiDAR

항공 LiDAR 측량은 Laser 스캐너, GPS, 관성항법장치(GPS/INS) 등으로 구성되어 있고 레이저스캐너는 거리관측부와 스캐닝부로 다시 구분되어 상호보완적으로 정밀한 위치정보를 갖는 점자료를 확보할 수 있는 측량기술이다.

LiDAR 체계는 움직이는 비행기에 탑재되어 사용되어지며 정지상태가 아닌 항공기에서 관측하기 때문에 지상좌표를 나타낼 항공기의 정확한 위치를 알기 위하여 항공기의 초기 위치값은 GPS/INS로부터 제공받고, 레이저 스캐너에 의해 레이저펄스를 지표면에 주사하여 반사된 레이저파의 도달시간을 이용하여 물체의 3차원 위치좌표를 계산한다. 항공 LiDAR 측량은 광범위한 지역의 DEM을 적은 비용으로 효율적으로 구축하기 위해서 개발되었다.

항공 LiDAR 측량의 관측점 밀도는 단위시간당 송신할 수 있는 펄스의 수, 촬영각도, 항공기의 고도, 비행속도 등에 따라 결정된다. INS의 우연오차로 인해 수직방향 오차보다 수평방향 오차가 약 2~3배 정도 크다. 일반적으로 LiDAR의 수직정확도는 15㎝, 수평정확도는 30㎝로 보고 있으며 사용되는 레이저펄스의 파장대는 1㎛이상의 적외선 영역이다.

LiDAR를 이용해 취득되는 자료로 첫 번째는 지표면의 3차원 좌표이다. 좌표계는 UTM WGS84로 국지좌표계로의 변환이 필요하며, 고도는 GPS를 이용하는 다른 방법들과 같이 타원고체이므로 지오이드(geoid)를 고려한 고도값 환산이 필요하다. 그리고 저장방식은 ASCII 혹은 binary 형태의 포맷으로 다른 매체와의 호환가능성이 매우 높다. 두 번째로, 입사하는 레이저펄스와 반사되는 레이저펄스의 강도비를 나타내는 반사강도(intensity) 자료는 토지피복분류와 지표상 건물추출 등에 이용되고 있다. 또한 레이저펄스가 수관층을 투과하는 성질을 이용하여 식물과 지표면의 상태를 모두 기록한 다중반사(multiple return) 자료가 LiDAR 자료에 포함된다. 다중 반사는 빔이 물체에 도달하면서 지름이 팽창할 때 빔의 일부는 지붕의 끝부분에 부딪히고 나머지는 지상에 도달하게 된다면, 이 장비는 지붕에서의 반사와 지상에서의 반사를 기록하여, 단일 펄스에 대한 두 개의 다른 고도를 제공한다는 것을 의미한다. 지붕에서 계산된 고도를 "선 반사(first return)", 지상에서 계산된 고도를 "후 반사(last return)"라고 부른다. 만약 레이저 펄스가 나무에 충돌한다면, 첫 번째 반사는 나무의 고도를 제공할 것이고 두 번째 또는 세 번째 반사는 중간에 있는 나뭇가지의 고도를, 마지막 반사는 나무 아래 지상의 고도를 제공하게 된다. 이것은 LiDAR의 표면 거칠기 정보와 수관층의 두께 · 생체량(biomass) 등을 추정하는 자료로 활용될 수 있으며, 지표면의 정보와 지상물의 정보를 동시에 취득할 수 있다는 점에서 중요한 가치를 지닌다.

LiDAR 체계의 장단점으로는 첫째, 기상조건, 주야, 계절 등에 관계없이 관측이 가능하다(단, 구름이 비행고도보다 위에 있을 경우에만 관측이 가능하다). 둘째, 지형 · 고도자료를 신속 · 정확하고 저렴하게 취득할 수 있다. 한 번의 측량으로 X, Y, Z좌표를 모두 취득하게 되며, 광범위한 기준점 망 없이 30㎞의 지역에 단지 1개의 지상 기준국만이 필요하다. 셋째, LiDAR는 좁고 긴 지역의 지도제작에 이상적이며, 연안선에 대한 정확한 정보를 제공한다. 넷째, 밀집한 숲을 투과할 수 있는 LiDAR점 자료를 이용하여 순수한 지상의 지형을 제작할 수 있다.

단점으로는 첫째, LiDAR 센서는 비, 안개, 연무, 스모그, 눈보라 등의 상황에서는 사용이 불가능하다. 둘째, 수체에 반사된 자료는 신뢰할 수 없다. 적외선 파장은 물에 잘 흡수되기 때문이다. 셋째, LiDAR 자료는 점밀도에 따라 경계선의 관측이 용이하지 못하다. 넷째, 수직오차에 비해 수평오차가 약 3배가량 크다. 다섯째, 과밀한 식생지역에서는 레이저펄스가 지면까지 투과할 수 없다.

항공 LiDAR 측량이 기술을 개선시킨다면 지금까지의 평면적인 분석에서 3차원적인 입체분석이 가능해지며, 더욱 빠르고 정밀한 고도모형을 저비용으로 생산할 수 있게 될 것이다. 이를 통해 국가 DEM제작, 3D 모형화, 디지털 영상지도제작 등의 지형공간정보 취득은 물론 해마다 반복되고 있는 각종 재난재해의 사전 대비와 관리를 위한 하천 및 해안조사, 홍수지도, 재해지도 제작이 간편해지며 토목설계, 전력선 및 철도측량, 불법건축물판독 등의 다양한 분야에 활용될 수 있을 것이다.

3) 위성 또는 달 레이저 측량[SLR or LLR : Satellite (or Lunar) Laser Ranging]

위성 측량방법으로 사진에 의해 위성의 방향을 관측하는 광학적 방향관측법이 일찍부터 실시되었으나 대기의 영향에 의해 정확도 면에서 만족할 만한 값을 얻지 못하였다, 따라서 지상측량에서 삼각측량이 삼변측량으로 대체되는 것과 같이 위성이나 달측량에 있어서도 방향관측에 대신하여 거리관측이 등장하게 되었다. 인공위성이나 달까지 거리를 관측하는 방법에는 전파를 사용하는 방법이 있으나 대출력의 레이저펄스를 이용하는 방법이 정확도 면에서 유리하므로 현재는 레이저 거리측량방식이 주류를 이루고 있다. 위성 또는 달 레이저 거리측량은 위성 또는 달을 향해 레이저 펄스를 발사하고 위성 또는 달로부터 반사되어

돌아오는 왕복시간으로부터 위성 또는 달까지의 거리를 관측하는 방법이다.

(1) SLR

SLR(Satellite Laser Ranging)은 지상관측소와 인공위성 사이에 레이저파의 소요시간을 관측하여 두 점 간의 거리를 산정할 수 있는 시스템이다. 이는 지상관측소에서 단파장($\lambda = 10\ 150ps$)의 레이저를 인공위성을 향해 발사하게 되면 정밀한 시간관측장치(TIC : Time Interval Counter)를 작동시킨 후 레이저파가 인공위성의 역발사체(retroreflector)에 의해 발사되어 지상의 관측소로 복귀하면서 시간관측장치를 중단시킨다. 이때 관측된 소요시간에 속도를 곱하여 얻은 거리를 이등분하면 지상관측소와 인공위성 사이의 거리를 산정 할 수 있다. 현재 전 세계적으로 약 58개의 SLR 지상관측소가 운영되고 있다.

SLR의 활용분야와 기술현황은 ①지구회전 및 지심변동량관측, ②해수면과 빙하면을 관측, ③지형 및 평균해수면의 높이를 직접관측, ④지각변동연구 및 기초물리학의 연구자료제공, ⑤지구중력장에서 시간에 따른 변화량의 관측, 지구의 수직운동 등을 감시(monitor)할 수 있어 SLR관측망을 통하여 지구중심의 움직임을 ㎜단위로 감시하는데 이용, ⑥일반상대성이론을 실험 할 수 있는 유일한 기술로 이용, ⑦ SLR관측소는 VLBI, GPS 시스템을 포함하여 국제적 우주측지관측망을 형성하는데 중요한 역할을 한다. 이로써 SLR은 지상과 위성간의 거리관측, 지구중심의 변동량모니터, 표면의 관측, 해수면의 관측, 일반상대성이론의 실험 등 지구물리학 분야에 중요한 관측방법으로 이용되고 있으며 국제지구기준좌표계(ITRF : International Terrestrial Reference Frame)의 유지에도 크게 기여하고 있다.

(2) LLR(Lunar Laser Ranging)

LLR는 1969년 아폴로Ⅱ호의 달 착륙이 성공되면서 이때 설치한 달 역반사체를 이용하여 달까지의 거리를 관측할 수 있다.

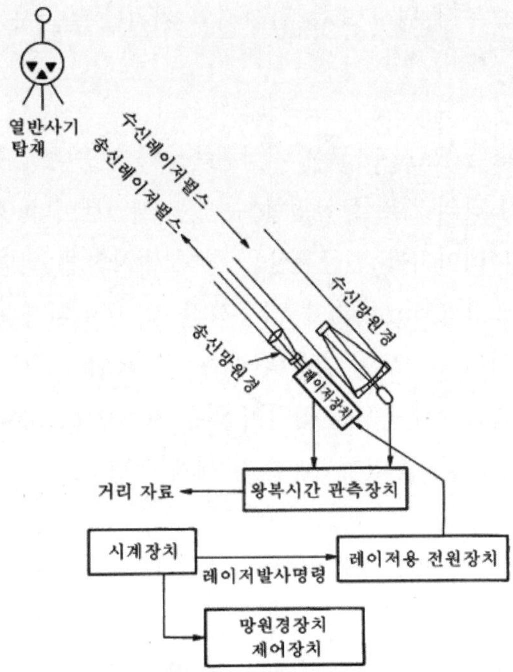

[그림 3.3] SLR(Satellite Laser Ranging)의 원리

5. 레이더 영상에 의한 자료생성

1) 개요

레이더 영상(radar imagery)은 1950년 Carl Wiley가 Doppler Beam Sharpening 이론을 제시한 후 이를 발전시킨 기술을 이용하여 1970년대에 항공기에 SLAR(Side Looking Airborne Radar)를 탑재하여 영상을 취득함으로써 민간 및 국방 분야 등에 걸쳐 다양한 응용분야가 개발되었다. 저해상 영상 레이더인 RAR[Real Aperture Radar, 실개구(實開口) 레이더]와 고해상 영상 레이더인 SAR[Synthetic Aperture Radar, 합성개구(合成開口) 레이더]는 극초단파 중 레이더(RADAR : RAdio Detection And Ranging)파를 지표면에 발사하여 돌아오는 반사파를 이용하여 2차원 영상을 취득하는 센서이다. 대부분의 광학영상 체계가 수직(Nadir) 영상을 취득하는 반면 레이더영상의 경우 파의 왕복 시간으로만 거리(위치)를 파악하는 특성으로 측면촬영(side-looking)방식을 취하고 있다. 이는 레이더로 수직영상을 얻기 위한 수직촬영(down-looking)방식

을 택할 경우 수직축을 중심으로 좌 · 우의 레이더파 왕복시간값을 구분할 수 없기 때문이다. RAR의 경우 촬영고도가 고정되어 있을 때 레이더의 특성상 입사각(incidence angle)이 클수록 측면방향 해상도가 증가하지만 센서의 진행방향의 해상도는 감소하게 되는 특성이 있다. 그러나 입사각에 따른 센서 진행방향의 해상도의 문제점을 해소시킨 SAR를 사용함으로써 이 문제점을 해결 할 수 있다. RAR는 물리적으로 매우 큰 안테나 배열을 사용하나 SAR는 이러한 RAR의 안테나 배열을 수신파의 특성을 이용함으로써 물리적으로 매우 작은 안테나를 이용하여 고해상의 2차원 (X, Y)영상을 취득할 수 있도록 신호를 합성하여 처리하므로 합성개구 레이더로 명명되었다.

2) 취득 기하에 의한 왜곡

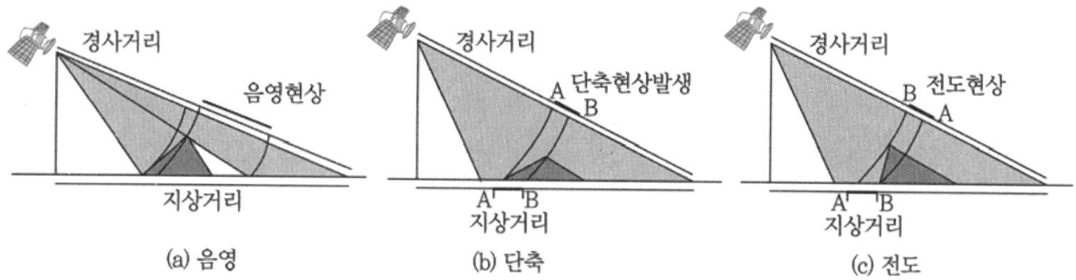

[그림 3.4] SAR 영상의 왜곡

측면촬영방식으로 인한 SAR 영상의 왜곡은 크게 음영(shadow), 단축(foreshortening), 전도(layover)로 나타낼 수 있나. 음영은 지형의 특성으로 인하여 센서에서 발사한 극초단파가 도달하지 못하여 영상에서 그 지역이 매우 어둡게 나타나는 현상이다. 단축은 레이더 방향으로 기울어진 면이 영상에 짧게 나타나게 되는 왜곡을 의미하며 전도는 고도가 높은 대상물의 신호가 먼저 들어옴으로써 수평위치가 뒤바뀌는 현상을 의미한다.

3) 활용분야

해상의 기름유출시 오염 모니터링, 능동센서(active sensor)의 특징을 이용한 홍수 모니터링, 간섭기법(interferometry)을 이용한 정밀한 수치고도모형(DEM)생성, 빙하의 이동경로 관측, 지표의 붕괴 및 변이관측, 화산활동의 관측 등에 이용되고 있다.

6. 인공위성측량(위성삼각측량, 원격탐측, 위성측지, GPS, GLONASS, GALILEO)에 의한 자료생성

1) 위성 삼각측량(satellite triangulation)

대륙과 대륙 사이와 같이 상호기준 타원체의 기하학적 위치관계가 불명확한 경우에는, 그들을 명확하게 하기 위해 위성을 공간상의 광점으로 하여 2점 이상의 떨어진 지점에서 동시 관측하는 방법을 취한다. 따라서 서로 다른 측량좌표계를 설정하고, 이와 같은 방법에 의해 좌표계들 간의 결합을 가능하게 한다. 이 방법을 위성 삼각측량이라 한다.

위성 삼각측량에는 구경이 큰 위성궤적 카메라(satellite tracking camera)를 사용한다. 추적기구에는 첫째 건판상에 정지된 항성의 상을 배경으로 위성 추적이 기록되도록 항성의 일주운동에 맞추어 카메라를 이동시키는 형과, 둘째 항성의 상은 움직이고 위성은 점으로 찍히도록 위성 그 자체를 추적하는 형의 카메라로 나눌 수 있으며, 후자의 형은 비교적 어두운 위성의 관측에 이용할 수 있다.

2) 원격탐측(Remote Sensing)

원격탐측 분야는 인공위성에 탑재된 다양한 센서를 통하여 취득되어진 영상을 이용하여 지형공간정보의 자료들을 구축하는 측량 기술로서 실제 관찰하고자 하는 목적물에 접근하지 않고 멀리 떨어진 거리에서 관측된 값으로부터 정보를 추출하여 내는 기법이나 학문을 포괄적으로 의미한다. 인공위성이나 항공기 등의 관측 대에 탑재된 관측기기를 사용하여 여러 가지 파장에서 반사 또는 복사되는 전자기파 에너지 등의 매개체를 통하여 대상물을 관측 기록한 후 이를 분석하여 필요한 자료를 추출하여 내는 기술로 관찰되는 대상이 관측자와 직접적인 접근이 없이도 관찰 대상에 대한 정보를 보다 신속하고 광역적으로 취득할 수 있으며, 이러한 자료를 활용, 분석하여 토지, 환경, 도시 및 자원에 대해 필요한 정보를 얻을 수 있다.

원격탐측은 과거에 위성센서의 한계로 인하여 측량분야에서의 활용도가 매우 낮았으나 현재 고해상도 인공위성의 등장으로 각광받고 있는 측량 기술이다. 위성측량을 이용한 3차원 공간정보 취득에 대한 연구는 현재까지도 지속적으로 이루어지고 있으며, 최근 우리나라에서 공간해상도가 1m, 분광해상도가 4m급의 고해상도 인공위성인 아리랑 2호와 공간해상도가 0.7m, 분광해상도가 2.8m급의 고해상도 인공위성인 아리랑 3호가 발사에 성공하여 앞으로 위성측량분야가 더욱 발전할 것으로 기대되고 있다.

원격탐측은 동일한 지역을 서로 다른 기하학적 조건에서 촬영한 두 장 이상의 고해상도 영상을 이용하여 입체모형을 구성함으로서 항공영상을 이용하는 경우와 유사하게 입체도화나 DEM 추출, 정사영상 제작 등을 수행할 수 있고, 이를 통해 보다 현실감이 뛰어난 3차원 공간정보를 취득할 수 있게 되었다. 원격탐측은 기본적으로 디지털 센서를 사용하여 영상을 취득하므로 필름기반의 항공영상에 비해 영상 자체의 기하학적, 분광학적 정밀도가 낮으나, 다양한 스펙트럼 밴드에 대한 정보취득이 가능하며, 항공기나 사람이 접근하기 어려운 비접근 지역 또는 대규모 지역 또는 대규모 지역에 대한 신속한 자료취득이 용이하다는 특징을 가지고 있다. 그러나 항공영상과 마찬가지로 구름이나 기상상태 등 대기의 영향에 민감하고, 제한된 궤도상에서만 관측이 가능하다는 점에서 양질의 위성영상의 취득에 많은 어려움을 내포하고 있다. 또한 항공영상에 비하여 넓은 지역을 포함하지만 상대적으로 낮은 공간 해상도로 인하여 지형(지모와 지물)에 대한 엄밀한 판독과 정확도 유지가 어려운 실정이며, 정확한 자료처리를 위해 높은 기술력과 고해상영상 등이 소요된다. 입체영상을 이용하는 경우에도 대상물의 옆면에 대한 정보는 사실상 취득이 불가능하며, 고해상도 위성영상에 대한 제반 기술에 대한 정보 부족으로 정확한 입체모형 구성 및 3차원 공간정보 취득에 상대적으로 어려움을 내포하고 있는 실정이다. 이런 원격탐측의 기법에는 원격탐측에서 얻어진 영상의 영상질 개선, 특징 추출을 위한 특수처리 등을 수행한 영상 처리 기술이 사용되어 왔으며, 1960년대 이전에는 항공영상이 원격탐측 활동에 주로 사용되었고, 그 후 Mercury 계획에 의해 위성 영상이 나옴으로써 급격한 발전과 함께 위성영상이 원격탐측 활동의 중요한 자료 취득기법으로 대두하게 되었다. 고정밀 위성영상(HPSI : High Precision Satellite Image)은 인공위성 탑재센서(sensor)에 의해 취득된 영상을 처리한 후, 지상해상도(ground resolution)가 대체로 1m 보다 작은 영상소(pixel : picture element)의 범위 안에서 지형적 오차를 갖도록 형성된 영상이다. 미국의 상업위성 IKONOS가 1999년에 발사되어, 지상해상도 1m급인 영상들이 2000년부터 민간에 보급되기 시작하면서, 고정밀 위성영상의 활용이 각광을 받고 있다. 이로 인해 이들 고해상도의 영상을 처리하여 고부가가치의 위성영상 결과물의 도출연구가 활발해지고 있다. 이전까지는 미국의 안보기관에서 10m보다 정밀한 해상도의 위성영상이 민간에 보급되는 것을 극도로 제한해 왔기 때문에 고해상도의 위성영상을 처리하거나 활용하는 기술개발이 민간에게는 한계가 있었다.

최근 위성영상 처리기술의 발전 추세는 크게 네 가지 측면으로 나누어 볼 수 있다. 첫째는 영상소의 지상 분해능의 고도화, 둘째는 관측 파장대역의 다중화, 셋째는 관측 파장대역이 긴 파장 쪽으로의 확장, 넷째는 자료의 높은 비트(high bit)화이다. 위성궤도와 같이 지표면 상공 수백 ㎞ 이상의 높은 고도에서 사용되는 센서체계기술은 고도의 첨단 우주기술에 속하는 분야이기 때문에 선진국을 필두로 극소수의 나라에서만 기술개발이 진척되어 왔다. 특히 1m급의 고해상도 위성영상은 각 영상소에 포함된 지상 면적이 $1m^2$ 정도로 작아, 지상의 건물이나 유사한 표적물들이 여러 조각으로 나누어지기 때문에 기존의 분류방법에 의한 분석으로는 컴퓨터에 의한 자동분류 시 만족스런 결과를 얻을 수 없기 때문에 고해상도 영상들에 대한 새로운 분류방법론이 제기되고 있다.

최근에 개발되고 있는 위성들에 의해 취득되는 영상은 고해상도화와 더불어, 관측파장대의 다중화로 인해 많아지는 분석 밴드수와 기술의 첨단화로 인한 디지털영상의 높은 샘플링 수(high bit data rate per channel per pixel) 때문에 대상 목표물의 관측 자료량이 폭증되고 있다. 기존의 영상 처리방법으로는 다량 자료의 전산 처리효율이 급격히 떨어지므로, 이와 같은 고해상도의 영상을 적시에 분석하고 유용한 결과를 도출하기 위해서는 자료처리의 효율 극대화 기술이 필요하다. 또한 관측 파장대역이 광파에서 긴 파장쪽으로 확장되어 초단파까지 가게 되면서, 분석 영역이 가시광 영역 밖으로 전개되었기 때문에 보이지 않는 파장 영역의 분석기술이 요구되고 있다. 최근에는 지구관위치관측성의 증가와 함께 다양한 사양을 갖춘 위성영상자료의 취득이 가능하게 되었고, 센서에 따라 서로 다른 공간해상도(spatial resolution)와 파장영역을 가진 영상들의 장점을 함께 활용하고자 하는 관심이 증가하고 있다. 일반적으로 센서에서 감지되는 신호는 공간 해상도, 파장 폭, 감지 시간 등의 인자에 의하여 제한을 받게 되므로, 어느 하나의 인자에 우선하여 영상을 촬영하면 다른 인자는 그만큼 희생되어야 한다. 즉 공간해상도가 높은 영상을 얻기 위해서는 파장 폭을 상대적으로 넓게 해야 하고, 반대로 파장 폭을 좁게 하여 여러 파장대의 영상을 얻기 위해서는 공간해상도를 낮추어야 한다. SPOT 위성영상에서 10m 해상도 자료는 광역의 파장 폭으로 흑백영상을 얻는 데 반하여, 공간해상도를 20m로 낮추면 여러 파장대의 영상을 얻을 수 있다. 이와 같이 공간해상도와 분광 영역을 달리하는 영상자료를 융합하는 연구가 활발히 진행되고 있다.

원격탐측의 영상융합에서 동시에 또는 서로 다른 시간에 두 개 또는 그 이상의 센서들에 의해 얻어지거나 서로 다른 시간대에 얻어지는 특정 지역의 지표면 정보는 단일 센서에서 취득할 수 없는 그 지역에 대한 특성을 분석하기 위해 결합된다. 다음으로 중요한 과정은 적절한 융합수준을 결정하는 것이다. 융합수준에 따라 필요한 전 처리과정이 달라진다. 다른 센서들로부터의 영상 융합은 몇 가지 추가적인 전 처리 과장을 요구하고 일반적인 영상분류 기법에서는 해결할 수 없는 여러 어려움들이 제기된다. 개개의 센서는 자신의 고유의 특성을 가지고 있고 영상 수집과정은 수정되거나 삭제되어야만 하는 다양한 인공적인 요소들을 포함한다. 또한 원격 탐측 영상들은 기하학적 보정이 필요하고 영상 융합을 위해서 서로 다른 센서로 관측된 영상들 간의 공간적 연결성을 보여 줄 공통 공간 참조(common spatial reference)가 필요하다. 예를 들어 영상소별 정보의 결합에 근거한 영상 융합에서는 영상들이 같은 공간해상도를 갖고 있지 않으면 그들이 같은 크기의 영상소 크기를 가지도록 재 표본추출을 하여야 하며 정확한 영상간의 상호등록(co-registration)이 필요하다.

영상 융합은 발달된 영상처리기술을 이용하여 다양한 소스(source)의 영상을 결합하는 도구이며 영상에 분명히 존재하는 정보를 개선시키고 영상으로부터 얻을 수 있는 정보에 대한 해석의 신뢰성을 증가시키기 위하여 서로 별개이면서 상호 보완적인 자료를 통합하는 것이 목적이다. 영상융합을 통하여 자료는 더욱 정확한 정보를 가지게 되고 자료의 유틸리티는 증가되므로 융합자료는 매우 효과적인 운영상 성능, 즉 확신의 증가, 모호함의 감소, 신뢰의 개선, 분류의 개선을 제공할 수 있다.

3) 위성측지(satellite geodesy)

위성측지는 GPS와 같은 위성위치관측체계를 말하며 이는 현대 사회의 전반에 걸쳐 활용되고 있다. 기초 산업분야에서는 생산성 향상에 기여하며 GPS 위성의 원자시계로부터의 정밀시각은 정보화시대의 기반이 되는 통신망 동기화, 전력계통 관리, 전자상거래 인증과 같은 경제활동에 중요한 역할을 담당하고 있다. 이와 같은 민간 및 상업적인 응용분야의 증가 외에도 다양한 종류의 군 장비에 활용되고 있으며, 점차 국가 안보확보에 필수적인 시스템으로 인식되고 있다.

현재 위성측지분야는 미국의 GPS, 러시아의 GLONASS, 유럽연합의 Galileo 등이 활용중이거나 계획 중에 있다. 현재 우주기반 위치결정, 항법 그리고 시각동기를 위해 전 세계에서 가장 많이 사용되는 체계는 GPS라 알려진 NAVSTAR이다. 이는 본래 군사적 목적으로 개발되었고 미 국방부가 운영하고 있는 장비였으나 현재는 95% 이상이 민간분야에 활용되고 있다.

(1) GPS(Global Positioning System)

① 개요

GPS는 정확한 위치를 알고 있는 위성에서 발사한 전파가 지상의 수신기까지 도달하는 소요시간을 관측함으로써 미지점의 위치를 구하는 인공위성의 범지구 위치결정체계이다. GPS는 1978년 첫 발사된 이래 62기였으나 현재에는 31개(예비용 7기포함)가 약 20,200㎞의 고도에서 6개의 궤도에 적도면과 55°각도로 원에 가까운 궤도를 그리면서 11시간 58분 주기로 지구를 공전한다. GPS 수신기는 24개의 인공위성 중 최소 4개, 최대 9개의 위성을 이용하여 지구상 어느 곳(육, 해, 공)에서도 날씨(기상)에 관계없이 24시간 그 위치를 몇 m의 범위 안으로 정확하게 수평성분(x, y)과 수직성분(z or h)을 제공함으로써 3차원 정보를 얻을 수 있다. GPS의 보강 및 보정체계를 사용할 경우 몇 ㎝내지 몇 ㎜수준의 높은 정확도를 얻을 수 있다. GPS는 세계측지기준계(WGS84)를 사용함으로 이용자는 그 지역의 측지기준계로 환산하여 관측값을 사용하여야 한다. GPS의 관측법은 의사거리를 이용한 단독위치관측방법[또는 절대위치관측, point or absolute positioning, 또는 의사거리위치관측 및 코드상관기법(pseudo-ranging positioning, code correlation)]과 상대위치관측방법[또는 정밀위치관측, relative or differential positioning, 또는 방송파위상관측기법(carrier phase measurement)]으로 위치를 결정한다.

GPS 영상탐측학은 기존의 영상탐측기법에 GPS 측량기술을 접목시킨 새로운 학문으로서 발전 속도가 빠르고 활용분야도 점차 넓어지고 있다. 그 응용분야를 대별하여 보면 지형도 작성을 위한 항공영상탐측분야와 GPS Van에 의한 도면화체계, 자원 및 생태계 관측 및 분석 등에 기여하고 있다.

GPS 항공영상탐측의 기본원리는 항공영상탐측기에 GPS 수신기를 장치하여 수신된 위성의 신호를 분석하여, 영상의 취득과 동시에 카메라의 노출위치, 즉 영상면의 외부표정요소를 직접구하는 기법이다. 사진기의 노출위치는 촬영구역 내에 설치된 기준국(reference station)과 연계한 반송파 관측에 의한 이동식 GPS(kinematic mode GPS) 기법으로, 높은 정확도의 위치결정이 이루어지고 있다. 이러한 정확도로 관측된 GPS 노출위치는 항공삼각측량의 블록조정 시 부가의 변수로 도입되어 미지점의 정밀위치결정에 활용되고 있다.

GPS 항측기술(airborne GPS)은 재래식 방법에 비해 특히 두 가지 장점이 있다. 첫째, 확실한 비행경로를 유지하여 정밀촬영이 가능하므로 계획된 중복도의 실현이 간편하다. 둘째, 정확한 노출위치의 결정은 항공기에 탑재된 GPS 수신기가 대신하므로 항공삼각측량에 필요한 지상기준점의 수를 대폭 줄일 수 있다. 따라서 GPS 항공삼각측량이 성공적으로 활용되면 지형도제작에 소요되는 시간과 경비를 크게 절약할 수 있다.

또한, GPS 영상탐측 분야는 현재 GPS의 단점을 보완하기 위해서 관성항법체계(INS : Inertial Navigation System)와 결합하여 새로운 연구 분야로 발전하고 있다.

② GPS의 역할 및 기능에 따른 구성

GPS는 위성체 연구, 좌표계와 GPS 신호, 위성궤도의 향상 및 수신기술개발 등이 접목되어 다양한 응용분야로 급속히 확산되고 있다. 물론 GPS 이전의 항행 및 위치결정체계인 미해군의 도플러 방식에 의한 TRANSIT(NNSS[7]))도 존재하였으나, 그 활용범위나 정확도면에서 GPS와 비교할 바가 아니다.

다른 위성항행체계와 마찬가지로 GPS도 그 역할과 기능에 따라서 세 분야로 구분되는데, 위성의 배치와 관련된 우주부문(space segment)과 이를 통제하고 시간을 조정하며 궤도를 추정하는 제어부문(control segment) 및 수신기와 관련된 사용자부문(user segment)이다.

㉠ 우주부문

GPS의 우주부문은 실시간(real time) 군사비행을 목적으로 개발되어 지구상에서 언제 어디서나 관측이 가능하도록 설계되었다. 위성은 3.9㎞/s의 속도로 회전하며, 주기는 항성시(sidereal time, 23시간56분4초/1항성일)를 기준으로 12시간으로 태양시(또는 세계시, solar time or universal time)보다 하루 4분 빠르며, 매일 반복된 위성형상을 이룬다. 각 위성은 매우 정확한 시간정보의 제공을 위해서 세슘(Cs)과 루비듐(Rb) 원자시계를 탑재하고 있다. 현재 총 31개의 GPS 위성(Block ⅡA 10기 및 Block ⅢR 12기, Block ⅡR-M 7기, Block ⅡF 2기)이 완전 작동 중에 있다. 향후 계획된 새로운 위성들은 보다 정밀한 원자시계 등을 탑재하여 GPS에 의한 위치결정의 정확도를 한층 더 높여줄 것으로 기대된다.

7) NNSS : Navy Navigation Satellite System

GPS 위성의 번호표기는 위성의 발사순서에 따른 SVN(Space Vehicle Number)과 궤도의 배열에 관련된 PRN(Pseudo Random Noise)으로 나눈다. Block I 위성에서는 그 번호의 명명이 SVN과 PRN에서 같지 않으나 Block Ⅱ의 SVN 14부터는 번호표기가 일치하며, 일반적으로 수신기에는 PRN 번호가 나타난다.

㉡ 제어부문

제어부문은 그 위치가 매우 정확한 Colorado Springs의 주제어국(master control station), 적도상에 균등 배치된 5개의 조정국(monitor station) 및 3개의 지상송신소(ground antenna)로 구성되어 있다. 정밀한 세슘(Cs) 시계를 장착한 5개 조정국에서는 모든 위성들로부터 신호를 수신하여 각 위성의 작동상태, 궤도 및 시간에 대한 정보를 주제어국으로 보낸다. 주제어국에서는 이 정보들을 이용하여 궤도요소를 추정하고, 시간을 수정한 후 다른 필요한 위성정보와 함께 지상 안테나를 통하여 다시 각 위성으로 발송한다. 이러한 작업은 하루에도 몇 차례 반복되므로 이용자는 위성에 대한 생생한 정보를 얻을 수 있다.

㉢ 사용자부문

사용자부문은 위성신호의 취득에 필요한 하드웨어 분야인 수신기와 자료처리를 위한 소프트웨어로 구성되며, 앞의 두 부문과는 달리 사용자 자신의 최소한의 선택권이 주어진다. GPS 수신은 기본적으로 수동, 즉 수신된 신호 수신기의 개발경향은 현재 매우 빠른 속도로 진행 중이고 전자동 처리가 가능하며, 저가의 소형품 특히 신호차단(AS : Anti Spoofing)에 대비한 새로운 수신기들이 등장하고 있다.

한편, GPS 이용자의 편의를 제공하고 신속한 정보를 제공하기 위한 민간 GPS 정보안내소(GPS information service)들이 전 세계적으로 건립되고 있는데, 현재 IGS (International GPS Geodynamics Service), GIBS, CBB, GPSIC 등이 운영되고 있다.

③ GPS 위성신호의 구성요소

위성에서 발사하는 모든 신호는 반송파(carrier : L_1, L_2), 코드(code : P-code, C/A code), 항법메시지(navigation message), 자료신호(data signal) 등으로 구성되어 있다. 위성에 탑재된 발신기에서 기본주파수 f_0(10.23㎒)에 154배인, 154f_0(1,575.42

㎒)인 반송파 L_1과 120배인 $120f_0$(1,227.60㎒)인 반송파 L_2를 연속적으로 발사하고 있다. L_1파로 전송되는 SPS(Standard Positioning Service)는 일반이 사용할 수 있는 것(예 : 핸드폰으로 이용)이며 L_1과 L_2파로 전송되는 PPS(Precise Positioning Service)는 암호키를 가진자 만이 사용할 수 있다. L_1과 L_2를 동시에 조합시키면 전리층효과(ionospheric effect)를 보정할 수 있다. C/A코드(clear/access code or coarse acquisition code)는 $f_0/10$(1.013㎒) 주파수로 1ms[8]주기로 변조시켜 일반인이 자유로이 사용할 수 있으나 P코드(Precise code)는 f_0(10.23㎒) 주파수로 일반인의 사용에 제한을 받는다. L_1은 C/A와 P-코드를 다 가지고 있으나 L_2는 P-코드만 가지고 있다([그림 3.5]).

1990년 3월 25일부터 2000년 5월1일까지 C/A-코드에 인위적으로 궤도오차 및 시계오차를 첨가시킨 SA(Selective Availability : 선택적가용성)를 실시한 적이 있었다. 반송파 L_1과 L_2는 수신기에 위성시각, 궤도매개변수(Parameter) 등의 정보를 송신하기 위해 코드값을 변조[이진이중위상변조(binary biphase modulation) : 반송파 위상을 180° 이동시킴]시킨다. 항법메시지는 GPS신호에 포함된 37,500비트의 메시지를 초당 50비트로 송신한다. 여기에는 위성의 궤도력(ephemeris), 시계(clock)자료, 위성력(almanac), 위성들과 그 신호에 대한 정보들이 포함된다. 자료신호는 2진위상(binary biphase)기법으로 변조(modulation)된다.

8) ms : millisecond, 1/1,000초

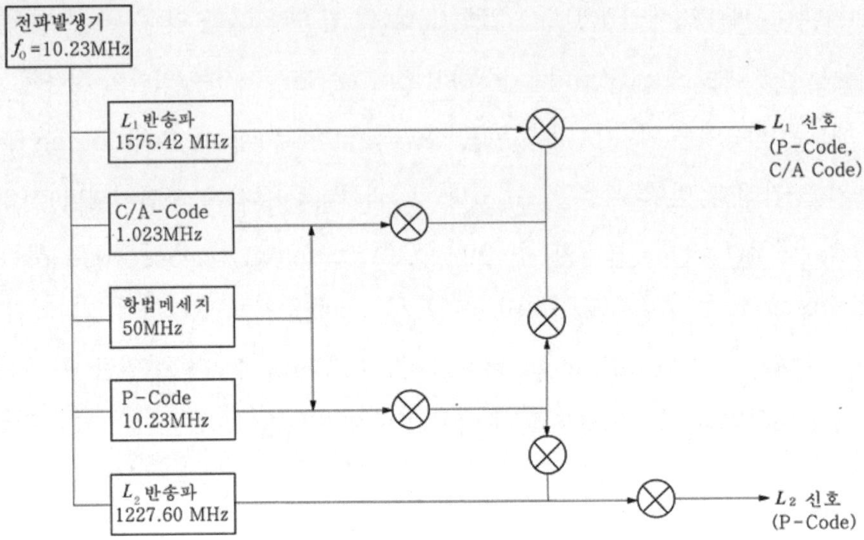

[그림 3.5] GPS 신호의 발생과 그 구성

④ GPS 위치결정방법

GPS는 위성에 발사한 전파가 지상의 수신기에 도달하는데 소요되는 시간을 관측한 후 전파의 전달속도를 곱하여 거리를 환산하는 일방향거리관측체계(one way ranging system)이다.

GPS에 의한 3차원 위치관측에는 단독위치관측방법과 상대위치관측방법으로 대별되고 있는데 단독위치관측방법은 수신기 한 대로 4개 이상의 위성을 관측하여 수신기에서 PRN코드신호의 시간차에 의하여 계산된 의사거리를 이용한다. 상대위치관측방법은 수신기 2대로 4개 이상의 위성을 관측하며 위성으로부터 송신된 수신기자체의 발진기에서 발생한 동기신호(synchronized code)의 반송파의 변위(위상차)를 이용한다. 이 경우 두 관측점 중 한 점은 기지점을 이용한다. 상대위치관측방법이 단독위치관측방법에 비해 정확도가 높다.

㉠ 단독위치관측방법(또는 코드상관기법)

단독위치관측에서는 한 개의 수신기에서 4개 또는 4개 이상의 위성에 의한 의사거리를 이용하여 후방교선법(resection)으로 위치를 구한다. 단독위치관측시 코드관측에서는 위성에서 발사한 코드와 수신기에서 미리 복사된 코드(replica)를 비교하여 두 코드가 완전히 일치할 때까지 걸리는 시간을 관측하므로 코드상관기법(code correlation)이라 한다. 그러나 관측 중 대기층의 영향과 수신기의 시계가 위성의 시계만큼 정확하지 않으므로 인하여, 약간의 오차가 생기기 때문에 이를 의사거리(pseudo-range)라 부른다. GPS 위성은 아주 정밀한 세슘시계를 탑재하고 있으며, 지상에서 전송되는 시간보정자료를 이용하여 시계를 계속 수정하게 된다. 반면에 수신기의 시계는 GPS 시계보다는 낮은 정확도로 인하여 수신기의 난수배열 생성시간은 일정한 시각오차를 포함하게 된다. 따라서 임의의 관측점에서 단일 위성에 대하여 코드관측에 의한 의사거리관측기법을 적용한 단독위치관측방법의 기본방정식은 식 (3.1)와 같이 표현된다.

$$\begin{aligned} PR &= c \cdot \Delta t = |X_S - X_R| + c \cdot \delta t \\ &= \sqrt{(X_S - X_R)^2 + (Y_S - Y_R)^2 + (Z_S - Z_R)^2} + c \cdot \delta t \end{aligned} \tag{3.1}$$

여기서 PR : 위성(S)과 수신기(R) 사이의 의사거리관측값

(X_s, Y_s, Z_s) : 위성의 위치

(X_R, Y_R, Z_R) : 수신기의 위치

Δt : 위성과 수신기간 신호의 도달시간

c : 신호의 전파속도

δt : 수신시 시계오차(GPS와 수신기간의 시각동기오차)

식 (3.1)에서 Δt는 관측 가능하므로 4개의 미지수 X_R, Y_R, Z_R, δ_t가 존재한다. 따라서 의사범위를 이용한 위치결정은 [그림 3.6]과 같이 4개의 위성을 관측하게 되면 원하는 수신기의 위치와 시각오차를 구할 수 있다. 또한 관측시 발생하는 각종 오차를 고려하여 코드관측에 의한 의사거리관측기법의 함수모형은 식 (3.1)로부터 식 (3.2)와 같이 표시된다.

$$PR_{CD}(t) = R(t) + c \cdot \delta t_{sym} + c \cdot \delta t_a + c \cdot \delta_S + n_R \tag{3.2}$$

여기서 $R(t)$: 임의의 시점에서 위성과 수신기간의 거리

δt_{sym} : 위성과 수신기간의 시각동기오차

δt_a : 대기의 영향에 의한 오차(이온층 및 대류층)

δt_S : 위 성시계의 오차

n_R : 관측잡음(noise)

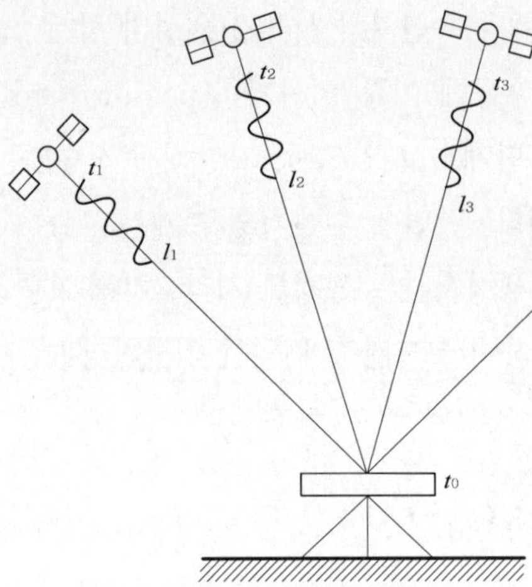

[그림 3.6] 의사거리에 의한 단독위치관측 방법

㉡ 상대위치관측방법(또는 반송파위상관측기법)

[그림 3.7]와 같이 수신기 두 개(또는 두 개 이상)에서 동일한 위성을 동시에 관측하여 수신기의 3차원위치를 결정하는 방법으로 두 개의 관측점 중 하나는 기지점으로 하고 다른 한 점을 기지점과 관련시켜 위치를 구한다. 반송파의 위상차(또는 위상변위, phase difference)를 사용하는데 파장의 크기가 작을수록 더 정밀한 관측값을 얻을 수 있다.

비행이나 저정밀도 목적을 위한 코드를 관측, 전파의 도달시간을 계산하여 위치를 결정하는 의사거리관측기법(pseudo-ranging)을 이용한 단독위치관측방법과는 달리 정밀위치결정을 위한 GPS의 이용은 반송파 관측에 의한 상대위치결정방법이 많이 이용되고 있다. 방송파위상관측기법(carrier phase measurement)을 이용한 상대위치관측방법에서는 위성에서 보낸 파장과 지상에서 수신된 파장의 위상차를 관측하므로 단독위치관측방법보다 높은 정확도의 유지가 가능하므로 현재 거의 모든 측지위치결정에 이용되고 있다.

반송파위상관측에서 대기의 영향에 의한 오차와 관측잡음(noise)을 고려한 기본방정식은 식 (3.3)와 같다.

$$PR_{CR}(t) = R(t) + c \cdot \delta t_{sym} + c \cdot \delta t_{ta} + c \cdot \delta t_S + N \cdot \lambda + n_R \tag{3.3}$$

여기서 N : 파장의 불명확 상수값(또는 파장의 모호성)

λ : 파장

위 식에서 각 항목에 대한 설명은 앞의 세 식과 동일하다.

반송파 관측방정식은 의사거리관측기법([그림 3.6])의 방법과 비교하여 단지 파장의 불명확상수 N이 하나 더 추가되었음을 알 수 있다. 전체 관측시간 동안 위성신호의 차단이 일어나지 않으면 최초에 발생한 모호상수를 한 번만 결정하면 되지만, 신호의 차단과 더불어 하드웨어 또는 소프트웨어 문제 등으로 주파수 단절(cycle slips)로 불리는 신호의 불연속이 종종 일어나는데, 이때는 새로운 불명확상수를 해결해야만 한다. 이 불명확상수 문제는 GPS 활용에서 가장 큰 중심테마를 이루며, 이의 정확한 결정이 GPS의 정확도를 좌우한다.

GPS 항공영상탐측을 위한 이동식(kinematic) 위치결정에서의 불명확상수 문제는 지상에서 보다 더 큰 어려움이 있는데 이는 빠른 비행속도에 기인한 공기 동력학(aerodynamic)에 따른 안테나의 거동, 비행동체에 의한 다중경로, 비행시간 단축을 위한 곡선(curve)에서의 급선회 등이다. 현재 이의 해결을 위해 가장 많이 이용되는 방법은 비행과 동시에 짧은 순간에 불명확상수를 결정하는 on-the-fly 기법이다.

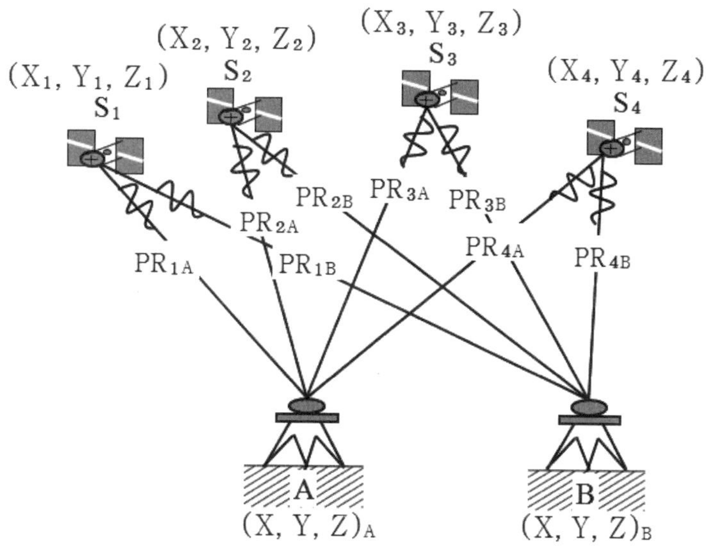

[그림 3.7] 상대위치관측 방법

i) 불명확 상수값(또는 파장의 모호성)

위성관측에서 시계의 불완전성(위성과 수신기에 있는 시계가 불일치)으로 인한 문제점 이외에 수신기까지 전달되는 경로에서 파장의 총수를 정확히 알 수 없는데 이를 GPS관측에서는 불명확 상수값[또는 파장의 모호성(N_{SR}), ambiguity or integer ambiguity]이라 한다. 이는 한 파장 내에서의 위상차만 관측하므로 전체 파장의 숫자는 정확히 알려져 있지 않기 때문이다.

반송파 위상관측기법의 원리와 모호성의 개념은 [그림 3.8]와 같다.

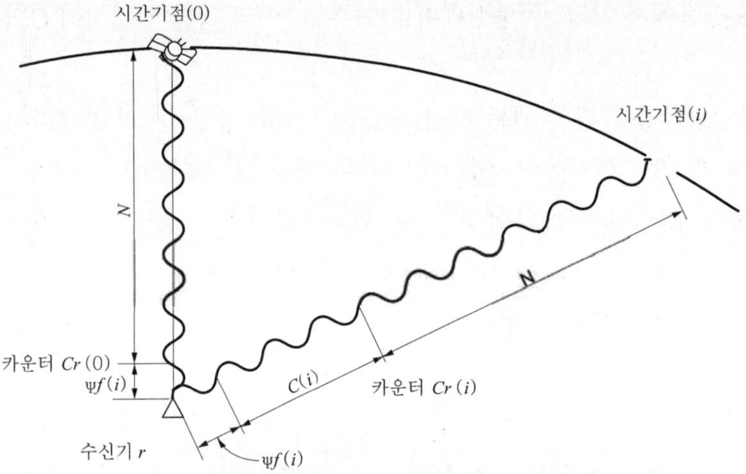

[그림 3.8] 반송파 위상관측과 모호성(ambiguity)의 개념도

[그림 3.8]에 나타낸 바와 같이 일정한 시간 기점[epoch(0)]에서 관측이 시작되면 수신기 r에서는 위상변이량 $\Psi_f(0)$를 관측함과 동시에 내부의 파장의 수를 세는 카운터(counter)는 0의 상태가 된다. 다음 기점(i)에서는 이에 해당하는 위상변이량 $\Psi_f(i)$와 단지 기점(0)에 대한 파장의 증가값 $C(i)$만을 관측한다.

따라서 파장의 불명확상수인 전체 파장의 숫자 N은 미지수로 남게 된다. 위의 과정을 토대로 임의의 기점(t)에서의 반송파의 위상관측은 식 (3.4)으로 표시된다.

$$\Psi_f(t) = \frac{2\pi}{\lambda}(|X_S - X_r| - N \cdot \lambda + c \cdot \delta t) \tag{3.4}$$

여기서 $\Psi_f(t)$: 시간기점 t에서 관측된 위상값

N : 파장의 불명확 상수값

λ : 파장

ii) 위상차분법(phase differencing)

상대위치관측법에서 불명확 상수값을 소거하기 위해서는 다수의 수신기와 위성관측으로 인하여 생성되는 많은 방정식을 동시에 처리해야 하는 번거로움이 있다. 이러한 번거로움을 단순화하여 미지값을 해석하기 위하여 하나의 관측방정식에서 다른 관측방정식을 차감(differencing)하는 차분방법을 이용한다. 위상차분에는 단일차분법(또는 단순차법, single differencing), 2중차분법(또는 2중차법, double differencing), 3중차분법(또는 3중차법, triple differencing) 등이 있다.

(a) 단일차분법(single differencing)

단일차분법은 하나의 위성에 대하여 두 대의 수신기가 동시에 수신하여 순간적인 위상차를 관측하는 방법이다. 이 방법에서는 위성시계의 편차는 제거할 수 있으나 수신기의 시계편차는 제거할 수 없다([그림 3.9 (a)]).

(b) 2중차분법(double differencing)

2중차분법은 두 개의 위성에 대하여 두 대의 수신기에서 단일차분법을 두 번 반복하는 방법이다. 즉 [그림 3.9 (b)]에서와 같이 한 위성에 대한 단일차분법을 시행함과 동시에 다른 위성에 대하여서도 같은 단일차분법을 시행한 것에 대한 관측방정식을 구성한 다음 서로 차감하는 방식이다. 이 방법에서는 위성시계와 수신기 시계편차는 제거될 수 있으나 다중파장경로에 대한 오차는 제거할 수 없다.

(c) 3중차분법(triple differencing)

3중차분법은 [그림 3.9 (c)]에서와 같이 2중차분법을 동시에 두 번 수행한 것에 대한 관측방정식을 구성한 다음 서로 차감하는 방식이다. 이 방법에서는 각 수신기에서 4개 이상의 위성을 동시에 관측할 뿐만 아니라 많은 잉여관측값 등(예, 순간적 위상변위)을 관측하기 때문에 최소제곱법을 이용하여 관측값을 처리한다. 이 방법을 활용하면 시계편차, 위상에 대한 변위 및 불명확값(예, 불명확 상수)들을 제거할 수 있다.

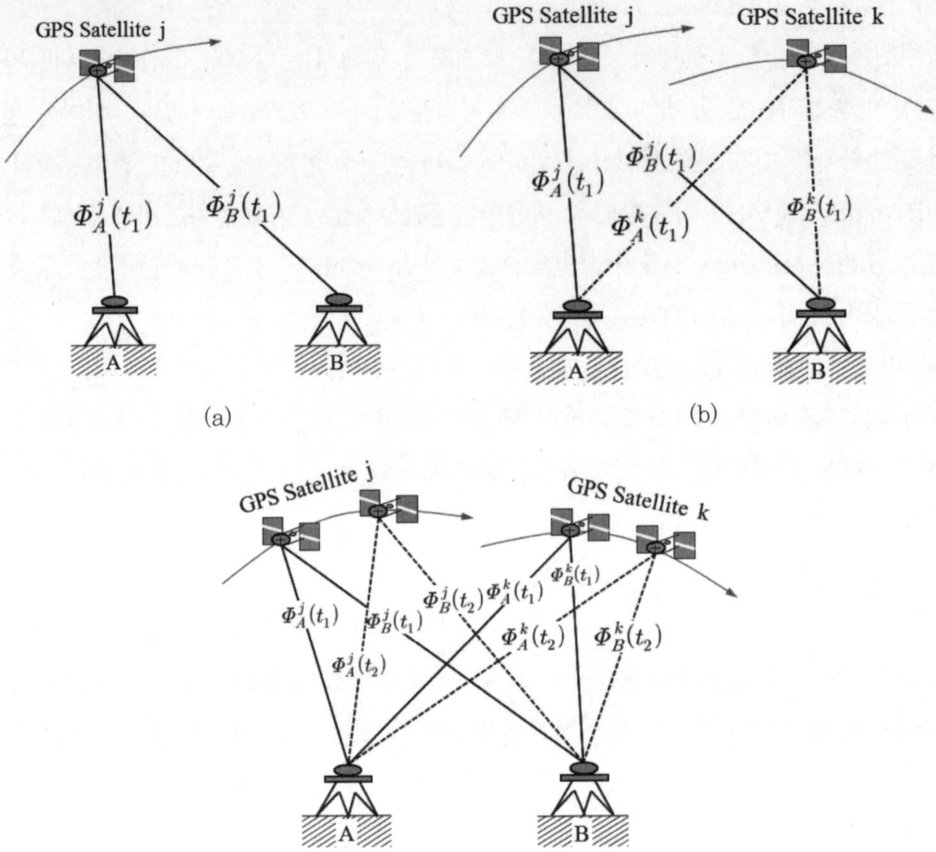

(a) (b)

(c)

[그림 3.9] 차분별(differencing)에 관한 위성 및 수신기

⑤ GPS 관측기법

GPS 관측기법에는 정지식관측(static GPS), 정밀식관측(DGPS), 정지 · 이동식관측(SGK GPS), 연속이동식관측(CK GPS), 실시간이동관측(RTK GPS) GPS 등이 있다.

㉠ 정지식관측(static-GPS)

정확도가 높은 측지측량 등에 이용한다. 기선길이가 20㎞ 이상인 경우 많은 시간을 요하는 관측으로 SA나 멀티패스영향을 소거 할 수 있으나 천공각을 충분히 확보하고 전파방해지역을 피해야 한다. 정확도가 ±(5㎜+1ppm)이므로 기준점측량, 지구물리분야 등 측지분야에 이용된다.

㉡ 정밀GPS(DGPS : Differential GPS, Pseudorange or code-phase differential GPS)

정밀 GPS는 위치를 정확히(수 Cm 이내) 알고 있는 곳에 정밀한 시계와 수신기를 갖춘 기준국을 두고, GPS 위성의 신호를 받아 수신기로 계산한 위치값과 미리 알고 있는 자신의 위치를 비교하여 위치의 오차에 대한 보정값을 계산한다. 의사거리 혹은 좌표로 표현된 보정값에 대한 정보를 기준국 주위에서 움직이는 사용자에게 실시간 혹은 후처리(post processing)로 넘겨주어, 같은 위성의 신호를 수신하는 사용자가 이 값을 이용해서 보다 정확한 위치를 계산한다는 원리이다. 후처리 DGPS인 경우 단순차분법과 2중차분법에 의한 관측방정식을 구성하여 최소제곱법으로 관측값을 구한다. 이 DGPS로 정확한 위치 계산이 가능한 이유는 기준국의 정확한 위치 계산뿐만 아니라 위성궤도오차, 위성시계오차, 전리층 시간지연, 대류층 시간지연 등을 제거할 수 있기 때문이다. GPS 이용에 회의적인 분야에서도 이 GPS에 대해 많은 관심을 갖고 있다. 그러나 실제의 경우 두 수신기간의 거리, 두 수신기간의 정보 전달속도, 계산에 쓰이는 알고리즘 및 하드웨어의 성능 요인들이 DPGS의 정확도에 커다란 영향을 미친다.

DGPS는 위성이나 라디오 비콘(radio beacon) 등과 같은 다양한 자료연결(data link)을 이용하기 때문에 자료전달(data message)의 표준화를 필요로 한다. 특히 실시간 응용에서 표준 자료형식(data format)의 필요성 때문에 미국 RTCM-SC 104(Radio Technical Commission for Maritime services Special Committee 104)는 실시간 DGPS에 이용되어질 수 있는 다양한 형태의 표준화된 자료형식(data format)을 제정했다.

특히 두 수신기간의 거리가 문제시되는 것은 거리가 멀면 한 위성과 두 수신기 사이에 놓여있는 전리층과 대류권의 성질이 다를 수 있으므로, 이들에 의한 시간지연값이 두 수신기에 다르게 나타나기 때문이다. 그러므로 일반적으로 DGPS를 구성할 때 기준국과 사용자간의 거리가 100km를 넘지 않도록 기준국을 배열해야 한다.

한편, 특정한 목적의 측량과 같은 분야에서는 절대위치 관측보다는 두 점간의 상대위치 정보가 필요할 수도 있다. 이런 경우는 주변의 임의의 위치에 한 수신기를 놓아 기준국으로 하고, 두 수신기간의 상대적 위치를 매우 정확히 관측할 수 있다. 현재 미국 해안경비대(coast guard)와 연방항공국(FAA)을 비롯한 여러 단체를 중심으로 C/A 코드 위치 관측에 대한 정밀도를 높이기 위해 가장 활발하게 연구되고 있는 방법이 DGPS이다. 위성에서의 항법신호는 사용자의 수신기에 도달하면서 위성시계와 수신기 시계의 불일치, 전리층이나 대류권에서 전파의 지연으로 생기는 시간차, 주파수 단절(cycle slip) 등으로 인해 정확도가 떨어지게 된다. 이러한 문제점을 해결하기 위해서 정밀 GPS 기법이 개발되었다. 이러한 DGPS 기법을 사용하면 정확도는 고정점과 기선거리에 따라 다르나 일반적으로 0.1~0.3m정도이다.

㉢ 정지 · 이동식 GPS(SGK GPS : Stop & Go Kinematic GPS)

연속적인 미지점 관측시에 이용되며 라디오모뎀을 통한 실시간 처리 및 후 처리를 선택할 수 있으며 초기 기지점 또는 다른 기지점에 연결하여 오차점검을 해야 한다. 정확도는 2㎝+1ppm이므로 정확도가 낮은 기준점측량, 지형측량, 시공측량, 경계측량, 영상면기준점 및 항공영상면의 위치측량 등에 사용된다.

㉣ 연속이동식GPS(CK GPS : Continuous Kinematic GPS)

도로나 수로의 중심선관측에 이용되며 Stop & Go Kinematic GPS와 비슷한 정확도로 이용되며 완공된 도로선형의 수치지도갱신 및 동체의 궤적 등을 추적할 경우 등에 많이 사용된다.

㉤ 실시간 이동GPS(RTK GPS : Real-Time Kinematic GPS)

실시간 이동GPS인 경우 기준국의 보정값을 무선으로 미지점(관측점)에 송신하여 의사거리를 보정한 후 위치를 계산한다. 후처리(post processing)방식에서는 양국에서 수신한 자료를 컴퓨터에서 보정하여 위치를 해석한다. [그림 3.10]은 정밀GPS(DGPS)를 이용한 위치해석 방법으로 현장에서 즉시 관측결과를 사용할 수 있어 차량 및 항공기의 실시간 항법용으로 이용, 지질학연구, 해양시추선에 활용, 댐의 변형연구 등에 수 ㎝정도 이내의 정밀도를 요구하는 분야에 응용, 이동점의 위치좌표를 실시간으로 수신할 수 있어 실시간현황측량, 절토 및 구조물결합의 확인 등 시공측량에 편리하게 이용되고 있다.

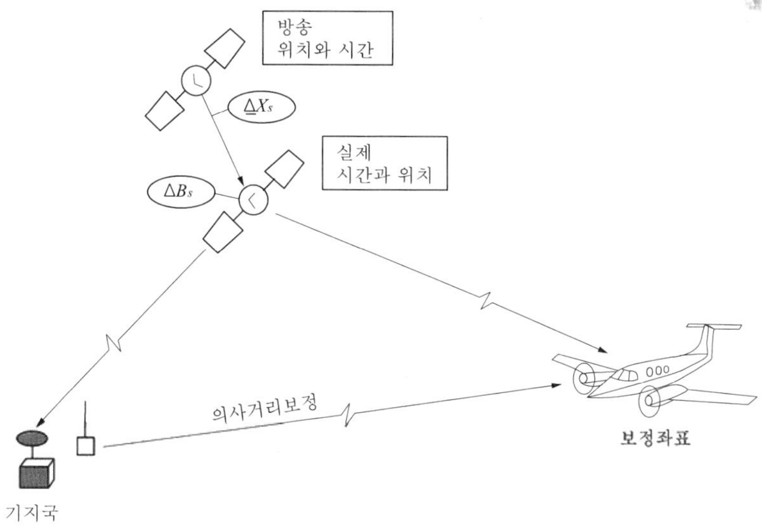

[그림 3.10] DGPS에 의한 위치해석

⑥ 조직망 RTK GPS(Network RTK GPS)

조직망 RTK는 복수의 상시관측소에서 취득한 위성자료로부터 계통적 오차를 분리, 모형화하여 생성한 보정자료를 사용자에게 실시간 전송함으로써 수신기 1대만으로도 높은 정확도의 RTK측량을 가능하도록 하는 기술로써 단일조직망, 다중조직망, VRS, FKP 방식 등이 있다.

㉠ 단일조직망(단일 기준점 위치관측)

하나의 기준점을 이용하여 이동국의 위치를 관측하는 방법으로 기준국에서 위치보정데이터를 생성하여 미지점으로 직접 전송한다. 또한 기준국과 미지점간 거리의 증가에 따라 오차가 증가하므로, 관측지점에서의 현장 검증(calibration) 과정이 필요하다.

㉡ 다중조직망(다중기준점 위치관측)

여러 개의 기준점망을 이용하여 미지점의 위치를 관측하는 방법으로 기준점망에서 주요 오차원의 보정값을 추정하여 면보정 매개변수(parameter)를 생성하거나, 가상기준점에 대한 위치보정값을 생성하여 이동국으로 전송한다. 또한 연결 망내에서는 거리에 따른 오차가 없고 신뢰성이 높다.

[표 3.4] 단일 및 다중 RTK 특징 비교

구분	단일 RTK	다중 RTK
장점	▪ 장비의 설치 및 사용이 간편 ▪ 위치보정신호 오류의 발견과 조치가 신속함	▪ 기준국 장비가 필요 없이 1대의 미지점 장비만으로도 측량가능 ▪ 다수의 기준점 관측자료를 모두 사용하므로 위치관측의 신뢰성이 높음
단점	▪ 기준국과 미지점 등 2대의 RTK-GPS 장비가 필요함 ▪ 미지점과 이동국 간 거리 증가에 따라 오차가 증가하므로 관측지역에서의 현장검증이 필요	▪ 시설 및 시스템 구축에 고가의 비용이 소요 ▪ 시스템 유지관리의 어려움 ▪ 위치보정신호의 무결성 판단이 어려움 ▪ 공공측량 등의 실용화에 시간이 필요함

ⓒ 가상기준국(VRS : Virtual Reference Station) 방식

i) 의의

가상기준국(VRS : Virtual Reference Station) 방식은 기준국(GPS 상시관측소) 3점 이상을 이용하여, 미지점(관측점) 주변에 가상의 기준국을 설정하고, 관측오차보정 요소(전리층, 대류권 및 위성궤도 오차, 다중경로 오차 등)를 제거한 자료를 미지점에 전송함으로써, 관측위치 정확도나 초기화 시간이 기준국(GPS 상시관측소) 간 거리에 좌우되지 않는 RTK GPS 체계이다. 이때 만들어진 오차모형은 가상기준국망을 형성하는 모든 기준국에서 관측한 값으로 만들게 되므로 한 점을 기준으로 만드는 보정값보다 정밀하고 신뢰성이 높다.

VRS 관측방법은 미지점의 개략위치를 제어센터로 송신하고, 제어센터는 수신된 자료를 가지고 이에 맞는 위상보정값을 RTCM(Radio Technical Commission for Maritime Services)형식으로 미지점에 송신한다. 미지점에서는 보정값을 수신하고 수신기 위치를 DGPS 방식으로 계산하여 이를 다시 제어센터로 송신한다. 제어센터는 다시 새로운 RTCM 보정값을 계산하여 전송하는데 이때 보정값은 미지점 바로 옆에 위치한 가상의 기준국에 대한 값이다([그림 3.11], [그림 3.12]).

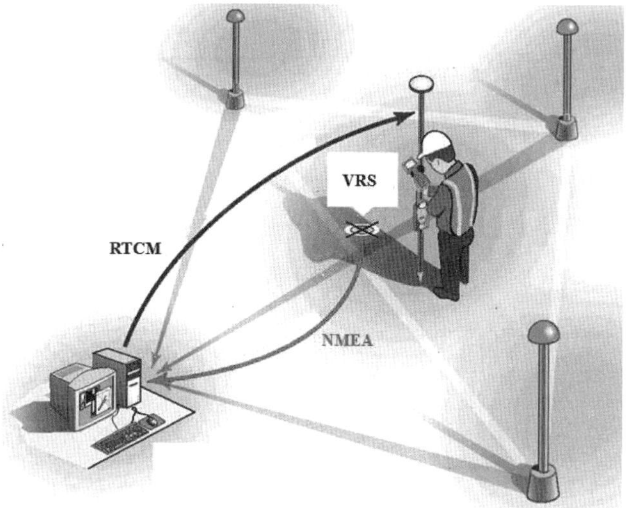

[그림 3.11] VRS 관측 개요도

ii) VRS 위치관측의 장점

(a) 종래의 RTK 또는 DGPS 위치관측시의 문제점을 해결할 수 있다.

ⓐ 기지국 GPS가 필요 없음(경제적임)

ⓑ 위치보정자료 송수신을 위한 무선 모뎀 장치가 필요 없음

ⓒ 휴대전화의 사용으로 통신거리에 제약이 없음

ⓓ 실시간 측량을 위한 장비의 초기화가 필요 없음

(b) 다양한 종류의 GPS 위치관측 서비스를 제공할 수 있다.

ⓐ 정밀 위치관측 : cm 단위의 RTK-VRS 서비스

ⓑ 일반 위치관측 : Sub meter 단위의 DGPS-VRS서비스

ⓒ Static 위치관측 : 후처리 방식의 정지식 측량 VRS 서비스

(c) Static VRS인 경우 기지점에 GPS 수신기를 설치할 필요 없이 상시관측소간의 기선을 세션관측시 그대로 이용하므로 적은 GPS장비로 많은 양의 관측이 가능해진다.

iii) VRS 위치관측의 단점

(a) GPS 상시 관측망에 근거한 VRS망 외부 지역에서는 위치관측 불가능

(b) 휴대전화 가청 범위로 위치관측 제한

(c) 양방향 통신으로 인하여 서버에 대한 동시 접속 연결 회선 수에 제한을 받는 환경이고, 이용자수도 이에 따라 제한이 된다.

(d) 휴대 전화 요금의 문제

(e) 상시 관측소 설치, VRS서비스 센터 구축, 휴대전화 기지국 망의 확충 및 통화 품질 등 전체적인 VRS 시스템 구축에 막대한 비용 소요

ⅳ) 해석방법

(a) VRS 방식의 원리

ⓐ VRS 서비스센터에서 상시관측소의 GPS 관측자료를 24시간 수신하고, 가상기준국에 관련시켜 설치한 미지점 수신기에서 GPS관측자료를 수신한다. 이때 NMEA 형식으로 이동통신망 등을 이용한다.

ⓑ 상시관측소와 가상기준국의 관측자료를 이용, 정적간섭 위치관측 방식으로 순간처리하여 가상기준국의 위치보정자료를 생성하고 이에 맞는 위상보정값을 RTCM 형식을 이용하여 이를 휴대전화 또는 무선 인터넷모뎀으로 미지점 GPS 사용자에게 송신한다. 미지점에서는 보정값을 수신하여 수신기 위치를 DGPS방식으로 계산하며 미지점 수신기는 다시 새로운 위치를 VRS 서비스센터로 보낸다.

ⓒ 네트워크서버는 다시 새로운 RTCM 보정값을 계산하여 이동통신망을 이용하여 전송한다. 여기서 보정값은 미지점 옆에 위치한 가상의 기준국에 대한 것으로, 전리층과 대류권 지연효과를 전체 기준망의 관측값을 이용하여 모형화하므로 보다 정확한 값을 갖게 된다. 이 기법은 자료가 가시화되지도 않으며, 실제로 관측하지도 않은 가상의 기준점의 개념을 도입하였으므로 '가상기준국'기법이라 한다.

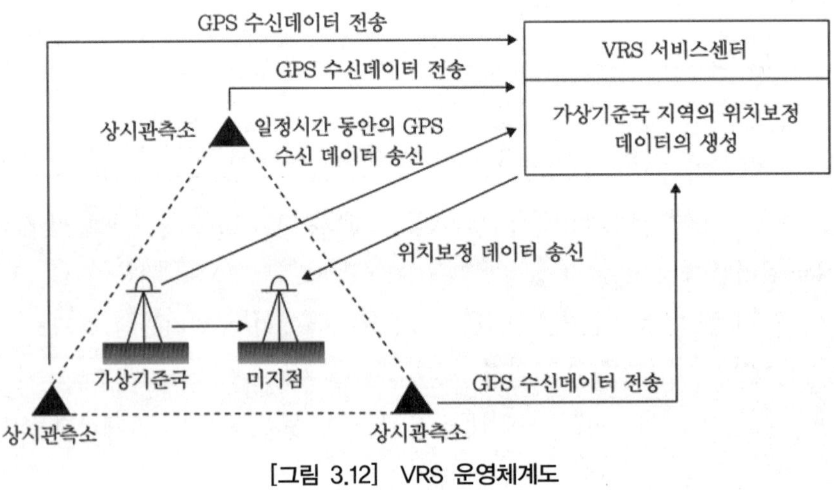

[그림 3.12] VRS 운영체계도

(b) VRS 위치관측의 조건

ⓐ 국가의 측지 기준점 체계 확보

ⓑ 상시 관측소가 최소 30~50km 간격으로 균등하게 배치

ⓒ 위치보정자료를 순간 생성할 수 있는 GPS 기선 해석 및 망조정 기술 능력의 확보

ⓓ 제공되는 위치보정자료에 대하여 측지 성과로서의 공신력 확보

ⓔ 위치보정자료의 통신 매체인 휴대전화나 인터넷모뎀 등의 통신 품질의 확보

ⓕ 이동국 GPS 사용자의 GPS 측량에 대한 기초지식이 필요

㉣ FKP(Flächen Korrektur Parameter) 방식

i) 개요

다수의 상시관측소 데이터를 이용하여 시계오차, 위성궤도오차, 전리층오차 등의 주요 오차원의 보정값을 관측하여 이를 기초자료로 면보정 매개변수를 계산한 후 사용자에게 전송하는 방식이다.

미지점의 대략적 위치를 GNSS 중앙국에 전송

⬇

GNSS 중앙국에서 면에 대한 오차보정 매개변수를 생성

⬇

중앙국으로부터 면보정 매개변수를 전송받아 실시간 이동 위치관측을 실시

[그림 3.13] FKP 방식 흐름도

ii) 특징

그 동안 국토지리정보원에서는 VRS방식을 이용하여 위치보정정보 자료를 사용자에게 제공하고 있지만, 인터넷 통신 모뎀을 사용하여 서비스하는 가상기준점은 사용자와 보정정보생성 서버간의 양방향 송수신 시스템으로 서비스 회선수가 200회선으로 제한되어 있어 200명 이상 동시 접속시 위치정보를 제공해주는 서버의 렉(wreck) 발생 등으로 많은 불편함이 있었다. 이러한 불편함을 해소하기 위하여 2012년 말부터 3㎝ 미만의 FKP-GPS

위치정보서비스를 단방향 통신으로 전송(방송 또는 인터넷으로 보정계수를 전송)함으로써 누구나 쉽고 정확하게 위치자료를 활용할 수 있는 환경이 되었을 뿐만아니라, 이용자수도 무제한이 될 수 있다는 장점이 있다.

ⓜ 네트워크 RTK시스템 구축시 필요사항

수 ㎝ 이내의 RTK측량을 위해서는 최소 40~50㎞ 간격의 상시관측소 네트워크가 필요하며, 네트워크 구성 및 데이터통신 시설의 구축비용, 보안성, 자료의 시간지연 등을 고려하여야 한다. 또한 시스템의 유지관리, 장애시 처리를 위한 철저한 계획이 필요하다.

⑦ GPS의 위치 결정에 영향을 주는 오차의 종류 및 오차처리

GPS를 이용하여 위치를 결정할 때 발생하는 중요한 오차요인은 위성(기하학적 분포, 궤도, 시계), 위성신호전달(전리층, 대류권, 다중경로), 수신기(시계, 주파수)에 의한 오차 등이 있다.

㉠ 위성에 관한 오차

i) 위성의 기하학적 분포에 따른 오차

수신기 주위로 위성이 적당히 고르게 배치되어 있는 경우에 위치의 오차가 작아진다. 이때 보이는 위성배치의 고른 정밀도를 DOP(Dilution Of Precision)라고 하며 일반적으로 위성들 간의 배열공간이 더 많으면 많을수록 수신기에서 결정하는 위치정밀도는 높다고 할 수 있다. DOP에는 기하학적 DOP(GDOP : Geometric DOP), 3차원위치 DOP (PDOP : Positional DOP), 수직위치 DOP(VDOP : Vertical DOP), 평면위치 DOP (HDOP : Horizontal DOP), 시간 DOP(TDOP : Time DOP) 등이 있다([그림 3.14]).

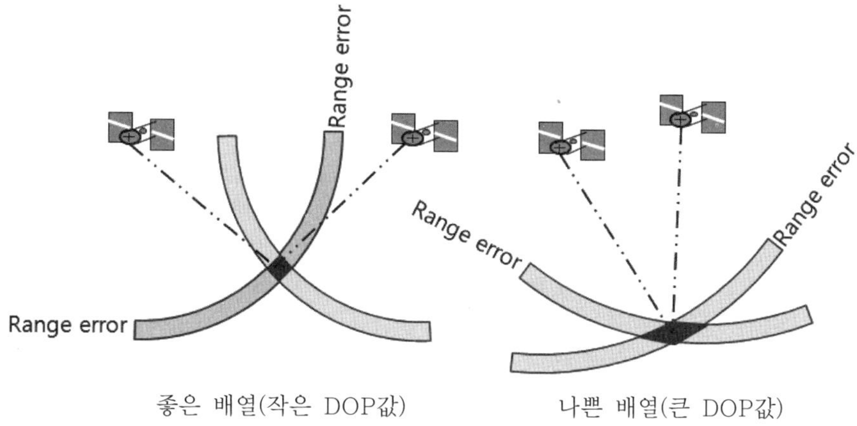

[그림 3.14] 위성의 기하학적 배열 관계

DOP는 모든 위성의 항법메시지를 해석하여 예측할 수 있다. 수신 가능한 위성수와 DOP의 관계를 이용해 GPS 관측이 가장 양호한 시간대를 정하여 관측하면 보다 정확한 결과값을 얻을 수 있다. 관측정확도, 위치정확도, DOP의 관계는 다음과 같다.

$$\sigma_P = DOP\ \sigma_{UERE} \tag{3.5}$$

여기서 σ_{UERE} : 관측정확도(measurement accuracy, User Equivalent Range Error)

σ_P : 위치정확도(position accuracy)

DOP는 다음과 같이 구분하여 계산할 수 있다.

$$\text{기하학적 DOP(GDOP)} = \frac{\sqrt{\sigma_E^2 + \sigma_N^2 + \sigma_U^2 + \sigma_T^2}}{\sigma} \tag{3.6}$$

$$\text{위치 DOP(PDOP)} = \frac{\sqrt{\sigma_E^2 + \sigma_N^2 + \sigma_U^2}}{\sigma} \tag{3.7}$$

$$\text{평면위치 DOP(HDOP)} = \frac{\sqrt{\sigma_E^2 + \sigma_N^2}}{\sigma} \tag{3.8}$$

$$\text{수직위치 DOP(VDOP)} = \frac{\sqrt{\sigma_U^2}}{\sigma} = \frac{\sigma_U}{\sigma} \tag{3.9}$$

$$\text{시간 DOP(TDOP)} = \frac{\sqrt{\sigma_T^2}}{\sigma} = \frac{\sigma_T}{\sigma} \tag{3.10}$$

여기서 σ_E^2, σ_N^2, σ_U^2은 수신기 위치 추정변동량을 동쪽(East), 북쪽(North), 위쪽(Up) 성분으로 표시한 것이고, σ_T^2은 수신기 시계오차 추정변동량을, σ는 거리에 대한 표준편차를 나타낸 것이다. 참고로 $PDOP^2 = HDOP^2 + VDOP^2$, $GDOP^2 = PDOP^2 + TDOP^2$과 같다. 그리고 비행계획 수립 시 PDOP는 3~5, HDOP는 2.5이하로 하는 것이 좋다.

[표 3.5] DOP값의 의미

DOP 값	양호한 정도	비 고
〈1	이상적	가장 높은 신뢰도, 항상 높은 정확도를 가짐
1-2	매우 좋음	충분히 높은 신뢰도, 민감한 정확도가 요구되는 분야에 사용 가능
2-5	좋음	경로 안내를 위한 요구사항을 만족시키는 신뢰도
5-10	보통	위치관측 결과를 사용 가능하나 좀 더 열린 시야각에서의 관측을 요함
10-20	불량	낮은 신뢰도, 위치관측 결과는 대략적인 위치를 파악할 때만 사용
〉20	매우 불량	매우 낮은 신뢰도(6m의 오차를 가지는 기기가 약 300m 정도 발생)

ii) 위성의 궤도에 의한 오차

위성에 작용하는 여러 힘들[예 : 부정확한 모형화인 선택적 가용성(SA : Selective Availability)에 의한 인위적인 위성정보 적용]에 의하여 정해진 궤도로 위성이 진행하지 않아서 수신기에 틀린 정보를 제공으로 함으로써 생기는 오차가 궤도에 대한 오차이다. 수신기 두 대 이상을 설치하여 관측하거나 차분법을 사용하면 오차를 많이 줄일 수 있다.

iii) 시계오차

GPS위성들은 시간유지와 신호동기(synchronizing)를 위해 고도의 정밀도를 가진 세슘(Cs) 또는 루비듐(Rb) 원자시계를 이용한다. 위성시계의 오차는 정확하게 교정될 수 있다.

㉡ 위성신호전달에 의한 오차

i) 전리층오차

지표면으로부터 80~1,000km 사이의 전리층을 신호전파가 통과 시 분산이 일어나고 전압의 변화가 생기므로 발생되는 오차이다. 고주파(L_1)신호에 비해 저주파(L_2)신호가 전리층에서 속도가 느리므로 두 신호의 지연차를 비교하여 지연효과를 계산하고 소거하는 과정에 오차모형화를 이용하면 오차를 감소시킬 수 있다.

ii) 대류권 오차

지표면으로부터 평균 12㎞ 사이의 대류권 통과 시 구름과 같은 수증기에 의한 굴절로 오차가 발생한다. 대류권오차는 표준보정식(예 : Hopfield model)에 의해 소거될 수 있으나 오차모형화에 의한 오차감소방법을 수행하기도 한다.

iii) 다중경로에 의한 오차

바다표면이나 빌딩 등에서 반사신호에 의해 직접 신호의 간섭으로 오차가 발생한다. 특별히 제작된 안테나(예 : choke ring 안테나)를 사용하든가 적절한 위치선정(예 : 수신기 안테나 근처에 사물로 인한 굴절이 안 되는 곳)을 해야 오차를 소거할 수 있다.

ⓒ 수신기에 의한 오차

i) 수신기 시계의 오차

수신기에는 위성의 원자시계보다 저가의 시계를 사용하므로 GPS시각의 동기오차가 발생한다. 이를 해결하기 위해 시계오차를 미지수로 다루는 3개의 의사거리 방정식을 이용하여 수신기위치(X, Y, Z)와 시계오차(t)를 구하여 수신기 시계오차를 소거한다.

ii) 주파수 오차

주파수 모호성(cycle ambiguity)과 주파수단절(cycle slip 예 : 수신을 방해하는 건축물, 나무, 비행기, 조류 등에 의한 관측환경 불량으로 갑자기 신호가 끊김)로 생기는 오차이다.

⑧ GPS 관측값의 측지학적 고도와 지오이드 고도

GPS에서 관측의 높이(고도)값은 타원체의 수학적 표면을 기준으로 하였기 때문에 물리적인 지오이드고와 차이가 있다([그림 3.15]).

$$H = h + N \tag{3.11}$$

H : 측지학적고도(정표고 : orthometic height)

h : 평균해수면으로부터의 고도(타원체고 ellipsoidal height)

N : 지오이드고도(geoidal height)

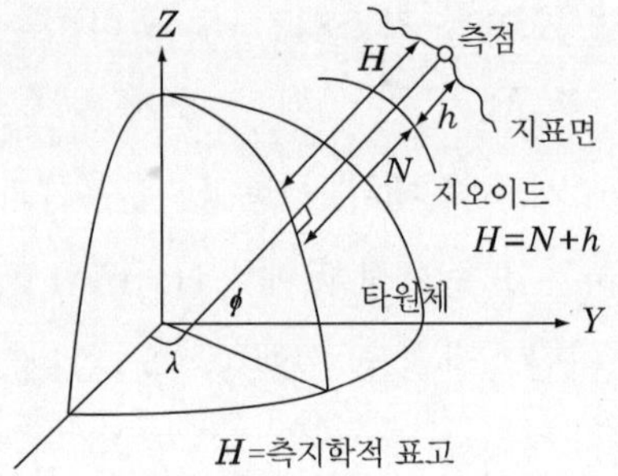

[그림 3.15] 측지학적고도와 지오이드고도차

GPS의 수평위치의(X, Y)의 값은 정확도가 높으나 수직위치(고도)의 값(h)의 정확도는 수평위치의 정확도에 비해 낮다(종래의 Level 측량성과보다 정확도가 떨어진다).

⑨ GPS관측성과의 좌표변환

GPS측량에서는 지구중심좌표계 WGS84(World Geodetic System 1984)를 기준좌표계를 사용하고 있지만 각 나라마다 각기 다른 좌표계를 사용하기 때문에 좌표계 사이에 변환관계가 명확하게 정립되어야 한다. 향후 GPS관측에 의한 측지망의 구성 및 지도제작의 신뢰성, 자료의 균질성 및 통일성을 확보하기 위하여서는 각 나라가 국가적 차원에서 정확한 좌표전환요소를 산출하여 공시할 필요가 있다. 우리나라에서는 일반적으로 TM좌표계를 사용하고 군사적 목적으로는 UTM좌표계를 사용한다. 즉 GPS관측성과를 사용자의 지역에 맞게끔 좌표를 환산하여 이용한다. 좌표변환 방법에는 매개변수변환, molodensky변환, 회귀다항식변환 방법이 있으나 일반적으로 이용되고 있는 매개변수(parameter) 방법만을 소개한다.

㉠ 매개변수(parameter)에 의한 변환 방법

매개변수에 의한 방법에는 3-매개변수변환(3-parameter transformation)과 7-매개변수변환(7-parameter transformation)이 있다.

i) 3-매개변수변환

두 기준계(Ⅰ, Ⅱ)의 좌표 (X, Y ,Z)축이 평행이며 그 크기가 동일한 경우로 평행변위(translation : △X, △Y, △Z)요소만을 고려하여 보정한다([그림 3.16]).

$$X_2 = X_1 + \Delta X, \quad Y_2 = Y_1 + \Delta Y, \quad Z_2 = Z_1 + \Delta Z \tag{3.12}$$

$X_1,\ Y_1,\ Z_1$: 기준계 I 의 직교좌표

$X_2,\ Y_2,\ Z_2$: 기준계 II 의 직교좌표

$\Delta X,\ \Delta Y,\ \Delta Z$: 두 타원체 간의 평행변위(translation)

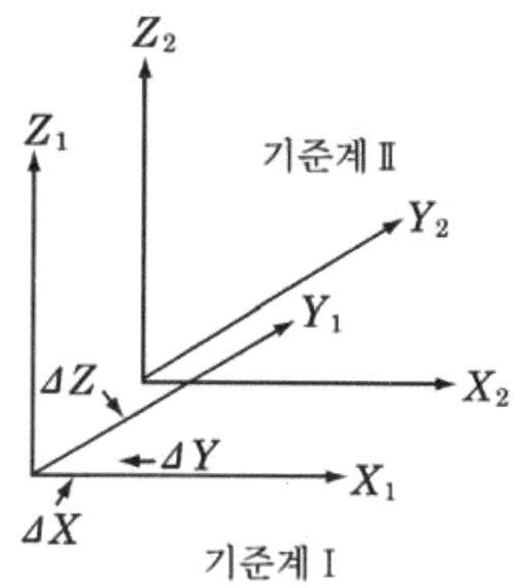

[그림 3.16] 3-매개변수 변환

ii) 7-매개변수변환

두 기준계(I , II)의 좌표(X, Y, Z)축의 크기와 변형이 다르므로 평행변위(translation : △X, △Y, △Z), 회전변위(rotation : R_X X축의 쌍곡선형 변형, R_Y Y축의 포물선형 변형, R_Z Z축의 타원형 변형), 축척인자(scale factor : S)를 고려하여 보정해야 한다.

$$\begin{bmatrix} X_Z \\ Y_Z \\ Z_Z \end{bmatrix} = S_1 \begin{bmatrix} 1 & R_Z & -R_Z \\ -R_Z & 1 & R_X \\ R_Y & -R_X & 1 \end{bmatrix} \begin{bmatrix} X_1 \\ Y_1 \\ Z_1 \end{bmatrix} + \begin{bmatrix} \Delta X \\ \Delta Y \\ \Delta Z \end{bmatrix} \tag{3.13}$$

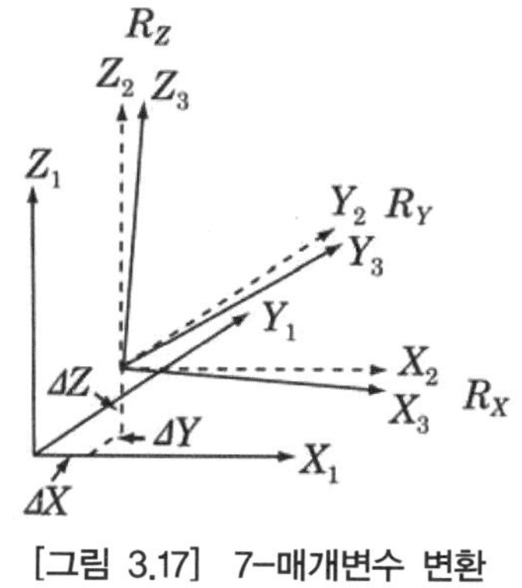

[그림 3.17] 7-매개변수 변환

⑩ GPS의 활용분야

현재 GPS의 활용분야는 거의 제한이 없을 정도로 매우 광범위하며, GPS 측량기법의 우수성과 수신기의 가격하락으로 나날이 새로운 적용분야가 생겨나고 있다. 다음에서는 위치결정과 관련된 GPS의 활용분야를 간단히 소개한다.

㉠ 측지측량기준망 설정

GPS 활용의 가장 대표적인 분야로서 GPS 측량기법은 재래식 삼각 또는 삼변측량으로는 불가능한 경우(관측이 어려운 날씨거나, 정확한 기선장값을 관측할 수 없는 경우)에도 높은 정확도의 3차원 위치값을 구할 수 있다. 따라서 1980년대 말부터 세계 전역을 하나의 동일좌표계를 바탕으로 대륙간을 cm의 정확도로 연결하는 국제지구기준좌표계 ITRF(International Terrestrial Reference Frame)가 설정되었으며, 현재도 계속 갱신작업이 추진 중이다. 이를 위하여 지구상에 균등 배치된 VLBI, SLR 등을 이용하여 관측소에서 준성, 위성 등을 목표물로 장기간 관측한 자료들을 분석하여, 현재 망의 정확도를 ±1cm로 유지하고 있다.

각 대륙은 이를 바탕으로 기선장 300~500km 내외의 대륙측량망을 구축하였으며, 대표적인 예로 유럽의 EUREF(European REferencing), 북미의 ACS(Active Control System) 등을 들 수 있다. 또한 각국은 이 대륙측량망을 기본으로 기선장 50~100km의 국가 GPS 기준망을 설정하여, 지역별로 20~50km의 밀도로 배치하여 고밀화 측지측량망으로 정확도 갱신, 수준측량 및 지적측량 등에 활용하고 있다. 그러나 이러한 성공적인 GPS 활용을 위해서는 세계좌표계와 지역좌표계간의 정확한 변환요소 결정과 지오이드기복고도에 대한 정밀모형이 우선적으로 해결되어야만 한다.

㉡ 지구물리학적인 측면

GPS를 지구물리학적 측면에 활용할 경우 지각변동을 관측하는 작업이나 지질의 구조를 해석하는 일, 지오이드모형개발, 지구의 자전속도 및 극운동 변화량 검출, 지각변동, 항공 지구물리 등에 활용되고 있다. 또한 GPS를 이용한 기상학, 해수면 감시, 시추공의 위치 확인 및 결정, 해상의 중력측량, 해상탐색 및 구조, 준설작업, 해저지도 작성, 해양자원탐사에 활용도 증가, 인공위성의 궤도 및 자세의 결정 등을 위한 기술수단으로도 큰 역할을 수행하고 있다.

ⓒ 국토개발

국토재정비 및 이용계획, 환경보존 등에 필요한 지형공간정보의 기본자료(위치 및 변화)를 GPS로 정확하게 처리할 수 있다. GPS 활용으로 해상구조물측설, 수심측량시 수평위치결정, 해양탐사, 천연자원(미네랄, 석유, 석탄 등) 탐사지역의 위치확인 및 영역설정, 습지, 숲, 목재 등의 천연자원관리를 저렴하고 정확하게 처리, 야생동물을 관찰하는 동물학자, 생태학자, 해양생물학자 등이 행하는 야생동물보호 및 동물들로부터 위협을 받는 자들이 자신을 지키기 위하여 위치확인 수단 등으로도 GPS가 이용되고 있다.

ⓔ 지적 측량

GPS의 지적측량에는 실시간이동식 관측기법(realtime kinematic)과 보정자료전송의 편리성 및 상시관측소의 설치 등으로 앞으로 이 분야에의 활용이 크게 기대된다. 위성시계(視界)의 확보가 가능한 지역에서는 별 어려움 없이 현장에서 직접 도근점 설치, 지적경계선의 분할과 합병 등이 가능하며, 위성시계가 불량한 지역이라 할지라도 광파종합관측기(TS) 등과 연계하여 상기의 목적을 매우 효율적으로 수행할 수 있다.

ⓜ 고저(수준) 측량

GPS는 3차원 정보를 제공하는 기술체계이므로 수평위치는 물론 높이의 결정도 가능하나, GPS 위치결정의 특성상 높이 좌표는 평면에 비해 항상 그 정확도가 떨어지는 단점도 있다. 또한 GPS에 의한 고도값은 기하학적으로 정의된 타원체고도이므로, 이를 실제에 활용하기 위해서는 정표고(중력을 기준으로 하는 고도)로의 환산을 위한 지오이드고도가 필요하다. 지오이드고가 ㎝ 정도인 선진국에서는 이미 GPS에 의한 고저측량망(수준망) 조정, 검조위 관측 등이 보편화되고 있다. 현재 정밀중력측량을 실시하고 있으며, 각종 위성관측으로부터 유도된 중력자료의 정확도가 현저히 증가하여, 머지않은 장래에 GPS 측량은 삼각고저(수준)측량이나 레벨측량기법으로 대체 될 것이다.

ⓑ 지형공간정보(지도, 자원 및 시설물유지관리 등)에 활용

3차원지형공간 자료취득 및 지도제작 과정은 GPS 측량과 밀접한 관계에 있다. 지도를 제작하거나 주제도를 분류하여 제작하는 일, 수자원 관리, 삼림관리 등에도 유용하게 이용될 수 있다. 정적 및 동적 관측대상에 대하여 GPS와 각종 센서(CCD : Charge Coupled Device나 video 등)를 결합하여, 각종 시설물(지상, 지하)에 대한 위치정보와 특성정보

를 신속히 취득하여 지형공간정보의 자료기반(DB)을 구축한다. 예로서, 도로의 현황이나 전력선, 상수도관·하수도관, 가스관 등, 광범위하게 분포된 시설물의 위치와 상태를 GPS와 PenMap 등으로 현장에서 직접 독취하여 저장한 후, 유지보수와 관련된 모든 정보를 자동으로 관리한다.

또한, 동적인 관측(이동하면서 관측하거나 움직이는 대상이나 화재현장조사 등)의 경우 비디오로 촬영한 자료에 위치를 표시하거나, 이동물체나 현장의 변화상태를 실시간으로 감시할 수 있는 원격제어체계를 구축할 수 있다.

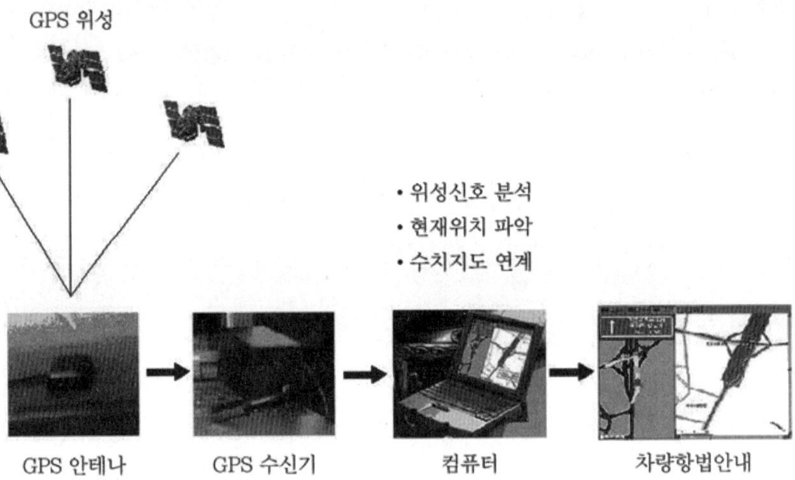

[그림 3.18] 차량항법체계

㉦ 차량항법체계(CNS)와 이동식도로정보화체계(GPS Van) 및 군사적 응용

GPS를 이용한 차량항법체계(CNS : Car Navigation System)를 구축하여 차 내에 장착된 액정영상면(screen)을 통해 격자형 및 벡터형 자료로 구성된 수치자료로 차량의 현재 위치를 파악하며, 미리 입력된 자료기반을 이용하여 목적지를 검색할 수 있다. 또한, 차량의 최적경로를 안내하며 지형(지모, 지물) 정보를 제공한다. 운송분야에서는 택시, 버스, 상업용 차량을 운영하는 회사들이 각 차량을 추적할 수 있으며, 특히 혼잡한 주차장이나 철도 선로 구역에서 효과적으로 차의 위치를 확인할 수 있고, 물류분야에서는 택배나 화물운반 회사에서 보다 나은 물자의 실시간추적과 관리가 가능하며, 해양수산분야에서는 어업 경계선의 침범, 경계구역의 문제들을 효과적으로 해결할 수 있다. 고속도로 및 수로

의 조사 및 유지관리에 필요한 자료를 GPS Van으로 처리한다. GPS Van은 일반차량에 GPS 수신기, 디지털 사진기, 자이로스코프, 가속도계 및 휠탐측기 등을 탑재하여 주행과 동시에 도로와 관련된 각종 시설물 현황이나 기타 특성정보를 실시간으로 자동 취득하는 차량기반 이동도면화체계(MMS : Mobile Mapping System)이다. GPS Van은 GPS 측량기술, 차량항법 및 수치영상 처리기술 등이 복합된 최신의 측량기법으로서, 도로와 관련된 효율적인 GIS 자료취득에 가장 큰 주목을 받고 있는 점에 있어서도 유망한 GPS 영상탐측에 의한 분야이다. 지능형교통체계(ITS : Intelligent Transport System), 선박의 항법, 항공기 항법체계, 고속철도 등의 항법 및 교통 분야에서도 GPS의 정확도 향상으로 인하여 필요성이 확대될 것이다. 위성신호수신기와 무선통신을 통합시킴으로써 높은 정확도를 얻을 수 있으며, 위성신호 및 무선통신신호 수신 즉시 수신기의 위치를 계산할 수 있다. 높은 정확도의 위치관측값을 얻으므로 선박, 항공기나 미사일의 공격목표선정 및 최대공격효과 예측 등 항법장치에 이용되며, 군사 작전에 필요한 각종 정보를 사전 또는 실시간으로 취득할 수 있다([그림 3.18]).

◎ 긴급구조 및 방재

소방대원, 경찰, 구급차를 급파하여 화재, 범죄현장, 사고피해자, 구급대원의 위치를 신속하고 정확하게 스크린에 나타낼 수 있다. 또한 긴급구조 119 휴대전화에 GPS 위치결정기술을 장착하여 간단하고 경제적인 구조활동을 할 수 있다. GPS 활용으로 조난 구조팀이 바다, 산, 스키장, 사막, 황무지 등에서 조난자들을 조사하고 구조할 수 있다. GPS 수신기를 차량에 장착하면 차량이 고장이 났을 경우 자신의 위치를 정확히 전달시킬 수 있으며, 견인차가 신속하게 도착할 수 있다. 방재를 위한 GPS 활용으로 기상, 예보, 홍수피해지역, 제방, 배수로와 같은 대상을 확인하고 영역을 결정하여 지형공간정보를 형성할 수 있다.

㉠ 여가선용

하이킹, 캠핑, 사냥을 할 경우 길을 잃었거나, 잃어버린 대상들을 찾는데 GPS를 활용하면, 안전하고 손쉽게 원하는 바를 마무리 지을 수 있다. 보트를 타거나 낚시의 경우 모래톱, 바위 및 여타 장애물 주위를 좀 더 안전하게 항해할 수 있고, 즐겨 찾는 지점을 정확하게 찾을 수 있으며, 낚시꾼들은 빠르고 효율적으로 안내할 수 있고 덫을 찾거나 설치하는데 도움을 줄 수 있다.

㉫ 우주개발

위성궤도 추적을 위하여 GPS 수신기를 이용하면 정확하게 궤도 위치를 결정할 수 있으며, 엘니뇨 기상지도를 신속하고 경제적으로 제작하려면 DGPS 기술을 이용한다. 우주정거장 개발을 위하여 랑데부 운영을 쉽게 할 수 있고, 궤도 수정을 하는 동안 상호 GPS 운영을 효율적으로 할 수 있다.

㉬ 고응용체계

항공산업, 항구 내에서의 배의 운항, 정교한 기차의 운영을 수행하는 철로, 농업과 광업에서 요구하는 소요 정확도와 활용 등에서 높은 정확도를 요구하는 사용자에게는 DGPS에 의한 오차수정과정을 연구하여 보다 정확한 관측값을 제공하여야 할 것이다.

(2) GLONASS

러시아의 GLONASS 개발은 미 · 소 냉전시대인 1970년대부터 시작되었고 1982년에 첫 번째 위성의 발사가 이루어졌다. 초기에는 24기의 위성으로 이루어진 체계를 계획하고 있었으나 위성의 너무 짧은 수명과 구소련의 붕괴 이후 러시아의 재정적 어려움으로 인해 계획은 현실화 되지 못하였다. 1991년 가동 중인 7기의 위성으로 1단계 GLONASS 체계가 완성되고 이후 93~94년 사이에 발사된 Block IIv(평균수명 3년)와 1995년부터 발사를 계획한 GLONASS-M(평균수명 7년)을 이용하여 3개의 궤도면에 24개 위성(각 궤도면에 8기)을 45° 간격으로 배치하고 이웃하는 궤도면의 위성과는 15° 간격을 가지는 2단계 GLONASS 체계를 완성할 계획이었으나 재정부족으로 2003년 말에 첫 GLONASS-M 위성이 발사되었다.

재정적 어려움으로 제 기능을 수행하지 못했지만 최근 주변국가의 재정협조로 2004년 말에 3대의 위성을 발사하여 14대의 위성이 활동 중이며 7대의 GLONASS-M 위성을 생산 중에 있으며 이후 GLONASS-K 위성을 배치할 계획에 있다. K 위성은 제3의 민간 신호가 첨가됨으로 신뢰도와 정확도의 향상을 달성할 수 있고, 수명이 10년 이상 증가할 것으로 전망된다.

(3) GALILEO

유럽연합과 유럽 우주국의 Galileo 프로젝트는 유럽 독자의 GNSS(Global Navigation Satellite System)계획으로 1990년대 말 GPS 유료화 움직임 및 미국의 독점적 위치에 대응하고자 시작되어진 프로젝트이다. Galileo 프로젝트는 완전한 민간 체계로서 추진되고 있으며, 3개의 궤도 평면에 9개의 위성과 1개의 여유분을 가지도록 설계되어 총 30기의 위성으로 구성되어진다. 궤도평면 경사각은 GPS와 거의 동일하게 56°를 유지한다. Galileo위성의 정확도는 현재 GPS 위치관측 정확도의 90% 이상 수준으로 향상 될 것으로 예상된다.

Galileo는 GPS나 GLONASS와는 달리 유료 서비스를 제공할 계획이므로 정확한 위치관측정보를 위해서는 일정수준의 사용료를 제공하여야 하나 중저급 정밀도의 위치관측정보는 GPS와 마찬가지로 무료로 제공할 계획이다.

현재 추진 중인 Galileo 프로젝트에는 공식협정을 맺은 중국을 비롯하여 우리나라, 러시아, 인도, 호주, 브라질, 아르헨티나, 모로코, 우크라이나 등의 국가들이 참가할 의사를 표명한 것으로 알려졌다.

이러한 위성위치관측 체계의 주체국들은 상호협력을 통하여 향상된 서비스를 제공하고자 2004년에 러시아와 미국은 IGS(International GNSS Service)와의 협의를 통해 위성을 공동으로 사용하고 있으며 최근에는 미국과 EU와의 협의를 통해서 GPS와 Galileo 위성간의 상호 호환이 가능하도록 시도하고 있다. 미국의 GPS 의존으로 유럽주권의 종속우려로 2005년 12월 28일 30개의 위성을 24,000㎞상공에 발사할 계획으로 초기위성 GIOV-A(Galileo In Orbit Validation Element) 위성을 발사하여 2006년 1월 12일부터 항법메세지가 방송되었다 사업비와 공동사업의 차질로 실제 서비스는 2015년부터 시작할 계획이다. GPS의 도심지장애물로 55%만 측량할 수 있으나 Galileo와 공동 활용한다면 95%이상의 지역에 대한 위치값 취득이 가능 할 것으로 추정하고 있다.

3.3 위치관측 값에 특성자료를 더한 값에 의한 자료생성

3.3.1 이동식도면화 체계(MMS : Mobile Mapping System)에 의한 자료 생성

MMS는 지형공간정보 자료기반을 구축, 유지, 관리하기 위해 요구되는 기존 측량방법을 보완하여 비용 및 시간 면에서 효율성을 높이고 향후 활용성을 높이기 위한 첨단정보체계로 발전시켜 일반 차량에 CCD 카메라, 레이저 스캐너, 비디오카메라 등의 이미지 취득 장치(image acquisition device)와 GPS 수신기, INS(INertial Navigation System), DMI(Distance, Measuring Indicator) 등의 내비게이션 정보 취득 장치를 탑재하여 주행과 동시에 도로와 관련된 각종 시설물 현황이나 기타 특성정보를 실시간으로 자동 취득 및 갱신할 수 있는 체계이다. MMS에서 핵심적인 역할을 하는 GPS와 INS의 정보를 통합하여 이미지 센서의 위치와 자세를 의미하는 외부표정요소(exterior orientation)를 직접적인 방식으로 결정할 수 있다.

1) MMS의 구성

MMS의 구성은 GPS/INS 통합체계와 두 대의 Video 혹은 CCD 카메라를 사용하며 추가적으로 지상 LiDAR 장비를 설치할 수 있다. 수치영상탐측 기법을 이용하여 두 대의 카메라에 모두 나타나는 모든 물체의 정확한 위치를 결정할 수 있다. MMS의 위치정보는 GPS 수신기에 의해서 결정되지만, 비교적 낮은 자료 수신율(1Hz)과 최소 위성이 4개 보여야 한다는 단점 때문에 GPS만 사용하는 것은 바람직하지 않다. 이와 같은 GPS의 단점을 보완하기 위해서 짧은 시간 동안 높은 정확도의 위치와 자세 정보를 고주파로 얻을 수 있는 관성항법 체계(INS)를 사용한다. GPS와 관성항법 체계를 통합함으로써 정확한 GPS 위치정보가 관성항법 체계의 자료로 갱신되어 GPS 신호가 없는 사이에 관성항법 센서가 자료를 제공한다. 관성항법 체계의 경우 비교적 고가이므로 차속 휠센서를 많이 이용하기도 한다. 휠센서는 주로 차량의 두 바퀴에 부착하여 거리값 산정뿐만 아니라 차량 방향각 변화의 계산도 가능하다. 각종 센서와 GPS간 관측의 기점에 대한 시각동기화는 매초마다 발생하는 GPS 수신기의 신호를 이용하여 휠센서와 고도차계의 관측값과 UTC 시간을 할당하기도 한다.

2) MMS의 활용

영상탐측학적 측면에서 보면, MMS는 GPS/INS의 위치, 자세 정보를 이용하는 입체영상체계이다. 사람이 두 개의 눈으로 사물의 거리를 알아내는 것처럼, 두 영상에 나타나는 모든 물체의 위치정보를 알 수 있다. 모든 영상은 GPS/INS 장치에 의해 결정되는 영상이 취득된 순간의 위치와 자세 정보를 갖고 있다. 취득된 영상의 처리를 위해서 우선 도로에 대한 실제 관측 작업 전 각종 센서들의 상태와 상호간의 편이벡터와 회전각을 실험

실에서 관측한다. 정지상태의 3차원 측량 성과를 이용하여 카메라의 내부표정 요소(초점거리, 주점 및 렌즈의 왜곡 매개변수) 및 외부표정 요소(카메라 촬영 때의 위치와 자세)를 결정할 수 있으며, 이러한 카메라 보정은 카메라의 내부표정 요소를 구하기 위해서도 필요한 과정이지만 항공삼각측량과 같이 외부표정 요소를 산출할 수 있어 CCD/GPS/INS를 통합하기 위해서도 필요한 과정이다. 카메라 보정결과로 얻어지는 외부표정 요소와 동일 시간대의 GPS/INS 통합결과의 편위벡터와 회전 매트릭스를 계산하여 현장 측량에서 촬영된 모든 영상에 대한 외부표정 요소를 지상기준점 없이 얻을 수 있다.

이 체계의 단점으로는 건물이 밀집되어 차량의 진입이 불가능한 지역에 대한 정보취득은 불가능하며, 체계 구축에 있어 초기 투자비용이 많이 소요된다. 또한 대상거리가 무한히 길고, 동일한 카메라로 사용하는 항공영상탐측과 달리 2대의 CCD 카메라가 탑재된 근거리 영상탐측 체계로써 취득된 CCD 영상으로부터 정밀한 3차원 위치정보를 얻기 위해서는 정확한 초점거리와 주점의 위치, 그리고 렌즈왜곡을 반드시 고려해야 하고 CCD 카메라의 위치 및 자세정보가 정확해야 한다. 이 체계는 복잡하고 정밀한 기기로 구성되어 개발 및 운용에 높은 기술력을 요구한다는 점도 단점이다.

3.3.2 영상 및 수치영상처리에 의한 자료생성

1. 지상, 항공, 위성 및 지도로부터의 영상처리

항공영상, 인공위성영상 또는 이미 제작된 지도자료를 수치자료로 입력하여 처리하고 편집 및 가공을 하여 지형도를 작성한다.

영상면이나 지도의 위치정보를 찾아내어 수치자료로 처리할 수 있는 컴퓨터 체계가 개발되어 일정한 원칙하에 모든 자료를 수치화하여 지도를 그려낼 수 있는 기법이 수치지도체계(digital mapping system)이다. 수치지도체계는 기존지도 및 항공영상면을 스캐너, 디지타이저나 해석도화기 등을 이용하여 위치정보를 수치화하고 관련 특성자료와 연결하여 목적에 맞는 지도를 출력하는 과정을 통합하는 체계다.

또한 저장된 수평위치좌표값(x, y)과 수직위치좌표값(z)을 이용하여 원하는 곳의 평면위치나 고도를 구하여, 필요에 따라 지형을 수치적 또는 수학적으로 수치정보화할 수 있는 기법으로 수치지형모형(DTM : Digital Terrain Model), 수치고도모형(DEM : Digital

Elevation Model), 수치형상모형(DFM : Digital Feature Model), 수치외관모형(DSM : Digital Surface Model) 등에 이용한다.

수치지도 작성방법은 다음과 같다.

종래의 지도제작방법으로 완성된 지도를 digitizer 또는 scanner를 사용하여 수치화하는 방법이나, 항공영상의 도화작업에 이용하는 해석도화기를 사용하여 자료를 취득하는 방법이 있다.

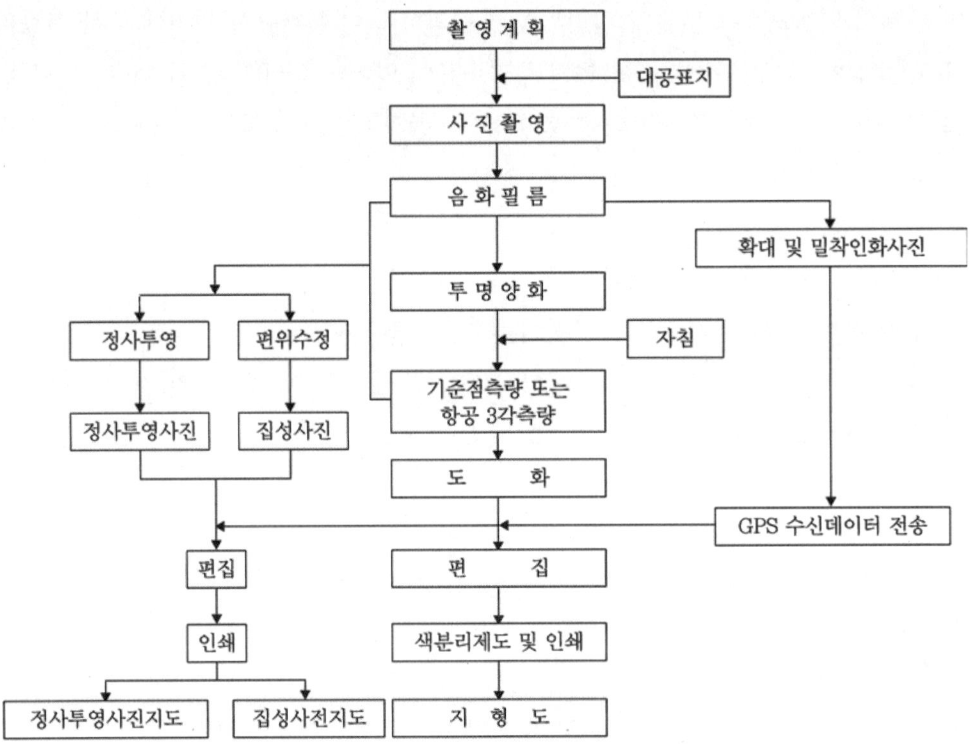

[그림 3.19] 항공영상탐측 방법에 의한 지형도 제작과정의 흐름도

[수치지도학체계의 3단계]

입력체계 : 도면이나 영상의 지리적 정보를 수치화하여 자기 tape나 hard disk에 기록한다.

편집체계 : 입력된 digital data를 영상면상에 표시하여 대화적으로 영상면이나 도형의 가공, 편집수정을 행한다.

출력체계 : 수치화된 지도정보를 $X-Y$ plotter, laser plotter 등의 출력장치를 이용

하여 직접 재판용필름(scribing sheet)에 그려내거나 자기테이프(M/T)에서 hard copier 등의 기기를 통해 출력한다.

2. 수치영상처리로 자료생성

1) 개설

수치영상처리(DIP : Digital Image Processing)에 대한 관심은 두 개의 원칙적인 적용범위에서 유래됐다. 한 방법은 수작업이나 간단한 기기에 의한 분석으로 도형정보의 개선과 또 다른 방법은 자동화된 기기에 의해서 감지되는 영상자료의 처리작업이다.

1964년부터 지금까지 영상처리분야는 고도의 발전을 거듭해 왔다. 또한 수치영상처리기법은 우주개발계획에 적용하는 것 외에도 영상정보를 개선시키는 다양한 문제들과 관련지어 고려할 수 있다. 예를 들면, 의학분야에서 X-ray 분석과 생체의학적 영상의 해석을 용이하게 하는 색으로 색조대비를 개선시키고 광도수준을 부호화하는 전산기 처리에 의해 향상될 수 있다. 또한, 이와 유사한 기법이 지리학자들에 의해서 항공영상 및 위성영상으로부터 오염상태에 대한연구에 이용되었다. 영상 개선과 복원 공정은 복사하기에는 너무 경비가 많이 들거나 또는 표현하기 힘든 대상물과 같은 영상질이 떨어지는 결과물을 처리하는 데 사용된다. 이와 같은 예는 고고학에서 찾아볼 수 있는데, 사진화 된 후에 분실되거나 손상된 희귀 인공물에 대한 기록을 가지고 있는 영상들의 훼손은 지속적인 영상처리방법에 의해 복원될 수 있다. 또한, 물리학과 이와 관련된 분야에서는 높은 에너지를 갖는 플라스마 실험과 전자 현미경을 사용하는 실험의 영상은 전산기에 의해서 영상을 개선시킨다. 이와 유사한 영상처리 개념의 지속적인 천문학, 생물학, 방재 및 산업분야에서 찾아볼 수 있다.

3. 수치영상처리 체계의 구성

1) 영상처리기(image processor)

수치영상처리기기는 모든 영상처리체계의 중심부이다. 영상처리기기는 영상취득, 저장, 저수준처리 및 표현 등 4개의 기본기능을 수행한다. 하드웨어 모듈의 집합을 구성하는 전형적인 영상취득 모듈은 TV 입력신호를 가지며 이와 같은 신호를 수치형태로 바꾼다. 대부분 현대의 영상처리기는 1프레임 처리에 TV 영상을 1/30초로 수치화하는 능력을 가지고 있다. 이와 같은 이유 때문에 영상취득 모듈은 때때로 프레임 그래버(frame grabber) 또는 프레임 버퍼(frame buffer)라고도 한다. 프레임 버퍼 저장 모듈은 모든 수치영상을 저장하는 기억용량을 뜻한다.

대개 몇 개의 모듈은 영상처리기와 혼합하여 사용한다.

기억영역은(memory)은 영상이 영상면으로 출력되는 표시모듈에 의해서 주소화될 수 있음을 의미한다. 또한, 다른 기억-주소 형식들은 순간적인 영상확대와 영상의 수평, 수직 이동을 가능하게 한다. 또한, 처리모듈은 산술적이고 논리적인 조작으로 저수준기능을 수행한다. 따라서 이와 같은 모듈을 ALU(Arithmetic Logic Unit)라고 한다. 표현모듈의 기능은 영상기억장소를 읽어서 저장된 수치정보를 아날로그 비디오 신호로 변환시키고, 이 신호를 TV 영상면이나 비디오 장치로 출력시키는 것이다. 부가적인 하드웨어 표현 선택사항은 밝기값(graylevel) 변환 기능뿐만 아니라 도형표시 및 숫자와 문자를 혼합하여 사용하고 있다.

2) 디지타이저(digitizer)

디지타이저는 영상을 전산기에 입력할 수 있도록 적당한 수치형태로 변환시킨다. 가장 일반적으로 사용되는 입력장치는 정밀밀도관측기, 플라잉 점 스캐너(flying spot scanner), 영상분석기, 비디콘 카메라, 그리고 감광용 반도체배열기 등이다. 정밀밀도관측기와 플라잉 점 스캐너는 투명지 형태나 영상면형식으로 수치화된 영상을 필요로 한다. 또한, 영상분석기, 비디콘 카메라, 그리고 반도체배열기는 이와 같은 방법으로 기록된 영상을 받을 수도 있지만, 영상관측기를 자극시키기에 충분한 빛의 강도를 가진 천연영상들을 수치화할 수 있다는 부가적인 장점도 가지고 있다.

영상분석기와 비디콘 카메라에서 영상은 투영광 모양에 직접적으로 비례하여 응답하는 감광기의 표면에 모아진다. 영상분석기 조작은 전자전송의 원칙에 그 기초를 두며, 여기서 감광기 표면에 투사되는 영상은 단면이 관 표면과 같이 거친 전자광선을 발생시킨다.

플라잉 점 스캐너에서는 영상해석기 내에서 주사의 조정이 전자석에 작용하는 외부전압 신호에 의해서 쉽게 변경될 수 있다. 비디콘 카메라의 조작은 영상면 전도성의 원칙에 근거하여 이루어진다. 관 표면에 모아진 영상면은 광학적 영상에서 광도의 분포와 연결되어 다양한 전도형식을 발생한다. 또한, 잘 모아진 전자광선은 영상면전도 목표의 후면을 주사하며, 이와 같은 광선은 전하의 중화작용에 의해서 입력광도에 비례하는 신호를 수집기상에 발생시킨다. 수치영상은 이와 같이 영상과 주사광선에 해당하는 위치에 의해서 정량화된다.

반도체배열기들은 투사광의 강도에 비례하는 전압출력을 가지는 포토사이트(photosite)라 불리는 실리콘 영상요소로 구성되어 있다. 반도체배열기는 선주사센서 또는 면주사센서로 구성되어 있다. 선주사센서는 포토사이트들의 행으로 구성되어 있고, 영상과 검파기 사이의 상대적인 운동에 의해 2차원 영상을 산출한다. 면센서는 포토사이트들의 행렬로 구성되어 있고, 비디콘 관과 같은 방법으로 영상을 취득할 수 있다.

영상수치화는 카메라의 산출물을 영상취득 모듈에 공급함으로써 이루어질 수 있다. TV카메라는 정확도가 좀 떨어지지만 상대적인 정밀도의 결여를 보충할 만큼 많은 응용성을 가지고 있다. 비디콘 체계는 가장 값싼 디지타이저이다. 이 체계는 수치화된 전체를 TV영상면상에서 볼 수 있다는 장점이 있다.

3) 수치전산기(digital computer)

영상처리기는 내부처리능력을 가지고 있지만 이러한 능력은 정밀도 수준이 떨어진다. 영상처리기가 일반적인 전산기에 접속되어 있다면 프로그래밍을 쉽고 다양하게 할 수 있다. 극소형 전산기에서 대형 전산기 체계까지 영상처리기 영역에 사용된 전산기 체계는 대형영상배열상의 빛 강도 함수를 계산할 수 있다.

일반적인 경우에는 잘 갖추어진 극소형 전산기 또는 소형 전산기만으로도 충분히 활용할 수가 있다. 그러나 확장프로그램의 개발이나 중요한 자료처리를 가진 응용분야에서는 큰 기억용량을 가진 전산기가 필요하다. 가상기억장치(virtual memory)는 사용자들에게 아주 중요한데, 이는 수치영상처리를 하는 데 많은 양의 기억장소가 필요하기 때문이다.

4) 저장장치

수치영상은 8비트로 정량화할 수 있는 512×512 영상소로 구성되어 있으며, 최소한 0.25메가바이트의 저장장소가 필요하다. 이와 같이 적당한 크기의 저장용량이 일반적인 목적의 수치영상처리계의 설계에서 가장 중요한 요소이다. 일반적으로 사용되는 저장매체로는 자기디스크, 자기테이프와 광학디스크 등이 있다. 자기디스크는 일반적으로 2,800개의 영상에 해당하는 크기인 700메가바이트까지 용량을 가질 수 있다. 고밀도 자기테이프는 1인치에 6,400바이트의 기억용량을 가지고 있으며, 이 경우 한 개의 영상을 저장하기 위해서는 4피트의 자기테이프가 필요하다. 최근에는 레이저출력과 판독에 근거한 광학디스크가 이용되고 있다. 한 개의 광학디스크판의 저장용량은 대략 4기가바이트, 즉 16,000개의 영상을 해석하는 용량이다.

5) 영상표시와 기록장치

현재 영상처리체계에서 사용되는 주된 표시장치는 흑백과 유색 모니터이다. 모니터는 영상처리기에 있는 영상표시 모듈의 출력에 의해서 조정된다. 이와 같은 신호는 그 기능이 모니터영상면상에서 볼 수 있는 영상의 인쇄복사를 생산하는 영상기록장치에 공급된다. 또 다른 표시매체는 CRT와 인쇄장치를 포함하고 있다. CRT 체계에서는 영상배열에서 각 요소의 위치가 CRT 전자 광선의 굴절에 사용되는 전압으로 바뀌고 이것은 출력영상을 만드는 데 필요한 2차원 조정을 가능하게 한다. 또한, 각각의 굴절점에서 광선의 강도는 수치적인 배열에서 해당되는 점의 값(색조단계)이 0일 때는 흑색, 최댓값일 때는 흰색에 비례하는 전압을 사용하여 모듈화된다. 결과적으로 CRT의 전면에 모아진 다양한 빛강도 형식은 카메라에 의해 기록된다. 또한, 어떤 체계는 주사처리가 완성된 후 전체 영상면을 볼 수 있는 지속적인 포스포어(phosphor)관을 채택한다.

영상면처리에 의해 기록되는 영상면이 뛰어난 질을 가지고 있지만, 관측자들이 동일한 영상면을 보면 저색조로 나타나는데, 이것은 이러한 형식의 표시에 대한 인간의 가시체계의 한계 때문이다.

영상면 표시 인쇄장치는 저해상력의 영상처리과정에서만 소용된다. 종이 위에 직접적으로 흑백 영상면을 출력하는 가장 간단한 방법은 일반적인 라인프린터(line printer)로 출력하는 것이다. 인쇄된 출력물의 모든 점에서 색조 단계는 그 점에서 중복인쇄된 문자들의 수와 밀도에 의해서 조정된다. 적당한 문자들의 집합을 선택하면 간단한 프로그램과 적은 문자들을 가지고도 좋은 색조 분포를 얻을 수 있다. 종이 위에 직접적으로 영상면을 기록하는 장치에는 레이저 프린터, 열에 민감한 종이를 이용한 장치, 잉크분사기 등이 있다.

4. 수치영상의 처리과정

1) 영상정합(image matching)

영상탐측에서 가장 기본적인 처리과정 중의 하나는 둘 또는 그 이상의 영상면상에서 공액점(conjugate point)을 찾고 관측하는 것이다. 기계적(analog), 해석적(analytical)

영상탐측학에서 공액점의 식별은 인간에 의해서 직접 수행되었다. 수치영상탐측센서는 영상정합(image matching)이라는 처리과정에 의해 자동으로 그 문제를 해결하려고 시도하고 있다.

영상탐측학에서 가장 기본적인 과정은 입체영상면의 중복영역에서 공액점을 찾는 것이라 할 수 있으며, 기계적이거나 해석적 영상탐측에서는 이러한 공액점을 수작업으로 식별하였으나, 수치영상탐측(digital imagematics) 기술이 발달함에 따라 이러한 공정은 점차 자동화되고 있다.

영상정합은 입체영상 중 한 영상의 한 위치에 해당하는 실제의 대상물이 다른 영상의 어느 위치에 형성되었는가를 발견하는 작업으로서, 상응하는 위치를 발견하기 위해 유사성 관측을 이용한다. 이는 영상탐측학이나 로봇시각(robot vision) 등에서 3차원 정보를 추출하기 위해 필요한 주요기술이며, 수치영상탐측학에서는 입체영상에서 수치고도모형을 생성하거나, 항공삼각측량에서 점이사(point transfer)를 위해 적용된다.

2) 영상융합(image fusion)

영상융합은 일반적으로 둘 혹은 그 이상의 서로 다른 영상들을 이용하여 새로운 영상을 생성함으로써 영상의 효과를 극대화시켜 영상분류(classification)의 정확도를 향상시키는데 사용되는 기법이다. 영상융합을 통해 개선된 영상으로부터 영상에 존재하는 정보를 최대한으로 얻음으로써 자료의 모호함을 감소, 신뢰성확보 및 분류의 개선을 할 수 있다. 영상융합의 유형을 크게 두 가지로

case1 : 광학영상간의 융합으로 고해상영상(예 : panchromatic 영상)과 저해상영상(예 : multispectral 영상)을 융합하여 공간해상도와 분광해상도를 향상 시킨다(예 : Landsat TM이나 SPOT Phanchromatic 영상 또는 SPOT XS와 SPOT Phanchromatic 영상과의 융합

case2 : 광학영상과 레이더영상간의 융합으로 레이더위성영상의 정밀한 지형공간정보에 의한 지형의 기복을 상세히 표현하거나 DEM의 정확도 향상에 효과적으로 기여한다.

예 : 광학영상인 Landsat TM과 Radarsat의 레이더영상과의 융합

3) 영상개선(image enhancement)

영상개선은 영상면에서 불필요한 요소를 제거해 사람의 눈으로 보기 쉬운 영상면을 만

드는 것으로 강조하려는 대상물에 따라 다르게 된다. 일반적으로 영상을 처리하는 방법에는 광학적 자료처리에 의한 기계적 방법과 전산기를 이용한 수치적(digital) 처리가 있다. 수치적 처리는 기계적 처리에 비해 정밀도, 융통성, 재현성(再現性)이 좋지만, 처리속도가 늦고 비용이 많이 든다. 원격탐측에 이용되는 영상면의 종류에는 항공영상 등의 기계적 자료와 LANDSAT 영상 등의 수치적 자료가 있으며, 이 자료를 입수하는 비용도 가지각색이므로 기계적 처리와 수치적 처리 중 하나를 선택하는 데는 영상자료의 종류, 사용목적, 정밀도, 처리속도, 비용 등을 종합적으로 고려해 결정해야 한다.

영상개선법에는 영상농도의 대조를 변화시키는 간단한 방법에서부터 어떤 주파수성분을 증폭시켜 고주파잡음을 제거시키는 복잡한 방법까지 여러 가지가 있다.

4) **영상복원**(image restoration)

영상개선에서와 마찬가지로 영상복원 기술의 궁극적인 목표는 주어진 영상을 보다 더 향상시키는 것이다.

영상개선 기술과 영상복원 기술의 차이점은 영상복원 기술은 훼손영상의 사전지식을 이용하여 훼손된 영상을 재생 또는 회복을 시도하는 처리과정이다. 그러므로 복원 기술은 원영상을 회복하기 위해 훼손된 영상의 모형화와 역처리에 중점을 둔다. 또한 영상복원은 요구되는 결과를 평가할 수 있는 적절한 기준이 필요하다. 한편, 영상개선 기법은 인간의 시각계가 원활하게 작용할 수 있도록 하기 위한 영상처리 방법이다.

예를 들어, 대조확장(contrast stretching)은 인간에게 더 좋은 영상을 제공함으로써 영상개선이라 볼 수 있다. 그러나 영상이 흐릿한 것을 잘 보이게 하는 문제는 복원이라 할 수 있다. 초기 수치영상복원 기술은 주파수 영역 개념으로부터 그 근원을 찾을 수 있으며 주로 대수적 접근방식이 쓰이는데, 이러한 대수적 접근방식은 동일한 기본원리로부터 시작하여 여러 가지 복원기술을 유도해 낼 수 있다는 장점이 있다. 하지만 대수적 방법을 사용하여 직접적인 해를 얻는 것은 많은 양의 계산을 필요로 하는데, 이러한 계산량은 어떤 특정조건에서는 고전적인 주파수 영역에서의 복원기술에 사용되는 계산량 정도로 감소시킬 수 있다.

5) **영상기호화**(image encoding)

영상이 수치로 나타나는 것은 주로 많은 부분의 전산기 용량을 필요로 한다. 이것을 적용하는 부분에서는 적은 용량의 전산기에서 영상을 표현하는 문제와 영상이 포함되는 정보를 고려하는 문제가 중요하다. 정보이론에서는 이를 원천정보 기호화(source encoding)라 부른다.

영상처리 분야에서 원천정보 기호화를 한다는 것은 주로 다음의 세 가지 범주에 속하게 된다.

① 영상자료 압축(image data compression)

② 영상전달(image transmission)

③ 형상(또는 대상물) 추출(feature extraction)

영상전송의 응용분야에서는, 전송되는 자료의 양을 최대로 축소시키는 기술에 관심이 집중되고, 믿을 만한 양의 자료가 보존되는 것을 목적으로 한다.

형상(또는 대상물) 추출 적용방법은 주로 전산기에서 형태인식을 위해서 사용된다. 이 경우 가장 신중히 고려하여야 할 점은 어떤 기호화 기술을 선택하는 것이 가장 좋은가 하는 점인데, 특히 이 기술에서 중요한 것은 영상에서 취급하고자 하는 목적에 맞도록 충분한 정보를 포함하면서 가장 적은 용량을 갖는 자료로 제한하는 기술이다. 예를 들어 다른 형태의 농작물을 위성영상 상에서 기계에 의해 분류하는 문제를 생각해 보자. 이 경우 두 가지가 중요한데, 하나는 경작지와 비경작지를 구분하는 것과, 다른 하나는 농작물의 종류를 구분하기 위해 사용하는 것이다.

6) 영상분할 기법(image segmentation)

분할 기법은 영상을 구성부분과 대상물로 세분화하는 것이다. 분할 기법의 알고리즘은 대개 불연속성과 유사성이라는 밝기값(또는 색조)의 두 가지 기본적인 특성에 기초를 두고 영상을 나눈다. 이러한 범주에서 주된 관심분야는 영상에서의 고립된 점을 탐색하고 선과 경계부분을 탐색하는 것이다. 두 번째 범주에서 원칙적인 접근방법들은 경계구분(thresh holding)과 영역확대(region growing) 및 영역세분(region splitting)과 통합 등에 기초를 두고 있다. 영상소가 가지고 있는 밝기값의 불연속성과 유사성에 기초한 영상분할 기법은 정적인 영상뿐만 아니라 동적인 영상에도 적용할 수 있다. 동적인 영상에 이 기법을 적용할 경우에는 영상의 움직임이 분할기법 알고리즘 수행을 개선시키는 데 유용하게 사용될 수 있다.

7) 영상의 표현과 묘사(image representation and description)

영상분할이 완료되면 추가적으로 표현 및 묘사를 해야 한다. 어떤 지역을 표현하는 데는 두 가지 방법이 있다. 즉 첫 번째, 외부적 특징(예, 경계)으로 표현할 수 있으며, 둘째, 내부적 특징(예, 구역 내의 영상소)으로 표현할 수 있다. 표현 방법이 결정되면 결정된 방법으로 해당지역을 묘사해야 한다. 예로서, 어떤 지역을 경계선으로 표현한 후 그 경계선을 길이, 직선의 방향 또는 변곡점의 수 등으로 묘사할 수 있다. 묘사될 특징을 결정할 때는 크기, 이동, 회전 변화가 있어도 그 특징 자체는 변화하지 않는 것으로 선택하여야 한다.

3.3.3 텔레매틱스 및 유비쿼터스 센서망에 의한 자료생성

1. 텔레매틱스(telematics)

1) 텔레매틱스의 의의

텔레매틱스(telematics)는 자동차와 정보통신(인공위성, 음성 및 무선을 이용한 위치정보)을 융합한 체계로서 telecommunications과 informatics의 합성어이다.

2) 텔레매틱스의 관측기술

텔레매틱스 기술은 자동차와 위치 및 속도에 관하여 망기반, 단말기 S/W, 단말과 서버간의 망연결 및 GPS 등을 이용하여 자동차의 긴급재난구조, 고장처리, 사고처리 등을 수행할 뿐만 아니라 노변무선통신체계 간의 접속방식에 의한 roadcell 다중접속무선엑세스 기술구축, 이동무선인터넷 산업기술인 모바일 유비쿼터스 통신, ITS 및 LBS서비스 등을 융합함으로써 자동차 내의 공간에서 통신사업 및 제조업에 관한 비즈니스나 여가선용이 가능하게 되었다.

2. 유비쿼터스 센서망(USN : Ubiquitous Sensor Network)

1) USN의 의의

USN은 인간과 생활에 필요한 대상을 컴퓨터의 협력망으로 구성하여 온도, 소리, 빛, 움직임 등과 같은 물리적 대상들을 센서노드에서 감지하고 관측하여 중앙의 기본노드로 전달할 수 있는 센서노드(node)들을 부착함으로서 필요로 하는 정보를 수집, 관리 및 제어를 자율적으로 처리할 수 있는 체계이다.

2) USN의 관측기술

USN의 중요 관측기술로는 RFID 미들웨어(middle ware)기술, RFID 태그 및 리더기기술, 센서노드기술, 유비쿼터스 미들웨어기술 등이 있다. 첫째, RFID 미들웨어기술은 사물에 부착된 전파태그로부터 정보와 ID를 수집, 저장, 가공하여 위치관측, 관리 및 정보교환을 할 수 있는 기법이다. RFID 태그 및 리더기기술은 모바일단말기에 RFID 리더칩을 내장시켜 이동 중이라도 무선인터넷망을 통하여 대상의 정보를 검색, 구매, 인증 및 결재절차를 즉시 처리할 수 있는 기법이다. 센서노드기술은 노드가 자체적으로 센서를 내장하여 주변의 온도, 습도, 조도, 움직임 등을 감지하여 자체적으로 배터리로 무선프로토콜(Protocol)을 이용함으로써 원거리 대상과 통신을 할 수 있는 기법이다. 유비쿼터스 미들웨어기술은 RFID와 센서망의 유기적인 접목으로 모든 사물과 환경의 정보가 체계적이고 실질적인 정보로 구성되고 저장되는 기법이다.

3.3.4 LBS에 의한 자료생성

1. LBS의 의의

위치기반체계(LBS : Location Based System)는 위성신호, 이동통신망 및 유비쿼터스 장치 등을 활용하여 이동단말의 위치를 관측하고 위치와 관련된 다양한 정보서비스를 제공하는 체계이다.

2. LBS의 관측기술

LBS의 중요관측기술로는 LBS플랫폼기술, LBS서비스공통기술, LBS단말 및 응용서비스기술 등이 있다. LBS플랫폼기술은 휴대단말의 위치를 파악하는 위치인식기술과 서비스를 제공하는 것으로 무선망, RFID, USN 등의 내부의 위치관련체계와 접속하여 LBS클라이언트(client)와 응용서비스를 지원하는 기법이다. LBS서비스공통기술은 다양한 LBS응용을 제공하는 기법이다. LBS단말 및 응용서비스기술은 다양한 위치기반서비스제공(위치정보를 이용한 긴급구조, 재난관리, 실시간교통정보를 제공하는 ITS와 결합한 텔레매틱스, 물류 및 모바일 결재 등의 모바일전자상거래, 실시간위치정보를 이용한 온라인 게임 등)을 위한 체계솔루션(solution) 및 단말장치의 관련기법이다.

3.3.5 수치형상모형에 의한 자료생성

1. 개요

3차원 좌표에 의하여 대상물의 형상 또는 지모, 지물 등에 관한 형상을 수치로 나타낸 자료를 통칭하여 수치형상모형(數値形象模型, DFM : Digital Feature Model)이라 한다. 수치형상모형(DFM)에는 수치지형모형(數値地形模形, DTM : Digital Terrain Model), 수치고도모형(數値高度模形, DEM : Digital Elevation Model), 수치외관모형(數値外觀模形, DSM : Digital Surface Model) 등이 있다. DTM은 지상위에 아무것도 없는(수목도 제외시킴) 상태(bare-earth)인 지표면을 표현한 것으로 지표면에 일정 간격으로 분포된 지점의 고도값을 수치로 기록함으로써 컴퓨터를 이용하여 분석이 용이하도록 만든 것이다. DEM은 대상물의 고도(또는 표고 : H)를 수평좌표 X, Y의 함수로 표현한 것으로 수치고도자료의 유형으로는 여러 가지가 있으며, 지형을 일정 크기의 격자로 나누어 고도값을 격자형으로 표현한 Raster DEM과 불규칙 삼각형으로 나누어 지형을 표현한 TIN(Triangulated Irregular Network) DEM이 있다. DSM은 DEM 혹은 DTM과 유사하나, 지모뿐만 아니라 지물(건물의 꼭대기, 나무, 타워, 기타 지상표면에서 솟아오른 지물들)을 표현한 자료이다. 정사영상면을 생성하기 위해서 DSM은 대단히 중요한 자료가 될 수 있다. 이외에도 DTD(Digital Terrain Data), DTED(Digital Terrain Elevation Data) 등이 있다.

2. 수치지형모형(DTM)과 수치고도모형(DEM)

1) 수치지형모형(DTM)

(1) 개설

수치지형모형은 1950년대 이래로 지구과학의 응용분야에서 사용되어 왔으며, 지형정보의 처리에 있어서 가장 중요한 요소가 되어 왔다. 이것은 지구와 공학분야의 수많은 응용분야에 있어서 기초가 되었으며, 또한 지형공간정보체계에 있어서도 지형이나 또는 다른 표면들과 관련된 현상을 해석하고 보여 줄 수 있도록 모형화시켜 준다.

수치지형모형은 지구 표면의 일부를 수치적으로 표현한 것이라고 할 수 있다. 절벽과 단층들은 상대적으로 드물기 때문에 지형의 대부분은 x, y축에 대해 고유의 z값을 가지는 표면들을 연결시켜 간단히 모형화할 수 있다. 어떤 의미에서 수치지형모형은 3차원 모형이라기보다는 2.5차원 모형이라 할 수 있다.

어떤 학자들은 '지형'이라는 용어가 단순히 지표면의 고도를 나타낸다기보다는 지형의 특성을 암시하고 있기 때문에 지형의 기복만을 나타낸 경우에는 '수치지형모형(數値地形模型, DTM)'이라는 용어 대신 '수치고도모형(數値標高模型, DEM)'이라는 용어를 사용해야 한다고 주장한다. 그러나 여기서는 특수한 표면현상들을 수치모형화하는 데 있어서 많은 면이 기능적으로 지형모형과 관련되기 때문에 의도적으로 '수치지형모형'이라는 용어를 사용한다.

수치지형 자료를 모형화하고 처리하는 활동은 지형공간정보체계에서 2차원 자료를 모형화하는 것과는 기능적으로 전혀 다른 것으로 생각될 수 있으나, 실제로는 지형공간정보체계의 다른 기능들과 밀접하게 관련되어 있다.

수치지형모형은 일반적으로 다음과 같은 작업을 포함하고 있다.

① 수치지형모형 생성 : 원래의 지형자료를 표본화하고, 다양한 관측들 사이의 관계를 형성한다(모형 구축).

② 수치지형모형 처리 : 수치지형모형을 수정 · 정련하여 중간모형을 유도한다.

③ 수치지형모형 해석 : 수치지형모형을 분석, 수치지형모형으로부터 정보를 추출한다.

④ 수치지형모형 시각화 : 수치지형모형과 추출된 정보를 도해적으로 표현한다.

⑤ 수치지형모형 응용 : 특별한 원칙하에 적절한 응용 모형을 개발한다.

주어진 문제를 유연하게 적합시키는 것이 수치지형모형 체계의 기본적인 목적이다. 따라서 [그림 3.20]에서와 같이 수치지형모형으로부터 산출되는 결과는 단순히 한 가지 처리에 의해서만 생기는 것이 아니라 각 단계들마다 서로 연결되어 나타나게 된다. 예를 들면, 모형처리 절차에 의해서 수정되는 수치지형모형은 시각화 절차에 의해 보여질 수 있고, 해석기능에 의해 분석될 수 있다. 이러한 시각화 해석 절차는 원래의 수치지형모형을 더욱 수정하거나 적합시키기 위해 반복적으로 사용될 수 있다.

여기에서는 이러한 각각의 절차들에 대해 차례로 소개하고자 한다.

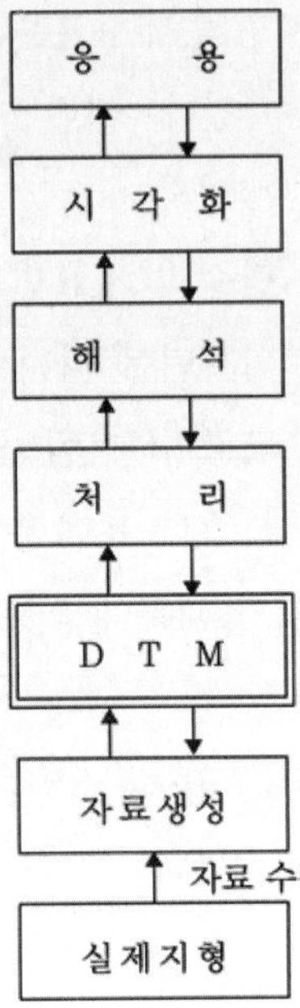

[그림 3.20] 수치지형모형의 주요 작업

2) 수치지형모형의 생성(지형자료의 취득과 수치지형모형 구축)

(1) 지표면 측량

측량 자료는 현장의 기구들과 연결되어 자료 기록자들에 의해 전산체계에 직접적으로 입력될 수 있다. 지표면 측량의 자료는 매우 정확하기 때문에 수치지형모형 결과의 정확도도는 매우 높다. 이러한 자료수집 기술은 상대적으로 시간이 많이 소요되기 때문에 극히 작은 면적의 지역에서만 사용이 제한된다. 따라서, 지표면 측량은 일반적으로 특별한 연구 또는 영상탐측에 의해 취득한 자료를 보완하는 데 사용된다.

(2) 영상탐측에 의한 자료취득

영상탐측에 의한 자료취득은 항공영상 또는 인공위성 영상자료를 입체도화기에 의해 해석하는 것을 기본으로 하고 있다. 영상탐측의 표본화 기술(규칙적 표본화, 연속적 표본화, 선택적 표본화, 합성 표본화 등)에는 많은 기술들이 있는데 이들 각각의 방법들은 자료수집에 있어서 가장 적은 노력으로 가장 큰 정확도를 얻고자 하는 데 목적이 있다. 현장작업 대신에 원격탐측이 사용된 이래로 넓은 지역이 상대적으로 짧은 시간에 다루어질 수 있게 되었다. 가장 단순한 영상탐측의 표본화 기술은 '규칙적 표본화 형태(regular sampling pattern)'의 기술이다. 이 기술의 장점은 표본화가 반자동 혹은 자동적으로 이루어질 수 있는 것이다. 그러나 이 기술은 상대적으로 변화가 심하지 않은 지역에서는 과다한 점이 표본화될 수 있고 변화가 심한 지역에서는 소수의 점들만이 얻어질 수 있다.

Makarovic(1973)에 의해 개발된 '연속적 표본화(progressive sampling)'는 표본화한 점들의 밀도가 지형의 복잡성을 따르는 것이다. 표본화 처리절차는 먼저 낮은 밀도로써 표본화하고 그것의 정확도를 분석한 다음, 필요하다면 원하는 정확도를 얻을 때까지 밀도를 증가시켜 나간다. 이러한 기술의 적합성 때문에 높은 정확도를 얻는 데 있어서 규칙적 표본화 형태보다 더 적은 수의 점들만을 필요로 한다. 그러나 이것은 지형의 단절된 부분을 정확하게 표현하기 위해서는 너무 많은 점들을 필요로 한다.

지형의 불연속성이 심한 지역에서는 때때로 지형의 단절된 부분을 선택하는 것이 필요하다. 이러한 표본화 방법을 '선택적 표본화(selective sampling)'라고 한다.

구조적인 지형의 '선택적 표본화' 방법이 '연속적 표본화' 방법과 연결된다면 이것을 '합성표본화(composite sampling)'라고 한다. 급격한 지형변화가 있는 곳에 '선택적표본화' 방법을 사용하고 나머지 지형에는 '연속적 표본화' 방법을 적용한다. 따라서 이러한 '합성 표본화' 방법은 높은 정확도를 얻을 수 있으나, 인위적인 조정이 필요하기 때문에 부분적으로만 자동화가 가능하다.

과거 10년 동안 수치입체영상의 상관성을 통해 지형모형을 추출하는 데 있어서, 완전히 자동화가 되어 가고 있는 추세이다. 그러나 이러한 수치입체영상의 자동화 속도가 빠르고 대규모 자료수집에 적합하게 보이기는 하나, 자료의 질이 좋지 않고 많은 오차가 발생한다. 따라서 결론적으로 자료의 질을 높이기 위하여 자동화된 오차의 검출과 수정을 위한 장치가 고안되어야만 한다.

(3) 모형구축

지형자료의 취득을 위한 처리절차에 의해 얻어진 자료(원래의 관측자료)는 상대적으로 무질서한 자료들의 모임이다. 따라서 이해가능한 수치지형모형을 구축하기 위해서는 표면의 개략적인 형상을 보간하는 모형뿐만 아니라 자료 상호간의 위상관계도 정립해야 할 필요가 있다.

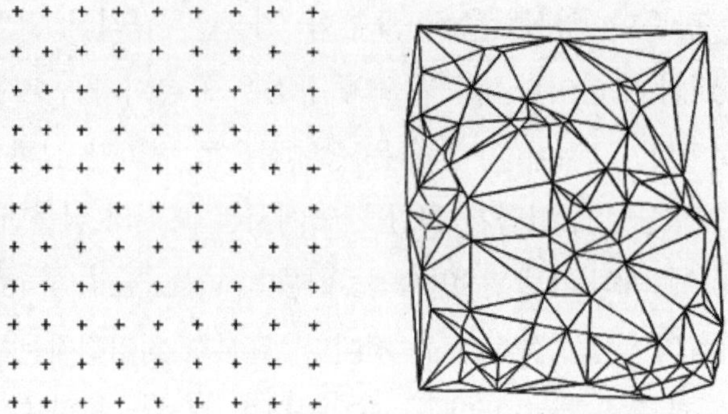

(a) (b)

[그림 3.21] 수치지형모형을 위한 일반적으로 사용되는 자료구조

격자는 자료 점들의 내재적인 위상관계(topology)를 기록하는 행렬구조로 표현된다([그림 3.21 (b)]). 따라서 고도행렬을 다루는 것은 간단하나, 규칙적인 격자들의 점의 밀도는 원 지형의 복잡성에 따라 변화하지는 않기 때문에 지형을 정확하게 표현하기 위해서는 아주 많은 점들을 필요로 하고 구조적인 지형의 표현이 불가능하다.

불규칙삼각망 구조는 표본점들의 정점으로 이루어진 삼각형 형태를 기본으로 하고 있다([21 (b)]). 따라서 구조적인 지형도 쉽게 자료구조와 상호연관시킬 수 있기 때문에 불규칙삼각망은 자료점들의 다양한 밀도와 지형의 불규칙함을 표현하기에 적합하다. 또한, 이것은 어떤 정확도의 수치지형모형을 얻기 위해서 소수의 점만을 필요로 하기는 하나, 그것들의 위상적인 관계를 명확하게 계산하거나 기록해야 하므로 다루기가 훨씬 복잡하고 어렵다.

① 보간

수치지형모형에서 보간은 자료가 존재하지 않는 지역에 대한 고도(高度)계산이 가능하도록 하는 것을 목적으로 하고 있다. 보간은 주로 다음과 같은 경우에 이용된다.

즉, 한 점에 대한 표고(z) 계산, 원래의 표본화된 점들로부터 사각형 격자의 표고(z) 계산, 등고선을 따라 점들의 위치(x, y) 계산, 사각형 격자의 조밀화(densification), 조악화(coarsening) 등에 이용된다.

수치지형모형을 보간하는 방법들은 매우 많지만 지형표본으로부터 수치지형모형을 보간하는 데 있어서 기준이 되는 일반적인 성격과 특성을 언급하면 다음과 같다.

㉠ 모든 응용분야와 그 밖의 모든 분야에 적합한 '최상'의 연산법(algorithm)이란 없다.

㉡ 수치지형모형 결과의 질은 원 자료점들의 정확도와 분포상황, 보간모형의 적합성에

의해 결정 된다.

㉢ 수치지형모형의 보간방법을 선택하는 가장 중요한 기준은 지형의 구조적 형태와 보간기능이 변화하는 지형의 특성에 어느 정도 부합되는지를 판단하는 것이다.

㉣ 적합한 보간 연산법은 자료요소들의 특성(형태, 정확도, 중요도 등)과 상황(분포상황)에 적합해야만 한다.

㉤ 그 외에 영향을 줄 수 있는 기준에는 필요로 하는 정확도의 정도와 계산량을 줄일 수 있는 노력 등을 고려해야 한다.

② 삼각망(triangulation)

삼각망은 불규칙삼각망 자료구조의 기본과 보간의 기본을 다루는 두 가지 목적으로 사용된다. 그러나 이러한 불규칙삼각망을 기반으로 한 보간이 수치지형모형의 자료구조로서 사용되는 규칙삼각망에 비해 보다 널리 이용되고 있다. 먼저 불규칙 삼각망(TIN)을 구축한 뒤 보간을 위해 사용하는 두 단계로 분류되어진다.

점들의 집합을 삼각망화 하는 데는 여러 가지 방법이 있겠으나 '들로네 삼각망(Delaunay triangulation)'을 대표로 들 수 있다([그림 3.22]). 들로네 삼각망은 볼록한 면에 의해 그 경계가 지어지고, 특히 이중 들로네 삼각망을 보로노이 다이어그램(Voronoi diagram) 또는 티센 다각형(Thiessen polygon), 디리히렛 모자이크(Dirichlet tessellation)라 부른다.

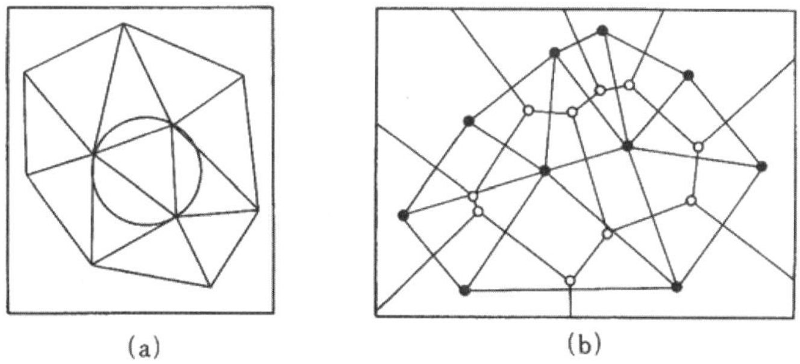

[그림 3.22] 들로네 삼각형의 개념

불규칙삼각망은 주로 위상관계 구조로 되어 있기 때문에 그 질은 불규칙삼각망(TIN)이 논리적으로 어느 정도 일치하는지와 관련되어 있다. 즉, 삼각형의 형성은 지형의 표면에 대한 모형이 실제 지형과 얼마나 잘 부합되느냐에 달려 있다. 이러한 불규칙삼각망을 기반으로 하는 보간의 주된 이점은 매우 효율적이라는 것이다. 첫 번째의 상태가 두 번째와는 독립적이므로, 일단 불규칙삼각망이 구축되면 격자화된 수치지형모형 또는 등고선은 효율적으로 계산될 수 있다. 또한 어떤 국부적인 방법으로서 지형의 불연속성을 쉽게 구체화시킬 수 있으며 불규칙삼각망의 구조를 격자화된 수치지형모형으로 변환시켜 사용할 수도 있다.

불규칙 삼각망(TIN : Triangulated Irregular Network)은 수치지형이 가지는 자료의 중복을 줄일 수 있으며, 지형공간정보체계와 자동지도제작, 그리고 등고선 처리 프로그램과 같은 여러 분야에서 많이 사용되고 있는 방법이다. 불규칙 삼각망은 1970년대 초반에 불규칙하게 배열된 격자점들로부터 지형을 분석해 내는 간단한 방법으로 개발되었으며, 1980년대에 이르러 등고선 처리 프로그램이나 지형공간정보체계 소프트웨어에서 상업적으로 사용되기 시작했다. 고도행렬과 달리 불규칙 삼각망은 기복의 변화가 작은 지역에서는 절점의 수를 적게 하고, 기복의 변화가 심한 지역에서는 절점의 수를 증가시킴으로써 자료량을 조절한다. 일반적으로 수백 개의 격자를 가지는 고도행렬을 100여 개의 절점을 가지는 불규칙 삼각망 구조로 나타낼 수 있다. 불규칙 삼각망을 구성하기 위해서는 격자점을 선정하는 작업이 선행되어져야 하는데, 이러한 격자점을 선정하는 연산방식은 fowler and little 연산방식, VIP(Very Important Points)연산방식, 격자점 소거 반복법(drop heuristic) 등이 있다. fowler and little 연산방식은 지표특정점(surface-specific points)개념을 바탕으로 하고 있으며, 다소 복잡하기는 하지만 굴곡이 심한 지형에서는 다른 방법보다 우수하다. VIP연산방식은 fowler and little 연산방식이 지형의 전반적인 형태를 식별하려고 하는 데 비하여, 대상영역(window)을 사용하여 국부적인 지형의 형태를 식별하는 방식이다. 이 방법은 ARC/INFO에서 사용하는 방식과 비슷하며 곡면에서는 좋은 결과를 기대하기 어렵다. 격자점 소거 반복법은 주어진 조밀한 수치고도모형에서 가장 좋은 점들을 추출하는 방법으로써 불규칙 삼각망을 구성하였을 때 지표를 가장 정확히 표현할 수 있다.

선택된 격자점들을 이용하여 불규칙 삼각망을 구성하는 방법은 여러 가지가 있다. 그 중 대표적인 방법은 최단 격자점 연결법(distance ordering)과 들로네 삼각법이다. 쳐단 격자점 연결법은 가장 근접한 두 점을 서로 교차하지 않도록 직선으로 연결하는 방법이다. 그러나 이 방법은 불규칙 삼각망에 적합하지 않은 삼각형을 생성하는 경향이 있다. 들로네 삼각법은 점이나 관측점을 삼각법에 따라 연속적인 삼각형으로 연결하는 방법이다. 들로네 삼각형이란 외접하는 원의 내부에 삼각형의 꼭짓점 외에 다른 점이 없는 것을 가리킨다. 또 다른 정의는 지도를 가장 가까운 격자점을 기준으로 분할했을 때 그 경계면에 의해 생성되는 티센(Thiessen)다각형에서 두 격자점이 연결되는 삼각형을 들로네 삼각형이라 한다. 이 방법은 불규칙 삼각망에 적합한 삼각형을 생성한다. 그러나 들로네 삼각법은 여러 삼각형을 합하여 보다 큰 삼각형을 구성할 수가 없으며, 또한 한 삼각형을 이분했을 경우에 불규칙 삼각망에서 사용하기에는 부적합한 형태의 삼각형을 생성하는 단점이 있다. 이 외에도 ARC/INFO의 불규칙 삼각망 모듈에 사용되는 단절된 선(break lines) 등의 여러 방법이 있다.

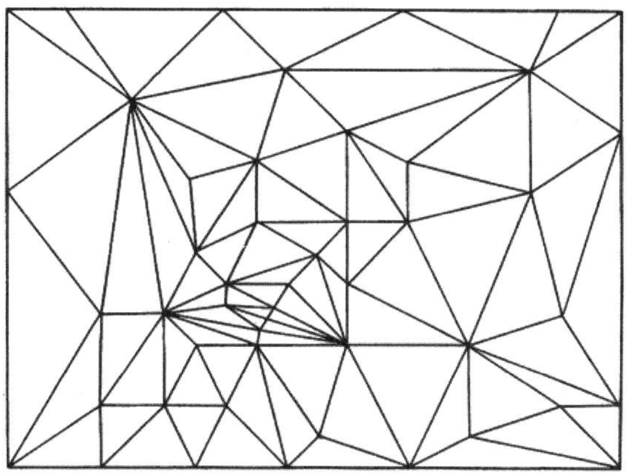

[그림 3.23] 불규칙 삼각망 구조의 예

불규칙 삼각망을 저장하는 방법은 삼각형 저장법(storage by triangle)과 격자점 저장법(points and their neighbors)으로 크게 나눌 수 있다. 삼각형 저장법은 각 삼각형에 부여된 일련번호와 삼각형을 구성하는 세 격자점의 좌표값과 그 삼각형과 접해 있는 다른 세 삼각형의 일련번호를 저장한다. 격자점 저장법은 모든 격자점에 부여된 일련번호와 그 격자점들의 좌표값을 저장하게 되는데, 각 격자점의 일련번호는 시계방향이나 반시계방향으로 부여하게 된다. 경사분석의 경우 첫 번째 방법이 유리하며, 등고선 작성이나 그 밖의 다른 작업에는 두 번째 방법을 사용하는 것이 편리하다. 일반적으로 두 번째 방법이 첫 번째 방법보다는 기억용량을 적게 차지하는 이점이 있다.

[그림 3.24]은 세 개의 절점과 가장자리에 있는 두 개의 삼각형을 나타내고 있다. 자료구조에는 두 가지 방법이 사용되며, 하나는 삼각형의 연관적인 정보로 정리하는 것이 있으

며, 다른 하나는 삼각형마다 불규칙 삼각망을 정의하는 것이다. 이 자료구조들은 서로 쉽게 변환되며 목적에 따라 선택적으로 사용할 수 있다. 등고선의 제작이나 경사분석에는 전자가 좋고, 후자는 용량을 적게 차지한다는 장점을 갖는다.

불규칙 삼각망의 최대 장점은 중요한 위상형태를 필요한 정확도에 따라 해석할 수 있다는 점이다. 따라서 불규칙 삼각망은 경사가 급변하는 지역에 적당하며, 선형침식이 많은 하천지형의 적용에 특히 유용하다. 이것은 격자형 자료의 해상력이 낮아지는 데서 기인하는 중요한 정보의 상실 가능성과 해상력 조절의 어려움, 기준격자축 이외의 방향에 대한 연산의 어려움 등을 가지고 있지만 불규칙 삼각망 구조에 의해서 이 문제가 해결된다.

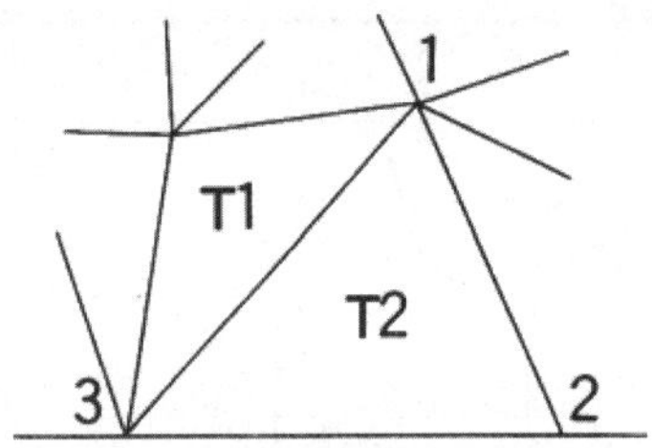

[그림 3.24] 불규칙 삼각망과 자료구조

③ 등고선 자료로부터의 보간

수치화된 등고선을 보간하는 것은 매우 복잡하고 세심한 주의를 요하기 때문에 이를 위하여 여러 가지의 연산법이 개발되어 왔다. 규칙적인 격자형의 수치지형모형을 보간하는 대부분의 연산은 직선을 따라 선형 또는 입방형 보간을 이용한다. 그러나 이러한 방법은 [그림 3.25]와 같은 경우 해결이 불가능하다.

따라서 보다 발전된 방법이 Hutchinson(1988, 1989)에 의해 제시되게 되었다. 이 방법은 배수강화 연산법(drainage enforcement algorithm)이 라고도 표현되며, 격자형으로 나타내어지는 고도 중에서 움푹 패인 곳이나 구멍을 자동적으로 제거하고 등고선의 최대곡률지점으로부터 산등성이나 분수선을 자동으로 계산할 수 있다는 장점이 있다.

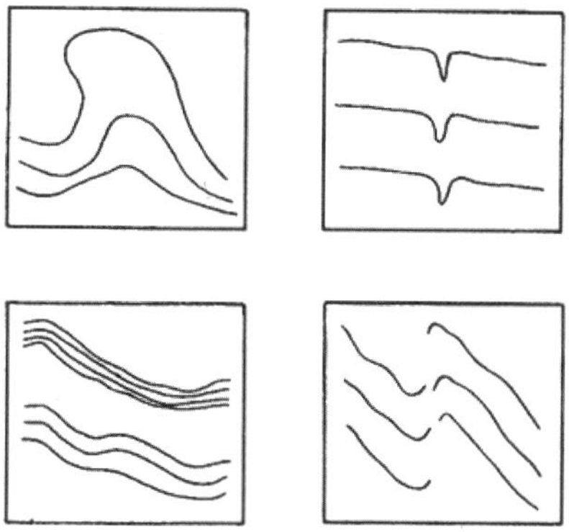

[그림 3.25] 보간이 어려운 경우

격자 보간과는 별도로 최근에는 삼각망을 기반으로 하는 보간을 개선시키려는 관심이 증대하고 있다. Christensen(1987)의 방법은 삼각망에 대한 등고선 다각형의 중간축(medial axis)을 이용하여 들로네 삼각망을 상당히 개선시켰으며, 여러 가지 접근방법이 계속 연구되고 있다.

3) 수치지형모형의 조작

수치지형모형의 생성과 더불어 이러한 모형을 다루는 처리과정들은 수치지형모형과 관련된 체계수행에 있어서 중요한 기초적 과정이며, 모형의 수정과정과 적합화 과정 등이 필수적인 요소이다. 수치지형모형의 처리는 수치지형모형의 편집, 여과(filtering)와 병합(merging) 그리고 다른 자료 구조들 간의 변환 과정으로 구성되어 있다.

(1) 자료의 편집

자료의 편집에는 갱신과 오류수정 과정이 포함되는데, 편집자는 수치지형모형 요소 각각의 특성들을 선택적으로 수정한다. 수치지형모형의 편집 기능에는 질의, 삭제, 삽입, 이동, 고도 교환, 특성 교환 등과 같은 것들이 포함되어야 하나 격자화된 수치지형모형의 경우에는 편집은 격자점의 고도를 수정하는 작업에 한정된다. 만약, 불규칙 삼각망이 편집되었다면, 점들이 삽입되거나 삭제된 후에는 그 망의 위상을 조정해야만 한다. 따라서 효과적인 사용자 인터페이스(user interface)가 사용된다면, 효과적인 결과를 도출할 수 있을 것이다.

시각적인 귀환(feedback : 자체교정 또는 제어목적 등을 위하여 기계, 처리기, 체계 등의 출력을 다른 단계를 위해 사용하는 것)에 의해 유지되는 직접적인 기능들의 상호작용은 편집 작업을 크게 단순화시킬 수 있다.

(2) 자료의 여과(filtering)

수치지형모형 자료에 대해서 여과과정을 거치는 목적은 수치지형모형의 평활화와 강화 등을 위함이다. 수치지형모형을 위한 평활화와 강화는 영상처리 분야에서 이용하는 저역여과(lowpass filter)와 고역여과(highpass filter)와 동일하다. 이 방법들은 일반적 연산을 이용한 공간분야 또는 푸리에 변환을 이용한 주파수 분야에 적용과 격자화된 지형모형에 적합한 방법으로 이용되고 있다. 저역여과에서 적용되는 평활화를 통해서 상세한 부분이 삭제되며, 모형의 표면이 보다 매끄러워진다. 고역여과에서의 자료강화는 표면의 불연속성이 강조되고 평활한 형태가 무시되는 반대 효과가 발생한다. 평활화는 큰 오류를 제거하는 데 사용되며(예, 사진 자료), 또한 수치지형모형에 의한 지형의 일반화에 사용되나 강화 여과는 수치지형모형에 거의 적용되지 않는다.

수치지형모형의 여과는 방대한 양의 수치지형모형 자료량을 감소시키는 데도 사용되는 것을 적합삼각망(ATM : Adaptive Triangular Mesh) 여과라고 한다. 이 방법은 일정한 허용범위 내에서 지표면을 나타내는데, 더 이상의 점이 필요 없을 때까지 반복적으로 삼각망의 가장 중요한 점들을 찍어 나가는 과정이다.

(3) 자료의 연결(joining)과 병합(merging)

수치지형모형은 인접 모형들을 연결하거나 중첩된 모형들을 병합하여 합성할 수 있다. 격자화된 수치지형모형에 있어서, 격자들이 격자 해상도와 방향에 있어서 일치한다면 연결은 직선이 되지만, 그 반대의 경우 사상을 명확하게 나타내기 위해서는 재표본처리를 해야만 한다. 불규칙 삼각망의 연결에는 모형들을 수정하기 위해 그들의 경계를 따라 접속시키고 재조정하는 연산법이 필요하다.

수치지형모형의 병합과정은 두 가지 과정에 있어서 문제점을 내포하고 있다. 첫 번째는 한 모형의 모든 요소를 다른 모형에 삽입시키는 과정이고, 두 번째 문제는 특성(표고, 경사)이 일치하지 않고 정확도가 변화하는 자료의 모임들을 결합시키는 것이다.

(4) 자료의 구조변환

불규칙 삼각망과 같이 어떤 구조로 표현된 수치지형모형을 다른 구조로 변환시키는 작업은 수치지형모형 자료의 생성과 처리과정의 결합에 의해 이루어질 수 있다.

격자형을 불규칙 삼각망의 구조로 변환하는 것은 불규칙 삼각망의 자료를 삭감시키는 과정, 즉 적합삼각망(ATM) 여과를 통하여 얻어질 수 있다. 불규칙 삼각망 자료구조의 보다 나은 이익을 위해서는 중요하지 않은 점을 변환처리과정에서 삭제하여야만 한다. 또한 이러한 연산법은 다른 접근 방법에 비해 격자형을 불규칙 삼각망의 구조로 변환하는 데 보다 적합하다. 다른 변환들의 경우 각각의 보간 절차가 필수적이다.

4) 수치지형모형의 해석

지형공간정보체계에서 수치지형모형은 지형에 관련된 특성과 형상을 추출해 내는 데 있어서 기본이 된다. 정보는 도형 표현의 시각적 분석 또는 수치지형자료의 정량적 분석에 의해 추출된다.

(1) 지형분석을 위한 해석

수치지형모형 해석의 첫 번째 대상은 지형적인 인수들을 구해 내는 것이다. Evans (1972)에 의하면 지형적인 분석은 일반적인 지형과 특별한 지형인 두 가지 형태로 나눌 수 있다. 일반적인 지형에서는 수치지형모형으로부터 경사도와 곡률을 구하는 데 주로 이용되며, 이것을 구하기 위한 접근 방법으로서 수치지형모형의 표면에 수직인 각 단면을 계산하는 선추적형 분석을 이용한다. 불규칙 삼각망의 삼각형의 경우 표면의 수직면은 보간방법에 의해 구해지고, 격자 수치지형모형의 경우 각 사각형 단면들은 4개의 근접한 격자점들로부터 형성된다. 사각형은 거의 평탄하지 않기 때문에 선추적형자료들은 [그림 3.26]에 제시한 방법들 중 한 가지에 의해서 평균화되어야 한다. 특별한 지형의 경우에 있어서는 주로 표면의 수리학적 요소와 관련된 지형(예를 들면, 표면의 특이점 -산의 정상, 움푹 패인 곳, 좁은 길)의 묘사에 중점을 두고 있다.

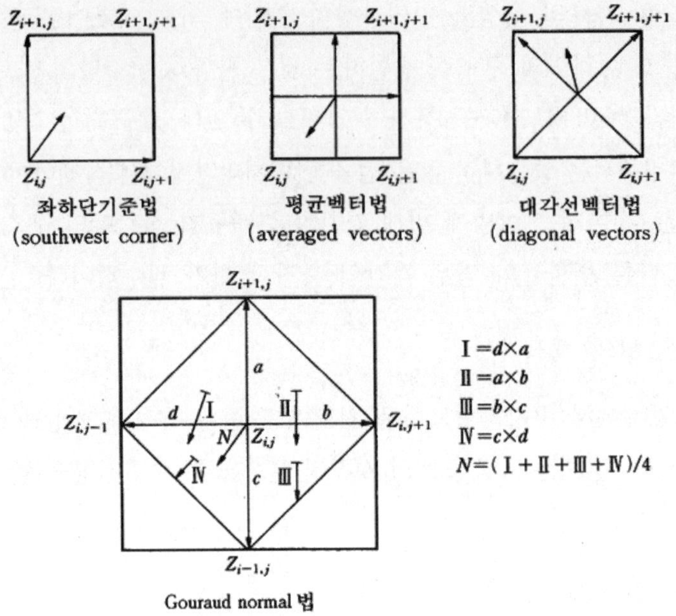

[그림 3.26] 사각형 단면들의 평균법

(2) 수치지형모형의 질평가를 위한 해석

표본화 과정에 있어서 오차가 발생할 수 있는데, 이러한 오차를 검색하고 수정하는 과정이 필요하다. 가장 일반적인 방법은 직접 눈으로 보고 일치하지 않는 요소를 편집하는 것이다.

수치지형모형의 질을 조절하기 위해서는 기준자료, 즉 기준점 또는 다른 수치지형모형과의 비교가 필요하다. 따라서 많은 이들에 의해 표면의 질을 평가하는 데 적합한 기준점(예, 평균제곱근 오차)들이 제시되게 되었다. 구조물설계와 토목공학의 응용분야에 있어서는 보다 많은 특수한 해석기능이 필요하다. 구조물의 가시도(visibility)분석과 음영기복의 분석에 있어서 격자형의 수치지형모형을 위한 기본적인 가시도 연산법은 [그림 3.27]에 도시한 그림에 따라 각 점들의 가시도를 결정한다.

상호가시도(intervisibility)는 모든 관측점에 대한 가시도 과정을 적용하고 결과들을 부가시킴으로써 다중 관측점들을 계산할 수 있다. 음영기복의 계산은 가시도 분석과 밀접하게 관련되어 있다.

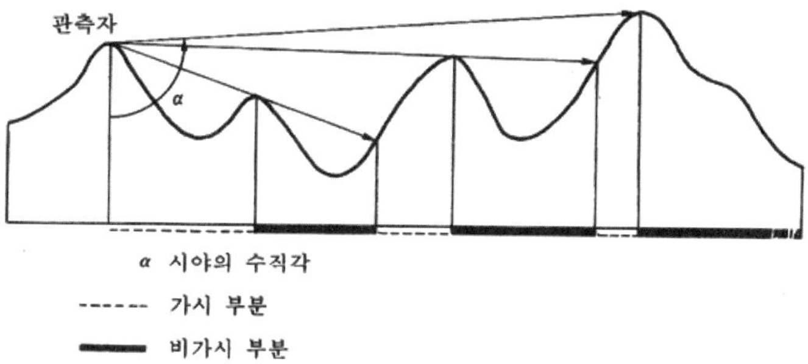

[그림 3.27] 수치지형모형의 가시도 결정관측자

5) 수치지형모형의 시각화

수치지형모형(또는 지형공간정보체계)의 모형화 연산에 의한 결과는 사용자에게 그림의 형태로 제공된다. 따라서 시각화는 수치지형모형체계에 있어서 아주 중요한 역할을 하고 있으므로 해석적 연산에 의한 시각화로 향상된 지형표현을 하려는 연구가 계속되고 있다. 시각화가 잘 이루어진 그림의 형태는 어떤 정량적인 분석 없이 직접적으로 의사결정을 할 수 있는 자료로써 이용된다.

시각화는 모형 개발에 도움을 주는 상호가시도 분석과 전통적으로 종이지도를 제작하기 위해 사용되는 가시도 분석 방법이 있다.

(1) 정사도 형태의 표현 기술(orthographic display techniques)

① 등고선

등고선은 기복을 표현하기 위한 기술로 가장 널리 이용되는 방법 중의 하나이다. 등고선은 3차원의 정량적인 시각화 방법으로서, 표현된 기복으로부터 정량적인 정보를 충분히 추출해 낼 수 있다. 등고선의 구축은 수치지형모형의 보간과 밀접하게 관련되어 있으며, 많은 전산 프로그램들이 이러한 작업이 가능하도록 개발하고 있다.

② 사면음영화(hillshading)

해석적 또는 자동화된 사면음영화는 정성적인 지형도의 기복표현에 있어서 편리하게 사용된다. 사면음영화는 Yoeli(1965, 1967)에 의해 자동화되어 지형을 표현하는 표준적인 기술로 이용되고 있다. 이것은 조명의 모형에 기반을 두고 있으며, 각 수치지형모형의 단면에 대해 빛의 강도가 계산되고 음영값도 계산된다.

③ 2차원 자료의 결합에 의한 정사사진

사면음영화에 의한 등고선 표현은 지형해석에 의한 결과들(예, 가시도, 경사와 배수망)과 중첩시킬 수 있다. 정사사진은 정사도 표현기술보다 진보된 형태로서 영상의 왜곡을 제거하는 미분편위수정 과정을 통하여 영상면(또는 사진)을 중첩하여 생성시킨 것이다.

(2) 투시도 표현 기술

정사도 표현의 장점은 지형의 모든 부분을 볼 수 있고 상대적으로 왜곡이 없다는 것이다. 반면에 투시도 표현은 더욱 더 신뢰할 만한 시각적인 결과를 얻을 수 있다. 투시도 표현에 있어서는 2차원을 3차원으로 투영하고 숨겨진 요소들을 제거해야 하는 두 가지의 문제가 내포되어있다. 3차원 투영변환은 전산도형해석(computer graphics)의 기본서들에 설명되어 있으며, 숨겨진 요소들의 제거 문제는 '영상-공간(image-space)연산법'이라는 연산법에 의해 해결될 수 있다.

(3) 진보화된 시각화 기술

투시 블록 다이어그램의 기본적인 형태는 표면자료의 시각적 해석과 분석의 상호작용을 지원하기 위한 여러 가지 방법에 의해서 확장될 수 있다. 지형도의 형상은 수치지형모형의 표면, 표지(label), 고도를 표시하는 데 사용된다. 이는 투명한 표면과 중첩될 수도 있으며 3차원 물체가 블록 다이어그램과 결합되어 보일 수 있다.

지형 표현은 점차적으로 수치지형모형을 실제와 같도록 표현하려는 방법으로서 실제사진, 선추적형 기술, 활동화(animation) 기술 등을 이용하고 있다.

시각화는 표현을 위해 관련된 요소를 선택하고 모형화하는 과정을 효과적으로 달성할 수 있도록 도움을 준다. 이러한 과정 중 지형의 묘사와 관련된 것 중 하나가 지형도의 일반화이다. 일반화는 지형인식, 단순화, 시각화와 같은 복잡한 작업들을 필요로 하기 때문에 자동화가 요구되며, 이러한 접근방법들은 Brassel과 Weibel(1988) 등에 의해 제시되었다.

6) 수치지형모형의 응용 분야

지형공간자료를 다루는 몇몇 응용분야(도면자동화-시설물관리 , AM/FM과 같은 경우)에서는 수치지형모형을 거의 이용하지 않는 경우가 있는 반면에, 다른 많은 응용분야에서는 수치지형모형을 반드시 필요로 한다. 특히, 최근 기술발전과 더불어 더욱 복잡한 지형모형체계가 여러 응용분야를 해결하기 위한 강력한 수단으로 변모해 가고 있다.

수치지형모형의 응용분야로 측량과 영상탐측학, 토목공학, 계획과 자원관리, 지구과학, 군사분야 등에 관하여 약술하겠다.

(1) 측량과 영상탐측학 분야

토목공학에 있어서 시설물측량과 같은 분야에 적용을 위하여 수치지형모형을 생성하여 많이 이용되고 있다. 수치지형모형에 의한 정확한 지형해석을 위해서는 고도의 수치지형모형의 생성이 강조되고 있다.

측량 또는 영상탐측학에서는 지형자료의 생성, 자료의 특성평가, 지형자료의 편집, 정사사진 생성, 지형학적 지도제작 등을 위하여 수치지형모형이 이용되고 있다.

(2) 토목공학 분야

토목공학에서 수치지형모형은 가장 중요한 사용분야로서 도로 설계, 활주로 설계, 지진 발생위치 예측 등과 같은 곳에 적용된다. 그러나 필요한 기능은 지형공간정보체계의 다른 응용분야와는 달리 주로 양적인 계산과 계획기능에 중점을 둔다.

(3) 계획과 자원관리 분야

계획과 자원관리를 위하여 수치지형모형은 중요한 적용분야 중 하나로 사용된다. 자원관리에 중점을 둔 환경, 도시 계획, 토양, 농업, 임업, 기상학, 기후학과 같은 경우에 다른 사항들과 결합시키는데 중요한 역할을 한다. 이 분야에서는 광범위한 범위를 위하여 보간을 위한 강력한 도구, 자료의 생성과 확인을 위한 기능 등을 수행한다. 계획과 자원관리 분야에 있어서 또 다른 특성은 수치지형모형체계와 지형공간정보체계 소프트웨어에 사용하는 2차원 기능 생성에 긴밀한 연결이 되어 성과를 도출할 수 있다.

(4) 지구과학 분야

지구과학 분야에서는 지질학, 지형학, 수문학, 빙하학 등의 연구에 응용된다. 여기에는 불연속적인 지형의 보간과 모형화를 위한 특별한 기능이 필요하다.

(5) 군사(軍事) 분야

군사분야에 필요한 지형분석과 모든 다른 군작전에 관한 사항들과 결합한 형태의 수치지형모형의 활용은 적정 분석을 위한 가장 중요한 요소 중의 하나가 된다. 여기에는 실사진의 출력과 비행 모의관측과 같은 보다 진보된 시각화 기능이 필요하다.

2) 수치고도모형(DEM)

(1) 개설

공간상에 나타난 연속적인 기복변화를 수치적으로 표현하는 방법을 수치고도모형(DEM)이라 하며, 수치지형모형이라는 용어도 함께 사용한다. 여기서 지형이라는 용어는 고도뿐만 아니라 지표의 다른 특성도 포함하기 때문에 수치지형모형은 포괄적인 의미로 쓰이며, 고도에 관한 정보만을 다루는 경우에는 수치고도모형이라는 용어가 주로 사용된다. 특히, 수치고도모형은 현장측량 또는 영상탐측학과 관련이 깊고, 수치지형모형은 측량뿐만 아니라 원격탐측과 자연·사회과학과 밀접한 관련이 있다.

수치고도모형은 각기 다른 방법으로 기록되고 관측될 수 있다. 수치고도모형은 일반적으로 2차원적인 연속된 선들을 기반으로 생성될 수 있다. 예를 들면, 디지타이저로 등고선의 선을 입력하거나, 지반을 구적기를 이용하여 위치를 측량하고 그 결과에서 얻어진 좌표를 저장하는 작업 등이 있다. 또한 수치고도모형은 3차원적인 연속된 선들의 모임으로 생성될 수도 있다.

(2) 수치고도모형

① 수치고도모형의 자료원과 표본화과정

표본화방법은 다음의 세 가지로 분류할 수 있다. 표본점을 미리 선정하거나 표본화과정에서 선정하는 선택적 표본화(selective sampling)에서 각 표본점이 가지는 정보량을 기준으로 표본점을 선정하여 표본점의 수를 줄일 수 있는 적응적 표본화(adaptive sampling), 표본화와 정보분석이 동시에 수행될 때 사용되어 정보분석 결과를 통해 표본화를 조정하는 연속적 표본화(progressive sampling)가 있다.

② 수치고도모형의 표현기법

수치고도모형의 표현방법에는 수학적 기법과 영상기법이 있다.

수학적 기법에는 Fourier급수, 고차 다항식과 같은 전면적 방법과 일반적인 절편법과 같은 국소적 방법으로 구분된다. 또한 영상기법에는 점자료 이용법과 선형자료 이용법이 있는데, 점자료는 규칙적인 격자배열(예, 균일밀도, 가변밀도)과 불규칙배열(예, 삼각분할, 근접 망구조), 주요 형태(예, 정상부, 구덩이, 고개, 경계선)로 나눌 수 있다. 또한 선형자료는 등고선(예, 수평절단), 단면(예, 수직절단), 주요 형태(예, 능선, 유선, 해안선, 경사급변점)로 나눌 수 있다.

③ 수치고도모형의 정확도

수치고도모형의 정확도에 영향을 주는 하나의 인수는 원자료의 축척과 격자가 정제된 수준, 즉 해상력이라 할 수 있다. 이러한 원자료의 해상력은 수치화되는 동안 얻어진 내용의 수준을 결정한다.

또 다른 인수는 수치고도모형의 수평적 차원과 수직적 차원이다.

수평적인 정확도는 표고행렬의 수평간격에 의존한다. 일반적인 수치고도모형 내에서는 대부분의 지형형상들이 수평면의 격자절점을 규칙적으로 교차시킴으로써 그 간격을 줄여 일반화시킨다.

수치고도모형 자료의 수직적인 정확도는 공간적인 해상력(수평 격자의 간격), 원자료의 특성, 수집과 처리 과정, 수치화체계에 의존한다.

④ 수치고도모형의 형태

수치고도모형은 미국 지질조사측량국(USGS : US Geological Survey)에서 정한 표준수치고도모형에 의해 1° 수치고도모형과 7.5′수치고도모형 두 가지로 구분되고 있다.

㉠ 1° 수치고도모형(1-degree DEM)

1°×1°의 블록 내에서 영역을 제공한다. 두 개의 결과는 표준 USGS 1:250,000축척 지도의 연속 사각형의 영역을 제공한다. 기본적인 고도모형은 미국 국방지도국(DMA : Defense Mapping Agency)에 의해 생성되나, 다른 자료형식을 이용하여 USGS에 의해 분류된다.

㉡ 7.5′ 수치고도모형(7.5-minute DEM)

7.5′×7.5′의 블록 내에서 영역을 제공한다. 각 결과는 표준 USGS 1 : 24,000 축척 지도의 연속 사각형의 영역을 제공한다. 그 결과선은 USGS에 의해 생성된다.

7.5′ 수치고도모형의 특성은 다음과 같다.

i) 자료는 UTM 좌표체계 내에 고도의 규칙적인 배열로 구성된다.

ii) 영역의 단위는 7.5′사각형이다(경계를 넘어선 영역은 제공하지 않는다).

iii) 자료는 서쪽에서 동쪽으로 정렬된 자료목록을 남쪽에서 북쪽으로 다시 정렬한다.

iv) 자료는 각각 30m의 간격으로 목록으로서 저장된다.

v) 목록은 실제 북쪽과 UTM체계의 격자 북쪽 사이의 각이 변하기 때문에 고도의 수가 항상 같은 것은 아니다.

vi) 고도는 평균해수면을 기준으로 미터 또는 피트로 표시한다.

ⓒ 수치고도모형의 응용

고도모형의 중요한 응용분야는 다음과 같다.

i) 수치 지형도 작성에 필요한 표고(고도)정보와 정보를 다루는 특성

ii) 군사적 목적을 위한 지형의 3차원적 표현과 조경설계 및 계획을 위한 입체적인 표현

iii) 가시도 분석

iv) 지형의 통계적 분석과 비교

v) 도로의 부지 및 댐의 위치선정

vi) 경사도, 사면방향도, 경사 및 단면의 계산과 음영기복도의 제작

vii) 토양이나 토지이용 또는 식생과 같은 주요 정보를 나타내기 위한 기초정보

viii) 경관 또는 지형 형성과정의 영상 모의 관측

ix) 절토량과 성토량의 산정

x) 수문정보체계 구축 : 하천유역을 형성하는 기본적인 요소인 유역의 지형, 하계망의 입상구조를 파악하고, 이것에 따른 환경정보를 연결하여 효율적인 수문정보체계를 구축

xi) 등고선도와 시선도 : 등고선은 등고행렬을 적당한 표고 차이로 재분류하고 차이를 색깔이나 농담을 부여하여 만들고, 시선도는 고도행렬이나 불규칙 삼각망에서 추적 과정을 통하여 제작된다.

xii) 3차원 체계를 통하여 광산, 채석장, 저수지 등의 설계

xiii) 연구기법 : 해류, 기단 등 3차원 구조의 분석

xiv) 구역 도형 : 구역 도형은 가장 잘 알려진 수치고도모형의 하나로, 고도뿐만 아니라 다른 변수의 수량적 변화를 시각적으로 잘 나타낼 수 있다. 구역 도형은 경관정보를 나타내는 데 유용하며 조경계획이나 삼림의 모의 관측에 사용된다.

3.3.6 지도에 의한 자료생성

지도는 작성자의 의도에 의해, 관측된 지형공간관계를 기록하고 저장할 목적으로 제작된 것으로 다른 사람들에게 지형공간적인 지식을 전달하고 미래의 사용에 대비하기 위한 것이다.

지형도, 도로망도, 상수 및 하수 관망도, 토양도, 토지이용도 등 다양한 기존의 지도들을 이용하여 지형공간정보체계에 사용될 위치 및 특성정보에 대한 각종 자료를 취득할 수 있다. 기존의 지도로부터 정확한 정보를 얻기 위해서는 기존의 지도에 대한 작성방법과 용도 및 성격 등에 대한 구체적인 지식이 필요하다. 일반적으로 지도라고 하는 것은 지형도를 말한다.

1. 제작방법에 따른 구분

지도제작방법에 따라서는 실측도(實測圖), 편집도(編輯圖), 집성도(集成圖)로 구분된다.

실측도는 실제 측량한 성과를 이용하여 제작하는 지도로서, 국가기본도, 지적도, 공사용 대축척지도 등이 이에 속한다.

편집도는 기존 지도를 이용하여 편집하고 제작하며 대축척지도로부터 소축척지도로 편집하는 것을 원칙으로 한다. 1/50,000 지형도 및 1/250,000 지세도는 각각 1/25,000 및 1/50,000지형도를 모체로 하는 편집도이다.

집성도는 기존의 지도, 도면 또는 사진 등을 이어 붙여서 만드는 것으로 항공영상을 집성한 사진집성도가 대표적인 예이다.

1) 축척에 따른 구분

축척에 따라서는 대축척, 중축척, 소축척도로 구분되는데, 명확하게 구별하기는 어려우나 일반적으로 대축척도는 축척 1/10,000초과, 중축척도는 1/10,000~1/100,000, 소축척도는 1/100,000 미만을 말한다.

축척은 도상거리와 지상거리의 비를 말하는 것으로, 항상 분자를 1로, 분모는 정수로 표시하며, 분모가 작을수록 대축척이 된다.

2) 지형표현에 따른 구분

지형도는 지표면을 수평면에 정사투영하여 지표의 형태와 지물의 위치를 나타내는 것으로 수평 및 수직위치가 가장 엄밀하게 표현되며 관측이 용이하지만 지형의 기복을 알아보기에는 상당한 훈련이 필요하다.

지형도에 의한 지형표현법은 자연적 도법과 부호적 도법으로 구분할 수 있으며, 최근의 지형도는 이들 기법을 모두 함께 이용하고 있다.

자연적 도법은 지형의 입체감을 음영이나 선의 굵기에 의하여 표현하는 방법으로 지형의 대체적인 윤곽을 파악하기 쉬우며 음영법과 영선법이 있다. 부호적 도법은 일정한 부호를 사용하여 지형을 세부적으로 정확히 나타내는 방법으로 등고선법, 단채법, 점고법이 있다.

2. 지도의 축척

축척(縮尺)은 종이지도상에서 그리거나 인식할 수 있는 가장 작은 면적을 결정한다. 일반적으로 1 : 50,000 지도에서 25m 정도의 직경보다 작은 물체들을 표현하거나, 폭이 한 개의 직선보다 작게 표현되는 물체들은 정확하게 판별하기가 어렵다(지도상에서 점의 크기가 0.5㎜ 이하이면 사실상 육안으로 판별하기가 어렵다).

그러나 작게 표현되는 물체들도 반드시 표현되어야만 할 만큼 중요할 경우도 있기 때문에, 지도 제작자들은 작지만 중요한 물체를 표현하기 위해서는 선택된 대상을 기호화시키는 많은 방법을 생각해 냈다.

한편, 축척은 일반지형도뿐만 아니라 주제도에 포함되는 물질들에 영향을 미친다. 예를 들면, 식생도에서 최소면적 혹은 최소 지도단위는 지도 축척에 기초하여 결정된다. 따라서 이웃지역과 다른 특성을 지니면서도 하나의 면적으로 병합되어 나타날 수도 있기 때문에 한 지역에 배정된 식생의 분류는 그 지역에 대한 지배적인 식생으로 분류되어야만 한다.

대조적으로, 수치 자료기반은 그곳에 축척이 생생히 묘사되어 있기 때문에 처음에는 축척과는 독립적으로 보일 수 있다. 자료를 원래 지도나 지도들로부터 얻었다면, 그 지도의 축척은 자료에 대한 최소 지도단위의 크기와 자료의 포함 여부를 결정하기 때문에 대단히 중요하다. 자료기반 내에서, 자료는 연속된 지도를 정확하게 증명하는 데 적합하며, 지도를 표현하는 자료기반의 정확도를 결정한다.

3. 지도의 유통성

지도는 대상물이 측량되었던 당시의 지형상태를 나타낸다. 그러나 실생활에서 지형공간정보는 끊임없이 변화하지만, 지도는 정적인 상태로 남아 있게 된다. 따라서 지도가 가지고 있는 내용물의 정확도가 낮아지게 된다. 지도를 작성하고 발행하기까지에는 시간이 오래 걸리기 때문에 대부분의 지도들은 대상물들을 사용할 당시의 실제적인 공간관계를 표현하지 못한다. 대부분의 사용자들은 몇몇 도로가 왜 지도에 나와 있지 않은지를 정확하게 이해하지 못하면서도 이러한 사안을 무관심하게 처리한다. 물론, 지도는 주기적으로 수정 · 갱신되지만 지형도 계속해서 변해 간다.

식생과 토지이용 지도는 항상 수정 · 갱신을 필요로 한다. 비록 토양과 지질이 거의 변화되지 않았음에도 불구하고, 새로운 영역의 작업에 적합하고 토양과 지질에 대한 사람들의 이해 수준을 개선시키기 위해서는 지도를 규칙적으로 갱신시켜야만 한다.

수치 자료기반을 생성하는 데 있어서, 한 지역의 현재의 정확한 상태를 알기란 거의 불가능할 것이다. 그러나 수치자료를 입력하기 전에는 가능한 한 가장 최신의 정보를 얻어야만 한다. 또한, 그러한 정보가 측량에 의해 얻어진 정보임을 주의하여야만 한다.

일단 자료가 수치화되면 인쇄복사 된 지도에서는 불가능할 정도로 규칙적이면서도 자주 자료기반을 수정하고 갱신시킬 수 있다. 그러나 자료가 수집된 후에 그 자료가 다시 옛것이 되는 것을 피할 수는 없다.

4. 지도의 연속

과거의 연속된 종이지도는 지도가 각각 분리되어 작성되거나 사각형이 완전히 독립적인 개체로 표현되어져 있기 때문에 때때로 그러한 개별적인 종이지도를 한데 모아서 교정하여 인쇄해 내곤 했다. 따라서 지도에 겹치는 부분이 나타나리라는 것은 의심할 여지가 없다. 많은 연구가들과 사용자들은 종이지도 간에 경계선을 정합시키는 것이 가장 큰 문제점이 된다는 것을 알고 있었다.

수치화된 환경하에서는 종이지도의 통합과정이 필요 없다. 그러나 종이경계 근처의 지형을 재 측량하거나 자동적으로 지형을 일치시키기 위해 수학적인 가정을 내리는 일 없이는 전체지도를 얻을 수 없다.

5. 지도의 등고선

기존의 지형도로부터 위치정보에 대한 자료를 수치화하여 전산기의 자료기반에 입력할 경우, 수직위치 정보에 대한 자료는 대개 지형도의 등고선으로부터 취득되므로 이에 대한 지식이 필요하다.

6. 등고선의 종별 및 특성

1) 등고선(contour line)

(1) 등고선의 종류

등고선에는 다음과 같이 네 가지 종류가 있다.

① 주곡선(intermediate contour) : 기본곡선으로 가는 실선(1호실선)으로 표시하며, 그 간격(인접등고선 사이의 높이차)은 지형도 축척분모의 소축척은 1/2,500~1/2,000, 중 · 대축척은 1/500~1/1,000이다.

② 간곡선(half interval contour) : 완경사지에서 주곡선 사이가 너무 멀 때 사용되며, 할선(또는 장파선)으로 표시한다. 그 간격은 주곡선 간격의 1/2이다.

③ 조곡선(supplementary contour) : 파선으로 표시하며, 그 간격은 주곡선 간격의 1/4이다.

④ 계곡선(index contour) : 지형의 상태와 판독을 쉽게 하기 위하여 주곡선 5개마다 하나씩 표시하며, 굵은 실선(2호실선)으로 표시한다.

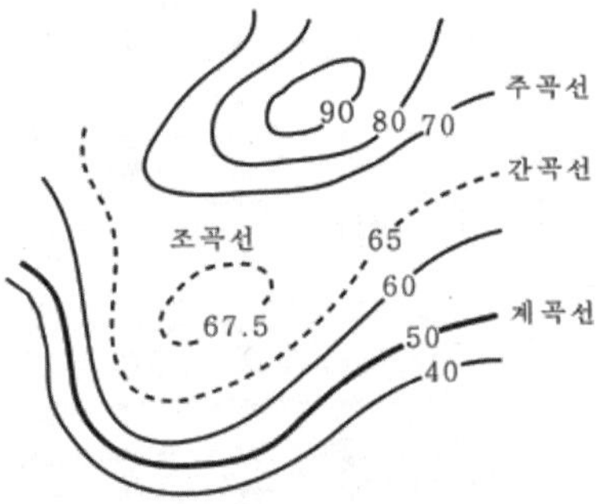

[그림 3.28] 등고선의 종류

(2) 등고선간격

등고선간격(contour interval)은 이웃하는 등고선 사이의 높이차를 말하며 지도축척, 지형도 사용목적, 지형의 상태(지면경사의 완급), 세부지형물의 표현가능 정도, 측량시간과 경비, 지도의 미려도 등을 종합적으로 고려하여 결정한다.

등고선간격은 가능한 조밀하게 할수록 지형을 상세하게 나타낼 수 있고 표고관측에도 유리하지만, 너무 조밀하면 지형표현의 간결성에 대한 원칙에 위배되고 측량 및 제도의 시간과 경비가 과대하므로, 주로 지도축척과 표고관측의 정확도를 우선적으로 고려해서 적당한 간격이 되도록 해야 한다.

일반적으로 등고선 간격의 기준이 되는 곡선을 주곡선이라 말하고 실선으로 표시한다. [그림 3.29]에 나타낸 바와 같이 완만한 경사지에는 등고선의 평면거리가 길기 때문에 국부적으로 지형의 변화가 불분명하다. 그러므로 이와 같은 경우에는 등고선의 간격의 1/2 또는 1/4의 간격으로 보조적인 등고선을 사용한다. 지형에 있어서 안정될 수 있는 최대경사는 45°이며, 이 경사 이내에서 근접한 2선의 육안식별 한계는 0.2㎜이고, 곡선의 굵기는 0.1㎜로 두 곡선의중심 간격이 0.3㎜로 되어 있으나, 안전율을 고려하여 0.4~0.5㎜를 택한다. 예로서 축척1/10,000에서 0.4~0.5㎜에 대한 실거리는 4~5m, 이를 m단위로 표시할 경우 축척분모수의 1/2,500~1/2,000에 해당한다. 일반적으로 말하는 등고선은 주곡선으로, 주곡선의 간격은 축척분모수의 1/2,500~1/2,000, 중 · 대축척은 1/500~1/1,000로 정하고 있다. 주곡선(세실선으로 표시)의 간격은 1/50,000 지형도의 경우 20m이고, 10m 간격으로 나타낸 보조곡선을 간곡선(세파선으로 표시)으로 하고, 20m의 1/4, 즉 5m 간격으로 나타낸 간곡선의 역할을 보조하기 위하여 조곡선(세점선으로 표시)을 사용한다.

조곡선(세점선으로 표시)을 사용한다. 또 등고선 수의 읽기를 쉽게 하기 위하여 주곡선을 5개마다 굵게 하여 이것을 계곡선(2호 실선으로 표시)이라 한다. 국토지리정보원 발행의 지형도에서 나타낸 등고선간격은 축척 1/50,000인 경우 [표 3.6]에 있다.

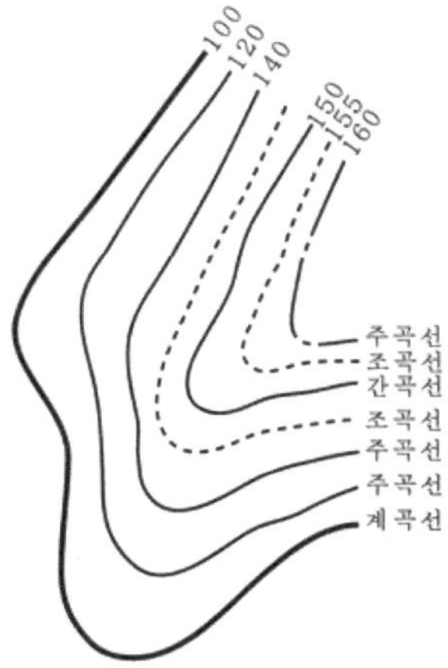

[그림 3.29]

[표 3.6] 지형도 축척과 등고선가격(단위 : m)

축척 / 등고선	1/500	1/1000	1/2500	1/5000	1/10,000	1/25,000	1/50,000	1/250,000
주 곡 선	1	1	2	5	5	10	20	100
계 곡 선	5	5	10	25	25	50	100	500

일반적으로 주곡선간격 Δh는 지형도의 축척분모를 M이라고 할 때, 다음을 기준으로 하여 결정한다.

$$\Delta h = \frac{M}{2000} \sim \frac{M}{2500} \text{(소축척)}$$

$$\Delta h = \frac{M}{500} \sim \frac{M}{1000} \text{(중 · 대축척)} \tag{3.14}$$

등고선간격은 사정에 따라 위의 기준에서 다소 벗어나게 할 수 있으나, 하나의 지형도 내에서는 항상 동일간격을 유지해야 하며, 주곡선의 표고는 정수로 표시해야만 한다. 우리나라 지형도에서 사용되는 등고선간격은 [표 3.6]과 같다.

(3) 등고선의 성질

등고선 성질의 특성을 설명하면 다음과 같다.

① 같은 등고선상에 있는 모든 점의 높이는 동일하다.

② 등고선은 도면 내 또는 도면 외에서 폐합한다([그림 3.30]).

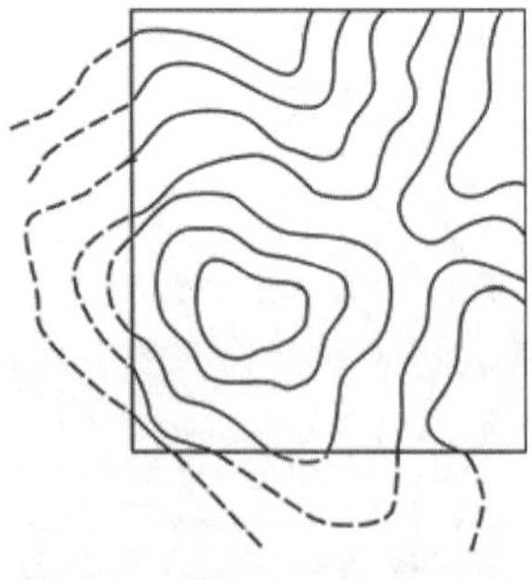

[그림 3.30] 등고선의 폐합

③ 도면 내에서 폐합하는 경우 가장 가운데 부분은 산정 또는 요지이다. 요지에는 대개

호소가 있으나, 물이 없는 경우에는 낮은 쪽으로 화살표 또는 짧은 선분을 그려 표시한다([그림 3.31]).

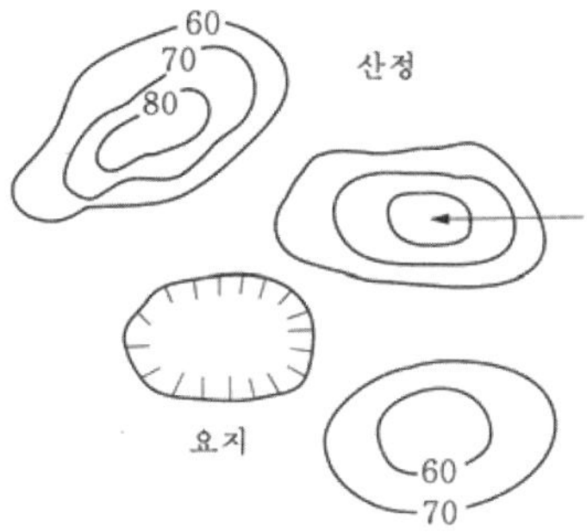

[그림 3.31] 산정요지

④ 등고선은 도중에 없어지거나(소실), 엇갈리거나(교차), 합쳐지거나(합치), 갈라지지 않는다(분기). 단, 지형, 지물 표현의 중요성에 따라 생략되는 경우가 있으며, 절벽이나 아랫부분이 움푹하게 들어간 지형인 경우 등고선이 교차되지만, 일반적으로 [그림 3.32 (a)]와 같은 도식을 사용하므로, 실제 지형도에서 [그림 3.32 (b)]와 같은 등고선은 사용하지 않는다.

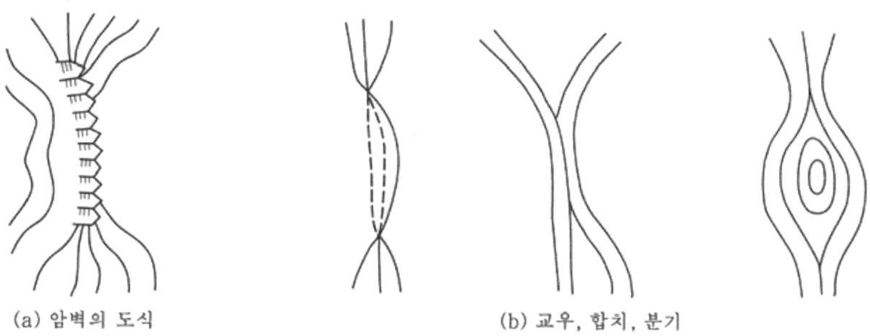

[그림 3.32] 등고선의 성질

⑤ 등고선 사이의 거리는 급경사일수록 좁아지며, 등경사면에서는 일정하다. 즉, 등경사면의 등고선은 평행선을 이룬다([그림 3.33]). 일반적으로 산꼭대기와 산기슭은 산중턱보다 완경사이므로, 등고선 수평간격은 산꼭대기와 산기슭에서 넓고 산중턱에서는 좁게 된다. 또한 일반적으로 수원에 가까운 부분은 하류보다도 경사가 급하므로, 등고선은 수원에 가까운 부분에서는 가까워지고 하류에서는 멀어진다.

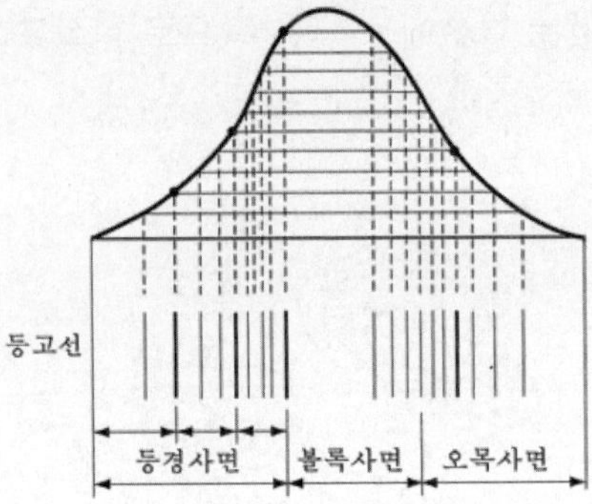

[그림 3.33] 지면경사와 등고선 수평간격

⑥ 등고선 사이의 최단거리방향은 그 지면의 최대경사방향을 나타내고, 최대경사선은 등고선과 직교한다([그림 3.34]).

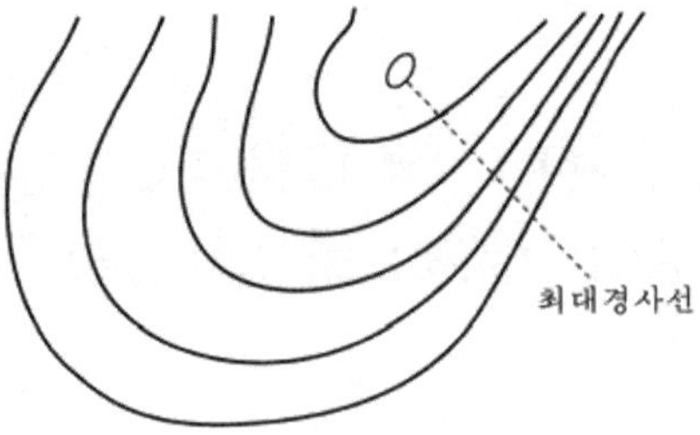

[그림 3.34] 최대경사방향

⑦ 능선(분수선)과 곡선(유하선)은 등고선과 직각으로 만난다. 등고선의 제일 볼록한 부분을 연결한 선은 능선이 되고, 제일 오목한 부분을 연결하면 계곡이 된다([그림 3.35]). 따라서 계곡의 등고선은 그 한쪽을 따라 올라가서 유하선을 직각으로 횡단한 후 대안을 따라 내려온다.

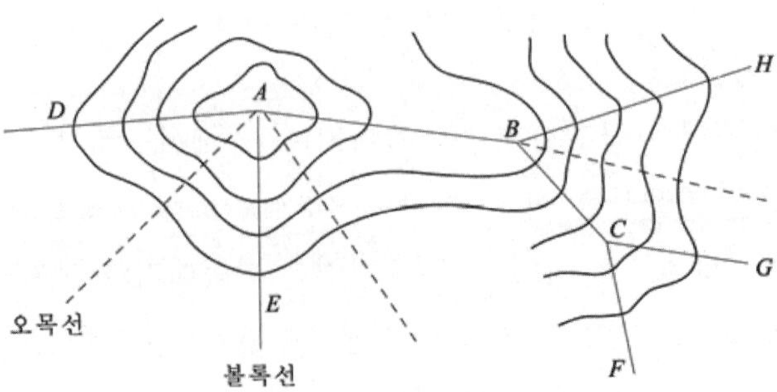

[그림 3.35] 철선과 요선

(4) 지성선(Topographical Line)

지형도는 얼핏 보기에 복잡하여 지표면의 형상은 불규칙하게 된 것처럼 보인다. 그러나 자세히 보면 지표의 많은 철선(능선), 요선(곡선), 경사변환선 및 최대경사선으로 구성되어 있다. 이와 같이 지성선은 지표면을 다수의 평면으로 이루어졌다고 생각할 때, 이 평면의 접합부, 즉 접선을 말하며 지세선이라고도 한다.

① 철선(능선)

철선은 지표면이 가장 높은 곳을 연결한 선으로 빗물이 이것을 경계로 하여 좌우로 흐르게 되므로 분수선 또는 능선이라고도 한다. [그림 3.35]의 실선은 철선을 나타낸다. 철선은 지표면상에서 중요한 선으로, 등고선을 그릴 때에 그 위치, 방향, 분지점(BC 등)을 정확히 그려야한다. 철선은 일반적으로 거의 직선상이며, 산꼭대기 이외에서는 1점에서 동시에 3방향 이상으로 분리되지 않으며, 그림의 점 C에서와 같이 구부러질 때는 대부분 지선이 다시 만들어진다.

② 요선(곡선)

요선은 지표면의 가장 낮은 곳을 연결한 선으로 계곡선, 합수선 또는 합곡선이라고 한다. 곡저(谷底)나 하천은 모두 요선으로 최대경사선을 따라 사면을 흐른 물은 이 요선을 향하여 모이게 된다. [그림 3.35]의 파선은 요선을 나타낸다. 산지에서는 그림과 같이 요선은 철선과 철선 사이에 있으며, 요선과 요선 사이에는 철선이 있다. 또한 철선은 내려갈수록 갈라져 가는 데 비하여, 요선은 내려갈수록 Y자 형으로 합쳐지는 경향을 보이며, 전체적으로 볼 때 나뭇가지 모양(수지형)을 이룬다.

③ 경사변환선

같은 방향의 경사의 크기가 다른 두 면의 교선을 경사변환선이라고 한다. 즉, 등고선 수평간격이 뚜렷하게 달라지는 경계선이 경사변환선이다. [그림 3.36]의 CD와 GH는 완경사에서 급경사로, EF와 IJ는 완경사에서 급경사로 변하는 경사변환선이다. 또한 철선이나 요선과 경사변환선의 교접, 즉 철선이나 요선 중 경사가 변하는 점을 경사변환점이라고 한다(그림에서 K, L, M, L). 지상측량에 의한 지형도 작성에서 철선, 요선 및 경사변환선상에 선점하여 표고를 측량하면, 지형의 특성을 살리면서 효과적으로 등고선을 용이하게 결정할 수 있다.

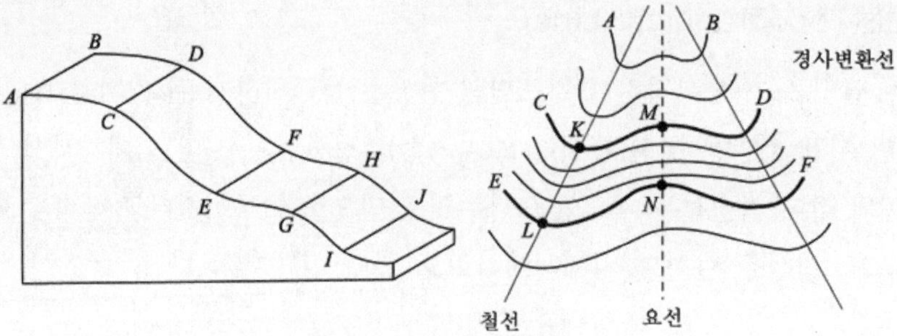

[그림 3.36] 경사변환선

④ 최대경사선

지표상 임의의 1점에 있어서 그 경사가 최대로 되는 방향을 표시한 선을 말하며, 등고선과 직각으로 교차한다. 이것을 물이 흐르는 방향이라는 의미에서 유하선이라고도 한다([그림 3.36]).

(5) 등고선에 의한 지형판독

우리나라와 같이 산이 많은 지역의 지형도는 그 등고선이 상당히 복잡하므로 숙달되기까지에는 지형을 파악하기가 쉽지 않다. 그러나 앞에 설명한 등고선과 지성선의 성질을 잘 이해하고, 다음과 같은 특징적인 지형의 등고선 표현을 알아두면 지형을 용이하게 판독할 수 있다.

① 사면 : 사면에는 다섯 가지 형이 있다([그림 3.37]).

㉠ 등경사면 : 등고선 상호의 거리가 같은 사면

㉡ 볼록(철형, 凸)사면 : 위쪽에서는 등고선간의 거리가 넓고 아래쪽에서는 좁은 사면

㉢ 오목(요형, 凹)사면 : 위쪽에서는 등고선간의 거리가 좁고 아래쪽에서는 넓은 사면

㉣ 요철사면 : 등고선 상호거리에 광협(廣狹)이 있는 사면

㉤ 계단상사면 : 등고선간 거리가 교대로 넓어지고 좁아지는 사면, 평탄부의 상황을 표시하기 위해 필요에 따라서는 간곡선, 조곡선 등을 사용하며, 하안단구 등에서 볼 수 있는 지형이다.

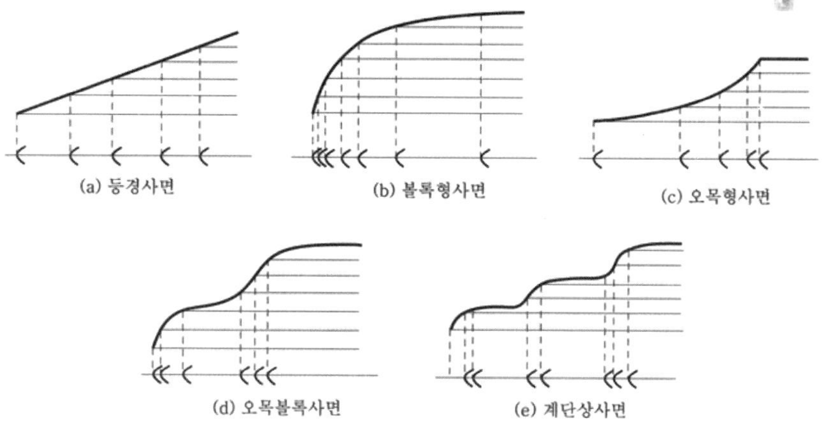

[그림 3.37] 사면의 종류

② 산등(산능, 산배)

[그림 3.37]의 $DABH$와 같이 산정에서 산기슭(산급)에 이르는 가장 줄거리가 되는 능선이다 평지에서 볼 때 산의 모양을 나타내는 선으로서, 이 산등선에서 여러 갈래로 작은 능선이 갈라져 나온다. 산정과 산정이 가까이 있는 경우에는 산등선 중에 고개가 있다.

③ 고개(안부)

능선과 곡선이 교차하는 곳, 즉 한 쌍의 등고선군의 볼록부가 마주보고, 다른 한 쌍의 등고선군의 오목부가 마주보는 곳은 고개이다. 즉, [그림 3.38]의 C와 같이 서로 인접한 두 산정사이의 산등선과 곡선이 교차하는 곳을 말하며, 고개의 정점 C보다 높은 등고선은 한 쌍의 동심원 모양을 이룬다. 또한 고개의 정점에 이르는 곡선 부근의 등고선은 한 쌍의 쌍곡선 모양을 이루며, 그 곡률은 고개 가까이에서 작고 계곡 밑으로 갈수록 커지는 경향을 보인다.

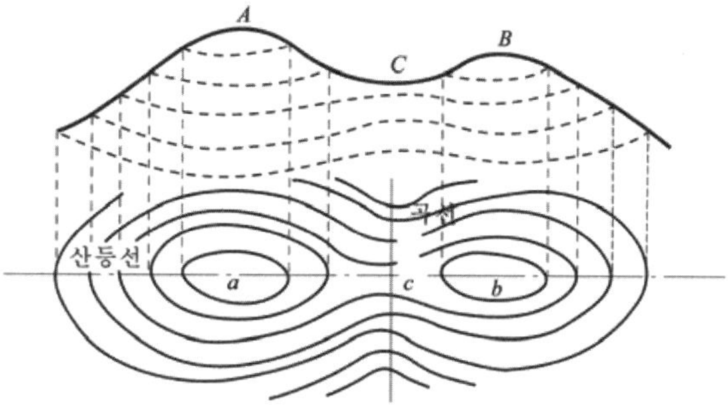

[그림 3.38] 고개

④ 계곡

계곡은 요(凹)선으로 표시되며, 요선은 전체적으로 나뭇가지 모양을 이루고, 그 줄기에 상당하는 계곡에는 대부분 하천이 존재한다. 계곡의 종단경사는 상류에서 급하고 하류로 갈수록 완만해지므로, 등고선 수평간격은 [그림 3.39]와 같이 상류에서 좁고 하류로 갈수록 넓어진다. 계곡의 횡단면과 등고선의 관계는 다음과 같이 된다.

[그림 3.39 (b)]는 첨저곡(V자곡)이라 하며, 곡저는 좁고 양측사면이 급하며, 등고선도 곡선상에서 급하게 구부리는 것 같이 된다. [그림 3.39 (c)]는 요저곡(U자곡)으로 곡저는 약간 넓게 되며, 하천의 중류부에서 잘 나타난다. 등고선의 곡률은 첨저곡에 비교하여 약간 작게 된다. [그림 3.39 (d)]는 평저곡으로 곡저는 넓고 평평하며, 하천의 침식이 끝난 하구부근의 상태로서 등고선은 곡저가 직선이나 상류측에서 약간 볼록하게 된다. 계곡의 경사는 완만하게 되고 등고선간격은 상당히 크게 된다.

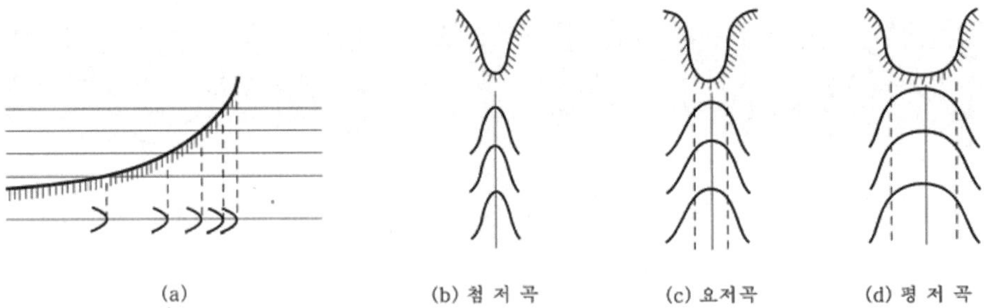

[그림 3.39] 계곡의 종단경사와 횡단면 형태

⑤ 산정과 요지

산정과 요지(凹地)는 다 같이 환상(環狀) 등고선의 가장 중심부에 존재한다. 화산의 화구나 함몰 지역과 같은 요지를 산정과 구분이 쉽게 하기 위하여 요지를 나타내는 등고선에는 최대경사방향을 따라 높은 쪽에서 낮은 쪽으로 화살표나 짧은 직선으로 표시해 준다([그림 3.39]).

⑥ 대지

대지(臺地)는 꼭대기 부분이 평탄하고 사면은 급경사를 이루는 지형이므로, 등고선 수평간격이 상부에서 넓고 하부에서 좁게 나타난다. 상부등고선 사이에 경사변환선이 있는 경우 조곡선이나 간곡선을 사용하여 나타낸다([그림 3.40]).

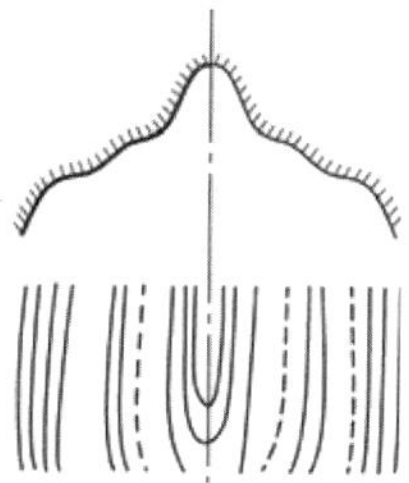

[그림 3.40] 대지

⑦ 선상지

상류부의 경사가 급한 산지를 빠른 유속으로 흘러온 하천이 평지에 도달하면 급격히 유속이 저하되고, 이에 따라 유수 중에 포함된 운반토사들이 산지와 평지의 경계부분에 부채꼴 모양으로 퇴적되어 선상지를 형성한다. 선상지를 나타내는 등고선은 [그림 3.41]와 같이 한 점을 중심으로 한 동심원상 부채꼴을 이루며, 그 정점에서 요선은 선상지의 경계 부분을 따라 둘로 갈라지고, 산지의 요선의 연장선상에 선상지의 철선이 나타난다. 선상지는 작은 산간의 각 장소에서 보이며 하구부근에는 삼각주가 된다.

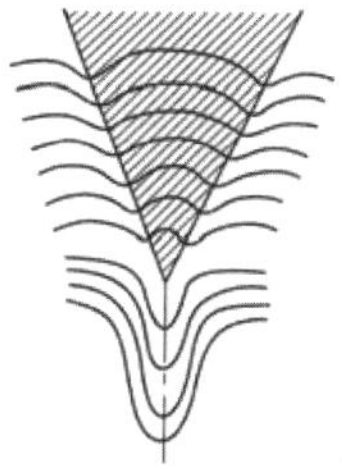

[그림 3.41] 선상지

⑧ 단구

하안단구, 해안단구와 같이 계단상을 이룬 좁은 평지의 부분에서는 등고선 간격이 크게 된다. 단구는 여러 단으로 되어 있으나 급경사면과 경계를 밝히어 식별되게 하고, 조곡선 등을 사용하여 등고선을 그린다([그림 3.42]).

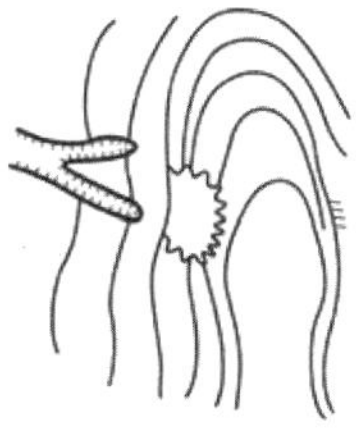

[그림 3.42] 단구

3장 연습문제

다음 각 사항에 대하여 답하시오.

1. 위치관측값에 의한 자료생성
2. 위치관측값에 특성자료를 더한 값에 의한 자료생성
3. 지도자료생성
4. 지형도 작성방법
5. 레이저 측량
6. 위성측지
7. 원격탐측의 의의, 특성 및 분류
8. 원격탐측에 이용되는 주요 인공위성
9. VLBI, SLR
10. GPS의 역할, 기능에 따른 구성 및 위성신호의 구성요소
11. GPS 관측에서 DGPS, RTK GPS, VRS, FKP의 특성
12. 수치영상에 대한 처리체계와 처리과정

Chapter 04

지형공간정보의 자료 오차

4.1 개 설

지형공간정보체계와 전산기 지도제작의 중요한 차이점은 지형공간자료의 변환기능에 있다. 자료의 수정과 갱신 또는 축척이나 투영법의 조정에 필요한 변환능력은 지형공간정보체계나 전산기 지도제작의 공통적인 기능이다.

그러나 지형공간정보체계는 위상관계, 지형정보의 공간적 위치, 비공간적 특성, 위치와 특성의 결합 등 폭넓은 분석기능을 가지고 있다. 대부분의 지형공간정보체계는 분석과 종합기능을 대화식으로 수행하고 있다. [표 4.1]은 자료의 처리와 분석에 사용되는 GIS의 주요한 기능적인 성분요소를 보여 준다. 이러한 처리기능은 자료기반에서 정보의 일부분을 검색하는 단순한 것으로부터 단위변량과 다중변량의 통계적 분석방법에 따라 인근지역 연산함수나 보간법을 사용하는 공간분석에 이르기까지 광범위하다. 보간기법과 자료를 분류하는 통계적 기법은 자료의 분석기법보다 일반적으로 더욱 복잡하다. 또한 공간모형화로 여러 가지 분석기능을 결합할 수 있고, 특별한 모의관측(simulation) 프로그램을 통해서 자료 분석기능과 처리능력을 확장시킬 수 있다.

사용자는 특정한 문제나 질의를 가지고 있다. 자료기반에는 문제의 해결에 필요한 정보가 지도의 형태로 정리되어 있으며, 자료기반과 출력기기 사이를 연결하면 문제의 해답이 지도,표 혹은 그림의 형태로 출력된다. 여기에서 연결이란 몇 장의 지도에 입력되어 있는 자료를 하나의 출력지도로 변환하는 함수를 의미한다.

[표 4.1] GIS의 기능적인 성분 요소

<table>
<tr><td rowspan="13">1. 자료취득</td><td rowspan="9">위치정보</td><td rowspan="5">1차적</td><td rowspan="3">격자형 자료</td><td>원격탐측 스캐너</td></tr>
<tr><td>레이더</td></tr>
<tr><td>카메라</td></tr>
<tr><td rowspan="2">선추적형 자료</td><td>범세계 위치결정체계(GPS)</td></tr>
<tr><td>현장측량</td></tr>
<tr><td rowspan="4">2차적</td><td rowspan="2">격자형자료</td><td>스캐너</td></tr>
<tr><td>카메라</td></tr>
<tr><td rowspan="2">선추적형 자료</td><td>반자동 탁상형 디지타이저(2차원)</td></tr>
<tr><td>입체 도화기(3차원)</td></tr>
<tr><td rowspan="4">특성정보</td><td colspan="3">자료자동기록계(data logger)</td></tr>
<tr><td colspan="3">자판</td></tr>
<tr><td colspan="3">광학문자 판독장치(OCR)</td></tr>
<tr><td colspan="3">음성인식</td></tr>
<tr><td rowspan="4">2. 자료전송</td><td rowspan="2">위치정보</td><td colspan="3">체계종속 형식(system dependent format)</td></tr>
<tr><td colspan="3">체계독립 형식(system independent format)</td></tr>
<tr><td rowspan="2">특성정보</td><td colspan="3">체계종속 형식(system dependent format)</td></tr>
<tr><td colspan="3">체계독립 형식(system independent format)</td></tr>
<tr><td rowspan="6">3. 자료의 확인 및 편집</td><td rowspan="3">위치정보</td><td colspan="3">삽입</td></tr>
<tr><td colspan="3">삭제</td></tr>
<tr><td colspan="3">교환</td></tr>
<tr><td rowspan="3">특성정보</td><td colspan="3">삽입</td></tr>
<tr><td colspan="3">삭제</td></tr>
<tr><td colspan="3">교환</td></tr>
<tr><td rowspan="11">4. 자료의 자장 및 구조
(Tessellation)</td><td rowspan="11">위치정보</td><td rowspan="4">모자이크형</td><td rowspan="3">규칙형</td><td>비구조적 형태</td></tr>
<tr><td>단순형태</td></tr>
<tr><td>계층형태</td></tr>
<tr><td colspan="2">불규칙형(TIN)</td></tr>
<tr><td colspan="3">합성형(Hybrid)</td></tr>
<tr><td rowspan="6">선추적형자료</td><td rowspan="3">비구조적</td><td>스파게티 형태</td></tr>
<tr><td>원시 형태</td></tr>
<tr><td>사상 대 사상 형태</td></tr>
<tr><td rowspan="3">위상적</td><td>방향성을 가진 형태</td></tr>
<tr><td>단순형태</td></tr>
<tr><td>복합형태</td></tr>
</table>

4. 자료의 자장 및 구조 (Tessellation)	특성정보	단순파일
		변화된 목록
		계층구조
		망구조
		관계형 구조
		객체 지향
5. 자료의 재구성	위치정보	자료의 구조를 변화
	특성정보	자료의 구조를 변화
6. 자료의 일반화	위치징보	평활화(smooth)
		결합/분해
	특성정보	평활화(smooth)
		결합/분해
7. 자료의 변환	위치정보	부등각사상변환(affine transformation)
		곡선변환(curvilinear transformation)
	특성정보	선형변환
		비선형변환
8. 자료의 질의	위치정보	조사(search)
		중첩
	특성정보	검색
9. 자료의 해석	위치정보	조직망(network)
		중첩
	특성정보	
10. 자료의 표현	위치정보	지도
		그래프
	특성정보	표
		보고서

본장에서는 지형공간정보체계에 관한 자료의 성질 및 질, 자료에 대한 오차의 원인과 종류, 자료의 공간개념, 자료의 위상(位相)관계와 공간자료구조, 자료해석의 관련기능 등에 관하여 기술한다.

4.2 지형공간정보의 자료성질

지형공간정보체계에서 사용되는 자료들은 어떤 지점에 대한 지리적 위치나 그 대상의 특성값을 나타낸다. 또한 이러한 자료들은 특성값이 공간과 시간의 변화에 따라서 변하게 될 수 있다.

4.2.1 특성(description)

지리적 자료는 지형적 특성과 공간적 특성을 가지고 있다. 지형적 특성은 위치에 대한 정보를 나타내지 않으며 공간적 특성과 어느 정도 부정확성을 가지고 있을 수 있다. 예로서 지형적 특성으로는 한 지역이 상업지구라고 할 때 공간적 특성으로는 이 지역 내의 모든 곳이 상업지역이라는 것은 아니다. 특성은 많은 경우의 분석에서 대상물의 자연, 인문, 사회, 행정, 경제, 환경적 특징을 나타내는 자료로서 지형공간정보분석이 가능하도록 도형 및 영상자료 등이 나타내는 성질을 설명하도록 관련 되어져야 한다.

4.2.2 위치(position)

각각의 대상물은 그 위치를 가지고 있으며 이러한 위치는 하나의 공통된 형을 통하여 구별하여야 한다. 위치에 대한 정의는 매우 난해하다. 그 이유는 지형공간적 현상이 해안선이나 운송경로처럼 불규칙한 형태로 발생하기 때문이다. 지형공간적 자료는 위치도 경도 같은 좌표계를 통하여 기록되며 국제 횡메르카토르(UTM) 도법은 그 한 예이다. 어떤 경우에 하나의 좌표는 수학적으로 다른 좌표로 변환될 수 있지만 그러하지 못한 경우도 많다. 이러한 이유로 지형공간정보체계에는 모든 자료들에 대해서 쓰일 수 있는 일반적인 좌표계가 필요하다. 연구대상지역이 작을 경우에는 편리한 격자형이 사용되며, 대상지역에 큰 경우에는 국제적으로 공인된 좌표계가 사용되어야 한다.

4.2.3 공간배치(spatial distribution)

지형공간 자료들 사이의 공간관계는 셀 수 없이 많고 복잡 다양하지만 매우 중요하다. 예를 들어, 화재가 발생했을 때 불이 난 지점과 소화전의 위치뿐만 아니라 소화전이 불이

난 곳으로부터 얼마만큼 떨어져 있나를 아는 것도 중요하다. 이러한 관계들은 사건이 발생한 곳에 있는 사람들이 신속하게 상황에 대처 할 수 있도록 도움을 준다. 전산기에 기초한 지형공간정보체계에서 이러한 관계들을 설정하기 위해서는 전산기를 사용하면 된다. 또한 지형공간 자료모형을 선택할 수 있도록 고안된 상품의 개발은 이러한 체계의 실행에 직접적인 영향을 미친다.

4.2.4 시간에 따른 현상변화(change of phenomenon according to time)

지형공간 자료는 어떤 시간이나 시간간격 사이의 지점을 기준으로 한다. 지형공간적 자료가 수집된 시간을 안다는 것은 적절한 자료의 사용에 중요하다. 이전에는 주택가였던 지역이 다시 상업지구로 바뀔 수도 있고 해마다 같은 장소에서 각기 다른 수확을 거둘 수도 있다. 이러한 경우에 수확에 대한 자료를 분류 정리하는 것은 중요한 몫이다. 역사적인 자료 또한 지형공간정보체계의 자료기반에 중요한 요소가 된다. 지형공간의 위치에 대해서 이전의 모습을 안다는 것은 매우 유용하다. 그러나 지형공간정보체계 내에서 시간을 표현하게 되면 더욱 난해해지고 처리하기가 어렵게 된다. 이러한 이유 때문에 시간요소는 복잡한 방법으로 정합되지 않는다.

4.3 자료의 질(質)

자료의 질을 향상시키기 위하여 참값을 취득하려면 관측값에 대한 오류의 특성, 제거방법 등을 잘 알아야 한다. 자료에 대한 표준은 자료질의 요소를 설정하고 그 요소들에 대한 표준은 자료질의 요소를 설정하고 그 요소들에 대한 면밀한 조사와 해석방법을 찾아야한다. 자료질의 요소 중 중요한 사항은 오차의 종별, 정확도, 정밀도, 논리적 일관성, 완결성, 자료의 변천과정 등이다.

관측자료에서 생길 수 있는 오류는 수학적 오류, 논리적 오류, 비논리적 오류가 있다. 그 중 인류가 아직 규명 못하는 비논리적 오류가 가장 크며, 규명은 되었지만 물리적이나 수학적으로 정량화 못하는 논리적 오류가 그 다음이고, 물리적이나 수학적으로 정리 및 정량화 되는 수학적 오류가 가장 작은 것이다.

여기서는 일반적인 수학적 오차의 종류만 다룬다. 오차란 참값과 관측값의 차를 말한다. 요구되는 정확도와 정밀도를 미리 정하고 관측값의 오차가 허용오차 범위 내에 있음을 확인하는 것은 매우 중요한 일이다. 오차의 종류는 관측값과 기준값과의 차에 따라 참오차, 잔차, 편의, 평균오차, 평균제곱오차, 평균제곱근오차, 표준편차, 표준오차, 확률오차, 전산기를 이용하여 자료를 처리할 때 발생하는 절단오차, 마무리오차, 입력오차, 변환오차 등이 있으며, 오차가 발생하는 성질에 따라 착오, 정오차, 부정오차가 있으며 오차가 발생하는 원인에 따라 기계오차, 개인오차, 자연오차 등이 있다.

4.3.1 정확도와 정밀도

정확도(正確度, accuracy)는 관측값과 참값의 편차로써 적합성(適合性-관측결과에 발생)을 뜻하며 지표는 평균제곱오차(M^2)이다.

$$M^2 = \sigma^2 + \beta^2 \tag{4.1}$$

정밀도(精密度, precision)는 반복 관측의 경우 관측값 간의 편차로서 균질성(均質性-관측도중 발생)을 뜻하며 지표는 평균제곱근오차(σ)이다.

$$\sigma = \pm \sqrt{\frac{[vv]}{n-1}} \tag{4.2}$$

※ 정밀도가 좋다고 반드시 정확도가 높은 것은 아니다. 편의(偏倚)가 없을 때 정밀도가 좋으면 정확도가 높다.

1. 정밀도(precision)

정밀도는 관측 도중에 생기는 편차로 관측할 때의 소수점 자릿수 또는 유효자릿수로써 정의된다. 정밀도는 정확도와 같지 않으며, 큰 유효자릿수를 관측한 값이 반드시 정확하다고 말할 수는 없다. GIS에서 작업은 자료 자체의 정확도보다 큰 정밀도를 가지고 실행된다.

모든 지형공간자료는 한정된 정확도를 가지며, 어느 정도는 부정확하다고 할 수 있기 때문에, 다음의 세 가지 중요한 문제점들이 대두된다. 즉 첫째, 어떠한 방식으로 정밀하게 관측할 것인가, 둘째, GIS조작을 통해 오차가 전달되는 방식을 어떻게 다루는가, 셋째, 사용자는 자료가 가지는 정확도보다 높은 정확도를 얻지 못하는 것을 자료의 탓으로 돌리지 않는다는 보증을 어떻게 할 것인가 등이다.

2. 정확도(accuracy)

정확도는 결과값 또는 계산값이나 추정값과 참값(true values, 또는 참값으로 인정한 값)의 근사 정도로 정의된다. 지형공간자료는 대체로 실제세계의 현상을 일반화한 것이므로, 참값을 정하는 것이 어려운 경우가 많다. 따라서 참값이라고 믿어지는 값으로 대체하여 작업하게 된다. 예를 들어, 수치자료기반에서 등고선의 정확도를 관측하기 위해서는 등고선이 지구의 표면에 실제 선으로 존재하지 않기 때문에 기본자료가 되는 지형도상에 그려진 등고선과 비교하여야만 한다.

자료기반의 정확도는 자료기반으로부터 계산된 결과값의 정확도와 관계가 거의 없을 수도 있다. 예를 들어, DEM으로부터 계산된 사면, 지세 또는 하천 유역의 정확도는 DEM 자체의 고도정확도와 다를 수도 있다.

1) 위치의 정확도

위치의 정확도는 실제위치와 위치정보와의 밀접성으로 정의되어진다. 위치의 정확도는 지상의 실제위치로부터 구한 자료군 내에서 표시되는 대상물의 지리적 위치에 관한 기대편차이다. 위치의 정확도는 대개 규정된 양식으로 점의 특정한 표본을 선택하고, 독립적이며 보다 정확한 정보의 원천과 위치좌표를 비교함으로써 검사된다. 위치의 정확도에는 두 가지 요소, 즉 편의(bias)와 정밀도가 있다. 편의는 평균값과 참값과의 편차로서 표현된 위치와 원래의 위치 사이의 계통적인 불일치를 나타낸다. 이상적으로 편의는 0이 되어야 하며, 이것은 원위치와 다른 지도위치에 대한 아무런 계통적인 경향이 없다는 것을 나타낸다. 편의는 일반적으로 표본점의 평균 또는 평균위치오차에 의해서 관측된다.

정밀도는 자료요소의 위치오차의 분산으로 표현되며, 일반적으로 선택된 검사점의 표준편차를 계산함으로써 관측된다. 낮은 표준편차는 위치오차의 분산이 작다는 것을 의미하며, 즉 오차가 상대적으로 작은 경향을 나타낸다. 관측의 정밀도가 높을수록, 자료를 사용하는 데 있어서 신뢰도가 높아진다.

일반적으로 측량과 영상탐측학에서 사용되는 위치의 정확도는 평균제곱근오차(RMSE : Root Mean Square Error)로 나타내어지며, 이것은 각각의 편차를 제곱하고 그들의 합의 제곱근을 취한 후 검사점의 위치오차를 결정함으로써 계산된다. 하지만 이러한 관측은 정확도에서 편의와 정밀도 요소를 구별하지 않는데, 만일 이러한 정보가 알려져 있다면 보다 효과적으로 사용될 수 있는 많은 적용부분이 있다. 예를 들어, 높은 정밀도를 가지고 있으나 편의를 가진 자료군은 편의를 소거함으로써 보다 유용하게 사용될 수 있다. 위치의 정확도를 계산하는 데 사용되는 방법은 측량, 또는 영상탐측학 교재에서 찾을 수 있다.

일반적으로, 지도는 대개 한 선 너비 또는 0.5㎜의 정확도를 가진다. 예를 들어 1 : 25,000의 지도에서 12.5㎝ 또는 1 : 250,000의 지도에서 125㎝의 정확도를 가진다.

2) 특성의 정확도

특성의 정확도(descriptive accuracy)는 특성값의 참값에 대한 근접으로 정의된다. 위치는 시간에 따라 변화하지 않지만 특성은 종종 시간에 따라 변화한다. 따라서 특성은 불연속변수일 수도 있고 연속변수일 수도 있다. 연속변수가 임의의 변수값을 취할 수 있는 반면 불연속변수는 한정된 변수값만을 취할 수 있다. 토지이용분류, 재배형식, 또는 행정 분야와 같은 범주는 불연속변수이다. 등급화도 또한 불연속변수이며, 결과적으로 차수가 특성의 단계를 나타내는 순차적 범주이다.

연속변수에 대한 정확도를 산정하는 방법은 위치 정확도에서 서술된 방법과 유사하다. 불연속변수의 정확도 산정은 분류 정확도 산정의 범주이며, 분류 정확도의 산정은 복잡하고 약간은 논쟁이 되는 처리과정이다. 이러한 분류 정확도는 원격탐측 분야에서 지대한 관심을 가지고 있다.

분류 정확도를 산정하는 데 있어서의 어려움은 정확도 관측이 분류 수와 각 면적의 형상과 크기, 검사점이 선택되는 방식, 그리고 서로 흔동되는 분류 등과 같은 요인에 의해서 심각하게 영향을 받기 때문에 어려움이 많다. 예를 들면, 강을 따라서 존재하는 습지는 길고 좁은 영역이다. 비록 습지가 계획 목적을 위해 중요하지만 이 영역은 일반적으로 전체 지도 면적에서 1% 미만을 차지할 뿐이다. 검사점의 표본이 무작위로 선택된다면, 이러한 면적은 선택되지 않을 수도 있다. 분류 정확도는 이러한 검사점으로부터 계산될 수 있지만, 어떤 습지도 선택되지 않는다면 습지 분류의 정확도에 대해 지도상에서 아무런 정보도 제공되지 않을 것이다. 검사점이 각 분류집단에 분리되어 선택된다 할지라도, 현장에서 검사점을 정확하게 위치시키는 데 필요한 정밀도는 검사되는 자료의 위치 정확도를 초과할 수도 있다. 즉, 경계는 실제 위치에서 10m 이내에서 지도화되지만, 습지는 횡단길이 자체가 10m보다 작을 수 있다. 현장에서 정확하게 올바른 지점이 표본화되었다고 확신할 수 있을 정도로 정확하게 위치를 지정하는 것이 가능하지 않을 수도 있다.

보다 어려운 점은 윤곽이 뚜렷한 경계선이 비록 명확한 경계선으로 지도에 표시되었다고 하더라도, 실제로 존재하지 않는 경우가 있다. 삼림의 경계선이나 습지의 경계는 대개 수 미터나 수십 미터 폭을 가진다. 분류 정확도의 산정이 완전하게 객관적이지는 못하지만, 이러한 어려움에도 불구하고 분류 정확도에 대한 많은 유용한 접근방법이 개발되어 왔다. 적절하며 적용성이 좋고, 정리가 잘된 정확도 검사가 선택되어야 하며, 검사결과와 검사자료 그리고 산정방법이 표시되어야 한다. 분류산정에서 사용되는 검사자료를 조사함으로써, 사용자는 특별한 적용 예에 대해서 검사정보를 재해석할 수 있다.

특성의 정확도는 자료의 성질에 의존하는 여러 방식들로 분석되어야만 한다. DEM 또는 TIN에서와 같이 연속적인 특성(표면)에 대해서, 특성은 관측오차로서 표현된다.

3) 지형공간 자료처리 중 오차와 정확도

지형공간정보체계(GIS)의 여러 기능 중 두 가지 기능, 즉 지도의 축척을 변경할 수 있는 기능과 임의로 지도를 중첩할 수 있는 기능은 큰 몫을 담당하고 있다. 이러한 기능은 종래의 기계적 방법에 의한 지도의 공간해석과 비교해 볼 때 GIS의 상대적인 이점이 많음을 알 수 있다. 그러나 축척변경과 지도중첩 시에 전파되는 오차요소에 대해서 교육받지 못한 이용자들은 GIS를 과신함으로써 오류를 범할 수 있다.

Peter Burrough는 다음과 같은 지적을 하였다.

"종래의 지도제작자나 현재의 수치지도전문가가 환경과 자원의 해석에 종사하고 있는 사람들에게 제공하고 있는 지도제작물은 일반적으로 오차를 내포하고 있다. 많은 토양학자와 지리학자들은 지도에 나타난 경계선과 등고선이 잘못 표현되어 있는 경우가 종종 있다는 것을 현장의 경험으로 알고 있다. 그러나 지형도에서 수학적으로 부드럽게 표현되는 지표면이 실제와 다르다는 것을 인식하기는 어렵다."

GIS사업이 시작되는 단계에서부터 자료의 정확도가 잘못 파악된다면 가장 간단한 결과물조차도 부정확하게 다루어지게 된다. 이러한 문제를 해결하기 위한 가장 확실한 방법은 지형공간자료를 다루는 체계가 오차를 확실하게 조정하는 도구가 되도록 발전시키는 것이다. 다음의 7가지 관점이 지형공간자료조작에서의 오차와 정확도에 관한 기초적 연구라 할 수 있다.

(1) GIS 처리과정의 무한한 정밀도

전형적인 선추적형 자료에 기반을 둔 GIS는 각각의 좌표계에 대한 정밀도로서 십진수 8자리를 할당하고, 많은 경우는 16자리를 할당한다. 처리과정의 정확도는 일반적으로 입력 정밀도에 의해서 표현되므로, 선분의 교차점은 적어도 입력자료가 갖고 있는 수준의 정밀도는 갖게 된다.

높은 정밀도가 불필요한 경우도 있는데, 예를 들어 동일한 선을 두 번 중첩해서 그리게 되면 의사다각형(擬似多角形) 또는 갈라진 다각형이 만들어진다. Goodchild(1978, 1979)는 의사다각형의 통계학적인 성질의 몇 가지를 해석하였다.

(2) 모든 지형공간자료의 제한된 정확도

위치자료는 궁극적으로 거리나 각의 관측에 기초하고 있으며, 이들의 정확도는 사용되는 기구의 정확도에 의존하고 있다. 지구 표면에서 위치를 결정하는 많은 방법들은 지구에 대한 특별한 수학적 형태나 형상의 가정을 바탕으로 하여 이루어지며, 지구형상의 적합한 정의에 따라 제약을 받게 된다. 많은 지리학적 개념은 “북쪽에 있다.” 또는 “인도양에 있는”과 같이 본질적으로 명확하지 않기 때문에 이러한 개념을 사용하는 자료는 부정확성을 내포하고 있다.

GIS 자체에서 보다 중요한 문제는, 지형공간자료기반을 형성하고 있는 많은 대상물들이 실제적인 공간변이(空間變移)를 단순화하거나 일반화한 것이라는 점이다. 예를 들어, 토양도에서 ‘토양형태 A’라고 이름이 붙은 지역에서 사실상 모든 평방킬로미터당 1,000~2,000명/km^{2}로 분류된 지역은 사실상 모든 평방킬로미터당 1,000에서 2,000명 사이 또는 헥타르당 10~20명의 사람이 반드시 거주하는 것은 아니다. 왜냐하면 인구의 공간분포는 점모양이며, 완화표면으로 근사화시킬 수 있을 뿐이다.

지형공간자료의 정확도는 마치 위치 정확도와 특성 정확도로 분리될 수 있는 것처럼 표현되기도 한다. 예를 들어, 높이 기준점(또는 수준점)에서 점의 표고는 높이 기준점의 수평위치 정확도에는 전혀 의존하지 않는 수직의 정확도를 가질 수 있는데, 이 두 가지는 다른 기구에 의해서 결정되기 때문이다. 마찬가지로, LANDSAT 영상에서 한 영상소에 대한 특성의 오차는 영상소 위치의 오차와는 전혀 다를 수 있다.

(3) 자료의 정확도를 능가하는 GIS처리과정의 정밀도

원칙적으로, 자료는 정확도를 반영하는 정밀도로써 표현될 수밖에 없다. 만약 도(degree)로 눈금이 매겨진 온도계를 가지고 방의 온도를 잴 때, 방의 온도가 70°F로 나타났을 경우, 이것을 섭씨온도로 변환한 결과는 21℃로 표현될 수 있으나, 정확도는 여전히 1도 정도의 값을 가진다. 그러나 이러한 과정이 자료처리과정에 거의 나타나지 않는다. 즉 GIS 설계자는 일반적으로 GIS 처리과정을 통하여 최대의 정밀도로 수행하며, 자료의 정확도에 의해 판정되는 수준보다 더욱 정밀하게 결과를 출력한다. 이것은 정확도를 표현하거나 추적할 수 있는 적절한 방법의 부족 때문에 일어날 수도 있고, 다른 한편으로는 아무런 의미가 없는 자료라 하더라도 자릿수를 줄일 수 없기 때문에 일어날 수도 있다.

(4) 정확도의 척도로서의 정밀도

지도도면에서 정밀도의 한계는 선 너비로 표시되며 일반적으로 약 0.5㎜이나, 습도의 변화 등에 의해서 생기는 변형으로 인하여 수준 이하의 정확도로 감소되기도 한다. 그러나 0.5㎜는 규모가 큰 구조물에 대한 자료수집과 지도편집에서 목표로 하는 정확도값이다. 종래의 표현방식을 사용하여 축척을 변경하는 것은 어려운 일이기 때문에 자료의 수집, 편집, 배치와 분석의 모든 과정을 목표 정확도값으로 통합하는 것이 가능하다.

양화의 중첩, 면적관측, 점 계산 등과 같은 종래의 지도분석의 기법은 단순하지만, 비슷한 정밀도 수준으로 작동된다. 그러므로 면적관측기구는 원 도면의 정확도와 같은 정밀도로써 면적을 관측한다. 즉 경계선에서 0.5㎜정확도는 대략적으로 면적관측기에 의해 관측된 면적에서 $1mm^2$의 정확도로 간주한다.

(5) 정확도의 척도가 아닐 경우의 정밀도

수치적으로 표현되는 분야에서, 정밀도는 더 이상 정확도와 연관되지 않는다. 현재의 GIS는 1 : 24,000으로 수치화된 지도가 1 : 1,000,000으로 수치화된 지도와 중첩되고, 그 결과가 1 : 24,000으로 도면화 될 때 사용자에게 이러한 내용을 알리지 않는다. 그리고 현재의 GIS는 자료군의 특성으로서, 원도면의 축척을 그대로 활용하지 않으며, 축척이 변환될 때 조정 허용값도 극히 작다. 대부분의 선추적형 체계는 정확도보다는 교선법(line intersection), 중첩 또는 완충지대의 생성과 같은 작업을 수행한다. 이 결과 GIS 분석 결과가 지상의 실제 상태와 반대로 표시되거나, 또는 GIS를 사용하여 개발된 계획이 수행될 때 부정확한 결과가 도출되기도 한다. GIS에 기초한 계획제안기구는 그 기구에서 제안된 내용이 알려진 지리학적인 사실과 일치하지 않는 것이 발견될 때 급격히 신뢰를 잃게 된다.

(6) 복잡한 지형공간대상물의 정확도를 표현하는 적절한 방법

단순한 점에 대한 위치정확도는 2차원 관측모형에 의해 설명될 수 있으며, 측지학에서 이러한 주제에 대한 많은 자료가 존재한다. 복잡한 대상물에 대한 선과 면에서는 수치화 과정에서 도입되는 몇 가지 오차들을 설명할 수 있는 방법이 있으나, 복잡한 대상물과 이것들이 나타내는 지형공간적 편의 사이의 복잡한 관계를 모형화하기에는 어려움이 많다. 또한 수치화 과정에서 발생하는 오차는 종종 지형도 제작과정의 단순화 과정에 포함되는 고유한 오차에 비해서 상대적으로 작다. 좀 더 포괄적인 모형이 주어진다면, 한 위치에서 지형공간 자료기반 사이의 정확도를 설명하고, GIS에서의 복잡한 처리과정을 통해서 전달되는 오차 전파를 추적하기 위한 방법을 개발할 수 있을 것이다.

(7) 모든 GIS결과물에서의 불확실성 관측

이상적으로, 자료기반 내에서 표현되는 오차의 결과와 GIS 처리과정을 통한 오차의 전파는 GIS 결과물에 대한 신뢰한계를 나타낸다. 어떤 경우에 있어서 이것은 상대적으로 간단한 일일 수도 있다. 즉, 다각형의 위치정확도에 대한 오차모형은 다각형 면적 산정의 한계를 확인하는 데 사용될 수 있다. GIS의 적용과정 중, 중첩에는 많은 법칙들이 사용되므로 그에 따른 오차의 영향을 파악하기는 더욱 어렵다. 좀 더 심각한 경우, 의미 없는 조작과정이나 오차가능성이 있는 결과를 확인하기 위하여 경고체계나 부주의한 사용자에게 도움을 주는 경계체계를 대체하여야 할 것이다.

GIS는 지형적인 자료와 수치적인 자료가 분리되어 분석되기보다는 동시에 분석되도록 하며, 지도의 역할을 최종결과물이었던 역할로부터 자료의 중간저장소라는 역할로 변경한다.

4.3.2 자료의 논리적 일관성

논리적 일관성은 자료요소 사이에 논리적 관계가 잘 유지되는 정도를 나타낸다. 예를 들어 삼림의 경계선, 인근 도로 중심, 그리고 도로 경계에 대한 일관성이 없다고 한다면, 이들은 일반적으로 도로 경계선으로 지도화될 것이다. 물리적인 특성에 의해서 정의되는 정치적 · 행정적 경계선은 이러한 특성을 정밀하게 중첩해야 한다. 호수의 경계를 이루는 특성의 경계는 호수 영역과 일치해야 한다.

논리적 일관성은 자료구조의 내적 일관성이 적용되며, 특히 위상기하학적 일관성에 적용된다.

일반적인 것이 아닌 문제는 위에서 언급된 바와 같이 호수의 면적을 지도화할 때 발생한다. 호수의 수위는 매년 변하게 된다. 다른 지형공간정보체계의 자료층은 지도화되는 날짜에 따라 호수 경계선을 상이한 위치로 보여 준다. 결과적으로, 호수 경계선은 정확하게 서술되지만, 논리적으로는 자료층 사이에 일관성이 없다. 이러한 경우에는, 각각의 호수에 대한 표준 기준을 제공함으로써 문제를 해결할 수 있다. 각각의 자료층에 있는 호수의 표현은 표준기준을 확인하도록 하는 것이 필요하다.

두 가지 자료군은 위치정확도의 특별한 기준에 맞도록 수정되어야 하지만, 논리적으로는 일관성이 없는 것을 깨닫는 것이 중요하다. 그 이유는 같은 경계가 두 가지 자료군에서 약간씩 다른 위치로 지도화되기 때문이다. 몇몇 지형공간정보체계 소프트웨어는 대상물 주변의 불확실한 중복부를 지정함으로써 이러한 위치적 차이를 보정할 수 있다. 이 보정 후, 불확실한 중복부를 가진 두 가지 지형은 마치 일치하는 것처럼 처리될 수 있다. 불확실한 중복부로서 취급되는 경계는 종종 퍼지 경계(fuzzy boundary)라고 한다.

논리적 일관성에 대한 관측방법의 표준은 없다. 지형조건에 일치하도록 균질한 오차를 유지하는 관측은 가능하나, 논리적으로 일치하는 관계를 가져야 하는 요소들의 많은 조합이 존재하며, 모든 가능한 중첩조합에서 발생하는 차이를 관측하는 것이 실제적으로 어렵다.

논리적 일관성은 자료가 지형공간정보체계 자료기반에 입력되기 전에 최상으로 정리되어야 한다. 지도준비단계에서는 일반적으로 수치화되는 각각의 지도가 검토되고, 가능하다면 오차를 수정하고 논리적 비일관성과 같은 차이를 일치 시키도록 다시 고치는 것이 필요하다.

4.3.3 자료의 완결성

완결성(completeness)은 자료를 가능한 세목의 분야로 정확하게 규명하는 데 따라 달라진다. 모든 가능한 대상물이 자료기반 안에 포함되며, 완결성은 선택과 일반화의 축척의 법칙에 의해서 영향 받는다.

자료질에 포함되는 완결성에는 몇 가지 양상이 있다. 완결성은 세 가지 범주, 즉 영역의 완결성, 분류, 확인의 완결성으로 나누어진다.

영역의 완결성은 관심영역에 대해서 이용가능한 자료의 비율이다. 자료군은 관심지역에 대한 완벽한 면자료를 제공하지 못하며, 특성자료는 자료군의 어떤 부분에서는 이용가능하지 않다. 이상적으로, 자료군은 100% 범위를 제공해야만 한다. 그러나 많은 자료군은 점진적으로 새롭게 향상된다. 대규모의 지도제작계획을 담당하는 기관은 정규적으로 현재에 이용가능한 지도가 될 수 있도록 지도색인을 간행한다. 자원의 현재 상태에 대해서 정보가 필요할 때는 가장 최근의 정보가 가장 적절할 것이다. 비교분석법과 같은 다른 경우에 있어서는 자료군 안에서 일관성을 갖는 것이 중요하다. 전체 연구영역에 대한 이전의 자료군이 여러 해에 걸쳐 수집된 최신자료보다 적절할 수도 있다.

분류의 완결성과 확인의 완결성은 적용을 위한 자료군의 적합성을 결정할 수 있는 중요한 자료질 평가 요인이다. 자료 완결성에 대한 이러한 보다 미묘한 양상이 클수록 평가가 어렵게 된다. 백분율 범위가 관측될 수 있음에 따라서, 미묘한 특성은 정량적으로 판단되며 수치값 보다는 오히려 설명으로써 표현된다.

분류의 완결성은 선택된 분류가 자료를 표현하는 정도를 평가하는 것이다. 분류의 완결성은 표준분류에 대한 기준을 통해서나 또는 특별한 적용에 대한 기준을 가진 자신의 장점에 의해서 평가된다. [그림 4.1]은 미완결성에 대한 몇 가지 형식을 나타내는 분류의 한 예이다. 완벽한 분류가 되기 위해서는 철저한 규명이 필요하며, 세부항목의 수준으로 모든 자료를 입력시키는 것이 중요하다.

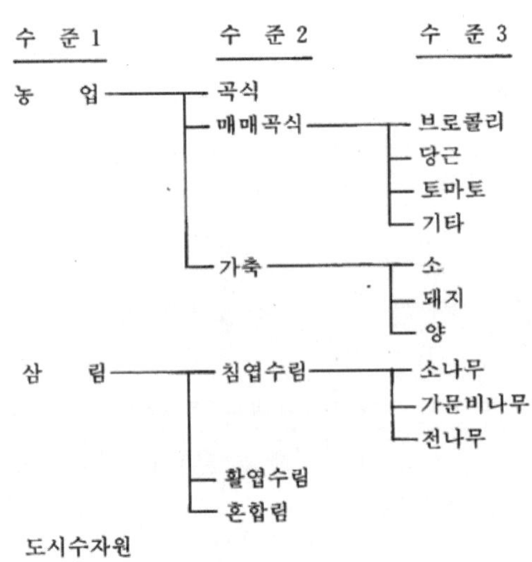

[그림 4.1] 완결성의 예

4.3.4 자료의 변천과정

자료군의 변천과정은 자료의 역사이며, 원천자료(source data)와 처리단계들이 변천과정을 형성한다. 원천자료는 처리기록, 야장기록, 항공영상과 다른 지도를 포함한다. 처리과정은 초기 지도작업으로부터 높은 정밀도의 영상탐측 기구를 사용하는 다중편집에 이르기까지 다양하다. 변천과정 기록은 이러한 정보를 문서화한다. 예를 들어, 지형도에 대한 변천과정 기록은 사용된 항공영상이 촬영된 날짜, 항공영상으로부터 등고선을 지도화하고 인공물을 표현하는 데 사용된 영상탐측학적 방법과 영상탐측 조정을 위한 검사점의 사용과 최종 지도를 만드는 데 사용되는 방법 등을 포함한다.

각 자료원과 처리방법에 따라 최종적으로 만들어지는 정보에 오차가 포함된다. 어떤 경우에 있어서 변천과정의 지식은 자료군을 선택하는 데 사용되는 중요한 참고자료이다. 변천과정에 대한 정보가 존재하더라도 일반적으로 변천과정에 대한 자료는 처리과정의 안내서이거나 내부적 서류의 형태로 존재하며, 자료집합으로 제공되지는 않는다. 내부적 서류는 거의 이용가능하지 않으며, 대체로 이러한 변천과정에 대한 평가를 하기 위해서는 전문적 지식을 많이 가지고 있어야 하기 때문에 이상적으로 본다면 변천과정의 몇 가지 제시가 자료군에 포함되어야만 한다.

변천과정은 자료기반을 생성하는 자료원과 조작의 기록으로, 첫째 어떠한 방식으로 어떤 기록으로부터 수치좌표화되는가, 둘째 자료는 언제 수집되었는가, 그리고 셋째 어떤 업체가 자료를 수집했는가와, 넷째 어떤 단계가 자료를 처리하는 데 사용되었는가(계산결과의 정밀도)와 같은 사항을 포함한다. 그리고 변천과정은 종종 정확도의 유용한 지표 역할을 하게 된다.

4.4 오차의 원인과 종류

4.4.1 오차의 원인(sources of error)

지형공간정보체계의 개발자는 지형공간정보체계의 사용에 있어서 발생하는 고유한 오차의 형태와 심각성 및 함축성을 인식하는 것이 중요하다. [그림 4.2]은 발생 가능한 오차의 원인을 체계적으로 보여 준다. 발생 가능한 오차는 세 가지 주요한 원인에 기인하여 발생하는 것으로 생각될 수 있다.

첫 번째 오차의 주요 원인은 특성의 고유한 성질에 기인한다. 지형공간정보자료 구조와는 다르게, 실제 세계는 항상 구분이 명확하지 않고, 종종 점진적이며 모호한(gradual and fuzzy) 모습을 보인다. 높은 고도로부터 얻어지는 항공영상 또는 위성영상에서 도로는 한 평면에서 구분된 선 대상물로 여겨지지만, 관측자가 좀 더 주의 깊게 관찰한다면, 도로가 하나의 선이라는 인식은 부적절하게 된다. 유사한 다른 예로 한 도면에 대해서, 초원의 영역은 항상 구별되는 것이 아니며, 하나의 점진적인 양식으로 삼림이나 사막으로도 바뀌게 된다. 이러한 모호성(fuzziness)은 자연을 관측할 때 항상 접하게 된다.

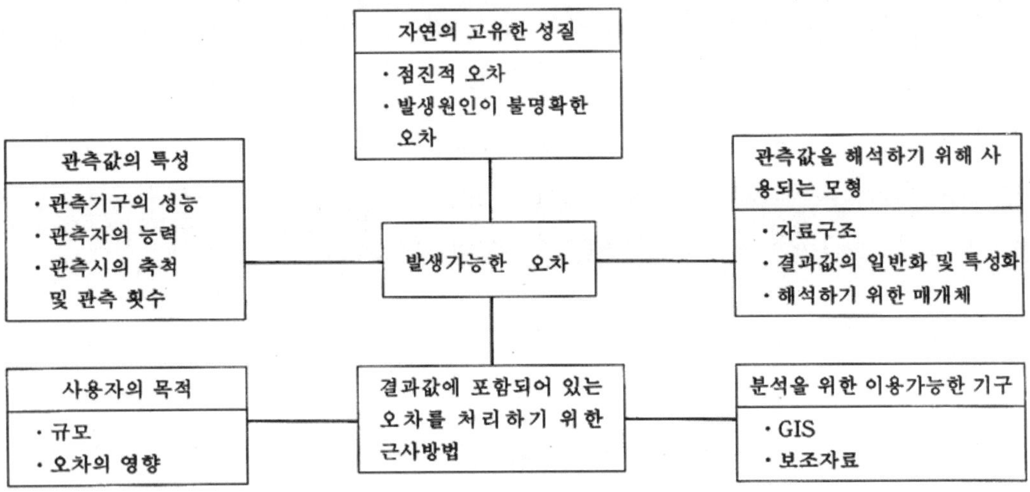

[그림 4.2] 오차문제(the error issue)

발생 가능한 오차의 두 번째 원인은 지리적인 관측의 성질로부터 기인한다. 기구를 사용해 얻게 되는 임의의 관측값은 필연적으로 오차를 가지게 되며, 관측장비를 사용하는 사람의 능력도 생성되는 오차의 양에 영향을 미치게 된다. 그리고 관측값이 얻어지는 축척과 표본화의 빈도도 지형공간자료에 잠재적인 오차를 포함시키는 원인이 된다.

세 번째 오차의 원인은 관측값을 교환하는 데 사용하는 자료모형에 기인한다. 바로 그 지형공간모형의 구조는 오차의 원인이 될 수 있다. 선추적형 자료의 경우에 있어서 선 또는 경계의표현은 실제 세계에서 구분될 수 없는 확실성 또는 정밀도의 수준을 포함한다. 격자형의 경우에는 가상적인 셀에 의해 조건을 모으거나 또는 평균화시키는 작업도 또한 오차에 영향을 받기 쉽다. 결국 관측값을 교환하는 데 사용되는 매개체 자체가 오차를 포함한다. 위성영상이 사진이나 슬라이드로 전환된다면, 이 제작물의 오차특성은 원래 수치 형태에서 보유한 정보의 성질과는 다른 성질을 갖게 된다.

지형공간자료에서 또 하나의 중요한 오차원은 자료처리와 변환이다. 관측값이 여러 단계의 처리과정을 통하여 변환되는 횟수가 많으면 많을수록, 새로운 오차나 불확실성이 결과값에 보다 많이 포함될 것이다. 개발자의 관점에서 오차 문제는 그 원인이나 지형공간자료의 오차를 이해한다고 해서 해결될 문제는 아니다. 가장 중요한 문제는 "결과로서 유도된 결과값에 포함된 오차를 다루는 문제에 대한 적절한 방법은 무엇인가?" 하는 것이다. 이러한 문제는 오차를 소거할 때 고려되어야만 하는 두 개의 다른 문제를 도출한다. 이러한 문제는 다음과 같다. 첫째, 사용자가 성취하고자 하는 목적이 무엇이며, 이 목적에 맞게 오차의 다양한 수준 중에서 선택할 수 있는 것은 무엇인가, 둘째, 잠재적인 오차를 다루기 위해 이용 가능한 기구를 가지고 있는가, 또는 이 문제를 다루기 위한 지형공간정보체계를 가지고 있는가? 이것의 형태는 어떤 것인가 하는 것이다.

이러한 문제에 대한 해답은 지형공간자료에서 오차를 처리하는 방법에 대한 규정을 정하는 것이다. 지형공간자료에서 기준을 확인하고 불확실성 또는 오차를 해결하는 데 도움을 주는 다른 자료로부터 얻은 확실한 자료의 이용가능성은 중요한 요인이 될 것이다.

4.3.2 관측값 오차의 종류(kinds of error for observation)

1. 관측값의 오차

대상을 헤아리는 관측은 자연과학적(물질적) 측면과 인문과학적(정신적) 측면을 다룬다. 관측과정에서 일반적으로 관측값에는 오차(또는 오류)를 생성하게 된다. 관측값에 관한 오차의 종별에는 수치 및 물리학적 해석방법으로 처리가능한 일반적 오차, 논리상으로는 추정가능하나 처리방법의 해결이 잘 이루어지지 않는 논리적 오차, 논리적 추정이나 해결방법이 이루어지기 어려운 사항으로 주로 종교적 대상으로 다루어지고 있는 비논리적 오차(또는 비과학적 오류)가 있다. 여기서는 일반적인 오차를 수치해석, 자료처리시, 관측시의 성질 및 원인에 따라 분류하여 기술한다.

2. 수치해석에 따른 오차

1) 참오차(true error) … 관측값과 참값의 차이

$\varepsilon = x - \tau$ …… x 는 관측값, τ는 참값 (4.3)

2) 잔차(residual error) … 관측값과 최확값[9]의 차이

$$v = x - \mu \tag{4.4}$$

3) 편의(bias)β … 평균값(μ)과 참값(τ)의 편차

$$\beta = \mu - \tau \tag{4.5}$$

4) 상대오차(relative error) … 잔차의 절대값에 대한 관측값의 비율

$$Re = \frac{|v|}{x} \tag{4.6}$$

5) 평균오차(mean error) … 잔차의 절대값에 대한 평균오차

$$Me = \sum \frac{|v|}{n} \tag{4.7}$$

6) 평균 제곱오차(mean square error)

$$M^2 = \sigma^2 + \beta^2 = E[(x-\tau)^2] \ \ldots \ [\text{MSE}] \tag{4.8}$$

7) 평균 제곱근 오차[10](root mean square error)

$$\sigma = \pm\sqrt{\frac{[vv]}{n-1}} \ \ldots \ [\text{RMSE}] \tag{4.9}$$

---

9) 최확값(most probable value) : 대상에 대한 참값을 알기 위하여 관측할 경우에 오차(인위적, 기기적, 자연조건 등에 의한 오차)가 있으므로 관측값에 대한 보정(정오차인 경우) 및 조정(부정오차인 경우)한 값을 최확값(또는 조정환산값)이라 한다. 일반적으로 최확값을 평균값이라고도 한다.

10) 평균제곱근오차(RMSE : Root Mean Square Error) : 잔차의 제곱을 산술평균한 값의 제곱근을 평균제곱근오차라 하며 밀도 함수 전체의 68.26%인 범위이다. 또한 표준편차와 같은 의미로 사용되며 독립 관측값인 경우의 분산(σ^2)의 제곱근이다.

예제 4-1

줄자를 이용하여 5회 관측한 결과, 다음과 같은 값을 얻었다. 최확값(또는 조정 환산값)과 1 관측의 평균 제곱근 오차 및 최확값에 대한 평균 제곱근 오차의 최종 최확값을 구하시오.

[표 4.2]

No.	관 측 값	v[m]	vv
1	111m	0.2	0.04
2	109m	2.2	4.84
3	114m	−2.8	7.84
4	110m	1.2	1.44
5	112m	−0.8	0.64
Σ	556	0.0	14.80

풀이 최확값은

$$x_0 = \frac{556}{5} = 111.2[\text{m}]$$

이며, 1 관측의 평균 제곱근 오차는

$$\sigma = \pm\sqrt{\frac{vv}{n-1}} = \pm\sqrt{\frac{14.80}{5-1}} = \pm 1.9[\text{mm}]$$

가 된다. 따라서, 최확값의 평균 제곱근 오차는

$$\sigma_{x0} = \pm\sqrt{\frac{vv}{n(n-1)}} = \pm\sqrt{\frac{14.80}{5(5-1)}} = \pm 0.9[\text{mm}]$$

이므로,

최종최확값=111.2[m] ± 0.9[mm]

가 된다.

예제 4-2

쇠줄자를 사용하여 10m를 관측한 결과 관측자의 교대로 인해 관측값이 차이가 있으므로, [표 4.3]과 같이 경중률 W를 고려하였다. 최확값 및 1 관측의 평균 제곱근 오차 및 최확값의 평균 제곱은 오차를 구하고 최종최확값을 결정하시오.

[표 4.3]

관측횟수	관측값[m]	경중률[W]	v	vv	Wvv	lw
1	10.124	1	1	1	1	10.124
2	10.128	3	−3	9	27	30.384
3	10.123	2	2	4	8	20.246
4	10.129	4	−4	16	64	40.516
5	10.121	3	4	16	48	30.363
Σ	50.625	13			148	131.633

풀이 최확값(또는 최확값)은 $x_0 = \frac{[lw]}{[w]} = \frac{131.633}{13} \fallingdotseq 10.126$ [m]가 되며, 1 관측의 평균 제곱근 오차는

$$\sigma = \pm\sqrt{\frac{[Wvv]}{n-1}} = \pm\sqrt{\frac{128}{4}} \fallingdotseq \pm 6[\text{mm}]$$

이므로, 최확값에 대한 평균 제곱근 오차는

$$\sigma_{x0} = \pm\sqrt{\frac{Wvv}{[W]\ (n-1)}} = \pm\sqrt{\frac{128}{13(5-1)}} = \pm 2[\text{mm}]$$

따라서 최종 최확값은

최종 최확값=10.125[m] ± 2[mm]가 된다.

□ 경중률(W : weight)은 관측값들의 신뢰도를 나타내는 값으로 관측횟수에 비례하고 관측거리 및 관측각에 반비례한다. 또한 평균제곱근 오차(또는 표준편차)의 제곱에 반비례한다.

▌ 길이와 경중률

$$W_1 : W_2 : W_3 = \frac{1}{S_1} : \frac{1}{S_2} : \frac{1}{S_3}$$

여기서, W_1, W_2, W_3 : 경중률

S_1, S_2, S_3 : 관측길이

▌ 관측각의 조정량과 경중률

$$W_1 : W_2 : W_3 = \frac{1}{\alpha_1} : \frac{1}{\alpha_2} : \frac{1}{\alpha_3}$$

여기서, α_1, α_2, α_3 : 각각의 각조정량

▌ 평균제곱근오차(또는 표준오차)와 경중률

$$W_1 : W_2 : W_3 = \frac{1}{M_1^2} : \frac{1}{M_2^2} : \frac{1}{M_3^2}$$

여기서, M_1, M_2, M_3 : 각각의 평균제곱근오차

(1) 1관측의 평균 제곱근 오차

① 관측 정밀도가 같을 때

$$\sigma = \pm \sqrt{\frac{[v^2]}{n-1}} \tag{4.10}$$

② 관측 정밀도(경중률 : W)가 다를 때

$$\sigma = \pm \sqrt{\frac{[Wv^2]}{n-1}} \tag{4.11}$$

(2) 최확값의 평균 제곱근 오차

① 관측 정밀도가 같을 때

$$\bar{\sigma} = \pm\sqrt{\frac{[v^2]}{n(n-1)}} \tag{4.12}$$

② 관측 정밀도(경중률 : W)가 다를 때

$$\bar{\sigma} = \pm\sqrt{\frac{[Wv^2]}{[W]\ (n-1)}} \tag{4.13}$$

8) 표준편차(standard deviation) 、、、 잔차의 제곱을 평균하여 제곱한 오차

독립 관측값의 정밀도, 분산(σ^2)의 제곱근

$$\sigma = \pm\sqrt{\frac{[v^2]}{n-1}}$$

9) 표준오차(standard error)

$$\sigma_L = \pm\sqrt{\frac{[vv]}{n(n-1)}} \quad \text{최확값의 정밀도} \tag{4.14}$$

10) 확률오차(probable error) 、、、 밀도함수 전체의 50%범위를 나타내는 오차로서 표준편차의 승수 k가 0.6745(67.45%)인 오차를 뜻한다.

(1) 1관측에 대한 확률오차

① 관측 정밀도가 같을 때

$$r = \pm 0.6745\sqrt{\frac{[v^2]}{n-1}} \tag{4.15}$$

② 관측 정밀도가 다를 때

$$r = \pm 0.6745 \sqrt{\frac{[Wv^2]}{n-1}} \tag{4.16}$$

(2) 최확값에 대한 확률오차

① 관측 정밀도가 같을 때

$$r = \pm 0.6745 \sqrt{\frac{[v^2]}{n(n-1)}} \tag{4.17}$$

② 관측 정밀도(경중률 : W)가 다를 때

$$r = \pm 0.6745 \sqrt{\frac{[Wv^2]}{[W]\ (n-1)}} \tag{4.18}$$

3. 자료처리시 발생하는 오차

1) 절단오차(truncation error)

수치처리과정에서 무한급수를 유한급수로 처리시 발생하는 오차

2) 마무리오차(round-off error)

전산기의 유한한 기억자리수에 표현할 시 오차

3) 입력오차(input error)

전산기에 무한한 수를 유한한 수로 입력시 오차

4) 변환오차(translation error)

전산기의 기억장치에서 진법변환시 오차

예제 4-3

동일 경중률로써 각 관측을 하여 다음의 관측값을 얻었다. 최확값 및 확률오차를 구하시오.

[표 4.4]

관 측 수	관 측 값	v[초]	vv
1 2 3 4 5 6 7 8 9 10	35° 42′ 35″ 35° 42′ 35″ 35° 42′ 20″ 35° 42′ 05″ 35° 43′ 15″ 35° 42′ 40″ 35° 42′ 10″ 35° 42′ 30″ 35° 42′ 50″ 35° 42′ 30″	+2″ +2″ −13″ −28″ 42″ 7″ −23″ −3″ 17″ −3″	4 4 169 784 1764 49 529 9 289 9
Σ			3,610

풀이 최확값은

$$l_0 = \frac{[l]}{n} = 35° \ 42' \ 33''$$

이며, 확률오차는

$$\bar{\gamma} = \pm\, 0.6745 \sqrt{\frac{3,610}{10(10-1)}} = \pm\, 4.3'' \text{ 이다.}$$

예제 4-4

어떤 관측선의 길이를 관측하여 [표 4.5]의 결과를 얻었다. 최확값 및 정확도는 얼마인가?

[표 4.5]

관 측 군	관 측 값[m]	관 측 횟 수
Ⅰ	100.352	4
Ⅱ	100.348	2
Ⅲ	100.353	3

풀이 관측값의 경중률은 Ⅰ : Ⅱ : Ⅲ = 4 : 2 : 3

최확값은

$$l_0 = \frac{[l_1w_1 + l_2w_2 + l_3w_3]}{w_1 + w_2 + w_3} = 100.3 + \frac{52 \times 4 + 48 \times 2 + 53 \times 3}{(4+2+3) \times 1,000}$$

$$= 100.351\,\text{m}$$

따라서

$$r_0 = \pm\, 0.6745 \sqrt{\frac{[Wvv]}{W(n-1)}} = \pm\, 0.6745 \sqrt{\frac{34}{9(3-1)}} = \pm\, 0.93\,\text{mm}$$

그러므로 정확도는

$$\frac{r_0}{l_0} = \frac{0.93}{100.351} = \frac{1}{107.904}\,\text{mm}$$

[표 4.6]

관측군	최확값[m]	관측값[m]	v	vv	W	Wvv
Ⅰ	100.351	100.352	1	1	4	4
Ⅱ		100.348	−3	9	2	18
Ⅲ		100.353	2	4	3	12
Σ					9	34

4. 관측의 성질에 따른 오차의 종별

1) 착오, 오차(mistake, blunder)

관측자 미숙, 오차가 크며 주의하면 없앨 수 있다.

2) 정오차, 계통오차, 누차(constant, systematic, cumulative error)

원인명확, 보정계산

3) 부정오차, 우연오차, 상차(random, accident, compensation error)

원인불명확, 최소제곱법[11]으로 소거

부정오차는 원인불명으로 해석이 가능하도록 다음과 같은 오차법칙을 설정하고 오차를 소거(예 : 최소제곱법)한다.

미지량을 관측할 경우 부정오차가 일어날지 또는 일어나지 않을지가 확실하지 않는 경우, 이 오차가 일어날 가능성의 정도를 확률(probability)이라 한다. 이런 오차는 어떤 법칙을 가지고 분포하게 되며 분포특성을 다음과 같이 정의할 수 있다.

(1) 부정오차의 분포특성

① 매우 큰 오차는 발생하지 않는다.
② 오차들은 확률법칙에 의하여 분포한다.
③ 양(+)방향 및 음(−)방향으로 발생할 오차의 확률은 같다.
④ 큰 오차가 발생할 확률은 작은 오차가 생길 확률보다 낮다.

(2) 부정오차 법칙의 특성을 나타내는 곡선

① 확률곡선(probable curve)

부정오차에서 위의 특성 오차특성을 나타내는 곡선이다.

---

11) 최소제곱법(LSM : Least square Method) : 미지값의 수보다 관측값에 의한 조건식의 수가 많을 때 적용하는 조정방법으로 관측방정식(observation equation)을 이용하는 방법, 조건방정식(condition equation)을 이용하는 방법, 미정계수(unknown coefficient)를 이용하는 방식이 있다. 최근 computer의 활용으로 관측방정식의 방법이 주로 이용되고 있다.

② 표준정규분포(또는 가우스분포 : standard normal distributions or Gaussian distribution)

확률분표 X 가 μ(평균값)=0이고, σ^2(표준편차)=1인 특수한 분포를 할 때 X 는 표준정규분포라 한다.

③ 오차곡선(또는 정규분포곡선, error curve or normal distributions curve)

확률분포로 인하여 이루어지는 확률곡선이다.

5. 관측이 원인에 따른 오차의 종별

1) 개인오차(personal error)

관측자의 습관과 부주의로 발생

2) 기계적 오차(instrument error)

관측기의 상태와 정밀도에 따른 오차

3) 자연적 오차(natural error)

주위환경 및 자연현상에 따른 오차

4.4.3 자료기반 생성시 발생하는 오차의 종류

1. 측지학적 기준점과 GPS

절대 위치 자료의 가장 정확한 기반은 높은 정밀도를 가진 점의 연속으로 표현되는 측지학적 기준망(geodetic control network)이다.

범세계위치결정체계(GPS)는 측지학적 망을 형성하는 가장 좋은 방식 중의 하나이다.

2. 항공영상과 위성영상

대부분의 위치자료는 항공영상으로부터 얻어진다. 여기에서 정확도는 높은 기준점의 설정에 의존하여 결정된다.

원격탐측으로부터 얻는 자료는 각 영상소의 크기로 인하여 정확하게 위치를 지정하는 것이 어렵다.

3. 점의 조서(text description)

어떤 위치자료는 점의 조서로부터 얻는다. 경계선은 분수령 또는 강의 중심선이 된다. 이러한 자료의 형식은 종종 매우 질이 나쁜 위치정확도를 가질 수 있다.

4. 디지타이징(digitizing)

디지타이저는 XY좌표쌍의 집합으로써 입력하며, 좌표자료의 해상력은 디지타이저의 양식에 따라 다르다.

1) 점 양식(point mode)

디지타이저 조작자는 지형학적인 선이나 중요한 좌표쌍을 표현하여야 하는 점들을 특별히 선택하고 입력한다.

점 양식은 필요로 하는 선에 대한 이해와 지식이 필요하다.

2) 흐름 양식(stream-mode)

디지타이저는 거리 또는 시간변수에 의해 자동적으로 점들을 선택한다. 일반적으로, 불필요한 좌표쌍이 많이 선택된다.

3) 점 양식과 흐름 양식의 오차해석

일반적으로 흐름 양식 디지타이징에서 오차가 발생한다.

신체학적 오차(physiological error)는 우발적인 근육경련에 의해서 일어나며, 이러한 오차는 디지타이징 작업을 할 때 조작자의 손에 일어나는 경련에 의해서 발생한다. 신체학적 오차의 세 가지 형식은 스파이크(spikes), 스위치백(switchbacks)과 다각형 노츠(polygonal knots)로 나누어진다.

이들 세 가지 오차는 아주 간단히 제거된다. 소프트웨어는 중복된 좌표쌍과 간단한 심리학적 오차에 대한 초기 수치자료를 제거할 수 있도록 발전되어 왔다. 점 양식 디지타이징에 연관된 문제는 버튼이 두 번 입력되었을 때 발생하는 중복좌표값에 관한 것이다.

위의 사실에도 불구하고, 디지타이징 자체는 위치오차의 주요한 원인이 되지 않는다. 디지타이저 조작자가 선의 너비와 같은 정확도로 선을 따라 올바르게 그리는 것이 어렵지 않다. 디지타이징 과정의 전형적인 오차는 0.5㎜ 범위를 가진다.

디지타이징의 정확도에 관한 일반적인 시험은 수치좌표화되어 그려지는 선과 원래의 선을 비교하고 두 선 사이로 빛이 보여질 수 있다면 이것을 이용하여 행한다.

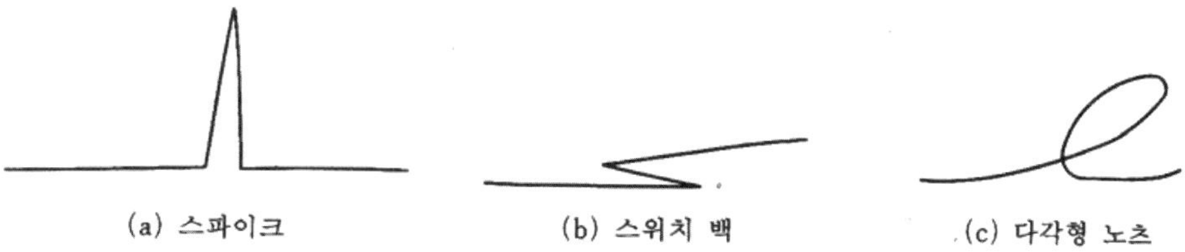

[그림 4.3] 심리학적 오차의 유형

기록과 지상기준점에서의 오차는 전체 자료집합에 영향을 미친다. 오차는 또한 기반물질의 빈약한 안정성 때문에 발생하기도 한다. 종이는 습도의 변화에 따라 심각하게 수축하거나 늘어날 수 있다(3% 정도까지).

4) 좌표변환

좌표변환은 오차를 일으키며, 특히 원 자료의 투영법이 알려지지 않았다면 또는 원 자료 지도가 빈약한 수평기준점을 보유하고 있다면 오차를 가지게 된다.

5) 특성오차(descriptive error)

특성오차는 일반적으로 현장수집과 판독의 조합을 할 경우에 발생될 수 있다. 판독에서 사용되는 범주가 현장에서 검사하는 것이 쉽지 않을 수 있기 때문이다. 현재 삼림관리실행에서 사용되는 '다양성'과 '노령림[또는 이전 성장(old growth)]'의 개념은 매우 종속적인 관계에 있다. 항공영상면 판독에서 얻어지거나 또는 위성영상으로 분류되는 특성은 높은 오차율을 가진다. 사회적 자료에 대한 부정확성의 주요한 근원은 실제보다 낮게 산정한다. 예를 들어, 인구조사에서 실제보다 수를 낮게 하는 비율을 어떤 지역에서 어떤 사회적인 집단에서는 매우 높을 수 있다(10%).

6) 편집오차(compilation errors)

일반적으로 일반화, 합계, 선 평활화, 근접 도로를 중첩하지 않기 위해서 지도에서 옮겨진 철도와 같은 지형의 분할을 수행하는 과정에서 오차가 발생하며, 이러한 오차를 편집오차라 한다. 그러나 편집오차 중 대부분은 자료의 유용성을 향상시키는 것으로 볼 수 있다.

7) 처리오차(processing error)

자료의 처리는 논리의 오용, 일반화와 판독의 문제, 수학적 오차, 낮은 정밀도 계산에 기인한 정확도 상실 등에 의해 오차가 생성된다.

4.4.4 대상물의 모형화 오차(modeling error in objects and fields)

지형공간자료기반에 대한 현재의 관심은 지형공간정보체계를 지원하는 자료기반의 역할과 급속히 성장하고 있는 지형공간정보체계 산업에서 유래한다. 지형공간정보체계는 지형공간자료를 처리하는 유용한 체계이며, 최근 몇 년 동안 지형공간정보체계 전문가들은 교통, 삼림학, 고고학 등과 같은 분야에 적용해 보려고 노력해 왔다. 자료기반에서 다각형 또는 영상소를 저장하는 데 사용되는 구조는 토지구획, 지형도상의 대상물 또는 수목의 크기와 같은 다각형의 실재 의미와 아무런 연관이 없으며, 다각형 중첩해석을 연구하는 분석가 역시 중첩되는 자료층의 판독에 민감한 영향을 받지 않았다. 실제적으로 지형공간정보체계는 자료의 수집, 편집과 분석기능을 나눈다든가 또는 축척변환, 세분류, 중첩과 같은 기능 등을 무분별하게 사용함으로써 분석의 정확도를 저하시켰다.

격자형과 선추적형의 차이는 종종 체계 설계문제로 고려되었지만, 실제적으로 자료판독에서 주요한 문제가 되고 있다.

주어진 자료집합을 각각의 형태로 표현할 수 있고, 격자형-선추적형 변환과 같은 단순 지형공간정보체계 처리과정에 의해서 한 형태에서 다른 형태로 변환할 수 있다. 그러나 이 변환에서 자료의 성질과 자료의 불확실은 민감한 영향을 주므로 분석의 성공을 위해서 신중해야 한다.

4.4.5 대상물에서의 오차(errors in objects)

지형도를 디지타이징 함으로써 대상물의 지형공간자료기반을 생성하는 일반적인 과정을 생각해 보자. 특성은 자판으로부터 올바르게 입력되었다면 이들 특성은 정확하다고 할 수 있을 것이다. 대상물의 위치는 디지타이징 또는 스캐닝 함으로써 얻을 수 있다. 구겨짐과 펴짐, 습도의 변화, 복사과정 등의 원천자료(source) 파일의 왜곡을 발생시키는 많은 요인들이 존재하며, 지도 기록의 처리과정에 의해 부가적인 오차가 발생한다. 디지타이저가 사용된다면, 위치 정확도는 커서를 위치시키는 처리담당자의 정밀도에 의해서 영향을 받거나, 선 또는 다각형 대상물을 수치화할 때 점이 선택되는 규칙이 점방식인지 흐름방식인지에 의해서도 영향을 받게 된다. 마지막으로 스캐닝된 선의 위치 정확도는 스캐너 해상도의 영향을 받는다.

목재산업에서 삼림자원의 목록은 면적이나 전체 수목 중에서 동질적으로 특성화되는 '수목'으로 분할함으로써 수치적 형태로 표현된다. 선추적형 자료기반이 널리 쓰이고 있지만 대상모형은 지형적 변이를 잘 나타내지 못한다.

보다 큰 문제점은 대상물에 정해진 특성 자체가 요약해서 정리할 때 발생한다. '노령림'이라는 용어가 수목에 붙여졌다고 하더라도 노령림의 기준에서 발생하는 모호성 때문에 수목 중의 특정 지점이 노령림 지역인지 아닌지를 결정하는 것은 불가능할 것이다. 유사하게 '사시나무 초원지대'와 같은 분류를 지정하기 위해서는 대상영역 전체를 관측하는 것이 필요할 것이며, 이 영역은 점의 특성이 아니라 확대된 면적의 특성이다.

위와 같은 특성에 관한 논쟁에서 나타나는 두 가지 형태의 오차를 구분하기 위해서 다양한 용어가 사용되어 왔다. 여기에서는 디지타이징과 선추적형-격자형 변환과 같은 수치처리 이후에 만들어지는 불확실성을 서술하기 위해서 처리오차(processing error)라는 용어를 사용하며, 원천자료오차(source error)라는 용어는 모형과 실제 지형 사이에 존재하는 차이를 서술하기 위해서 사용된다. 원천자료오차는 곡물재배, 토양 또는 토지 사용과 같은 지형적 변이를 표현하는 데 있어서 처리오차보다 많을 것으로 추측된다. 지형공간정보체계 분석의 결과는 자료기반을 생성하는 데 사용되는 원천자료에서보다 실제 지형에 의해서 해석되므로 큰 오차는 현장(field) 조건에 따라 매우 다르게 나타난다.

자료기반으로부터 관측값의 정확도를 추정하는 데 있어 중요한 일은 처리오차와 원천자료오차의 구분이다. 삼림 수목의 면적상의 추정 오차는 면적 대상물을 처리하는 과정에서 발생하는 오차를 분석함으로써 얻을 수 있으며, 대상물에서 암시하는 원천자료 오차와는 독립적인관계를 가진다. 주어진 종(種, species)이 분포하는 면은 그 종을 포함하는 것으로 분류되는 대상물의 면을 합산함으로써 추정되지만, 종에 관한 특성이 각 수목 범위 내에서 동질적으로 적용되지 않는다면 원천자료 오차를 추정하는 것은 어려운 일이며 불가능할 수도 있다.

삼림수목 지도 또는 토양형태 지도는 두 가지 형식의 자료를 조합하는 복잡한 처리를 거쳐서 편집된다. 정보는 먼저 연속적인 점 표본이나 대상영역 조사를 통해서 얻어지며, 이 경우에 항공영상이나 원격탐측영상, 또는 이와 유사한 영상을 사용하여 공간적으로 확정된다. 면대상물은 점이 가지는 특성에 의해서 보다 확장된 영역을 해석함으로써 편집되며, 이러한 경우에서처럼 대상물 표현은 영역 표현으로부터 유도된다는 것은 분명하다. 삼림수목의 경우에 있어서 10헥타르보다 작은 삼림수목 면적을 관리하는 것이 어렵기 때문에, 지도 제작자는 최소 크기라고 하는 개념을 사용한다. 본질적으로 지도제작자는 영역에서 대상물로 변환하는 과정에 있어서 저역통과여과(low pass fille)를 이용하여 상세한 지형변이 중 많은 것을 삭제한다. 이 과정에서 오차모형이 기본적으로 갖고 있어야 할 정보 중 많은 것을 삭제하게 되고, 오차가 저역통과여과에 의해 선택적으로 제거되기 때문에 유도된 대상물에 대한 모형이 아닌 영역에 대하여 오차모형을 만드는 데 중점을 두게 될 것이다.

디지타이징된 선과 면적에 대한 오차모형의 개발은 많은 발전이 이루어져 왔지만, 복잡한 지형 대상물에 대한 처리오차와 원천자료 오차를 파악하기 위한 오차 모형을 만드는 것은 어려운 일이다.

등고선은 영역으로부터 유도된 대상물에 대한 오차를 모형화하는 데 어려움이 있음을 알려주는 예이다. 대상물 오차모형은 각각 등고선을 가지며, 무작위적이며, 자동상관된 오차 처리과정을 사용하여 등고선을 처리하지만, 등고선의 교차와 같은 위상적인 불일치를 만들어 낼 가능성이 크다. 즉 표고가 왜곡되어 있다고 할지라도 표고자료로부터 얻어지는 등고선은 위상관계로 일치되어야 한다. 이러한 사실을 해결하기 위해서 “복합 공간 대상물에서 발생하는 오차를 모형화하기 위해서는 이들 자료 중 많은 영역들에서 발생하는 오차를 모형화하여야 한다.”는 일반적인 명제가 제안되고 있다.

4.5 자료의 공간개념

4.5.1 지형공간자료의 공간형태

지형공간정보체계는 크게 두 가지 방법으로 사용되는데, 첫 번째는 특정한 공간적 현상의 위치를 파악하기 위한 '무엇'과 '어디서'와 같은 형태의 질문이며, 두 번째 범주는 해석적 형태의 질문이며 이는 현상을 모형화시키거나 예측을 하는 데 필요한 것이다. 두 번째 사용법은 특정현상에 대해서 그 원인을 분석하며 가상적인 상황을 전개할 수 있다.

이 장에서는 우선 공간의 정의를 내리고 이와 관계되는 공간의 위상관계와 좌표계를 먼저 소개하고, 각각의 대상물의 표현양식인 점, 선, 면, 표면 등의 공간분석방법을 소개한다. 공간분석은 통계학적 분석방법을 사용하여 이루어지는데, 각각의 대상물에 대한 분석방법은 아래 [표 4.7]과 같다.

[표 4.7] 공간분석방법

지형자료의 형태	분석방법
점	최근린방법(nearest neighbor method) 사각형 방법(quadrat method)
선	조직망분석과 도표이론방법(network and graph theoretic method) 프랙탈차원(fractal dimension) 형상관측(shape measures)
면	공간적 자동상관관계 (spatial autocorrelation) 공간적 상호작용(spatial interaction)

4.5.2 관측 가능한 공간

공간은 '대상물의 집합에 의해서 정의된 관계'로 정의된다. 여기서 '관계'와 '대상물'에 대해서 구체적으로 조사하기 위해서 같은 예를 가정해 보자. 여기에서 관심의 대상물은 *표로 표시된 소화전으로 가정하며, 이 대상물들이 거리라는 관계로 정의되어 있다고 하고, 대상물에 관심을 가지고 있으므로 그 대상물은 경계표와 관련된 특성이나 성질, 예를 들어 설치연도, 관경(管徑), 또는 재질 등을 가지고 있다고 가정하면, 공간대상물은 위치로 특정화시킬 수 있는 특성의 집합과 공간위치의 집합으로 정의될 수 있다.

'공간'은 다음의 대상물의 '집합'을 포함한다. '공간'에는 그 집합에서 정의된 관계와 함께 연관된 특성이 결합되어 있다. 대상물들 간에 그려진 직선은 이러한 관계 중 하나로 볼 수 있으며, 이것은 '거리'를 개념화하는 단 하나의 방법이며, 공간적 관련성에서 바라보는 다른 몇 가지 방법이 있다. 대상물들의 집합으로서, 공간은 대상물의 특성(또는 특징)과 집합 내에서 정의된 대상물들 간의 상호위치 관계로 정의되어 있다. 공간의 종류로는 크게 관측이 가능한 공간과 관측이 불가능한 공간이 있다. 관측이 가능한 공간의 경우, 앞의 예에서와 같이 소화전의 좌표를 $(x_i,\ y_i)$의 기호를 사용하여 나타낼 수 있고, 대상물들의 관계인 거리는 다음 식으로 관측할 수 있다.

$$d(i,j) = \sqrt{\left[(x_i - x_j)^2 + (y_i - y_j)^2\right]} \tag{4.19}$$

이것은 피타고라스 정리에 의한 유클리드 거리를 의미한다. 여기서 고려되는 축척에서는 지구 표면의 곡률로 인해 생기는 복잡함을 무시하지만, 좀 더 넓은 공간축척에서는 지구표면의 곡률은 고려되어야 한다.

점은 거리의 관측을 통해서 결정된다. 첫째, 유클리드 거리와 같이, 거리는 등방성(isotropy, 모든 방향으로 특성이 동일한 재료 또는 조건의 성질)이고 삼각부등식을 만족시키는 미터법의 성질을 가지고 있다. 둘째로, 공간인접성의 문제에서, 거리의 상대적인 순서를 매김으로써 얻어지는 결과는 유클리드 미터법에 의해서 얻어지는 결과와는 차이가 생긴다. 셋째로, 거리는 불변의 좌표계가 아니다. 즉, 축이 변환된다면, 두 점 사이의 거리 관측값에 변화가 생기게 되며, 축이 격자모양과 일치하는 정사각형 도시(圖示)에서만 관측값이 의미를 가지게 된다.

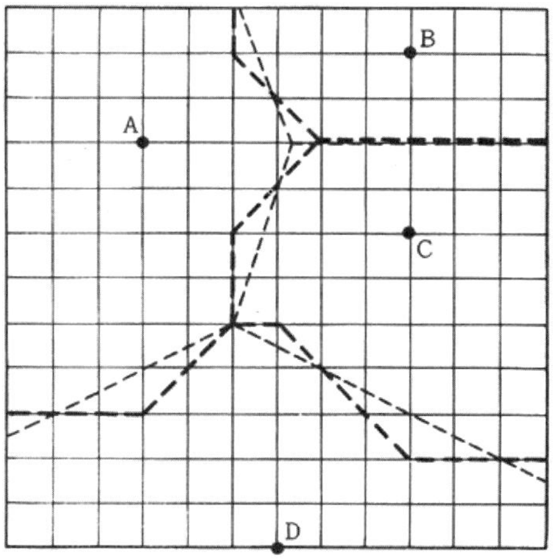

[그림 4.4] 유클리드 기하학과 정방형도시기하학을 사용한 티센다각형

4.5.3 모형공간

지금까지 실제 공간만이 고려되어 왔다. 그러나 모형공간을 필요로 하는 경우가 발생하며 이런 경우 모형공간의 특성을 바르게 정의하기가 곤란할 것이다. 그 예로 지형공간정보체계는 교통망에 경중률이나 장애물을 연결시켜 거리를 모형화하는 데 사용된다. 이러한 작업의 적용 중의 하나는 공간의 새로운 모형이 정의되는 것이고, 일반적으로 거리는 등방성이 아니며, 삼각부등식을 만족하지도 않는다.

위치를 가진 대상물에 있는 공간은 $(x,\ y)$ 좌표계 쌍에 의해서 특징화될 수 있다. 이것에 관해서 두 가지 언급이 있다. 첫 번째 언급은 내부적으로 포함하고 있는 불확실성 때문에 공간대상물의 위치는 잘못된 정확도를 가지게 된다. 예를 들어, 토양 또는 토지사용경계는 연속된 위치좌표에 의해 표현되지만 이러한 경계선은 그 자체의 위치가 모호하다. 반면에 퍼지 집합이론에서부터 개념을 소개하려는 시도가 이루어졌지만 퍼지공간(fuzzy space)이 지형공간정보체계 안에서 어떻게 적용되는가에 대한 명확한 해결방안은 제시되지 않았다. 공간적 문제로 표현되는 현재의 공간개념(예를 들어, '가까운', '멀리 떨어져 있는 ····에 붙어 있는'과 같은)이 원래 모호하고 불확실하기 때문에, 퍼지이론 분야는 연구의 중요한 영역이다.

위치에 관하여 기준을 설정하는 것에 관한 두 번째 언급은 항상 정확한 좌표정보를 알 필요가 없다는 것이다. 도로망의 경우 한 지점에서 다른 지점으로 운행하는 지형공간정보체계를 사용할 경우, 모든 위치좌표계를 아는 것이 진정으로 필요할까? 서울 지하철 [그림 4.5]의 예를 고려해 보자. 이 그림의 노선 망에서는 한 지점에서 다른 지점으로 이동하는 데 필요한 모든 유용한 정보를 포함한다. 그러나 어느 정도까지 위치는 임의적이며, 이러한 모형공간을 정의하는 관계는 단순히 연결성에 대한 것이다. 즉, 어떠한 정거장이 근접해 있는가에 대해서 알 수 있다. 시각적인 표현은 멀리 떨어져 있는 이러한 지하철 노선 사이를 이동할 때 필요한 공간적인 해석을 가능하게 해준다.

이러한 지하철 노선은 위상관계의 개념을 소개하는 데 많이 사용되며, 이는 위상적 공간의시각적 표현이다. $(x,\ y)$ 쌍에 의해서 표현되는 위치를 가진 완전히 선추적형 방식의 지형공간정보체계에서 연결마다 구조의 위상관계를 생각할 수 있다. 이것은 선의 왼쪽과 오른쪽에 엇이 있는가에 대한 정보를 저장하는 지형공간정보체계의 능력을 말하는 것이다. 그러므로 유클리드 식의 공간에 대해서 위상관계를 언급하는 것이 가능하다. 위상적 공간은 위치와 상호간의 인접관계를 정확히 표현하는 공간이다.

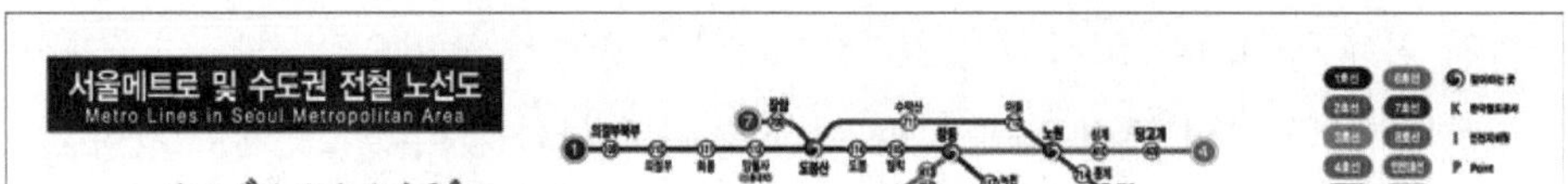

[그림 4.5] 서울시 지하철 노선 망도

몇몇 지형공간정보체계는 유클리드와 위상공간의 혼합으로 구성된 자료구조를 선택한다. 하나의 좋은 예는 미국 통계청에서 사용되는 TIGER 체계(위상관계로 통합된 지형코드입력 기준화)이다. 여기에서는 거리명과 그 거리의 시작절점과 끝절점에 대한 위치좌표를 함께 저장하며 거리의 왼쪽과 오른쪽에 있는 필지의 지번이 저장되는데 마지막 필지만 저장된다. 이와는 달리 영국의 핀 포인트 분석회사는 1980년대 말에 영국에 있는 모든 필지의 건물을 육지측량부(Ordinance Survey)의 기준 격자망을 기준으로 입력하기 시작하였다.

4.5.4 분할된 공간

지형공간정보체계의 적용에 있어서, 자료는 면단위로 수집되며, 이것은 공간을 분리된 것으로 표현된다. 원격탐측은 공간을 다루며, 이러한 분할된 공간의 단위를 정사각형 구조 또는 '영상소'라 한다. 이것은 대상을 '격자형' 방법으로 보는 방식으로서 몇몇 지형공간정보체계에 의해서 활용하여 이러한 격자형에 기초한 체계의 장점과 단점, 격자형을 선추적형방식으로 전환하고, 선추적형방식을 격자형으로 전환하는 방식, 그리고 격자형 자료의 저장에 관해서 많은 관심을 가지게 된다. 격자방식으로 표현하는 것은 우리 일상 경험과 차이가 많이 나는 방식인 반면에 이러한 체계는 계산에는 큰 이점이 있다. 경계에 있는 격자를 제외한 모든 격자는 고정된 격자수를 가지게 되며, 모든 셀은 일정한 크기와 형상을 가지게 된다. 이러한 성질은 공간분석의 많은 형태를 보다 쉽게 만든다. 지도의 중첩과 다양한 논리적 연산기호의사용은 선추적형방식 다각형 중첩에서 요구되는 처리과정의 양에 비교해서 매우 간단하다.

격자형 자료를 저장하는 문제는 충분히 연구되어 왔다. 영상소의 블록이 동질의 지역(예, 산림)을 나타낼 때, 각각의 영상소에 특성값을 저장하는 것보다 이 블록의 첫 번째 요소, 즉 이에 따르는 영상소의 수를 저장하는 것이 효율적이다. 이러한 압축 저장방식은 연속부호화 방식으로 알려져 있다. 이러한 격자형 체계에 대한 다른 방법은 '사지수형(종종 3차원에서 사용되는 동등한 체계는 팔지수형(octrees)' 방식이 있다. 여기서, 지도는 네 가지 방향으로 나뉘게 되며, 각각의 방향은 동질의 영상소들의 세부분할을 요하지는 않으며, 계층수형의 높은 단계에서 저장될 수 있다.

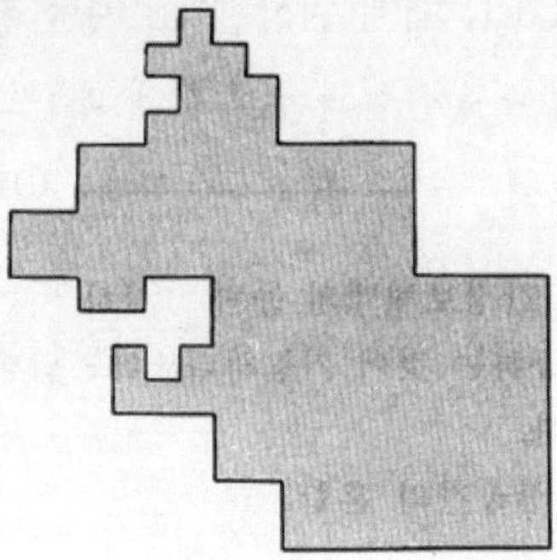

(a) 영역과 삼림과 같은 영역

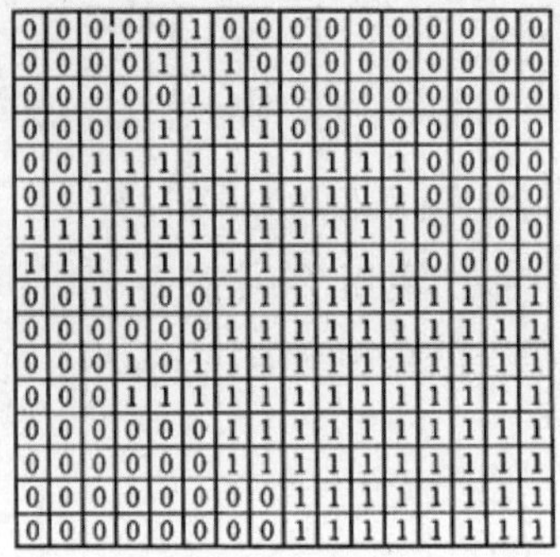

(b) (a)영역의 이진지도

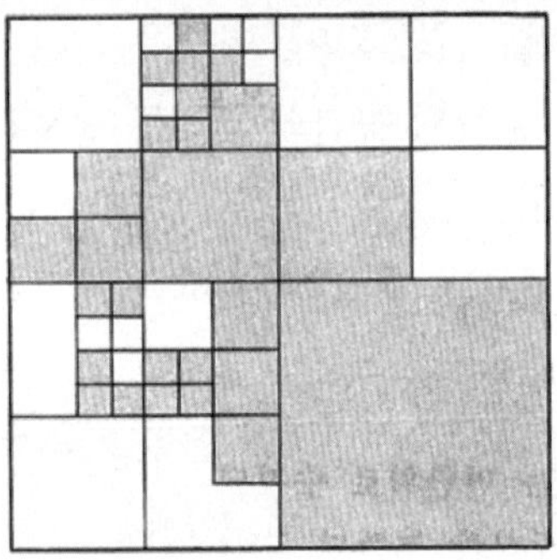

(c) 최대영역을 보여주는 구획의 분할

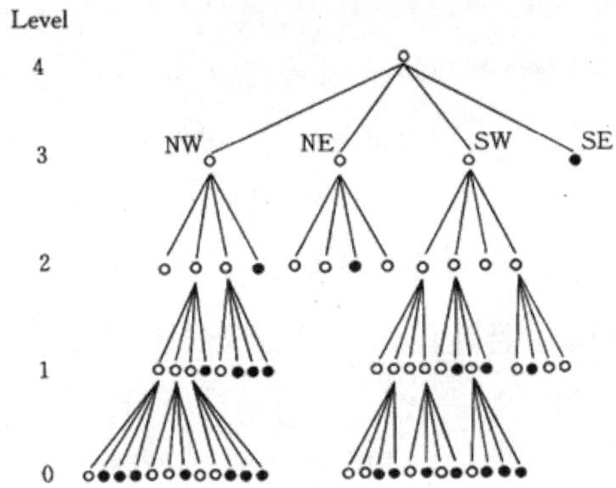

(d) 도트로 보여주는 흑색마디를 가진 사지수형 표현

[그림 4.6] 사지수형 자료구조

4.6 자료의 위상관계와 공간자료구조

4.6.1 공간대상물의 위상관계

자료의 전통적인 특징의 하나는 '점, 선, 면'과 같은 것이다. 이러한 자료는 가장 기본적인 모형의 하나이다.

여기서는 공간과 공간분할계획의 다른 형태를 검토하여, 공간의 정의(대상물의 집합에 의해서 정의되는 관계)를 자세히 설명하고, 공간대상물에 대해서 서술한다. 점은 위치 좌표계의 단 하나의 쌍에 의해서 표현되는 대상이며, 선은 점이 연결되어 만들어지는 집합이다. 선은 도로 또는 강과 같은 선형적 특성을 표현하며, 경계를 표시한다. 면(영역 또는 다각형)은 분리된 단위를 형성하는 것에 가까운 선 분할의 집합이다. 전통적으로, 이러한 대상물은 각각 0, 1 또는 2의 길이 차원을 가진다고 생각되어 왔다. 이러한 이유로는, 점, 선, 그리고 면이 '위상적 차원'으로 간주되기 때문이다.

이러한 세 가지 분류는 2차원 공간에 존재하는 대상물의 집합을 포함한다. 그러나 점 대상물은 3차원 공간에서도 존재할 수 있다. 그 예로, 큰 지질구조에서 작은 광물을 들 수 있다. 3차원에서 선 대상물은 평면에 존재하는 것이 아니며, 3차원 공간을 통해서 뒤엉킨 길을 탐색하여 밝혀내는 것이다. 이것의 함축된 의미는 '차원', 즉 대상물의 위상적 차원과 공간에 존재하는 공간적 차원의 두 가지 형태의 차이점을 구별하는 것이 필요한 것이다. 표면은 공간적 대상물의 범주로 간주되어 오고 있으나, 오히려 표면이 자료에 의해서 정의되는 다른 특성, 즉 지형 또는 온도표면은 높이나 온도자료 없이는 존재할 수 없다는 특성을 가진다. 일반적으로, 표면은 2-D 공간에 존재하는 1-D 대상물인 지도상의 등고선으로 표현된다. 마지막으로, 표면에서는 불규칙 삼각망(TIN)으로 표현된다. 엄격하게 말하면 TIN에서는 2-D 대상물인 삼각형이 3-D 공간에 존재 한다.

1. 대상물의 변환

지형공간정보체계가 지원해 주는 기능의 하나는 아주 간단하거나 원시적인 대상물로부터 새로운 대상물을 만들어 내는 능력이다. 이러한 기능의 명확한 예는 한 면지도(예, 토지이용)가 다른 지도(예, 지질)와 다각형 중첩을 경유하여 새로운 면대상물을 만들어 내는 것이다.

단순한 점, 선 그리고 면으로부터 복잡한 대상물의 생성은 연구의 중요한 영역이다. 특히 수치지도를 지형공간정보체계로 전환할 때에 중요하다. 영국의 육지측량부와 미국 지질측량국(USCS)과 같은 국가지도제작기관은 수치지도제작에서 담, 건물의 경계와 같은 대상물에 부속된 특성코드를 중심적으로 취급하고 있다. 그러나 개발조사를 위한 토지구획의 설정을 필요로 한다면, 이러한 '고차원' 대상물에 대한 정의를 하는 것이 필요하다. 그 예로, '대학'이라는 대상물의 경우에 대축척으로 수치화한다면, 건물, 광장, 운동장, 주차장과 같은 대상물은 코드로 입력해야 한다. '대학'이라는 것을 정의하는 데 함께 사용되는 대상물을 수집하는 방법으로 자료를 만드는 것이 필요하다.

그러므로 지형공간정보체계는 사용자가 기본적인 건물구획에서 복잡한 대상물을 생성하도록 한다. 위의 예는 다른 차원의 대상물이 생성되는 방법을 보여 주지만, 지형공간정보체계는 같은 차원의 복잡한 대상물을 정의하게 한다. 이에 대한 예로서, 거리망을 표현하는 선분들의 집합의 경우에 이러한 망을 통해서 이동최단거리는 그 자체로 원초적인 대상물은 아니며, 이에 대한 특성이 붙어 있는 새로운 대상물로 정의되는 것이 필요하다.

2. 공간분석을 위한 대상물

공간대상물은 위치와 시간이라는 특성을 가지고 있다. 지형공간정보체계가 위치표현양식을 기하학적으로 분석하고 특성자료를 분석하는 데 도움을 줄 수 있는 방식이다.

기하학적으로 공간대상물의 특성과 특성을 통합할 수 있도록 제공하는 공간분석의 중요한 방법 중의 하나는 공간적 자동상관관계(spatial autocorrelation)를 분석하는 방법이다. 여기에서는 공간적 자동상관관계를 지도에서 대상물의 표형양식과 특성으로 간주한다.

불확실성은 위치와 시간이라는 특성의 양쪽에 존재한다. 공간대상물에 대해서 좌표값을 붙여 준다고 해서 정밀도를 향상시키는 것은 아니며, 위치자료가 특성자료와 결합되는 데 있어서 불확실성이 존재한다는 것이다. 그 예로, 단위 면적에 관련된 인구자료는 대부분 국가인구조사국에서 얻어진다. 인구통계학적 변화는 연속적으로 발생하기 때문에 자료가 전체적으로 수집시간에서 발생하는 오차가 크고, 자료가 생성된 직후에 곧바로 오차가 누적된다는 사실은 말할 것도 없으므로, 이러한 자료에 관련된 불확실성은 존재하게 된다. 현재에도 여전히 지도와 특성오차와 이러한 자료에 대한 '불확실성의 점수'를 붙이는 방법에 대한 연구 필요성이 있다.

4.6.2 공간의 위상관계

현재까지는 물리적 거리의 관측에 관한 용어로 정의된 공간관계에 중점을 두었다. 여기에서는 공간인접성을 정의하는 다른 방법에 대해서 조사해 보고자 한다. 공간인접성을 정의하기 전에, 공간은 대상물의 집합에 대한 관계로 정의된다는 것을 기억한다면, 공간관계라는 것은 대상물의 한 집합과 다른 집합 사이의 관계로 정의할 수 있다. 예를 들어, 공간관계는 지형공간정보체계 사용자의 집합과 소프트웨어 생산자의 집합 사이에 존재하는 '선택관계'가 될 것이다. 이는 잠재적으로 지형공간정보체계 기능을 개념화하는 가장 강력한 방법이다. [표 4.8]는 지형공간정보체계에서 몇 가지 처리과정이 공간대상물의 다른 집합 사이의 관계로 간주될 수 있는 방법을 체계적인 형태로 나타내고 있다. '다각형 안의 점' 처리과정은 면과 점의 관계이고, 다각형 중첩은 면과 면의 관계이며, 그 밖의 여러 가지 관계가 존재한다는 것을 알 수 있다. 간단하게, [표 4.8]는 등방성의 성질을 가지고 있다는 사실을 보여준다. 비록 몇 가지 관계 사이에 차이점이 존재하지만, [표 4.8]는 일반적인 공간대상물간의 관계를 일목요연하게 보여 준다.

[표 4.8] 공간대상물 사이의 관계점

	점	선	면
점	• ~이웃에 있는 • ~할당되어 있는	• ~가까이 있는 • ~에 있는	• ~도심에 있는 • ~안에 있는
선		• ~을 가로지르는 • ~과 결합하는	• ~을 분할하는 • ~의 경계에 있는
면			• ~에 의해서 중첩된 • ~부근에 있는

1. 시간-거리

하나의 서울이라는 공간과 청주라는 공간이 존재한다. 이들 공간 사이에는 거리가 존재하며, 한 공간에서 다른 공간으로 이동하는 데는 시간이 소요된다. 한 공간에서 다른 공간으로 이동하는 데 걸리는 시간을 도달시간(travel time)이라 정의한다. 따라서 도달시간을 이용하여 공간을 분리할 수 있으며, 축척을 통해 공간을 확대하거나 축소하여 조사할 수 있다. 공간대상물의 집합은 국가적인 차원에서는 도시, 지역적인 차원에서는 도로망 그리고 생성된 장소의 모든 쌍 사이의 도달시간 행렬로 표현되는 전형적인 점 위치로 정의될 수 있다. 각각의 행렬에 대한 연산법은 크게 두 가지로 나누어지는데, 행과 열을 분리한 후 연산하는 방법과 전체 행렬에 대한 연산을 하는 방법이 있다. 도달시간과 관련된 행렬을 연산하면 각 공간들의 위치를 나타내는 위치집합이 형성되며 각 공간들의 고유한 특성이 포함된다. 물리적 거리란 한 도시까지의 거리 또는 지구상 어느 위치까지의 떨어진 정도를 나타내며, 시간이라는 독립변수에 의존하는 종속변수라고 할 수 있다. 또한 이러한 관계는 확실히 미터법으로 표현되는 공간으로 정의되지 않는다. 즉, 시간-거리는 일반적으로 등방성도 아니며, 삼각부등식이 성립하지도 않는다.

지형공간자료기반에서 하나의 조직망에 존재하는 중심이나 절점에서 다른 모든 위치로 도달시간을 서술하고 출력이 요구되는 적용을 생각해 보자. 같은 도달시간을 선으로 나타내는 등고선으로 구성된 '등시도(isochrone map)'를 만들기 위해 망에 존재하는 중심이나 절점들의 사이를 보간하는 것이 지형공간정보체계에서 필요하다([그림 4.7 (a)]). 이러한 지도의 축척은 물리단위로 표시되지만, 지형공간정보체계 안에서 등시성이 동심원으로 되고, 지도상에 있는 다른 지형공간 대상물인 수송망을 수정하기 위해서 기반이 되는 기본도를 변환하는 능력을 가지고 있어야 한다([그림 4.7 (b)]). 몇몇 소프트웨어체계는 도달시간에 기초한 배수지나 상업지역을 설정도구로 제공한다. 그러므로 시각화를 위해서 변형된 지도를 만들 수 있는 보다 향상된 능력을 가지는 것이 중요하다.

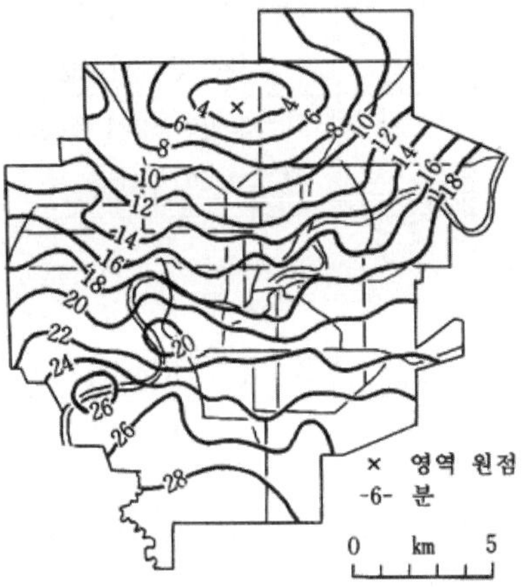

(a) 지형공간에서의 등시도

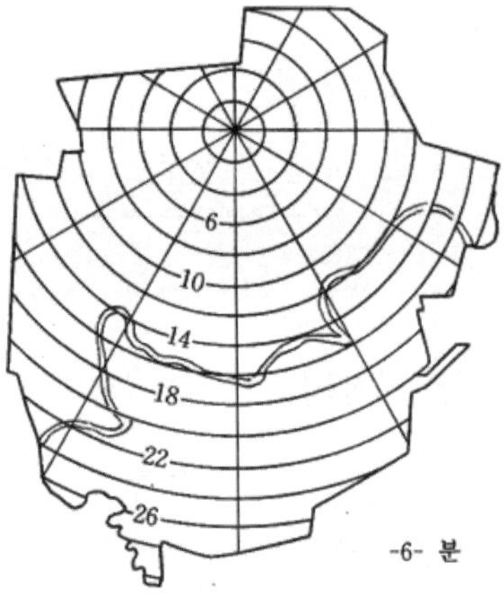

(b) 시간-공간에서의 등시도

[그림 4.7] 캐나다, 에드몬트에서의 시간-거리

측량에서 사용하는 삼변법을 사용하여 보정된 위치를 가지는 지도를 만드는 것은 가능하다. 여기서, 수치화되지 않는 자료로부터 수치화된 지형공간으로 만드는 데 사용되는 방법을 사용할 수 있다. 이와 같은 과정을 '다중차원 축척화(MDS : Multi-Dimensional Scaling)'라 부르며, 지형공간정보체계는 MDS를 이용하여 작업을 수행한다.

MDS는 대상물 집합의 지형공간적 배치를 제공하는 방법을 찾는다는 것을 뜻한다. 원칙적으로 이러한 배치 또는 지도는 3차원 또는 그 이상의 차원을 가지고 있다.

2. 통계지도(cartogram)

많은 문헌에서 지형공간정보체계의 시각화가 중요하게 다루어지고 있다. MDS를 사용하면 변환된 지도를 만들어 내기 위해 공간적 관계에 대한 자료를 다루는 것이 가능하다. 지도특성과 연관된 대상면적을 사용하여 이러한 변환을 만들어 내는 방법에 대한 연구가 현재 진행되고 있다. 생산되고 있는 지도는 '면적통계지도'이며, 이를 간단히 '통계지도'라 한다.

통계지도 제작에 있어서 생기는 문제는 변환된 지도와 점 대상물을 연관시키는 방법을 개발해야 할 필요성을 가지게 되었다. 예로, 질병환자가 살고 있는 거주지에 대한 자료는 인구통계지도에서 영상출력되는 것이 가능하다.

4.7 지형공간정보체계 해석 관련기능

4.7.1 자료해석을 위한 관련기능 사항

지형공간정보체계가 다른 정보체계와 구별되는 것은 지형공간적인 해석기능이 있기 때문이다. 이들 기능들은 실제적인 의문들에 해답을 주기 위해 지형공간정보체계 자료기반의 공간과 비공간 특성자료를 이용한다.

지형공간정보체계 자료기반은 실세계의 현상과 형상을 모방하기 위해 어떤 사상과 관계를 표현한 모형이다. 여기서, 사상은 어느 한 개인의 이름일 수도 있고, 특성에 대한 목록일 수도 있으며, 관계는 토지의 경우 소유주, 저당권자, 저당권 설정자 등과 같은 것을 포함할 수도 있다. 모형은 단어들, 수학적인 공식으로 표현될 수도 있고, 지도와 같이 지형공간적인 관계로 보여질 수도 있으며, 지형공간정보체계의 전산 소프트웨어와 하드웨어에 의해 저장될 수도 있다. 모형을 계획할 때 중요한 점은 실제로부터 몇 가지만을 선택하여 모방하여야 한다는 것이다. 일반적으로 모형에서 취급하는 인수가 많으면 많을수록 그것은 복잡해지고 그것을 이용하고 유지하는 데 비용이 많이 들게 된다. 복잡한 모형은 언급된 문제에 따라 더 좋은 결과를 낳을 수도 있고, 그렇지 않을 수도 있다.

모형을 이용할 경우 더 편하거나, 정보를 직접적으로 취득하기가 어려운 경우에 사용된다. 모형의 가치는 그것이 얼마나 편리하고, 빠르고, 저렴한 비용으로 처리되는가에 달려 있다. 많은 경우에 모형은 가장 적합한 계획을 찾기 위한 반복적인 해석에 사용되거나, 현재 또는 과거에 존재하는 문제를 해결하기 위해 사용되나, 가장 중요한 용도는 그 모형이 다른 위치나 지점에서 발생할 수 있는 일을 예견하는 데 사용될 수 있다는 것이다.

이러한 예측 가능한 모형은 가장 좋은 방안을 선택할 수 있는 기회를 제공하기는 하나, 지형공간정보체계의 공간해석 기능은 어느 것이 최선의 방안인가에 대해 부분적인 해답만을 준다. 나머지 일부분은 의도, 목적, 정보를 이용하는 조직, 사회에 대한 인간의 가치판단에 좌우된다. 지형공간정보체계 해석에 있어서 이러한 가치판단을 고려하지 않는다면, 그것은 실제적인 도구가 아닌 이론적인 것에 불과해 해석결과에 있어서 오차가 발생할 것이다.

지형공간정보체계에 의해 제공되는 해답은 [그림 4.8]에 도시한 것과 같이 세 가지 형태로 분류되어질 수 있다.

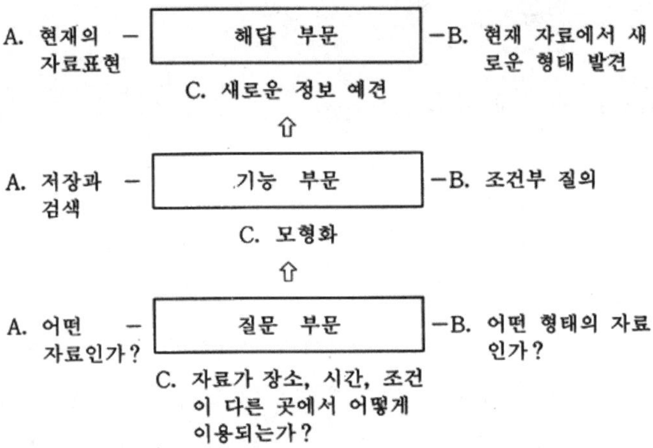

[그림 4.8] 지형공간정보체계에서 질문, 기능, 해답의 분류

4.7.2 해석을 위한 자료의 조직화

지형공간정보는 지형공간정보체계 내에서 가장 편리하고 효율적인 이용이 가능하도록 조직화되어야만 한다. 선택된 조직화의 형태는 사용된 자료의 형태, 수행된 해석의 형태, 자료의 부호화 방법 등에 의해 영향을 받는다.

종이지도에서 지형정보는 도로, 강, 토지의 피복상태, 국경 등 일련의 주제별로 조직화된다. 한 국가와 같은 넓은 지역을 표현하기 위해서는 여러 장의 종이지도가 필요하고, 각각의 종이지도를 분할하기 위해 어떤 편의체계가 사용된다. 지형공간정보를 얼마나 자세하게 표현할 것인가의 문제는 저장매체의 제한과 특성화된 정보의 필요성 여하에 따라 선택되어진다.

종이지도의 경우 지도는 그 자체가 표현형태일 뿐만 아니라, 지형정보를 저장하는 수단이다. 기호, 등고선, 선폭, 그리고 다른 지도의 요소들은 그 지도 자료의 시각적 분석의 필요성에 적합하도록 선택된다. 전산기를 기반으로 한 지형공간정보체계에서는 이들 조직화 과정이 다소 다르게 이루어진다. 자료의 저장과 표현이 서로 분리되어 있기 때문에, 저장될 수 있는 세밀한 정도는 하드웨어(hardware)의 저장용량과 자료를 처리하는 소프트웨어에 의해 제한을 받는다.

아주 넓은 지역의 경우 지도에서의 개념과 동일하게, 효과적인 저장을 위해 작은 단위로 세분시킨다. 그러나 각 단위들의 경계를 따라 이들을 정확하게 정합시킬 수 있는 정교한 기능을 제공한다는 면에서 지도와는 다르다.

1. 자료층(layer)

자료층은 논리적으로 관련된 지형형태와 그 특성들의 모임으로 구성된다. 개개의 자료층에서 그룹되어진 지형들은 사용자가 편리한 대로 선택되어진다. 조직화되는 원리는 서로 비슷한 요소들의 형태로 조직화하는데, 예를 들면 주제별로 조직화될 수 있다. 도로와 철도는 하나의 운송수단 자료층으로 결합될 수 있고, 강과 호수는 수문 자료층으로 결합될 수 있다. 또한 자료층을 조직화하는 것은 이용하는 소프트웨어의 한계에 의해서도 좌우될 수 있으며, 점, 선, 면 등을 각기 분리된 자료층에 저장하는 것이 필요하고 더욱 편리할 수도 있다.

2. 영역의 분할화

지형공간정보체계에서 많은 양의 공간자료를 취합해야 할 경우 그 영역들이 보다 작은 단위로 분할될 수 있다([그림 4.9]).

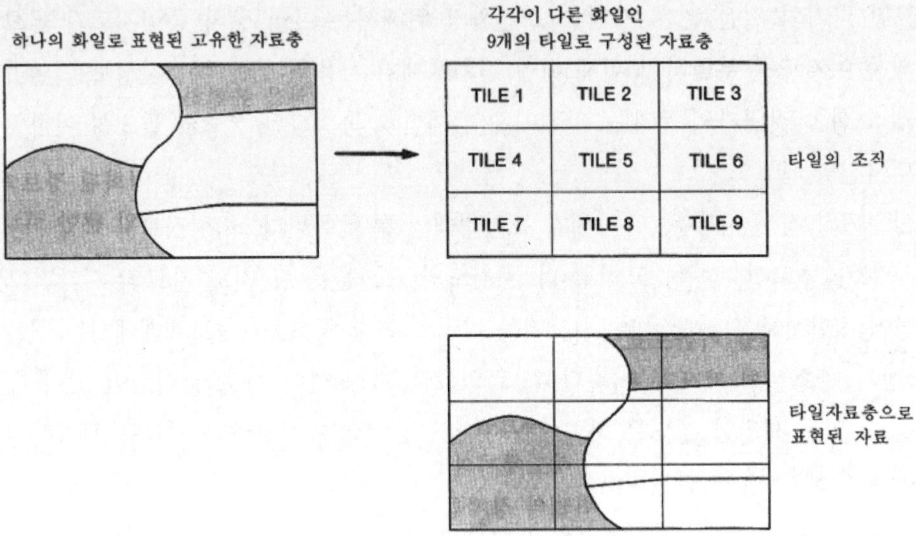

[그림 4.9] 타일 자료의 결합

타일(tile)의 허용형태와 크기는 소프트웨어의 제약에 달려 있다. 일반적으로 타일의 경계는 지형공간정보체계의 이용과 수행이 가능하도록 선택되어져야 하며, 여기에는 경위도 좌표나 UTM좌표가 이용된다.

분할체계는 사용자가 직접적으로 분리된 영역의 타일을 생성하고 관리하는 체계와 특별한 소프트웨어를 이용해 자동적으로 타일을 생성하고 관리하는 체계가 있다.

자료층을 타일로 분할시키는 것은 자료요소의 검색 시에 체계의 수행능력을 증가시킨다. 그러나 전체적인 영역의 검색이 필요한 경우에는 자료를 다시 접합시키는 부가적인 과정 때문에 저장과 검색과정의 속도가 저하될 수도 있다.

[표 4.9] 지형공간정보체계 해석기능의 분류

<table>
<tr><td rowspan="7">1. 공간자료의 유지와 해석</td><td colspan="2">형식변환(format transformation)</td></tr>
<tr><td colspan="2">기하학적 변환(geometric transformation)</td></tr>
<tr><td colspan="2">지도투영간의 변환(transformation between map projection)</td></tr>
<tr><td colspan="2">합성(conflation)</td></tr>
<tr><td colspan="2">경계선 정합(edge matching)</td></tr>
<tr><td colspan="2">편집기능(editing function)</td></tr>
<tr><td colspan="2">선의 좌표 단순화(line coordinate thinning)</td></tr>
<tr><td rowspan="2">2. 특성자료의 유지와 해석</td><td colspan="2">특성 편집기능(descriptive editing function)</td></tr>
<tr><td colspan="2">특성질의기능(descriptive query function)</td></tr>
<tr><td rowspan="18">3. 공간과 특성 자료의 통합해석</td><td rowspan="3">검색분류 관측 기능
(retrieval classification measurement)</td><td>검색(retrieval) 기능</td></tr>
<tr><td>분류(classification) 기능</td></tr>
<tr><td>관측(measurement) 기능</td></tr>
<tr><td colspan="2">중첩(overlay) 기능</td></tr>
<tr><td rowspan="6">인접(neighborhood) 기능</td><td>검사(search)기능</td></tr>
<tr><td>점 · 선 · 다각형(point-line-polygon) 연산기능</td></tr>
<tr><td>지형적인(topographic) 기능</td></tr>
<tr><td>티센(Thiessen) 다각형</td></tr>
<tr><td>보간(interpolation) 기능</td></tr>
<tr><td>등고선(생성(contour generation)</td></tr>
<tr><td rowspan="3">연결(connectivity) 기능</td><td>근접관측(contiguity measure)</td></tr>
<tr><td>근접(proximity)</td></tr>
<tr><td>조직망 기능(network function)</td></tr>
<tr><td rowspan="5">연결(connectivity) 기능</td><td>전개기능(spread function)</td></tr>
<tr><td>탐색(seek) 또는 흐름(stream) 기능</td></tr>
<tr><td>상호시각성(intervisibility) 기능</td></tr>
<tr><td>조명(illumination) 기능</td></tr>
<tr><td>조망(perspective) 기능</td></tr>
</table>

4. 자료의 출력 형태	지도주석(map annotation)
	문자표지(text label)
	문서의 형태와 선 양식(texture patterns and line styles)
	도형기호(graphic symbol)

4.7.3 해석기능의 분류

지형공간정보체계 기술의 발전을 통해서 보다 정교한 해석 기능이 생겨났다. 여기에서 사용된 접근 방법은 크게 네 가지 분류로 나누고 각각을 다시 세분화시킨 것이다. [표 4.9]는 지형공간정보체계 해석 기능에 관한 분류를 나타내고 있다.

각 주된 기능 아래의 세분화된 기능들 사이의 차이점은 다소 인위적이고 불명확할 수도 있나, 그것들은 유용한 기틀을 제공한다.

지형공간정보체계 기능을 도구화시키는 방법은 자료모형(예, 격자형 대 선추적형), 하드웨어, 사용표준(예, 얼마나 빠르게 작동하고, 어떤 선택항목이 제공되는가)과 같은 인수들에 달려 있다. 이러한 것들은 중요하면서도 적절한 평가를 내릴 수 있는 전문기술이 필요하지만, 지형공간정보체계 해석기능의 형태와 그것들이 어떻게 사용되는가, 그리고 그것들이 어떠한 가치를 지니는가를 이해하는 수준까지는 필요 없다.

4.7.4 자료의 유지와 해석

1. 지형공간자료

관리와 해석기능은 지형공간자료를 변환시키고, 편집하고, 그것들의 정확도를 평가하는데 사용된다. 관리와 해석기능은 주로 지형공간자료와 연결되어 있으며, 비공간 특성자료에 관련된 기준은 크게 필요치 않게 된다. 모든 지형공간정보체계에서는 원시자료를 현재 이용 중인 체계의 자료구조로 변환할 수 있는 기능을 가져야 하며, 일단 생성, 저장된 자료는 수정이 가능해야한다. 또한 동일한 영역에 대한 각기 다른 자료층의 자료에 대해 자료상호간 또는 지정된 지리좌표체계에 맞게 등록시키기 위해 자료변환이 필요하게 된다.

1) 형식변환(format transformation)

자료는 디지타이저로부터 생성된 점의 형태로 지형공간정보체계에 입력될 수도 있으며, 이들 파일들은 지형공간정보체계에 적합하게 이용될 수 있는 자료구조와 파일(file)형식으로 변환되어야 한다.

형식변환 과정은 지형공간정보체계에 적합한 형태로 자료가 수집되지 않은 경우, 비용이 많이 들고 처리과정에 시간소모가 많다. 예를 들어, 지도가 위상적으로 구조화되지 않은 형식으로 수치화되면, 이들 파일들은 다각형이 닫혀 있지 않거나, 선이 만나지 않는 경우 등과 같이 위상적으로 오류를 포함할 수도 있고, 이를 구조화시키는 것이 어렵거나 불가능한 경우 전체 지도를 다시 수치화하는 것이 더 경제적인 경우도 있다. 형식변환에 소모되는 비용은 수치자료를 이용하는 데 드는 비용에 중요한 영향을 끼치게 되어, 지형공간정보체계에 입력하기 위해 선택된 원시자료에 영향을 끼치게 된다.

2) 기하학적 변환(geometric transformation)

기하학적 변환은 지형공간정보체계 내에서 지도나 자료층에 좌표를 부여하거나 또는 동일한 지역의 서로 다른 자료층을 올바르게 중첩시키기 위해 사용된다. 이러한 수정작업에 사용되는 과정을 '등록(registration)'이라 한다. 동일한 지역에 대한 자료층은 각 자료층의 동일한 지점이 동일한 지도좌표를 갖도록 하기 위해 등록되어야만 한다.

등록에 사용되는 접근 방법에는 절대적인 위치의 조정과 상대적인 위치의 조정, 두 가지 방법이 있다. 상대적인 위치는 다른 지형에 대한 상대적인 지형의 위치를 말하는 것이고, 절대적인 위치는 지리좌표체계와 관련된 지형의 위치를 말한다.

3) 지도투영간의 변환(transformation between map projection)

지도 투영은 편평한 2차원의 지도 위에 3차원적인 구형표면을 표현하기 위한 수학적인 변환으로 왜곡을 완전하게 방지할 수 있는 변환은 존재하지 않는다. 지도투영은 면, 형상, 거리, 방향에 따라 왜곡의 정도가 다르다. 지형공간정보체계에서는 여러 가지 투영기법을 지원하며, 한 투영을 다른 투영의 자료로 변환시키는 소프트웨어를 지원한다.

4) 합성(conflation)

합성이란 서로 다른 자료층들의 지형들을 일치시키는 과정이다. 예를 들어, 동일한 지역에 대한 지도가 서로 다른 시기에 작성되어, 디지타이저로 입력하면 동일한 지형에 대해서도 원도상의 오차와 디지타이징 과정의 오차로 인해 정확하게 중첩되지 않게 된다. 합성 기능은 이렇게 대응되는 지형을 정확하게 중첩시키기 위해 차이가 나는 지형을 일치시키는 데 이용된다.

사실상 자료층들은 입력과정의 오차로 인해 정확하게 중첩되지 않기 때문에 여러 자료층을 해석할 때는 이러한 합성과정이 중요하다.

5) 경계선 정합(edge matching)

정합이란 [그림 4.10]과 같이 지도 종이의 경계선을 넘어서는 지형의 위치를 조정하는 과정이다. 이론적으로는 조정된 지도 자료가 지도 경계선과 정확하게 일치해야 하지만, 실제로는 원래의 도면화 과정에서 생기는 오차, 도면화시킨 날짜의 차이, 종이의 건조수축, 수치화처리 과정에서 생기는 오차 등에 의해 완전히 일치하지 못한다.

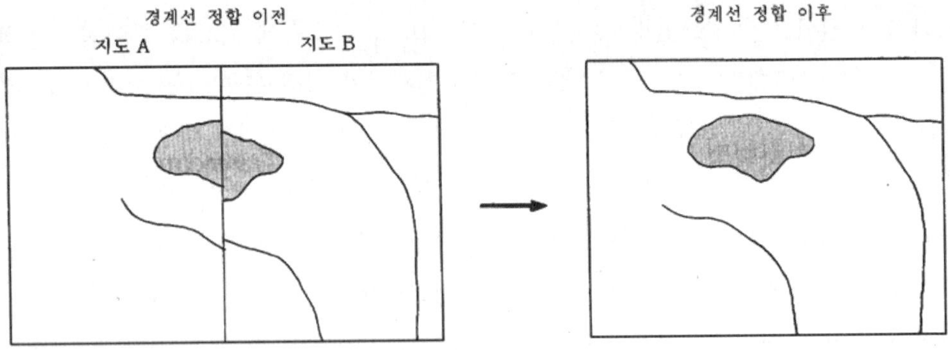

[그림 4.10] 경계선 정합

6) 편집 기능(editing function)

편집 기능은 지형의 공간적인 위치를 삽입, 삭제, 그리고 교환하는 데 사용된다. 편집용 소프트웨어는 이러한 기능을 실행함에 있어서 속도와 정확도에 크게 영향을 끼친다.

중복부(sliver) 혹은 틈새(splinter)란 수치입력과 중첩과정에서 생기는 얇은 다각형을 말한다([그림 4.10]). 자동적으로 중복부 혹은 틈새를 감지하여 수정하는 소프트웨어를 이용하면 이러한 편집에 소모되는 시간을 감소시킬 수 있다.

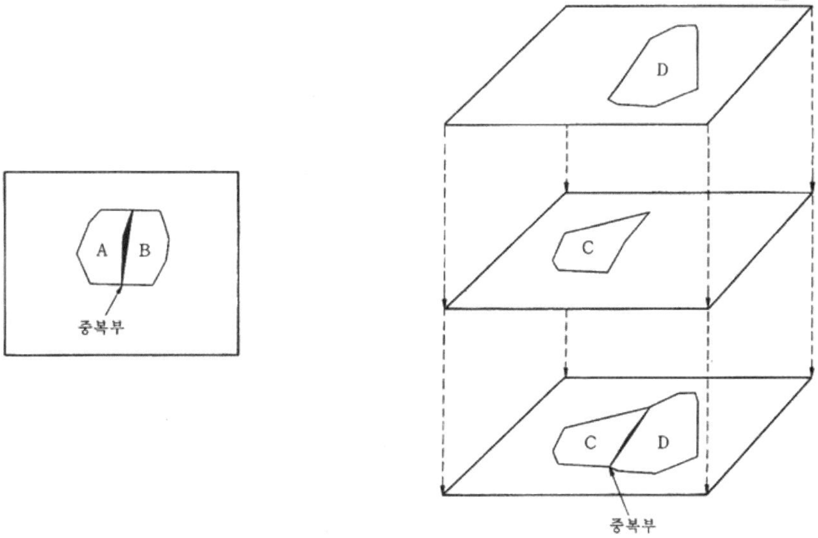

[그림 4.11] 중복부(sliver)

7) 선의 좌표 단순화(line coordinate thinning)

이 기능은 지형공간정보체계에 저장되어야 하는 좌표자료의 양을 감소시키는 데 사용된다. 때때로 디지타이징 과정과 스캐닝 과정에서 선이나 다각형을 생성하는 데 필요 이상의 좌표가 입력될 수도 있다. 좌표의 단순화는 좌표점들을 감소시켜 자료파일의 크기를 줄이는데, 그 결과 지형공간정보체계에 저장되고 처리되는 자료의 용량도 감소된다. 이러한 자료 용량의 감소는 지형공간정보체계 수행 능력을 증진시킨다.

그 결과 선의 표현에 있어 덜 자세하지만 요약된 느낌을 가질 수 있으며, 실제로 자세한 정보의 손실을 인식하지 못하는 범위 내에서 많은 좌표점을 감소시킬 수 있다([그림 4.12]).

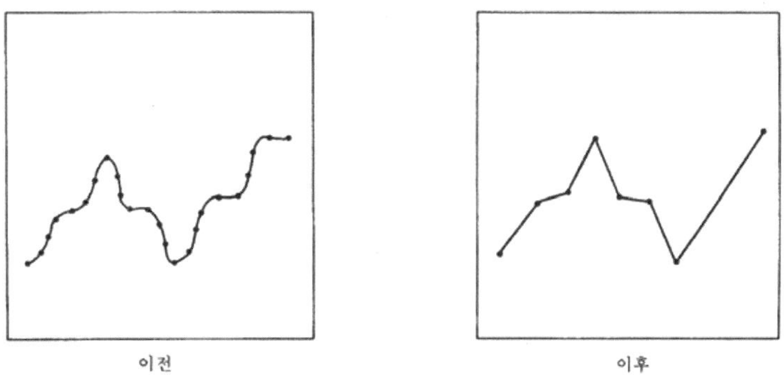

[그림 4.12] 선의 좌표 단순화

2. 비공간 특성자료

1) 특성 편집 기능(descriptive editing function)

기능은 특성자료를 검색하고, 검사하며, 자료의 수정을 가능하게 한다. 새로운 특성자료가 삽입되거나, 구자료가 삭제될 수도 있다. 어떤 체계에서는 일단 특성자료가 자료기반화되면 새로운 특성의 영역을 추가하는 것이 힘든 경우도 있다. 이는 대개 자료기반 소프트웨어의 제한사항에 관련된다. 많은 체계에서는 공통자료 항목을 이용한 두 개의 특성자료군의 대응 레코드를 정합시키는 기능을 제공한다. 이러한 기능을 파일정합(file matching) 또는 주소정합(address matching)이라 한다.

2) 특성 질의 기능(descriptive query function)

질의 기능은 운용자의 특별한 상황에 따라 특성자료기반 내의 레코드들을 검색한다. 그러나 질의 기능은 소프트웨어에 많은 제약을 받게 되므로 매우 단순한 검색에만 국한된다. 특성자료를 해석하는 것은 복잡하고 공간적인 연산이 사용되지 않기 때문에 매우 효율적이다. 지형이 완전히 자료기반화되면, 운용자가 광범위한 범위 내에서 질의를 행하고, 원하는 형식의 결과를 얻을 수 있다.

4.7.5 공간과 특성자료의 통합해석

지형공간정보체계의 특징은 공간자료와 특성자료를 통합하여 해석할 수 있다는 데 있다. 이러한 기능들이 지형공간정보체계와 다른 도면자동화나 전산 보조체계를 구분하는 가장 커다란 차이점이다. 기능들이 해석되는 범위는 아주 넓기 때문에, 이것은 세부적으로 검색 · 분류 · 관측, 중첩, 인접성, 그리고 연결성 또는 망분석 기능 등의 네 가지 범주로 분류된다.

1. 검색 · 분류 · 관측 기능

1) 검색(retrieval)

기능공간과 특성자료의 검색 기능에는 선택적인 탐색, 조작, 그리고 새로운 공간 사상을 생성할 필요가 없거나 지형의 지리적 위치를 수정할 필요가 없는 자료의 출력 등이 포함된다.

이들 기능들은 공간자료들이 자료기반에 입력되었을 때의 자료를 가지고 작용하게 된다.

2) 분류(classification) 기능

분류란 지형요소들을 일정한 기준에 맞도록 집합시키는 과정으로서, 모든 지형공간정보체계에서 그 기능이 제공된다. 분류는 자료층들의 형태를 결정하기 때문에 중요하다. 이들 형태들은 가장 범죄율이 높은 도시 지역일 수도 있고, 재목용으로 적합한 산림 지역, 주거개발의 가능성이 높은 농경지 지역 등으로 표현된다. 복잡한 분류체계는 분류 및 일반화의 과정을 통해 다소 단순해질 수 있다.

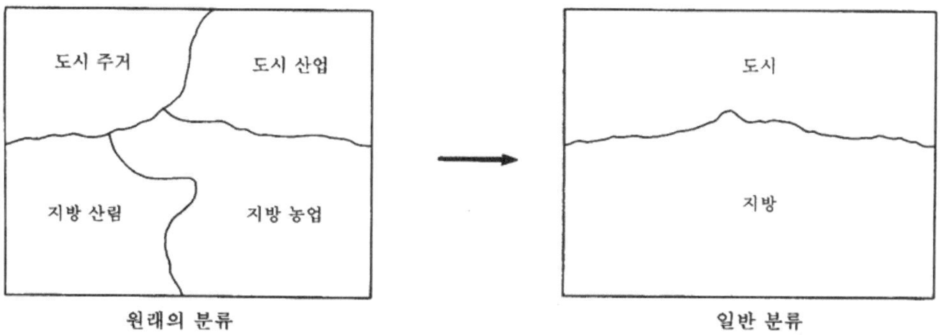

[그림 4.13] 분류 및 일반화

3) 관측(measurement) 기능

모든 지형공간정보체계는 관측 기능을 제공하며, 관측기능에는 점 사이의 거리, 선의 길이, 다각형의 둘레와 면적, 그리고 같은 부류의 셀(cell)집합 크기 등이 포함된다. 특히, 수치지형자료에 이용될 때는 도로건설에 관련된 성 · 절토량의 계산 등 공학적인 응용을 위해 3차원적인 관측이 필요하다.

2. 중첩(overlay) 기능

수학적이고 논리적인 중첩 기능은 모든 지형공간정보체계 소프트웨어의 일부분으로, 산술적인 중첩은 두 번째 자료층에 대응하는 위치자료 값에 대해 한 자료층 내의 각 값들을 더하고, 빼고, 곱하고, 나누는 연산을 포함하고 있다. 논리적인 중첩은 조건에 따라 특성화된 모임이 함께 발생하는 혹은 발생하지 않는 지역을 찾는 것이다.

3. 인접(neighborhood) 기능

인접기능은 특정한 위치의 주변영역에 대한 지역 특성을 평가하는 데 사용된다. 인접기능에 사용되는 가장 일반적인 형태의 기능은 탐색기능, 지형적인 기능, 보간 기능이다.

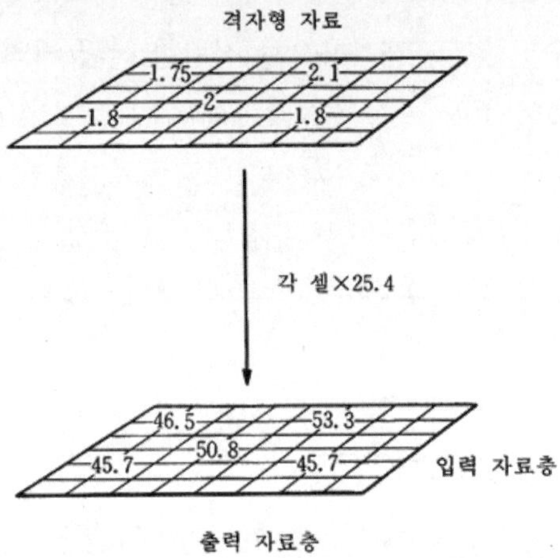

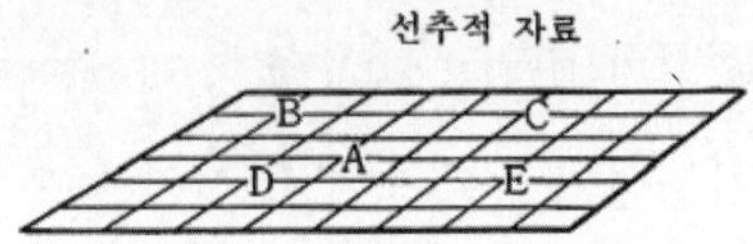

특성 표

표본점	INCHES		mm
A	2	→	50.8
B	1.75		44.5
C	2.1		53.3
D	1.8		45.7
E	1.8		45.7

[그림 4.14] 격자형 자료와 선추적 자료 내에서 한 개의 자료층에 대한 산술적 연산

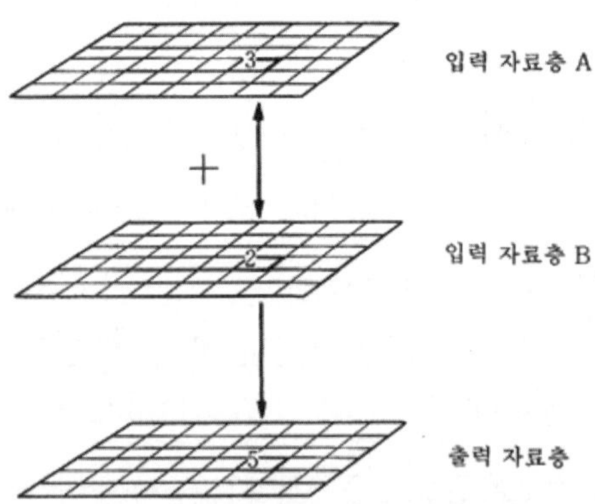

[그림 4.15] 격자형 자료 영역 내에서 두 개의 자료층에 대한 산술적 연산

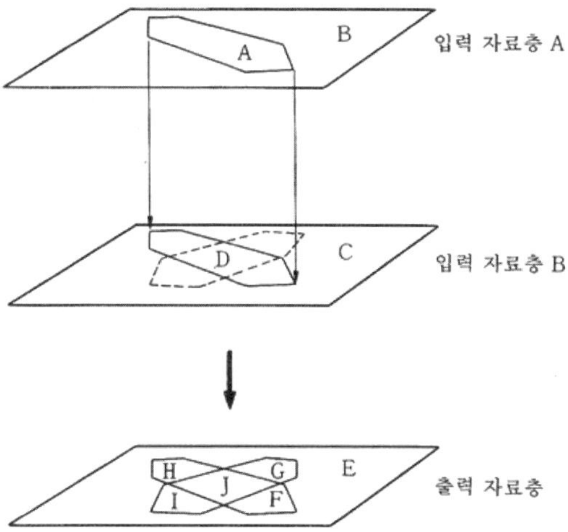

특성 자료

다각형	값
A	1
B	2

다각형	값
C	5
D	10

다각형	조합	합
E	B-C	7
F	A-C	6
G	D-B	12
H	A-C	6
I	D-B	12
J	A-D	11

[그림 4.16] 선추적 자료 영역 내에서 두 개의 자료층에 대한 산술적 연산

1) 탐색(search) 기능

탐색 기능은 인접기능 중 가장 일반적인 기능의 하나로, 인접지역의 특성에 따라 각 대상 지역에 어떤 값을 부여한다. 인접 지역의 탐색에 있어서 정의되는 세 가지 기본적인 요소는 대상지역, 인접지역, 그리고 인접지역에 값을 생성시키기 위해 인접지역에 적용되는 함수이다. 대상지역과 인접지역의 요소는 일반적으로 하나 또는 여러 개의 자료층으로 저장된다.

탐색기능에 는 수치적인 자료를 처리하는 기능과 주제별 자료를 처리하는 기능 두 가지가 있다. 일반적으로 수치적 자료처리 기능에는 평균, 최대 최소, 합계, 다양한 관측 등이 있으며, 주제별 자료를 이용한 인접 기능에는 다수(majority), 최대 최소, 다양한 관측 등이 있다.

2) 다각형 내부의 선분 기능과 다각형 내부의 점(line-in-polygon, point-in-polygon) 기능

선추적 자료를 기반으로 한 지형공간정보체계에서, 다각형 지역 내에 포함된 점과 선을 파악해 내는 것은 특수한 탐색기능에 해당한다. 격자형 자료를 이용하는 지형공간정보체계에서는 한 개의 자료층 내의 다각형과 두 번째 자료층의 점과 선을 중첩시키는 기능이 기본적이다. [그림 4.17]은 도시를 관통하는 고속도로(선분)와 세 개의 보수지점(점 P_1, P_2, P_3)의 위치를 나타내는 지도이다.

단순한 다각형 내부의 점 기능은 도시영역 내부의 모든 보수지점을 찾아내는 것이다. 이러한 탐색형태에서는 모든 보수지점의 좌표가 입력되어 있어야 한다. 다각형 내부의 선분을 탐색하는 과정에서는 다각형에 선분의 일부만이 포함될 경우, 그 선분이 선택되지 않는 경우도 발생될 수 있으므로 복잡한 수학적 처리방법이 요구된다.

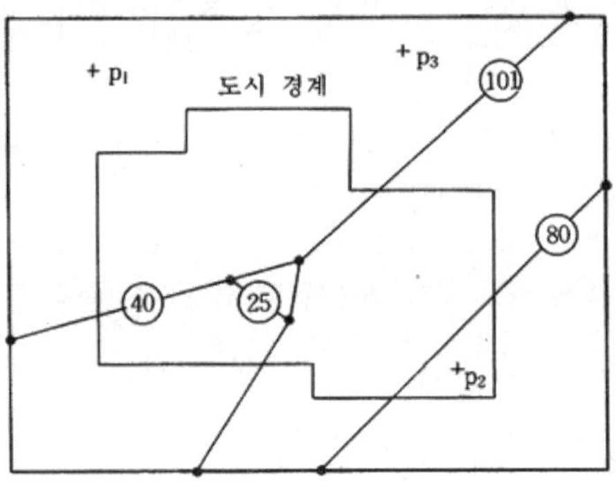

[그림 4.17] 다각형 내부의 선분, 다각형 내부의 점 기능

3) 지형적인 기능

지형은 표면의 특성을 말하는 것으로 한 지역 내의 지형기복에 의해 정의된다. 지형공간정보체계 내에서 지형은 수치표고자료에 의해 표현되거나, 불규칙 삼각망에 의해 표현된다. 지형적인 기능은 특별한 지형적인 위치의 지형을 표현하기 위해 계산하거나 그 위치의 주변 사항을 표현하기 위한 값을 계산하는 데 사용된다.

4) 티센(Thiessen)다각형

티센(Thlessen) 또는 보로노이(Voronoi)다각형은 각각의 점 집합들이 주변에 영향을 미치는 개개의 영역을 결정한다. 일반적으로 우량계 자료와 같은 기후자료의 해석 시에 이러한 방법이 많이 이용된다.

티센 다각형은 다각형의 경계가 인접지역의 점들로부터 같은 거리에 놓이게 하는 방법으로 구성된다. 즉, 다각형 내부의 각 위치는 다른 어떤 점의 위치보다도 그 다각형 내부의 점에 가까이 있게 된다. [그림 4.18]는 강수자료 해석을 위해 티센 다각형을 사용한 예로서, 강수량관측기의 위치는 각각의 점들로써 표현되었다. 각 점들에 대한 티센 다각형을 구성한 후 강수량 관측기의 강수량을 대응하는 다각형에 할당하게 된다. 이렇게 각각의 티센 다각형에 할당된 자료를 이용하여 다각형 각각 또는 작업영역 전체의 강수자료도 추정할 수 있다. 결과적으로 티센 다각형은 관측된 한 점으로부터 주변점들의 값을 예측하는데 이용된다. 티센 다각형은 몇 가지 한계가 있는데, 그것은 관측된 점들의 위치에 의존적이고, 각각의 다각형에 할당되는 값들을 표본화한 한 점으로부터 추정된 것으로서 오차의 추정이 불가능하다.

점 자료 / 티센다각형

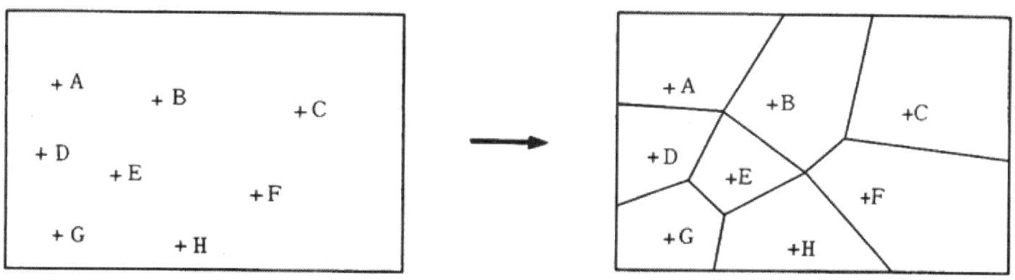

점 특성

점	강우량
A	2
B	2.5
C	3
D	4
⋮	⋮

다각형 특성

다각형	면 적
A	1500
B	1700
C	1660
D	1200
⋮	⋮

[그림 4.18] 강수자료해석에 사용되는 티센 다각형

5) 보간(interpolation) 기능

보간 기능은 이미 알고 있는 근접지역의 값으로부터 미지의 값을 예견하는 과정이다. 근접점들은 규칙적 또는 불규칙적인 간격이 있을 수 있는데, [그림 4.19]은 격자형 자료층을 이용한 기능의 한 예이다. 보간기능은 선추적 자료를 기반으로 한 불규칙 삼각망을 이용할 수도 있다.

보간기능의 질은 계산에 이용된 기지점들의 정확도, 개수, 그리고 분포 등에 많은 영향을 받으며, 또한 현상을 모형화시키는 데 얼마나 적합한 수학적인 함수가 사용되는가에 따라서도 차이가 발생한다.

1		3	4		6
	2				
	2		4	5	
1		3			6
			4		

기지 값

⇨

1	2	3	4	5	6
1	2	3	4	5	6
1	2	3	4	5	6
1	2	3	4	5	6
1	2	3	4	5	6
1	2	3	4	5	6

보간 후의 기지값과 예측값

[그림 4.19] 보간 기능

6) 등고선 생성(contour generation)

등고선은 같은 값을 가진 점들을 연결시켜 표면(예, 범죄율, 집값, 유목인구의 수 등)을 묘사하는 데 사용된다.

실제 등고선의 생성과정은 단순히 같은 값을 가진 점들을 연결시키는 개념이 아닌 보간기능을 통해 오류값들을 처리하는 보다 포괄적인 과정이다.

4. 연결(connectivity) 기능

연결기능에는 공간요소가 상호 연결되는 방법의 특성, 기러한 상호 연결을 따라 허용된 움직임의 상태를 특성짓는 규칙체계, 관측단위와 같은 세 가지 요소가 포함되어야만 한다.

연결기능에 관련된 내용은 다음과 같이 구분한다.

1) 인접관측(contiguity measure)

인접관측은 연결되는 공간적인 단위의 특성을 평가하는 것을 말한다. 연속적인 영역은 하나 또는 그 이상의 특수한 성격을 가지는 공간단위의 집합으로 구성된다. 연속적인 영역이란 끊어짐 없이 연결되어 있음을 의미하며, 어떠한 공간적 차이도 허용치 않는다.

일반적으로 인접관측에 사용되는 것은 연속적인 영역의 크기와 그 지역을 가로지르는 최단거리와 최장거리이다. 이러한 관측은 일반적으로 규격화된 크기와 형상 특성을 지닌 일정한 영역을 선택해 내는 데 응용된다.

2) 접근성(proximity)

접근성이란 지형요소 사이의 거리를 관측하는 것이다. 이것은 일반적으로 길이의 단위로 관측되며 여행시간이나 소음수준 등과 같은 다른 단위로 관측될 수도 있다. 목표지점(예, 도로, 병원, 공원), 관측단위(예, 미터, 초), 근접 계산기능(예, 직선거리, 여행시간), 그리고 분석되어야 할 지역, 이 네 가지의 요소로 구성된다.

3) 조직망 기능(network function)

조직망이란 어떤 모양이나 조직의 형태로 지형을 연결하는 체계를 말한다. 조직망은 일반적으로 한 위치에서 다른 위치로 자원을 이동시키는 데 사용된다. 지형공간정보체계에서는 조직망 해석에 있어서 주로 조직망 예측, 노선 최적화, 자원 할당의 세 가지 형태가 사용되며 다음과 같은 네 가지 요소를 포함하고 있다. 첫째, 자원의 모임(예, 배달되는 상품), 둘째, 자원이 위치한 한 지점 또는 여러 지점(예, 상품이 저장되는 창고), 셋째, 자원이 전달되는 목적지 또는 대상(예, 상품을 받는 소비자의 위치), 넷째, 대상이 직면하게 될 한계상황에 의해 발생될 제약조건(예, 운송수단으로 여행할 수 있는 최대 속도) 등이다.

4) 전개 기능(spread function)

전개 기능은 광범위한 현상의 분석에 사용되는 강력한 기능이다. 전개 기능은 조직망과 접근성 기능 모두를 포함하며, 거리로써 축적된 현상을 평가한다.

[그림 4.20]에서는 전개 기능이 목표 셀(cell)로부터 이동거리를 평가하는 데 사용되고 있는데, 그 거리는 모든 방향으로 한 단위씩 나아가면서 축적되고 있다.

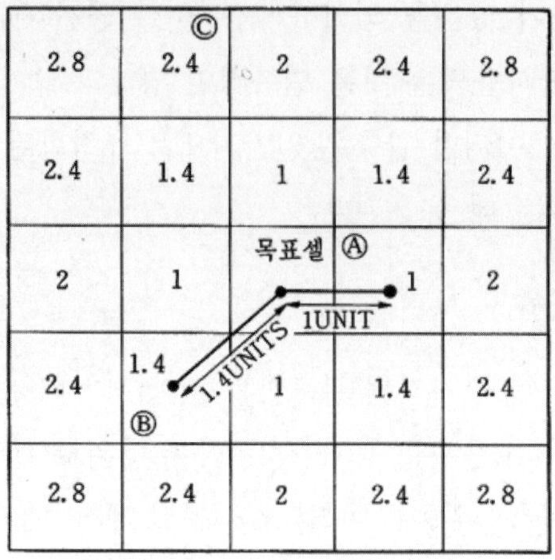

[그림 4.20] 전개 기능을 이용한 거리 계산

5) 탐색(seek) 또는 흐름(stream) 기능

탐색기능은 특정한 규칙을 이용하여 출발 위치로부터 단계적으로 바깥 방향으로 직접적인 탐색을 하는 기능을 한다. 탐색기능은 시작점으로부터 규칙적인 격자를 이용하여 적용되며, 자동화된 노선 선택을 위해 전개 기능과 함께 사용된다([그림 4.21]).

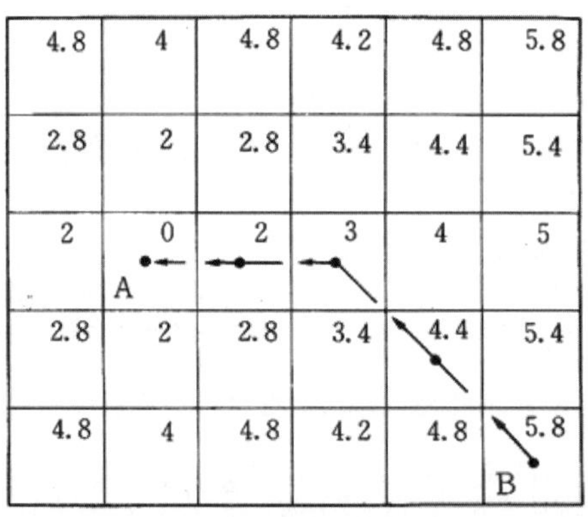

[그림 4.21] 노선의 위치를 최적화하기 위한 탐색 기능의 이용

6) 상호 시각성(intervisibility) 기능

시각모형화 또는 시각도면화라 불리는 상호시각성 기능은 기능의 누적된 형태이다. 이는 주변 지형을 정의하는 수치표고자료를 이용한다. 상호시각성 기능은 지형의 위치를 계획하기 위한 매우 효과적인 수단이다.

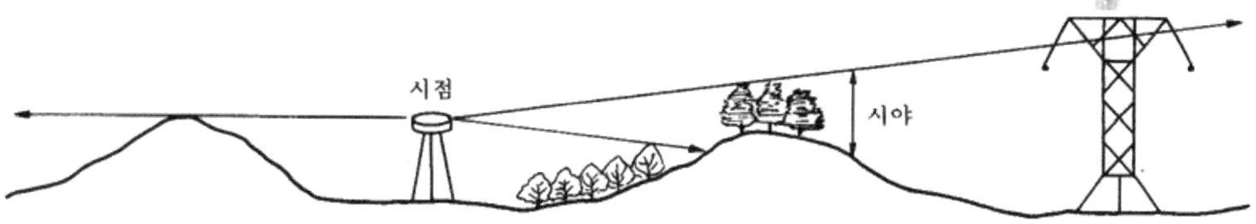

[그림 4.22] 상호시작성의 개념

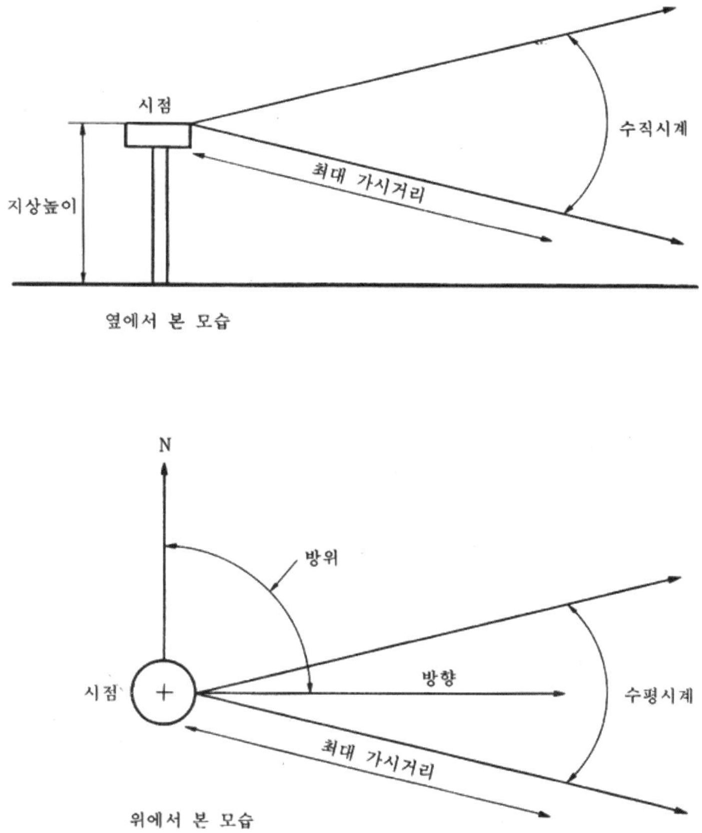

[그림 4.23] 상호시각성 해석을 위한 시각적인 요소

7) 조명(illumination) 기능

조명기능은 3차원적인 표면을 뚜렷하게 나타내 주는 효과가 있다. 이러한 기능을 지배하는 세 가지 요소는 조명원의 본질 또는 위치, 지형과 표면의 반사율, 모형을 보는 위치와 방향이다.

8) 조망(perspective) 기능

표면이 수직적인 위치보다 다른 방법으로 보여지는 것을 조망 기능이라 한다. 이것은 주로 표현을 위한 도구이며, 표면지형을 3차원적인 상태로 보여 주기 위해 유용하게 사용된다.

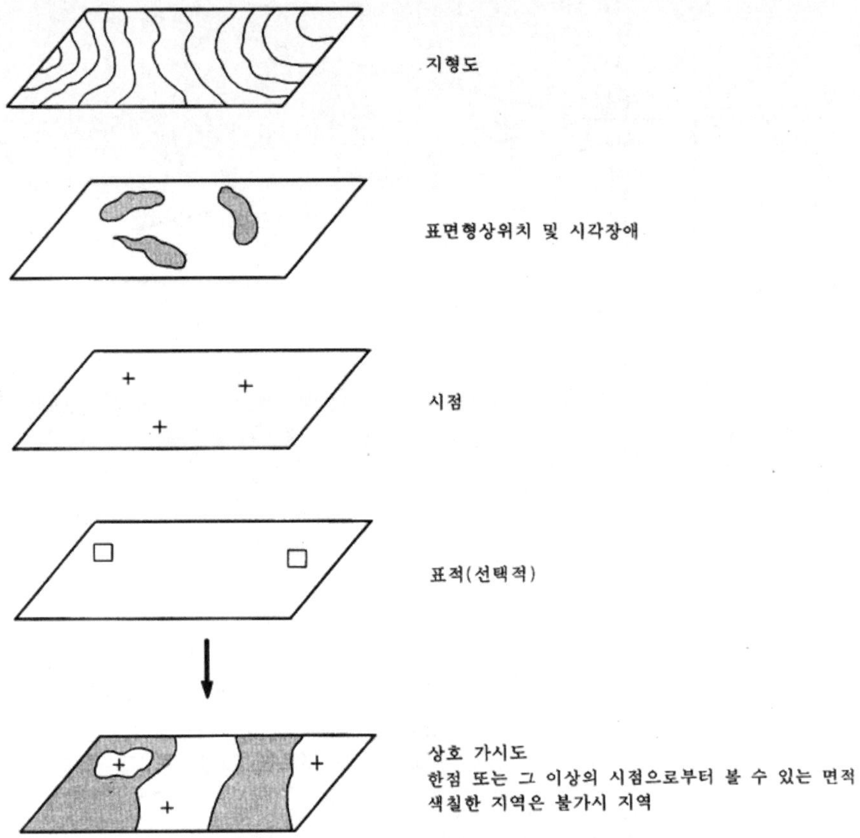

[그림 4.24] 상호시각성 해석을 위한 자료체계

4장 연습문제

다음 각 사항에 대하여 답하시오.

1. 정확도와 정밀도
2. 지형공간정보의 자료정확도
3. 지형공간정보자료의 논리적 일관성
4. 지형공간정보자료의 완결성
5. 지형공간정보자료의 변천과정
6. 관측값 오차의 종류
7. 최확값, 평균제곱근오차, 경중률(weight), 부정오차
8. 확률곡선, 표준정규분포(가우스 분포), 오차곡선(정규분포곡선)
9. 자료기반 생성시 발생하는 오차
10. 지형공간자료의 공간형태
11. 지형공간자료에 대한 공간 대상물의 위상관계
12. 지지형공간자료에 대한 공간의 위상관계
13. 지형공간자료 해석을 위한 관련기능 사항
14. 지형공간정보에 관한 공간 및 비공간 특성자료의 유지와 해석
15. 지형공간정보에 관한 공간과 특성자료의 통합해석

Chapter 05 지형공간정보체계의 이용, 법적문제 및 실행을 위한 체계구축

5.1 이용자료

5.1.1 개요

인간사회가 날로 발달되어 감에 따라 지형공간정보를 수집하고 이를 분석하는 기능들에 대한 의존도가 증대하고 있다. 지구상에 사람들의 수가 증가함에 따라 자원의 고갈이 심화되어 가고 있다. 새로운 도시가 계속 생겨나고 발전소의 건립이나 쓰레기 매립장의 선정 등에 대한 계획 등이 세분화된 부서들에 의해서 시행되고 있다. 국제적으로 볼 때 핵폭발, 산성비, 화학물질에 의한 오염 등이 심화되어 가고 있고, 이러한 문제들은 인간의 경제적 그리고 사회적 측면에 중대한 영향을 미치고 있다.

지형공간정보체계는 이러한 문제점들을 내포하고 있는 여러 체계들에 대해서 대단한 효과를 발휘할 수 있는데, 지형공간적 자료들의 상호관계를 조사하고 전문가들이 그들이 맡은 문제를 해결할 수 있도록 많은 지원을 하는 것은 그 한 예라고 할 수 있다. 실제로 지구환경문제를 해결하기 위해서는 이러한 체계에 크게 의존함으로써 그 해결책을 찾을 수 있을 것이다.

지형공간정보체계는 다양한 지형공간자료들을 관리할 수 있는 수단과 여러 가지 현상들의 상호관계를 규명하는 효과적인 도구가 될 수 있다. 시간이 흐름에 따라 의사결정가들과 관리자의 수가 증가하고 있으며, 이들이 직면한 문제를 해결하는 데 지형공간정보체계를 이용하려는 경향이 증가하고 있다.

지형공간정보체계의 다양한 기능들에 관한 연구는 대단한 발전을 거듭해 왔다. 하지만 이러한 발전들이 주로 기술적인 문제에만 치중되었기 때문에 이제는 이 체계가 사회전반에 적용되었을 때 법적, 관리적, 사회적 측면에서 나타나는 문제들에 대한 검토가 있어야 한다.

1. 지형공간정보체계와 마케팅분석

1) 마케팅분석

각 기관들이 치밀한 전략과 외부지향성을 지님에 따라 다양한 범위의 주제를 다루는 마케팅분석은 마케팅조사(市場調査)와 판매전략(販賣戰略), 업무계획(business plan) 등과 비슷한 의미를 가진다. 원래 마케팅조사와 판매전략(marketing)은 4P, 즉 생산품(product), 가격(price), 장소(place), 증진(promotion) 등으로 구성되어 있다. 이러한 항목들을 통해서 수요자는 만족을 얻게 되며, 이러한 항목들은 여러 가지의 시장 요소에 따라서 변하게 된다. 마케팅조사를 하는 사람들은 이러한 항목들을 효과적으로 관리해야 하며, 요즘에는 다섯 번째의 P인 자료에 대한 처리(processing)가 매우 중요한 요소로 작용하고 있다.

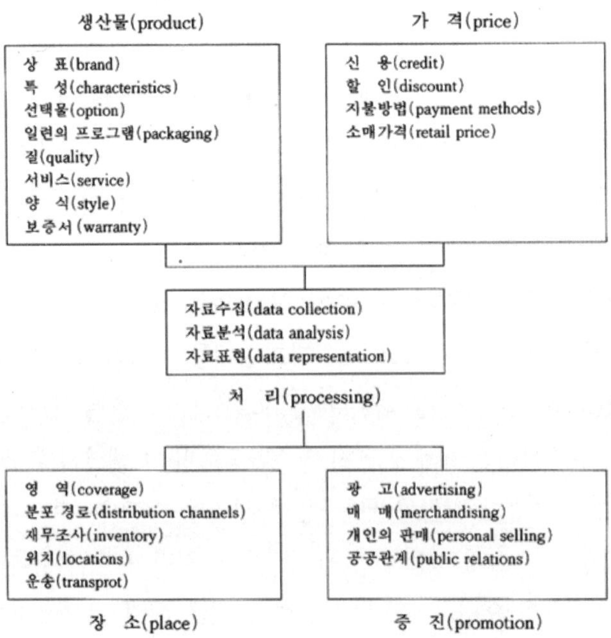

[그림 5.1] 마케팅조사와 판매전략에 사용되는 '5개의 P'

마케팅조사를 하기 위해서는 외부와 내부에 대한 가치 평가를 내릴 수 있는 기관을 구성해야한다. 마케팅의 정의를 내리고 목표 대상을 정하며, 구매 과정을 고려한다는 것은 필수적인 일이다. 이와 같은 외부 가치평가를 한 후에 내부적인 잠재력, 수요, 평가 및 발전가능성(PANIC : Potential And Needs, Investments and Capabilities)에 대한 보완이 있어야 한다. 마케팅관리를 위해서는 다음과 같은 기본적인 문제에 대한 답이 제시되어야 한다([표 5.1]).

[표 5.1] 마케팅관리를 위한 기본적인 문제

누가(Who)?	누가 우리의 고객인가?
	누가 우리의 고객이 되어야 하는가?
	누가 우리의 경쟁자인가?
무엇을(What)?	우리가 발전시켜야 할 생산품과 서비스는 무엇인가?
	우리가 발을 디디게 될 시장은 어떤 것인가?
어디서(Where)?	어디를 발전시켜야 하는가?
	우리의 고객은 어디에 있는가?
	어디에 우리의 생산품과 서비스를 제공해야 하는가?
	우리의 경쟁자는 어디에 있는가?
언제(When)?	새로운 생산품과 서비스 개발에 언제 착수해야 하나?
	현존하는 시장 속으로 언제 들어가야 하는가?
어떻게(How)?	생산품과 서비스에 대한 장려를 어떤 방법으로 해야 하는가?
	생산품과 서비스를 어떻게 분배하는가?
	고객의 반응과 기대를 어떻게 관리해야 하는가?
	어떤 방법으로 경쟁을 해야 하는가?
	우리에게 돌아올 이익을 최대화하기 위해서는 어떻게 해야 하는가?
	실행과정을 감시하고 새로운 기회에 대한 평가를 어떻게 해야 하는가?
왜(Why)?	소비자들은 왜 우리의 생산품과 서비스를 사야 하는가?
	왜 새로운 생산품과 서비스를 발전시켜야 하는가?
	왜 특별한 시장이나 사업을 기억해야 하는가?

일반적으로 사업계획 중 마케팅분석은 광범위한 통찰이 필요하며 이 과정 중에 생산품

과 서비스, 소비자, 경쟁자, 마케팅의 경로, 처리순서, 분포, 재정적인 상호작용, 연합회사 등에 대한 고려가 있어야 한다. 마케팅체계의 요소들은 지형공간의 구성요소를 가지며, 그 요소들을 내부적으로 분석해 갈수록 더욱 복잡한 양상을 띠게 된다. 한편 계산과 전송 기술의 발전 또한 시간과 지형공간 관계에 큰 영향을 미친다.

예를 들어, 서로 다른 회사끼리 전산기를 이용하여 자료를 직접 전송하는 전자 자료 상호교환(EDI : Electronic Data Interchange)은 서로 다른 산업 간에 매우 중요한 역할을 하고 있다.

마케팅분석에서 서로 다른 관리계획을 연관지어 고려하고 정보에 대한 여러 가지의 수요를 조절하는 활동은 중요하다. [표 5.2]는 서로 다른 결정형태와 정보의 특성 사이의 관계를 간단하게 나타내고 있다.

[표 5.2] 결정 전략에 의한 마케팅분석을 위해서 사용되는 정보의 내용

정보의 특성	결정의 형태		
	조작의 조절	관리조절	전략적 계획
원천자료(source)	주로 내부적		외부적
범위(scope)	좁은 범위		넓은 범위
집합의 수준 (level of aggregation)	세부적		집합적
시간기준(time horizon)	역사적		미래지향적
유통(currency)	현재 유용		매우 낡음
사용빈도 (frequency of use)	매우 자주 이용		자주 이용하지 않음
요구되는 정확도 (required accuracy)	높은 정확도 요구		높은 정확도 필요하지 않음

계획과 조절에 있어서 일련의 서로 다른 마케팅을 결정한다는 것은 목적의 대상이 되는 마케팅, 원료의 배치, 판매력의 자동화, 수행내용의 평가, 분포 경로, 저장 수준, 촉진을 위한 활동, 판매 예고와 가격결정 등에 대한 고려가 있은 후에 가능하다.

이러한 결정을 통해서 명확한 공간적 차원과 지리적 자료를 효과적으로 다룰 수 있는 기본적인 필수요소들을 정할 수 있게 된다. 증진(promotion)을 위한 예산을 어떤 방법으로 그리고 어디에 사용할 것인가 하는 것이 한 예가 될 것이다. 할인판매의 관점에서 기본적인 차원은 경로나 중요한 구좌(account)에 의해서 결정되며, 여러 가지의 선택사항에 따라 서로 다른 가격이 책정되는데 이 때 중요한 것은 한계수익성에 비중을 두어야 한다는 것이다.

2) 전산기에 기초한 정보체계와 관리의사의 결정

지형공간정보체계의 중요성은 이에 대한 응용사례를 확인함으로써 증명되며 이러한 작업은 필수적이다. 먼저 각 기관들은 지형공간정보체계에 투자를 함으로써 얻게 되는 효과와 지형공간정보체계를 심사하기 전에 의사결정과정에 입력되는 지형공간정보에 대한 내용도 이해해야 한다. 그러나 더욱 기본적으로 정보에 대한 이해를 통해 관리를 함으로써 도안과 분류, 정보체계의 도구화가 이루어질 수 있다. 지형공간정보체계에 대한 논의와 이것의 응용에는 대부분 명확한 의사결정에 대한 고려과정이 소홀하게 될 수도 있는데, 지형공간정보체계가 얼마나 유용하고 의사결정과 어떠한 연관을 가지고 있는가라는 사항에 대한 이해가 먼저 이루어져야 할 것이다.

전산기에 기초한 정보체계를 분류해 보면, 자료처리체계, 관리정보체계, 의사결정지원체계, 전문가 체계, 부가가치를 지닌 자료서비스 등이 포함된다.

그러나 이러한 나열은 주로 시간에 따른 발전을 나타내며, 각각의 체계는 그 고유의 특성과 응용분야를 가지고 있기 때문에 전산기에 기초한 정보체계들은 상호보완성을 지니고 있다. 예를 들어, 자료처리체계에는 전산기에 의한 자료처리 외에 그와 상호작용적인 작업이 수행되는데 상호판매와 재고목록조사를 위한 체계가 여기에 포함된다고 볼 수 있다. 전산기에 의한 부가적인 처리 중에서 특히 분석과정은 관리정보체계의 성질을 가지게 된다. 이러한 관리정보체계로부터 결과물이 나오게 되며, 이 때 반드시 필요한 것은 예외사항에 대한 보고서가 부수적으로 첨부되어야 한다는 것이다. 이러한 보고서는 의사결정에 큰 도움을 주게 될 것이다. 예를 들어 소매의 경우, 생산현황을 나타내는 자료를 이용하여 세부판매에 대한 보고서를 정기적으로 작성할 때 이것과 관련된 예외사항에 대한 보고서가 첨부되어야 한다. 이러한 예외사항에 대한 보고서가 판매를 촉진시킬 수도 있다.

의사결정지원체계에는 구조화되지 않은 복잡한 문제가 포함되며, 이러한 문제들은 의사결정가들의 상호작용적인 반복작업에 의해서 해결된다. 1969년에 몽고메리(Montgomery)와 어번(Urban)은 의사결정지원체계를 위한 네 가지의 요소를 말했는데, 자료기반(data base), 분석도구(analysis tools), 결정모형(decision model), 상호접속(interface) 등이 여기에 포함된다.

의사결정지원체계(DSS)는 이 체계가 가지고 있는 여러 가지의 능력에 얼마만큼의 비중을 두느냐에 따라 여러 종류로 나누어진다([그림 5.2]). 스프레드시트(spread sheet)는 결정모형과 접속력을 결합시키며, 자료기반관리체계는 자료기반과 접속력을 결부시킨다. 자료기반에 대한 관리가 지도제작의 자동화와 강한 연관을 가지고 있음에도 불구하고, 의사결정지원체계 내에서도 지형공간정보체계와 접속력과의 관계를 살펴볼 수 있다.

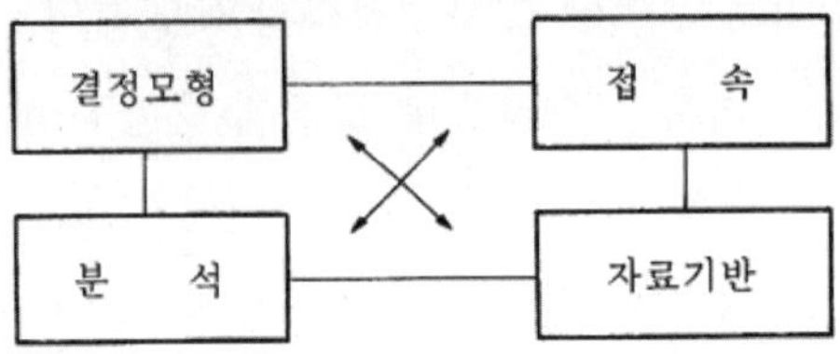

[그림 5.2] 1969년 몽고메리와 어번에 의해서 제시된 의사결정지원체계를 위한 네 가지의 요소

일반적으로 지형공간정보체계가 분석능력을 가지고 있지 않다고 생각되지만 이것은 사실과 다르다. 오래 전부터 시장성(또는 판매성) 분석에 관한 응용영역의 결정은 지형공간정보체계가 가지는 능력에 의해서 이루어져 왔으며, 이러한 능력들은 미래에는 더욱 유용하게 사용될 것이다. 왜냐하면 앞으로 더욱 복잡한 분석과 결정을 행해야 할 상인들이 현재의 의사지원체계를 통해서는 개념, 생각 등을 발전시킬 수 없기 때문이다.

전문가체계는 인공지능을 실제적으로 응용한 것이다. 전문가체계에서는 추론 과정을 특별한 응용분야에 결합시킴으로써 결정과정을 수행한다. 문제를 해결하기 위한 조작과정을 세부적으로 분류하지 않은 사업 및 관리영역에는 전문가체계가 거의 도입되지 않았지만 예외적으로 신용자료의 기록에 공간자료를 병합시키는 데는 이러한 체계가 도입되었다.

부가가치가 있는 자료의 서비스(VADS : Value Added and Data Services)는 전자우편, 직결(on-line)자료기반, 전자자료 교환 등과 같은 정보서비스의 범위를 관할한다.

대부분의 시장성 조사에 있어서 상담가는 그들의 다양한 지형공간자료기반에 고객들이 직접적으로 접근할 수 있는 방안을 제공하며, 신용조회를 하는 기관에서는 직결(on-line)자료기반과 고객의 단말기를 경유한 분석을 이용하여 실시간 의사결정을 행한다. 미래에는 이러한 문제를 다루게 될 범세계적인 기관이 존재하게 될 것이며, 중앙의 기관이 조직망을 조절함으로써 전송경로와 자료의 흐름을 관장하게 될 것이다. 이러한 기관들은 시장성 조사, 재정의 조절과 계획에 중점을 두게 되며 조직망(network)은 제공자와 소비자 사이를 원활하게 연결시켜 주게 된다.

3) 마케팅의 응용(marketing application)

상인들은 매일 결정해야 할 실제적인 문제에 직면하게 된다. '마케팅분석'은 강한 이론적인 기반을 가지고 있지는 않지만 시장과 고객, 경쟁자에 대한 개념을 이해하는 데 매우 유용하게 이용된다.

마케팅정보체계(marketing information system)와 지점위치분석(branch location analysis), 직접 우편(direct mail)과 같은 응용 예는 자료기반관리와 지형공간분석, 정보의 표현이라는 관점에서 고려된 것이며, 이러한 예를 통해 마케팅분석에 있어서 지형공간정보체계가 중요한 역할을 한다는 사실을 알 수 있다.

(1) 마케팅정보체계(marketing information system)

마케팅(marketing)은 적절한 생산물과 서비스를 제공함으로써 고객들의 수요를 만족시키는 것이다. 경쟁사회에서의 생존을 희망하는 많은 업체들에게 도움을 주기 위해서 마케팅정보체계가 생겨나게 되었고, 많은 기관들이 중요한 결정을 내리기 위하여 이 체계를 이용하였다.

고객들의 주소와 같은 지리적 자료를 다루고 이러한 것들을 다른 자료, 즉 판매영역이나 지점위치에 연계시키는 것은 기본적인 과정이다. 자료기반의 관점에서 새로운 상품에 대해서 상호판매 방식을 택하고 고객들에 대한 서비스를 행하는 것은 판매를 위해서 선행되어야 할 활동이다. 은행의 경우, 초기에 상호작용적인 처리를 용이하게 하기 위해서 구좌를 분산시키는 방식으로 자료를 저장하였으나, 이제는 고객들이 자신들의 구좌를 다양하게 개설하고 여기에 따라 은행은 그들의 자료기반을 배열하고 정돈하게 되었다.

현재의 분류체계는 판매정보체계의 발전을 위해서 지속적이고 의미 있는 기반을 제공한다. 근린 주거지의 분류인 어콘(ACORN : A Classification Of Residential Neighborhoods)은 인구통계판별기(census discriminator)의 한 종류로서, 고객들이 거주하는 지역에 대한 묘사를 하는 데 이용되곤 한다.

인구통계 판별기가 시장조사를 위한 설계에서 중요한 요소라는 것은 그리 놀라운 사실이 아니다. 이러한 장치는 표본설계를 계층화하는 데 매우 유용한데, 그 이유는 이러한 분류가 주로 인구조사에 쓰이는 여러 가지의 변수를 기본사항으로 하고 있기 때문이다. 만약 나이, 성별, 사회적 등급, 지역 등과 같은 하나의 변수만 표본의 계층화에 이용한다면 이러한 설계는 실용적이지 못한 설계이다.

인구통계 판별기를 이용하여 현재의 고객에 대한 명세를 정리하면 고객 기반을 확대하는 데 유용한 방식이 될 수 있다. 더구나 인구통계 판별기가 서로 다른 시장조사에서 기준으로 이용되고 있기 때문에, 이를 통해서 특정한 생산품과 서비스가 시장에서 얼마만큼의 점유율을 가지고 있는가를 알아 낼 수 있으며, 경쟁의 위치에 있는 대상에 대해서 얼마만큼의 자생력을 가지고 있는가를 가늠할 수 있게 된다.

판매에 관한 지도화를 위해서 이용되는 지형공간정보체계는 정보의 표현을 하는 데 점차적으로 중요한 매개체가 되고 있으며, 지형공간정보체계를 이용함으로써 국민보건향상을 위한 기관이 관할하는 서비스 지역에 대한 지도를 생성할 수도 있다.

공간상에서 생산물과 서비스의 동적인 균형을 제공하는 지점위치분석은 시장분석에서 필요한 사항이다. 즉, 한 지점이 여러 가지 범위의 생산물과 서비스를 제공하는 다양한 크기의 시설들에 대한 특성을 가지고 있고, 이러한 지점에 대한 지리적인 요구가 있다는 것이다. 예를 들어 은행의 경우, 재정과 상업적인 서비스가 제공되는 대규모의 도시망에서부터 고객에게 현금을 지불하고 간단한 질의에 답하는 'hole-in- the-wall'이라는 현금인출기(ATM : Automatic Teller Machine)까지 범위가 다양하다.

(2) 지점위치분석(branch location analysis)

지도는 지점위치분석에 있어서 중요한 출력매체로 이용되어 왔으며, 이로 인하여 의사결정지원체계를 통한 전산기와의 상호작용이 가능하다는 것을 알 수 있다. 지형공간정보체계가 도입된 상황에서 '가령 …이라면'과 같은 모의관측(simulation)을 통하여 다음과 같은 의사결정을 행할 수 있다. 즉 생산품이나 서비스를 통해서 우리가 기대할 수 있는 것은 무엇이며, 어떠한 종류의 경쟁효과가 발생하고 지점망을 발전시키기 위한 최상의 과정은 무엇인가를 결정하게 된다.

현재 시점에서 특별한 생산품과 서비스를 구하기 위한 과거의 노력들은 새로운 구매경로에 의해서 대체될 것이다. 이러한 경로를 통하여 고객들은 상인들의 의사결정에 대한 자료를 분석할 수 있게 될 것이다.

(3) 직접 우편(direct mail)

직접우편은 직접적인 판매 매체로서 매우 중요하다. 이러한 방식이 1980년대에 급속도로 발전한 것은 효과적인 고객자료기반의 운용 및 시장분석의 결과로서 이러한 방법은 지형에 관한 지형통계 판별기에 의해서 처리된다.

직접우편 활동(campaign)은 현재의 고객과 앞으로 확보할 고객을 대상으로 한 상호판매에 이용된다. 과거에는 직접우편 운동이 특별한 생산품이나 서비스를 일시적으로 선전하기 위해서 이루어졌으나 이제는 시장정보체계의 구축과 관리로 인해서 더욱 많은 분석이 이루어지고 있다. 한편, 분석을 행하는 과정에서 생산품이나 서비스가 고객에게 호응을 얻지 못한다면 시장분석은 그 의미를 상실한다.

4) 지형공간정보체계를 이용한 시장의 미래

미래에는 현재의 범주보다 더욱 발전된 모습에 대한 요구가 증대될 것이고 지형공간정보체계의 의미가 더욱 부각될 것이다. 이러한 발전을 위해서 선행되어야 할 사항은 다음과 같다. 첫째, 지형공간정보체계에 이용되는 소형 전산기가 적절한 응용력과 자료와의 연관성을 갖추고 있어야 한다. 둘째, 자료가 서로 다른 형태로 갱신되어야 하며, 더욱 큰 유용성을 지녀야한다. 셋째, 집단의사결정지원체계가 실시간에 이루어져야 하며, 넷째, 고객의 활동주기와 구매형태에 대한 기본적인 분석이 필요하다. 다섯째, 공간과 동적인 분석을 잘 할 수 있는 능력이 배양되어야 하며, 특히 모의관측의 경우에 더욱 그러하다.

여섯째, 실행정보체계(EIS : Executive Information Systems)와 같이 더욱 향상된 출력이 요구되며, 일곱째, 재정분석과 투자의 적절성을 판별하기 위해서 경로들을 표준화하기 위한 파일의 접속이 요구된다. 마지막으로, 의사결정과정에 더욱 큰 정확도가 요구된다.

대부분의 시장에서 이러한 내용의 경쟁이 계속될 것이며, 이것은 지형공간정보체계가 시장분석에 있어서 중요한 수단이라는 것을 의미한다. 그러나 현재 자료가 응용되고 있는 상황을 고려해 볼 때, 가격의 신축성과 광고의 효과, 장소의 위치, 구매의 혼합도 등에 대한 심도 있는 보고서가 작성되어야만 한다. 그리고 이러한 체계에 대한 전망이 가시화되기 위해서는 체계를 설계하는 사람과 이를 이용하는 상인 모두에 대한 철저한 교육이 이루어져야 할 것이다.

정보기술은 자료전송의 속도와 정확도, 용량면에서 큰 발전을 이루었으며, 집단의사결정지원체계는 앞으로 더욱 중요하게 취급될 것이다.

2. 지형공간정보체계를 이용한 정책결정

1) 공공정책

공공정책은 선출된 공무원이나 지명된 대의원에 의해서 결정되며, 이들은 각 개인의 의견을 수렴할 수 있는 대중프로그램의 개발에 많은 노력을 기울이고 있다.

공공정책의 결정에는 어떠한 목적과 객관성에 대한 대중의 권위가 반영된다. 원래 정책을 결정할 때에는 대중이 원하는 바를 이루기 위해서, 공공 측면과 개인적 측면을 고려해야 한다. 공공기관에 의해서 결정된 정책에 의해서 각 개인과 기관은 많은 영향을 받게 되며 각 기관의 모든 활동들은 정책과 일치가 되어야 한다.

합리적인 계획을 통해서 공공정책을 수립하기 위한 과정에는 문제의 인식, 분석, 검토, 그리고 마지막으로 적절한 의사결정 기관에서 최종결정을 내리는 단계가 포함되어야 하며, 검토 과정에서 반드시 포함되어야 할 사항은 각국마다 다양하다. 이러한 과정에서 지형공간정보체계의 역할 또한 매우 다양하다. 예를 들어 미국의 경우, 공공정책을 결정하는 데 있어서 모든 정보에 대한 실제적인 접근과 법체계가 제시하는 합리적인 분석과정을 조합함으로써 전체 과정 중에서 지형공간정보체계가 차지하는 비중이 높아지고 있다.

공공정책에 대한 내용을 총괄적으로 모아 두게 되면 특정한 지역에 대해 다른 사업을 펼쳐 나가는 데 참고자료로 쓸 수 있다. 많은 지역에 있어서 공공이나 개인기관에 의한 활동 혹은 개인의 활동은 변화하게 마련이므로 공공정책에 대한 내용을 총괄적으로 정리함으로써 목표달성을 위한 바람직한 방향제시가 이루어 질 수 있다. 정책은 다른 제도 등과 조화를 이루어야하지만, 일반적으로 의사결정에 직접 이용하는데 적합한 단계가 존재하는 경우는 드물다. 그러므로 대부분의 의사결정자들은 항상 선택의 자유가 있다. 공공정책은 다른 의사결정과 직접적으로 비교되기 어렵다는 특성을 가지고 있으며, 넓은 지역에 대한 공공정책의 경우에 이 영역 내에 존재하는 많은 기관들은 내부적으로 서로 모순된 정책을 가지고 있기도 한다.

정책결정에서 이용되는 지형공간정보체계의 범주는 공공정책이 필요한 때와 장소에서 지형공간정보체계의 적용분석, 공공정책의 형성을 지원할 분석, 공공정책의 목표달성도와 객관적인 의도가 이루어질 수 있는 범위를 결정하기 위한 분석 등 세 가지이다.

이러한 사용내역을 입증하기 위해서 사용된 예는 지형공간정보체계에서 나타나는 가상적인 시나리오의 집합이 될 것이다. 이러한 가상적인 시나리오는 부분적으로 사실을 인용하는 경우도 있다.

도시성장을 관리하기 위한 지방토지 이용에 관한 법령이 포고되어 왔으며, 이 중 몇 개는 정책 분석 결과, 직접적인 공공결정을 위한 과정에서 생겨났다. 법령은 법률의 하부체계이며, 어떤 것은 새로 생겨나는 반면에 소멸되는 것도 있다. 이러한 상황에서 분석과 지형공간정보의 이용이 적합하지 않을 때 이것을 어떻게 이용할 것인가에 대한 기술과 지식을 가져야 할 필요가 있다.

2) 공공정책분석을 위한 지형공간정보체계의 이론

공공정책의 수립을 위해 지형공간정보체계를 효과적으로 활용하기 위해서는 합리적인 계획과정과 정책의 중요한 특성을 정량화하는 두 가지 조건이 필요하다.

(1) 합리적인 계획과정을 위한 모형

성장과정을 효율적으로 관리하기 위해서는 합리적인 계획모형이 수립되어야 한다. 앞의 예에서 나온 '결정지형공간' 내에서 하나의 선택이 임의적으로 행해진 경우, 미국의 법원은 해석적인 기반이 전혀 없는 무효한 정책이라고 여기는 입장을 취해 왔으며, 반대로 논쟁의 여지가 많더라도 구조화된 분석의 결과로써 생기는 정책은 법원의 지지를 받아 왔다. 합리적인 계획과정에 의한 공공정책의 수립은 지형공간정보체계를 공공정책에 연결시키는 하나의 방법이며 이러한 계획과정은 다양한 양상을 가지고 있다.

합리적인 계획과정에서 지형공간정보체계를 이용하는 목적은 다음과 같다.

첫째, 의사결정자들로 하여금 사회의 발전방향을 모색할 수 있도록 하기 위해서 미래의 발전모습에 대한 다양한 형태를 투영하며 가시화한다. 둘째, 의사결정자들에게 정보를 제공하기 위해서 대안을 생성하고 이에 대한 검증을 실시한다. 셋째, 계획의 실행에 따른 사회내의 변화를 주시한다.

(2) 특성의 정량화

두 번째 조건인 정책에 관련된 특성의 정량화는 공공정책을 위한 지원수단으로서 지형공간정보체계가 매우 유용한 도구라는 사실을 입증하기에 필수적인 과정이다.

목적이나 객관성 등에 대한 정량화는 이상적으로 정의되어 있다. 그와 같은 예가 앞서 언급되었던 도시성장을 관리하기 위한 규칙들이다.

그와 같이 나타난 사항은 목적이나 객관성에 있어서 몇 가지 모호한 점을 가지고 있다.

첫째, 현존하는 주택의 위치에 대해서 단계에 따른 세부적인 분석이 필요하다.

둘째, 이러한 분석에는 소규모 지역뿐만이 아니라 대규모 지역도 포함되어야 한다.

셋째, 대상에 대한 정량화가 모순되는 점을 내포할 수도 있다는 것이다. 예를 들어, 매년 400개의 건물에 대해서만 건축허가를 내준다는 것은 지역성장을 위해서 지역성장률 8%의 자금을 조절한다는 내용과 모순이 될 수도 있다.

합리적인 계획과정, 목적과 객관성에 대한 정량화는 지형공간정보체계가 이용될 상황의 결정에 매우 중요하다. 이러한 체계는 공공정책을 수립하기 위한 초기분석을 지원하고 특별한 상황에서 발생하는 갈등을 조정하며 목적 달성량을 검토하게 된다.

지형공간정보체계의 이용에 대한 성공 여부는 공공정책의 성패에 관한 적절한 기준이 될 수 있는 정부 프로그램, 개인적인 활동과 연관된 특성을 정의하는 능력 등에 달려 있다.

3) 공공정책 분석을 위한 지형공간정보체계의 실행

합리적인 계획모형에서 사용되는 지형공간정보체계의 세 가지 형태는 미래의 발전을 위한 방식, 투영, 모형 또는 분석을 위한 계획, 사회 내의 변화에 대한 감시 등이다.

처음의 두 작업에는 투영(投影)과 토지 이용도의 증가와 같은 분석 모형이 이용될 것이며 이러한 모형은 프로그램이나 자료의 접속을 통해서 지형공간정보체계와 연결될 수 있다. 초기의 자료기반과 자료기반 내의 특성값의 변화는 정책의 평가를 위한 정보로서 사용될 것이다. 정책의 평가를 위해서 사용되는 5가지의 질문은 [표 5.3]과 같다.

1979년 캘킨스(Catkins)가 지형공간정보체계를 이용하여 [표 5.4]와 같은 사항에 대한 답변을 제시하였다. 도시의 성장과정 중에 발생하는 관리 문제에 대해서 작성된 이 시나리오가 예로서 사용되었지만, 대상지역은 인구 137,000명인 도시근교에 나타나 있다. 이 지역은 점차로 인구가 증가하고 있으나 주택건설이 더 이루어져야 한다는 것을 아직 느끼지는 못하고 있다.

[표 5.3] 정책의 평가를 위한 질문

구분	질문내용
질문 1	환경의 초기 조건은 어떠한가?
질문 2	각각의 계획시간 증가(planning time increment)가 끝나는 시점에서 환경의 연속된 조건은 무엇인가?
질문 3	시간 간격 사이에 발생한 변화는 무엇인가?
질문 4	변화가 공공정책 혹은 정부 프로그램, 정의되지 않은 외부요소에서 기인했는가?
질문 5	계획되거나 예측되었던 것과 비교해 볼 때 환경의 현재 상태는 어떠한가?

현재 이 지역은 시설들에 대해서 세금을 너무 많이 책정하고 있고, 이곳 주민들은 사회의 특성이 보존되기를 바라고 있다. 오랜 심의과정을 거친 후, 시의회는 [표 5.4]와 같은 정책을 결정하였다.

[표 5.4] 정책결정의 방향

시의회에서 결정한 정책의 내용	현재의 시설과 발전이 가능한 남은 토지를 고려하여 이 지역의 인구를 147,500명으로 한정한다.
	1년 최대성장률을 950명으로 한다. (1년에 단지 400개의 건물에 대해서 건축허가를 내주고 한 가구당 사람 수를 2.4명으로 가정한다.)

거주지 성장을 위한 정책에서 중요한 다른 요인은 1980년의 주택 분포인데, 이를 비교해 보면 1980년과 1989년 사이에 급속하게 성장한 지역을 볼 수 있다. 도시의 남서쪽은 1980년까지 대단한 발전을 하게 되었고, 북쪽과 동쪽 지역은 1980년부터 발전하기 시작하였다. 그렇지만, 이러한 지도는 지형공간정보체계 내의 현재의 주택과 인구에 대한 자료를 분석하여 만들어진 것이다.

이렇게 간단한 예도 자동화된 도구가 없다면 분석하기가 매우 힘들다. 이러한 정책분석에는 특성들에 대한 막대한 지리적 자료를 처리하기 위한 분석가의 참여가 필요하다. 여기에서도알 수 있듯이 정책분석을 위한 지형공간정보체계의 소프트웨어에는 공간자료 조작기능이 부가적으로 첨부되어야 할 것이다.

4) 공공정책 분석을 위한 지형공간정보체계의 지원

지형공간정보체계와 공공정책을 위한 논의에서 가장 중요하고 필수적인 요인은 특성의 정량화였다. 공공정책에 관련된 문제 요인들은 일관성 있고 명백한 분석과정을 통해서 해결될 수 있다. 정책에 관한 문제 중에서 나머지 부분은 정책결정가들과 공공문제를 결정하기 위한 협상과정에서 해결해야 한다. 지형공간정보체계를 이용하여 의사결정을 할 때, 결정자들은 정보들 간의 관계를 인식하고 결정된 사항에 의한 영향을 예측하며 결과를 평가할 수 있는 객관성을 지녀야 한다. 그러므로 지형공간정보체계는 어떤 목적을 달성하는 데 도움이 되는 정량화나 관측이 가능한 특성에 대한 [표 5.5]와 같은 질문에 해결책을 제시할 수 있어야 한다. 지형공간정보체계 내에서 이러한 사항들이 완벽하게 실행되기 위해서는 여러 활동들의 변화량을 관측할 수 있는 방향으로 공공정책이 수립되어야 한다. 전체적인 변화량은 각각의 활동에 따른 결과를 합하면 나타난다. 물론 미래에 대한 모든 변화가 예측될 수는 없다. 그러므로 $(t+n)$이라는 시간에서 관측된 특성값에는 예견할 수 없는 변화 요소가 들어 있다. 예견될 수 없는 이러한 변화를 인식한다는 것은 공공정책을 평가하는 데 매우 중요하다. 이러한 요소에 의해서 정책이 달성될 수도 있고 실패할 수도 있기 때문이다. 위와 같은 변화와 그에 따른 효과는 공적 혹은 사적인 활동이 정량화되고 감시를 받을 경우에 관측되거나 인지될 수 있다. 공공정책에 따른 모든 활동의 정량화는 실제로 매우 난해하기 때문에 지형공간정보체계를 이용하며, 이를 통해서 정책평가를 위한 자료 관리기능이 수행된다.

가령 모든 공공정책과 정부의 프로그램에 의해서 원래 의도대로 결과가 나타난다면 분석과 지형공간정보체계를 지원할 필요가 없게 된다. 그러나 대부분의 정책과 프로그램들에 의해서 기대되는 변화가 이루어지기 위해서는 많은 시간이 필요하다. 또한 그 결과가 항상 기댓값과 부합되는 것도 아니며 원래의 문제가 항상 일정하게 남아 있는 것도 아니다. 예를 들어 도시관리 영역에서 하나의 문제를 해결하도록 제작된 프로그램은 많이 있지만 이에 따른 부수적인 문제가 발생되곤 한다. 그러므로 도시환경의 변화, 정부의 프로그램이나 정책에 대한 감시 등은 일반적인 체계접근의 한 부분으로서 행해지고 있다. 통합적인 지형공간정보체계를 이루기 위해서는 감시기능의 강화와 평가절차의 세분화가 필수적이다.

[표 5.5] 지형공간정보체계에 대한 질의내용

구분	질문내용
1	어떤 시간 내에서 하나 혹은 그 이상의 지점에 대한 특성값은 무엇인가?
2	현재의 특성값은 무엇인가?
3	미래에 나타나는 특성값은 무엇인가?
4	특성값에서 변화될 내용은 무엇인가?
5	$(t+1)$의 시간과 이에 연속되는 특성값은 무엇이며 이것은 적절한가?
6	계획된 변화와 $(t+1)$이라는 시간에서 나타나는 값과의 차이는 무엇인가?
7	특성의 투영값과 $(t+1)$이라는 시간에서 나타나는 값과의 차이는 무엇인가?
8	특별한 정책에 따른 결과 중에서 변화된 양은 얼마이며, 정책을 수행하기 위한 공적인 혹은 사적인 활동과 관련이 있는가?
9	기대된 변화와 관련이 없이 발생한 변화는 무엇인가?

5.1.2 비용과 효과분석

지형공간정보기술에 대한 투자는 집단의 책임자가 실행을 위한 비용보다 효과가 크다는 확신이 있을 경우에 행해진다. 이 절에서는 효과와 비용분석에 대한 충고와 이러한 분석에 수반되는 여러 하부특성에 대해서 언급하고자 한다.

지형공간정보체계의 비용문제는 사소한 것이 아니며 여러 가지 단계의 범위를 가지게 된다. 체계는 크기나 배치, 난이도 정도에 따라 다양하고 이 각각의 체계는 비용에 영향을 미친다.

하드웨어와 소프트웨어를 처음 도입하는 데 드는 비용은 전체 체계 구축에 소요되는 비용의 20%를 거의 넘지 않으며, 처리기법의 유지와 기능의 향상에 소요되는 비용이 이러한 초기 비용을 능가하게 된다. 자료기반을 발전시키는 작업은 전체 체계에서 큰 부분을 차지하고, 자료기반의 유지에 큰 관심을 기울이지 않는다면 초기의 투자는 그 가치를 상실하게 되며 자료기반을 복구하는 데 많은 재투자가 요구된다.

지형공간정보체계의 비용은 효과에 비해 정량화하기가 용이하지만 비용의 많은 구성요소들이 즉각적으로 명백하게 나타나지는 않는다. 비용을 계산하는 데 주기에 의한 접근법이 많이 이용되는데, 그 이유는 한 주기 동안의 유지비용과 갱신을 위해서 드는 비용에 대한 예측을 할 수 있기 때문이다. 또한 이러한 접근법은 상대적인 비용과 효과분석의 기본이 된다.

1. 비용모형

이 장에서 나온 비용모형은 지형공간정보체계의 운용에 관련된 많은 요소들을 설명하기 위한 것이다. 이 모형은 한 주기 동안에 지형공간정보체계의 발달과 조작을 간단한 부분에서부터 복잡한 부분에 이르기까지 설명하는 데 유용하다.

비용산출방법은 각 기관마다 다르고 이에 따라 첨가되거나 제거되는 요소가 있게 마련이다. 소규모 집단에서는 대규모 집단에서 사용되는 것과 같은 체계가 필요하지 않으며, 비용모형은 비용분석에 있어서 필수적인 요소이기도 하지만 다른 목적을 가지고 있기도 하다. 비용모형이 직접적으로 사용되는 것은 주어진 시간 내에서 체계의 발전을 위해서 필요한 자금을 나타내는 '현금의 유동(cash-flow)분석'이다. 띠 모형은 체계의 설계와 실행에 관한 대안들을 비교하기 위해서 일관성 있는 틀을 제공한다. 또한 비용을 어디에 사용할 것인가 하는 내용을 문서화하기도 한다.

2. 자본과 처리과정 비용

여기에서 말하는 자본이라는 것은 적어도 몇 년 동안의 주기에 들어간 지출을 말하는 것이다. 어떤 기관에서 이러한 요소들을 자본이라고 여길 수도 있고 그 반대일 경우도 있는데, 모형에 있어서 그리 중요한 요소는 아니다. 그러나 모형 중에서 일부분은 가격절하, 재정비용, 부채 등에 대해서 설명을 하게 된다.

처리과정 비용에는 처리과정에 관련되는 총지출이 포함된다. 이런 부담금(charges)에는 인원구성비, 유지비와 설비에 대한 지원을 위해 사용되는 제경비가 포함되며, 자료기반과 소프트웨어의 발전에 사용되는 지출도 조작비용에 포함된다.

3. 자료기반

자료기반에 대한 초기 투자는 반드시 필요하다. 평면화 기법에 의해서 위상관계를 가진 평면자료를 이용하는 체계는 여러 가지의 비용요소, 즉 지상측량, 항공영상탐측과 인공위성측량에 의한 산출물, 해석삼각측량, 위상관계나 평면을 나타내는 도면의 제작 등의 요소가 포함되며 이러한 요소들은 필요에 따라 더욱 세분화될 수 있다. 한 예로 영상탐측에 의한 지도제작에는 현재의 측량 기준망에 대한 조사를 필요로 한다. 즉, 측량 표지를 다시 설치하거나 수평과 수직 측량점을 설치하기 위해서 재래식 혹은 위성측량에 병행하여 야외작업을 실시함이 필요하다는 것이다.

지도제작과정에는 심도 있는 노동력이 요구되며 수치화된 파일의 생성에는 인쇄복사(hardcopy)에 의한 산물(産物)이 따른다. 그리고 수치파일은 지형공간정보체계 내로 들어가기 전에 편집되고 보정된다. 처리과정 중 여러 곳에서 질(質)에 대한 조절(quality-control)이 부가적으로 필요하다.

자료변환의 비용에 관한 모형에는 원천자료(source)와 부수적인 자료를 배치하고 정리하는 작업이 포함된다. 이러한 작업에는 자료를 손으로 보정하고 도형과 비도형으로 자료구조를 정의하며 원천자료로부터 비도형자료를 추출하는 작업이 포함된다. 또한 문장자료를 비도형 수치파일 속으로 입력시키며 지리좌표를 수치화하는 작업도 여기에 포함된다.

자료기반을 발전시키기 위해서는 기관 내부와 외부에서 많은 노력이 필요하다. 내부 구성진들은 자료변환을 위한 준비를 하고 분류작업, 계약의 선정과 관리, 자료의 불일치를 조정하게 된다. 변환의 양을 고려하여 자료의 크기나 필요한 장비, 그리고 소요시간이나 비용 등이 배정되어야 한다.

영상탐측에 의한 지도제작이나 자료의 변환은 변환과정을 전문적으로 다루는 회사와 계약을 체결함으로써 이루어질 수 있다.

4. 하드웨어와 소프트웨어를 위한 비용

하드웨어와 소프트웨어가 전체 체계구성에서 차지하는 비용은 생각보다 많지 않지만 이에 대한 고려는 필요하다. 이러한 하드웨어와 소프트웨어에는 전산기와 처리기, 자료저장장치, 단말기, 프린터, 도화기, 전산기 조작체계, 도형자료의 관리를 위한 소프트웨어 등이 포함되며, 이외에도 다른 장비들이 많이 포함된다. 처리와는 별도로 한 지점과 체계를 연결하기 위한 전송장치가 필요하다.

대부분의 장비는 처음의 구입비와는 별도로 매년 유지비를 필요로 하는데, 장비에 대한 매년 유지비의 표준은 장비구입비의 8~15%가 된다.

소프트웨어의 비용은 네 가지의 형태로 나눌 수가 있는데, 조작체계를 위한 기법, 핵심 지형공간정보 관리를 위한 기법, 응용 기법, 장치를 조작하기 위한 기법 등이 이에 포함된다. 이러한 구분은 임의적이고 소프트웨어와 그 구성요소들의 범위를 설명하기 위함이다.

처리과정체계를 위한 기법은 전산기에 의해서 제공되는데 이러한 기법을 통해서 전체 체계가 효과적으로 작동된다. 핵심 지형공간정보 관리를 위한 기법은 지형공간정보의 처리를 위한 일련의 응용프로그램으로 사용되며, 도형과 비도형 자료의 처리를 위한 포괄적인 기호라고도 볼 수 있다. 이러한 프로그램들은 형태가 다양하더라도 처음에 이것을 구입하기 위한 비용과 이를 매년 유지하기 위한 비용은 항상 필요하다. 응용소프트웨어는 지형자료를 이용하여 도로의 설계를 할 때 여기에 고려될 내용물의 양을 계산하거나 도로망에서 교통수단의 경로를 결정하는 것과 같은 특별한 종류의 분석을 행하는 데 이용된다.

장치의 처리과정을 위한 기법에는 체계 상호간 혹은 체계 내 장치들 사이의 전송을 위해서 필요한 여러 가지의 프로그램을 포함하고 있다. 이러한 기법은 도화기나 프린터와 같은 주변장치를 작동하는 데 필수적이다.

5. 노동력에 대한 비용

인원을 구성하기 위한 비용은 체계에 대한 설계나 발전 및 실행을 하고자 할 때 사용되며, 이러한 작업에 이용되는 외부적인 근원에는 상업적으로 자문을 해 주거나 변환을 해 주는 회사가 포함된다. 인원구성을 위한 각각의 근원은 실제적으로는 상대적인 값을 가진 여러 가지의 비용요소를 가진다. 노동력에 대한 대가의 종류는 시간급 또는 일당, 월급, 연봉 등으로 나누어진다. 건강이나 보험, 세금 등과 같은 비용은 부수적으로 주어진다. 어떠한 계획을 수행할 때 상업성을 추구하는 회사가 참여하게 되면 제경비가 많이 들게 되는데 여기에는 공간이동비, 비품구입비 등이 포함된다. 노동에 대한 비용은 체계의 개념화나 설계, 발달, 실행 등과 같은 각 단계와 관련을 가지고 있다.

어떠한 경우라도 노동력의 절감과 효과를 정확하게 비교하기 위해서 노동력의 근원과 비용을 완벽하게 설명할 수 있는 모형이 있어야 한다.

5.2 지형공간정보체계와 법적문제

5.2.1 개설

법적인 체계는 사람들 사이의 관계에 관한 것으로서 이 절에서 말하는 '관계(關係)'라는 것은 법적인 맥락의 지리와 토지에 관한 정보 및 이러한 정보의 이용 등에 관한 사람들 간의 관계를 말하는 것이다. 이러한 관계들의 모임은 비공식적인 하나의 관례를 구성하게 되는데 여기에서는 지형공간정보의 관례에 대해서 말하고자 한다.

정보의 이용은 매우 복잡한데 그 이유는 각 개인의 사정이 다르고 그에 따른 문제가 있기 때문이다. 사람들은 무형의 특성을 가진 어떤 것을 원한다. 특히 지형공간정보체계를 이용하는 사용자들은 단어나 숫자, 그림과 같이 자료기반 내에 있는 유형의 요소나 자료기반에 의해서 제작되는 산물을 원하지 않으며, 대신에 그러한 산물이 가지고 있는 보이지 않는 특성에 더 많은 관심이 있다. 지형공간정보체계를 이용하는 사용자들은 정보가 생성되는 과정이나 기술에는 별로 관심이 없고 주로 지형과 공간 등에 관한 자료에 많은 관심을 가지고 있다. 그러나 이러한 기술은 대안에 대한 준비라고 볼 수 있으며 정보가 만들어 낸 산물에 대한 수요를 만족시키는 데 효과적인 수단이다.

정보는 다른 영향에 의해서 쉽게 변하지 않는 각 개인의 행동에 영향을 미치게 되며, 이러한 복잡성을 해결하기 위해서 법적인 측면이 고려되는 것이다. 또한 합리적이고 이해가 가능한 방식에 의해서 사람들 간의 관계가 규정되며, 이러한 형태는 법적 영역에 속한다고 볼 수 있다. 그러나 여러 가지 대상에 의해서 사람들의 행동을 분류하는 것은 매우 난해한 일이며 그 대상이 정보일 경우에는 더욱 복잡하다.

법체계 내에서 각 개인들은 정보사용에 관한 권한을 부여받는다. 이러한 권한에는 기술의 이용과 처리 과정, 정보 이용에 관한 활동 등에 해당하는 것이다. 법체계는 권한부여 방식에 따라서 정보체계의 발전에 자극이 되기도 하고 장애요소로 작용하기도 한다. 지형공간정보의 산물과 그에 대한 서비스의 생산과 이용을 결정하는 조건은 법적 체계에 의해서 영향을 받는다. 그러므로 이 장에서 자료와 정보에 관한 법적 체계를 구성하는 원칙과 기본틀, 세부사항에 대해서 중점을 두고자 한다. 특히 이 장에서는 토지와 지구 표면에 대한 활동과 현상의 분포 등에 대해서 고려한다.

5.2.2 정보의 이용과 분류

1. 정보의 이용

광범위하게 본다면 정보의 이용은 다음과 같은 세 가지의 범주로 나눌 수 있다. 즉 첫째,

보안(특히 국가적인 보안), 둘째, 미술, 과학과 교육, 셋째, 토지관리 등으로 나눌 수 있다. 먼저 국가적인 보안은 매우 중요하지만 일반 시민들은 법적인 범주에는 포함되지 않는다. 또한 미술이나 과학, 그리고 교육에 대한 만족의 추구도 여기서 말하는 법적인 체계에서 명확하게 나타나는 것은 아니다. 그러므로 지리와 토지정보에서 중점적으로 다루어야 할 분야는 토지관리에 관한 것이 되어야 한다.

토지관리에는 토지정책의 설정을 위한 활동과 결정에 따른 부수적인 실행 등이 포함된다. 그러므로 자료와 정보의 역할, 그리고 이러한 것들의 토지관리에서의 이용과 가치 등을 이해한다는 것은 쉽지 않기 때문에 이에 대한 연구와 분석이 필요하다.

2. 정보의 분류

자료와 정보, 지식, 지혜 등은 각 기관별, 관리적 측면에서 구별이 이루어져야 할 것이다. 자료는 관측에 의해서 얻어지는 값이고, 정보는 특별한 의미를 가지고 있는 자료라고 볼 수 있다. 각 기관들은 관리를 목적으로 최적상태의 정보를 가지고 있다. 지도는 정보에 의한 산물의 한 예라고 볼 수 있다. 지도를 편집하는 과정에 의해서 자료는 정보로 변환된다.

지식은 정보에 대한 인간 마음의 기여라고 볼 수 있다. 각 개인은 특별한 정보에 의한 산물에 의해서 이해를 하게 된다. 지식은 각 개인이나 산물에 대해서 특별한 것이다.

마지막으로 지혜는 사회 내의 인지된 특별한 사람들에 의해서 소유되어지는 지식이라고 할 수 있다.

자료와 정보는 중요한 입력에 의해서 정책이나 행동에 대한 결정을 할 수 있는 지식이나 지혜의 발달에 공헌을 하게 된다.

5.2.3 정보에 대한 접근의 기본가치

정보에 대한 접근과 흐름에 대한 영역을 다루는 데는 세 가지의 기본 가치, 즉 공공가치와 개인적 가치, 상업적 가치 등이 있다.

1. 공공가치(public value)

정부가 집행하는 행정에 대해서 국민은 알 권리가 있으며 이를 위해서 자료에 대한 접근과 정보에 관한 법이 존재한다. 사람들은 '정보(情報)'에 대해 공공가치를 지닌 것으로 보며 자유시장에 있어서 자료와 정보는 필수적인 것으로 여긴다.

전체주의 사회에서는 정부가 시민에 대한 통제를 용이하도록 정보체계를 설계한다. 결국 사람들은 자료와 정보에 대해서 접근할 수 있는 권리를 소유하기를 원하며 정부의 구체적인 활동상황을 알기 원한다.

2. 개인적 가치

개인적 가치는 특정한 개인이나 이들의 재산에 관한 자료와 정보 등에 의해서 규정되는 경향이 있다. 또한 개인적 가치는 개인이나 집단에 득 · 실이 되는 활동에 의해서 결정되기도 한다.

3. 상업적 가치

자료에 대한 수요가 증가할수록 이들 자료의 상업적 가치는 매우 커진다. 정보와 자료기반을 소유하고 있는 사람은 이러한 정보시장이 일반 상품과는 다른 형태로 시장에 있어서 유연성을 가지기를 기대하며, 이를 기대하는 대상에는 자료와 정보를 가지고 있는 사설기관뿐만이 아니라 정부기관 등이 포함된다. 정보의 공급자를 정부라고 본다는 것은 난해하고 논쟁의 여지가 있는 개념이다. 즉 정부가 정보의 산물을 하나의 상품으로서 판매해야 한다는 것을 강조하는 견해도 있고, 정보에 대한 접근에는 제한이 있어야 한다고 주장하는 사람들도 있다. 그러나 정보가 일반 상품과는 다른 점이 있다. 즉 정보는 여러 가지의 상업적인 목적을 달성하기가 어렵다는 특성을 가지고 있다.

5.2.4 법체계(legal system)

법체계는 사회의 여러 부분들 속에 존재하기 때문에 생활 중에서 쉽게 접할 수 있다. 예를 들어 자동차를 운전할 경우 교통법을 접하게 되고 생산품에 대해서 상표를 붙이는 사항에 관련된 법규, 생산품의 신뢰도에 관련된 법규 등이 있다. 이러한 방식으로 법체계를 고려해 볼 때 사람의 행동을 제한하는 부정적인 법 이외에도 많은 법체계가 존재함을 알 수 있다.

법체계에는 구조와 내용, 교양적인 측면에 대한 세 가지의 기본적인 요소가 포함된다. 구조(structure)에는 법원과 입법부, 사람들의 행동이나 다른 사람과의 관계에 영향을 미치는 규칙을 해석하거나 적용하는 기관들이 이에 속한다.

내용에는 신뢰, 가치, 이념, 기대에 대한 사람들의 양식이 명백하게 나타난다.

5.2.5 법체계의 기능

법체계는 사람들의 행동에 대한 사회적인 조절과 규제를 하며, 논쟁을 해결하기도 하는데, 논쟁을 해결하기 위한 기능은 정보이용에 대한 관리에 있어서 매우 중요하다. 또한 개개인과 대상물 사이의 갈등뿐만이 아니라 계층, 집단, 기관, 지역, 사람들 사이의 의견 불일치를 인식하는 데 매우 유용하다.

사회공학(social engineering)은 정부기능 내의 조화와 균형, 균등, 공정성 등을 실현하는 데 중요하다. 소유권에 대한 정의와 재분배뿐만이 아니라 변화와 연속성이 이에 포함된다. 이러한 기능들 내에서 정보는 중요한 요소가 될 수 있는데, 그 이유는 질의에 대한 답을 제시하고 공정성을 입증할 수 있기 때문인 것이다.

5.2.6 정보에 대한 접근과 법체계

정보의 공개를 통해서 정부의 활동에 대한 자료와 정보에로의 접근이 가능하다. 미국의 경우, 공공가치는 연방에 의해서 정해진 정보활동의 자유에 관한 법령(freedom of information act)에 따라 만들어진다. 기록에 대한 공개법(open records laws)은 주와 지방정부 기관에 적용된다. 각 주가 자신만의 법과 세부사항을 가지고 있기는 하지만 이것은 연방 정부의 방침에 따라야 한다.

1988년 12월 30일, 유럽 위원회(EC : European Commission)는 사회 내에서 정보의 보급을 확실히 하기 위하여 정보에 대한 접근을 자유롭게 하자고 제안하였는데, 이러한 활동은 국제사회 속에서 공공가치가 증대되고 있음을 의미한다.

요즘과 같은 전산시대에서는 지형공간정보에 관해서 특별한 관심이 대두되고 있으며, 이러한 자료는 각 개인과 그에 대한 재산을 파악하는 데 많은 도움이 된다. 그러나 이러한 환경 때문에 각 개인의 사생활이 침해되는 경우가 자주 발생한다.

자료와 정보의 흐름에 대한 국제적인 협약에는 각 개인의 사생활에 대한 고려가 잘 나타나 있다. 예를 들어, 경제협력과 발전을 위한 기관(OECD : Organization for Economic Cooperation and Development)에서는 개인적 자료의 국경간 이동과 사생활에 관한 지침을 1980년 9월에 채택했다.

자료기반은 저작권에 관한 법(copyright law)에 의해서 보호를 받으며, 정보의 저작권과 자유에 관한 법령은 다른 법들과 차이가 있다. 또한 정보의 상업적 측면은 국가간의 정보교환이 행해질 때 많이 반영된다.

5.2.7 지형공간정보체계의 법적 측면

1. 지형공간정보체계의 발전요소

지형공간정보체계의 발전에 중요한 요소는 두 가지가 있다. 즉 첫 번째는 소유권과 분배, 사생활, 정치적 조절과 비용의 회복에 대한 문제에로의 접근이며, 두 번째는 자료나 정보의 오차나 오용에 대한 신뢰도 문제이다.

2. 자료와 정보에 대한 접근

지형공간정보체계가 발전하는 과정 중에서 자료에 대한 용이한 접근은 기본적인 문제이다.

자료와 정보는 분리되어서 다양한 종류의 집단과 기관, 개인에 의해서 유지된다. 이러한 각 집단들은 자료와 정보에 대한 특별한 관심과 관점, 염려, 정의를 가지고 있으며, 여러 가지 처리과정을 이용하여 분석을 행한다. 각 집단들은 집단 내의 방침과 요구를 만족시키기 위해서 합리적이고 최상의 방식으로 행동을 하게 된다. 또한 각 집단들은 이들의 가치를 지원해 줄 후원자를 가지고 있다.

집단과 개인 사이에서 자료와 정보를 분할함으로써 자료에 대한 접근이 행해진다. 이러한 분할은 정부나 과학적 · 사회적인 훈련, 개인적인 상업적 목적에 따라서 각기 다르게 이루어진다.

3. 자료와 정보에 대한 접근법

1) 정부 단계에서의 접근

국가적 혹은 지방적 차원에서 자료와 정보는 수집되고 분석되며, 각각의 칙령(勅令, mandate)을 가지고 있는 특별한 기관에 의해서 집적되고 표현된다. 이러한 칙령들에 필수적으로 자료와 정보가 언급되는 것은 아니지만, 각 기관들은 프로그램을 다루며 정책을 발전시키고 그에 대한 내용을 실행할 수 있는 칙령들을 가지고 있다. 이러한 행동에는 자료와 정보가 필요하다. 각 기관들은 자료기반의 설계과정에서 자료기반이 최적의 상태로 작동할 수 있도록 합리적인 결정을 내린다.

이러한 과정을 통해서 각 기관이나 정부, 국가들은 특별한 특성을 가지고 있는 자료기반을 소유하게 되므로, 때로는 서로 양립할 수 없는 형식을 가지고 있기도 하고 자신이 소유한 정보를 배포하기 싫어하는 사람이 생기기도 하고, 자료와 정보의 흐름을 방해하는 장애요소가 생기기도 한다. 각 기관들은 자료와 정보의 교환에 관한 협동작업을 꺼리는데, 협동작업을 할 경우 그 기관만이 할 수 있는 고유의 권한이 사라지기 때문이다.

국가 간의 정보에 대한 접근은 각 나라들이 국제적인 협약을 얼마만큼 적극적으로 받아들이는가에 따라 달려 있다. 이러한 협약은 국가적인 대외정책의 일환이다. 이러한 협약을 위해서 각국의 안전과 정치적, 경제적, 사회적 이익에 대한 고려가 있어야 한다. 국가 간의 정보 흐름을 위한 협약은 국제적 이익과 국가 간의 이익이 균형을 이룰 때 체결된다. 정보의 흐름은 상업적인 목적이나 국가의 경제와 안전을 위해서 발생한다. 각국은 자국의 활동과 관련 있는 정보의 통합에 상당한 가치를 두고 있다.

2) 과학과 직업에 의한 접근

과학 분야는 각각의 영역에 따라서 고유의 언어와 문화, 방법들을 가지고 있으며, 특별한 형상에 대한 정의나 상징, 자료의 배분을 위한 표준, 형식, 분류, 자료기반의 특성을 규정하는 형태로 나타난다. 이러한 특성들은 어떤 분야에 대한 과학자들의 요구를 반영하여 합리적으로 설계된다. 자료기반에 대한 통제를 통해서 기관들 사이의 정보 흐름이 방해를 받는다.

3) 개인사업에 의한 접근

개인적으로 소유하고 있는 자료기반으로부터 정보를 사용하기 위해서는 사용자가 자료에 대한 대가를 지불해야 한다. 비용과 자료가 가지고 있는 상업적 가치 때문에 정보의 흐름이 방해를 받는다.

정보에로의 접근과 관련된 법안은 정보의 유용성, 유용을 위한 조건, 새로운 기술의 도입에 의해서 누가 도움을 얻게 되는지를 결정한다. 이러한 문제들은 정보체계의 발달에 매우 중요하다. 왜냐하면 이러한 문제들은 기술에 의해서 제공되는 잠재력보다도 정보의 이용, 실제적인 유용성 등과 직접적으로 관련되기 때문이다.

기술은 자료와 정보를 수집하고 분석하며, 이를 분류하는 새롭고 효율적인 대안이 될 수 있다. 그러나 자료에 대한 접근이 난해한 경우 정보에 의해서 발생한 산물이 어느 정도의 가치를 가지고 있나를 정확하게 파악할 수 없다면 지형공간정보체계의 잠재력은 완전하게 인식될 수 없다. 정보의 흐름에 대한 장애요인은 체계의 발전에 큰 영향을 미친다. 현재, 극복하기 힘든 여러 가지 장애요소가 존재하기 때문에 이러한 문제들을 해결하기 위해서는 직접적이고 완전한 시험과정이 필요하다.

사람들과 기관 사이에서 생겨나는 자료와 정보에 대한 흐름은 중요한 법적 문제이다. 정보의 흐름을 방해하는 장애요인과 동기부여가 발생하는 방식에 대해서 다양한 관심이 있으며, 이런 상황 속에서 정보의 접근 영역을 규정하는 여러 가지 법들이 이용된다. 이외에도 자료에 대한 접근을 위해서는 여러 가지 정책이 수립되어야 하며 여러 종류의 법과 원칙들에 대한 인식과 고려가 포함되어야 하고 이러한 요건들 사이의 균형을 조절해야 한다.

5.3 지형공간정보체계의 실행을 위한 집단의 구성과 역할

5.3.1 개설

지형공간정보체계를 조작하고 실행하는 책임자는 이 체계에 앞으로 더 많은 투자가 있어야 하며 이를 위한 자금의 관리가 중요함을 느끼게 된다. 하드웨어나 소프트웨어, 자료기반에 대한 문제는 쉽게 인식되며 기록될 수 있지만 이러한 체계를 담당하는 구성진에 대해서는 이러한 점검이 어렵다. 가령 구성진이 필수적인 기술이나 상호전달 기술, 동기유발과 노력, 창의력과 새로운 개념을 받아들이고자 하는 자세가 없다면 이 체계의 운영은 실패로 끝나게 된다.

5.3.2 역할에 따른 구성진의 분류

1989년에 브라운(Brown)은 사람들이 수행해야 할 10가지의 일반적인 역할을 제시하였다.

1. 관리자(manager)

지형공간정보체계의 관리자란 이 체계가 실행되기 시작한 후에 지형공간정보체계를 이용한 사업의 추진에 참여하는 사람들과 체계 그 자체에 대해서 책임을 지는 사람을 말한다. 체계관리자는 지형공간정보체계가 어떠한 방법으로 기관들을 발전시키느냐에 대한 내용을 이해하고 사용자 측면에 있는 다른 관리자들에게 지형공간정보체계가 그들의 욕구를 만족시켜 줄 수 있다는 사실을 인지시킬 수 있어야 한다. 하나의 사업에 대한 연구단계에서 지형공간정보체계의 관리자는 시장성 조사를 해야 하며, 기술자가 아닌 사람들에게 지형공간정보체계의 이점을 설명해야 한다. 그리고 시범적인 운영, 기본도의 변환, 실행단계에서 지형공간정보체계의 관리자는 작업수행을 위한 기본사항들과 작업의 수행을 위한 계획의 관리에 중점을 두어야 한다.

2. 분석가(analyst)

분석가는 지형공간정보체계를 사용자들의 문제에 적용할 수 있어야 하고, 정보를 이용하여 이들의 요구를 해결하기 위한 기술적인 지식과 경험을 가지고 있는 사람이다. 분석가는 사용자들이 원하는 설계 프로그램과 이용 과정에 대해서 면담을 해야 한다. 또한 분석가는 지형공간정보체계의 기술을 가지고 있는 것 외에도 사용자들의 요구를 수용하고 이를 프로그램 작업과정에 반영함으로써 이들의 요구에 부응할 수 있어야 한다.

3. 체계관리자(system administrator)

원활한 체계 구축과 실행을 위해서, 지형공간정보체계의 구성진들은 하드웨어와 소프트웨어가 잘 작동할 수 있도록 해야 한다. 체계 관리자는 체계의 유지에 책임을 져야 하며, 발생한 문제에 대해서 신속하게 대응하고 문제를 해결할 수 있어야 한다.

체계관리자는 체계의 실행을 감시해야 하며 더욱 발전된 소프트웨어와 부가적인 하드웨어를 설치해야 한다. 국지적인 조직망(network)상에 여러 대의 전산기가 자료의 교환을 위하여 서로 연결되어 있고, 지형공간정보체계에서 이 망들을 이용하기 때문에 체계관리자는 국지적인 망을 이용한 전송에 대하여 이해를 해야 하며 체계 내에 저장된 많은 파일을 관리해야한다.

4. 프로그래머(programmer)

지형공간정보체계의 프로그래머는 분석가들이 적용을 위해서 분류한 내용들을 프로그램과 사용자 선택사항, 특별한 기능들을 수행하기 위한 광범위한 명령어(macro-level commands) 안에 포함시켜야 한다. 또한 이 체계의 프로그래머는 분석가 · 사용자와 더불어 여러 가지의 응용분야에서 필요한 새로운 자료기반을 발전시킬 수 있도록 노력해야 한다.

5. 처리자(processor)

처리자는 지형공간정보체계의 하드웨어와 소프트웨어를 이용할 수 있는 능력을 가지고 있어야 하고 사용자의 요구에 부응하는 여러 가지의 결과물을 제작할 수 있어야 한다. 예를 들어 지형공간정보체계를 실행시키고자 하는데, 생산물과 서비스 제작을 위해서 필요한 기능들을 충분히 제공할 수 없는 기관들에서는 처리자의 위치가 매우 중요하다. 자신들만의 특수한 작업장을 가지고 있지 않는 부서들은 특별한 산물들이 필요한 경우 지형공간정보체계의 처리자들에 의해서 도움을 받게 된다. 처리자는 지형공간정보체계를 이용한 계획의 실행에서 주된 위치를 차지하며 지형공간정보체계의 분석가와 프로그래머가 사용자의 세부화된 요구를 모두 수용하기는 곤란하므로 이 체계를 이용하여 특별한 산물을 제작하기 위해서 처리자의 도움을 받아야 한다.

6. 자료기반 관리자(database administrator)

대부분의 자료처리 기관에서는 자료기반의 여러 기능들을 관리하는 사람들을 고용하고 있는데, 이러한 사람들에 의해서 논리적인 자료기반의 설계가 가능하게 되며, 물리적인 자료의 저장과 자료기반 관리를 위한 소프트웨어에 필요한 점들이 이 자료기반 안에 수용된다.

자료기반 관리자들은 분석가와 프로그래머, 사용자들을 지원하며, 사람들은 다른 사람들이 체계 내에서 어떤 정보가 유용한지를 알 수 있도록 하기 위하여 지형과 공간에 대한 형상을 층으로 구성하고 비도형자료와 자료기반과 관련된 서류 정보가 가지는 부호 구조를 발전시키는 활동을 한다.

7. 지도제작자(cartographer)

사용자는 명확한 의미전달을 위해서 지도제작에 숙련된 사람들을 필요로 한다. 또한 지도제작자는 표준화된 지도 기호의 발전을 지원하며 일반인에게 공급하기 위하여 일련의 표준지도를 제작한다.

8. 제도사(drafter)

대부분의 사용자가 존재하는 많은 부서들은 지식과 도안원칙을 지도제작에 이용하는 사람들에게 지형공간정보체계에 대한 훈련을 실시한다. 제도사는 시험적인 준비 단계와 기본도 변환을 행하며 이러한 기본도 변환은 수치변환을 위한 준비과정으로서 많은 원천자료(source)로부터 지형자료를 편집하고 통합한다.

9. 디지타이저(digitizer) 운용자

지도정보를 수치형태로 변환시키는 작업에는 디지타이징을 위한 탁자나 워크스테이션의 영상면상에서 오랫동안 작업을 할 사람들이 필요하다. 디지타이저 운용자는 디지타이징 작업이나 지도정보의 편집작업을 할 때에 세부적인 사항까지도 고려해야 한다. 제도사의 기술이 디지타이저 운용자에게 매우 도움이 되며, 이를 통해서 지도제작이나 도안작업의 표준화가 이루어진다.

10. 최종 사용자(end users)

지형공간정보체계에는 지방정부의 기능 수행에 필요한 자료처리 과정이 포함되어 있으며 이러한 기능을 이용하는 사람들을 '최종 사용자'라고 한다. 사용자는 지형공간정보체계를 계획과 평가 단계에서 이용하여 여러 가지 효과를 거둔다. 이러한 노력이 성공을 거두게 된 이유는 두 가지가 있다.

첫째는 지형공간정보체계를 총괄하는 관리자가 뛰어난 통솔력을 가졌다고 볼 수 있다. 이런 통솔자는 특정한 목적을 달성하기 위해서 헌신해야 하며, 다른 관리자들이 목적을 달성할 수 있도록 동기유발을 시켜야 한다. 지형공간정보체계가 지방정부의 관리나 지형공간정보의 이용방식에 상당한 영향을 미친다고 볼 때, 많은 관리자들이나 의사결정가들이 그들의 작업을 용이하게 할 수 있도록 뛰어난 통솔력으로 지형공간정보체계를 관리하는 것이 매우 중요하다.

둘째로, 구성진들이 연속적으로 작업을 계속함으로써 기술적인 숙련도와 작업의 내부진행에 대한 인지도, 기관의 특성이 오랫동안 유지될 수가 있다. 새로운 사람들이 작업에 익숙해지려면 시간이 걸릴 뿐만 아니라 계획을 진행하는 집단과 이를 사용하는 사람들 간의 관계가 다시 정립되어야 한다.

통솔력과 지속적인 작업을 펼치는 구성진은 지형공간정보체계에 관한 계획의 발전에 많은 도움을 준다.

위에서 말한 10가지의 역할들이 체계 구축단계의 초기에 모두 필요한 것은 아니며, 다양한 단계를 거치면서 이러한 계획이 진행되어 감에 따라 서로 다른 기술이 각기 다른 시간대에서 필요하다.

5.4 체계구축

지형공간정보체계의 설계(design)와 구축방안들에 대해서 많은 방안들이 제시되어 왔다. 이 절에서 논의될 구축 과정은 크게 나누어 5단계로 되어 있다. 즉 개념(concept), 설계(design), 발전(development), 조작(operation), 검사(audit) 등의 순서이다.

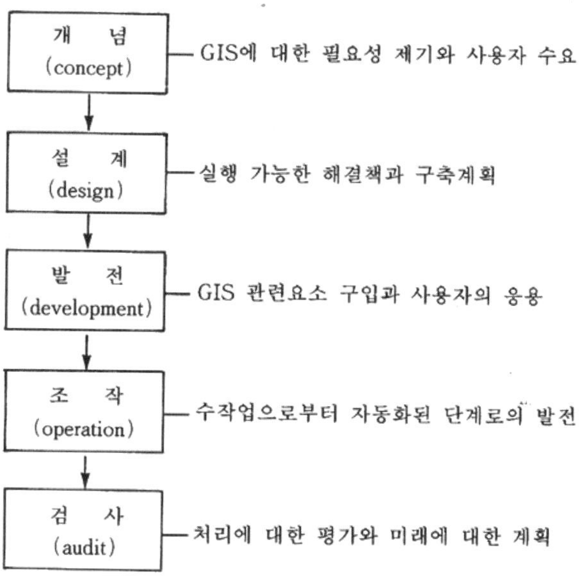

[5.3] 지형공간정보체계의 설계와 구축순서

5.4.1 지형공간정보체계의 구축에 대한 개요

기관구성 문제는 지형공간정보체계의 도입에 있어서 해결해야 할 과제이며, 이 체계가 성공적으로 구축되기 위해서는 기관에서 충분한 지원을 해야 한다. 한 기관 내에서 지형공간정보체계에 대한 지원을 요청하기 위해서는 이 체계가 기관 내에 도입되었을 때 나타나는 효과에 대한 설득력 있는 세부설명이 필요하다.

체계를 설계할 때에 일관된 기본 원칙이 있어야만 지형공간정보체계의 효용이 극대화될 수 있다. 여기서 말하는 체계는 단순히 하드웨어나 소프트웨어만을 의미하는 것은 아니며, 여기에는 자료기반의 내용과 구조, 구성인원, 기관의 구성형태, 재정적인 지원책 등이 포함된다.

지형공간정보체계를 이용하여 의사결정을 할 때, 하드웨어나 소프트웨어 중 어느 한쪽으로 편중되는 경향이 있다. 지형공간정보체계의 도입은 이를 이용하고자 하는 응용분야가 있어야 가능하다. 사용자측인 기관들이 응용분야들에 대해서 투자를 할 것인지를 결정하고, 이들에 대해서 우선순위를 매긴 다음에 그 기관에 적합한 체계를 선정한다.

설계과정은 추상적 단계에서 구체적 단계, 개괄적인 단계에서 세부적인 단계로 반복적으로 시행된다.

자료기반은 하나의 응용분야에 있어서 기초와 같은 역할을 하며, 자료기반이 가지고 있는 내용과 정확도는 지형공간정보체계의 성공적인 실행에 있어서 필수적이다. 자료기반을 발전시키고 유지하는 데 드는 비용은 지형공간정보체계를 구성하는 데 소요되는 장비 비용보다 훨씬 많다. 체계 설계에 있어서 자료기반의 내용물과 정확도를 결정한다는 것은 매우 중요한 단계이다.

다음 단계에서 세부화된 자료기반의 설계는 체계의 구축에 있어서 매우 중요하지만 초기 단계에서 필수적인 것은 아니다. 더구나 세부화된 자료기반의 설계는 소프트웨어에 대한 고려와 자료유지를 위한 제도상의 과정에 의해서 영향을 받는다.

체계가 가지고 있는 기능은 특정한 하드웨어나 소프트웨어에 국한되지 않고 결정된다. 도형자료의 출력이나 자료기반의 조작, 해석 기능, 체계 배치 등은 체계가 가지는 몇 가지 예이다. 이러한 요소들에 대한 윤곽을 형성한 후에 체계의 특성과 비용이 결정된다. 주어진 응용영역 내에서 체계의 각 기능이 가지는 상대적인 중요도는 다음과 같이 결정된다.

① 도안이나 지도제작을 위한 입력을 위해서 체계가 최적화되어야 하는가?

② 다각형, 이동, 선의 위치, 차원 등에 의해서 표현되는 다양한 주제들의 조합이 도형

자료에 대한 처리과정에 포함되는가?

③ 선형(line type)이 개괄적인 표현이나 위치를 정확하게 나타낼 수 있는가?

④ 인접성을 나타내는 데 선형이 사용되는가?

⑤ 도형자료의 표현을 위해서 한 사람 이상에 의해 자료기반에 대한 접근이 이루어져야 하는가?

⑥ 사용자들에게 더 나은 서비스를 하기 위해서 집중처리 혹은 분산처리 중 어느 것이 보다 효율적인가?

⑦ 이러한 장비(equipment)들이 비공간적인 처리 기능을 지원할 수 있는가?

이러한 문제들에 대한 답은 체계배치에 대한 기초가 될 것이며, 하드웨어나 소프트웨어에 대한 확실한 결정은 이 단계에서 이루어지지 않는다. 전산기 하드웨어는 소프트웨어에 따라서 달라진다. 즉 응용영역에 사용될 하나 이상의 패키지가 결정되고 난 후에 하드웨어와 작동체계가 선택된다. UNIX체계와 관련기술이 널리 사용됨에 따라, 소프트웨어가 하드웨어 사이에서 더욱 간단하게 이동된다. 하드웨어와 소프트웨어를 선정할 때 먼저 사용자의 요구에 부합되도록 해야 하며, 그 다음에는 가격에 대한 고려를 해야 한다.

어떤 경우에 처리기와 작동체계가 통제와 지형공간정보체계의 선택 등에 영향을 미친다. 특정한 업자와 거래를 하는 기관들이 때로는 이러한 소프트웨어의 선정에 제한을 두기도 한다. 또한 현재의 처리장치를 그대로 이용하고 부수적인 비용을 지출하지 않는 경우도 있는데, 이때도 하드웨어를 선정하는 데 신중한 고려가 있어야 한다.

지형공간정보체계가 가지는 효과를 극대화시키기 위해서 기관들은 기술을 변형시켜야 한다. 수작업을 지형공간정보체계로 대체시키는 것은 매우 간단한 일이지만, 이 체계를 의사결정과 작업 흐름 속에 포함시키기 위해서는 작업과정 및 기관의 구조를 변화시켜야 한다. 잠재적인 변화를 식별해 내는 것은 기관구조 형성과 작업과정에서 선행되어야 할 작업이다.

생산성과 처리단위 각각의 실행력을 증대시키기 위해 하나의 체계가 기관 내에 구축될 때, 구조적인 변화가 원만하게 발생하거나 발생하지 않은 경우도 있다. 지형공간정보체계가 하나의 기관이나 회사, 다양한 정부 부서, 사법부 등을 지원하기 위해 도입되려면 공식적 혹은 비공식적인 새로운 형식에 대한 동의, 상호작용, 사용자의 요구사항, 비용, 합작예산 수립과정(joint budget procedure) 등이 필요하다. 통신을 위한 새로운 선을 확보하고 실행시키기 위해서는 크고 작은 구조적인 변화가 필요하다.

하나의 작업을 수행하기 위해서는 구조적인 변화가 필요하다. 하나의 자료기반을 지속적으로 사용하면 이전의 처리과정, 유효구역 설정, 작업순서, 정보에 대한 질의 등 필요 없는 여러 단계의 작업과정을 단축시킬 수 있다. 인쇄복사에 의한 자료를 물리적으로 이동시키는 것은 무의미하게 된다. 저장과 기록보관 기능들이 변화되거나 제거되며, 간단하거나 복잡한 과정들이 변형된다. 작업과정과 흐름이 성공적으로 수행될 수 있는 범위에 따라 기술의 통합과 기관이 얻을 수 있는 효용이 결정된다.

5.4.2 지형공간정보체계의 이점과 유지를 위한 지원

지형공간정보체계를 구축하기 위해서는 기술적, 조직적, 재정적인 요소들에 대한 고려가 있어야 한다. 각 기관들은 이러한 요소들에 대해서 결정을 내려야 하고, 이를 위해서 기관 내의 모든 단계가 지원을 해야 한다. 이러한 지원은 지속적이고도 장기적인 체계구축 과정을 통해서 가능하다.

일반적인 접근법에는 기술적, 정치적, 교육적 접근법이 포함되며, 이러한 과정을 통해서 기관의 지원을 얻어 낼 수 있다.

기술적인 접근을 위해서 특별하고 논리적인 활동들이 필요하다. 이러한 활동에는 사용자 요구사항에 대한 기준설정, 기본적인 하드웨어나 소프트웨어에 대한 언급, 자료기반과 응용영역에 대한 세부적인 기준설정이 포함되어야 한다. 이러한 내용들은 비용과 효과분석에 의해서 가능하다. 원래 기술적인 접근은 행정부에서 시행하는 세분화된 계획, 편의시설 제공을 목적으로 하는 공학담당부서의 설계과정 등에 의해서 이루어진다. 기술적인 접근은 개개인이나 기관단위로 시행되며, 상부지도층에게 지형공간정보체계에 대한 개념을 심어 주기 위해 행해진다.

선임 관리자와 중간 관리자들은 행정적인 측면을 통해서 지형공간정보체계에 대한 지원을 한다. 단계적 접근법(top-down approach)은 기술의 발전을 고취시키고, 체계 운용상 발생하는 위험요소나 변화 등으로 인한 불안전성을 극복하기 위하여 도입된다. 선임 관리자는 기관문제나 사적인 장애요인을 이미 극복한 위치에 있게 되며, 이들에 의한 행정적인 접근법에서는 기술적 측면에 대한 기준설정이 부족하다. 또한 선임 관리자들이 주된 관심을 가지고 있는 부분은 효율성, 효과와 이윤 등이다. 중간 관리자는 양쪽 측면, 즉 행정적인 면과 기술적인 면을 모두 고려해야 하는데 선임 관리자에 대해서는 행정적인 지원을 요청해야 하고, 기술 담당자들로부터는 지형공간정보체계 구축에 대한 동의를 얻기 위해서 기술적인 면을 고려해야 한다. 선임 책임자는 최저 실행 결과와 비용과 계획, 노동력 등과 같이 이에 영향을 미치는 요인 등에 대해서 주의 깊게 통찰할 수 있는 안목을 가지고 있어야 한다.

중간관리자가 기술에 대한 충분한 이해를 해야 하지만 완벽할 수는 없다. 노동력은 하나의 기관 내에서 양적, 경험, 유용성 등으로 나타내어지는데, 이러한 노동력과 논리문제도 중간관리자들의 관심의 대상이다. 재정적인 면은 1년 예산과 하나의 소화물당 비용(cost per parcel), 편의시설, 상대적인 관측단위에 의해 표현된다.

기관과 관련을 가지고 있는 사람들은 처리단계에서 많은 학문과 관련된 다양하고 기술적인 교육과정을 거쳐야 한다. 이러한 교육을 받은 사람들은 추가교육을 받기를 원하며 회의, 워크숍(workshop), 전문잡지 구독 등이 이러한 교육에 포함된다.

또한 이들은 판매에 관한 내용을 검토하고 지형공간정보체계의 산물과 서비스를 제공하는 업자들이 주관하는 전시회 등에 참가한다.

작업을 수행하는 집단에 대한 교육은 세분화되어야 하고 효과적인 사고와 기관 전체를 위한 상대적인 처리과정 등이 포함되어야 한다.

5.4.3 구축을 위한 방법론

각 기관들은 천연색 출력장치, 전산 처리기, 잠재적인 응용영역에 대해 매우 관심을 가지고 있다. 많은 체계들이 처음에는 소규모 계획과 설계에 의해서 구축되며 이러한 구축전략은 오랜 기간 동안 계속될 것이다.

그러나 충분한 고찰과정을 통해서만 체계의 구축과정 중에 나타나는 위험요소가 최소화될 수 있고 유용한 자원들을 충분히 활용할 수 있게 된다.

완벽한 지형공간정보체계를 구축한다는 것은 복잡하고 긴 과정이며 이러한 과정에는 여러 기관들이 관여하게 되고 많은 비용이 든다. 지형공간정보체계의 구축을 위한 결정과정에서부터 완성단계에 이르기까지, 전 과정에서 논리적으로 세분화된 하부단계가 필요하다.

5장 연습문제

다음 각 사항에 대하여 답하시오.

1. 지형공간정보체계의 이용자료에 대하여 간단한 설명
2. 지형공간정보체계를 도입하는 데 있어 비용효과분석에서 고려해야 할 사항
3. 자료의 교환과 표준화 문제
4. 지형공간정보체계를 구축하는 데 있어 고려해야 할 법적인 문제점을 기술하고 그 해결방안
5. 지형공간정보체계의 실행을 위한 집단의 구성과 구성원의 역할에 대한 조직표 구성
6. 지형공간정보체계의 구축순서에 대해 단계별로 설명
7. 지형공간정보체계의 이점과 유지를 위한 지원에 대한 설명
8. 지형공간정보체계의 자료형태

Chapter 06 지형공간정보체계의 자료운용, 응용분야

6.1 지형공간정보체계의 자료운용

6.1.1 장기적 운용계획

각 기관들의 수요를 분석하는 장기 계획을 세우다 보면 지형공간정보체계가 기관의 목적 달성에 도움을 주고 현실적인 기대를 만족시켜 줄 수 있다는 것을 알 수 있다. 의사결정자는 장기적인 계획을 통해서 이 체계가 사회의 발전을 도모할 수 있는가에 대한 평가를 내리게 된다. 또한 이 체계는 사회의 발달과정 중에 여러 기관들이 필요로 하는 정보의 원천을 제공하기도 한다.

장기적 계획이 잘 실행되기 위해서는 다음과 같은 과정이 필요하다.

1. 높은 수준의 지원

장기적인 계획을 통하여 많은 의사결정자들은 정부의 발전을 도울 수 있는 기회를 가지게 되며, 새로운 기술의 개발을 위해서 노력할 수 있게 된다. 또한 어떠한 계획이 성공을 거둘 수 있다는 자신감을 갖기도 한다.

2. 잠재성을 지닌 응용분야의 과학

장기적인 계획에는 각 기관들이 가지고 있는 정보에 대한 수요를 고려해야 하며, 발전

가능성이 없는 사업들은 재고를 통하여 과감히 제거되어야 한다. 지형공간정보체계가 지닌 잠재성을 파악한다는 것은 매우 중요한데, 그 이유는 정부에 속해 있는 많은 공무원들이 이 체계가 가진 능력을 완전하게 알지 못하며 지형공간정보체계를 이용해도 자신들의 욕구를 만족시킬 수 없다고 가정하기 때문이다.

3. 응용분야에 대한 작업의 실행 순서 결정

장기적인 계획을 수립하는 과정 중에서 잠재성을 지닌 응용분야를 파악한 다음에, 기관의 발전을 극대화하도록 응용분야에 대한 작업의 실행계획을 세우거나 우선순위를 결정하는 작업은 매우 중요하다. 왜냐하면 이러한 작업을 통해서 기관의 장기 계획과 한 도시의 전체 전략사이에 연관성을 가지게 할 수 있기 때문이다.

4. 여러 기관들이 얻을 수 있는 혜택의 극대화

지형공간정보체계의 가장 중요한 특성 중 하나는 여러 가지의 원천으로부터 생성된 자료를 통합할 수 있는 능력을 가지고 있다는 것이다. 장기적인 계획을 통하여 예전에는 알려지지 않았던 정보의 분할이 이루어진다. 예전에는 분할되지 않았던 정보의 특수한 여러 기능들이 지형공간자료의 통합을 통해서 발전하게 된다. 이러한 과정을 통하여 한 도시 전체가 얻을 수 있는 효과에 대한 분석이 가능하게 되며, 한 지역만 혜택을 얻는 경우를 방지할 수 있다.

5. 자료원천(source)에 관한 필요의 식별

정보체계의 전문가들이 하나의 계획을 성공적으로 완성시키는 과정 중에 때로는 예기치 못한 추가 자금을 의사결정자들에게 요구해서 이들을 놀라게 하는 경우가 있다. 대부분의 공무원들과 다른 의사결정자들은 지형공간정보체계에 대해서 잘 모르기 때문에, 계획에 사용될 자금의 액수를 추정하기 위한 계획서를 작성하는 사람들을 전적으로 신임하게 된다. 이후에 비용이 상승하게 되면 이들에 대한 신뢰도가 감소하게 된다. 장기적인 계획에서 비용문제를 객관적이고 정직하게 다루게 되면 자금이 부족하여 전체의 실행이 불가능하게 되는 사태를 방지할 수 있다.

지형공간정보체계에 대한 장기적인 계획을 세울 때 중요한 사항은 이 체계를 사용하는 중앙정부나 지방정부를 염두에 두어야 한다.

정보체계 산업에서 지난 수 년 동안 기관의 장기적인 목적을 지원하기 위해서 사용해 온 계획 방식은 여러 개가 있다. 이러한 체계들을 살펴보면 사업체계 계획(BSP : Business System Planning)을 위한 방법, 성공을 위한 중요 요인(critical success factors), 기관에 매우 중요한 기능들과 다른 요인들을 정의하고 적절한 정보체계를 발전시키기 위해서 필요한 많은 발전단계를 위한 이론 등이 있다. 이러한 과정을 통해서 가장 중요한 기능에 대해서 기술이 지원되며, 기관의 성공에 영향을 미치게 될 것이다. 장기적인 지형공간정보체계의 계획은 이러한 접근법을 따라야 할 것이다.

6.1.2 시장의 동향

지형공간정보체계는 지난 60년 동안 놀랄 만한 성장을 해 왔으며 앞으로 이보다 더 나은 주요한 변화가 발생할 것이다. 이러한 변화 중에서 주목할 만한 것은 지형공간정보체계의 시장구조에 대한 것이다.

지형공간정보체계의 장래성을 확신하는 판매업자(vendor)들에 의해서, 예전부터 지형공간정보체계를 다루어 온 회사들과 각 부문별로 이 체계에 관한 시장을 발달시켜 온 사람들의 수가 기하급수로 늘어나게 되었다.

이 장에서는 지형공간정보체계의 변화와 미래의 지형공간정보체계에 영향을 줄 만한 방법들에 대해서 논의하고자 한다.

1. 발전하고 있는 지도시장

지형공간정보체계의 시장이 팽창하고 넓어져 감에 따라 수치지도 자료에 대한 수요가 커가고 있으며 또한 다양해지고 있다. 대축척 지도가 제공됨에 따라 여러 기관에 있는 사용자들이나 정부 각 부처에 있는 사용자들의 관심이 증대되고 있으며, 다른 집단에서도 점차적으로 축척이나 기타 세분화된 자료를 필요로 하고 있다. 새로운 자료에 의해서 만들어지는 생성물에 대한 사용자들의 이러한 수요를 만족시키기 위해서 현재 새로운 기법이 계속 증가하고 있다.

스캐너를 이용하여 적은 비용으로 유색의 격자형 기본도를 빨리 얻을 수 있는 체계는 지금도 효과적으로 이용되고 있다. AO처럼 커다란 크기의 스캐너는 수요가 적기 때문에 상대적으로 값이 비싸며, 작은 크기의 스캐너가 오히려 싸게 공급되고 있다. 주사된 내용물은 인쇄복사(hard copy)에 의한 것과 매우 비슷하기 때문에 비전문가인 사용자들이 쉽게 접할 수 있으며 많은 응용분야에서 이용될 수 있다.

선추적형 지도를 얻는 데 많은 비용과 오랜 지연 시간이 걸리는데, 이러한 난점을 극복하고 제작된 격자형 지도 자료가 있다. 격자형 자료는 용량을 많이 차지하고 실행이 조직망(network) 상에서 빠르지 못하며, 영상출력의 축척, 연속된 지도제작, 편집 등의 작업에 많은 난점을 가지고 있었다.

앞으로는 워크스테이션 및 보다 발달된 지형공간정보체계 패키지에 포함된 격자형 자료처리 프로그램에 있어서 격자형 자료를 압축하는 기능이 제공될 것이다.

격자형 자료에 대한 기술이 발전해 감에 따라 문서화를 지원하기 위한 모든 취득방식이 일반화될 것이다. 이러한 방식은 지형공간정보체계의 지도들을 통하여 접근이 가능하고, 격자형으로 입력된 다이어그램(diagram), 개략묘사(sketch), 영상면 등의 형태를 가진다. 앞에서 언급된 발전들에 의해서 공학적인 도안을 관리하는 시장이 급속하게 대두되고 있으며, 지형공간정보체계를 필요로 하는 사용자들이 공동작업을 행한다.

선추적형 자료에 대한 수요가 증가하고 있으며 사무소 등에서 많은 각광을 받게 될 것이다. 지형공간정보체계는 공학적 도안에 많은 발전을 주게 될 것이며, 이러한 공학적 도안은 변환과정에 있어 꼭 전산기에 기초한 도안(CAD)을 이용하는데 이것의 주된 역할은 병렬처리와 형태인식(pattern recognition)이다. 수준 높은 질을 가진 지도를 통해서 이러한 도안물들이 자동선추적화되며, 이러한 방식으로 자료를 생성하는 데 드는 비용은 수작업에 의한 디지타이징에서 필요한 비용과 견줄 만하다. 선추적화를 위한 일련의 프로그램들을 관리하는 사람들의 수가 증가하면 처리량의 증대와 비용의 감소가 발생한다.

선추적형 자료에 대한 수요가 증가하고 유용한 자료가 많이 생성된다면 새로운 응용분야가 발달될 수 있을 것이다. 지형공간정보체계와 공학적인 도안에 대한 관심이 증가하고 있다는 것은 구조화된 자료의 생성이 가능하다는 것을 보여 주며, 이 분야에 관심을 가지고 있는 회사들이 많다는 것은 이에 대한 잠재적인 영역이 넓다는 것을 보여 준다.

2. 지형공간 자료의 제공

지형공간정보체계가 많이 이용됨에 따라 지형공간이 기준이 되는 자료에 대한 시장이 급속하게 증가하고 있고 다양한 범위의 정보제공자들이 자료의 생성과 유지, 판매에 힘을 쓰고 있다. 이미 많은 회사들이 인구에 대한 자료나 재산의 발달계획, 합리적인 소매에 대한 세부사항, 각기 다른 지형공간 기준에 대한 자료들의 판매에 열을 올리고 있으며, 뛰어난 창의력에 의해서 지형공간정보체계를 새로운 시장으로 도입 할 수 있다. 수치지도를 제작한다는 것은 상업적으로 자료의 저장에 유용하며, 자료의 저장이 기본도 제작에 얼마나 유용한가 하는 것은 아직 확실하지 않다.

지형공간자료를 제공하는 사람들은 특별한 자료원천(source)으로부터 기본도에 사용되는 자료를 공급한다. 수치지도를 제공하는 사람들은 수치지도와 이와 관련된 지형공간자료에 대한 일련의 프로그램을 공급하기 위해서 지형공간자료를 판매하는 사람들과 시장성에 대해서 논의를 한다.

3. 지형공간정보체계의 시장

거의 모든 지형공간정보체계의 시장은 아주 적은 수의 공급자들에 의해서 유지되었으나 현재는 거의 모든 회사들이 다양한 종류의 지형공간정보체계 산물들을 생성하면서 시장을 확장시키고 있다. 현재 지형공간정보체계의 시장은 그들의 생산물이 어느 시장에 적합한지 또는 사용자들의 수요가 어떤 것인지를 명확하게 파악하지 못한 회사들이 있어서 커다란 혼란을 겪고 있다. 이 결과 자료를 제공받는 더욱 많은 사용자들이 혼란을 겪게 되는데, 그 이유는 서로 다른 해결책들이 천차만별의 가격으로 판매되기 때문이다. 그러나 이 체계의 시장이 그에 대한 내용을 계층화하려는 조짐을 보이고 있다.

6.1.3 지형공간정보체계 시장의 동향

지형공간정보체계를 이용하여 다양한 원천으로부터 자료를 수집하여 자기매체에 저장할 수 있게 되었다. 지형공간정보체계는 자료에 대해서 빠르고 용이한 접근을 제공하며 의사결정과정에 사용되도록 이에 대한 운영을 행한다. 또한 이 체계는 다양한 종류의 분석기법을 가지고 있어서 사용자들이 쉽게 이해할 수 있는 형태의 정보를 제공한다. 지형공간정보체계에 의해서 제공되는 실제적인 장점은 지형 및 공간이 기준이 되는 분리된 자료들을 서로 연결시킬 수 있는 능력을 가지고 있다는 것이다. 지형공간정보체계는 지형 및 공간이 기준이 되는 자료들을 지구상의 위치에 따라서 저장하고 검색할 수 있는 수단을 제공한다. 이러한 이유로 인해서 자료에 대한 접근이 용이하며 원래의 목적과는 다른 곳에 이 자료들을 이용함으로써 이용영역의 확장을 시도할 수 있다.

지형 및 공간이 기준이 되는 자료에 대해 쉽게 접근함으로써 커다란 효과를 나타낼 수 있으며 이러한 효과들은 공공 혹은 상업분야에서 널리 받아들여지고 있다. 많은 응용분야에서 지형공간정보체계를 이용하고 있으며, 하드웨어의 가격하락에 따라서 많은 소프트웨어들에 대한 접근이 가속화되며 그에 따른 잠재적인 효용의 증대가 많은 부분에서 일어나고 있다.

지형공간정보체계의 발전은 지형공간 자료의 운영과 분석, 모형화의 발전에 달려 있다. 지형공간정보체계는 단순한 자료기반이 아니며, 자료기반에 관한 기술이 발달하게 되면 지형공간정보체계가 더욱 발전할 수 있을 것이다. 이러한 체계에 필수적으로 필요한 것은 대상지역을 선정하고 원하는 특성을 빠르고 쉽게 추출해 내는 것이다.

지형 및 공간이 기준이 되는 자료들을 조합함으로써 효과가 극대화될 수 있으며 이러한 이유 때문에 자료 통합이 중요한 문제가 된다. 그러나 자료의 연결은 간단한 문제가 아니며 자료들이 하나의 집합을 이룬 채 얻어졌을 경우 더욱 그러하다. 선정되는 지역이 임의적이고 지형 및 공간이 기준이 되는 정보를 수집하기 위해서 다양한 지역에 대한 조사를 해야 한다는 것은, 확실한 경계선 정합이 이루어지지 않기 때문에 이러한 자료들을 연결하는 것이 간단한 문제가아니라는 것을 나타낸다.

자료를 수집하는 과정에서 같은 지형 및 공간이 기준을 사용하거나 또는 일정한 지역에 대해서 같은 지형 및 공간이 계층구조를 갖추게 되면 자료들에 대한 비교가 용이해진다.

하지만 대상지역이 정합되지 않는 경우 자료들에 대한 비교는 매우 난해하며 오차가 발생할 확률이 그만큼 증가한다. 이러한 이유 때문에 자료들을 연결하는 작업은 매우 중요하다고할 수 있다.

분산되어 있지 않은 자료와 관련된 문제가 반드시 발생하게 되며 이에 대한 몇 가지의 해결책이 요구된다. 자료들을 저장하고 각각의 자료들을 수준에 따라 분류하는 작업은 대상지역에 대한 자료들을 손쉽게 탐색할 수 있다는 장점을 가지고 있다. 이러한 장점은 여러 응용분야에서 필수적인 것이며 자료에 대한 효율적인 사용을 위하여 그 기능은 계속 확장될 것이다.

여기에서 나타난 방식처럼 자료들을 연결하는 것은 여러 가지의 관련문제를 유발시킨다. 자료들의 집합, 이러한 자료집합을 조합하는 것 등과 관련된 문제뿐만이 아니라 자료의 보호, 복사에 관한 법규, 소유권, 안전과 신용에 대한 문제들이 있다. 그러나 합리적인 접근이 이루어지게 된다면 이러한 어려운 점들이 많이 극복될 수 있을 것이다.

미래에는 주로 분류에 사용되는 표준과 대상물에 대한 특성 등에 중점을 두게 될 것이다. 많은 자료들을 수치 형태로 변환시키게 됨에 따라 이러한 문제들은 더욱 커지게 될 것이다. 지형공간정보체계에 대한 미래는 밝다고 볼 수 있으며 이에 관한 발전은 더욱 증가될 것이다. 여기에서 언급된 발전 가능성 외에도 직관이 아니라 전문가체계에 의해서 의사결정 과정을 지원하는 내용이 중점적으로 다루어질 것이다. 그러나 이러한 내용에 대한 발전은 아직까지는 미숙한 단계이며, 앞으로 지형공간정보체계가 갖추어야 할 기본적인 기능을 포괄할 수 있는 방향으로 발전되어야 할 것이다.

현 단계에서 문제가 되고 있는 자료의 취득 및 광범위한 이용을 위해서는 효율적인 자료관리, 자료의 정확도 향상, 원천자료에 대한 지속적인 연구와 개발이 있어야 할 것이다.

6.2 지형공간정보체계의 응용분야

6.2.1 토지정보체계(LIS : Land Information System)

1. 개요

토지정보체계는 토지에 관한 정보를 제공함으로써 토지관리를 지원한다. 토지정보체계의 운영은 자료의 취득과 수집을 포함하고 그들의 처리, 저장, 유지, 검색, 분석, 보급 등도 포함한다. 토지정보체계는 정보의 생산자를 위해서라기보다는 사용자의 이익을 위해 설계되었으며, 또한 토지정보체계의 유용성은 토지자료의 정확성과 접근성에 중점을 두고 있다.

지적의 형태는 모두 토지정보체계(LIS)의 부수적인 요소들이며, 이들의 기능은 토지와 관련된 가치나 권리를 기록하는 데 도움을 준다. 이들 각각은 일련의 지적도를 포함하며 또한 다목적 지적으로 확장될 수 있다. 다목적 지적의 체계 안에서 토지의 소유, 토지경제, 계획, 통계, 관리 등에 대한 정보가 종합되며, 하나의 통일된 체계 또는 작은 체계가 연결된 조직망 안에서 이루어진다. 다목적 지적의 용도는 ① 토지 소유권에 관계된 기록을 유지, 관리하여 토지 소유권 이전문제를 해결한다. ② 소유자, 주거자, 재산, 가치 등에 대한 상세한 기록으로 토지세 문제를 해결하고, ③ 복잡한 토지분할 등 토지에 관한 문제를 해결하고, 토지와 관련된 종합적인 정보를 제공함으로써 일반 토지행정 문제를 해결한다.

다목적 지적은 관공서, 사설기관 그리고 시민 각 개인에게 제공되어질 수 있도록 대규모의 공동체적인 토지정보체계로 구성되어져야 하며, 그 특징은 ① 공간상의 기본단위로서 토지소유의 기본단위(토지의 한 필지)를 사용하고, ② 일련의 토지 기록들(토지의 보유, 토지의 가치, 토지의 사용 등)과 기본단위인 필지를 연결시킨다. ③ 이 기록들은 어느 곳에서나 공간상의 항목으로 변형될 수 있으며, ④ 자료에 접근할 수 있는 쉽고 용이한 방법을 제공한다. 다목적 지적의 주요한 요소는 기준 좌표계, 토지정보를 수용할 수 있는 도면화 프로그램과 각 필지에 대한 다양한 정보를 가진 일련의 파일들이다.

토지정보에 대한 항목이 필지별로 특징지어지지만, 각 기록들을 따로 편집하고 필요에 따라서 이것들을 연결시켜야 한다. 부체계는 주제별로 분류된 파일들을 포함하며, 독자적인 지적고유번호를 사용해 이들을 연결시킨다. 한 필지에 대한 자료층 총 정보는 하나의 기록부에 전부 기록하지 않고 각기 다른 파일에 수록시켜 필요한 경우 이를 사용한다.

이 체계를 운영하는 데 있어서 한 분야에 대한 전문가가 자료를 수집하고 조합하는 책임을 맡고 있기 때문에 기술적 · 행정적인 이점이 있다.

2. 체계 관리

1) 토지정보관리

토지정보는 지형, 표고라고도 하는 자연 조건에 토지의 이용, 소유가치까지 포함시킨 정보이다. 토지는 개인과 기업을 지원하는 자산 중에서 많은 부분을 차지하며 그 이용에 따라 도시의 경관과 환경의 수준을 좌우한다. 토지정보는 개인과 기업의 재산 보전으로부터 도시 지역에까지 깊은 관계를 갖는 기초 정보가 된다.

(1) 등기부의 자료기반화와 고정자산 정보의 관리

토지의 필지(소유되어 있는 한 필지의 토지) 단위의 토지소유 정보를 관리하는 등기부의 자료기반화가 법무부에 의해 이루어져야 하나, 토지 필지의 경계 자료 중 지적측량에 의해 정확히 주어지는 것은 적다.

토지세와 상속세에 관하여서도 과세의 공평화와 과세액 산정 작업의 효율화를 위해 자료기반의 이용이 진행되고 있다. 현재 자료기반화의 대상은 소유자명과 토지평가액 등 대장표(臺帳表) 형식의 자료가 주류이며, 이는 도면(토지필지의 위치와 형상)까지 취합한 LIS 구축에는 적합하지 않다. 그러나 도면까지 취합하면 대장표 자료의 오류를 발견하기 쉽고 근접성과 도시계획상의 규제 등의 토지조건 자료를 이용한 토지평가 작업을 용이하게 할 수 있을 것으로 기대된다. 또 과세 업무에서는 과세하는 쪽이 토지소유권과 토지이용 형태의 변화를 조사하여 자료를 수정할 필요가 있다.

(2) 토지개발과 LIS

필지정리 등의 토지개발 계획은 근접 토지의 형상 등을 변경시킬 수 있는 것으로 필지의 경계를 선택하여 토지의 소유, 이용형태 등을 변경하여 토지의 효율적인 이용과 개선을 이루는 것이다.

설계에 있어서는 지형 형상으로부터 권리 관계까지 모든 토지정보를 분석, 가공하여 토지소유자의 합의를 얻은 계획설계안을 신속히 만들 필요가 있다. 특히 다수의 토지 소유자에게 이해하기 쉬운 계획안을 보여 주기도 하고, 각 토지 소유자의 토지 자산액의 변화를 모의 관측하는 것 등이 기대된다.

이러한 작업은 LIS로부터 자료를 제공받음으로써 이루어지며 전산지원 설계(CAD : Computer Aided Design)체계에서는 곤란한 작업으로 체계 개발이 가장 기대되고 있는 분야의 하나이다.

2) 관리목적

토지정보관리는 일련의 목적과 이를 성취하기 위한 정보의 효율적 사용에 중점을 둔다. 그 세부적인 사항은 ① 토지와 관련된 정보에 대한 요구사항을 결정한다. ② 어떠한 정보가 의사결정처리에 사용되어지는가를 점검하고, 어떻게 정보가 생산자로부터 사용자에게 알려지는가와 어떠한 제약이 따르는가를 점검한다. ③ 토지를 관리하기 위한 방법과 시행하는 표준을 설정하고 활동에 대한 책임과 필요한 자원을 할당하고 우선권을 결정하기 위한 정책을 발전시킨다. ④ 현재의 토지정보체계를 발전시키고 새로운 것을 도입한다. ⑤ 새로운 도구와 기법을 설계하고 평가하는 것이다.

3) 전산기에 기본을 둔 체계

토지정보체계는 전산기나 규범에 기본을 둘 수 있다. 전통적인 체계는 몇 년 동안이나 규범에 따라 운용되어 왔다. 많은 전통적인 토지정보체계에서 기술적 자원은 전화기, 타자기, 사진복사기로 한정되었다. 그러나 발달된 체계에서 자료저장, 처리 그리고 통신에 응용된 전산자동화의 이점은 ① 자료의 외부적 압축이 가능하다. ② 운용하고 취급하는 데 더욱 쉽게 할 수 있고 효과적인 분석이 가능하다. ③ 운용할 때 도형자료와 특성자료의 통합이 가능하다. ④ 다른 자료쌍이 함께 통합되고 처리될 수 있도록 하기 위하여 자료기반의 통합이 가능하다.

4) 우리나라 토지정보의 유형

토지에 관한 행정업무는 정부의 거의 모든 부처에서 광범위하게 처리되고 있다. 그 중에서도 특히 국가토지정책 수립에 중추적인 역할을 담당하고 있는 토지행정 유관기관으로는, 토지정책수립의 주무부처인 국토해양부를 비롯하여 각급 지방자치단체, 국세청, 산림청, 등기소 등의 기관들이 있다. 이러한 행정기관들이 토지행정업무를 수행하는 과정에서 생산되는 각종 토지정보들을 그 특성에 따라 구분하면 지도정보, 지적정보, 등기정보, 지가정보, 토지특성정보, 과세특성정보, 과세정보, 기타 정보 등으로 대별할 수 있다. 지도정보로는 측량·수로조사및지적에관한법률에 따라 국토지리정보원에서 생산하는 국가기본도인 지형도를 비롯하여, 시군구의 지적도와 임야도, 기타 각급 행정기관에서 작성하는 산지이용기본도, 국토이용계획도, 도시계획도 등 다수의 주제도가 있다. 지적정보는 지적법에 의거하여 시군구에서 관리하는 지적공부, 즉 지적도와 임야대장, 지적도와 임야도, 수치지적공부, 공유지연명부 등에 수록되어 있는 정보를 의미한다. 등기정보는 부동산등기법에 의거하여 등기소에서 작성하고 관리하는 토지등기부에 등재되어 있는 정보이다. 토지정보와 토지특성정보는 국토해양부에서 지가체제를 일원화하기 위해, 지가공시제도를 도입하여 표준필지를 평가하고 개별토지가격을 산정하는 과정에서 부수적으로 생산되고 있는 2500만 과세대상 필지의 지가 및 토지특성에 관한 정보를 말한다. 토지에 관한 과세정보로는 국세청에서 부과하는 토지초과이득세, 양도소득세, 상속세, 증여세 등의 토지에 관한 국세 부과정보, 그리고 시군구에서 부과하는 종합토지세, 도시계획세, 농지세 등의 시군세 부과정보 등이 있다.

5) 다목적 지적(multipurpose cadastre)

(1) 다목적 지적의 요소

현재의 토지기록과 측량 및 지도제작의 발전에 따라 다목적 지적의 발전이 계속되어 왔다. 다목적 지적에는 우선 기준좌표계가 있어야 하며, 일반적으로 측지측량망의 형태이어야 한다. 측지측량망은 관계되는 모든 토지정보에 대하여 지형공간상의 연결을 가능하게 해주기 때문에 상호 공간적 연결을 할 수 있다.

기준좌표계는 최근에 만들어진 대축척 지도들을 참고해야 하며, 중요한 지형특성들을 묘사하고, 경계선이나 경계표지 등의 물리적인 위치를 표시해 주어야 한다. 미국 식량농업기구(USFAO : United State Food and Agricultural Organization)에 제출된 보고서는 ① 토지의 자연자원에 대한 충분하고 정확한 지식을 갖는 것이 필요하다. ② 지도는 이러한 지식을 포함하고, 기록 및 분석하는 가장 좋은 수단이다. ③ 지도는 자연자원을 개발하는 계획을 성공적으로 수립하는 데 있어 절대 필요하다. ④ 인간과 토지의 관계는 매우 복잡해서 공공기관, 자치단체, 개인 등의 토지에 대한 권리를 상세하게 기록해 두어야 한다. ⑤ 대축척 지도는 이러한 것을 기록하는 데 있어 유일하고도 확실한 기초가 된다고 제시하였다.

전산기와 수치도면화의 발전으로 지형공간자료를 분석 · 표현하기가 더욱 쉬워졌다. 지도를 수치화시킴으로써 도형의 형태나 인쇄복사(hard copy)상으로의 표현이 가능할 뿐만 아니라 쉽게 최신화시킬 수 있다. 다목적 지적은 대상물의 위치를 보여 주는 지도와 토지소유 및 행정구역 등을 나타내는 층으로 구성된 지도를 포함한다. 토지대장과 연관하여 경계선들을 지도에 그리거나 좌표값을 파일에 보관하는 방법에 의해 경계선을 자세히 나타낸다. 필지의 특성들이 종이 파일이나 마이크로필름 기록기 또는 전산기 자료기반에 저장되고, 고유의 지적고유번호를 통해 적절한 기록들이 상호 교환되어야 한다. 또한 각 필지에 대한 상세한 사항들을 쉽고 빠르게 등록기나 기록기로부터 구할 수 있어야 한다. 이 체계 안에 저장된 각 정보는 독립적으로 수집 및 조합되어 있다.

다목적 지적 안에 있는 각기 다른 형태의 자료 사이의 관계는 지도상에 표시되거나 전산기를 통해 처리되어야 한다([6.1]과 [표 6.1]참조).

이 체계에서 자료는 주어진 필지에 관련한 세부적 정보를 제공해야 한다(즉, 필지 3은 임차지이며 저당은 없고, 건물 형태는 초벽이며 농업용지로 사용되고, 가치는 6천만 원이며 8명이 살고 있으며, 총수입은 2천8백만 원이다.).

또한 각각의 주제별로 세부정보를 제공하며(5, 6, 8필지는 수입이 3천5백만 원을 넘는다), 자료를 통합하기도 한다(기타 재료로 건축되고 주거용으로 사용되며, 1년 수입이 2천5백만 원 이상인 것은 필지 1과 9이다.).

다목적 지적은 부분적으로 각 토지구획에 따른 물리적 특성들과 관련이 있으며, 건물, 배관, 구조물 등의 인공물과 식물, 물, 지질 등의 자연물을 포함한다. 또한 재산, 행정구역상의 경계, 토지가격, 토지사용 등 추상적인 내용과도 관련이 있으며, 측량 및 지도제작에 관한 자료와 관측 및 지도제작 정보 등을 포함하고 있다.

경제적 · 지역적 필요성에 비추어볼 때, 다목적 지적은 발전 및 적용되어야 할 필수적인 도구이며, 따라서 토지개발을 계획하고 관리하는 데 있어서 중요한 기반이 된다.

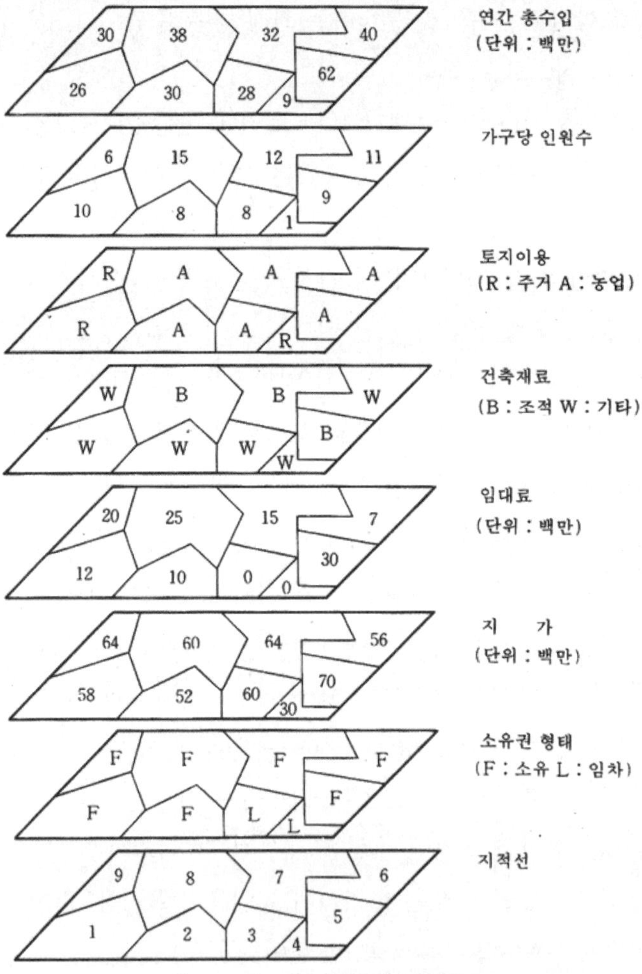

[6.1] 지적 자료층

[표 6.1] 관련 자료에서의 지적정보

지 적 자 료 층								
구획	수입	인구	용도	건물	저당	가격	토지보유권	인접지
1	26	10	R	W	12	58	F	2,8,9
2	30	8	A	W	10	52	F	1,3,8
3	28	8	A	W	0	60	F	2,4,7,8
4	9	1	R	W	0	30	L	3,5,7
5	52	9	A	W	30	70	F	4,6,7
6	40	11	A	W	7	56	F	5,7
7	32	12	A	W	15	64	F	3,4,5,6,8
8	38	15	A	W	25	60	F	1,2,3,7,9
9	30	6	R	W	20	64	F	1,8

(2) 다목적 지적의 정보

다목적 지적은 사용자의 필요성을 만족시킬 만한 정보를 제공해 주어야 하며, 토지행정과 계획에 있어서 필수적인 것과 필수적이지 않은 것을 구별하여야 한다.

토지 정보체계에 기록되어야 할 항목은 많지만 위치가 수시로 변하는 경우에는 무시할 수 있다. 만약 반영구적인 정보라면, 이 정보의 위치에 대한 기록이 얼마나 자주 필요한가 또 얼마나 자주 최신화시켜야 하는가를 고려해야 한다.

어떤 정보의 분야를 포함할 것인가를 결정하는 데 있어서 문제가 되는 것은 사용자가 그 정보를 수집하고, 저장하고, 최신화하는 데 드는 비용을 준비할 수 있느냐에 달려 있다. 정보시장의 운영은 단순하지 않으며, 특히 정부에 속한 정보에 대해서는 더욱 그렇다. 반드시 필요한 정보와 그렇지 않은 정보인지를 판별하기란 쉽지 않다.

다목적 지적의 1차적인 수혜자는 지방자치단체이거나 이와 관련된 사람으로서 이 체계의 생산자와 사용자일 것이다.

비록 그 이익의 정도를 정확히 알 수는 없지만, 저장하여 사용하는 정보의 양이 많을수록 그 이익도 많아질 것이다. 어떤 정보는 평상시 거의 사용되지 않지만, 만약 필요한 경우 신속히 이를 사용할 수 있으므로 저장해 둘 가치가 있다.

(3) 지적도

체계화된 정보는 활동의 폭넓은 다양성을 요구하게 된다. 이러한 체계를 사용하는 사용자는 현재의 토지소유자에서부터 변호사, 측량사, 부동산 관리자에 이르기까지 폭넓게 사용된다. 지난 몇 십 년 동안, 이 정보에 대한 요구가 확산되어 왔다. 이러한 것은 현재 존재하는 체계의 적용을 확산시켜 왔고 새로운 것에 대한 요구를 창출하여 왔다. 이러한 변화는 ① 토지재산가치의 상승과 저당과 투자를 위한 보다 나은 지원의 요구, ② 대도시 변두리의 농토를 보호하기 위해 필요로 하는 것과 마찬가지로 어떤 지역에서 발생한 토지 계획과 관리문제, ③ 토지소유권을 조사하려는 많은 개인 사용자나 공공 사용자의 수가 증가, ④ 토지환경에 관한 관심의 고조, ⑤ 토지를 소유하는 사람들에 대해서 소유보장을 제공하기 위해 토지문서의 더욱 효과적인 취급이 필요한 데서 기인하였다.

한 필지에 기본을 둔 토지정보체계에서나 지적도에서 자료는 토지의 한 필지에 조직화된다. 지적도의 중요한 기능은 토지소유권, 토지가치, 토지사용과 같이 관련된 자료를 규정하는 것이다. 예를 들면, 지적도는 토지등록의 정보성분을 제공한다. 이러한 것은 공식적으로 기록된 토지의 정의된 지역에서 여러 가지 권리에 의해 처리된다. 지적도에 있는 정보가 토지필지 단계에서 수집되고 저장되고 기준화되고 검색된다. 좌표계와 같은 다른 기준체계는 자료조정을 용이하게 하기 위해 그리고 다른 체계를 가진 정보의 상호교환을 위해 이용된다.

지적도의 기록은 주석(註釋)과 지도로 구성된다. 이러한 것은 한 필지의 중심좌표나 주소와 같은 유일한 재산확인자에 의해 연결된다. 부동산지도나 지적도의 겹침과 같은 것으로 간주되는 도형지수는 유일한 재산확인자와 함께 각 필지 정보와 연결되거나 주어진 지역의 모든 것들을 묘사한다. 이러한 겹침은 다른 지형공간정보, 즉 도로나 행정적인 경계선과 관련될 수 있게 하기 위해 좌표체계에 기준을 둔다. 이러한 도형적 기록은 소유를 설명하기 위해 법률적 제도를 인용하며 지적도를 운용하는 법률적 환경, 제도적 환경, 지적도의 목적 등에 따른다.

필지에 기본을 둔 토지정보체계는 기본적인 목적이나 포함하는 정보에 따라 분류된다. 지적도는 일반적으로 ① 법률적으로 토지소유권을 나타내고 있는 법률적 지적도, ② 재산의 가치를 나타내는 재정적 지적도, ③ 법률적 토지소유권과 재산의 가치를 같이 나타내는 다목적 지적도로 분류된다.

(4) 다목적 지적에 포함 가능한 항목

다목적 지적에 포함 가능한 7가지 항목이 있다.

첫째 항목은 토지에 대한 권한과 제한(land rights and restrictions)이다.

다목적 지적은 토지소유 및 토지가치에 관련한 중요한 일련의 자료들과 필지에 관련한 부수적인 자료들을 포함할 것이다. 토지에 대한 권한과 토지를 개발하고 사용하는 데 따른 제한에 있어서 인간과 토지 사이의 관계는 명확해야 하며, 따라서 토지소유에 대한 기록이 가장 중요하다. 지표면상의 지물과, 광물 및 탄화수소 등 지하물질에 대한 권리도 포함되어야 하며, 이 권리는 각 개인, 단체, 지방자치단체 등에 속한다. 또한 권리에 대한 한계가 정의되고 기록되어야 하며, 토지개발시 시추공 등에 의해 발생하는 지반침하에 대한 권리도 보장되어야 한다. 각 경우에 있어서 정보는 토지필지의 기록들을 상호 참조하여야 한다.

둘째 항목은 토지가치와 세금부과(land values and tax assessment)이다.

세금부과를 위한 적절한 토지기록의 유지가 정부의 주요한 수입원이 된다. 토지의 가치 및 세금에 대한 기록들은 다목적 지적을 정의하는 데 있어서 가장 중요한 경제적 요소이다. 셋째 항목은 지방과 도시의 토지이용(rural and urban land use)이다.

토지이용은 지표면의 자연적 · 물리적 특성과 함께 땅에 관련하여 수행되는 모든 인간활동들의 조합이다. 원래의 산림은 인간활동에 의한 것이 아니고 다만 토지이용의 형태만을 나타낸 것이다. 토지행정은 주로 토지이용을 조절하는 데 관여하며, 궁극적인 목적은 이것으로부터 얻어지는 이익을 극대화하는 데 있다.

여러 사회에서 정부의 통제가 거의 없이 자유시장경제 체제에서 토지이용 형태가 발전되어왔지만, 인구밀도의 증가에 따른 토지사용 증가로 발전이 불가능해짐에 따라, 정부의 통제가 필요하게 되었다. 토지이용의 용도가 변할 경우(예, 집을 짓거나 폐기물을 처분하는 것 등) 정부나 관공서의 허가가 있어야 하며, 이에 따라 토지이용정보가 필요하게 된다. 토지이용을 기록하는 기본 공간 단위는 토지구획이다.

도시지역에서는 한 필지가 여러 건물들로 나뉘어 있어 주거용 및 비주거용 등으로 분류해야하지만, 시골지역은 한 필지 전체로 토지이용을 나타낸다. 따라서 관리자가 사용할 수 있도록 토지이용 분류에 대한 부수적 항목이 필요하다.

일단 초기 토지이용 자료가 얻어지면 이용용도 변경시마다 최신화시켜야 한다. 현재의 토지이용 자료는 인공위성 영상이나 항공영상으로부터 얻을 수 있다. 토지이용도를 작성하는 데 있어서 명확하고 정확한 분류 체계가 필요하다. 국제지리학연합(IGU :

International Geographic Union)의 소위원회인 세계토지이용 조사국(WLUS : The World Land Use Survey)은 1949년에 농업을 중심으로 하여 분류하였다.

[표 6.2]의 9개 1차 범주는 계층적 기반(hierarchical basis) 위에 보다 세부적인 분류체계로 나누어 각국은 자신의 이용에 맞게 체계를 적용시킬 수 있었다. 다목적 지적에 현재의 토지이용현황을 기록하고, 각 필지를 포함하는 토지이용 영역을 표시하였다. 이러한 정보는 재산가치를 평가하는 데 있어 필수적이며, 토지이용 계획에 있어 더욱 가치가 있다.

[표 6.2] 세계 토지이용의 측량 분류체계

1. 주거지역 및 관련 비농업지역	6. 미개량 초지
2. 원예	7. 산림지
3. 수목	8. 갯벌
4. 곡식	9. 황무지
5. 개량초지	

토지이용 계획이 승인되면 지적상에 정보를 기입해야 하며, 상업 또는 산업용 대지 사용이 인가되면 이것 역시 지적 기록에 연결되어야 한다.

넷째 항목은 주택과 건물(housing and building)이다. 주택 및 건물의 계획에 대한 규정은 토지이용의 형태뿐만 아니라 토지이용의 질에도 관련이 있다. 이 기록에는 주거단위의 수 및 건물의 높이나 층수, 바닥면적, 건물구조의 형태 그리고 건물의 일반적인 자연조건 등을 기입해야 하며, 건축허가도 기록해야 한다.

다섯째 항목은 인구와 인구조사 자료(population and census data)이다. 많은 나라에서 인구조사가 10년마다 이루어지며, 토지에 관련한 기록들이 인구조사에 사용된다. 실제로 많은 인간활동이 한 필지 안에서 이루어지며, 이에 따라서 인구조사 자료를 기록하기 위한 기본공간단위를 형성할 수 있다.

여섯째 항목은 행정(administration)이다. 행정경계, 마을의 경계, 개발계획구역, 인구조사영역 등 행정상의 경계들이 각 토지필지의 결정에 영향을 준다. 이들은 일반적으로 지도상에 일련의 선들로 표시된다. 전산화된 체계 내에서 각 필지에 대한 조사가 이루어질 경우, 이런 정보는 행정구역이 쉽게 결정될 수 있는 형태로 저장되어야 한다.

일곱째 항목은 고대의 풍습 및 제도(antiquities)이다. 한 시대의 문화적 특징들은 특별히 보호될 필요가 있으며, 이런 특징들에 대한 기록이 토지이용의 분류에 있어서 절대적으로 필요하기 때문에 대부분 특별법으로 제정되어 보호되고 있다.

3. 토지정보체계의 응용분야

1) 지형도(topographic map)

종래의 지적도는 지구를 평면적으로 다루었기 때문에 상세한 지형(지모, 지물)을 나타내는 데 한계가 있으며, 지형의 특성이나 현재 진행 중인 단지개발 등에 관한 사항 대신에 단순히 재산 경계의 위치와 양만을 나타냈다.

지형도는 국가지도제작기관에 의해 각각 분리되어서 생산된다. 지적도는 토지 형태, 경사, 토지의 고도(또는 표고) 등에 대해 자세히 나타내지 못한다. 또한 지적도는 지형도 위에 자세한 지적을 겹쳐 인쇄하는 중첩형태로 생산되지만, 인쇄과정에서의 결함 및 측량좌표계의 오차 등에 의하여 실제로는 존재하지 않는 지적상의 오차가 발생한다.

수치도면화의 발전과 통일된 측지측량좌표계의 확대로 지형도와 지적도 사이의 불일치가 점점 줄어들고 있다.

통합체계를 이용해 한 지역에 대한 상세한 자연지형과 법적인 경계를 연결시킬 수 있게 되었다. 이 연결은 다목적 지적을 구성하는 데 있어 가장 기본적이며 중요한 단계가 된다.

2) 지질 및 지구물리 자료(geological and geophysical data)

지하에 놓여 있는 지질구조에 대한 지도는 대개 지형도에 근거한다. 이러한 구조가 암반형태나 토지필지를 나타내는 다각형과 일치하진 않지만 전산기에 의해 분석되고 도형화된다. 그러나 광산이나 채석장 또는 모래, 자갈 등을 채취 하는 곳에서는 위치에 대한 특정한 정보가 필요하며, 각 장소마다 특별히 환경조절이나 접근제한 등이 필요하다.

광물채취나 굴착과정이 끝난 후에도 기록이 계속 유지되어서 그 장소를 재개발할 경우에 이 정보를 다시 사용한다. 과거의 토지사용에 대한 정보가 없을 경우 건물의 침하문제가 발생하게 된다.

또한 지구중력이나 지자기장의 힘 등에 대한 정보가 포함되어야 한다. 예를 들면, 석유개발에 적당한 지역들이 토지필지에 연결되어져야 한다.

3) 토양(soils)

노르웨이나 덴마크 같은 나라에서는 지적기록에 토질의 형태를 기입하고, 이에 따라 토지가치에 대한 세금을 부과한다. 또한 인도에서는 기본적으로 토지를 습답과 건답으로 나누어 놓고, 이에 따라 세금을 계산하고 토지의 생산성을 평가한다.

토양형태에 대한 지도와 토양 형태에 따른 토지사용 가능성에 대한 지도가 제작되어야 한다. 세계 여러 나라에서 개발비용이 더 많이 드는 황폐한 지역보다는 옥토에 대해서 도시확장이 일어나고 있다. 이런 현상은 당장에는 이익이 있지만 국가 장래에 있어서는 재정적 손실을 초래한다. 비록 토지사용 가능성에 대한 지식이 주거 및 산업개발을 위한 옥토(농산물 생산토지)사용을 막지는 못하지만, 이에 대한 남용을 줄여 줄 수 있을 것이다.

지적기록은 다른 형태의 토지정보체계와 함께 현재 및 과거의 토지이용과 토양 상태를 연관시켜 줌으로써, 토양침식의 원인과 효과를 감시할 수 있는 자료가 될 수 있다.

4) 식생(vegetation)

(1) 산림(forests)

대개의 나라들이 불완전하고 부적합한 토양도를 가지고 있으며, 식물 및 산림에 대한 지도 제작은 거의 없다. 식물에 대한 약간의 정보가 지형도로부터 수집되며, 이 같은 정보 대부분이 항공영상으로부터 해석되어진다.

산림기록에 전산화가 도입되고 지형도를 수치화함에 따라서, 산림관리가 일반환경에 미치는 효과와 반대로 환경상의 활동이 산림에 미치는 영향을 평가하기가 쉬워졌다.

대기오염원과 환경피해의 다른 여러 원인들을 확인하고 그 효과를 감시할 필요가 있다. 지적이 이들을 구성하는 골격이 되며, 산림자원에 대한 목록을 특별히 산림지적으로 나타내는 나라도 있다.

(2) 기타 식물(other vegetation)

현재의 식물형태가 토양 및 다른 자료들과 결합되어 이상적으로 기록되어 있으면, 농업에 대한 개발 가능성을 평가할 수 있다. 첫 단계에서의 이 기록들은 불완전하고 빈약하지만, 이에 대한 자료들이 토지구획과 연결되어져야 한다. 이 자료들은 토지 소유자나 소작인으로부터 1년마다 회수되며, 전산기로 처리하기에 적합해야 한다.

한편, 대부분의 국가에서 농산물에 대한 통계를 수집하고 수확물과 가축에 대한 약간의 정보를 가지고 있다. 다목적 지적은 현재의 정보를 확장시켜 보다 효율적이고 경제적으로 이 정보를 조작할 수 있도록 만들어져야 한다.

(3) 보호(conservation)

어떤 토지필지는 특별히 과학적인 중요성이 있으며, 이 구역은 동·식물군의 희귀종이나 멸종 위기에 있는 동·식물군을 포함한다. 특별법으로 이들 지역을 보호하며, 이들에 대해 일어나는 일들을 통제한다. 또한 개개의 항목들도 보호된다. 한 예로 미국은 전역에 걸쳐 '수목보호령'에 의해 특정한 나무의 벌목을 금하고 있다. 이런 항목들이 토지필지와 연결되고 기록되어져서 어느 지역을 개발할 것인가를 결정하는 데 영향을 준다.

5) 야생동물(wildlife)

어떤 지역은 야생동물의 보호가 필요하며, 특히 희귀종의 경우 더욱 절실하다. 이들이 살고 있는 지역을 야생생물공원이나 자연보호지역으로 선정해 보호해야 한다. 이들을 보호하기 위해서는 토지사용의 권리를 제한하고, 이 정보를 토지필지 기록체계와 연결시켜야 한다.

6) 수문(水文, hydrology)

맑은 물은 인간생존에 필수적인 자원이다. 물은 음료용수, 농업 및 산업용수, 낚시, 여가선용 등 다방면에 사용된다. 이에 따라 수자원을 확보하고, 물의 사용과 이에 대한 세금부과 등을 통제해야 한다. 또한 샘이나 우물 등의 위치를 지도상에 나타내고, 지하수의 깊이에 대한 기록을 보관해 두어야 한다. 한 예로, 1976년 영국에서는 극심한 가뭄 동안에 오래된 우물 위치에 대한 기록을 사용하여 저장된 수자원을 개발하였다.

비는 여러 토지필지에 걸쳐 똑같이 내리지만, 연안권자(riparian)가 개울, 강, 하천수로 등에서 물을 끌어들일 수 있는 범위를 결정해야 하며, 이에 대한 조정 작업이 필요하다. 대개 연안권자의 권리는 법령이나 관례로 규정하고 있다. 많은 나라에서 지하수의 오염방지에 대한 법률을 가지고 있지만, 여러 공장으로부터 위험한 폐수가 수계에 계속 버려지고 있다. 정부가 이를 적당히 통제하는 데 있어서 다목적 지적을 사용할 수 있다. 또한 다목적 지적을 이용해 홍수피해를 받기 쉬운 지역을 결정하고 이를 기록하여, 홍수 발생 시 토지소유자로 하여금 위험을 신속히 알 수 있게 한다.

바다를 간척했을 경우, 그 토지에 대한 권한과 토지이용에 따른 자연적인 문제점 등을 기록해 두어야 한다. 일부 부유한 나라에서는 해변이나 해안 근처의 위락시설 설치에 따른 물 사용이 늘어나면서 해안의 오염문제가 대두되고 있다.

해안에서 멀리 떨어진 지역에서는 광물 및 탄화수소물을 채취하고 개발하는 권리에 대한 통제가 필요하며, 따라서 그런 환경에 대한 지적의 상황도 고려해야 한다.

7) 교통(transport)

철도, 도로, 주차공간 등이 토지이용의 한 예가 된다. 주차공간은 각각의 필지에 관련되며, 도시 및 농촌지역에서의 도로 및 철도망은 토지행정과 토지관리에 있어서 필수적인 요소이다. 어떤 도로단면에 대해서는 주변토지 소유자가 중앙선까지의 토지를 차지하며, 어떤 도로는 지방자치단체에 소속되어서 그 도로가 토지필지를 구분한다.

6.2.2 지리정보체계(GIS : Geographic Information System)

1. 개요

인간이 생활해 가는 데 기본이 되는 의식주 가운데 식량과 주거는 지구 표면의 위치와 직접적으로 관련되어 있다. 농작물은 생산의 장소인 농경지에 의존하기 때문에, 여기에 관련하여 농작물의 종류 및 수확고에는 많은 요인이 따른다. 또 양질의 생산을 행하는 데에는 입지에 적합한 자연환경 및 기술, 비료 등의 요인이 따라 다닌다. 주거에 있어서도, 인구를 기준으로 하여, 장소, 넓이 등 생활권 및 생산권에 관련된 주거물이 생활기반이었지만, 문화가 발전함에 따라 고도 생활권으로 변화해 왔으며, 고대의 의식주와 지리정보와는 다소 다른 형태를 보여 오고 있다. 토목공학 등에서 대표되고 있는 공공물을 대상으로 한 건조물도 지리정보와 관련해 있고, 건조물의 규격, 계획단계에서 시공, 관리에 이르기까지 도면 및 지도와 공존해 있다. 지금까지의 건설공학에서는 지리적인 정보도 필요에 따라 다루고 있다.

지리정보체계는 지리정보를 운용하고 저장하기 위해 사용된 전산 체계이다. 이러한 기술은 과거 20년 동안 급속도로 발달되어 왔으며 지리정보의 효과적인 사용을 위한 필수적인 도구로서 받아들여지고 있다. 최근 GIS의 도입은 지리정보 사용자가 이러한 기법을 이해하려고 하는 필요에 의해서 이루어졌다.

공공단체나 개인조직체 내의 관리자는 사용자를 위한 정책을 수립하기 위해서 GIS 기술의 도입을 필요로 하고 있다. 정치인들도 지도화된 자료를 지리정보체계를 사용하는 데 적합한 수치화 형태로 변화시키기 위해 폭넓은 지원 프로그램을 필요로 하고 있다. 지리정보체계를 사용하는 학생과 교육자는 그들의 분석의 폭과 깊이를 증진시키는 데 사용될 수 있는 지리정보체계 기술로 접근하고 있다.

지리정보체계는 지리적 위치에 중요한 특성이 있거나, 분석이 필요한 중요한 지점에서의 각종 현상과 대상의 분석, 저장, 수집을 위해 계획된다.

북미에 있어서의 지리정보체계의 가장 큰 이용목적은 도시화 지역에 있어서의 여러 문제의 해결, 즉 도시계획의 책정이다. 일본의 대도시 근교의 공공단체에 있어서는 도시 기초구조물이 정비되어 있지 않은 지역에 급속히 인구가 증가하면서 발생하는 여러 가지 문제를 안고 있다. 일본은 지리정보체계를 도입하여 신도시화에 대응하고 있다.

외국의 경우, 지방자치단체가 적극적으로 지리정보체계를 도입한 것은 지방재정이 핍박하여 세금징수의 증가, 지출의 감소를 피하게 된 것과도 관련이 있다. 북미와 경우, 공공단체의 재원은 재산세에 의존하고 있어 부동산의 정확한 파악이 필요하였다.

또한, 1960년대 이후의 대도시의 황폐화는 지리정보체계에 대한 필요성이 증대되고 있다. 예를 들면, Milwaukee시는 주택의 질을 유지하기 위하여 연 1회 입회 조사를 하고 주택의 파손장소의 조사를 하여 지리정보체계로 관리하고 있다. 이외에 도로의 보수, 수도 등의 공공시설의 관리에도 지리정보체계가 이용되고 있다.

재해방지(災害防止)에 대한 관심이 높아지는 것도 지리정보처리의 보급에 공헌하고 있다. 저지대에 있어서의 수해문제는 도시화의 추진에 따라 큰 문제로 떠올랐는데, 지리정보체계를 이용한 상습침수지구의 분석을 통해 토지이용규제 지역을 선정하고, 기존의 주거지에 대한 방재계획을 세운다. 일본의 경우는 지리정보체계를 이용한 지진방재체계가 가동되고 있다. 예를 들면, 지진발생 시에 화재가 발생하면 이 지역을 우회하는 최단 대피경로를 신속하게 제시함으로써 주민의 안전에 만전을 기하고 있다.

자원관리에 있어서도 지리정보체계는 효율적으로 이용될 수 있다. 예를 들면 Tennessee 주에 있어서는 연간 5~10㎝의 표층토양이 유실되었다고 한다. 또한 지하수를 사용하는 스프링클러의 보급은 사막이나 반건조기후의 지대를 경지화하였으나 지하수위의 저하와 갈수화를 초래하여 경지를 버리는 일이 발생하였다. 이와 같은 자원의 남용에 의한 황폐화에 대하여 이를 제어할 필요가 생겼다. 이 때문에 지방자치단체 단위의 토지정보체계가 정비되기에 이르렀다. 이러한 정비 과정에 있어서 등기의 전산화를 동시에 행하려는 움직임이 있다.

자치단체 수준의 체계 외에 각 농가의 경영에 사용하기 위한 소규모 정보체계도 판매되고 있다. 이것은 농지 1필지마다의 작물이력, 토양 자료 등을 관리하는 것으로서 중서부나 캐나다의 대규모 농장에서 사용되고 있다.

삼림자원의 황폐도 문제로 되고 있다. 특히 최근에는 산성비에 의한 삼림의 훼손이 사회문제화되어 가고 있다. 미국의 경우, 삼림관리에의 이용은 삼림부가 중심이 되어 추진되어 왔으며, COMARC 등 삼림관리체계의 전문회사도 등장하고 있다.

환경분야에서도 GIS의 도입이 활발하게 추진되고 있다. 이 경우에는 환경의 조사, 감시(monitoring) 및 외부적 변화에 의한 환경영향 평가 등에 이용되고 있다. 그 밖에도 가스, 전력 등의 배선, 배선관리와 판매(marketing)분야 등에 사용되고 있다.

2. 지리정보체계의 응용

1) 도로망 분석

(1) 개요

인구의 도시집중과 산업구조의 고도화 그리고 공간 이동성의 증대는 교통문제, 주택난, 상·하수도난, 대기, 토양, 식생오염과 같은 문제가 다른 여러 도시 문제와 함께 시정의 최우선 과제로 등장하고 있다.

이와 같은 경제사회 여건이나 교통환경의 변화에 대비하기 위해서는 개별적 환경관리체계에 의해 일시적인 해결을 추구하는 방법으로는 빠른 속도로 복잡하게 변화하는 사회현상 변화를 해결하기 곤란하다. 환경문제의 체계적인 최적 해결법을 구하는 방법은 수작업에 의한 전통적 방법에 의해 사회의 수요를 충족할 수 없으며 대량의 지리자료를 처리할 수 있는 방법도 없으므로, 각 기관과 회사에서 구축하려는 대량의 지리공간 자료는 체계적인 수집과 분석을 통하여 자료기반을 구축하고 종합 환경관리체계로 분석하고 확립해야만 한다.

이런 일련의 노력으로 각종 자료 관리기법이 개발되어, 현재에는 벡터식 도형체계와 도형과 관련된 특성 정보를 관계형 자료기반체계를 이용하여 하나의 체계로 결합시켰다. 이로 인하여 수작업으로 제작된 지도와 같은 고도의 미적 감각을 갖춘 지도제작이 가능하게 되었으며, 또한 도형자료를 연계하여 도로망을 이용한 자원분배, 최단 경로, 주소일치와 같은 모의 관측이 가능하게 되었다.

도로, 행정, 수계망 등의 자료기반 구축을 이용하여 전체적인 위상관계 파악과 도로체계 전반 활용상태와 교차로에서 통행권 정립방안 및 각종 지역, 지물에 대하여 전산기를 활용한 모의관측을 함으로써 효과적인 의사결정을 지원할 수 있다.

(2) 선추적형 자료 모형

선추적형 자료모형(vector data model)은 공간에서 정확한 위치를 나타내기 위하여 점, 선, 면을 사용하여 중요한 특성의 위치를 정확하게 나타낸다.

지도에서 지역은 공간의 연속된 좌표로서 바라는 위치를 추정하여 찾을 수 있다.

지구 표면 위에 있는 특성을 이용하여 지도에 참조기호를 붙여 위치를 나타낸다.

지리적인 특성은 점, 선, 면의 2차원으로 기록되는데, 선추적형 모형(vector model)도 이와 유사한 방법을 사용한다.

① 스파게티 모형스파게티(spaghetti)

자료 모형은 [그림 6.2]과 같이 XY좌표를 선과 선으로 해석한다. 점은 하나의 XY, XY좌표쌍으로, 지역은 다각형으로 표시하고, 경계는 XY좌표를 닫음으로 표시한다. XY좌표에 의한 자료 파일은 실제 전산기에 저장된 지형공간자료 형태의 구조이다.

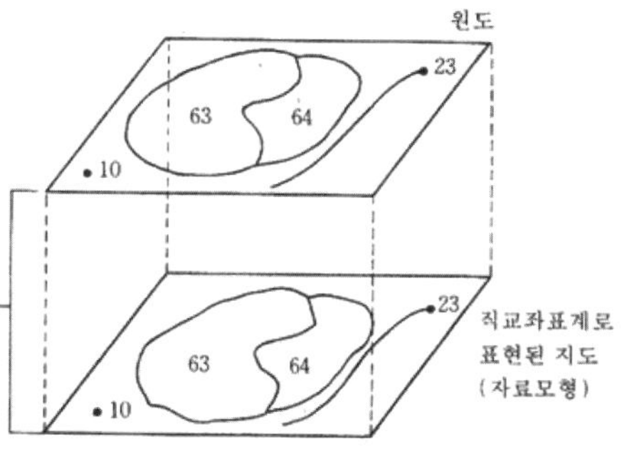

자료구조

	수	위치
점	10	XY(단일점)
선	23	$X_1Y_1X_2Y_2$ X_nY_n(일련)
다각형	63	$X_1Y_1X_2Y_2$ X_1Y_1(폐합)
	64	$X_1Y_1X_2Y_2$ X_1Y_1(폐합)

[그림 6.2] 스파게티 모형

지형공간의 모든 특징이 표시되어도 지형공간관계는 암호화되지 않는다. 즉, 각 인접 다각형의 특징에 대한 정보는 나타낼 수 없다. 그러므로 스파게티 모형은 대부분의 경우, 지형공간분석을 위한 방법으로는 유용하지 않다.

이 모형의 경우, 수치화 과정에서 관계없는 지형공간정보가 저장되지 않기 때문에 지도를 수치화하기 위한 모형으로는 효과적이다.

② 위상모형

위상모형(位相模型)은 지형공간관계를 정의하기 위해 사용하는 수학적 방법이다. [그림 6.3]에서는 지도와 그와 관련된 표를 이용하여 위상모형을 설명하고 있다.

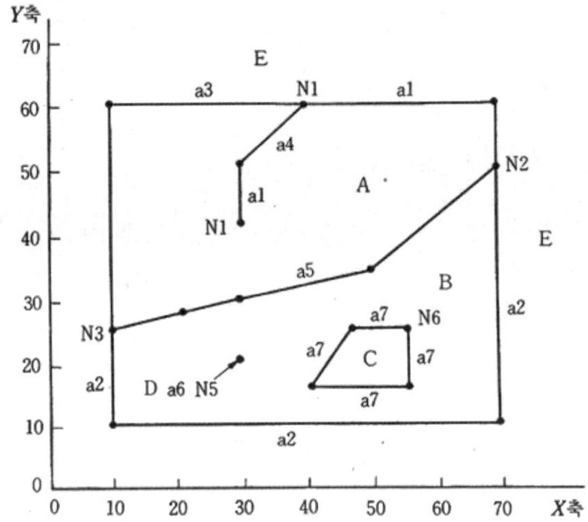

공간 자료화

다각형 위상관계	
다각형	호
A	a1, a5, a3
B	a2, a5, 0, a6, 0, a7
C	a7
D	a6
E	외부 지역
	지도 단위도면

절점 위상관계	
마디	호
N1	a1, a3, a4
N2	a1, a2, a5
N3	a2, a3, a5
N4	a4
N5	a6
N6	a7

호 위상관계				
호	시작절점	끝절점	왼쪽다각형	오른쪽다각형
a1	N1	N2	E	A
a2	N2	N3	E	B
a3	N3	N1	E	A
a4	N4	N1	A	A
a5	N3	N2	A	B
a6	N5	N5	B	B
a7	N7	N6	B	C

호 좌표자료			
호	시작*XY*	중간*XY*	끝절점*XY*
a1	40.60	70.60	70.50
a2	70.50	70.10 : 10.10	10.25
a3	10.25	10.60	40.60
a4	40.60	30.50	30.40
a5	10.25	20.27 : 30.30 : 50.32	70.50
a6	30.20		30.20
a7	55.27	55.15 : 40.15 : 45.27	55.27

[그림 6.3] 교차로 각 방향에서 회전

위상모형은 기본적으로 호-절점(arc-node)의 관계이다. 호는 시작과 끝인 일련의 절점의 연결이다.

절점은 호들이 만나는 교차점일 수 있고 다른 호들과 연결되지 않는 'dangling'호의 끝에서 그리고 호와 연결되지 않은 고립된 점으로 나타날 수 있다. 다각형은 닫힌 호 지역의 경계를 나타낸다.

(3) 교차로 저항분석

교차로에서 지체시간은 회전에 의한 지체시간으로 나타난다. 일반적으로 좌회전은 우회전보다 지체시간이 길다. 고가도로상에서는 회전은 가능하지 않다. 일반적인 경우, 교차로에서 회전금지가 없다면 3방향의 도로에서 9회전, 4방향 도로에서 16회전, 5방향 도로에서는 25회전 특성값이 나타난다.

교차로에서 좌회전, 우회전, 직진, U턴에 대한 시간의 양을 평가하는데, 각 회전에서 각도를 계산하여 모든 회전 가능한 움직임의 형태를 [그림 6.4], [그림 6.5]과 같이 나타낼 수 있다.

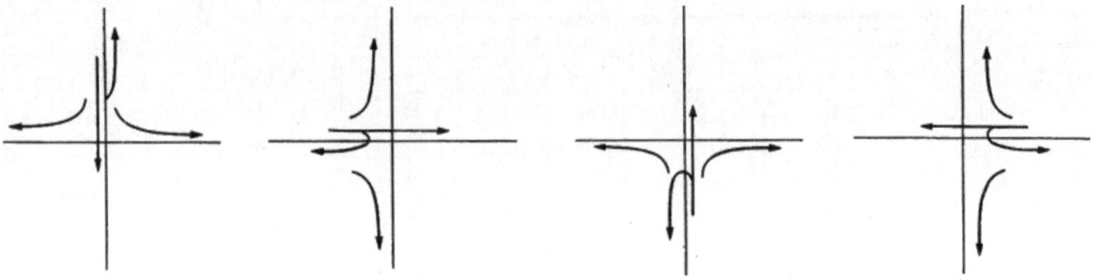

[그림 6.4] 교차로 각 방향에서 회전

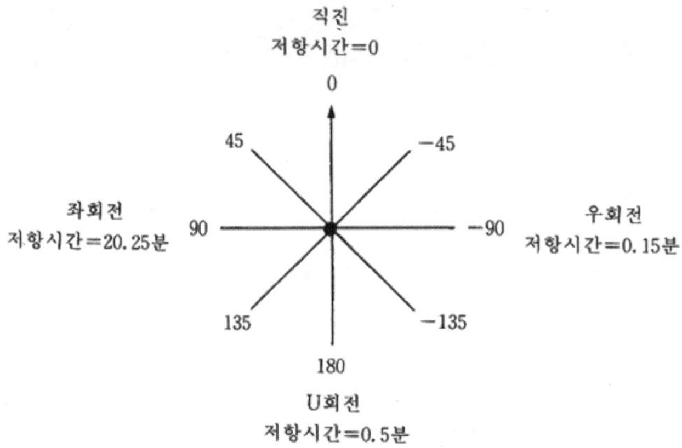

[그림 6.5] 회전각에 의한 저항값

(4) 조직망 자료기반(network database) 구축 및 분석

① 자료기반 구축

주요도로의 간선도로를 모두 자료 구조화하여 도로가 포함된 지역을 행정망으로 나타내어 지구별 · 수단별 교통망을 표시하였다. 그리고 교통을 유발할 수 있는 중요지역과 각종 건물의 레이블을 이용하여 건물, 관공서, 시장, 백화점 등과 같은 위치를 각 주제별로 수치

취득하였다.

한편, 수치화시켜 얻은 자료에 좌표값을 실제 지도상의 좌표값인 UTM좌표로 일치되도록 변환을 실시한 후, 중첩을 수행하여 나타낸 그림이 있다.

② 위치배정

위치배정은 학교배정, 선거구역 분할, 버스정류장 등을 중심지로 설정하여 사람이나 물건에 자원의 분배 및 용량 평가를 하는 것이다. 또한, 거리로 각기 다른 용량을 주어 용량이 미치는 범위를 이해하기 쉽도록 네 가지로 나타내었다. 이것은 종합적인 환경계획 및 분석에 많은 의미를 제공할 수 있다.

③ 경로분석

경로분석(經路分析)이란 어떤 장소에서 장소로 이동시에 최적 이동경로를 추적하는 것으로, 교통 도로망과 관련된 거리, 회전, 시간 등을 사용하여 최단경로를 추적하였다. 그리고 최적 경로상에서 문제가 있을 때 우회하는 경로의 추적과 여러 곳을 둘러 돌아오는 방법을 GIS를 이용하여 알아볼 수 있다.

6.2.3 도시정보체계(UIS : Urban Information System)

1. 개요

일반적으로 도시에 관한 정보는 인구, 건물면적, 지명 등과 같이 숫자나 문자로 표시되는 특성정보와 지형, 행정경계, 도로 등과 같이 지도나 도면에 의해 표시되는 정보로 구성되어있다. 도시정보체계란 도시지역의 이와 같은 특성정보와 지리정보를 자료기반화하여 통일적으로 관리함으로써, 시정업무를 효율적으로 지원할 수 있는 기능과 소프트웨어를 갖춘 전산체계를 말한다.

도시정보체계는 그 성격이 매우 복잡하며 또한 규모도 매우 크다. 따라서 수립단계에서 잘못 계획되면 많은 자원의 낭비를 초래하게 된다. 또한 시설물관리, 도시계획, 환경감시, 교통 등의 지형공간정보가 복합적으로 사용되기 때문에 많은 연구가 필요한 부분이다.

2. 도시정책의 현실적 과제

1) 도시의 외적 비경제의 발생

(1) 도시의 교통문제

도로교통에 대해서는 간선도로의 교통량이 가중되어 대도시권, 지방권을 막론하고 심한 지체가 발생하고 있다. 또 주변 시가지에 대해서도 심한 정체현상이 일어나고 있다. 한편, 버스교통은 운항 유지의 곤란 때문에 이용률이 저하되어 경영 채산성의 악화를 초래하고 있다.

또 전철 및 철도에 대해 살펴보면, 대도시권에서는 통근자의 수요증가에 대비해 적극적인 정비가 진행되고 있으나 출 · 퇴근 때의 혼잡은 심하다. 이런 교통문제의 해결을 위해 직접적으로는 시설정비가 요구되고 있으나 재원 등 기타의 여러 제약에 따라 곤란한 상황이 있기 때문에 교통관제체계, 버스운행체계 등의 도입 등이 포함된 효율적인 도시교통체계의 재편성이 문제로 대두되고 있다.

(2) 도시에 관련된 공해

도시에 관련된 환경문제는 심각한 문제로 야기되고 있다. 대도시권을 중심으로 해서 쾌적한 생활환경에 대한 필요의 고조에 따라 환경 기준의 유지에 한층 더 노력이 필요한 상황이다. 특히, 최근에는 경제 · 사회활동의 확대, 생활양식의 변화 등을 배경으로 교통공해, 가정생활에 기인한 공해의 문제가 대두되고 있다. 교통공해에 있어서는 주택지 등에 근접한 간선도로 주변과 고속전철, 공항 등의 공해가 · 심각화되고 있다. 또한 가정생활 폐수뿐만 아니라 도시 내의 하천 및 연안지역에서 도시화, 공업화가 추진된 후, 광역폐쇄성 수역에 유입되는 수질오염 부하는 크다.

가정 폐기물의 쓰레기 처리도 폐기물량과 처리업무량이 증대되고, 시가지 내 도로혼잡에 의해 수집효율의 저하가 가속화되고 있다. 이러한 새로운 공해문제에 대처하기 위해서 효율적인 도시정보체계의 정비가 각 부처의 문제로 대두되고 있다.

(3) 도시에 있어서 자연환경 쾌적성의 결여

도시화의 급속하고 광범위한 진행에 의해 도시 녹지의 상실이 심화되고 있다. 또 양호한 역사적 · 전통적 경관이 망실되고 새로운 도시경관 형성을 위한 배려가 불충분하기 때문에 도시의 경관문제도 매우 심각하다. 이러한 문제로 인하여 도시의 쾌적성의 향상, 경관의 재수립이 강력히 요구된다. 이와 같은 모든 문제점을 시급히 해결하기 위해 도시정보체계의 구축이 필요하다.

3. 도시정보체계의 역할

앞으로 도시경영에 있어서 기대되는 도시정보체계의 역할은 다음과 같이 요약할 수 있다.

첫째, 업무처리체계 내의 해당 하위체계를 통하여 각 과별로 일상 행정업무를 체계적으로 표준처리함으로써 행정능률이 대폭 향상될 것으로 전망된다.

둘째, 시정에 관한 정보관리가 용이하여, 시정정책수립에 필요한 기초정책통계들을 적시에 신속히 집계 할 수 있는 토대가 마련되므로 각종 도시계획을 효율적이고도 과학적으로 수립할 수 있다.

셋째, 각종 도면 및 대장발급업무와 인허가업무 등을 신속하고 정확하게 처리할 수 있게 되므로 대민 행정서비스를 크게 향상시킨다.

4 응용

1) 도서관 시설계획

도시정보체계를 이용하여 도시 내의 도서관의 시설계획을 가장 효율적으로 수립할 수 있으며 도서관이 미치는 영향을 예측할 수 있다. 또한, 도서관의 가장 합리적인 위치를 찾는 데에도 도시정보체계를 이용할 수 있다. 도시정보체계는 현재 존재하고 있는 도서관의 서비스지역을 결정하고 그 도서관을 이용할 수 있는 인구분포를 알려 준다. 서비스 지역 외에 있는 지역의 인구수의 결정은 도서관의 필요수를 결정할 뿐만 아니라 어디에 도서관이 위치해야 하는가를 결정할 수 있다.

이러한 처리 과정은 각 도서관이 수용할 수 있는 지역이 인구수와 어느 정도 맞을 때까지 계속되어 도서관 시설계획을 효과적으로 추진할 수 있다.

2) 도시계획의 지역정보관리와 모의관측

도시정보체계의 대표적인 예로 도시의 현상에 관하여 여러 가지 자료를 수집 관리할 필요가 있다. 예를 들면, 사회 · 경제 상황에 관한 자료(지역마다 집계된 인구, 생산액 등),

토지자료(토지이용도와 지가분포도), 교통자료(도로망과 철도망 자료와 그 이용 상황 등), 환경자료(녹지와 수계의 분포, 수질 대기오염의 상황 등) 등의 정보를 기초로 전문가가 도시의 문제를 파악하여 해결책을 검토한다. 도시정보체계는 다음과 같은 경우에 적절히 이용할 수 있다. 첫째, 광고의 중요성이다. 도시계획은 많은 사람들의 생활과 활동에 관련되므로 계획을 책정하고 실행하기 위해서는 여론을 수렴하여야 한다. 도시정보체계는 도시의 과제와 계획안의 내용, 주민에 대한 영향 등을 이해하기 쉽게 나타낼 수 있어 여론형성에 커다란 영향을 끼칠 수 있다.

둘째, 모의관측(simulation)의 필요성이다. 도시의 장래와 정책의 효과 유무 등을 예측할 필요가 있다. 그러나 이런 예측은 한 사람 전문가의 판단만으로는 불가능하다. 다양한 지식을 집약한 모의관측 모형의 구축과 이용이 매우 중요하다. 모의관측 모형은 아직은 초보적인 단계에 있으나 교통 등의 분야에서는 실제로 적용이 시작되고 있다. 모의관측 모형의 이용에는 다량의 자료를 필요로 하며 도시정보체계에서는 꼭 필요하다.

3) 용도지역 재평가

수치지도 자료의 구체적인 예로서 일본의 측량협회가 국토지리원의 위탁을 받아 실시한 수치지도의 표준화에 관한 연구 중 용도지역 재평가에 관련된 지원체계로서 수치지도 자료는 행정에 있어 도시정보체계의 기반으로서 그 이용은 창구업무 지원, 계획결정 지원 등 외에 주제도의 생성, 분석 등 각종 다양한 이용이 고려되고 있다. 계획분야에 있어서는 시가지정비 기본계획, 가로계획, 그리고 용도지역 재평가로 대표되는 토지이용 계획의 일부를 도시정보체계로서 지원할 수 있다.

(1) 구조화자료

지원체계에서 이용하는 자료를 정위치로 편집함과 동시에 일부 자료에 관해 신규 입력작업을 한다. 이들 자료는 모두 구조화된 자료이고 체계 내부에서는 각각을 구조체로서 정의하고 있다. 구조체는 그 이용 형태에 따라 각각의 구조체가 개별의 특성을 가지고 그 특성이 집계 · 분석에 사용되는 기본 구조체와 기본 구조체에 겹침을 하여 집계 · 분석의 단위를 주기 위한 처리구조체로 분류된다. 특성자료는 기본 구조체에 고유한 개별특성과 겹침의 결과로서 부가된 부가 특성으로 대별된다. 또 개별특성은 구조체의 면적, 주변장으로 연산되어 파생하는 계산특성과 통계 자료와 대장 등의 구조체와 1대 1로 연결할 수 있는 대장특성으로 분류할 수 있다.

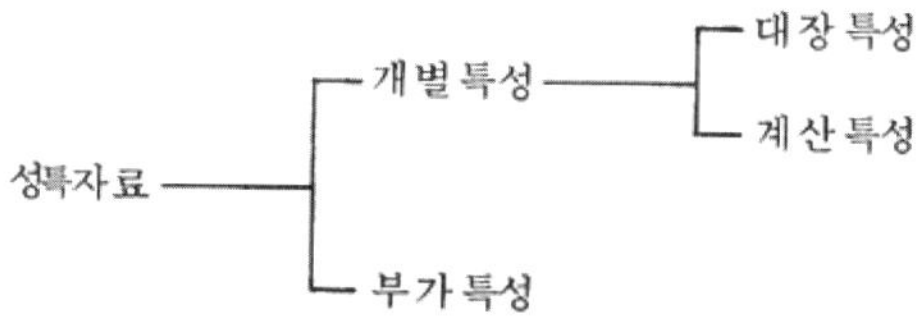

[그림 6.6] 특성자료의 분류

용도 재평가에 필요한 자료로서 [표 6.3]에 나타난 구조화자료를 작성한다. 작성순서는 각각의 구조체에 따라 다르다.

[표 6.3] 시험제작 구조체

구조체	구조체 모형	이용자 특성	도형		특성	
			정위치	이외	정위치	이외
건물	개별면 모형	건물용도 구조 층수 건축면적 연면적	건물		○ ○ ○	○ ○
구획	개별면 모형	구획면적	실폭 도로	보조	○	
토지구획	영역분할 모형	부지 면적 토지 이용코드	도로하천 지료계 수로 등	부지 구분	○ ○	△ ○
국세 조사구역	영역분할 모형	인구밀도 면적		조사구역 경계		○ ○
용도지역	영역 분할 모형	용도코드 면적		용도구역 경계		○

정위치 자료에서 토지구획을 형성하는 도로, 수로, 지목경계 등의 자료를 선발하여 이것에 새롭게 부지 구분을 추가하여 도형자료를 작성한다. 특성자료는 건물 및 논, 밭 등의 기호(symbol)위치와 도형자료의 겹침에 의한 정합(matching)에 의해 기계적으로 구조화자료를 생성한다. [표 6.3]에 시험제작 결과로서 각각의 구조체 작성에 이용할 수 있었던 정위치 자료의 비율을 나타낸다.

(2) 지원체계

지원체계는 수치지도 자료의 적용을 위한 것과 전산기 체계로서 계획을 위한 기초자료를 객관적이고 정량적인 정보로서 제공할 목적으로 개발하였다. 수치지도 자료의 이용 측면에서는 1/2,500축척의 지도를 취급하는 업무에 한정하고 또 체계의 이용 측면에서는, 예로서 면적측량을 대표하는 지역의 계량화(계량화 기능)와 색칠 등의 도면 작성에 관계되는 업무의 경감을 지원(주제도 작성 가능)하는 체계이다.

정위치 자료를 원천자료로서 토지이용 건물, 지구(구획)를 구조화해 그 외에 위치 기준으로서 국세조사구역, 법규제(용도지역)를 정비한다.

이러한 자료를 사용한 자료기반을 작성하여 용도 재평가 지원체계에 적용한다. 또 체계 내의 기반자료로서 정위치 자료를 이용해 각종 출력의 내용으로서 사용한다.

1차, 2차 자료기반은 입력 혹은 입력 후에 부가된 특성자료가 각 입력 도형에 대응된다. 1차 자료기반은 구조화 자료로서 이용자 특성자료를 가진다. 2차 자료기반은 겹침 처리에 의해 각각의 구조체에 다른 구조체를 가진 특성이 부여된 것이다. 이것에 의해 건물 구조체에 토지구획 구조체가 가진 토지이용코드, 부지면적이 부여된 형태가 되고, 건평률 · 용적률의 계산 특성을 얻는다.

(3) 구조화자료의 이용

시험 제작한 구조화자료를 지원체계에 입력하여 용도지역 재평가에 필요한 일련의 각종 집계처리, 출력을 실시하였다.

1차 자료기반 및 2차 자료기반을 사용하여 즉시 자료의 출력을 실시하였다. 즉시 자료의 출력이란 개별특성, 부가특성으로써 연결한 코드 혹은 수치를 색 구별(연결화)하여 기본 구조체마다 출력한 것이다.

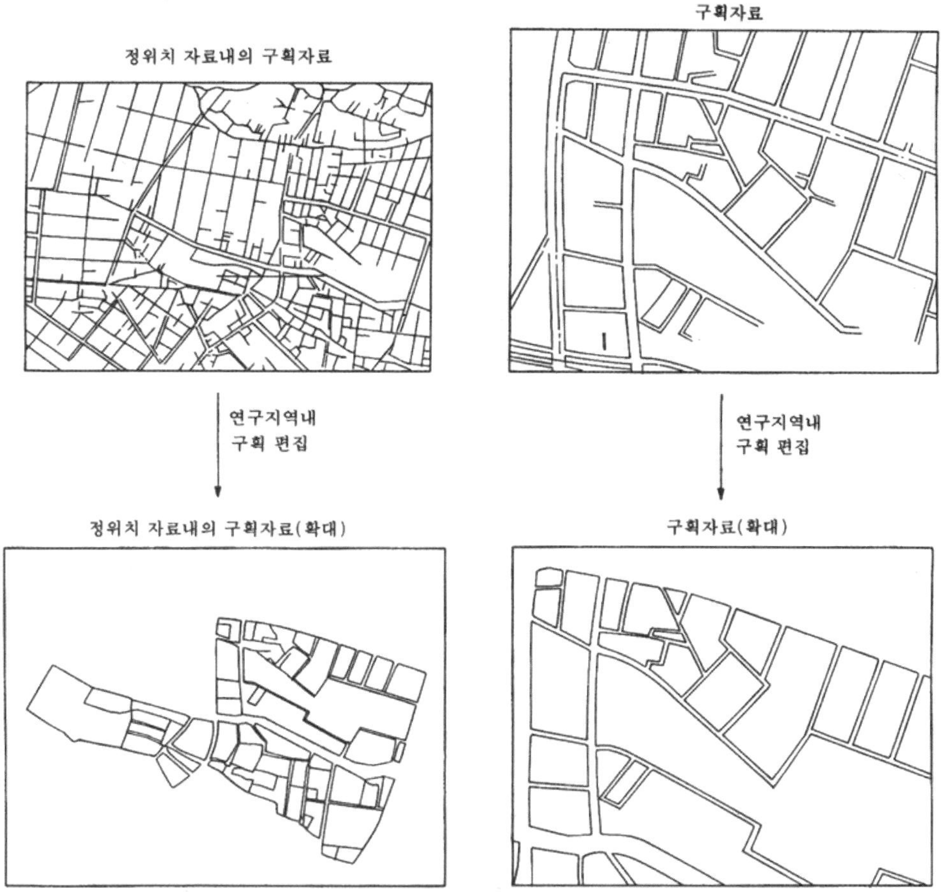

[그림 6.7] 구획자료의 구조화 예

1차 자료기반에서는 건물용도, 구조, 층수에 관하여 출력을 하였다. 또 층수에 관해서는 계층수를 등급(rank)화하고 표시함과 동시에 3층 이상의 건물에 관해서 그 층수를 수치로써 표시했다.

1차 자료기반에서 토지이용도를 출력하였다. 2차 자료기반에서 건폐율, 용적률을 산출해 각 부지마다 등급화해서 표시하였다. 건폐율은 건축면적/부지면적의 비율이고, 용적률은 총건축면적/부지면적 비율이다.

구조화된 자료내의 이용자 특성을 이용하여 입력대상인 인구밀도도, 용도지역도를 재현하였다. 대장 특성으로 국세조사의 내용과 연결할 수 있으면 인구 및 특성에 관한 다양한 자료 연결을 취급할 수 있다. 검색출력이란 1차 자료기반, 2차 자료기반을 사용해 논리연산에 의한 검색을 하고 그 결과를 출력하는 것이다.

구조화 자료	(구조화 자료) · 건물……………………………건물용도(기초조사수준) · 토지구획……………………구조(도면에서 판독) 층수 (부지판정) · 구획…………………………새롭게 정한 구획번호 (신규추가 자료) · 국세조사 구역계………인구(1/10,000의 도면인데 1/2,500에 복사) · 용도구역……………………용도 종류, 용적, 건평률 규제

⬇

DB 화

⬇

현자료의 출력	(구조화 자료) · 건물 용도도, 건물 구조도, 건물층수 분포도 · 토지 이용도	
	(가정을 설정해 출력하는 것) · 부지별 건평률, 용적률도	

자료 검색 출력	· 대규모 건축별 분포도 · 부적격 건축물 분포도(용도, 용적, 건평률별) · 택지 분포도, 농지 분포도	⟷ 용도별 조서

자료압축 가공출력 (지표의 작성과 출력)	· 구획별 인구밀도 등급도 · 구획별 건물 건평률 등급도 · 구획별 평균 용적률 등급도 · 구획별 용적 보류율 등급도 · 구획별 목조율 등급도 · 구획별 택지와 현황률 · 구획별 잔존농지 등급도	⟷ 구획별 조서

평가출력 (지표의 편성)	주·상·공·농의 혼재도 가능 (삼각 그래프에 의한 유형화를 평가로 한다.)	⟷ 구획별 조서

[그림 6.8] 구조화 자료실용 실험 흐름도

[표 6.4] 용도지역 내 건물용도 제한 기준

용도지역 / 건물용도	제1종 주거 전용지역	제2종 주거 전용지역	주거 지역	근접 상업 지역	상업 지역	준공업 지역	공업 지역	공업 전용 지역
주택								×
공동주택								×
범용주택(1)								×
범용주택(2)								×
관공청 시설								
교육후생시설(1)							×	×
교육후생시설(2)							×	×
교육후생시설(3)	×						×	×
경기시설	×							
업무시설	×							
상업시설(1)	×							
상업시설(2)	×							×
도매시설	×							×
숙박시설	×	×						×
유기시설	×	×	×	×				×
오락시설	×	×	×				×	×
운수창고시설	×	×	×				×	×
중화학공업시설	×	×	×					
경공업시설	×	×	×	×	×	×		
서비스공업시설	×	×	×	×	×			
가내공업시설	×	×						
농어업용 시설	×	×						
그 외의 시설	×							

용도재평가를 위한 지역분석의 한 가지로서 토지이용의 유형화를 목적으로 상업계, 공업계, 주거계, 토지이용의 비율을 삼각그래프로 나타내고, 토지이용 구성비에서 용도지역의 지정방침을 기준으로 각 구획 단위 및 기정용지 지역단위에 토지이용 유형을 실시하였다.

수치지도 자료(정위치 자료)는 주제도 작성시의 배경 자료로 또 지원체계의 골격인 건물, 토지구획경계(토지이용)자료, 구획자료 작성에 사용된다. 건물 자료는 도형에 관해 거의 100% 이용을 할 수 있고, 토지구획경계에 관해서도 종합적으로 60%의 이용을 꾀할 수 있다. 또 건물의 토지이용, 구획 등을 대상으로 한 주제도 작성에는 동일의 정보에서 편집했기 때문에 배경정보(지형도)와 일치한다. 이와 같이 도시계획에서 사용하는 즉시 자료(건물, 토지이용 등)에 관해서는 수치지도 자료의 이용가치는 극히 높은 것이다.

6.2.4 수치지도제작 및 지도정보체계(DM/MIS : Digital Map and Map Information System)

1. 수치지도 제작의 개요

수치지도 제작은 도형의 형태보다는 수치값으로 얻어진 지형공간 자료로부터 지도를 제작하는 과정이다. 수치지도 제작의 개념은 간단하지만 실행과정은 복잡하다. 수치지도 제작은 필수적으로 다음과 같은 세 가지 조작과정으로 이루어진다.

첫 번째는 자료취득 과정으로서 이것은 자료를 수치 형태로 변화시키는 것을 포함한다. 두 번째는 자료처리 과정으로 여기에서 자료는 다른 기능을 나타내기 위해 다른 구조로 변화된다. 세 번째는 자료표시 과정으로 시각화시키기 위해서 전산기 도형기법을 사용하거나 자료를 다른 사용자에게 이전시키기 위해 전산적인 방법을 사용한다. 수치지도 제작 과정을 보다 상세히 나타내면 [표 6.5]와 같다.

토지정보체계는 수치지도 제작에서 성장했으므로 일부 사람들은 이 두 가지가 서로 같다고도 주장하고 있다. 전통적으로 선이 그려진 지도는 '무엇이 어디에서 왔느냐? 어디에 있느냐?' 등의 질문에 답을 준다. 따라서 이런 지도 자체가 간단한 토지정보체계를 갖춘다고도 볼 수 있다. 이런 과정에서의 수치적 설명은 서로 같다. 따라서 수치지도 제작은 토지정보체계를 구성할 수 있다. 그러나 그것은 유일한 필수적인 구성요소는 아니다. 스웨덴의 부동산의 경우는 자료기반 내에 각각의 토지에 대한 공간적 기준을 제공하는 좌표값이 있다. 이러한 좌표는 토지의 특성을 포함하고 주제도 제작을 위해 사용될 수 있으며 분포나 형태의 도형적 출력을 위해 사용된다. 그러나 이러한 체계는 수치지도 자료에 의존하는 것은 아니며 근본적으로 토지의 비도형 특성에 관련된다.

[표 6.5] 수치지도 제작의 구성요소

활동	예
1. 자료취득	선 수치화
2. 자료분류	지형부호 할당
3. 자료 구조화	선추적형, 격자방안, 위상관계
4. 자료 재구조화	선추적 방식을 격자방안 방식으로 변환
5. 자료편집	보정, 정방형화
6. 자료변형	지도투영
7. 자료선택	지형겹침
8. 자료일반화	소축척지도 편집
9. 자료강화	도형출력, 기호화
10. 자료분석	지역계산

수치지도 제작은 기계가 선을 그릴 수 있는 비슷한 과정으로 간주될 수 있으므로 숙련된 제도가 필요 없다. 또한, 부수적인 이익은 ① 변화된 축척이나 다른 투영상에서 지도를 다시 그릴 수 있다. ② 수정 자료를 더하거나 삭제시켜 현재 지도제작 과정의 속도를 빠르게 한다. ③ 특별한 자료를 중첩시킬 수 있다. ④ 자료를 직접 배포할 수 있으므로 왜곡을 막을 수 있는 것 등이다.

[표 6.6] 지도정보 수준과 표현 정밀도

지도정보 수준	해당축척	평면위치 정밀도	표고점의 표고 정밀도
500	1/500	±0.25m 이내	±0.25m 이내
1,000	1/1,000	±0.70m 이내	±0.33m 이내
2,500	1/2,500	±1.75m 이내	±0.66m 이내
5,000	1/5,000	±3.50m 이내	±1.66m 이내
10,000	1/10,000	±7.00m 이내	±3.33m 이내

현재 존재하고 있는 지도요소는 해가 거듭될수록 수축 · 팽창할 수 있으나, 한 점의 좌표값은 동일하게 존재한다. 지도상의 특징을 적절한 부호로 나타내게 되면 지역의 형태나 지역에 의해 특징을 선택할 수 있다. 어떤 특징이나 사상은 건물이나 나무와 같이 자료기

반 내에서 자료가 저장됨에 따라 존재한다. 기계는 특정 평가값을 가진 특별한 지역 내의 건물이나 도로망을 그리기 위해 사용된다. 이것은 다른 분포와 겹치게도 할 수 있다. 점진적으로 사용자들은 수치지도 제작과 토지정보와 관련된 것을 쉽게 이용될 수 있는 형태로 자료를 요구하기에 이르렀다.

2. 수치지도의 제작 및 응용

수치지도 제작의 최대 특징은 항공영상에서 지형(지모 · 지물)의 위치를 수치자료로써 취득하기 때문에 정밀도가 높다고 알려져 있다. 수치지도 제작 작업요령에서는 자료의 평균적 정밀도를 나타내는 표시로서 지도정보 수준(水準, level)이라는 개념을 이용하여 [표 6.6]과 같이 정해두고 있다.

또한 해석도화기에서 취득된 지형의 위치 자료는 평면 자료 외에 높이(표고) 자료를 포함하고 있다. 따라서 도시경관의 분석이나 전자기파 감청지역의 분석 등 여러 분야에서 유용하게 이용할 수 있다.

1) 수치지도제작의 제작

항공영상의 해석을 위하여 두 장의 중복사진을 놓고 입체모형을 형성하여 도화를 거친 다음 도화원도를 만들어 낸다. 이 과정에서 인위적인 방법으로 도화 대상자료를 수치화함으로써 수치자료를 취득하여 전산기에 입력시키거나 영상면에 출력시켜 볼 수 있게 하면 영상의 정보를 지도정보로써 나타낼 수 있게 된다.

영상이나 지도의 위치정보를 찾아내어 수치자료로 처리할 수 있는 전산기 체계가 개발되었으며, 이를 일정한 원칙하에 모든 자료를 수치화하여 지도를 그려 낼 수 있는 기법을 수치도면화라고 한다.

지도와 관련된 모든 자료는 좌표값을 가지고 있으며 이러한 좌표를 전개할 수 있는 디지타이저나 스캐너가 구비되어 있으면 위치자료를 취득하게 된다. 이러한 위치자료를 수치화하여 전산기의 하드디스크나 자기 테이프에 기록 저장하여 필요시에 활용할 수 있게 한다. 모든 자료는 점, 선, 면의 결합에 의해 표현되며, 이 자료의 수치적 표현은 일반적으로 XY좌표 상에서 연속으로 구성된다.

(1) 수치지도 자료의 취득방법

수치지도의 자료취득 방법에는 첫째, 종래의 지도작성법으로 완성된 지형도를 디지타이저나 스캐너 등의 좌표입력기를 사용하여 수치화하는 방법, 둘째, 항공영상면의 도화작업 시에 해석도화기 및 수치도화기를 이용하여 수치지도 자료를 직접 취득하는 방법과 같은 두 가지 방법이 있다.

지도작업의 과정에서 수치지도 자료를 직접 취득하는 두 번째 방법을 일반적으로 수치지도 제작이라고 한다.

(2) 수치지도 제작체계

수치지도 제작의 체계는 다음 3단계로 구분되어 구성된다. ① 입력체계로서 해석도화기나 천연색 스캐너(color scanner)에 의해 도면이나 영상의 지리적 정보를 수치화하여 자기테이프나 하드디스크에 기록한다. ② 편집체계는 입력된 수치자료를 영상면상에 표시하여 대화적으로 영상이나 도형의 가공, 편집, 수정을 행하도록 한다. ③ 출력체계는 수치화된 지도정보를 $X-Y$도화기, 레이저 도화기(laser plotter) 등의 출력장치를 이용하여 직접 제판용 필름에 그려내거나, 자기테이프에서 인쇄복사(hard copy) 등의 기기를 통해 출력시킨다. 각 체계는 각각의 독립적인 중앙연산장치를 가지고 전체를 고속조직망으로 연결하여 자료를 공유하거냐, 분산처리에 대해 전체의 작업효율을 높이도록 구성하여야 한다.

(3) 수치지도제작의 작업공정

수치지도를 제작하는 것을 일반적으로 수치지도 제작(digital mapping)이라 부른다. 수치지도 제작에는 지상측량 체계를 사용한 방법과 항공영상탐측 체계를 사용하는 방법이 있다. 전자는 극히 높은 측량의 정확도를 필요로 하는 지적도나 한정된 협소한 지역의 지도를 제작하는 경우에 이용되는 것이 일반적이며, 지형도의 대부분은 항공영상 측량체계에 의해 수치지도를 제작하는 것이라 해도 과언은 아니다. 국토지리정보원의 수치지도 제작 작업요령 (안)에 의하면 수치지도는 [표 6.7]과 같은 순서로 제작된다.

[표 6.7]은 일반적인 항공영상탐측 및 도화하는 공정에 수치지도 제작에 필요한 공정을 첨가한 것이며, 정밀도 및 비용면에서 중요한 공정은 공정 8의 수치도화 및 공정 10-14의 이른바 편집 공정이다.

[표 6.7] 수치지도 제작 작업공정

공정	작업내용
1	계획준비 : 작업방법 · 작업계획의 입안, 사용할 기기 · 소프트웨어의 정비, 인원의 배치
2	표정점의 설치 : 기설점 이외, 항공영상의 표정이 필요한 기준점, 즉 수평(x, y) 및 수직(z) 점을 설치
3	대공표지의 설치 : 수평 및 수직 기준점, 표정점의 좌표를 관측하기 위해 영상면 상에서 쉽게 알아볼 수 있도록 표지를 설정한다.
4	촬영 : 측량용 항공영상을 촬영 한다.
5	자침 : 항공영상면의 기준점 위치를 현지확인을 시행한다.
6	현지조사 : 지형도를 작성할 때에 항공영상면에서 얻을 수 없는 건물 명칭 · 가옥명 등의 정보를 현지 조사에서 수집 한다.
7	항공삼각측량 : 조정기법에 의해 종접합점, 횡접합점 및 기준점의 평면위치 및 표고값을 결정한다.
8	수치도화 : 표정을 통해서 지모와 지물의 위치자료 (수치도화 자료)를 해독한다.
9	지형보완측량 : 지도정보 level 1000 이상의 자료를 작성하는 경우에 특정 지역을 대상으로 하여 등고선, 표고점에 관한 현지 측량을 한다.
10	지도자료편집 : 수치도화 자료 및 현지조사에 의해 얻어진 정보를 편집체계에 입력하여 편집한다.
11	현지보측 : 항공영상면에 있어 잘 드러나지 않아 명확하지 않은 부분과 중요 사항을 현지관측에 의해 편집된 자료를 수정(또는 추가)한다. 이와 같이 하여 편집, 수정된 자료를 진위치 자료라 부른다.
12	진위치 자료파일의 작성 : 보측편집시 진위치 자료를 작업순서에 따라 자기 테이프들의 기록매체에 출력함으로써 진위치 자료 출력도, 정확도관리표, 진위치 자료파일의 설명서 등을 첨가하면 완성품이 된다.
13	작도 자료파일의 작성 : 필요로 하는 제도 자료파일이 작성된다. 제도 자료파일의 진위치 내용을 지도표현기준에 따라 도식처리를 한다.
14	구조화자료파일의 작성 : 필요에 따라 구조화 자료파일이 작성된다.

공정 8의 수치도화에 있어서는 정밀도 및 조직성 양면에서 뛰어난 해석도화기(analytical stereo plotter)가 널리 이용되어지고 있다. 그러나 항공영상면의 수치도화는 지도작성의 숙련공이 영상면상의 지형, 지물의 위치 자료를 한 점씩 보고 느끼며 채취한 것이며 많은 시간과 노력을 필요로 하는 작업이다. 따라서 이 점을 개선해야만 한다. 항공영상면

을 대신해서 TV 카메라에 의한 촬영정보를 사용하는 해석도화기가 실용화되기 시작하고 있다.

더욱이 이 촬영정보를 영상해석에 의해 사람의 손을 쓰지 않고 자동으로 수치지도를 제작하는 연구도 행해지고 있다.

공정 10-14의 편집공정에 있어서는 편집체계(수치체계)를 사용한 수작업에 의해 모든 것이 행해진다. 따라서 편집공정의 비용 절감은 편집체계의 조작성 향상과 체계 그 자체의 가격저하에 달려 있다.

2) 응용분야

수치지도는 기존 지도가 이용되는 분야만큼이나 광범위하게 이용된다. 또는 수치지도와 지형공간체계는 서로 매우 밀접한 관계를 갖고 있으므로 지형공간정보체계가 이용되는 분야에는 수치지도가 필수적으로 이용된다. 즉, 측량 및 측지, 토지이용조사 및 계획, 도로 및 철도의 노선선정, 교통계획, 건설입지 선정, 도시 및 지역계획, 환경조사 및 오염실태 조사, 광물 및 석유탐사, 지질구조조사, 군, 경찰 및 방재본부의 C^3I(Command, Control, Communication and Information) 등으로 이 응용분야 이외에도 많은 분야가 있으며, 이 중에서 수치지도를 가장 많이 활용하는 분야로는 다음에 언급될 자동차 항법 및 관제 체계가 있다.

(1) 자동 차량위치결정 체계

① AVL체계의 개요

1980년대 중반은 자동 차량위치결정(AVL : Auto Vehicle Location)체계의 발아기였으며, 1990년대는 AVL체계의 개화기로 볼 수 있다. 또한 2000년대에 이르러서는 AVL체계가 보편적으로 사용되었다. 이러한 AVL체계는 수치지도를 기본적으로 사용하여야 하며, 또한 수치지도 자료기반을 운용하여야만 효율적인 사용이 가능하다.

AVL체계는 사용자에게 ① 탑재된 여러 가지 형태의 위치결정 기기로부터 차량의 위치를 결정, ② 위치를 영상상에 도화, ③ 결정된 위치에 대한 관련 지도를 영상면에 출력하고 그 위치를 지도상에 정확히 표현, ④ 도로상황, 최적경로 등을 결정해 주는 전문가 체계(expert system)를 통한 시각적 · 청각적 정보 등을 제공한다. 이 AVL체계의 활용분야를 살펴보면 항법(navigation)체계 분야와 추적(monitoring &tracking)체계 분야로 나눌 수 있다.

㉠ 항법체계

항법체계는 자신의 위치를 파악할 뿐만 아니라 주변의 여러 가지 이동체와 지물의 위치 및 관련정보를 운전자에게 제공함으로써 이동체의 운항에 편리함을 제공하는 체계이다. 항법체계의 이용분야로는 항공기, 선박 및 자동차 등의 항법에 응용되고 있으며, 최근 들어 GPS 위성을 이용한 정밀위치관측이 가능해짐으로써 보다 활발한 진척양상을 보이고 있다. 특히 군사분야에 있어서는 순항 미사일 같은 첨단장비에는 물론 재래식 장비에도 장착되고 있는 경향이다.

㉡ 추적체계

추적체계는 중앙관제형 체계로 각각의 이동체에 대한 위치현황을 파악하고 그 이동체에 대한 통제 및 관리를 수행하는 체계로서 라디오와 같은 통신장비가 필수적으로 장착되어 있는 체계이다. 추적체계의 응용분야로는 주로 이동체에 대한 중앙관제가 필요한 분야로 되어 있다. 예를 들면, 순찰차량의 지휘 및 통제, 현금수송차량의 이동상황 추적, 일반 상용차량 및 선박의 통제와 관리 등의 민간분야와 군작전의 지휘 및 통제를 위한 군장비의 이동상황 추적, 미사일 등의 제어 등 군사분야에 활용되고 있다.

② AVL 체계의 관련기술

AVL 체계는 여러 가지 관련 기술이 조합되어야만 가능한 것으로 관련 기술분야를 살펴보면 다음과 같다. 위치결정 장치에는 Loran-C, NAVSTAR 위성, GPS수신기 등이 포함되며 이것은 절대위치를 결정하는 데 사용된다. 상대위치의 결정에는 차동바퀴나 주행기록계, 자이로스코프, 헬륨가스 관측기 등의 조합이 채용되고 있다.

이러한 상대위치 결정장치는 위성이 고장이거나 관측가능영역 밖에 있는 경우, 추측항법(dead-reckoning)에 의하여 그 위치를 결정하는 방식이다. 전산기와 마이크로프로세서는 다양한 기기 사이에 여러 종류의 정보를 처리하는 데 필요하다. 이 경우 특별히 차에 탑재될 기기는 견고성, 경량성, 집적성 및 경제성이 고려되어야 한다. AVL체계에서 입력장치는 주로 기능선택이나 추가정보 입력에 필요하며 자판(keyboard), 손가락 입력(finger touch control), 음성입력, 송수신체계 등이 있다. 출력장치는 운전자에게 필요한 정보를 제공하는 기능을 하며, CRT, 음성합성기, video display, 송수신 체계 등이 있다.

지도의 저장과 관리는 이송체 내에서 해결할 수 있어야 한다. 이 경우 지도는 자료 기반화되어 기억장치로부터 직접 신속하게 접근이 가능하여야 한다. 특히 전산기와 관련된 지도의 저장 및 관리에 있어서 수치지도 기술이 반드시 원용되어야만 한다.

(2) 도시계획분야

도시계획 분야에 이용될 수 있는 수치지도 자료의 가능성을 검토해 본다. 도시계획의 결정과 변경에 관해서는 도시계획법에 정해진 축척의 지도를 사용하여 제작하여야 하며, 제작된 지도는 계획결정의 도면으로의 이용뿐만 아니라 다양한 타분야의 기본지형도로서 제공된다. 향후 이런 지도는 수치지도 자료로 변화시켜 도시정보체계에 의한 방법으로 사용되어 야 한다.

3. 지도정보체계(MIS : Map Information System)

1) 개요

최근 미국에서는 지도정보체계의 분야를 크게 지리정보체계(GIS : Geographic Information System)에 관련된 분야와 시설관리정보체계(FMS : Facility Management System)에 관련하는 분야로 분류하고 있다. 이러한 두 분야는 반드시 명확한 경계가 있는 것은 아니지만 지리정보체계는 주로 토지에 관련하는 여러 지도정보를 취합하는 것이며, 시설관리정보체계는 전기, 가스, 수도, 하수도 등의 시설에 관련되는 지도정보를 취합하는 것이다. 따라서 지리정보체계는 지도정보를 가공하는 기능이 대단히 강화되어 있는 것이고, 시설관리정보체계는 지도정보를 검색 표시하는 기능이 강화되어 있다.

현재 일본의 시설관리정보체계 분야에는 각종 시설들에 대한 지도정보체계가 구축됨과 동시에 대량의 지도특성 자료를 이용한 여러 모의관측 프로그램이 응용되고 있다. 예를 들면,가설, 매설관 등을 조직망 자료로 해서 관리하고 차단사고 등에 대해서 그 영향을 최소한으로 방지하기 위한 수단을 계산하는 체계라고 하는 것이다. 이러한 시설관리체계 분야에서는 그 목적 용도가 분명히 있고. 현재까지 어느 정도 완성되어 있다. 이것에 대해서 지리정보체계 분야는 환경분야, 자원관리분야, 도시계획분야를 중심으로 해서 넓게 이용되고 있다. 이러한 것들의 체계는 지도정보에 대해서 여러 가지 정보처리를 가능하게 하고 처리 · 분석에 이용될 수 있기 때문에 각종 자료 분석, 해석을 필요로 한다. 앞으로 기획, 계획, 입안 등의 분야에서 그 이용이 광범위하게 확산되어 갈 것으로 기대된다.

2) 구성

(1) 기본 소프트웨어

지도정보체계는 자료, 자료를 취하는 소프트웨어 및 전산기로 구성되어 있다. 또한, 지도정보를 취급하는 소프트웨어를 다른 소프트웨어와 구분해서 지형정보체계라 부르고 있다. 자료량, 이용자 수 등에 따라 개인용 전산기 워크스테이션에서부터 대형 전산기에 이르기까지 다양한 지도정보체계가 있다. 광의의 지도정보체계에는 GIS본래의 사용방법이 있는 자료관리, 계획, 지원을 목적으로 한 체계와 지도제작의 체계에서 설계도 작성을 위한 지원체계가 있는 CAD/CAM(Computer Aided Drafting/Computer Aided Manufacturing) 등의 체계까지 포함하고 있다. 여기에서는 지도정보체계를 지도연산을 중점으로 한 정보해석형, 영상처리형, CAD/CAM의 기능을 중시하는 시설관리형의 각 체계로 나눈다.

① 정보해석형 지도정보체계

주로 지방자치단체, 민간단체에 대해서 의사결정지원 및 계획 등에 사용되고 있다. 이 체계의 특징은 서로 다른 주제를 가진 도면을 중복해서 도면으로 빼내는 등 도면간의 도형 연산기능, 좌표계의 변환기능, 도면의 접합 등의 기능이 있다.

② 영상해석형 지도정보체계

정보해석형 체계가 도형(예, 건물, 행정계)을 표현하기 위해서 도형에서 구축된 지도를 취급하는 것에 대해서 영상해석형 체계에서는 영상을 종 · 횡 세분화한 영상소로 해석하고 영상소에 대해서 영상에 관련된 색의 배합(적 · 녹 · 청색의 조합) 정보를 제공해 준다. 이와 같은 색 정보하에 영상해석을 행한다. 이런 형의 체계의 특징은 정보량이 많은 반면, 똑같은 도형을 표현하기에 선추적형 자료와 비교해서 자료량이 대단히 많다.

③ 시설관리 정보체계

각종 시설물의 도면작성 관리 등을 목적으로 사용한다. 시설관리도면은 지도상에 각종 시설을 표현함과 동시에 직선, 원호, 삼각 등 정방향 도형과 같은 상징으로 구성된다. 또한 정보해석형 지도정보체계와 비교해서 검색 기능이 중요시되고 도형연산의 기능은 거의 필요하지 않다. 위의 각 체계의 특징을 비교하면 [표 6.8]와 같다. 최근에는 각 체계간에 자료를 용이하게 교환하는 체계가 나오고 있다.

[표 6.8] 지형정보체계의 특징

	정보해석형	영상면해석형	시설관리형
도형 자료 형식	주로 좌표자료 (선추적형 자료)	영상자료 (격자형, 영상자료)	주로 좌표자료
주요용도	행정부에 있어서 의사결정 지원, 계획지원(도시정보, 산림 관리, 자원관리 등)	원격 탐측(인공위성자료를 이용한 해석), 수종분포, 환경오염의 감시 등	• 가스, 수도, 전기, 전화 시설 등의 관리 • 건축물, 기계 등의 설계
체계구성 상의 문제	• 자료정리 비용이 큼 • 자료갱신이 번거로움	• 자료량이 큼	• 기존 도면의 입력 비용 • 도면의 관리 유지가 번거로움
주요 특징	• 서로 다른 계층간의 도면 연산 • 통계처리, 보고서 작성	• 취급이 용이함 • 신속한 검색 속도	• 기호처리 • 포함된 정보량이 많음
자료 기반	비정형적인 업무가 많기 때문에 관계형이 많음	지금의 영상자료 기반과 관계형 자료기반을 조합해서 사용함	전형적인 작업이 많으므로 계층형 조직망형이 많음

3) 활용

(1) 관광

가까운 장래에 개인용 전산기를 이용하여 지도정보체계와 전산기 통신기술을 조합하여, 자택에 있으면서 조사 처리할 수 있게 될 것이다. 미래의 관광안내체계는 사용자의 집에서 관광 안내책과 관광대리점을 만날 수 있게 될 것이며, 관광정보안내 정보체계는 장소선정과 예약의 기능도 수행할 것이다.

관광지의 유색(colour)영상 등은 자료량이 많기 때문에 일반 전화회선으로 송신되는 것은 곤란하며, 고속의 회선을 이용함으로써 가능하게 된다.

장래의 관광안내체계에서는 지도 및 영상정보체계가 장소를 선정할 때에 이용하는 관광

지나 호텔 영상정보를 취급하고, 통신체계는 예약할 때 필요한 정보를 처리하는 데 사용될 것이다.

(2) 생활편리 정보체계

인간이 빈번히 이용하는 지도는 살고 있는 주변도시의 정보를 나타낸다. 이러한 지도를 잘 이용하면 생활에 대단히 편리하다. 지도는 샛길지도(이면도로), 생활하기 위한 생활지도, 주차장 안내지도에서처럼 특정정보에 교차하기도 하고 정리된 지도가 작성되어 판단을 하기도 한다. 전산기에 의해 만들어진 지도는 많은 복잡한 정보를 정리하고, 그 중에서 특정정보를 찾아내는 기능을 가지고 있는 편리한 체계를 만들 수가 있다.

최근 개발된 패키지에 관한 체계에서는 식품법에 관계되는 자료기반을 가지고 있다. 먹고 싶은 음식, 예산 등을 입력하면 요리점과 요리가 선정되어 표시되어진다. 또 점포 영업시간, 요일도 알 수 있기 때문에 언제나 가고 싶을 때 이용할 수가 있다. 또한 안내체계를 사용하면 출발시간에서부터 목적지까지 가는 데 최적경로, 비용, 시간을 가르쳐 주며, 상점, 유원지 등에 갈 때에는 어느 교통편을 이용하면 편안한가, 시간이 적게 걸린다는 등을 서술해 놓을 수 있다. 이러한 체계들은 도시의 안내, 관광안내 등에 사용할 수 있다. 일반적인 전산기에 전화번호, 기업명, 점포명 및 그 업종이 지도상에 표시되어진다. 따라서 보고 싶은 장소, 가고 싶은 장소가 전화번호와 동시에 주소가 검색되고 곧 조사할 수 있다. 또한 어떤 지역에 있어서 동일한 업종의 상호, 예를 들면 찻집일람 등도 뽑아 낼 수 있고 복사도 해낼 수 있기 때문에 모르는 사무소 점포도 안심하고 갈 수 있다.

아트라스사는 시가지도, 인구 및 소비동향 자료 등의 통계자료 외에 마을 영상을 비디오에 수록해 지도정보와 연결시킨 체계를 개발하고 있다. 이 체계에 의해 전산기의 출력상에서 마을의 모습을 봄과 동시에 특정 목적에 부합되는 마을의 경관을 각종 자료와 함께 조사 연구할 수가 있다.

3) 자동차 운행정보체계(CNS : Car Navigation System)

자동차를 운전하는 사람은 도로지도를 어떤 책이든 가지고 다니면서 목적 장소를 찾기도 하고, 어떤 도로를 선택할까 하고 찾는 경우에 이용하고 있다. 20년쯤 전에는 꿈같은 이야기였지만, 지금은 전자적인 지도상에서 현재 차가 어디를 달리고 있는가를 표시할 수 있는 체계가 시판되고 있다.

이 운행에 이용되는 지도는 물론 도로지도이다. 이 도로지도에는 주요도로, 고속도로, 교차로, 차선 등이 자료로서 입력되어 있다. 차에서는 표시부를 크게 하는 것은 곤란하기 때문에 모든 도로를 입력하는 것은 불가능하다. 그러나 필요한 도로는 전부 입력되어 있다. 이 도로자료를 수치로 표시하고 자동차 위치를 게재하면, 모르는 장소에 서도 안심하고 주행할 수 있다. 또, 우회로를 운전자에게 가르치기도 하는 것으로, 빈번히 발생하는 교통혼잡에 대해서도 유효한 것으로 기대되고 있다.

도로의 도형자료 외에 도로구간의 거리, 주행시간의 자료를 입력하여 두면, 출발지점에서 목적지까지 가기에는 어느 도로를 달리면 좋은가, 최단시간에 가려면 어느 도로를 달리면 좋은가 등을 조사하는 것이 가능하다.

일반적인 차에 탑재된 운행체계는 지도정합이라는 방법을 이용하여, 차의 주행 궤도와 지도의 유사성을 비교하여, 주행궤적의 위치오차가 일정 정도 크게 되면 차의 위치를 복원하여 오차의 누적을 작게 하고 있다.

주행 중의 차에 대한 지역의 정보, 도로교통정보 등을 시시각각 전달하고, 운전에 도움을 주는 것이다. 단순히 도로지도를 표시할 뿐 아니라 교통에 관한 동적인 정보를 전달하고, 종합적으로 운전기능의 향상을 꾀하려 하고 있다.

6.2.5 도면자동화 및 시설물 관리

1. 개요

1) 도면자동화

(1) 의의

도면자동화(AM : Automated Mapping)는 전산기 도형해석을 이용한 소프트웨어를 이용하여 지형공간정보를 생성, 수정 및 합성하기 위한 체계를 말한다. 도면자동화는 지도자료 또는 축척 등의 다양한 도면에 대한 정보를 조합하여 출력을 할 수 있는 체계이다. 이 체계는 시설물관리체계(FM)나 지형공간정보체계에서 이용되는 지도나 도면을 수치정보화하기 위한 체계이다.

도면자동화를 구성하는 체계는 수치지도 정보를 변환, 유지 및 표현하기 위한 하드웨어와 소프트웨어로 구성되어 있다. 지도정보를 관리하는 데 관련된 복잡한 자료와 수치지도 정보를 나타내기 위한 정보의 양이 방대하기 때문에 일반적으로 행정전산망 등의 종합체계와는 분리해 둔다.

(2) 방법

도면자동화의 자료기반 구축 방법으로는 측량체계에 의해 지형의 위치 자료를 취득하는 방법과 기존의 지형도에서 지형의 위치자료를 취득하는 방법이 있다.

① 측량체계에 의한 자료기반의 구축

일반적으로 수치도면화 과정은 지상측량에 의한 방법과 항공영상측량을 이용하는 방법으로 나눌 수 있다.

지상측량에 의한 방법은 극히 높은 정확도를 요구하는 협소한 지역의 지도를 제작하는 경우에 사용되며, 일반적으로 항공영상측량에 의한 방법이 도면자동화를 위한 수치도면화에 가장 널리 사용되고 있다.

측량체계에 의해 자료기반을 구축하는 작업 순서는 다음과 같다.

우선 촬영계획, 표정점의 설치, 촬영, 기준점 측량 등의 순으로 공정을 수행한다. 표정을 통하여 지형 및 지물의 위치자료를 취득하고, 이 결과 얻어진 정보를 편집체계에 의해서 지도 자료의 편집을 한다. 편집된 자료에 의한 진위치 자료(또는 절대좌표)를 기록매체에 저장하고 필요에 따라 각종 도면의 정보도 함께 수록하여 도면자동화의 자료기반을 구성한다.

② 기존의 지형도를 이용한 자료기반의 구축

자료기반의 구축을 위하여 새로이 지형도를 제작한다는 것은 많은 시간과 비용을 필요로 한다. 따라서 기존의 지형도에서 변화가 생긴 부분만을 수정을 한 후 도면 자료를 취득하는 것이 시간과 비용면에 있어서는 경제적이다.

[표 6.9] 도면자료 작성 체계의 비교

체계의 종류	장점	단점
디지타이저 입력체계	• 다소 더러운 도면이라도 입력 가능 • 불필요한 도형을 입력되지 않는다. • 여러 개로 나누어 입력된다. • 값이 저렴하다.	• 단순도형(가형, 등고선, 도로 등)의 입력에 비능률 • 입력 누수가 일어난다. • 입력 정밀도 ±0.5mm
스캐너 입력체계	• 고능률 • 도형인식(가형, 등고선, 도로) • 영상도형의 삭제 · 수정 • 입력정밀도 ±0.1mm	• 오염된 지면은 입력 불가 • 선추적화가 불완전한 부분들의 인식 누수의 점검이 필요 • 도형인식대상 이외의 도형은 자료층으로 나눌 수 없다. • 고가
대화용(반자동) 입력체계	• 고능률 • 원도와 입력결합의 조합이 동시에 이루어진다. • 도형인식(가형, 등고선) - 예정 자료층은 나누어 입력된다. • 입력정밀도 ±0.1mm	• 오염된 도면은 입력 불가능 • 중간 정도의 가격

기존의 지형도를 이용하여 수치자료를 취득하는 방법에는 디지타이저를 이용한 방법, 스캐너를 이용하는 방법, 대화형(또는 반자동)입력 방법 등 세 가지가 많이 사용되고 있으며, 세 가지의 입력방법에 대한 특징은 [표 6.9]와 같다.

2) 시설물 관리체계(FM : Facilities Management)

(1) 의의

시설물 관리체계는 공공시설물이나 대규모의 공장, 관로망 등에 대한 지도 및 도면 등 제반 정보를 수치 입력하여 시설물에 대한 효율적인 운영 관리를 하는 종합적인 체계를 말한다. 시설물 관리체계의 경우, 축척이 1/500정도의 지형도와 시설도를 사용하기 위해, 예를 들면 지방 대도시의 경우 약 3천 매, 수도권의 경우 약 1만 매 정도의 도면을 수치정보화해야 한다. 따라서 자료기반 구축에 대단히 많은 경비가 소요되기 때문에 보다 효율적인 도면자동화 체계의 개발이 요구되고 있다.

시설물 관리체계의 사용자는 자료기반화되는 시설도 및 보고서 이외에 다량의 완성도

(또는 준공도)와 조서를 관리해야만 한다. 현재 이들의 도면과 도면화체계와는 별도의 파일과 마이크로필름으로 관리되고 있는데, 이것들을 도면화체계에 포함시키면 한층 더 사용하기 쉬운 체계가 된다. 이것을 실현하기 위해서는 저장용량이 지나치게 큰 문제, 처리속도가 많이 떨어지는 등의 몇 가지의 기술적 과제를 해결해야만 한다.

(2) 방법

시설물 관리체계는 넓은 지역에 걸쳐 펼쳐 있는 관로 등의 시설을 시설도(평면도)를 기초로 하여 유지 · 관리하기 위한 것이다.

시설물 관리체계는 축척 1/500 정도의 수치지도를 이용하여 시설도 및 시설에 대한 특성을 포함하는 정보들을 자료기반화하여 시설물의 유지 · 관리에 이용한다. 따라서, 시설물 관리체계의 기본적인 작업 공정은 첫째, 수치화된 도면을 기본으로 하여 시설물에 대한 도형 및 특성정보를 입력하고 편집한다. 둘째, 도면을 검색하여 필요에 따른 기호를 표시한다. 셋째, 특성정보를 검색하고, 종별 및 특성에 따라 분류 · 집계하는 통계적인 과정을 수행한다. 마지막으로, 검색 · 분류한 도형 및 특성정보를 보고서 또는 도면의 형식으로 출력한다.

단지 시설물의 유지 관리를 목적으로 하는 것이라면 상기의 기본기능으로 충분하다. 그러나 많은 비용을 들여서 완성시키는 체계이기 때문에 더욱 효과적으로 사용하기 위해 기본 기능이외에 여러 가지 기능(또는 응용 기능)이 첨가된다.

축척 1/500의 기본 자료기반 이외에 축척 1/2,500자료기반, 축척 1/10,000 또는 1/25,000 자료기반을 추가하고 거기에 시설물 이외의 정보(예를 들면, 지반 토질 정보, 지역의 포장 공법 등)를 부가하여 시설 도면에 관계되는 부문의 업무의 효율화 · 고도화를 목적으로 하여 만들어진 기능을 응용기능이라 부른다. 시설물 관리체계의 대표적인 응용분야는 다음과 같다.

① 상수 및 하수

각 자료들은 일반적으로 공공시설(utilities), 편의시설(facilities), 서비스 시설로 나누어지며, 이들은 도시환경에서 가장 중요한 항목인 상수 및 하수처리를 포함한다.

도시의 토지필지들은 대부분 상수관 및 하수시설을 가지고 있다. 대개의 도시 도로에는 범람을 방지하고 우수를 분산시키기 위해 배수관이 설치되어 있다.

상 · 하수 관리책임자는 관이 묻혀 있는 위치, 지표에서 관까지의 거리, 관설치 시기 및 관의 상태, 관의 용량, 관망에 접근 가능한 장소 등에 대해 알고 있어야 한다. 몇몇 나라들은 상 · 하수관 및 배수에 대한 체계적인 기록들을 자랑하지만, 아직도 대부분의 나라들은 점지팡이로 수맥을 찾는 것과 같은 비과학적인 기술에 의존하고 있다.

현재 시설물(관거)의 대부분은 자연하수방식이다. 따라서 가정 또는 공장 등을 경과하여 모인 오염된 물 또는 빗물을 막힘없이 하수처리장으로 보내 주는 것이 시설의 목표이다.

하수도의 시설물 관리체계의 응용 기능으로서 월류 모의관측, 하수집수 및 처리에 대한 계획 및 지원, CAD 기능을 이용하여 시설의 설계도를 만들며 자재 및 공사비를 계산하는 것 등을 들 수 있다.

② 전력 · 전화

전력 및 전화는 모두 전신주 또는 땅속의 설로를 시설로 하고 있는 점에서 비슷하며, 양쪽 모두 시설물 관리체계의 응용 기능으로서 선로의 설계, 적산, 공정관리 등을 고려해야 한다.

2. 도입 목적

도면자동화 및 시설물 관리체계의 도입 목적으로서 다음과 같은 점을 들 수 있다.

첫째, 방대한 양의 정보를 포함하고 있는 도면의 체계적인 관리를 할 수 있다. 도면자동화 및 시설물 관리체계는 도면(또는 정보)의 관리를 기본으로 하고 있다. 도면과 관련되는 보고서는 자료기반화하여 관리함으로써 다음과 같은 이점을 얻을 수 있다.

① 도면과 보고서가 일치하지 않음을 막을 수 있다.
② 도면 및 시설물에 대한 정보를 필요한 때에 가장 빠른 시간 내에 얻을 수 있다.
③ 최신 정보나 변경된 사항을 사용자가 직접 도면의 형태로 입력하여 쉽게 수정할 수 있다.
④ 자료기반화되어 있는 하나의 도면을 이용하여 도면 및 시설물을 관리함으로써 도면과 실제의 시설물이 일치한다.

둘째, 도면의 관리를 통한 업무의 효율화이다. 종래 수작업으로 많은 시간을 필요로 했던 업무가 다음과 같은 부분에서 효율적으로 적용된다. 각종 도면과 시설물에 관련된 제반 정보의 분류 및 집계가 높은 효율성 및 정확성을 가지고 수행되며, 공사 현황, 공정, 또는 시설물의 이용 및 그 현황 등에 대한 보고서 작성이 용이하다. 또한, 여러 분야로 나뉘어

관리하던 설계도면 및 적산에 관한 내용을 체계적으로 처리할 수 있다.

셋째, 복잡한 사무에 관하여 단일 계통을 통해 빠른 시간 내에 처리할 수 있는 업무의 고도화를 기할 수 있다. 종래 수작업으로는 처리할 수 없었던 분석, 모의관측 및 계획에 관한 업무가 체계의 이용에 의해 가능해졌다.

넷째, 시설물의 정보를 중앙관리방식으로 처리함으로써 시설물의 최적화를 기할 수 있다. 정확한 정보를 기초로 하여 분석 및 모의관측 기능을 자유자재로 구사하여 시설물의 계획을 시행할 수 있기 때문에 시설물의 최적화를 꾀할 수 있고, 용량 부족에 의해 공사를 다시 하는 경우를 막을 수 있다. 다섯째, 소비자가 요구하는 다양한 정보 및 품질의 개선을 통하여 서비스의 개선을 추구할 수 있다. 시설물을 최적으로 유지하는 것은 서비스가 기본이다. 그리고 여러 가지 불평과 신설 요구에 대해 빠르고 정확하게 대응해야 한다.

3. 응 용

시설물 관리체계 특징으로서 다음과 같은 점을 들 수 있다.

첫째, 대규모 자료기반을 유지관리한다. 시설물 관리체계에서는 축척 1/500 자료기반을 기초로 하여 거기에 축척 1/2,500 자료기반, 축척 1/10,000 또는 1/25,000 자료기반을 사용하기 때문에, 자료기반의 규모가 2G byte에서 30G byte에 달한다. 또 시설물의 신설과 갱신의 빈도도 높으며, 따라서 시설물 관리체계에서는 이와 같은 대량의 자료 관리와 수정이 원활하게 이루어지는 것이 필요해진다.

둘째, 도면표시의 고속성이 요구된다. 민원이나 사고의 대응 업무에서는 필요한 도면과 시설 특성 정보를 단시간에 검색하여 표시하는 것이 요구된다. 도면 표시의 경우, 표시 시간은 30초 이하가 바람직하고 길어도 1분 이내이다.

셋째, 단계적으로 기능이 구축된다. 구축 시설물 관리체계는 앞서 기술한 바와 같이 대규모적인 자료기반 구축을 동반하기 때문에 한 번에 최종 체계를 실현하는 것은 비용 및 시간의 양면성에서 대단한 일이다.

이와 같은 상황에서 시설물 관리체계는 자료기반의 확장(또는 자료 종류와 항목의 추가)과 기능의 추가가 쉽게 행해질 필요가 있다.

넷째, 자료의 위상 구조화가 필요한 경우가 있다. 관로망의 망 모형을 만드는 경우, 관로 자료가 위상 구조화된다면 체계에 의해 자동 생성할 수 있다. 또 어떤 지역의 빗물유입량을 구하는 경우에 그 지형도가 구조화(면처리)된다면 체계에 의해 쉽게 산정될 수 있다.

AM/FM의 대표적인 응용분야인 체계의 용도는 [표 6.10]과 같다.

[표 6.10]에 나타난 분야 이외에 종합공장(plant : 제철, 화학, 에너지 등), 고층건축, 중고층 주택, 대규모 점포 등의 분야에서 AM/FM 체계가 적절하게 적용된다.

[표 6.10] AM/FM(Automated Mapping/Facility Management)

응용 분야	용도
도로	도로 및 부대시설, 교각의 유지관리
상수도	배수관리, 급수관리의 유지관리, 수질보전
하수도	인입관, 관거의 유지관리
전력	배전선로의 유지 관리
전화	전화선로의 유지 관리
GAS	GAS 도관의 유지 관리
철도	철도선로 및 부대설비(급전가선, 통신선로)의 유지관리
CATV	전신, 인입선의 유지관리, 고객관리
공항	공항 설비의 유지관리
항만	항만재설비의 유지관리

1) 상 · 하수도

상수도의 경우, 지방행정기관 및 자치단체에서 수질 개선, 송수, 배수 및 누수 관리를 위한 자료기반의 구축을 계획, 추진하고 있다. 상수도의 보급률이 높아지면서 확장의 시대에서 유지 관리 개선의 시대로 들어가고 있다. 그래서 각 지방행정기관은 수도행정의 하나로 좋은 물의 공급에 힘을 쏟고 있으며, 각 수도사업 관리자는 좋은 물을 공급하기 위한 관로의 개량에 진력하고 있다.

이와 같은 상황에서 상수도 시설물 관리체계에서 관로의 개량, 신설계화를 행하기 위한 응용기능 등을 고려한다. 이러한 응용기능을 수행하기 위해서 부가적으로 시설물 관리체계를 이용한 수리모형의 해석 및 수질의 해석, 상수도 사업에 대한 계획 및 지원, 시설물의 설계 및 적산, 사고 대응지원, 누수 조사 및 유지 보수 등을 위하여 지하시설물탐지기인 무선전파식별자(RFID : Radio Frequency IDentification)가 이용되고 있다.

하수도의 경우 하천의 오염방지 및 하수처리율의 제고를 위하여 대도시 지역 및 공단

지역을 중심으로 하여 자료기반을 시범적으로 운영하고 있으며, 하천 수질의 검사 및 오염원의 추적 조사 등에 이용하고 있다.

2) 가스, 전기 및 전화

가스, 전기 및 전화시설에 있어서 지하시설물에 대한 기록이 부족하다. 이에 따라서 중장비로 땅을 굴착할 경우, 이러한 시설을 건드려 폭발이나 감전 등의 위험이 따른다. 지하설비를 보호하는 장비가 있긴 하지만 완전히 믿을 만한 것은 못 되며, 지하에 많은 구멍을 파서 지하설비가 있는지 확인한다. 영국 전역에 걸쳐 이러한 활동에 드는 비용이 매년 수백만 파운드에 달한다. 지하매설물에 대한 적당한 기록의 이용으로 이러한 비용을 줄일 수 있다. 기존 도형의 도면화 체계를 사용하여 지하매설물을 명확하고 간결한 방법으로 나타내기에는 어려움이 있다.

또한, 한국전력에서는 발전소의 관리부터 배전, 배선망에 대한 자료기반 구축을 연구하고 있다. 수도권의 일부 지역에 대해 가스관에 대한 도면대장 및 각종 시설물에 대한 정보를 포함하는 정보체계를 구성하여 운영하고 있으며, 대상 지역과 체계 내에 포함되는 자료의 양이 계속 증가하고 있는 추세이다.

무선전화망의 구축과 난청지역의 해소를 위한 송신중계 안테나의 적지선정을 위하여 이동통신업계에서 활발한 연구가 진행되어 현재 전국을 가청 구역으로 하는 계획이 추진중이다.

3) 도로

도로의 경우, 도로의 건설 및 관리를 주관하고 있는 도로공사에서 도로대장과 도로망도에 대한 자료기반을 구축 중에 있다. 또한 각 지방단체 및 경찰청에서 교통상황파악 및 도로의 유지보수, 안전시설물 등의 유지 관리를 목적으로 AM/FM 체계를 도입하여 활용하고 있다.

4) 철도

고속철도 사업을 추진함에 있어서 기본설계, 토지의 수용 및 노선확정을 하기 위하여 도면 및 최적경로 분석 등을 목적으로 하는 체계를 활용하였으며, 실시설계 및 운용에도 활발히 운영될 계획이다.

5) 치안

서울특별시 지방경찰청에서 범죄발생지점 확인 및 순찰차의 출동경로 파악을 위하여 GPS체계와 연동된 도로망도에 관한 자료기반을 구축하여 운영하고 있다.

6) 도로점용물 관리지원체계

(1) 도로관리 분야에 있어 수치지도 자료

① 도로관리체계의 개요

수치지도 또는 지도 디지타이저에 의하여 얻어진 지도자료는 여러 종류의 체계에 이용되는데, 도로관리를 위하여서는 다음과 같은 방법을 생각할 수 있다.

㉠ 도로대장 관리체계

도로대장 정비의 원활화, 고도화를 목적으로 하여 도로의 시설, 공작물, 부속물의 관리를 일괄적으로 집중 관리하기 위한 체계이다.

수치 기반 지도로서는 정보계층 500 또는 1,000(지도축척 1/500 또는 1/1,000 상당) 정도의 고정밀도의 자료를 이용한다. 또 특성 정보로서는 도로관리자명, 노선 정보, 시설, 공작물, 부속물 정보 등을 특성 자료기반부에 저장하여 도형 자료와 관련시켜 각종의 검색, 집계가 가능한 소프트웨어를 완비하여 둔다. 주제도로서의 출력도는 도로대장도(1/500), 도로노선도(1/2,500~1/10,000) 등이 있다.

㉡ 도로교통 관리체계

도로교통에 관한 관리체계로는 ㉠ 원활한 교통의 확보와 안전성 향상을 위한 도로 교통흐름 해석, 제어체계, ㉡ 교통량 조사결과 분석체계와 교통 시뮬레이션에 의한 도로정비계획으로의 활용체계, ㉢ 도로교통 운행체계로의 활용 등이 있다. 각각 수치지도를 이용하지만 비교적 소축척의 자료를 이용하는 일이 많고, 1/2,500에서 1/25,000 정도에 해당하는 수치자료기반 지도를 이용하고 있다. 특성정보로서는 도로망 정보, 교차점 정보, 노선 정보 등을 자료기반으로 하여 축적된다.

② 도로점용물 관리체계

도로점용물이란 상수도관, 하수도관과 같이 도로를 점용하고 있는 지하매설물과 송전선, 전화선과 같이 도로 및 도로상공을 점용하고 있는 가공 공작물 등을 말한다. 도로점용물 관리 체계는 ① 도로점용물 인허가 업무의 원활화, ② 지하매설물 공사 계획의 원활화, ③ 도로 점용물 대장의 열람 등을 목적으로 구축하는 체계이다. 자료기반 지도로서는 1/500, 1/1,000정도에 상당하는 수치지도 자료를 사용하고, 특성정보로서는 상수도, 하수도, 전력, 전화, 가스등의 점용에 관한 정보를 자료기반화한다. 이러한 도로들의 주요 출력 예로 도로점용물 대장도(1/500), 도로점용물 매설공사 일람도 등이 있다.

(2) 도로점용물 관리의 업무

도로관리를 위한 이용체계에는 몇 가지 이용분야가 있지만, 이 절에서는 현 상태의 도로점용물 관리업무를 개괄한다.

① 도로점용물

도로점용물이란 도로관리자의 허가를 얻어 도로상 또는 도로의 지하에 설치한 시설물, 물건 또는 시설로서 계속하여 도로를 사용하는 것을 말한다. 도로법 시행령 제28조에서는 다음과 같이 규정하고 있다. ㉠ 전주 · 전선 · 변압탑 · 공중선 · 우체통 · 공중전화 · 무선전화기지국 · 종합유선방송용단자함 · 발신전용휴대전화기지국 · 전기자동차 충전시설 · 태양광발전시설 · 태양열발전시설 · 풍력발전시설, 그 밖에 이와 유사한 것, ㉡ 수도관 · 하수도관 · 가스관 · 송유관 · 전기통신관 · 송열관 · 지중정착장치(어스앵커) · 작업구(맨홀) · 전력구 · 통신구 · 공동구 · 배수시설 · 수질자동측정시설, 그 밖에 이와 유사한 것, ㉢ 주유소 · 주차장 · 여객자동차터미널 · 화물터미널 · 자동차수리소 · 승강대 · 화물적치장 · 휴게소, 그 밖에 이와 유사한 것과 이를 위한 진 · 출입로, ㉣ 철도 · 궤도, 그 밖에 이와 유사한 것, ㉤ 지하상가 · 지하실(「건축법」 제2조제1항제2호의 건축물로서 「국토의 계획 및 이용에 관한 법률 시행령」 제61조제1호에 따라 설치하는 경우만 해당한다) · 통로 · 육교, 그 밖에 이와 유사한 것, ㉥ 간판 · 표지 · 깃대 · 주차측정기 · 현수막 및 아치, ㉦ 공사용 판자벽 · 발판 · 대기소 등의 공사용 시설 및 자재, ㉧ 고가도로의 노면 밑에 설치하는 사무소 · 점포 · 창고 · 주차장 · 광장 · 공원, 체육시설, 그 밖에 이와 유사한 시설(유류 · 가스 등 인화성 물질을 취급하는 사무소 · 점포 · 창고 등은 제외한다), ㉨ 제㉠호부터 제㉧호까지의 규정에 따른 공작물 · 물건 및 시설의 설치를 위하여 일시적으로 설치하는 공사장, 그 밖에 이와 유사한 것과 이를 위한 진입로 및 출입로, ㉩ 제㉠호부터 제㉨호까지에서 규정한 것 외에 관리청이 도로구조의 안전과 교통에 지장이 없다고 인정한 공작물 · 물건(식물을 포함한다) 및 시설로서 국토교통부령 또는 해당

관리청의 조례로 정한 것 등이다.

(3) 수치지도를 이용한 도로점용물 관리지원체계

도로점용물 관리업무는 수치지도를 이용하여 고도의 즉시성을 갖는 관리지원체계이어야 한다. 여기에서는 도로관리자의 입장에서 도로점용물을 관리하기 위한 체계 이미지를 나타낸다.

6.2.6 재해 및 환경정보체계(DIS/EIS : Disaster and Environmental Information System)

1. 재해정보관리체계(DIS)

1) 개요

재해(災害, disaster)는 언제 일어날지 모르는 것으로 만약 발생했을 때는 가능한 한 빨리 대책을 취할 필요가 있다. 따라서 재해정보 관리체계에서 자료 입출력의 직연결(on line)화 및 통신기능이 중요시된다. 재해정보 관리체계는 재해가 발생했을 때 각종 정보를 관리하고 적절한 조치를 취하는 것보다 그 재해를 최소한으로 억제하기 위한 지원체계이다.

재해에는 지진, 화재, 태풍, 홍수 등이 있지만, 피해가 크고 광범위하게 일어남과 동시에 다음 재해가 일어나는 점에서 가장 주목할 필요가 있는 것은 지진에 의한 재해이다. 도시화의 발달, 인구의 과밀화 등에 의해 재해로부터 일어나는 혼란과 피해를 방지하기 위해서는 지역의 지형, 지질 등의 자연조건에 도시화의 발달 등 사회조건과 과거의 재해 발생상황을 추가하여 지역재해에 의한 위험성을 과학적으로 파악하는 것이 필요하다.

이를 위해서 지형도, 지질도, 통계자료 등 각종 자료로부터 잠재적인 재해 위험지역을 도시하고 위험지역의 현장조사와 수치계산 등을 통해 그 지역의 위험성을 분석, 검토한다. 이 때 검토의 주된 사항은 예상되는 지진의 진원위치와 규모, 연약지반 등 지진에 약한 지형지반, 인구 및 시설 집중지역의 분포, 과거의 재해발생 상황, 하천매립 등 재해발생에 관련되기 쉬운 토지이용의 변화 등 위험지역을 도시한다. 또한, 각각의 위험지역에 대해서 건물, 도로와 지하 매설물의 피해율 등의 정량적인 모의관측을 실시한다. 이중 위험물질의 관리도 중요한 부분을 차지하며 위험물질의 관리에 대한 내용은 다음과 같다.

도시지역의 위험물관리 중 중요한 요소는 '선행적인 위험물관리(anticipatory hazard management)'인데, 이 관리는 한 지역의 위험물 분포(종류와 총량)를 정확하게 예측하고, 치명적 사고발생을 막기 위한 대책을 결정하는 것이다. 전반적인 위험평가 과정에서 다음과 같은 일련의 논리적 절차가 필요하다. 첫째, 도시 내에 존재하는 위험물들을 확인하고, 각 물질과 관련하여 위험지역을 결정한다. 둘째, 인구에 따른 다양한 사회 · 경제적 특성과 함께 위험지역 도상에 중첩되어 나타나는 인구분포를 확인한다. 셋째, 위험의 영향이 있는 지역으로부터 대피하기 위해 필수적인 교통수단과 대피 경보를 알리는 통신수단을 확인한다.

2) 위험지역의 위치 및 자료기반의 개발

최근 도시지역에 대한 위험지역의 기하학적 위치(hazard zone geometries)를 만들 필요성이 대두되었다. 이들 위험지역은 대중에게 위험을 끼치는 정도에 따라서 정의된다. 위험지역의 중복에 따라 위치에 대한 위험등고선도(contoured risk surface)를 작성한다. 특정한 기하학적 위치는 첫째, 위험물의 생산에 따른 면적 형태(areal pattern), 둘째, 위험물의 이양 및 운송에 따른 선 형태(linear pattern), 셋째, 위험물의 소비에 따른 점형 분산(punctiform dispersion) 등의 내용을 포함한다.

궁극적으로는 인구 통계학적 특성이 위험지역의 기하학적 위치와 연관하여 조사되어야 하며, 공동사회가 위험상태에 있는 인구와 긴급상황에 따른 대응조치를 신속히 결정해야 한다.

자료기반의 개발은 위험물의 저장에 따른 위험상태의 인구 평가에 대한 지형 자료기반은 일반적으로 100m 해상도로 개발되는데, 두 가지 주요한 자료형태는 인구통계와 위험물질에 대한 정보이다. 여기에 부가적으로 하부구조(infrastructure : 교통, 하수관망, 토지 이용)와 자연지형(단층, 지형)에 대한 기본적인 정보도 포함된다.

위험물에 대한 정보에 있어서 법적으로 위험화학물에 대한 기준은 수치자료기반으로 입력되며, '유독화학물 담당부서'와 '비상조치 담당부서'의 위험계획(hazard planning)에 이 자료기반을 이용한다.

이 과정에서 첫 번째 문제는 수백 가지 형태의 위험 화학물을 분류하거나 조직화하는 것으로, 표준위험물 분류기준에 따라 분류한다. 각 화학물의 UN 분류안에 의해서 정의된 내용은 ① 위험물 기재사항과 선적명, ② 확인번호(identification number), ③ 필요한 분류표시, ④ 포장군(packaging group), ⑤ 선적자격(vessel stowage requirement)

등이다. 화학물 분류의 각 항목에 대해, 그리고 폴리염화비닐, 화약류, 방사능물질에 대해, 또한 모든 지하 저장탱크에 대해, 각각 분리된 자료기반층(m×m해상도)을 형성한다.

각 위험물의 존재와 그 수는 각 셀(cell) 단위로 기록된다.

인구통계에 대한 정보에 있어서 위험물에 대한 '위험상태에 있는 인구'를 결정하기 위해 인구조사의 통계적 특성을 자료기반에 입력하여야 한다. 공동사회의 취약한 부분에 관한 변수들을 먼저 지형부호화시켜야 하며, 이 변수들은 나이(5세 이하, 5-15, 15-65, 65세 이상의 인구), 인구밀도 등이다. 이러한 자료는 지역단위의 통계자료로부터 얻을 수 있으며 각각 지형을 부호화한다.

도시 기반시설(urban infrastructure)에 있어서 도시 자료기반은 도시 하부구조의 몇몇 중요한 요소들을 입력시킨다. 교통위험에 대한 중요한 요소인 주요 도로망과 교통량을 입력하며, 전체 하수관망을 지형부호화하여 위험물 운송사고 발생 시 위험물의 흐름도를 모형화할 수 있게 한다. 최종적으로, 주거지역과 산업지역을 확인할 수 있도록 자세한 토지 이용도를 입력한다.

자연지형(physiography)에 있어서 지형도로부터 구한 지형모형은 두 가지 목적으로 개발되었다. 첫째, 사고 발생 시 비상조치 요원이 위험물질을 하수관망으로 분산시키면 지형모형을 이용하여 하수관망의 경로를 추적할 수 있다. 둘째, 지형모형은 바람에 의한 대기확산모형과 결합하여 사용될 수 있다. 위험평가모형(the risk assessment model)에 있어서 지형 부호화된 자료와 지도 분석 패키지안의 공간조정자(spatial operator)를 이용해 자료기반으로부터 위험평가모형을 개발한다. 모형개발의 첫 단계는 위험지역과 안전지역을 나누는 것이다. 위험지역은 위험물 사고발생으로부터 비교적 높은 위험도를 나타내는 지역으로서 일반적으로 위험물이 위치한 장소 근처, 주요 위험물 운반도로 근처, 지하 저장탱크 근처 등이 이에 해당된다. 특히, 위험지역은 ① 위험물이 위치한 장소로부터 500m이내, ② 고속화 도로로부터 500m 이내, ③ 지하저장탱크로부터 300m이내의 위치에 따라 결정되기도 한다.

위와 같은 거리를 결정할 경우에 유독성 화학물에 대한 기술정보 요원과 비상계획 요원의 자문이 필요하다. 만약 여러 가지 조건을 더 고려하면 안전지역은 거의 없어지게 된다. 위험지역에 대해 이 모형은 각각 두 개의 구성요소(인간에 대한 요소, 위험물에 대한 요소)로 나뉘어 개발된다.

위험평가모형의 인간에 대한 요소(human component)에는 ① 500m내의 평균 인구밀도, ② 500m내의 특정한 인구수(5세 이하, 65세 이상 인구수 등), ③ 100m 이내에 있는 학교의 위치 등의 세 가지 변수가 있다.

이상의 3개 각각의 요소는 원래의 분류 자료에 따라 중요성이 평가된다. 위험물에 대한 요소(hazardous materials component)에 있어서 위험지역 내에서, 위험물의 분포와 관련하여 ① 500m내의 위험물의 수, ② 500m내의 위험물의 종류, ③ 500m내의 최대교통량, ④ 500m내의 지하 저장탱크의 수 등의 4개의 변수를 고려해야 한다.

이 요소들은 인간에 대한 모형(human model)의 요소들보다 훨씬 더 중요하다. 이 중 500m내의 위험물의 종류 및 수가 위험모형 평가에 있어 가장 중요한 면을 차지한다. 또한, 지하 저장탱크가 위험물질이 위치한 장소에 가까울수록 위험도가 커진다.

이 모형에서는 교통의 흐름이 사용된다. 도시 내의 위험물 운송에 대한 자료는 없지만, 운송사고에 대한 잠재적 위험성이 문헌에 잘 나타나 있다. 이 교통흐름이 운송위험을 평가하는데 이용된다.

격자형에 기초한 환경정보체계를 이용하여 위의 1, 2단계를 설계하고, 이들 자료를 이용해 위험을 평가하는 공간모형을 구성할 수 있다. 대기 중 유독물질의 방출은 매우 빠르게 일어나며, 위험물질이 확산될 경우 인체의 건강에 크게 영향을 끼친다. 대기 중 유해물질 방출 위험을 예상하는 계획에 있어서 중요한 요소 중의 하나는 도시 내의 "위험한 상태에 놓여 있는 인구"를 조사하고, 이 정보에 따라 대피를 경고하는 것이다. 한 예로, 적절한 위험모형을 결정하는 데 있어 인구의 나이(노약자 또는 어린아이)가 중요한 요소가 된다.

3) 재해 위험도의 산정

지진과 홍수 등의 재해에 의한 피해 발생의 지역 조건으로서는 지형과 지반의 견고성 등의 자연조건과 화학약품의 저장시설 등 위험물의 존재, 혹은 목조 주택의 피해 상태, 피해지까지의 거리와 피난로 주변의 화재 위험성을 들 수 있다. 지형공간정보체계를 이용하면 지역조건으로부터 재해 위험도를 추정할 수 있다.

재해에 관한 지역 조건의 관리부터 재해 위험도의 산정까지를 지형공간정보에서 전개하면 재해 위험도 추정 작업을 효율화할 수 있고, 그 지역의 위험도 높이는 어떤. 조건에 따른 것인가를 분석하는 것과 그에 대하여 대책을 마련한 경우의 위험도의 변화를 추정하는 것 등이 가능하다.

4) 재해 시 실시간 대응 지원체계

대지진 등의 광역 재해에는 재해 발생 후의 응급대응도 매우 중요하다. 예를 들면, 가스관의 입력자료와 화재 자료 등을 실시간으로 수집 하여 필요에 따라 가스공급을 차단하는 등 피해의 확대를 방지할 수 있다. 또 화재의 연소상태 등으로부터 피해지와 경로의 지시를 할 수도 있다. 여기에 교통 구조물 피해상황에 관한 자료 등을 종합화하여 이용 가능한 교통로와 자재량을 파악하여 응급자재 등의 반입경로, 부상자 등의 후송경로를 검토할 수 있다.

한편 재해 대책을 실시간으로 지원하는 정보관리체계를 구축하기 위해서는 자료의 수집과 정보의 제공을 위한 통신망의 정비가 필수적이다. 통신망은 통신위성 등의 정비로 인해 충실히 구축될 것으로 예상되므로 실시간 대응 지원체계의 유효성이 충분히 발휘될 것으로 기대된다.

5) 긴급조치시설(emergency services)

화재 및 자연적 · 인공적 재난이 발생하여 빠른 조치가 필요한 경우, 긴급조치 서비스와 함께 특수한 행정적인 문제가 발생한다. 전산기는 이러한 정보를 빠르게 수집하여 이를 체계로 보내거나 조직망에 연결시켜 준다. 한 예로, 오스트레일리아의 한 주(州)에서는 각 소유자의 지적기록이 계획과 개발에 연결되어 화재의 위험성이 있는 요소들을 통제하고 있다.

2. 환경관리정보체계(EMIS : Environment Management Information System)

1) 개요

환경재해에 관련하는 문제는 오늘날 우리들 자신과 매우 밀접한 문제로 대두되고 있다. 매일처럼 신문에 기재되는 오존층의 파괴, 산성비, 지구온난화 등 지구 규모에서의 환경문제는 해를 거듭하면서 우리들 자신과 근접하게 되고 해결하기 어려운 문제로 대두되고 있다. 그 이외에 우리들 자신과 근접해서 일어나는 화재, 태풍, 큰 비에 의해 산이 붕괴되는 것 등의 재해문제가 있다. 이러한 문제를 사전에 조사하여 피해를 작게 하는 지원체계가 환경 · 재해정보관리 체계이다.

지구 환경문제는 많은 요인이 있고, 또한 매우 넓은 지역에 연관되는 것으로, 예를 들면 오존층의 파괴, 소음, 농약, 대기, 수질관계의 문제가 있다.

환경에 관련된 정보를 체계적으로 수집 정리하고 자료기반을 도모해 앞서 분석, 예측, 평가를 하는 것이 환경정보체계이다. 이러한 체계는 공해관계를 예로 들면 환경정보 입·출력체계, 공해관계 정보 입·출력체계, 대기모의관측체계, 공해예측체계 등으로 구성된다.

- 환경정보체계
  - 환경기본정보 입출력 체계
    - 환경정보기본 입출력체계
    - 통계해석체계
  - 공해관계정보 입출력 체계
    - 수질 자료관리처리
    - 대기 자료관리 관계처리
    - 소음진동 자료관리 관계처리
    - 공해고정 자료관리 체계
  - 대기광역모의관측 체계
    - 대기해석체계메뉴
    - 확산모의관측
    - 임의지점에서의 확산계산
    - 확산모형의 평가
  - 공해예측체계
    - 대기관계 예측체계
    - 수질관계 예측체계
    - 악천관계 예측체계
    - 소음관계 예측체계
    - 진동관계 예측체계

[그림 6.9] 환경정보체계의 분류

환경정보 입·출력체계는 자연환경, 사회환경, 생활문화 환경에 대한 정보를 취급하며, 자료의 입력갱신 및 검색, 지도와 관련된 표시를 담당한다. 또한, 환경정보에 기초하여 각종 통계분석을 실시하고 환경에 관련된 분석을 실시하는 구조로 되어 있다.

공해관계 정보 입·출력체계는 공해에 관련된 각종 정보, 대기를 예로 들면 추출 자료, 대기배출 종합조사결과, 공해방지 관리자료 등을 대화형식으로써 처리하는 업무지원체계와 대기오염물질 배출량과 수질오염 정도를 산정하는 체계로 구성되어 있다.

대기모의관측체계는 대기오염물질의 분포현황을 파악하기 위한 체계로서 기존의 관측자료를 기초하여 현재의 대기오염 현황, 풍향, 풍속, 대류 등에 의해 대기오염물질이 광범위하게 확산되는 것을 예측하는 광역의 모의관측을 행한다.

공해예측체계는 대기, 수질, 소음, 진동에 대해서 그 발생원, 기상조건, 하천 및 도로정보 등을 입력하는 것으로 현재의 상태를 파악하고 조건, 시간 등이 변화한 후의 상황을 예측하는 것이다. 또한 지역개발 등에 의한 주변 지역의 환경변화를 예측하기도 한다.

2) 환경정보체계를 이용한 수질모형화

비점원지역의 자료는 수질을 효과적으로 관리하기 위해 여러 가지 기법을 발전시키는 데 사용된다. 환경정보체계를 이용한 수질모형화는 어떤 지역에 대한 토지 이용 지도를 발전시키고 배수지역을 나타내며 배수지역으로부터의 유출량을 계산할 수 있다. 비점원은 오염물질 확산의 형태를 의미하고 오염물질은 유독성 물질, 산소요구량, 침전물질을 포함한다. 여기에서는 환경정보체계를 이용한 예로서 미국 텍사스에 있는 Galveston만의 유출과 수질모형화에 관해서 설명을 하고자 한다.

(1) 개요

갤베스톤(Galveston) 만은 텍사스 내 1,430㎞^{2}크기를 차지하고 있으며, 그 주위에 3,200만 명 이상의 인구가 살고 있다. 이 지역은 미국의 총 화학제품 생산량의 50%를 차지하고 있다. 또한 미국 석유산업의 30% 정도가 인접만에 위치하고 있다. 역사적으로 이 지역은 관광명소로도 유명하고, 어장이 풍부하기도 하다.

지방 정부는 이 지역의 비점원평가를 위해 ARC/INFO를 사용하고 있다. 환경정보체계를 이용한 비점원평가를 위해 요구되는 수백만의 자료들을 쉽게 저장, 검색, 처리할 수 있다. 환경정보체계에서 수원과 비점원하중 모형은 물의 흐름을 포함하며, 수질평가를 함으로써 다른 지리적인 지역에 얼마나 영향을 미치는가를 알 수 있다.

환경정보체계를 이용하면 수역과 지하수역으로 나누어 배수유역 윤곽을 나타낼 수 있다. 수역은 갤베스톤 만으로 흐르는 주요한 지류의 유출이다. 지하수역은 주요한 흐름의 지류 근처를 포함하는 균일한 토지 이용 특성을 가지는 소유역이다.

이 지역의 자료기반을 구축하기 위해 1 : 24,000축척의 지도로부터 특성자료를 입력한다. 자료를 입력할 때에는 수역지도를 반드시 UTM 좌표체계로 변환시켜야 한다. 이때의 수역은 [그림 6.10]과 같이 100개의 지하수역으로 나누었다.

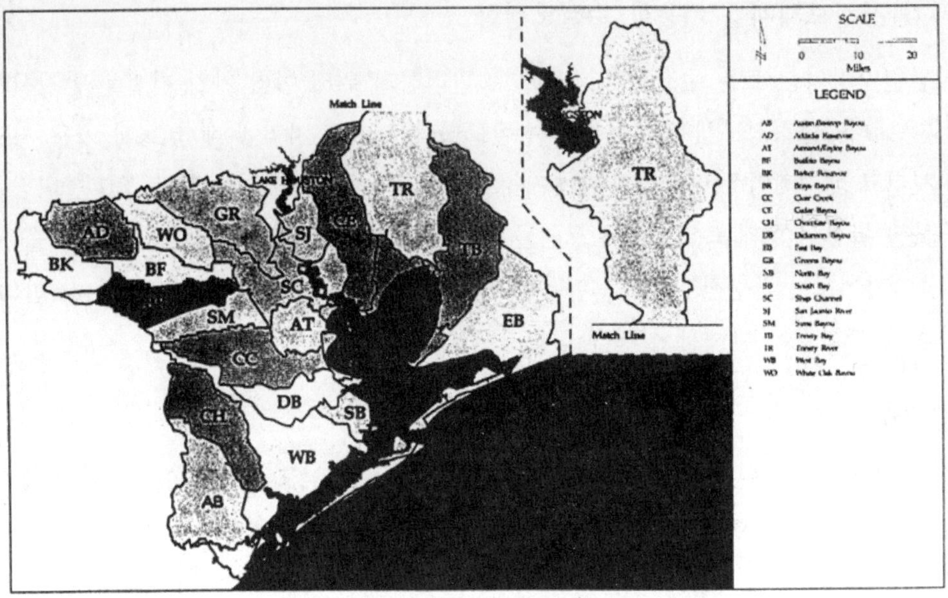

[그림 6.10] Galveston만 배수지역의 주요수역

[그림 6.11]는 이 지역 내에서 토양보존국에 의해 발간되는 토양 형태의 토지측량 자료를 이용하여 지도화시킨 것이다.

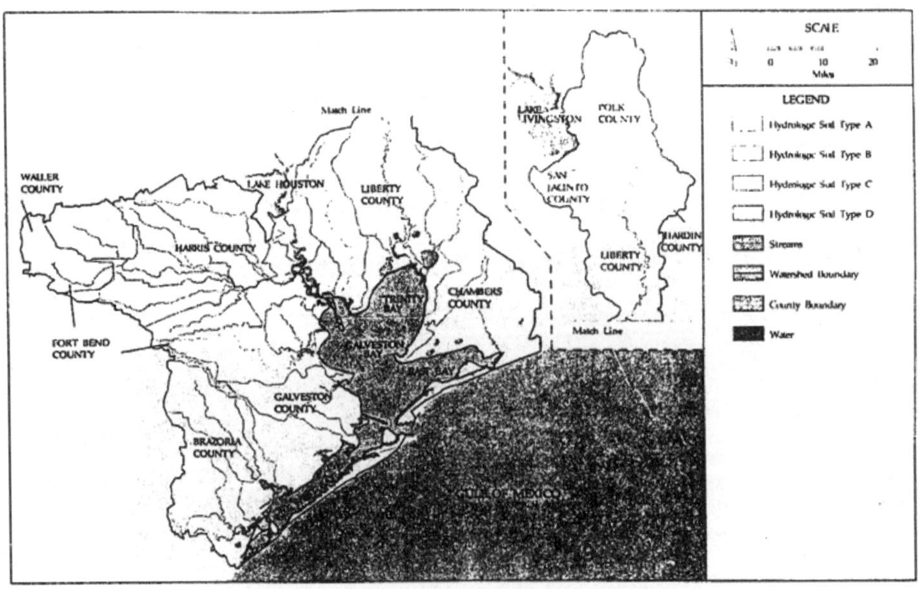

[그림 6.11] Galveston만의 토양형태

원래의 토지이용 자료기반은 LANDSAT 위성영상으로부터 취득된다. 이 토지이용 자료기반은 과밀화되어 있는 도시, 거주지역, 개활지, 습지, 하천, 삼림과 같은 범주를 나타내는 데 이용되었다. 토지이용 해석은 ERDAS에서 이용할 수 있는 분류선택을 하여 해석할 수 있다. 영상 위의 선택된 분류를 실행하기 위해서 분석가는 표본(sample)지역으로 연구지역을 설정하였으며, 표본지역에서 영상소의 값은 계층에 대한 표준이나 공간결정을 정의하는 데 사용되었고, 이러한 계획을 위해서 7~8표본지역이 각 토지이용 범주에 사용되었으며, 연구지역은 갤베스톤 만 주위의 도시, 즉 휴스턴, 텍사스에 관한 토지이용도를 이용하여 국한시킨다.

(2) 지도화 자료의 이용

환경정보체계를 이용한 비점원 모형화를 위해서, 토지이용 자료기반의 각 영상소는 토양의 형태, 수역과 관련되어 있다. 토양형태-지하수역의 복합다각형 지도는 환경정보체계에서 지하수역층과 토양층을 중첩시킴으로써 얻어지며, 각각의 복합다각형은 지하수역을 포함하고 독특한 토양형태를 가진다. 토양형태와 지하수역 복합다각형은 ARC/INFO에서 다각형을 격자로 바꾸는 변형처리를 통해 영상소로 변형된다. 소프트웨어를 이용하여 토지이용 영상소와 토양형태-지하수역 영상소를 중첩시켜 연구지역 내의 각각 영상소의 특성자료, 즉 토양형태, 지하수역, 토지이용 범주에 의해 수집된 자료를 출력한다.

지도화와 재현을 위해 분류된 토지이용 영상소는 ARC/INFO를 이용하여 다각형으로 변형되고, 다각형화한다는 것은 토지이용 범주에 속하는 영상소를 특성을 가진 다각형으로 변환시킨다는 의미이다. 많은 자료점은 토지이용 자료의 다각형화를 하기 전에 120×120m로 재추출해야 한다.

위에서와 같이 전 연구지역을 120×120m크기로 해석된 토지이용도는 다음 [그림 6.12]과 같이 나타낼 수 있다.

이 토지이용도는 19%의 도시와 45%의 농경지 및 목장, 18%의 산림, 15%의 습지, 1%의 황무지, 1%의 수역과 나머지 부분은 지도화되지 않은 부분을 나타내고 있다.

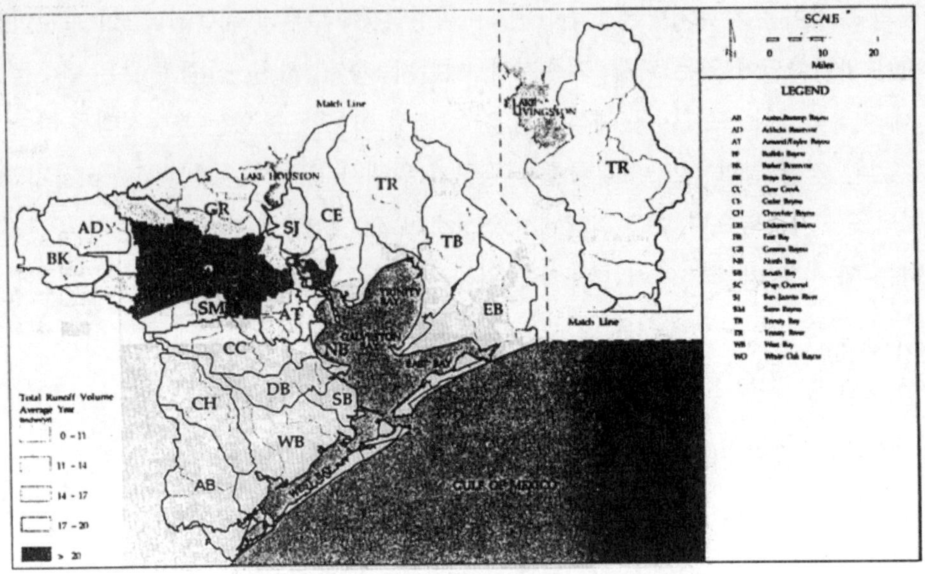

[그림 6.12] Galveston만 수역에서의 토지이용도

(3) 환경정보체계 내에서의 유출과 수질모형화

매년의 강우량, 10년 주기의 강우량, 매월 강우량 등 세 가지 경우가 유역 내의 배수자료로부터 모형화되었고, 강우량을 입력하기 위해 연구자는 국립해양대기국(NOAA)에 의해 제공된 강우자료를 분석하였다. 수문모형화를 하기 위해 티센다각형법을 사용하여 유역에 강우량을 분포시켰으며, 연구지역으로부터 유출량을 계산하기 위해 토양보존국의 TR-55를 사용하여 계산하였다.

수질을 평가하기 위한 요소는 침전물, 부영양화, 생화학적 산소요구량, 기름과 그리스와 같은 윤활물질, 중금속, 합성세제, 대장균 등이다. 각각의 토지이용 계층에 대한 일반적인 농도는 비점원 자료를 이용하여 추출할 수 있다. 또한 비점원하중 계산 모형을 이용하여 유출량을 계산할 수 있으며, 연구지역의 토양과 토지이용도를 교차시켜 그 지역의 계산된 유출량과 농도값을 곱하여 하중을 구할 수 있다. 예를 들어, 수역에 대한 총 하중은 토양과 토지이용도와 중첩된 하중을 더함으로써 구할 수 있다.

3) 응용

(1) 기후

산업지역의 위치를 결정하는 데 있어서 기후조건을 고려해야 한다. 만약 기후에 대한 기록이 국가기준좌표계(national grid coordinate system)로 되어 있으면, 필요한 경우 이들 두 정보체계 사이에 연결을 형성해 놓아야 한다.

(2) 오염, 건강, 안전

대기 및 수질오염에 대한 참고자료가 이미 만들어져 있으며, 분진 통제지역에 따른 경계를 기록하여 토지소유자로 하여금 특정한 형태의 연료 사용이 금지됨을 알려야 한다. 마찬가지로 건강 및 안전보호 규정이 시행되는 지역에서는 쉽게 그 지역의 상세한 자료를 이용할 수 있다. 국제적인 관심이 증가되는 지역이 개발계획에 대한 환경의 영향을 더 받는다. 예를 들어 유럽공동체위원회에서는 '환경에 중대한 영향을 미치는 공공 및 개인의 개발계획에 대한 환경영향평가'를 시행하고 있다. 따라서 이들 국가들은 어떤 개발계획을 수립하기 전에 환경영향평가를 수행해야 한다. 다음 요소들에 따라서 개발계획의 직접 · 간접적인 영향을 평가한다.

① 인간, 식물 및 동물군

② 토양, 물, 공기, 기후 및 경관

③ 위의 두 요소들 사이의 상호작용

④ 물질적 자산과 문화유산

환경영향 평가를 수행해야 될 사업들은 농업, 증류산업, 에너지산업, 금속처리, 유리가공업, 화학산업, 음식가공산업, 섬유 · 가죽 목재 · 제지산업, 고무산업 등이다. 이들에 대한평가 보고서를 준비하는 데 있어서 환경정보의 도움이 필요하다.

6.2.7 경관 및 조경정보체계(VLIS : Viewscape and Landscape Information System)

1. 경관정보체계

1) 경관의 개요

경관은 인간의 시지각적 인식에 의하여 파악되는 공간구성을 전체로 보는 인간의 심적 현상(또는 상태)이다. 시설물의 건설, 개축에 따라 생길 것으로 예상되는 문제점에 대해 판단할 근거가 필요하며, 경관측량은 인간과 지적 대상의 양요소에 대한 경관도의 정량화 및 표현에 관한 평가를 하는 데 의의를 두고 있다. 또한 경관측량은 녹지와 여공간을 기초로 하여 휴식, 산책, 운동, 오락 및 관상 등 종합적인 이용에 기여하는 도시공원 조성이나 시설물, 사회기반시설물 등과 자연과의 조화감(調和感), 순화감(順化感), 미의식(美意識)이 상승함으로써 쾌적한 생활공간을 창출하는 데 기여하고 있다. 경관도는 때와 장소에 영향을 받지 않도록 근원적인 경관의 가치를 실현할 수 있는 계획이 수립되어야 한다.

인간의 생활공간에 있어서 자연물 및 시설물에 대한 안전성(安全性), 기능성(機能性), 경제성(經濟性)에 못지않게 고조되는 요소로서 미의식, 시각에 의한 행동과학 등이 강조된 경관성을 들 수 있다. 오늘날 시설물의 계획, 설계에 있어서 경관성 검토의식이 사전평가 항목으로 정착됨에 따라 위치결정, 형식, 색채, 재질 및 주변환경에서 경관에 미치는 영향요인을 구명하는 경관공학(景觀工學)의 학문체계가 확립되기에 이르렀다.

2) 경관의 분류

경관은 인식대상의 주체, 구성요소, 개성적 요소 및 시각적 요소에 따라 다음과 같이 분류할 수 있다.

(1) 인식대상의 주체에 의한 분류

대상의 주체에 의하여 자연경관(natural viewscape), 인공경관(artificial viewscape) 및 생태경관(ecological viewscape)으로 분류된다. 자연경관은 인공이 전혀 가해지지 않은 경치로서 산, 하천, 바다, 천연호수 및 자연녹지 등을 뜻하는 자연경(natural scape)이다.

인공경관은 인공요소를 가한 경치와 인공요소만을 주체로 한 경치로 다시 2분된다. 전자는 정원, 공원, 인공녹지, 인공호수, 도시경관, 시설물경관(일반건설물, 유적, 여가선용 등)으로서 일명 조경(造景, landscape)이라 한다. 후자는 대상물에 미의식을 강조시켜 생활공간을 미화하는 실내 · 외 장식에 관한 것으로 장식경(裝飾景, ornament scape)이라고도 하다.

생태경관은 동식물의 생태적인 변화가 인식의 대상으로서 자연생태 그대로일 경우와 자연생태계에 인공적친 요소를 더한 경우가 있다. 전자를 생태경(生態景, ecological scape)이라 하고, 후자를 관상경(觀賞景, enjoyment scape)이라고도 하며 관상수(觀賞樹), 관상경(觀賞景) 등을 들 수 있다.

(2) 경관구성요소에 의한 분류

경관구성요소에 의하여 대상계(對象系), 경관장계(景觀場系), 시점계(視點系) 및 상호성계(相互性戒)로 4분된다. 대상계는 인식의 대상이 되는 사물로서 사물의 규모, 상태, 형상 및 배치를 뜻한다. 경관장계는 대상을 둘러싼 환경으로서 전경(前景), 중경(中景), 배경(背景)에 의한 규모와 상태를 고려할 뿐 아니라 기후, 태양광선, 공기의 투명도 등 기상조건도 참작한다. 시점계에서는 인식의 주체가 되는 것으로 생육환경, 긴장상태, 연령 및 직업에 관한 인간의 특성과 입지조건, 표고 및 파노라마도 등에 관한 시점의 성격을 고려하여야 한다. 상호성계는 대상계, 경관장계 및 시점계를 구성하는 요인과 성격에 관한 상호성을 구명하는 것을 의미한다.

(3) 시각적인 요소에 의한 분류

시각적인 요소에 의한 분류시각적인 요소에 의하여 판단의 기준이 되는 7가지 인자는 위치, 크기, 색과 색감, 형태, 선, 질감, 농담을 뜻한다. 위치는 고저, 원근, 방향을, 크기는 대소를, 색과 색감은 명암, 흑백, 적청을, 형태는 생김새를, 선은 곡선 및 직선을, 질감은 거칠거나 섬세하고 아름다움을, 농담(濃淡)은 투명과 불투명을 의미한다.

(4) 개성적 요소에 의한 분류

각기 개성을 지닌 경관은 7가지로 분류되는데 천연미적 경관, 파노라믹한 경관, 포위된 경관, 초점적 경관, 터널적 경관, 세부적 경관, 순간적 경관이 있다. 천연적 경관은 산 속의 기암절벽, 파노라믹한 경관은 넓은 초원이나 바다의 풍경, 포위된 경관은 수목으로 둘러싸인 호수나 들, 초점적 경관은 계곡, 도로 및 강물, 터널적 경관은 하늘을 가린 가로수 도로, 세부적 경관은 대상물의 부분적인 것으로 나뭇잎, 꽃잎의 생김새, 순간적 경관은 안개, 아침이나 저녁노을 등을 들 수 있다.

3) 경관의 정비

(1) 경관정비의 의의

경관이란 환경의 상황을 시각적으로 보는 것이기 때문에, '뛰어난 경관'이라는 것이 중요시되어 왔으며, 그 평가가 문제로 된다. 또, '그 지역에 어울리는 경관'이라는 것도 중요할 뿐만 아니라, 지역의 풍토성을 살리는 것도 중요하고, 아무리 훌륭한 경관도 전국이 똑같으면 소용없다. 지역성과 풍토성을 나타내기 위하여, 가능한 한 그 지역의 재료를 사용하는 것도 좋다.

경관정비에는 적극적 정비와 소극적 정비가 있다. 전자는 생활의 쾌적성(快適性, amenity)을 추구하여, 현재의 열악한 경관을 적극적으로 개선하여 쾌적한 환경 속에서 살고 싶다는 국민의 욕망에 부응하도록 하는 것으로서 국민에 대한 복지행정의 일환이기도 하다.

적극적 정비의 경우, 현재의 복지특성을 조사하고, 경관을 해치고 있는 것은 무엇인가, 어떻게 하면 개선 가능한가, 지역에 맞는 좋은 경관이란 어떠한 경관인가 등을 예측하여 정비하는 것이다. 역사적 건조물 및 자연 보호를 행하는 동시에 우수한 대상물의 창조를 행하는 것이다.

이 경우, 대상물의 창조, 보호는 정비에 국한하지 않고 시점의 개발정비를 필요로 한다. 자연경관과 도시 전체 경관의 경우, 대상 자체를 개선하는 것은 불가능하며 시점의 선정개발이 중요하고 시점장의 개선이 필요하게 된다.

소극적 방법이란 현재의 경관이 지금보다 나쁘게 되지 않도록 유지하는 것이다. 경관을 파괴할 염려가 있는 것은 개발계획이며, 현재의 경관에 영향을 끼치게 되는 것은 토지이용의 변화와 산림벌채 및 절토성토에 의한 지형개변 등의 조성 및 구조물의 건설이다. 소극적 정비의 경우, 새로운 개발계획에 의해 계획지역 내의 경관특성이 어떻게 변화하는가를 조사한다. 결국, 토지이용과 지형이 변해 경관이 변화하는가 하지 않는가, 새로운 구조물이 보이더라도 조망에 방해되는 것이 있는가 없는가, 조망에 방해되는 것이어도 주위에 대해 두드러지는가 두드러지지 않는가, 두드러지더라도 압박감을 주는가 주지 않는가 등이 문제로 된다. 또 새로운 구조물에 어울리는 주변의 조형부분이 경관에 어떻게 영향을 끼치는가 등이다.

계획된 새로운 토지이용계획 및 개발계획에 의해 경관에 악영향을 끼치지 않도록 배려하는 동시에, 새로운 구조물에 의해 주위의 조망이 방해받아 지장이 있는 경우에는 계획된 구조물의 형을 바꾸거나 색채에 변화를 주기도 한다. 주변 조형물의 경관에 악영향을 주면 설계를 변경하도록 한다.

경관은 계획지역 내에서의 내부경관과 계획지역을 밖에서 바라본 경우의 외부경관으로 나누어지며, 사업실시에 따른 경관변화도 내부경관의 변화와 외부경관의 변화로써 가능하다. 그리고 외부경관의 변화는 내부경관의 변화에 기인하는 것으로서, 내부경관 변화의 예측은 외부경관의 영향 예측을 행하기 위한 전제조건이 된다. 이상에서 경관의 영향예측과 평가는 내부경관과 외부경관으로 나누어 행하는 경우가 많다. 또한, 경관은 옛날 그대로의 방법이 반드시 좋은 것은 아니고, 계획지의 경관 특성을 바꾸는 편이 좋을 때도 있다. 또 반대로 도시에서 기념비 등이 두드러져 보이는 것이 필요한 경우도 있으며, 새로운 인공경관을 형성하는 것이 바람직한 경우도 있다.

(2) 경관정비계획의 순서

경관정비계획에 있어서 도로의 경우 도로정비사업 전체를 경관조정 기본방침으로 정해, 각 사업단계마다 검토를 행하는 것이 바람직하다. 각 사업단계마다의 경관검토는 조사, 과제의 설정, 정비안의 작성이라고 하는 일련의 기본적인 흐름에 따라 행한다.

① 사업의 흐름과 경관정비계획

도로정비사업은 ㉠ 계획조건의 설정, ㉡ 노선의 개략검토, ㉢ 예비설계, ㉣ 실시설계, 시공, ㉤ 유지 · 관리의 흐름에 따라 행해진다. 경관정비계획에 있어서는 도로정비사업 전체에 대한 경관정비 기본방침을 정해, 그것을 기본으로 하여 각 사업단계마다에 적절한 정비과제를 설정하고, 경관검토를 행하는 것이 중요하다. 도로를 신설하는 경우를 대상으로, 각 사업단계마다의 경관정비상의 고려사항에 대해 개설하면 다음과 같다.

계획조건의 설정은 대상도로의 성격을 명확히 파악하고, 도로의 성격에 맞는 경관정비의 기본방침을 설정한다. 도로의 개략검토는 원경요소, 지역특성, 연도상황을 고려하며, 지역의 양호한 경관의 보전을 꾀함과 동시에 원경 및 연도의 경관자원을 유효하게 활용할 수 있도록 노선의 통과위치를 설정한다. 예비설계에 있어서는 예비설계에서 행하는 선형설계, 도로구조의 계획 및 주요구조물의 계획은 도로경관을 대체로 결정하기 때문에, 경관정비에 있어서의 5원칙을 염두에 둔 신중한 고려를 통해 이들의 설계 · 계획을 행한다. 실시설계 및 시공에 있어서는 예비설계를 기본으로 하여, 구조물의 형상디자인, 색조, 표면모양, 재질 등 각각의 도로요소에 대해 검토를 함과 동시에, 이들의 집합인 도로경관 전체의 균형, 연도와의 조화에 신경을 쓴다. 유지 · 관리는 양호한 도로경관의 보전을 꾀하기 위해, 청소, 수선 등의 합리적이고 질 높은 유지관리계획을 행함과 동시에, 위법행위의 단속 및 도로애호의 향상을 꾀하는 계몽활동을 추진한다.

② 경관검토의 순서

각 사업단계에서 실시되는 경관검토의 일반적인 순서는 조사, 과제의 설계, 정비안의 작성이라는 주요 3단계로 구성되어 있다. 또 경관정비계획의 합리성을 높이기 위해 적절한 귀환(feedback)이 행하여진다. 각 단계에서의 검토사항은 다음과 같다.

조사에서는 경관정비계획안의 작성 및 안의 적정한 판단 등에 필요한 정보의 수집을 행한다. 가장 중요한 조사는 계획조건의 설정단계에서 행하는 조사이며, 지역특성, 장래동향, 도로의 성격 등 경관정비의 기본방침을 설정하기 위한 넓은 범위에서의 모든 조건을 파악, 인식할 필요가 있다. 과제의 설정에 있어서는 조사의 결과를 기초로 하여 문제점을 분석하고, 검토해야 할 과제와 계획상의 전제조건(제약조건과 정비대상)을 명확히 하고, 경관정비의 방침을 설정한다. 정비안의 작성은 설정한 경관정비의 방침에 의해서 대책을 검토하고, 경관정비계획안을 복수로 입안한다. 다음에, 경관정비안으로서의 효과 및 기술적인 가능성을 비교검토한다. 또 필요하면, 다시 앞의 검토과정으로 귀환하고, 위의 과정을 되풀이하여 안의 수정을 가하면서 최적의 안을 선정해 간다. 경관정비계획을 위한 조사는 도로의 성격진단, 경관자원의 추출, 경관정비상의 문제점의 추출 등을 목적으로 하여 행한다. 또, 조사에 있어서는 조사의 목적을 명확히 하고, 경관정비계획을 위해 필요한 조사항목을 검토한 다음 실시하는 것이 중요하다.

유효한 조사를 행하는 데에는 먼저 조사의 목적을 명확히 해 두는 것이 중요하며, 도로계획의 목적에 따라, 계획에 있어서 여러 가지의 제약사항을 충분히 이해한 후, 경관정비계획을 위한 조사항목의 선정, 제조의 검토를 행할 필요가 있다. 경관정비계획을 위한 조사의 목적은 크게 나누어 도로의 성격진단, 경관자원의 추출, 경관정비상의 문제점 추출의 3단계로 분류된다.

도로의 성격진단은 해당지역 도로의 위치와 성격 파악을 계획의 우선 조건으로 한다. 경관자원의 추출은 경관정비계획 중에 적극적으로 다루기도 하고 완전을 추구해야 할 자원과 그 중요도를 파악하는 것으로, 계획조건의 설정, 노선의 개략검토, 예비설계의 각 단계에서 요구되는 제도에 따라 실시한다. 경관정비상의 문제점 추출은 지역의 현황에 있어서의 경관정비상의 문제점, 대책이 요망되는 사항 및 앞으로의 필요성과 중요도를 파악하는 것으로, 사업의 각 단계에서 실시한다. 또 조사의 종류에는 지역 및 경관의 특성조사, 경관자원조사, 지역의 요망조사가 있으며, 조사의 목적에 따라 필요한 조사의 종류가 다르다.

(3) 경관정비계획을 위한 과제의 설정

각 사업단계에서 경관정비를 위한 과제를 설정할 경우에 해야 할 사항은 각 사업단계마다 다르며, 거기에 따라 어떠한 관점에서 과제를 설정해 갈까가 정해진다.

계획조건의 설정단계에서는 대상물에 대한 개략적인 검토, 예비설계 등을 행하며 실시설계에서는 활용보존하려는 경관자원의 종류, 구조설계방식, 디자인의 종류 등을 결정한다.

(4) 경관정비계획을 위한 정비안의 작성

경관정비계획을 위한 정비안의 검토방법에는 개략묘사 등의 간단한 것에서 사진 몽타주 등의 각종 방법이 있으며, 계획의 의도에 따라 각각의 특성을 살린 적절한 방법을 선택하는 것이 바람직하다. 첫째, 기본적으로는 개략묘사 및 유사사례조사 등의 간단한 방법이 쓰이고, 가능한 한 폭넓은 검토를 행한다. 둘째, 관광지 등 경관상 특히 배려의 필요가 있는 지역 및 큰 정비효과를 기대할 사업에서는 영상면 몽타주 및 전산도형해석에 의한 활동화(animation) 등을 통한 검토방법을 이용해 정비안을 선택하는 것이 바람직하다.

복잡한 도로구조 및 구조물을 설계하는 경우는 필요에 따라 모형에 의해 전체의 이미지를 확인하는 것도 효과적이다. 효과적인 경관정비계획을 입안하는 데에는 다양한 관점에서 검토를 한 정비안의 비교검토를 면밀히 수행한 후 최적의 것을 선택할 필요가 있다. 또 정비안을 수립하기 위해서는 계획자의 의도가 확실히 인식되도록 정비안을 시각적으로 표현하여 검토하는 것이 바람직하다.

기본적으로는 개략묘사 및 유사사례 조사 등의 간단한 방법을 이용하고 여러 가지 각도에서 폭 넓은 검토를 하여 정비안의 채택 여부를 검토한다. 단, 관광지 등 경관상 특별히 고려해야하는 지역 및 한 지역의 상징이 되는 도로는 정비안을 채택하기 위한 단계에서 몽타주 및 전산도형해석에 의한 활동화(computer graphic animation) 등의 두 가지

방법을 이용한다. 또한, 구조검토 등에 쓰이는 모형은 구조물 전체의 모습(image) 및 주변과의 직감적 시각적인 판단을 쉽게 하기 위해 이용된다. 비교 · 검토 단계에서는 예비설계, 실시설계 단계와의 관계, 사업의 규모 및 수준과의 관계에서, 검토내용, 비교자료의 정도를 적절히 설정할 필요가 있다. 기본적으로 예비설계 단계에서는 설계 주제마다 전체적인 모습을 확고히 하는 것을 목적으로 하여 검토한다. 실시설계 단계에서는 예비설계에 있어서 확고히 한 모습을 기초로 하여 각 부분에서의 구체적인 설계를 검토 선정한다. 또한, 관광지 및 경관상 특히 고려할 만한 지역, 또는 지역의 상징이 되는 도로 등의 큰 효과를 기대하는 사업에서는 1차안의 비교검토 효과에 기초하여, 상세한 검토를 덧붙인 2차 비교안을 복수안으로 작성하고, 비교 · 검토하여 좋은 것을 선정하는 자세가 바람직하다.

정비안의 선정에 있어서는 전문가에 의한 판단 및 다수 사람의 의견을 합쳐 검토하는 것이 바람직하다. 정비효과면에서의 우위성만으로 판단하지 않고, 도로의 성격 및 계획의 위치 등으로부터 설정된 정비수준을 만족시키고, 경제 균형을 이루는 범위 내에서 가장 효과가 높은 안을 선택하는 것이 중요하다.

4) 경관측량의 기초인자 및 조사대상

(1) 기초인자

경관을 분석하는 데에는 경관의 시각적인 면을 중요시하는 방법과 경관현상의 의미를 중요시하는 방법으로 크게 나눌 수 있다. 경관현상의 의미를 중요시하는 방법은 공학적으로 분석하기 어려우므로 시각적인 면에서 해석하기 위한 기초인자를 살펴보면 다음과 같다.

① 인간의 시지각 특성

대상을 조망하는 데 가장 기본적인 요소로서 시야와 시력 및 시각계의 공간주파수 특성이 있다.

② 대상의 시각 특성

대상의 길이, 폭 또는 면적, 체적으로 나타나는 대상의 크기는 다른 것들과의 관계로 인해 나타나는 축척감(scale)이 중요한 인자이다. 대상의 형상은 대상 자체의 비례관계와 구도에 관계 된다.

③ 시점과 대상과의 관계

대상의 외관의 크기는 대상 자체의 규모와 그 곳까지의 시거리에 따라 결정되고, 그것은 대상의 경관적 인상을 좌우하는 중요한 요인이다.

$$\text{시각(視覺)}\ \theta = s/d(\text{rad}) = 2\tan^{-1}\frac{s}{2d}(\text{Deg})$$

단, s는 대상 한 변의 크기, d는 시거리이다.

④ 시점과 주위 대상물의 위치관계

시점과 주위 대상물의 위치관계에서 기인하는 요인은 대상물을 보는 각도(수평시각 : θ_H, 수직시각 : θ_V)와 대상물의 축선과 시축이 이루는 각(θ_α)으로 나누어진다. 수평시각에 대해서 나누어 보면 $0° \leq \theta_H \leq 10°$ 사이에서 시설물은 주위환경과 일체가 되고 경관의 주제대상에서 벗어난다. $10° \leq \theta_H \leq 30°$ 에서는 시설물의 전체 형상을 인식할 수 있고 경관의 주제로서 적당하다. $30° \leq \theta_H \leq 60°$ 사이는 시설물이 시계 중에 차지하는 비율은 높고, 강조된 경관을 얻는다. θ_H가 60°보다 크면 시설물 자체가 시야의 대부분을 차지하게 되고 시설물에 대한 압박감을 느끼기 시작한다. 둘째, 수직시각에 대해서는 $0° \leq \theta_V \leq 15°$ 일 때 시설물이 경관의 주제가 되고 쾌적한 경관으로 인식된다. θ_V가 15°보다 커지면 시계에서 차지하는 비율이 높아져 압박감을 느끼고 쾌적한 경관으로 인식되지 못한다.

시설물의 1점을 시준할 때 시준선(視準線)과 시설물축선(施設物軸線)이 이루는 각(α)은 크기에 따라 입체감에 변화를 주는 것으로, 시설물의 축척감 및 전체 계획을 결정하는 기본적인 요인으로 취급된다. 이 각의 크기에 따라 분류하면 $0° \leq \alpha \leq 10°$ 일 때 특이한 시설물 경관을 얻고 시점(視點)이 높게 된다. $10° \leq \alpha \leq 30°$이면 입체감 있는 계획이 잘된 경관을 얻지만 $30° \leq \alpha \leq 90°$ 에서는 입체감이 없는 평면적인 경관이 된다.

⑤ 기타

대상 상호관계와 변동요인으로 시정, 기상, 시각, 계절 등이 있다.

(2) 조사대상

대상이 계획되어 시공 전의 상황을 파악하여 시공 후의 모양을 예측하기 위하여 필요한 조사항목으로는 전후의 현황사진, 지형 및 식생현황, 그리고 지역특성 등이 있다.

현황사진은 단순히 시공 전의 상황을 기록하기 위한 사진과 천연색사진 합성(color photo montage)이나 천연색영상 모의관측(color imagery simulation) 등에 이용하기 위한 것이 있다. 천연색 사진합성으로 모의관측을 하기 위한 사진은 원경지점(대상물의 1,100배), 중경지점, 근경지점(대상물의 60배) 등의 지점에 따라 촬영한 원경사진, 중경사진, 근경사진으로 나누어 촬영하고 시각, 기상, 계절 등 상황의 변화에 따라서도 촬영하여 둔다.

자연경관에 가장 큰 영향을 미치는 요인은 식생과 지형현황이다. 식생은 식생 분포도에서식생형태를 읽어서 이용하고, 경우에 따라서 현지답사로 현황을 파악한다. 지형은 1/5,000~1/10,000 정도의 지형도에서 등고선에 따라 표고의 위치를 찾아낸다.

지역특성은 대상지역의 역사적 배경, 문화, 주민구성, 도시계획, 지역계획 등을 조사하는 것으로 대상물 크기와 형의 선정, 색채계획, 재질의 선정 등 경관설계 과정에서 중요한 자료가 된다. 그 외에 대상지역이 넓을 경우나 목적에 따라서 이미 촬영되어 있는 항공영상이나 지형도, 토지이용도 등을 이용하거나 저고도 항공영상을 촬영하는 것도 필요하다.

5) 경관계획과 설계과정

시설물이나 거대한 구조물 등이 주위의 자연경관이나 인공경관을 파괴하지 않고 주위의 경관과 조화를 이루어야 하며, 경관도의 향상을 위해서는 계획과 현장조사로부터 설계에서 시공 및 관리에 이르기까지 일관된 흐름으로 경관계획을 하는 것이 필요하다.

계획과 설계의 차이점은 계획이 기능을 중시하여 논리적으로 시간과 위치에 관련된 지형공간개념을 가지고 확률적으로 실행하는 것인 데 비하여, 설계는 형태를 중시하여 실천적으로 지형공간개념만으로 확정적으로 실행하는 것이다.

경관계획과정을 크게 나누면 조사, 분석, 종합의 과정으로 나눌 수 있다. 조사단계에서는 계획대상자의 현황을 파악하고 기능계획의 개요를 파악하는 등 조사자료를 수집하고 전제조건이나 제약조건 등 고려사항을 파악한다. 이 자료를 기초로 계획과 설계의 지침을 마련한다. 분석단계에서는 모형에 의한 경관을 분석하고 계획대체안을 작성하여 기능면과 조정을 한다. 종합단계에서는 대체안들에 대해 경관예측을 하여 대체안을 평가한 다음계획안을 작성한다. 계획안에 따라 설계하는 과정에서도 다시 조사자료에 의해 예비설계, 경관예측, 평가 그리고 시공 및 관리의 지침을 마련한다.

2. 조경정보체계

1) 개요

조경이란 인간이 파괴해 놓은 훼손된 대자연을 자연에서 얻어진 각종 조경재료를 활용하여 위안과 휴식, 편리, 오락, 보건위생, 적응 등의 목적을 충족시키기 위하여 입체적 공간으로부터 평면적 공간에 이르기까지 형태학적 또는 생태학적으로 연구, 계획, 분석, 설계하여 이를 시공 및 관리하며, 인간이 생활을 영위하기 위한 환경의 미적 개선에 관한 사항들을 다루는 학문이라 할 수 있다.

오늘날의 조경은 첫째 지구상의 동식물과 기타 물질들이 서로 조화를 이루는 생태적인 균형을 이루어 우리의 생활을 직접 · 간접으로 좋은 환경을 느낄 수 있도록 하며, 둘째, 우리의 시각적인 형태의 미로 인한 즐거움을 제공받을 수 있도록 하며, 셋째, 무형적인 소리, 냄새, 기후 등을 조절하여 환경을 개선하는 일 등을 담당한다.

2) 자연환경조사

(1) 식생조사

식생조사는 계획대상지에 자라고 있는 식물상을 파악하고 새로 도입해야 할 식물의 종류를 결정하는 데 매우 중요한 역할을 하게 된다. 현재 자라고 있는 식물들은 우연의 결과가 아니라 환경에 적응하면서 타 식물과 경쟁해서 견디어 낸 것이므로, 환경조건의 총화를 반영하고 있다고 볼 수 있다.

식물상을 조사하려면 계획대상지는 물론 그 주변까지 조사하게 되는데, 조사방법은 전수조사와 표본조사로 크게 구분할 수 있다. 도시구역 내, 인간의 간섭이 심하여 빈약한 식물상을 이루고 있는 곳, 조사대상 구역면적이 좁은 경우 등에는 전수조사를 하며, 구역면적이 넓고 식물상이 자연상태에서 군락을 이루고 있는 경우에는 표본조사를 실시하게 된다.

표본조사는 조사목적에 따라 식물사회학적인 군락을 주목적으로 하는 경우와 군락구조의 해석을 주목적으로 하는 경우가 있는데, 조경대상지의 식생조사는 일반적인 군락구조의 해석을 주로 하게 된다.

(2) 토양조사

토양은 식물이 자라는 데 가장 중요한 환경인자가 되고 있으므로 토양의 실태를 정확히 파악하지 않고서는 올바른 배식계획을 할 수 없다.

우리나라의 토양조사는 미국 농무성 토양조사방법과 선진국의 토양조사방법을 기준으로하여 항공영상면 판독, 현지 토양조사, 토양분석의 과정을 거쳐서 기후대별, 입지별로 토양도를 제작, 사용하고 있는데 이미 제작, 배부된 것으로는 농촌진흥청에서 발간된 정밀토양도와 개략토양도가 있으며, 산림청 임업시험장에서 발간된 간이 산림토양도가 있다.

토양은 사람에 따라 그 개념을 달리하고 있는데 일반적인 개념은 생화학적으로 풍화된 암석의 표면부분을 말하며, 첫째 비교적 유기물의 함량이 높고, 둘째 고등식물의 뿌리와 토양 미생물의 양이 풍부하며, 셋째 더욱 강한 풍화를 받는다는 것이다.

(3) 지질조사

예비자료와 현지답사로써 지반구성의 개황(槪況)을 파악하고 표준지를 선정하여 시추(boring)를 하고 표준관입시험을 실시하며, 음향관측(echo sounding)을 해서 기반을 구성하는 각 층에서의 토질을 조사하고, 또 채취한 시료에 의해서 토질시험을 실시하는 방법이 적용되고 있다.

(4) 지형조사

지형은 거시적인 것과 미시적인 양면에서 파악할 필요가 있다. 자연지역 보전계획, 휴양지개발계획, 관광정비계획 등에 있어서 계획의 단위, 계획지의 범위결정이나 지역 내의 자연조건의 개략조사의 단계에서 지형의 거시적인 파악을 빼놓을 수 없게 되며, 체계계획, 시설계획의 단계에서는 토지이용구분, 교통통신계획, 시설적지의 선정 등에 지형의 미시적 파악이 요구되는 것이다.

지형의 파악은 지형도를 정밀하게 판독하고 경우에 따라서는 항공영상면을 이용하면 답사가 곤란한 곳이라도 지형, 토지이용, 식생밀도, 상층목의 현황까지 파악할 수 있게 된다.

① 지형의 거시적 파악

지형의 형성과 생태적 현상들은 주변지역과 관련성을 가지고 형성되어 왔으므로 계획대상지를 포함하여 거시적으로 주변지역까지도 조사분석할 필요가 있다.

이와 같은 거시적 조사분석은 계획 자체가 주변지역과 마찰 없이 이용할 수 있도록 되어 있는지, 이후 계획을 확대해 나갈 때 발생되는 문제는 없는지 등을 예견하는 자료로서 매우 필요한 자료가 되는 것이다.

② 지형의 미시적 파악

미시적 파악은 지형의 미세한 변화를 조사분석하여 계획에 반영하기 위한 것으로, 이때에 이용되는 자료는 1/50,000, 1/25,000 또는 1/5,000 지형도와 일부 도시계획구역 내에 작성된 1/10,000 지형도 등을 이용하는데, 이 때 항공영상을 병행해서 분석하면 매우 효과적이다.

미시적 분석내용으로서는 계획구역을 도면에 표시하고, 산정과 계곡 및 능선의 흐름을 조사하며, 등고선의 간격을 검토하여 급경사지와 완경사지 및 평탄지를 알아내고, 개천이나 하천 등 유수패턴을 조사하고 동선의 체계와 소로, 등산로 등과 함께 확인하며, 산릉선의 흐름에 따라 생기는 경사방향을 파악한다.

③ 고도분석

계획구역 내의 지형의 높고 낮음을 한눈에 알아볼 수 있게 하기 위하여 고도분석을 한다. 고도분석은 지형도상에 나타난 등고선을 따라서 고도별로 선이나 색을 넣어서 높고 낮음을 나타내는 것으로, 선을 넣을 때는 고도가 높아질수록 좁은 간격으로, 색을 넣을 때는 고도가 높아질수록 짙은 색을 넣어서 지형의 변화를 한눈에 알아볼 수 있게 한다.

정밀한 계획을 해야 할 곳에서는 등고선을 1m 간격으로 분석하는 경우도 있으나, 1/25,000지형도로 분석하는 경우에는 보통 20m 간격을 기준으로 하는데, 개발대상지가 낮고 평탄한 지대에서는 5~10m 간격으로 하고 높아짐에 따라 10~25m 또는 40~50m 간격으로 분석하는 경우가 있다.

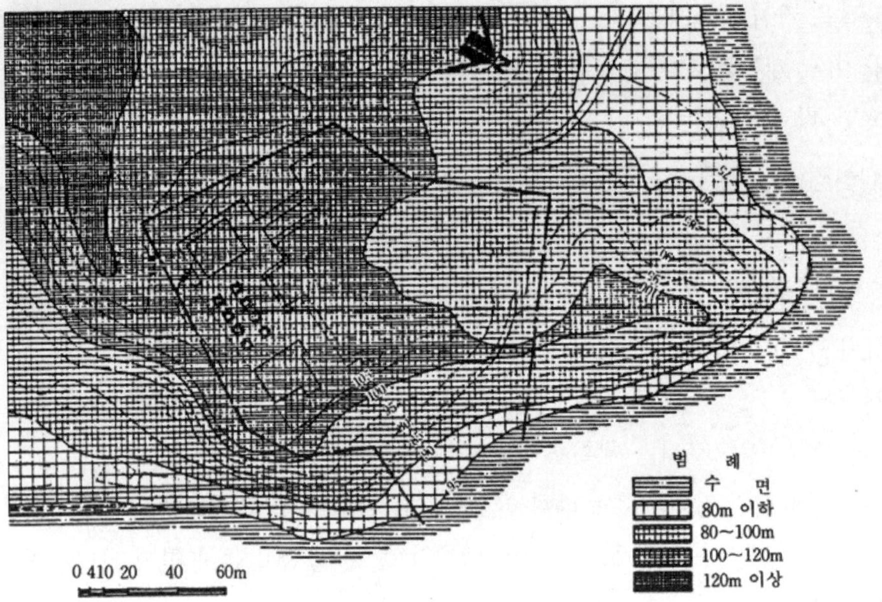

[그림 6.13] 지형 고도분석도

④ 경사도 분석

계획대상지는 경사도에 따라 이용형태를 달리하게 되므로 경사도 분석은 대상지의 활용계획을 세우는 데 매우 중요한 자료가 된다. 경사도의 구분은 계획의 목적에 따라 달리하게 되는데 과거의 예를 보면 우리나라에서는 0~5, 5~10, 10~IS, 15~20, 20~30, 30% 이상으로 하는 경우 혹은 10 이하, 10~20, 20~30, 30% 이상 등으로 하며 미국의 NACRP(National Advisory Council Recreation Planning)에서는 15 이하, 15~35, 35% 이상의 세 가지로 구분하였고, 일본의 경우는 0~5, 5~15, 15~25, 25~45, 45° 이상의 5등급으로 구분하고 있으며, 일본의 국립공원협회는 0~2, 3~7, 8~14, 15~19, 20~29, 30~39, 40° 이상 7등급으로 구분하는 등 계획목적과 대상지 여건에 따라 각기 달리하고 있으며, 경사분석방법은 일반적으로 다음 두 가지 방법을 많이 쓰고 있다.

㉠ 등고선 간격에 의한 방법

지형도에 나타난 등고선으로 계산할 경우, 다음과 같은 방법으로 경사도를 구한다.

$$G = \frac{H}{D} \times 100 \quad (6.1)$$

여기서 G : 경사도(%), H : 등고선 간격(수직거리),

D : 등고선에 직각인 두 등고선간의 평면거리(수평거리)

2개의 등고선 사이에서는 수직거리는 항상 일정하고 수평거리는 등고선 간격에 따라 달라지며, 일정한 경사도는 일정한 수평거리를 갖게 된다.

㉡ 방안법

지형도에 격자(mesh)를 긋고 단위격자에 들어 있는 등고선의 수를 헤아려 경사각을 구하는 방법이다. 예를 들어 1/50,000 지형도에 1㎝의 격자를 그으면 격자간격은 500m가 되므로 등고선 간격 20m인 경우는 다음과 같이 된다.

$$\tan\alpha = (20/500)\times N = 0.04N \tag{6.2}$$

여기서 α : 경사각, N : 등고선 수

이 방법에 의하면 실제 경사보다 매우 완만한 경사로 나타나는 결점이 있다.

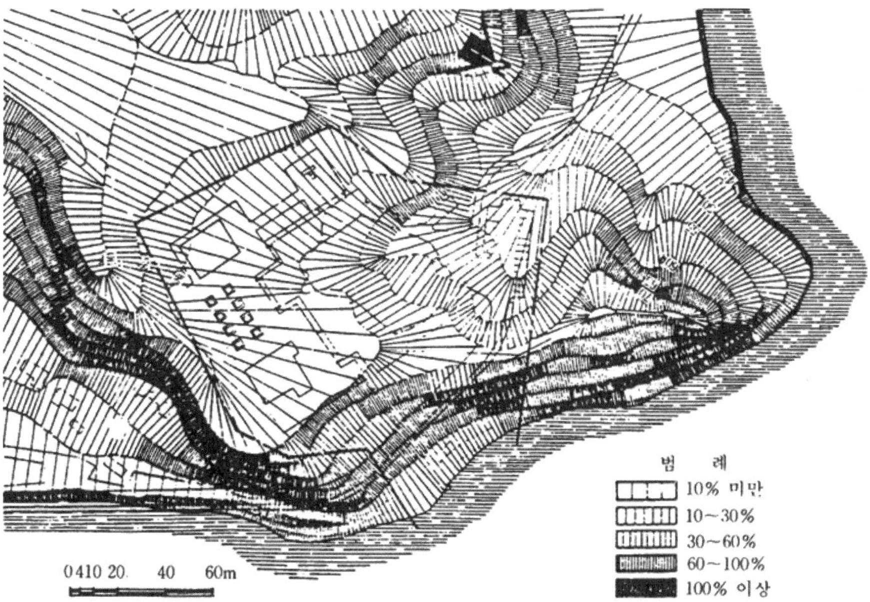

[그림 6.14] 경사도 분석도

(5) 기후조사

기후에 관한 조사는 계획대상지를 중심으로 한 지역기후를 파악하는 한편, 계획 대상지의 미기후도 조사·분석하여야 한다. 기상요소들은 각종 놀이시설이나 운동시설의 배치 등은 물론 식물재배 계획과 불가분의 관계에 있으므로 많은 자료를 수집하고 현지답사를 통하여 조사하며 때로는 실제 기상관측을 해서 정확한 자료를 얻어야 한다.

기후는 기온, 강우량, 바람, 습도, 일조시간 등 소위 기후요소의 영향을 받아 변하게 되며, 지역적인 기후의 차이는 위도, 해발고, 수륙분포, 해류, 바다와의 거리, 지형 등 기후인자의 영향을 받게 된다. 즉 지역기후는 기후요소와 기후인자가 함께 작용하여 그 특색을 나타내게 된다.

(6) 수문조사

① 유수(流水)의 형태

물순환의 모든 물은 해양, 대기 그리고 육지에 걸쳐 있는 복잡한 물의 순환과정 속의 어느 한 과정에 포함되어 있다.

지표에 떨어진 물은 높은 곳에서 낮은 곳으로 흘러 골짜기를 거쳐 유로를 형성하여 하천으로 흘러가며, 하천은 일반적으로 주류와 지류로 나뉘어 한 지역의 물을 집중시키고 하도(河道)가 구성되는데 이 지역을 유역이라 한다.

하도는 몇 가지 형태를 이루게 되는데, 이들 하도는 상류로부터 하류에 이르는 데 있어 지류가 합쳐서 본류를 형성하게 되며, 조사대상이 되는 계획부지는 하천망의 어느 곳엔가 위치하게 된다. 이 때 계획부지에 집중되는 유수의 범위를 집수구역이라 하는데, 이 집수구역은 지형도에 의해서 능선을 따라 구획하여 결정짓는다. 따라서 집수구역 면적은 언제나 계획부지 면적보다 최소한 같거나 넓게 구획하게 된다.

② 유수량의 산출

계획부지로 집중되는 유량을 산출하여 배수계획을 세우려면 집수구역 면적과 강우량을 계산하고 지표면의 구성상태를 조사하고 계류(溪流)까지의 도달시간 등을 산출하여야 한다.

땅에 내리는 비는 부분적으로는 흙에 의해서 흡수되고 또 일부는 오목한 땅에 고이게 될 것이며 다른 일부는 나뭇잎, 줄기, 가지에 매달리거나 대기 중에 증발하게 되는데, 이와 같이 도중에서 없어지는 물 이외에 배수체계에 도달하는 모든 물을 우수유출량(run off)

이라 한다.

그런데 일반적으로 적은 양의 비나 평상적인 강우량은 배수에 별다른 문제가 없으나 일시에 많은 양의 비가 쏟아질 때 항상 문제가 발생하는 것이므로, 폭우 유출량을 계산하여 이에 필요한 유출계획을 세워야 한다.

$$Q = CiA \text{ 또는 } Q = AiR \tag{6.3}$$

여기서 Q : 유출량(m^3/sec), C 또는 R : 유출량계수
A : 배수지 면적, i : 강우강도(mm/hr)

또 우리나라 국토교통부 하천시설 기준에 의하면 구역별로 강우강도를 나타낸 것이 있어 이를 적용하기도 한다.

홍수시 유량을 산출하는 방식은 여러 가지가 있는데, 유역면적이 비교적 작은 경우에 강우강도로부터 홍수 첨두유량을 계산함에는 합리식을 많이 사용하고 있다.

$$Q = \frac{1}{3.6} f \gamma_r A \tag{6.4}$$

여기서 Q : 설계 홍수 첨두유량, f:유출률(보통 0.8 이상으로 함)
γ_r : 홍수 도달시간 내의 평균 강우강도(mm/hr), A : 집수면적(km^2)

이 식에서 f의 값은 지질의 토지이용 상황 등을 고려해서 결정하는 것이지만 일반적으로 다음의 값을 계획의 표준으로 하고 있다(국토교통부 하천시설 기준).

- 시가지, 주택지역(도시지역 구역에 있어서 시가지 구역을 포함) : 0.80~0.70
- 밭, 평야 : 0.60~0.70
- 논 : 0.70~0.75
- 산지 : 0.75~0.80

또한 강우강도 γ_r는 구역별 강우강도 식에서 도달시간에 맞는 강우강도를 나타낸다. 단, 이 식에서 t는 도달시간을 나타내는 것으로서, 예를 들면 30분 도달시간이면 t값은 0.5가 된다.

③ 지하수

지표에 떨어지는 물의 약 10%는 최종적으로 땅 속으로 들어간다. 지하수의 범위에는 광물질에 필수적으로 묶여 있는 수화상태의 물과 해수로부터 스며들어 상당한 깊이에 있

는 퇴적물속에 갇혀 있는 흡착성의 물은 포함되지 않는다.

지하수층은 분포되어 있는데, 포화층(zone of saturation)이란 불투수층 상부에 있는 저류물질 사이에 있는 공간이 물로 채워져 있는 층이며, 지하수면은 포화층의 상부한계이다.

통기층(zone of aeration)은 지하수면 상부의 층으로 이 층에서의 수분은 암석편을 적시고 있는 상태이거나, 스며드는 중이거나, 공극에 있는 공기 속에 포함되어 있는 정도이다.

통기층은 상부로부터 세분하면 맨 위의 토습층(layer of soil moisture), 비교적 건조한 중간층, 포화층 바로 위의 모세작용층(layer of capillary fringe)으로 이루어져 있다.

3) 인문, 사회환경조사

(1) 인구

인구조사는 계획부지를 포함해서 주변인구에 대하여 조사하고, 때로는 계획부지와 관련지어 이용하게 되는 이용자수를 분석하기 위하여 매우 광범위한 영역까지 인구현황을 조사할 때도 있다.

인구조사는 남녀별, 연령별, 학력별, 직업별, 소득별로 조사하고, 기타 필요한 경우에는 종교, 취미, 사회활동 및 인구의 증가추세 등 여러 분야에 걸쳐 조사하고 주변인구 또는 전국 인구와의 비교도 아울러 조사, 분석한다.

(2) 토지이용

토지이용은 이용형태별로 전, 답, 대지, 임야, 기타 등으로 조사된 등기부상의 지정지목과 실제 이용상태를 조사하고, 소유별로 국유, 공유, 사유 등으로 구분조사하며, 행정적 관할구역은 어디에 속해 있는지도 조사한다.

또한 토지이용에 있어 법률적인 제한요건을 반드시 확인하여야 한다. 토지를 이용함에 있어 국토이용관리법, 도시계획법, 삼림법, 농지의 보전 및 이용에 관한 법률, 기타 많은 법규들이 토지이용에 제한을 가하고 있으므로 적용되고 있는 법률이 어떤 것인지를 조사하여야 하며, 토지나 지상물을 사용할 수 있는 권리의 소유는 어떻게 되어 있는지를 조사하여야 한다.

지가조사는 현재시가를 조사하되 과거의 지가변동사항을 조사하고 이후 예상되는 지가의 변동사항도 예측해 둔다.

(3) 교통조사

교통은 계획부지 내의 교통체계를 조사하고 아울러 계획대상지에 접근할 수 있는 교통수단과 동선배치 상태를 조사하며 각종 교통수단의 배차시간, 소요시간 및 교통요금 등을 자세하게 조사하고 이후의 교통계획 등을 조사한다.

(4) 시설물조사

각종 건축물의 현황을 조사하는 데 건물의 종류, 형태, 구조, 수량 등을 조사하고 부지 내에 가설되어 있는 전력선, 가스관, 상하수도 등을 조사하고, 기타 교량, 옹벽, 울타리(fence) 등 기존 구조물들을 상세하게 조사한다.

(5) 역사적 유물조사

역사유물로서는 유형, 무형의 두 가지를 들 수 있는데, 먼저 무형적인 것으로는 지방에 따라 전해 내려오는 각종 행사, 예능, 공예기술 등이 있고, 유형적인 것으로는 역사적 의미가 있는 사적지, 미술, 기타 문화재, 고(古)정원, 각종 산업시설 등을 들 수 있는데 이들을 모두 조사하여 계획의 자료로 삼아야 한다.

4) 공원녹지 계획

(1) 공원녹지 계획의 의의

공원녹지 계획은 법제상으로 보면 도시계획 시설인 도시공원과 녹지를 조성, 개량, 정비하는 도시계획 또는 도시 시설계획이나, 기능상으로는 시민의 여가공간을 제공하고 도시환경을 보전, 개선하는 자원계획 또는 시설계획이다. 그러나 오늘날에는 도시문화를 개발하고, 도시환경의 질을 종합적으로 관리하는 환경계획으로서 인식되고 있다.

① 도시계획 시설계획인 공원녹지 계획

한국의 현행 법제로 볼 때, 공원과 녹지는 도시계획법에 따른 도시계획 시설이므로, 공원과 녹지의 조성계획을 수립하거나 변경하는 것은 반드시 도시계획으로써 결정되고, 공원과 녹지를 설치, 개량, 정비하는 것은 도시계획사업으로써 이루어진다. 그러나 구체적인 공원녹지의 조성계획이나 구조, 설치기준 등은 도시공원법의 적용을 받는다.

② 여가공간 계획인 공원녹지 계획

일반적으로 공원은 과밀하고 오염된 도시의 일상 환경으로부터 잠시나마 도피하여 휴식을 취하고 여가선용을 즐길 수 있는 환경으로서 인식되어 왔다. 따라서 공원계획은 도시 안팎에 존재하고 있는 자연환경요소를 보존하고 동시에 옥외의 여가활동을 위한 장소로 개발하는 데에 역점을 두고 있으므로 공원녹지 계획은 자원계획(resource planning) 또는 시설계획(facility planning)의 성격을 강하게 띠고 있다고 할 수 있다.

③ 환경계획인 공원녹지 계획

오늘날에는 공원이 단순히 시민의 휴식과 여가선용을 위한 시설이라는 차원을 넘어서서 시민의 일상생활과 그 생활을 위한 환경의 질을 높이기 위한 수단이라는 중요성을 갖게 되었다. 따라서 공원녹지계획(특히 공원계획)은 도시 속에서 이루어지며, 아울러 공원의 이용자인 시민의 욕구와 희망을 반영하고, 시민생활의 질을 높이고자 하는 사회적 측면이 두드러지고 있다. 그리고 계획의 내용도 시설 위주에서 서비스 위주로 바뀌고 있으며, 공원 조성에 참여하는 분야도 조경, 토목, 건축, 원예, 임학 등과 같은 전통적인 주분야뿐만 아니라, 여가문화와 관련된 여러 과학분야와 환경관리분야가 참여하여 보다 종합적이고 체계적인 계획으로 발전하고 있다.

(2) 공원녹지계획의 유형

① 계획대상과 목적으로 본 유형

공원녹지계획을 다루는 대상의 규모나 성격, 계획의 목적 등의 기준으로 보면, ① 도시 전체의 공원녹지의 체계라는 수준에서 정책적 제안을 하는 '정책계획(policy planning)' 또는 '체계계획(system planning)'이라는 차원과, ② 특정한 공원과 녹지를 조성하는 수준에서 기술적인 제안을 하는 단일 목적의 '사업계획(project planning)' 또는 '조성계획(development)'이라는 차원으로 구분할 수 있다. 이 두 차원의 계획이 서로 밀접하게 연관되어야 하는 것이 원칙이지만, 현실적으로는 정책계획 또는 체계계획이 제대로 수립되어 있지 않은 상태에서 공원녹지 조성사업이 이루어지는 경우가 많다.

② 계획의 내용으로 본 유형

정책계획 내지 체계계획 차원의 공원녹지 계획도 물론이지만, 특히 사업계획 내지 조성계획차원의 계획을 그 내용으로 볼 때, ㉠ 지표계획, ㉡ 물리적 계획, ㉢ 사업집행계획,

㉣ 관리계획으로 구분할 수 있다.

지표계획은 공원녹지의 성격, 기능, 역할 등을 목표체계로 정립하고, 공원에 도입될 활동, 이용자의 규모, 구성, 행태, 이를 위한 시설의 종류, 규모, 질 등에 관한 프로그램을 작성하는 계획으로서, 계획 초기단계에 수립된다.

물리적 계획은 지표계획에서 작성된 활동과 시설을 주어진 계획부지 안에 적절히 배치하고 조직하는 계획으로서, 토지의 이용과 시설의 배치, 동선의 배치, 조경 및 환경관리, 기반시설과 관리시설 등에 관한 사항이 면밀히 검토된다. 실제 조성에 필요한 설계 및 시공에 직접 필요한 정보를 제시하는 계획이라는 점, 그리고 공원녹지 계획을 수립하는 전문분야의 특성 때문에 일반적으로 가장 많은 시간과 노력을 들이는 계획단계이다. 그러나 이것만이 공원녹지계획의 전부가 아님은 물론이다.

사업집행 계획은 실제공사를 실시하여 공원녹지로 완성하기 위하여 필요한 공사 및 사업의 종류, 규모, 비용, 공사 및 사업방식, 주체, 재원조달, 공정 및 공간, 용지확보 및 보상, 이주 및 철거 등에 관한 지침을 제시하는 계획이다.

관리계획은 조성된 공원녹지를 시민에 개방한 후 공원의 질적 수준을 유지하기 위한 각종 지침을 제시하는 계획으로서 크게 운영관리와 유지관리로 구분된다. 전자는 관리입력의 조직과 인사관리, 예산의 확보 및 운영, 재산관리, 이용자 지도 등과 같은 경영적 · 법제적 사항을 다루며, 후자는 관리공사업의 관장, 각종 시설의 점검, 수선, 보호, 개량, 청소, 재해복구 등 기술적 · 현장적 사항을 다룬다.

③ 공원녹지 계획의 새로운 접근방법

현재 행정 및 실무분야에서 통용되고 있는 공원녹지 계획의 접근방법은 시설, 대형화, 공급위주 및 획일적인 계획으로 다음과 같은 한계 또는 결함을 가지고 있다.

시설 위주의 계획은 공원녹지가 도시계획 '시설'이라고 보는 관점은 타당성이 있으나, 이를 지나치게 확대 해석하여 물리적 측면을 강조하는 계획이 되는 경향이 많다. 그래서 법규에 지정되어 있는 각종 공원시설을 적절히 배치하는 것으로 계획을 마무리 짓게 된다.

대형 위주의 계획은 대공원 위주로 정책결정과 투자가 이루어져서 시민의 일상생활과 밀접한 공원의 확보가 제대로 이루어지지 않고 있다.

공급 위주의 계획은 실수요자인 시민의 욕구와 행태를 제대로 파악하고 이를 반영하기 보다는 정책입안자와 계획, 설계자의 의도가 일방적으로 작용하는 경우가 많다.

획일적인 계획은 공원녹지의 유형, 위치, 크기, 환경의 특성에 무관하게 특정한 공원을 모방하거나 변형하는 구성이 적용되는 경우가 많다.

이러한 전근대적 접근방법을 지양하기 위해서는 앞에서 논한 개방공간(open space)의 효용성을 발휘할 수 있고, 여가문화를 창달할 수 있는 매체로서의 공원녹지를 조성하는 방향으로 계획의 접근방법을 재조정해야 할 것이다. 그래서 시설 제공 위주에서 서비스 제공으로, 대형위주에서 개방공간체계(open space system)의 조성으로, 공급자 위주에서 이용자 중심으로, 획일적이기보다는 국지적 특성을 살린 계획이 되도록 하여야 할 것이다.

5) 조경관리

(1) 조경관리의 의의와 기능

조경의 영역은 사회의 변화에 의한 시대적 요구에 따라서 변하여 왔으며, 기존의 정원, 공원, 여가선용 공간인 유원지 등은 조성목적의 원활한 수행을 위하여 자연요소인 조경수목과 인공요소인 조경시설물로 구성되어 있으나 현재의 조경은 건축, 토목 등 여러 타분야와 중복되는 공종의 다양화로 시공과 그 이후의 관리의 단계에서 전문적인 기술과 지식이 필요하다.

조경의 대상은 주택정원, 건물 주변의 전정 또는 중정, 옥상정원, 실내정원 등 일상생활과 밀접한 공간, 도시지역의 공원녹지인 근린공원, 운동공원, 가로공원, 시설녹지, 완충녹지 등의 녹지공간, 자연보존지역인 국립공원, 문화재 주변의 자연공원 등의 공간, 도로, 철도, 공업단지, 주택단지의 시설조경 공간, 조경관리의 공간 등을 들 수 있다.

일반적으로 관리란 여러 분야에서 다양한 의미로 사용되고 있는데, 재산, 시설 등을 경영하거나 소정의 목적에 따라서 보존, 이용, 운영하는 것으로, 넓은 의미로는 통제, 조정, 유지, 행정경영을 포함한다.

따라서 조경관리는 대상공간의 모든 구성요소에 대한 유지관리와 기능의 효과적인 발휘를 위한 운영관리와 그것을 이용하는 이용자에 대한 이용관리로 구분된다.

유지관리는 조경수목과 시설물을 이용하는 데 용이하도록 점검, 보수를 하여 구성 요소의 설치목적에 따른 기능이 공공을 위한 서비스의 제공이 원활하도록 하는 것이다. 그러한 유지관리는 관리행위가 행하여지는 시점에 따라 예방대책인 사전관리와 복구대책인 사후관리로 나누어 행하여진다.

운영관리는 시설관리에 의하여 얻어지는 이용 가능한 구성요소를 더 효과적으로 안전하게 그리고 더 많이 이용하게 하기 위한 방법에 대한 것이다. 또 적절한 관리를 위한 조직의 구성과 사업분담도 중요하며 각 조직간의 협조체계도 수립되어야 한다.

이용관리는 조성된 조경공간에 있어 이용자의 행태와 선호를 조사, 분석하여 그 시대와 사회에 맞는 적절한 이용프로그램을 개발하여 홍보하며, 또 이용에 대한 기회를 증가시키는 것이다. 따라서 이용에 대한 세심한 배려와 함께 직접적인 편의를 도모하는 것이다.

전체적으로 보아 조경관리는 인위적으로 조성된 조경공간에서 공공시설의 존재를 유지하며, 시설이 지닌 고유의 기능을 양호한 상태로 보존하기 위한 행위이다. 그럼으로써 공공시설의 기능성과 안전성, 쾌전성의 확보와 이러한 기능의 유지를 위한 적절한 운영과 이용에 대한 관리를 해야 하는 것이다.

그러한 조경관리는 대상이 공공의 시설이고 행위의 주체가 인간이며, 공공복지를 증진시킨다는 특징을 지니고 있다.

6) 조경 관리도구로서의 전산지원설계

전산기 소프트웨어는 끊임없이 발전을 거듭해 왔다. 초기의 프로그래머들은 수작업으로 처리하는 방법을 구현하기 위해 노력했다. 전산기를 이용한 조경작업의 경우에 있어서 이러한 발전은 설계와 관리 능력을 통합하여 집대성함으로써 이루어져 왔다.

전산지원설계 체계(CAD system)의 출현은 1950년도에 미국의 매사추세츠 공과대학에서 random scan형 graphic display를 전산기에 연결하여 사용하면서 light pen 등을 이용한 상호 '전산도형해석'의 개발에 착수하였다. 이러한 기술 경험을 토대로 1963년 같은 학교 출신인 Ivan. E. Sutherland에 의해서 본격적인 CAD체계인 'Sketch Pad' 소프트웨어가 발표되었다. 1964년에는 GM사의 자동차 설계용 DAC 1(Design Augmenter by Computer 1)이 개발되었고, 1960년대 중반에는 LOCKHEED, MCDONE 11 DOUGLAS, BOEING사 등 몇몇 업체들이 CAD체계의 개발에 착수하기 시작하였다. 이후 1970년도 중반에 전산기 기술의 진보로 성능향상과 가격의 저렴화가 이루어지면서 CAD의 이용은 자동차, 항공기, 선박, 기계설계, 전자회로설계, 프린트기판설계, 금형, 건축, 토목, 배관 등 보다 광범위한 분야에서 대중화되어 왔다.

또한 많은 다른 공학이나 건축과 달리 조경작업은 이미 존재하고 있는 경계지역과 건물들을 그리는 작업이 필요하다. 또, A4나 A3크기의 디지타이저의 가격이 적당하고, A0크기를 사용하면 편리한 반면 그 소요비용이 2배 이상 들게 된다.

(1) 조사처리

기후나 또 다른 요소들에 의한 변동사항을 설명하기 위해서 각 수행업무에 따라 어느 정도의 여지를 둘 수 있다. 예를 들면, 기울어진 잔디는 정기적으로 깎아 주어야 하고 수확은 시간을 다투는 일인 반면, 가지치기 작업은 몇 주 정도의 시간적 여지를 둘 수가 있다.

CAD와의 연계는 KEY SYSTEMS와 ARAMIS와의 합작을 통해서 원만하게 이룰 수 있다. Keyscape는 계획단계에서 조경요소들을 상세히 나타내고 이 요소들을 groundman code로 전환시켜서 해당 지역, 경계선, 그리고 그 안에 포함되는 항목들을 얻는 데 사용할 수 있다. 즉, CAD를 사용하여 계약에 필요한 일람표 작성을 처리할 수 있다는 것이다.

ARAMIS는 조경건축 모형체계라는 새로운 소프트웨어를 개발하였다. 이것은 처음 시공할 때의 비용뿐만 아니라 장기적인 관리비용까지도 동시에 고려할 수 있다. 이 프로그램은 수많은 노동시세와 자재비용을 싣고 있는 가격자료를 가지고 있으며, 이 자료는 정기적으로 현실화된다.

작업수행비용은 전체작업에 대한 비용을 구할 수도 있고, 잔디 깎기 같은 부분적인 작업비용만을 산정하며, 이것을 통해서 가장 비용이 많이 드는 작업을 알아 낼 수도 있고, 작업기간을 통한 노무자의 노동상태를 파악한다. 또한, 조경은 수년간에 걸친 설계에 따른 관리비용의 변화나, 새로운 기법이 설계에 도입됨에 따른 비용변화에 의해 분석한다.

이러한 프로그램은 기획에 고려될 요소들과 관련된 방대한 자료기반이 필수적으로, 작업착수 단계에서부터 이용된다. 그러나 이것은 작업수행자만의 기본적인 건설 세부사항에 따라 전체를 주문제작할 수도 있게 된다.

(2) CAD의 선택과 사용

RML(Richard Moorehead & Laing Ltd)은 경관건축가, 토목과의 구조공학자, 환경과학자, 토지조사자들에게 필요한 다양한 기능이 있다. 조경작업이나 소프트웨어를 다양한 분야에 응용하기 위해서는 여러 가지의 학문적 지식이 동원되기 때문에 한 분야에 적합한 전산체계를 선정하기가 어렵다.

다른 모든 분야와 같이 일반적으로 RML은 설계와 형태의 기초작업에 전산기가 도입되어야하며, 특히 소프트웨어나 하드웨어의 선정을 잘못하였을 경우 전산비용이 매우 높아지게 된다. 전산화의 발전방향은 크게 두 가지로 볼 수 있는데, 첫째는 행정부와 프로젝트 관리를 보다 더 전산화하는 방향이고, 둘째는 사무실에서 여러 가지 직업적 목적으로 전산화를 이용한 설계와 기초작업을 수행하는 방향으로 볼 수 있다.

① 체계의 선택

RML이 사용하고 있는 주요 체계는 MOSS지표면 모형화체계와 자동도화체계인 AutoCAD이다. 이 두 체계는 매우 다르지만 상호 보완적이며 이미 많이 사용되어져 그 성능이 입증된 체계들이다. 이 두 체계 모두 여러 추가적인 프로그램을 제공하며, 앞으로 계속 발전되고 있다. 워크스테이션은 PC에 비해서 그 선택의 폭이 좁기 때문에 MOSS에 필요한 하드웨어를 선정하는 일은 비교적 쉽다.

② MOSS

MOSS(Modelling Of String Surfaces)는 3차원 데이터로 구성된 선(String)을 수집, 발생, 분석, 표현하여 각종 지형공간 및 계획면을 자유롭게 분석, 설계하는 3차원 전용 토목설계 프로그램이다. 과거 Unix에서 사용되던 MOSS가 PC의 Windows로 옮겨지면서 보다 향상된 MOSS로 업그레이드되었는데, 이때부터 명칭이 MX로 바뀌었다(MX는 MOSS Extension의 약자이다).

MOSS는 점들을 연결한 선들로 구성된 모형을 형성하게 되는데 선상의 각 점은 X, Y, Z좌표를 갖는다. 이 체계는 지표면 형상을 표현 및 제작할 수 있고 지표면 형상을 겹치거나 합성을 하며 두 지표간의 변화된 체적과 면적은 손쉽게 구할 수 있다. 단면, 토공량 분석, 자료 기술, 투시도, 몽타주 작성 등을 모두 생성할 수 있으며, 또한 그들 특유의 적용방식을 가지게 된다. 이 체계의 가장 큰 장점은 반복계산과 계획을 수정하고, 그 결과를 즉각적으로 영상이나 혹은 도면에서 확인하고 평가할 수 있다는 데 있다.

모형을 형성하는 데 사용되는 자료는 조사자의 자동기억장치로부터 즉각적으로 MOSS에 입력할 수도 있고, 또는 영상탐측이나 기존계획을 전산화한 자료로부터 입력할 수도 있다. MOSS는 지면의 변화를 가져오는 어떤 종류의 사업(project)에도 사용할 수 있다. MOSS는 주요 고속도로계획의 설계에 많이 이용되지만, 보행 지역을 재포장하거나 흙제방을 쌓는 것과 같은 소규모의 작업에도 유용하게 사용될 수 있다.

또 다른 중요한 적용분야는 버려진 토지의 개간, 매립, 그리고 광물의 채취 등이다. MOSS는 또한 다른 자료들을 모형화하는 데 사용할 수 있어 설계자와 조사자, 감리자와 의뢰자 모두의 자료를 손쉽게 상호 교환 가능토록 해준다.

마지막으로 투시도와 몽타주만이 MOSS의 구매목적이 아니라 이 체계의 추가적인 설비들이다. 이 체계를 효과적으로 사용하기 위해서는 집중적으로 6개월 정도의 훈련이 필요하다.

③ AutoCAD

AutoCAD는 사용하기 편리한 도화용 프로그램으로 영국 전역의 공급자로부터 손쉽게 구입할 수 있다. 이것의 기본형식은 'line', 'circle', 'offset', 'erase' 같은 간단한 명령문의 조합으로 구성된다. 이러한 명령문들은 영상 위에 적절한 응답을 얻어내며, 일반적으로 박스형태로 나타나는 틀을 가진 A3 디지타이저에 의해 제어되는데 각 박스마다 하나의 명령문이 들어간다. 사용자는 도면의 축척, 용지의 크기, 그리고 사용단위에 따라 도화준비를 한다. 도화작업은 AutoCAD를 이용함으로써 신속히 이루어질 수 있다.

AutoCAD를 가장 경제적으로 사용하기 위해서는 표준기호와 세부사항들에 대한 정보를 한데 기억시켜 놓는 것이 좋다. 이것은 도화 시간을 크게 앞당기는 데 도움을 줄 것이다. 어떤 경우에라도, 가장 중요한 AutoCAD의 장점은 양질의 도면을 빠르게 얻을 수 있고, 자료를 조정하고 갱신하는 능력이라 하겠다. MOSS와는 달리 AutoCAD 체계는 상대적으로 배우기가 쉬워 쉽게 친숙해질 수 있다. 단 며칠간만 공급자, 설치자와 같이 실습을 하고 나면 대부분의 사람들이 AutoCAD를 충분히 사용할 수 있게 된다. 또한, AutoCAD는 MOSS와는 달리 여러 형태의 도화를 작성하거나, 2차원 도화를 하기 위한 기호, 색조, 세부항목 등을 전개 또는 반복 사용할 수 있는 유용한 도구이며, MOSS와 마찬가지로 기본체계에 의해 투시도를 얻을 수 있고 이 체계의 성능을 보완할 수 있는 부가적인 소프트웨어 취득이 가능하다. AutoCAD는 다른 방법으로도 성능을 향상시킬 수 있는데, 토공작업설계와 체적계산을 할 수 있는 수준까지도 끌어올릴 수 있다.

AutoCAD의 또 다른 흥미 있는 기능은 공간적으로 조합된 자료를 바탕으로 지도를 작성하는 체계를 만들거나 적절한 자료기반과 연계 사용할 수 있다는 점이다. 사실 이것은 소형 지형정보체계인 것이다.

(3) 전산기 설비에 대한 사용료

전산기 설비는 고가의 사용료를 필요로 하는데 MOSS나 AutoCAD같은 체계를 사용함으로써 빠른 시간에 양질의 도화를 얻을 수 있기 때문에 의뢰자가 사용료를 지불하는 것이 손해가 아님에도 불구하고, 대개의 경우 사용료 지불에 인색하다.

그러나 발전된 장비들을 사용함으로써 이윤이 높아져서 결국은 고가의 사용료 지불이 비싼 투자가 아니라는 것을 알게 된다. 즉, 시간을 요하는 작업을 수행해야 하는 경우에는 생산성의 향상이 결국 의뢰자에게 이익을 가져다주게 되는 것이다.

7) 조경정보체계를 이용한 광역조경계획

(1) 광역조경계획

광역의 조경계획은 자연형성과정 및 주요 문화자원과 자연자원을 보호하며 경합되는 토지이용을 조화시키는 것에 관한 활동이라고 할 수 있다. 조경에서 전산기를 사용하는 것은 20여 년간 CAD분야에서 이루어져 왔으나, 최근에는 조경정보체계를 이용하여 더욱 발달되어 왔다. 이 중에서도 광역조경계획에서 요구되는 기능은 지도제작능력, 자료 중심적분석, 평가기능, 공간분석기능 등이다.

대부분의 국토정보는 현장의 장소, 대상의 특성, 시간으로 정의되는 조경정보체계로 구성되어 있다. 조경정보체계를 이용하여 효율적인 계획수립을 할 수 있을 뿐만 아니라 광역의 토지에 관한 계획과 관리를 위해 정확하고도 시기적절한 조경정보체계가 뒷받침되어야 한다.

선진국의 조경정보체계의 이용사례를 살펴보면, 미농무성 산림청이나 토지관리청 등에서는 시각자원관리나 조경자원보호를 위해서, 주정부에서는 자연자원관리 및 위락자원관리를 위해서 활발하게 이용하고 있다. 네덜란드의 경우에는 정부 측에서 2015년까지의 국토계획지침을 작성하고 이를 실현할 주택지 입지선정수란으로서 조경정보체계를 도입하기로 하고 입지선정모형을 개발한 바가 있다.

(2) 조경정보체계의 장점

조경정보체계를 이용하여 다양한 전제와 목표를 만족시킬 수 있는 무수한 대안을 쉽게 작성, 평가할 수 있다. 구체적으로 조경정보체계의 장점은 다음과 같다.

첫째, 초기의 자료입력과 전산프로그램을 위한 비용과 시간이 많이 소요되나 일단 완료 후에는 최종결과물 산출 시까지 비용과 시간이 적게 든다. 둘째, 광범위한 자료처리가 가능하고 정밀분석이 가능하다. 셋째, 기본자료의 정밀성과 중첩방식의 다양성으로 인해 대안과 결과가 다양해진다. 넷째, 많은 기본자료와 중간단계의 자료, 그리고 결과물의 보관, 기억 등이 가능하고 재활용이 용이하다. 다섯째, 기본자료 및 중간단계의 자료를 수정하고 새로운 기준에 의해 재구성하는 것이 용이하다.

6.2.8 군사정보체계(MIS : Military Information system)

1. 개요

전쟁이란 상이한 두 의지간의 폭력행위로서 그 본질은 승리하기 위한 힘의 최대 발휘라고 할 수 있다. 전쟁의 본질인 힘을 최대한 발휘하는 것은 세 가지 요소에 의하여 지배되는데 이것이 전투의 3요소이다. 첫째 '전투력'은 유무형의 요소로 나누어질 수 있다. 둘째는 '시간' 요소로서 기상조건과 명암, 그리고 상황의 포착문제 등이 포함된다. 세 번째 요소는 '공간'으로서 자연현상과 공간의 넓이, 특성 등을 포함하며 아무리 강대한 힘과 적절한 시간요소가 구비되었다 하더라도 이 공간요소의 영향을 벗어날 수는 없다.

먼저 지형의 정의를 군사적으로 한다면 지표면의 자연적 형태, 지표의 고저, 기복에 의해 형성된 산, 계곡, 평야, 하천, 해안, 해저 등 지표의 형태를 총칭한다. 이와 같은 전투력, 시간, 공간의 개념을 손자는 '적(敵), 천(天), 지(地)'의 3요소로 구분하였고, 이를 오늘날의 용어로 표현한다면 '천'이란 한서의 변화시기에 따른 적절한 시책으로서 기후-기상요소를 의미하며, '지'란 거리의 원근, 지리의 험준함 등으로서 지형요소를 의미한다. 이상과 같이 고금동서를 막론하고 인위적으로 극복 불가능한 시간과 공간의 요소를 중요하게 생각하였으며, 이중 공간요소는 인간이 잘만 이용한다면 전투력의 극대화를 꾀할 수 있는 요소로 평가되어 현대의 각국들은 점점 더 정밀한 지형분석을 통하여 전투력이라는 유한요소를 극대화하고자 노력하고 있다.

2. 지형분석(terrain analysis)

1) 목적

지형을 분석하는 목적은 예상 작전지역 내에서 피아(彼我)간의 이동, 사격 및 통신 등이 지형의 영향을 받아 야기되는 불확실성을 감소시키고, 자연 및 인공장애물이 군사작전에 미치는 영향을 결정하며, 지휘관으로 하여금 부대를 통솔하여 임무를 수행하는 데 있어서 건전한 결심을 할 수 있도록 지형자료를 제공하는 데 있다.

2) 중요성

지형은 병력배치, 장비운용, 화생방전, 전자장비 및 기타 제반사항에 미치는 영향이 크기 때문에, 이를 분석하여 사전에 준비하는 것이다. 특히, 현대 무기의 치명성으로 인하여 광범위한 지역에 대량살상을 요구하게 되고 속전속결과 많은 기동을 요구하는 관계로 전장을 예측하기란 더욱더 어려워지고 있다. 이러한 예측불허의 전장에서는 모든 상황이 요구되는 자료를 사전에 미리 준비해 놓아야만 한다. 과거에도 관념적인 측면에서의 지형분석이 있었던 것은 사실이나 현대전의 특성상 지형정보에 대한 정량분석의 필요성이 더욱더 증가되고 있으며, 이는 결국 아군의 의지를 아군의 시나리오대로 적에게 강요하는 데 있어서 결정적 요소임에 틀림이 없다.

3) 지형분석 과정

지형분석의 과정은 각종 지형분석 자료를 수집하고 지형이 작전에 미치는 영향을 분석하기 위한 것으로 지형분석 지도와 투명도를 주로 사용하며 다음과 같은 과정으로 진행된다.

(1) 지형분석용 자료수집

지형분석 자료는 먼저 군사용 지도로부터 시작되며 관심지역에 대한 항공영상, 최근 수집된 적 첩보자료, 현지 지형정찰, 지형분석지도 및 지형연구 등으로서 가용한 모든 자료를 지형평가 요소별로 구분한다.

지형분석 자료가 표준지도와 다른 점은 표준지도에는 전술지휘관 및 참모가 필요로 하는 모든 자료가 수록되어 있지 않다는 사실이다. 예를 들면, 교량의 정확한 위치는 표시되어 있으되 교량재원은 알 수가 없으며, 삼림지대로 구분할 수 있으되 은폐제공 가능여부를 알 수 있는 수종이나 밀도는 알 수가 없다.

이와 같은 모든 요소들은 군작전에 지대한 영향을 미치는 중요한 자료로서 지형분석은 이들 자료를 종합 분석하여 사용자에게 제공한다.

(2) 지형분석 요구판단

작전의 형태와 작전부대의 규모 그리고 전장을 구성하는 각 기능들에 대해 분석이 필요하거나 또는 예상되는 기본요건들을 각각의 형태별로 구분하고 각각에 필요한 자료를 재정리-조합하고 최종분석 투명도의 형태를 결정하는 과정으로서, 이는 지형분석의 기술적 측면보다는 전략, 작전술, 전술에 대한 깊은 식견과 해당 작전에 대한 정확한 이해가 강조되는 부분으로서, 결국 지휘관 또는 여타 참모에게 필요할 것으로 예상되는 모든 징보를 보유하고 있는 첩보로부터 어떻게, 어떤 형태로 제공할 것인가를 결정하는 단계이다.

(3) 장애물 종합분석

모든 지형 구성요소들 중에서 가장 관심의 대상이 되는 요소는 장애물 요소로서, 천연장애물 및 인공장애물로 분류될 수 있으며, 하천, 험준한 경사, 밀집된 수림, 자연제방 등은 전자의 경우이며 철조망, 낙석, 용치(대전차 장애물), 지뢰지대 등은 후자의 경우로서 결국 인공장애물을 이용하여 천연장애물을 보강하는 개념으로 설치되기 때문에 이에 대한 면밀한 분석은 곧 피아간의 기동과 작전속도 결정에 필수적인 과정인 것이다.

(4) 중요 지모, 지물 및 접근로 판단

지모 및 지물 역시 자연지형물과 인공지형물로 분류하며 평야, 고원, 산, 계곡, 구릉, 토양, 암반, 배수, 해수면, 식물 등은 전자의 범주이며, 도시, 도로 및 철도, 교량, 교차로, 비행장, 항만, 댐 등은 후자의 범주에 속한다. 각 지형(지모와 지물)들을 나열하고 이 지형이 작전에 미치는 영향을 분석하여 작전에 지대한 영향을 미칠 수 있는 목표를 사전에 판단함으로써 이에 대한 적절한 대책이 사전에 수립될 수 있도록 제공되어야 한다.

이와 같이 장애물에 대한 종합판단과 중요 지형이 결정되면 피아간의 접근로를 결정할 수 있고, 이 과정 중에서 부대의 규모와 작전의 형태에 따른 접근로 선정이 이루어져야하며, 이는 역시 군사적 지식을 바탕으로 해서만 가능한 과정이다.

(5) 가시선 분석

가시선 분석이란 직사화기로 사격이 가능한 지역, 통신장애의 운영이 가능한 지역, 육안관측이 가능한 지역 등을 분석하는 것을 말한다. 예를 들면, 아군에게는 잘 들리며 적에게는 들리지 않는 통신중계소 위치 선정이라든가 전진하는 아군에게 적의 화기로써 사격 가능한 지역 분석 등이 이에 해당하며, 이는 분석과정 중에서 분석대상 장비에 대한 성능과 군사적 식견을 기초로 하여 결과를 만들 수 있다. 현 과정까지 분석하게 되면 지형이 작전에 미치는 영향에 대하여 지형평가 요소별, 작전의 형태 및 규모별, 전장 기능별로 정보를 제공해 줄 수 있게 되며, 이 모든 과정에서 주요한 지식은 군사적인 식견으로서 작전에 투입되는 장비 성능은 물론 지휘관의 의도와 가용시간 등에 대한 충분한 이해가 선행되어야 가능하다.

(6) 지형분석 투명도 작성

지금까지의 모든 과정이 분석-판단 과정이라고 한다면 본 과정은 생산과정이라고 할 수 있으며, 전문적인 공학기술이 가장 필요로 하는 단계이다. 주로 본 과정에서는 전산기를 이용한 작업이 주를 이루며, 분석된 모든 결과를 군사지도와 같은 축척의 투명도로 제작하여 제공함으로써 사용자가 군사지도 위에서 이를 사용할 수 있도록 제작하는 것이다.

이와 같은 일련의 과정은 단계별로만 이루어지는 것이 아니라 복합적이며 순환적으로 이루어지는 과정으로서 계속적인 지형정보의 추가와 정리가 사실상 지형정보 제공에 있어서 가장 중요한 과제라 할 수 있다.

4) 지형분석을 위한 기초자료

앞의 자료수집 과정에서 이미 언급했듯이 기본적으로 모든 지형자료의 출발점은 군사표준 지도로부터 시작되며 군사지도로부터 지면의 형태, 지세, 고저, 지형의 위치 등을 판단하게 되며 개략적인 작전지역의 특징을 판단할 수 있다. 이 외에도 지질도, 식물 생태도, 도로 및 철도 현황, 장애물 현황 등이 추가적으로 확보되어야 한다. 각 자료별로 포함하고 있어야하는 요소들을 정리해 보면 [표 6.11]과 같다.

[표 6.11] 지형분석 기초자료의 내용

자료형태	포함내용
지질도	토양의 종류, 토양분포, 토양특성(습할시, 건조시, 동결시)
식물생태도	식물의 종류(침엽수, 활엽수, 혼합림, 기타) 직경과 높이, 조밀도, 기타
경사, 경사도	경사 %별 분포지역 경사방향, 절벽 및 평야지
배수형태, 특성	하천의 폭, 수심, 유속 하천의 상태, 제방높이, 경사 도하 및 도섭(장비 없이 건널 수 있는 상태) 가능 여부 침수 및 범람지역 판단
도로, 철도	도로, 철도, 비행장, 교량, 터널 각 대상별 세부제원(포장, 폭, 곡선반경, 통과하중, 여격)
장애물 및 시가도	인공-천연 장애물 및 각종 제원 유류시설, 발전소 등

5) 체계고려

현재까지 지형분석은 주로 군사지도를 기초로 지형평가 5개 요소에 의한 분석을 하여 왔다. 그러나 전장 정보분석시 작전의 형태에 따라서 요구되는 지형정보의 요구 형태가 달라질 수 있을 뿐만 아니라 전장을 구성하는 각 기능 요소별로도 다른 형태의 지형정보를 요구하게 되었다. 이에 따라 대표적인 지형분석도를 소개하고자 한다.

(1) 투명도 종류

① 야지 기동성 분석도(CCM : Cross Country Movement)

기동장비의 성능을 기준으로 하여 해당 장비의 야지 기동의 가능 여부, 기동의 용이성 정도, 지연 및 제한을 주는 장애물의 위치와 제원, 건물지역 등을 수록한 지도로서 전산기를 이용할 경우 세부적인 예상 기동 시간표를 작성할 수 있으며, 부대의 기동공간, 이동이 어려운 지역 및 부대가 기동 중 분리되어야 하는 구간 등을 찾을 수 있다. 이것을 계산하는 데는 토질특성, 습윤상태, 수목의 분포 및 밀도, 배수구조도와 경사도 등이 필요하다.

② 병참선 투명도

도로 및 철로의 상태 및 분포를 통하여 부대의 이동, 물자수송 등에 영향을 미치는 주요한 보급로의 세부 제원이 수록된 투명도로서, 전산기를 이용하면 최단시간 도달가능 병참선, 최대 물자수송 가능 병참선 등을 찾아 낼 수 있고, 나아가서 다수의 전투부대에 흩어져 있는 다수의 병참부대로부터 최단시간 내에 보급을 완료할 수 있는 병참선별 부대 할당도 가능하여진다.

③ 엄폐 투명도

직사화기로부터 엄폐 정도를 토질의 거칠기 계수, 지세 및 식물 생태 등을 기초로 하여 등급별로 표시한 투명도로서 화기의 사격 효과 판단 및 사계 분석시 사용되며, 경우에 따라서는 작전의 형태를 결정하는 데 중요한 요소가 될 수도 있다.

④ 은폐 투명도

공중 관측으로부터의 은폐 정도를 하계와 동계로 구분하여 판단한 투명도로서 이는 공중으로부터의 은폐뿐만이 아니라 공중 기동부대에 대한 지상으로부터의 은폐 역시 적용이 가능하다. 은폐도는 주로 식생의 수종과 계절의 영향을 받으며, 시간의 변화에 따라 가장 영향을 많이 받고 또 가장 많이 변하는 지형 자료이다.

⑤ 가시선 분석 투명도

사계의 분석, 무선 통신 중계소의 위치 판단, 비통신 전자장비 영향평가 등이 이 범주에 포함되며, 이는 모두 지형의 고저에 따른 원인으로 발생 가능한 요소들을 분석하는 것으로서 직선의 성격을 갖는 전장 구성요소들이 이에 해당한다. 각 기능 요소들의 도달 가능 여부를 판단하는 투명도로서, 예를 들면 관측소로서 최적의 위치 판단, 적화기 은거 예상 지역, 최적의 방어진지 편성 등의 분석이 가능하다. 아울러 피아 화력의 중첩도에 따른 부대 배치의 조정 등은 제한된 유형의 전투력을 국지적으로 집중하여 상대적으로 강한 전투력을 발휘케 할 수도 있다.

(2) 전장지역 분석 체계 구축시 고려사항

먼저 현대적인 장비를 이용한 지형정보분석을 할 경우 발생 가능한 문제점들을 열거함으로써 체계 구축시 고려해야 할 부분에 대하여 알아보고자 한다.

첫째, 지형분석을 위한 기초자료의 취득 및 생산의 어려움이 크다.

접근 불가능 지역에 대하여 세부적인 제원까지 모두 취득하기 위해서는 고도의 기술과 장비, 예산이 소요되며, 이를 해결하기 위해서는 국가적인 규모의 발달된 기술과 경제 능력이 선결되어야만 가능하다.

둘째, 지형분석 기초자료의 자료기반 규모의 방대함으로 인한 처리 곤란이다.

전장 지역이란 일반적으로 국가급 이상의 지역을 대상으로 하며, 이는 군사 표준지도로 환산하더라도 수백 장의 도엽에 해당하는 넓은 지역으로서 군사적으로 허용 가능한 최대 오차인 10m의 정밀도를 고려할 시 수백 내지 수천 기가바이트(Gbyte)에 해당하는 자료로서, 일반적 경험에 의하면 분석용 프로그램의 난이도는 저급하더라도 한 번에 처리해야 하는 자료의 양 때문에 많은 처리시간이 소요되고 전산기 H/W의 능력도 고기능을 요구하게 된다. 한편 실제 자료를 처리, 보관, 분배하는 과정에서도 여러 가지 난제를 발생시킨다.

셋째, 지형분석을 요구하는 소요의 다양성으로 인한 어려움이다.

실제로 지형분석 결과를 사용하는 마지막 사용자는 대개 지형분석에 대한 이해가 적고, 따라서 처음 요구 단계 시 명쾌한 소요를 제시하지 못하며 반면에 전장을 형성하는 많은 기능 요소별로 각각 다른 형태의 소요가 발생한다. 예를 들면, 포병부대에 대한 가시선

분석과 전차부대에 대한 가시선 분석은 출발부터 전혀 다른 개념이며 다른 고려요소에 다른 경중률(weight)을 적용하여야 한다. 보병부대의 접근로와 기계화 부대의 접근로 역시 다르며 탄약 보급부대의 병참선과 중대의 보급로가 각각 다르다. 여기에 또 다른 고려사항은 소규모 부대를 대상으로 한 지형분석과 대규모 부대에 대한 분석이 다르며, 공격시 및 방어시에 다르고 작전의 형태나 개념에 따라 분석 소요는 달라진다. 이는 결과적으로 다종 소량생산을 의미하며, 이를 위한 프로그램의 표준화 또는 고정화 작업이 용이하지 않음을 의미한다. 결국 상황과 여건에 맞추어서 그때그때 프로그래밍할 수밖에 없으며 여기에 지형 분석관이 군사 지식과 토목공학적 지식뿐만이 아니라 전산 관련 지신도 갖추어야 하는 이유가 있다.

넷째, 지형분석관은 고도의 전략, 작전술, 전술개념을 갖추어야 한다. 모든 지형분석 기초자료로부터 이를 조합하고 분석하여 경중률을 결정하고 판단하는 모든 과정이 군사적 식견에 의해서 좌우되며, 학문적으로는 토목공학적 지식이 그 바탕을 이루고 있다.

결국 지형분석관의 자질은 고도의 군사 전략-전술적 지식과 토목공학적 지식, 그리고 전산과 프로그래밍 기술을 겸비한 자라야 하고, 이와 같은 자질을 한 사람에게서 찾을 수 없다면 지형분석을 위한 기구는 상기 분야별 전문가들의 통합으로써만 가능한 것이다. 이런 점들이 지형분석 체계에 대한 분석을 곤란하게 하며 시행착오를 겪게 만드는 이유인 것이다.

(3) 발전 방향

현재 자료 취득을 위한 고도의 학문과 장비가 급속히 발전하고는 있으나, 이에 대한 많은 투자만이 이를 가능케 할 것이다. 이는 국가적 차원의 관심이 요구되며 국가 자체 내의 자급자족이 시급히 요청되고 있다.

지형분석을 위한 전산기 체계의 가격은 놀라울 정도로 하락하고 있으나 군의 특성상 예산이 가능하더라도 고기능의 전산기 및 주변 장비는 운용상 많은 문제점을 내포하므로 소규모 전산기 체계상에서 처리할 수 있는 자료의 구조와 프로그램 개발이 시급한 실정이다.

마지막으로 전문인력의 양성을 통해서 전반적인 인식의 확산과 이 분야에 대한 발전이 이루어져야 한다. 실제로 국가적 차원에서도 현재 가용 인력과 수요 인력에는 엄청난 격차가 있다.

전장 지역에 대한 지형공간정보를 분석하는 데 있어서 투자 대 효과의 문제이다. 전쟁을 승리로 이끌기 위한 3개 요소, 즉 유무형 전투력, 시간과 기상, 지형공간 중에서 가장 변화가 적고 시효가 오래 가는 정보는 지형공간에 관한 것으로서 평시에 충분히 준비해 둔다면 전시에는 변경 없이 사용할 수 있는 중요한 자료가 되는 것이다. 걸프전의 예를 들고자 한다. 막강한 규모의 지형공간정보 제공 조직을 갖고 있는 미국은 모든 전장기능에서 승리하였으나, 지형공간정보 기능에서 만큼은 실패했음을 자인하지 않을 수 없었다. 이는 지형공간정보가 갖는 방대한 자료와 이를 처리하는 시간의 제한 등으로 인하여 작전의 속도를 따라가지 못했음을 의미한다. 곧 지형공간정보란 평시에 미리 모든 경우의 수를 가상하여 준비되어 있어야 하는 것이다.

6장 연습문제

다음 각 사항에 대하여 답하시오.

1. 토지정보체계의 의미
2. 다목적 지적에 포함 가능한 항목
3. 토지정보체계의 응용분야
4. 지리정보체계의 의미
5. 지리정보체계의 응용분야를 나열하고 설명
6. 도시정보체계의 의미
7. 도시정보체계의 역할
8. 일본의 도시정보체계
9. 수치지도 제작의 구성요소
10. 수치지도 제작의 정의
11. 수치지도 제작의 특징과 원리
12. 수치지도 제작의 작업공정
13. 수치지도의 응용분야
14. 지도정보체계의 의미
15. 지도정보체계의 구성
16. 지도정보체계의 응용분야
17. 도면자동화의 의의
18. 시설물관리체계의 의의
19. 도면자동화 및 시설물관리체계의 대표적인 응용분야
20. 도면자동화 및 시설물관리체계의 도입목적
21. 도면자동화 및 시설물관리체계의 특징
22. 측량정보체계
23. 수치영상처리의 과학적 응용의 예
24. 영상처리의 원리
25. 전산 도형해석의 응용분야

26. MOSS의 적용분야
27. 재해시 실시간 대응 지원체계
28. 환경정보체계
29. 경관을 분류하는 방법
30. 경관의 정비계획
31. 경관정보체계
32. 조경정보체계
33. 지하정보체계
34. 군사정보체계

Chapter 0

부록 1. 지형공간정보의 자료입력 및 처리

1.1 지형공간정보의 자료구조

지형공간자료를 표현하는 기술적인 두 가지 방법을 요약하면 다음과 같다.

격자형은 좌표에 의해 위치가 결정된 셀들의 집합, 각 셀(cell)은 하나의 특성값을 가지고 독립적으로 저장된다.

선추적형은 세 개의 주 지형요소인 점, 선, 면으로서, 점은 면을 갖지 않는다는 점을 제외하고는 셀과 비슷하며, 선과 면은 주어진 특성에 따라 연결될 수 있는 상호연결 좌표들의 집합이다.

그러나 지형공간 자료기반의 격자형이나 선추적형 구조 사이에는 어느 것이 필요하다거나 유일한 것이라고는 말할 수 없으며, 장비의 격자형과 선추적형 구조는 자주 사용될지라도 자료를 표현하는 데 이용되는 것임을 주목해야 한다. 예를 들어, 선추적형 구조의 자료기반을 갖는 대부분의 최신 대화식 전산기를 적용한 설계(CAD)와 도화체계작업은 천연색 격자형 출력과 선추적형 도화기를 사용한다.

1.1.1 선추적형 자료구조(vector data structure)

대상물의 선추적형 표현의 목적은 가능한 한 정확하게 대상물을 표시하는 데 있다. 지형공간좌표를 격자영역(raster space)과 같이 분할된 것이 아니라 정밀하게 표현된 차원,

길이 등으로 모든 위치를 표현할 수 있는 연속적인 것으로 가정한다.

그러나 사실 이것은 전산기 용량의 한계 때문에 좌표를 정확하게 표현하는 데 제한이 있고 또한 모든 선추적형 표현장치가 비록 대부분의 격자형 장치의 결과값보다 훨씬 좋지만 기본단계 크기(basic step size)를 가지고 있기 때문에 엄밀한 의미에서는 비연속적이다. 선추적형은 수학적으로 좌표가 정확하다는 가정 이외의 복잡한 자료를 최소한의 공간에 저장할 수 있다는 내재적 관련성(implicit relation)을 이용한 것이다. 이 절에서 점, 선, 면을 저장하기 위한 지형공간정보체계의 선추적형 구조의 배열은 다음과 같다.

1. 점실체요소(point entities)

점은 단순한 XY좌표상에 의해 위치한 위상적 · 도해적인 모든 값을 포함하고 있다고 생각할 수 있고, XY 좌표 이외에도 점의 종류가 무엇이며 어떤 특성을 가지고 있는가 하는 정보가 저장되어야 한다. 그리고 자료에는 기호에 대한 정보와 출력 크기, 부호와 방향에 관한 정보를 포함해야 한다. 점이 문자를 표현할 때 자료기록은 표현되는 문자의 철자, 활자의 형태(font), 정렬(좌측정렬, 우측정렬, 중앙정렬 등), 축척, 방향 등에 관한 정보뿐 아니라 다른 비도형 특성과의 관련 정보도 포함해야 한다.

2. 선실체요소(line entities)

선이라는 것은 2개 또는 그 이상의 좌표로 구성된 직선 부분으로 축조된 선의 형태로서 정의된다. 가장 단순한 선은 시작점과 끝점(2개의 XY좌표), 그리고 표현기호를 지시하는 매개체로 구성되어 있다. 표현기호를 지시하는 매개체들을 통해 도형해석을 위한 출력장치에 선분이나 점선을 불러낼 수 있다. 호, 사슬, 문자열은 연속적인 복잡한 선을 묘사하는 다수의 XY좌표 쌍에 놓여 있고, 선 구획이 짧을수록, XY 쌍의 수가 많을수록, 사슬은 실제 복잡한 곡선에 가까워질 것이다. 한편, 처리시간이 더 소요되기는 하지만 특정한 한 개의 값을 지정함으로써 자료저장 공간을 절약할 수 있는 방법이 있다. 점과 단순한 선으로 구성된 사슬도 출력에 관한 정보를 지시하는 자료기록과 함께 저장할 수 있다.

단순한 선 그리고 사슬은 도로, 수송로 위치 또는 배수로 조직망(network)에 대한 각각의 연관성에 관한 고유의 지형공간정보를 가지고 있지 않다. 따라서 선에서 선까지를 추적할 수 있는 선형 조직망을 구성하여 전산기에 의해 처리될 수 있도록 자료구조 속에 '점(point)'을 설치하는 것이 필요하다. 지시자(pointer) 구조는 일반적으로 절점과 함께 설치되어진다. [부그림 1.1]은 큰 흐름 조직망의 모든 기준점 사이의 연관성을 설명하기 위해 필요한 자료의 종류를 설명하고 있다.

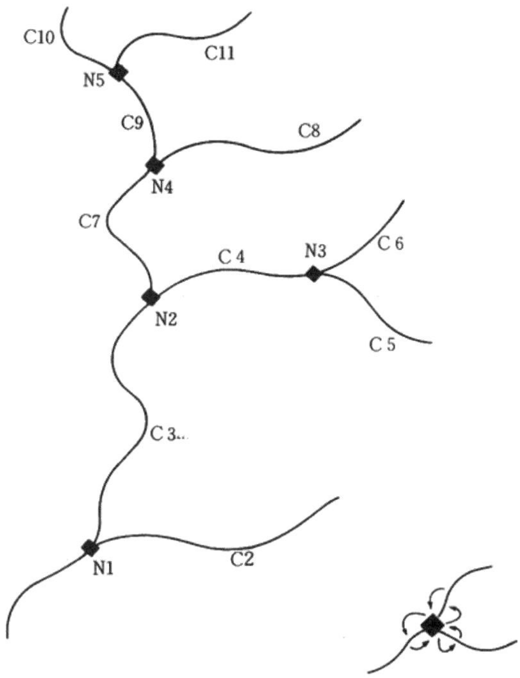

[부그림 1.1] 연속적인 정보를 수행하기 위하여 절점을 사용한 선형 조직망의 선추적형 자료구조

또한 절점은 사슬의 '지시자'와 관계가 있을 뿐만 아니라 각 사슬이 절점으로 연결된 각을 나타내는 자료저장을 수행하며, 그것에 의해 만족할 수 있는 지형공간의 조직망을 표시한다. 이 단순한 연결구조는 각 절점의 좌표가 횟수(사슬 수 +1)의 전체를 기억하기 때문에 약간의 자료중복이 수반된다. 여기서, n은 절점을 연결한 사슬의 수이다.

3. 면실체요소(area entities)

다각형은 선추적형 자료기반에서 여러 가지 방법으로 표현될 수 있다. GIS를 이용한 대부분이 주제도 작성(thematic mapping)에 일반적으로 다각형을 이용하기 때문에 면을 포함하고 조정하는 방법에 관한 많은 연구가 진행되고 있으며, Peuker, Chrisman(1975), Cook(1978), Weber(1978), Burrough(1980) 등은 이를 위해 다각형 자료구조에 관해서 연구하였다. 다각형 자료구조에 관한 연구 목적은 기초공간 건물 구역의 관련된 특성이 주제도 자료로서 다루어지고 표현되도록 하여 면적의 지형적 특성을 묘사할 수 있도록 함에 있다.

다각형 자료구조를 작도하는 데는 다음과 같은 전제 조건들이 필요하다. 첫째로, 지도상에서 각 단위 다각형은 독특한 형상, 둘레(perimeter), 면적을 가져야 하고, 격자형 체계(raster system)의 경우와 마찬가지로 단순화된 표준 기본 단위가 없다. 대부분 정규적 또는 규칙적으로 설계된 미국의 시가구역 계획의 전부 또는 일부조차도 구역의 모양과 크기가 정확히 같지 않으며, 토양도, 지형도에서도 모양과 크기가 대부분 비슷하지 않다.

두 번째, 지형공간자료의 해석은 흐름 조직망에서 연관성이 있어야 하는 것과 마찬가지로 자료구조가 각 다각형의 형태를 기록할 수 있어야 한다.

세 번째, 주제도의 다각형은 모두 같은 수준은 아니다. 호수에 있는 섬에서와 같이 호수라는 큰 다각형 내에 섬이라는 작은 다각형이 있는 경우, 두 다각형은 수준이 다른 것으로 처리된다.

4. 단순 다각형(simple polygons)

다각형을 표현하는 데 가장 간단한 방법은 단순한 사슬을 확장하는 것이고, 명칭과 부호는 단순한 문자로 사용자의 임의로 표현하며, 다각형의 경계선을 XY 좌표값의 집합으로 표현한다([부그림 1.2). 따라서 각각의 다각형이 무엇인가를 알려 주는 이름이나 기호는 단순한 문자의 집합이 된다. 한편 이 방법은 간단하다는 장점도 있지만 많은 단점도 내포하고 있다.

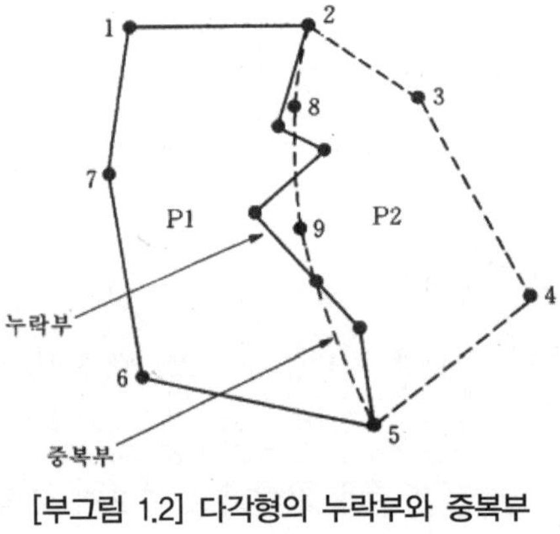

[부그림 1.2] 다각형의 누락부와 중복부

단순한 형태의 다각형은 두 개의 다각형 사이의 경계선이 수치화되어 누락부(gap)가 생기고 두 번 저장되어 중복부(sliver) 발생이라는 문제점이 있다. 이것은 정합(matching)에 심각한 오차를 발생시키고 그 경계를 따라 중복부와 누락부가 생길 수 있으며 인접지역에 대한 정보가 없다. 도형 구조를 이용하지 않고는 섬(island)의 표현이 불가능하며 경계선의 위상관계가 정확한 것인지에 대한 것과 위상적으로 접근할 수 없는 루프(loop)인지를 쉽게 검증하기가 어렵다([부그림 1.3]).

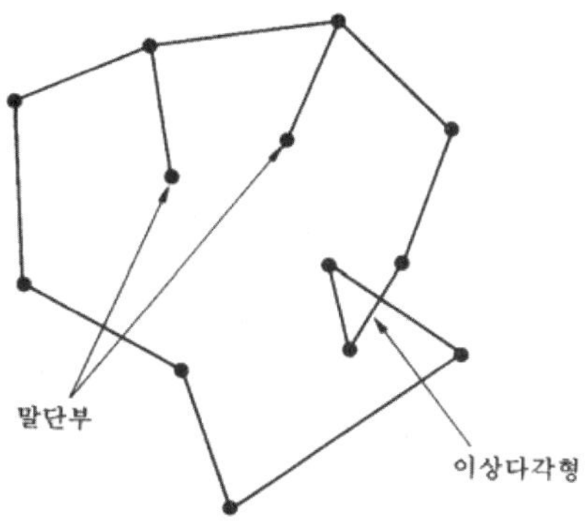

[부그림 1.3] 다각형 경계선에서 발생하는 위상 오차 말단부와 접근할 수 없는 루프(loop)

5. 명시적 위상관계를 나타내는 다각형 체계

명시적 위상관계(explicit topological structure)를 자료 구조에 첨가하면 섬과 인접 지역을 명백한 위상의 상호관계를 병합함으로써 적절히 처리할 수 있다. 위상의 관계를 수립하는 데는 자료가 입력되는 동안 위상관계 연결(topological link)을 개설하거나 사슬 또는 문자열로 연결된 위치에서 위상관계를 유도하는 소프트웨어를 이용한 두 가지 방법 중에 하나를 택하여 설치할 수 있다.

첫 번째 방법에서 위상관계를 만드는 것을 전산기를 사용하는 처리담당자가 수행해야 한다. 두 번째 방법은 전산기의 용량이 커야 하며, 두 가지 방법 모두 다각형 구조를 충분히 나타내기 위해서 많은 양의 자료를 저장하여야 한다.

처음으로 위상관계를 지리자료구조에 도입시킨 것은 미국 통계국(US bureau of census)의 DIME(Dual Independent Map Encoding)으로 인구분석을 목적으로 도시지역의 지형공간자료를 위상관계로 구축하기 위해 도입한 체계이다. DIME 자료파일의 기본요소는 두 개의 양 끝점에 의해 표시된 단순한 선분(line segment)이다. 즉, 복잡한 선분의 연속에 의하여 표현된다는 것이다. 각각의 선분은 마디인 두 개의 점으로 연결되어 있으며 다각형에 대한 부호를 갖는다.

다각형도(polygon map)는 각 사슬이 인접 면적에 관계된 2점과 XY 좌표가 사슬파일(chain file) 또는 선분으로서 저장되며([부그림 1.4]), 다각형 명칭은 같은 점을 포함한 목록을 분리하여 저장한다.

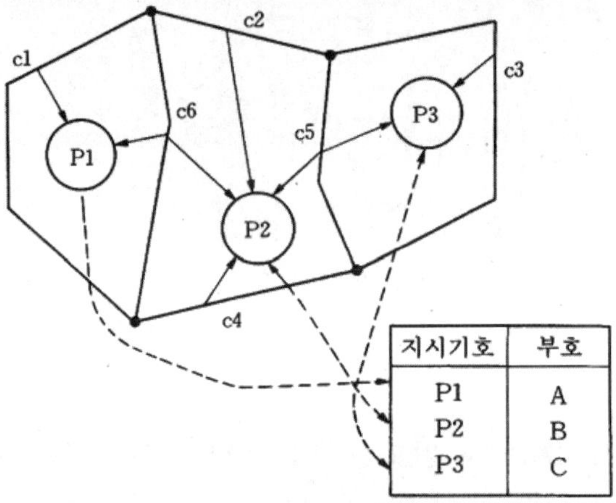

[부그림 1.4] 다각형과 사슬을 연결시킨 다각형 자료구조

자료 구조는 기본 다각형 조직망에서 간단한 부분지도를 생산하도록 특별하게 설계된 것으로 부분지도가 필요할 때 목록에서 다각형 명칭을 찾아 이용하면 된다.

DIME에서는 마디에서 만나는 선분 혹은 하나의 선분에서 인접하는 선분을 역으로 검색할 수 없기 때문에 다각형의 경계선을 맞추는 것은 복잡한 일이다.

한편, 다각형 자료를 소형 전산기에서 처리할 수 있도록 만든 효율적이고 간단한 방법이 네덜란드 토지조사 연구소에서 개발되었다. 이 자료구조에서는 각 사슬을 XY격자로 정리하고 각 사슬에는 두 개의 지시자가 수록되어 인접한 다각형을 참조할 수 있다([부그림 1.5]).

다각형의 이름과 지시자는 별도의 표시로 표에 수록된다. 자료구조는 기본적 다각형 조직망 구조에서 선 지도(line map)를 만들 수 있도록 이루어져 있다. 선 지도가 필요할 때에는 표에 단순히 다각형의 이름만 기록하면 된다. 도화기 부프로그램(subroutine)은 사슬을 그리거나 면적을 계산하는데 이용된다. 섬(island)을 포함한 다각형 면적은 더 세밀하게 묘사된 다각형 내 점추적 연산법을 이용하여 계산된다. 이 자료 구조는 인접한 다각형을 검색할 수 있는 방법이 제한되어 있으며, 접근할 수 없는 이상 다각형이나 말단부에 대한 오차 검색은 처리하지 못한다. 따라서 이 방법은 완벽하게 위상관계로 구조화된 자료기반에만 적절하다.

섬 다각형에서 적당한 위상 다각형 자료 구조를 설치하고 면적을 계산하며, 이상 다각형과 말단부에 대한 오차 검색을 가능케 하기 위해 [부그림 1.5]에서 개략적으로 보여준 자료 구조를 설치해야 한다.

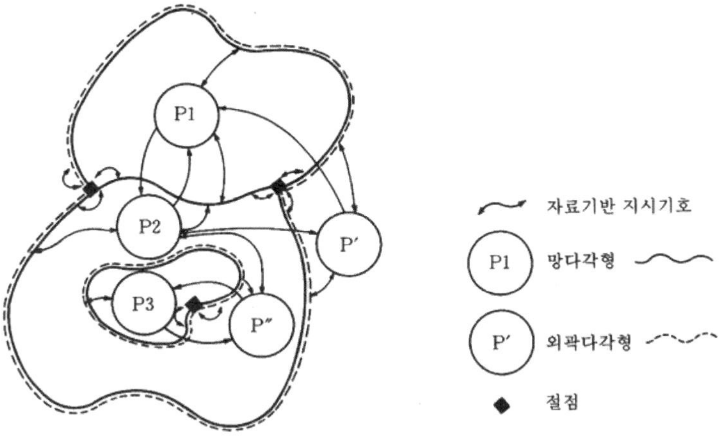

[부그림 1.5] 다각형과 자료의 위상적 조직망

학술연구나 지도제작을 목적으로 하는 체계 가운데에는 자료를 입력할 때에 위상적 연결성을 함께 자료기반에 첨부하도록 이루어져 있는 경우가 많다. 이러한 체계에서는 선분과 선분의 양쪽에 인접한 다각형을 연결시키기 위하여 선분의 좌표를 입력하는 순서를 시계방향 또는 반시계방향으로 고정시키고 있다. 섬과 이것을 둘러싼 다각형을 연결시키기 위하여 가상선(virtual line)도 입력한다. 그러나 이 체계에서는 좌표화하는데 걸리는 시간이나 체계가 가질 수 있는 오류를 고려하지 않고 있다.

6. 다각형 조직망의 위상관계

자료입력상의 문제를 적절하게 구조화하는 문제를 고려한다면 지금까지 설명한 단순한 다각형 체계는 자료구성을 위해 필요한 자료입력 방법이 필요하다. 자료입력에 대한 문제와 자료구조는 각각 독립된 과정으로 다루는 것이 효과적이다. 자료의 구축과정에서 자료

입력에 관한 두 가지 전제가 필요하다. 즉, 다각형 경계가 사슬 및 호 모양으로 부호화되어야 한다는 것과 공간정보와 특성을 연계시키기 위해 사용되는 다각형의 이름 및 다른 저장이 각각의 다각형 내에서 판별될 수 있는 위치(점) 관계의 형태로 수치화되어 있어야 한다는 것이다.

위상관계를 수립하기 위해서는 다음과 같은 단계들이 필요하다.

1) 사슬을 경계망과 연결

사슬은 먼저 그 경계(사슬에 따른 최대, 최소 *XY*좌표)에 따라 분류되어 위상적으로 비슷한 사슬은 자료 파일에서 비슷하게 위치시킴으로써 인접 사슬을 찾을 때 시간을 절약할 수 있다. 이러한 과정을 거친 후 그 사슬이 어느 사슬에 서로 연결되는가를 조사한다. 교차점(junction point)은 이것에 연결되어 모든 사슬의 끝부분에 만들어지며, 이 사슬 자료 기록은 사슬 지시자 및 각도도 포함한다. 사슬의 중간에서 만나는 사슬은 자동적으로 새로운 사슬로 분리되고 더 두드러지지 않은 부분 및 조그마한 차가 있는 비교적 중요하지 않은 오류는 검색단계에 허용 대상영역(tolerance window)을 설정하여 처리할 수 있다. 마지막 끝좌표는 발견되는 모든 점의 평균으로 모든 사슬 끝에 기록된다. 여기서 주의할 것은 몇몇 체계에서 마디는 수동적으로 입력해야 된다는 것이다. 이것은 처리시간을 단축 할 수 있지만 자료기반에서 자료입력, 비표준자료형식 및 자유도 또는 잉여값(redundancy)에 대해서는 부가적인 작업이 필요하다.

2) 폐합(closure)에 대한 다각형 점검

다각형은 사슬로 닫혀 있어야 하므로 각각의 사슬이 다른 사슬과 연결시키는 지시자를 가지고 있는지를 조사하여 검색하여야 한다. 한편 하나의 사슬로 표현되는 섬의 경우에는 연결되는 다른 사슬이 바로 그 사슬일 수 있다. 이러한 검증과정을 통과하지 못한 사슬들은 특별한 방법으로 표시하여 다각형 조직망 구조를 구성하는 사슬의 부분집합으로 처리한다.

3) 선분을 다각형과 연결

선분(line)을 다각형이 되도록 결합하는 첫 번째 단계로 지도의 외부와 분리되도록 새로운 '외곽다각형(envelope polygon)'을 만드는 것이다. 이 외곽다각형은 다음과 같은 기록들을 포함한다. 즉, 독특한 판별표시와 외곽다각형을 판별하는 부호, 고리형 지시자,

경계선을 이루는 사슬에 부속된 점의 목록과 다각형의 면적, 크기(다각형에 외접하는 직사각형이 갖는 XY좌표의 최댓값과 최솟값) 등이다.

외곽다각형은 사용자에게 보이지 않는다. 즉, 외곽다각형을 사용하는 유일한 목적은 조직망의 위상관계를 설립하는 것이다. 외곽다각형은 연결부에서 대부분 왼쪽 사슬로부터 오른쪽 방향으로 선택해 나감으로써 외부 경계 주위의 사슬을 따라 만들어진다. 각 사슬의 독특한 판별표시와 함께 다른 자료와 함께 저장되고 기록되며 외부경계를 이루는 사슬에는 표시를 해 놓는다.

외곽다각형이 형성된 후에 개별적인 다각형이 만들어진다. 이 다각형의 구축도 외곽다각형이 만들 때 시작했던 위치에서 출발한다. 그러나 이번에는 시계방으로 진행하되 각 교점에서 가장 오른쪽의 사슬을 선택한다. 각 사슬에는 검색을 수행한 횟수가 기록되며 2회의 검색을 받는 사슬은 이미 양쪽에 다각형이 만들어졌으므로 더 이상 검색되지 않는다. 동시에 회전과의 합도 검사한다([부그림 1.6]). 만일 합이 360°가 되지 않으면 좌표화 과정에 오차가 있고, 이상 다각형이 있는 것을 나타낸다. 접근 불능의 다각형은 일단계의 교점확인(intersection seeking) 과정에서 해결되어야 하지만, 사슬이 수작업으로 입력된 절점과 연결되어야 하는 경우에는 이 검사가 필수적이다. 외곽다각형의 경우와 같이 각각의 다각형도 다음과 같은 정보를 수반하고 있다. 즉 독특한 판별표시, 다각형을 판별하는 부호, 외곽다각형으로부터의 고리형 지시자(동시에 이 다각형의 판별표시도 외곽다각형의 고리형 지시자에 기록된다), 외접하고 있는 사슬의 목록, 인접 다각형의 고리형 지시자, 외접 다각형의 크기(XY 좌표의 최댓값과 최솟값) 등의 정보를 포함하고 있다.

같은 다각망 내에서 순차적으로 다각형의 검색을 진행한다. 조직망에서 마지막 다각형이 만들어지면 고리형 지시자를 다시 외곽다각형 속으로 돌아가도록 결정한다. 이것은 모든 경계선이 두 개의 다각형 사이에 있음을 확인하는 것이다.

이 과정은 우선 면적별로 분류한 후에 다각형 크기의 순서에 따라 '섬을 포함하고 있는가'를 검사한다. 외곽다각형의 크기를 두 개씩 비교하면 신속하게 검사할 수 있다. 만일 섬이 발견되면 섬이 있는 다각형의 정확한 위치를 찾고 섬이 다각형 내부에 완전히 포함되어 있는가를 조사하기 위해 '다각형 내 체계'를 사용한다([부그림 1.6], [부그림 1.7]). 섬이 발견되지 않고 섬이 다른 다각형에 중첩된 경우는 자료기반 구축이나 교점확인 과정(1단계)에서 오차가 있는 것으로, 수정이 필요하다. 만일 중첩이 없다면, 이 때 점은 다각형망으로부터 폐합된 섬의 외곽 다각형으로 나가는 지시자가 기록된다.

만일 중복과 정합이 발견되지 않는다면 두 다각형 망이 서로 독립적이라는 것을 의미한다. 외곽다각형 - 그 내부의 다각형 조직망 - 섬 외곽다각형(island envelope polygon) - 섬 망구조 다각형(island network polygon)의 위계 순서로 나가는 고리형 지시자 구조는 포함관계를 무한하게 정의할 수 있다. 더구나 포함관계는 한 번의 작업으로 충분하며, 일단 지시자를 설치하면 조직망은 견고한 연결성을 갖게 된다.

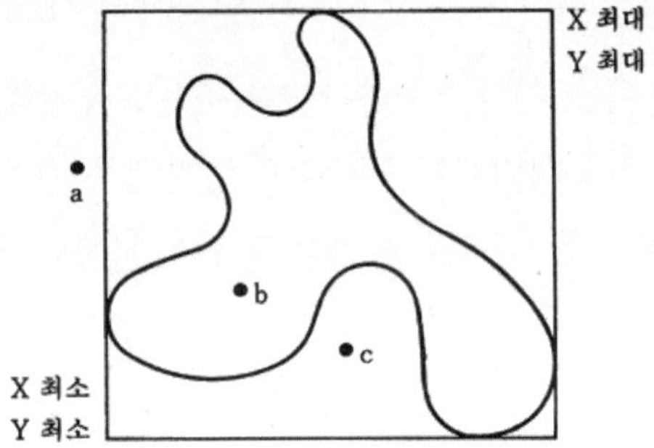

[부그림 1.6]

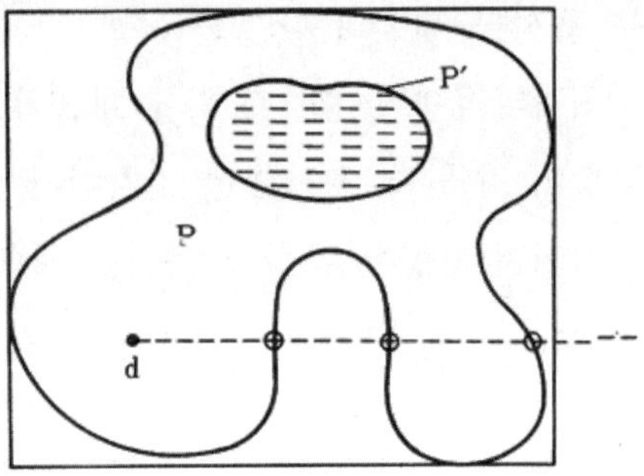

[부그림 1.7]

7) 다각형 내의 점 검색(point-in polygon search)

[부그림 1.6]와 [부그림 1.7]은 다각형내 점에 대한 연산법의 두 가지 측면을 보여준다. [부그림 1.6]에서 점 좌표와 다각형 범위를 비교하면 점이 다각형 내에 있는지 없는지를 빠르게 검색할 수 있다. 따라서 a점은 쉽게 제외되나 c점은 그렇지 않다.

[부그림 1.7]에서 만일 점 d가 다각형 내에 있다면 검색을 위해 한쪽 방향으로 수평선을 연장시킨다. 만일 외곽다각형과 선이 만나는 점이 홀수이면 점은 다각형 내에 있다.

또한 다각형 섬 p'가 p 내에 있는지를 검색하기 위해, 먼저 크기를 검색하여야 한다. 그리고 p'는 여러 개의 수평 띠로 나누어지며, 각 파장대에서 섬의 경계선에서 출발한 수평선이 외곽다각형과 만나는 교점의 수가 홀수이면 둘러싼 형태이다.

Haralick(1980)는 단조로운 사슬의 2진 검색을 기본으로 하여 한 점을 포함한 다각형을 발견하기 위한 정량적인 처리과정을 기록하고 있다.

8. 선추적형 자료구조의 특색

1) 자료층(layer)

격자형 자료구조는 각각의 특성을 층으로 도면화나 지도화되기 때문에 전체구조는 3차원 자료 행렬이 되며 저장공간에 대한 제한요소가 된다. 이 개념은 지도학자와 계획자들에게 극히 일반적인 것이고 선추적형 체계, 특히 CAD에도 적용된다. 각각의 특성이 하나의 층을 구성하는 격자형 구조와는 달리, CAD의 선추적형 체계에서 사용되는 층은 공간사상으로 주요한 계급으로 나누는 데 사용되며, 사상을 주로 그림으로 표현한다.

각 도형사상(圖形事象)의 자료 기록과 연결된 도입부에 bit순서를 입력하여 층 정보를 도형 자료에 추가시킬 수 있다. 이러한 체계는 bit 순서를 이용하여 64개나 256개의 층을 포함할 수 있다. 다른 방법으로는 도입부를 비도형 특성으로 융통성 있게 부호화하여 [부그림 1.8]와 같이 철로, 간선도로, 하천, 토양 경계선 등으로 정의할 수 있다. 층 체계는 도형 사상의 수를 세고, 표시하고, 선택적으로 표현할 때 매우 유용하다.

네덜란드 토지조사소에서 개발한 지형공간정보체계에서는 연역법의 체계인 부울논리(boolean logic : 진(眞)·위(僞)를 알기 위해서 AND, OR, XOR, NOT과 같은 연산자를 이용)를 사용하여 필요한 도면 사상을 나타낼 수 있게 해준다. 이 때 사상의 선택은 층의 번지수를 변경시킴으로써 간단히 이루어질 수 있다.

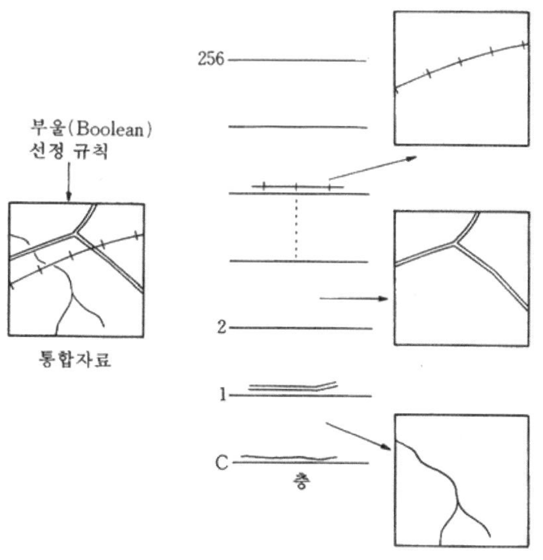

[부그림 1.8] 각기 다른 주제별로 분리된 선추적형 체계의 층구조

2) 목록과 순차적인 검색(lists and sequential searches)

모든 선추적형구조는 주제도를 위한 점, 사슬, 다각형 사이의 관계에 대해서만 다루었으며 점, 선, 면과 같은 기본적인 사상은 지시자나 표시를 통하여 개별적으로 판별된다.

주 색인 지시자(master index pointer)라는 이 표시는 순차표시에 기록되는 수가 많은데, 순차 목록은 자료기반의 나머지 부분에 접근하는 중요한 사항이 된다([부그림 1.9 (a)]). 이 방법에는 두 가지 문제점이 있다.

첫째는 목록이 완전히 연속적으로 되어 있지 않을 수도 있다는 것이다. 편집할 때 빈칸이 생길 수도 있고 목록의 길이가 늘어날 수 있기 때문에 지시자가 없는 경우에는 검색이 반드시 순차적으로 수행되어야 한다. 두 번째로 검색시간의 표의 길이가 늘어날수록 기하급수적으로 늘어난다. 이는 자료기반의 크기에 따라 지도 처리 시간이 늘어나는 것과 마찬가지이다.

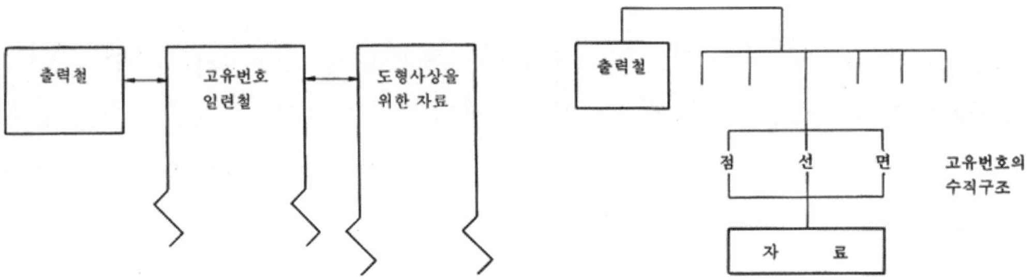

(a) 선추적 도형에 사용될 수 있는 순차적 자료 구조 (b) 자료기반을 타일과 지리사상으로 조립한 순차적 자료구조

[부그림 1.9]

자료기반의 크기는 급증하는 것에서 비롯되는 문제를 해결하기 위해서 다른 두 가지 근본적인 방법이 사용되고 있다. 하나는 'brute-force'를 이용하는 방법이다. 이 방법에서는 지시자 배열을 빠르게 검색해 나가고 주 색인 배열을 기억장치의 한 부분에 집중시킨다. 이 방법은 어느 정도의 개선을 할 수 있다. 문제를 근본적으로 해결하기 위해서는 미흡하다. 다른 방법은 사상의 유형(entity type)과 지형공간 자료의 위치에 따라 주 색인 지시자(master index pointer)를 구조화하는 것이다.([부그림 1.9 (b)]). 자료기반을 양쪽 방향으로 무한하게 연결시킬 수 있는 단위의 특성을 수록하고 있는 타일(tile) 또는 페이지(page)의 집합으로 이루어지며, 각각의 tile은 일정한 양의 정보를 참조할 수 있다. 그 외에 상세한 정보는 각 주요 타일을 하위 타일(sub-tile)에 분할하여 수용한다. 분할

방법은 사지수형 구조의 방법과 유사하다.

그러나 자료기반을 타일로 나누는 것에는 복잡한 작업이 필요하다. 즉, 모든 사슬이 타일의 경계에서 자동적으로 끝나고 시작되기 때문에 위상 지시자를 다른 사상뿐만 아니라 다른 타일에도 참조시킴으로 비용이 많이 든다. 그러나 위치를 위계적으로 구성하기 때문에 검색시간이 많이 절약된다.

1.1.2 격자형 자료구조(raster data structure)

격자형 자료구조의 단순성 때문에 주제도를 간편히 나눌 수 있는 장점이 있으나, 위치정보를 다루는데 있어 격자 또는 영상소의 고정된 형태로 인하여 정확한 위치를 나타내는데 어려움이 있으며, 이를 해결하기 위해 해상도의 크기를 보다 세분하여 자료처리량과 이에 따른 전산기 사용비용이 기하급수적으로 증가하는 단점이 있다.

이것의 대안으로 연속적으로 같은 특성을 갖는 격자들을 압축기록하는 방식인 연속 분할 부호(run-length code)나 사지수형(quadtree)과 같은 자료구조가 있다.

가장 간단한 격자형 자료구조는 격자, 셀 또는 영상소로 구성된 배열로 이루어져 있다. 각 격자 셀은 행과 열의 숫자에 의해 구분이 되며, 특성의 형태나 값을 나타내는 한 숫자를 포함한다. 격자형 구조에 있어서 한 점은 한 개의 격자셀에 의하여 표현된다. 또한 선은 주어진 방향으로 배열되어 이웃하는 셀들과 연결되어 나타나며, 면은 이웃 셀들이 합쳐져서 이루어진다. 이런 종류의 자료구조는 행과 열의 배치를 쉽게 저장하고 조작하며 나타낼 수 있으므로 전산기에서 사용하기가(특히 FORTRAN 같은 프로그래밍 언어 등을 이용할 때) 용이하다. 이러한 자료구조는 또한 지형공간자료를 나타내고 있는 2차원의 표면이 연속적인 것이 아니고 양적으로 되어 있는 것으로 표현되는 형상에 대해 격자의 크기가 클 때 길이나 면적을 산정하는 데 있어 큰 영향을 준다. 예를 들어서 [부그림 1.10 (a)]는 a와 c 사이의 거리가 5단위인 것을 나타내는 반면에 [부그림 1.10 (b)]에서는 a와 c 사이의 거리가 격자의 가장자리를 세는가 혹은 가로지르는 모든 셀을 세는가에 따라 7이나 4가 될 수 있다. [부그림 1.10 (a)]에서의 면적은 6인데 비하여 [부그림 1.10 (b)]에서는 7이다. 셀의 크기에 따라 정확도가 달라지기 때문에 수치영상처리와 같은 분야에서는 때때로 분할화된 표면을 연속적인 것으로 간주하여 미분 가능한 함수를 적용하고 있다.

[부그림 1.10] 격자형으로의 전화이 면적과 거리의 관측에 미치는 영향

격자형 표현은 지형공간을 평평한 직교평면으로 간주할 수 있다고 가정하고 각 영상소나 격자 셀은 암시적으로 정사각형 단위의 지면을 나타낸다고 가정한다. 격자형 자료의 분석이나 축척은 자료기반에서의 셀의 크기와 자료기반 위에서의 셀의 크기 사이의 관계라 할 수 있다.

1. 도면중첩(map overlay)

2차원 배열에서의 각 셀은 오직 한 개의 숫자를 가지므로 지형특성들은 '중첩(overlay)'이라는 분리된 직교 배열의 집합들에 의해 나타내어야 한다. 예비 인쇄지도를 위해 지도제작자들에게나 조경계획자들에게 매우 오래 전부터 사용되어 온 자료에 대한 중첩개념은 전산기 지도제작에도 널리 사용되고 있다. [부그림 1.11]은 여러 가지 분리된 특성이 개별적으로 묘사되고 도화되는 중첩개념을 나타낸 것이다.

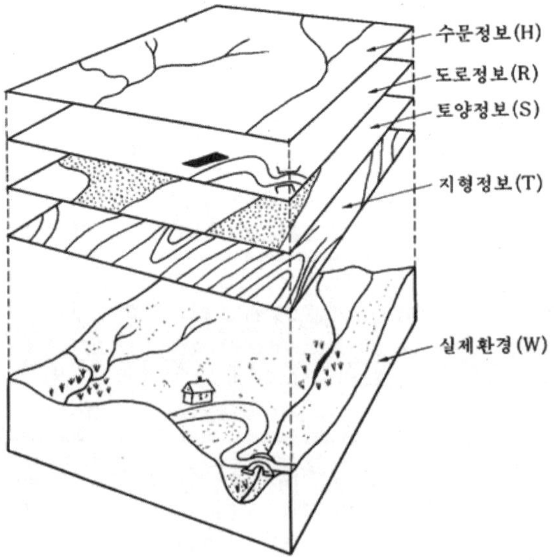

[부그림 1.11] 중첩개념

이 그림에서 실제 환경(real world)을 W라고 할 때, W는 모든 지리적 특성이 결합된 것이라 할 수 있다. 실제 지표면의 정보는 지형정보(T, 등고선으로 표현), 토양정보(S), 도로정보(R), 수문정보(H)로 각각 정리된다. 전통적인 지도제작에서는 이들의 정보를 각각의 영상으로 정리하고 다시 중첩하여 인쇄한다.

가장 간단한 형태로 나타나는 데 있어서, 중첩개념은 2차원 배열을 쌓아올려서 3차원으로 만든 격자형 자료 구조라고 할 수 있다. 중첩개념은 수치영상 처리에서 '영상함수(picture function)', 원격탐측의 '자료평면(data plane)' 등은 '영상을 기초로 한 저장(image-based storage)' 등과 같은 개념이다. 그리고 이것들은 대부분 격자형 영상처리의 기초적 발상이다.

2. 격자형 중첩 구조에서의 영상소의 부호화

여러 개의 자료 배열이 중첩된 것을 격자형 지도 파일이라 한다며, 자료조작을 적정화하고 자료의 저장과 처리를 위한 시간과 노력을 최소화하기 위해서는 이 정보를 잘 처리하는 것이 필요하다. 대부분 격자형 체계에서 각 셀은 하나의 값을 가진다. 그러나 1970년대 일리노이(Illinois) 대학에서 개발한 NARIS체계에서와 같이 여러 개의 값을 가질 수도 있다. 각 층에서 하나의 셀을 자료기반에서 독립적인 단위로 간주하여 자료값, 영상소, 위치 관계를 1 : 1로 가정하면 다음과 같은 세 가지 방법이 가능하다.

[부그림 1.12 (a)]에서 보여주고 있는 방법은 지도의 각 격자가 XY좌표로 정의되고, 각 격자가 갖는 여러 가지 특성값이 수직배열(vertical array)로 주어지는 구조이다. [부그림 1.12 (b)]는 단일한 특성값을 갖는 점들이 각각 2차원 행렬로 표현되는 방법으로 하버드 대학 조경학과에서 개발한 IMGRID에서 사용되고 있다. [부그림 1.12 (c)]는 지도분석 패키지에 의해 사용된 위계적인 구조를 나타내는데, 이것은 형식적으로는 다른 구조와 비슷하지만 몇 가지 장점을 가지고 있다. 예를 들어, 특성값과 점들의 집합 사이에 일대다수의 관계이므로 지도를 다시 부호화할 때에는 많은 도화단위(값)에 대해 오직 한 개의 숫자만 다시 기록하면 된다. 이것은 다른 두 개의 구조가 이용될 때 복잡한 재입력과정이 필요한 것과는 대조적이다.

3. 격자형 자료의 압축방법

각 셀이 특성값을 갖고 있을 때 각 중첩을 부호화하기 위해서는 총 n행 m열 3(XY

좌표와 특성값)개의 값이 있어야 한다. 수치지형모형(DTM : Digital Terrain Model)에서 이용되는 높이 행렬(altitude matrices)은 그 좋은 예이다. 그러나 자료구조가 적당히 설계되어 있고 다각형이나 도화 단위 내에서 셀들이 모두 같은 값을 갖는다면, 자료저장 용적을 크게 절약할 수 있다. [부그림 1.12 (a, b)]에 나타난 자료구조는 실제 저장된 양을 줄이기 위해 좌표를 사용하는데, 여기에는 모든 공간조정이 행과 열의 숫자배열로 수행되어야 한다는 제한이 있다. 이러한 체계는 좌표를 도화 단위값과 셀 좌표들 사이에 일대 다수의 관계로 자료를 부호화하는 것이 아니므로 부호화하는 것에 대한 압축방법이 이용될 수 없다. [부그림 1.12 (c)]에 나타난 세 번째 구조는 지도 단위별로 셀들이 참조되기 때문에 여러 압축저장 방법을 다양하게 이용할 수 있다. 압축저장을 하는 데는 주로 4개의 주된 방법이 있다. 즉 사슬부호, 연속분할부호, 블록(block)부호와 사지수형(quadtree) 등이다.

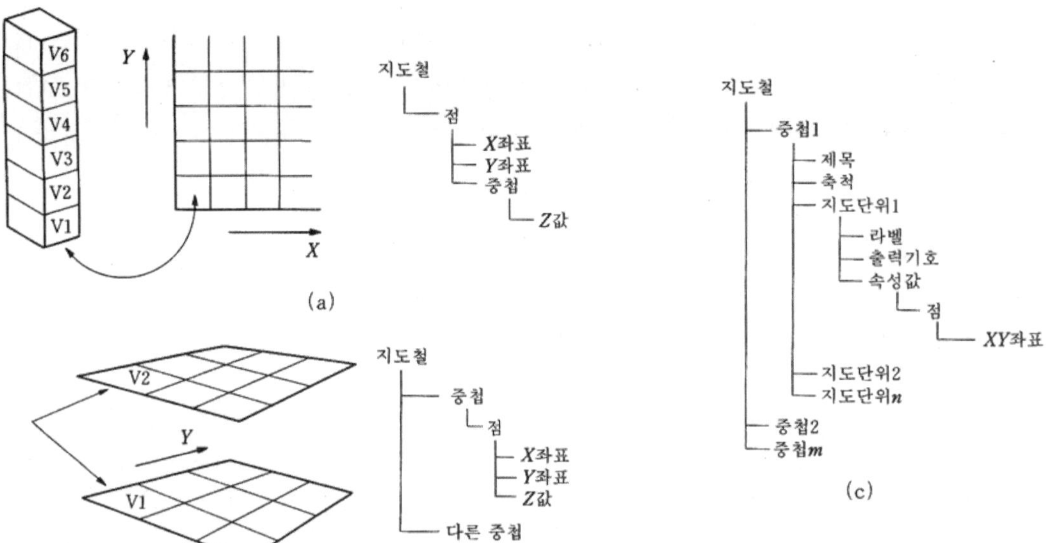

[부그림 1.12]

1) 사슬부호(chain code)

[부그림 1.13]에서 영역(region)의 경계는 그 시작점과 일련의 주요한 방향에 대한 단위벡터로써 주어질 수 있고 이러한 방향들은 수치화될 수 있다. 즉, 동쪽은 0, 북쪽은 1,

서쪽은 2, 남쪽은 3 등 숫자로 방향을 정의한다. 10행 1열인 셀에서 시작할 때, 영역의 경계선은 시계방향으로 다음과 같이 입력된다.

$$0, 1, 0^2, 3, 0^2, 1, 0, 3, 0, 1, 0^2, 3^2, 2, 3, 0^2, 1, 0^5,$$
$$3^2, 2^2, 3, 2^3, 3, 2^2, 1, 2^2, 1, 2^2, 1, 2^2, 1, 2^2, 1^3$$

여기서, 각 방향에 대한 단계(step 또는 pixel)의 수는 첨자로 주어진다. 사슬 부호는 한 영역의 표현을 저장하는 데 매우 압축된 방법을 제공하며, 면과 주변부의 산정이나 곡선의 변위점을 요철(凹凸) 면을 탐색하는 것을 가능하게 한다. 반면에 완전한 격자 표현으로 되돌아가지 않는 한 합집합(union)이나 교집합(intersection) 등과 같은 중복 조정을 수행하기가 힘들다. 다른 결점은 영역 사이의 모든 경계가 두 번 저장되어야 하므로 생기는 용량의 소모이다.

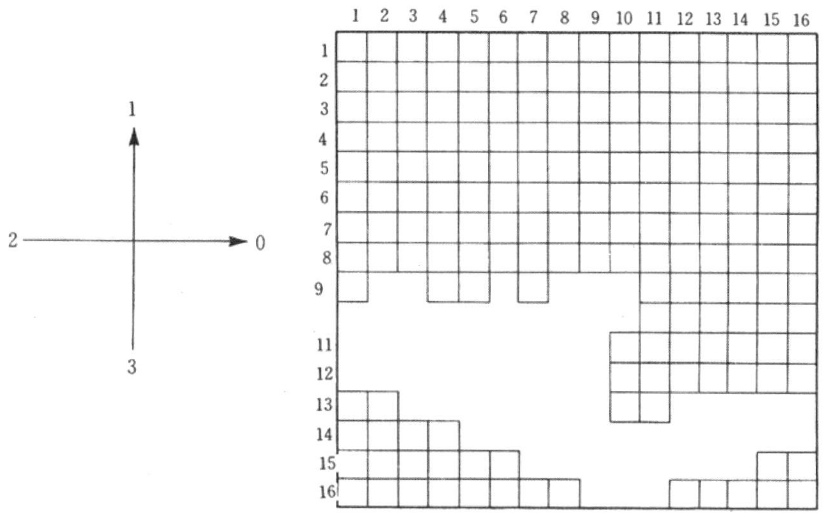

[부그림 1.13]

2) 연속 분할 부호(run-length code)

연속분할 부호는 각 도화단위에서의 점들을 왼쪽으로부터 오른쪽으로 시작 셀과 끝 셀을 저장하는 방법이다. [부그림 1.13]에 나타난 면적에 대해서는 입력은 다음과 같이 된다.

9행　2,3　6,6　8,10
10행　1,10

11행 1,9

12행 1,9

13행 3,9 12,16

14행 5,16

15행 7,14

16행 9,11

이 예에서 [부그림 1.13]의 69개 셀은 정보의 손실 없이 숫자로 완전히 부호화되어 입력된다. 따라서 자료를 저장하는데 필요한 공간을 절약할 수 있다. 연속분할 부호화는 일대 다수의 관계(한 지도단위가 다수의 셀로 구성된)가 있을 때에 자료저장이 용이하며, 특히 자료의 저장에 제한을 받는 소형 전산기를 이용하는 데 알맞다. 그러나 너무 지나친 압축은 지도의 제작이나 자료의 처리과정에서 처리 시간을 길게 만들 수 있다. 즉, 연속분할 부호는 또한 간단한 격자형 자료기반에 입력시켜야 할 자료의 양을 줄이는 데 있어서 유용하다.

3) 블록 부호(block code)

연속분할 부호의 개념은 도화될 지역에 정사각형 블록을 붙임으로써 2차원으로 확장할 수 있다. [부그림 1.14]은 [부그림 1.13]의 격자형 지도에 대하여 이것을 어떻게 할 수 있는가를 보여준다. 자료구조는 세 가지 숫자, 즉 원점(중심부나 좌측 하단)의 XY 좌표와 정사각형 기준거리로 되어 있는데 이것을 중간축 변환(MAT : Middle Axis Transformation)이라 부른다.

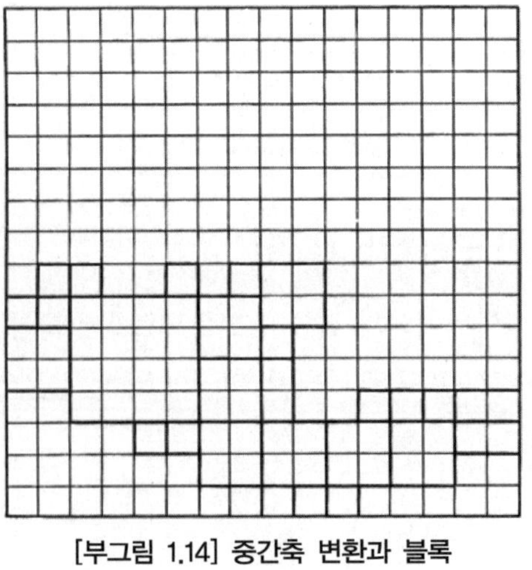

[부그림 1.14] 중간축 변환과 블록

[부그림 1.13]에 나타난 영역은 16단위의 셀 한 개로 이루어진 정사각형과 9개의 4단위 정사각형, 그리고 17개의 1단위 정사각형으로 저장된다. 각 정사각형에 대하여 2개의 좌표가 필요하므로 이 지역은 57개의 숫자로 저장될 수 있다. 즉, 54개는 좌표값, 3개는 셀의 크기 또는 지름을 표시한다. 주어진 지역에서 맞추어지는 정사각형이 클수록 경계선은 더욱 단순해지기 때문에 이 방법이 효율적이다. 연속분할 부호와 블록부호 모두 크고 단순한 형상에 대해서 매우 효율적이나, 기본적인 셀에 비해 몇 배 크지 않은 복잡한 지역의 경우에 있어서는 그렇지 못하다. 중간축변환은 영역들의 합집합이나 교집합 연산을 수행하거나 지도단위의 길이와 같은 특성을 포착하는 데 장점이 있다. 어떤 조정에 있어서는 블록(block)이나 연속분할 부호로 저장된 자료를 간단한 격자형 형식으로 변화시켜야 한다.

4) 사지수형(quadtree)

보다 압축된 표현에 대한 네 번째 방법은 단계적으로 $2^n \times 2^n$ 배열을 4분원으로 분할하는 것이다. 영역을 한 단계씩 밟아 4분원으로 분할시키면서 어떤 단계의 분원이 도면화 단위지역(mapping unit)에 완전히 포함되는가를 찾는다. 분할의 최저단위는 한 개의 영상소이다. [부그림 1.15]에서는 [부그림 1.13]의 단위지역을 점진적으로 나누어 사분원 블록으로 채우고 있다. 이 블록 구조는 사지수형 표현으로 [부그림 1.16]와 같다.

$2^n \times 2^n$ 점의 전체배열은 사지수의 중심절점(root node)은 0이고, 나무의 최대높이는 n단계이다.

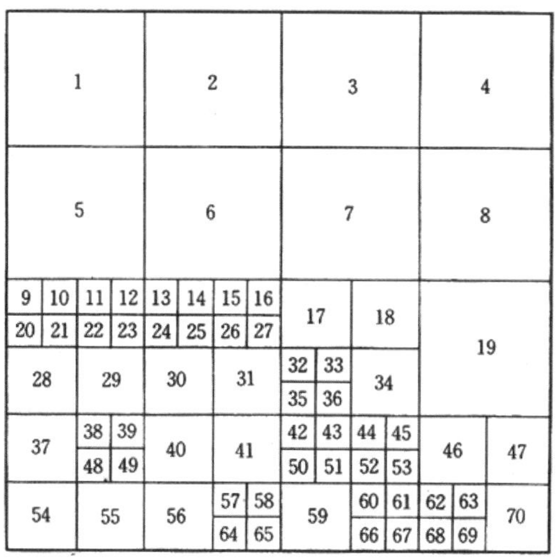

[부그림 1.15] 사지수형의 한 예

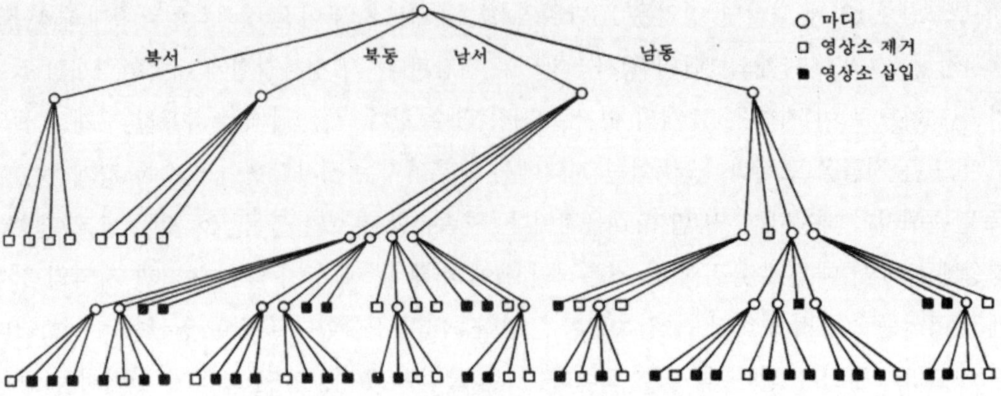

[부그림 1.16] 지역의 사지수형 구조

각 절점은 NW, NE, SW, SE 4개의 가지를 갖는다. 잎 절점(loaf node)은 더 이상 작게 분할 할 수 없는 4분할을 가리킨다. 사지수형에서의 각 절점은 2비트로 표현하는데, 이것은 끝이 '안(↑↓)'인지 '밖(↓↑)'인지 혹은 현재 위치의 절점이 '안(↑↓)'인지 혹은 '밖(↓↑)'인지를 정의한다. 따라서 [부그림 1.16]의 영역은 96bit, 즉 6×16비트의 단위로 부호화할 수 있다.

사지수형은 다른 격자형 표현 방법보다 많은 장점이 있다. 첫째, 사지수형은 지역의 표준적인 특성(standard region property)이 간편하게 효율적으로 계산될 수 있다. 또한 사지수형은 가변적인 해상력을 가지는 배열이기 때문에 정보가 비어있는 부분을 단순하게 처리하면서도 정보가 있는 부분(또는 면적)은 자세하게 취급할 수 있어 기억용량을 효율적으로 이용할 수 있다([부그림 1.17]. 그러나 사지수형의 가장 큰 문제점은 격자망의 위치와 방향을 객관적으로 정할 수 없기 때문에 적용마다 다른 결과가 나타날 수 있다는 것이다.

즉, 결과적으로 같은 형태와 크기를 가진 두 개의 지역이 다른 사지수형이 될 수 있기 때문에 형상분석과 형태인식(pattern recognition)에는 적합하지 않다. 반면에, 사지수형은 이질적인 지형을 분리해 내고 도형 내의 구멍을 표현할 수 있다는 장점이 있다. GIS에서의 사지수형에 대한 이용은 점차 관심이 커져 가고 있으며 많은 이점이 있는 기법으로 이용되고 있다.

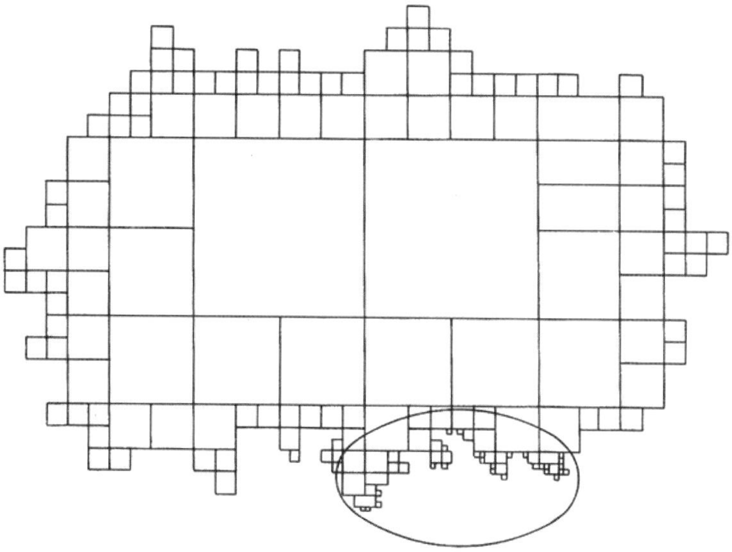

[부그림 1.17] 사지수형에 의해 구획된 지역

1.2 자료입력

자료입력이란 지형공간정보체계 자료기반(data base)을 위해 전산기가 자료를 읽고 쓸 수 있는 형식으로 자료를 부호화시키는 절차이다. 자료입력은 지형 공간정보체계를 수행하는 데 있어서 가장 문제가 되는 부분이다. 자료기반을 구축하는 초기비용은 하드웨어나 소프트웨어에 드는 비용보다 일반적으로 5~10배 정도이다. 자료기반을 정확하고 신속하게 구축하는 것은 지형공간정보체계 운용에 있어서 중요하다. 정확한 정보는 처음부터 정확하게 작성된 자료를 기초로 하여 생성된다. 자료의 정성적인 정보에는 수집날짜, 위치의 정확도, 분류 정확도, 완벽성, 그리고 자료를 수집하고 부호화하는 데 사용된 방법 등이 포함된다.

지형공간정보체계에 입력되는 자료는 위치자료와 특성자료의 두 가지로 나뉜다. 위치자료는 지형의 지리적 위치를 표시한다. 점, 선, 면 등으로 거리, 호수, 교량의 위치와 같은 지리적 형태를 표현한다. 특성자료는 거리의 이름, 호수의 성분, 교량의 구성 등과 같은 정보를 말한다. 자료입력 과정에서 위치자료와 특성자료들이 입력되고 서로 올바르게 연결되어져야만 한다.

지형공간정보체계에서 일반적으로 자료를 입력하는 체계는 다음 5가지로 나눈다.

(1) 자판입력(keyboard entry)

(2) 기하학적 좌표(coordinate geometry)

(3) 수동식 디지타이징(manual digitizing)

(4) 스캐닝(scanning)

(5) 기존의 수치 파일 입력(input of existing digital files)

자판입력은 전산기 단말기를 통해 자료를 수동적으로 입력시키는 것이다. 특성자료는 일반적으로 자판에 의해 입력된다. 반면, 위치자료는 거의 그렇지 못하다. 기하학적 좌표에 관한 것만 주로 자판에 의해 입력된다. 이들 자료로부터 위치형태의 좌표가 계산되고, 지형공간정보체계에 적합한 자료 파일이 만들어진다.

디지타이저는 지도로부터 위치자료를 입력시키기 위해 가장 널리 사용되는 방법으로 선추적형 입력 방식이다. 지도를 디지타이저 면에 올려놓고, 디지타이저의 입력지시기인 퍽(puck) 혹은 입력지시기인 마우스(mouse)와 같이 손으로 잡고 사용하는 장치를 이용하여 각 지도의 형태를 따라 그대로 그려 나가는 데 사용된다. 커서의 위치는 수치형태의 좌표 자료를 생성하는 장치에 의해 정확하게 관측된다.

스캐닝(scanning or scan digitizing)은 지도자료를 입력하는 데 있어서 보다 자동화된 방법으로 격자형 입력 방식이다. 지도로부터 생성된 격자형 수치영상은 전산기에 의해 영상의 질이 개선되거나, 격자형의 자료를 선추적형 자료로 변환시킨 후에 생성된다. 최종적인 지형공간정보체계에 적합한 자료 파일을 생성하기 위해 교정, 검사를 도와주는 보조기기가 이용될 수도 있다.

위치 · 특성 자료는 수치형태로 보다 널리 사용되거나 때때로 지형공간정보체계의 자료기반에 그대로 입력되는 경우도 있다. 앞으로는 수치자료의 증가된 이용 능력이 수치 도형 자료기반을 개발하는 데 필요한 시간과 비용을 줄여 줄 것이다.

1.2.1 자료 입력기기

1. 자판입력(keyboard entry)

대부분의 특성자료는 자판에 의해 입력된다. 많은 경우에 이들 자료는 자판에 의해 수치형식으로 입력되며, 현장관측의 경우에는 휴대용 전산기에 현장에서 자판에 의해 자료가 수치형식으로 바뀌어 기록된다. 이들 휴대용 전산기는 자료를 수집하기 위해 주변 저장기기 등을 사용하며, 이들 자료 파일은 주기적으로 다른 전산기에 저장되거나, 저장용 디스켓에 복사되어진다.

2. 기하학적 좌표처리(COGO : Coordinate Geometry)

기하학적 좌표처리과정은 주로 토지 기록에 대한 정보를 입력하기 위해 사용되며, 조사자료는 일반적으로 자판에 의해 입력되고, 이 자료로부터 위치의 좌표들이 계산되고 지형공간정보체계에 적합한 자료의 파일이 생성된다. 실제 측량관측에 의해 입력되므로 정확도는 높은 수준이나, 수동 디지타이징보다 일반적으로 많은 비용이 소요된다. 측량기술자들은 그들의 계산 과정의 적용에 있어서 기하학적 좌표의 높은 정확도를 필요로 하나, 다른 설계자나 일반 사용자들은 다소 낮은 정확도를 가진 디지타이저를 이용하기도 한다.

3. 수동식 디지타이징(manual digitizing)

수동식 디지타이징은 지도로부터 위치 자료를 입력하는 데 가장 많이 쓰이는 방법이다. 디지타이징 태블릿(tablet)은 영상면지시기인 커서(cursor) 대신 자기펜(magnetic pen), 입력지시기인 마우스(mouse), 디지타이저의 입력지시기인 퍽(puck) 등을 부착하여 지형공간정보체계의 운용기기로써 많이 사용된다. 일반적으로 요즘은 십자선이 부착된 퍽이나, 16개 이상 되는 단추를 가진 퍽이 많이 사용되어(4개, 12개의 버튼만 있어도 사용가능) 정확도나 편이성을 높여 주고 있다. 지도를 따라 디지타이저를 움직일 때마다 생성된 좌표자료는 즉시 지형공간정보체계를 위해 사용되거나, 필요할 때 사용을 위해 저장된다. 디지타이징 입력작업 그 자체는 전산처리 능력을 적게 필요로 하므로, 다소 작고 값싼 전산기가 디지타이징 처리와 자료를 저장하는 데 사용될 수 있다.

디지타이저의 효율성은 이것을 처리하는 소프트웨어나 운영자의 기술에 의존하며, 정확도는 영상소의 셀(cell)이 클수록, 경계선이 복잡할수록 감소하며 자체의 해상력에 좌우된다. 단, 디지타이저의 최대 사용편차가 해상도의 ±3~6배율을 넘어서는 안 된다. 선을 따라서 자료를 입력시키는 이러한 수치화 과정은 시간 소모적이며, 오류가 발생하기 쉽고 지루한 작업이기 때문에 하루에 4시간 이상 계속 작업을 하는 것은 좋지 않다.

4. 스캐너(scanner or scan digitizer)

스캐너는 수동식 디지타이저에 비해 자료 입력에 있어서 보다 빠르고 자동화된 수단이다. 스캐너에서는 지도의 수치 영상이 지도 표면을 가로지르는 전자탐색기의 움직임에 따라 생성된다. 일반적으로 횡단 스캐너(pass-through scanner), 원통형 스캐너(drum scanner), 평판 광학스캐너(flat-bed scanner)와 같은 세 가지 종류의 스캐너가 이용된다. 횡단 스캐너는 문서를 슬롯(slot)을 통해 공급하거나 각 줄마다 스캐너의 헤드가 읽어서 기록하며, 원통형 스캐너는 지도를 실린더형의 원통에 놓고 *X*방향으로 감지기가 움직이고, 또한 같은 방향으로 원통이 회전하며 읽어서 기록한다. 평판 광학 스캐너는 전하결합장치(CCD : Charge-Coupled Device)가 장착되어 있는 스캐너 헤드가 자료지도 위를 이동하면서 자료를 읽어서 기록한다. 전하결합장치는 표면에 투사되는 빛의 입자를 전자의 수로 변환시킬 수 있는 반도체 장치이다. 일반적으로 전하결합장치는 매우 작고, 10㎜×10㎜의 정사각형 안에 25만 개의 영상소를 포함한 해상력을 가진다.

스캐너는 적 · 녹 · 청 필터를 사용하여 동일한 대상을 세 번 스캐닝하여 색 정보를 기록한다. 영상면의 질을 증진시키기 위해 전산기로 격자형(raster) 영상면이 처리되고, 작업자는 그 격자형 영상면을 편집 및 처리를 한다. 만일 자료의 선추적형식이 요구되면, 부가적으로 격자형에서 선추적형으로의 변환처리가 행해진다. 편집처리 중이나 선추적 형식으로의 변환 후에, 각 위치 요소에 고유번호가 할당되며 특성 자료는 이들 고유번호에 의하여 위치자료와 연결된다. 성능이 좋은 스캐너에서는 영상소의 크기를 조절할 수 있는 단계별 크기가 25~50μm 정도이며, 몇몇 종류의 스캐너는 단계별 크기를 선택 가능하도록 설계되어 있다.

스캐너로부터 얻은 영상면은 원 자료의 손상 혹은 등고선의 밀집으로 인해 여러 개의 등고선이 하나로 읽혀지는 것과 같은 문제점을 갖고 있다. 스캐너로부터 얻어진 수치지도 자료가 포함하고 있는 문제점은 대화식으로 수정되며, 등고선에 고도를 추가적으로 삽입할 때도 대화식 방법을 이용한다. 원통형 스캐너는 등고선의 처리에 대해 수동적인 작업보다 7배 정도 빠르고, 면적 측량에서도 최소한 2배 정도가 더 빠르다.

선명한 영상면을 얻기 위한 스캐닝 요령은 다음과 같다.

(1) 격자형으로 입력할 원본 영상면의 상태가 깨끗해야 선명한 영상면을 얻을 수 있다.

(2) 정확한 스캐닝 방식을 선택해야 한다. 원 영상면이 흑백이라면 해상도가 높을수록 효과가 좋은 라인 아트(line art) 방식을 이용하고, 유색이라면 하프톤(halftone) 방식을 이용하는 것이 좋다.

(3) 좋은 영상면을 얻기 위해서는 해상도가 높아야 한다. 해상도가 높다고 해서 반드시 좋은 영상면을 얻을 수 있는 것은 아니다.

(4) 하프톤 방식의 스캐닝시에는 되도록 속도를 느리게 하는 것이 좋다.

(5) 원하는 색을 정확하게 얻기 위해서는 스캐너의 LED(빨강, 노랑, 녹색)와 필터를 잘 이용해야 한다.

(6) 선이 두껍고 크기가 큰 영상면을 스캐닝할 때에는 영역을 세분하여 차례로 스캐닝하는 것이 좋다.

5. 기타의 기기

1) 비디오 좌표관측기

지형공간정보체계의 적용에 있어서 비디오 좌표관측기는 매우 유용하다. 비디오 좌표관측기는 영상면을 신속하고(1/60초) 저렴하게 포착할 수 있다. 비디오 좌표관측기는 일반적으로 수직으로 놓여서 카메라 아래의 수평한 표면을 따라 스캐닝하며 영상처리 소프트웨어를 사용하면, 영상을 영상면에 나타낼 수도 있고, 여러 형태의 분석이 가능하다. 그러나 카메라는 광학적 혹은 기하학적인 왜곡을 수반하고 해상력에 제한이 있기 때문에 높은 해상력과 정확도를 필요로 하는 경우에는 부적당하다. 때때로 지질학, 임학과 몇몇 분야에서 비디오 좌표 관측기는 효과적으로 이용되고 있다.

2) 해석 입체 도화기

입체도화기는 한 쌍의 입체 항공영상면으로부터 직접적으로 등고선의 고도와 위치를 기록하는 데 사용하는 기기이다. 원래 이러한 기기는 수동적으로 운용되며 기계식 제도 테이블과 연결되어, 처리담당자가 광학적 장치를 통해 등고선을 주시하면서 직접적으로 종이위에 그릴 수 있도록 한다. 자료를 자동으로 취득하기 위해 기계식 제도 테이블에 전자-기계식 X, Y, Z기록기를 이용하여 출력을 종이테이프 장치와 연결시키게 되면, 입체 도화기가 3차원 디지타이저로 변환되어 *X*, *Y*, *Z*좌표가 기록될 뿐만 아니라, 결과물을 직접적인 처리가 가능한 테이프, 이동식 하드 디스크와 같은 자기 매체에 파일로서 기록할 수 있는 소형 전산기가 내재되어 있으므로 축척과 지도의 왜곡을 처리 할 수 있다. 정확도가 높은 입체 도화기들은 지형도 제작에 많이 이용되고 있고 통합 지도제작 체계에 직접적으로 연결될 수 있다.

1.2.2 자료변환

1. 변환방법

인쇄된 기록들을 지형공간정보체계 프로그램들에 적합한 형식으로 변환하는 방법에는 여러 가지가 있다. 그 결과로 사용자들은 특정한 변환 제품들을 선택 할 수가 있다. 변환방법들에는 점대응형 디지타이징(point to point digitizing), 탁상형 디지타이징(table digitizing), 영상주시형 디지타이징(heads-up digitizing), 자동 디지타이징(automatic digitizing), 지능형 디지타이징(intelligent digitizing) 등이 있다.

1) 점대응형 디지타이징(point to point digitizing)

작업자는 인쇄된 기록상에서 특정한 점을 선택하고 지형공간정보체계의 기본 기능들을 사용하여 그 점들을 전산기에 위치시킨다. 장점으로는 특정한 변환 제품의 사용법을 알 필요가 없고, 작업자의 기존 경험을 살릴 수 있다. 단점으로는 자료변환이 지형공간정보체계 소프트웨어에 의존적이고, 시간 소모적이며, 작업자의 기술 정도와 기분 상태에 따라 정확도가 좌우된다.

이상 크기(unusual size)를 그릴 때, 빽빽한 교차점이 있는 것을 그릴 때, 그리고 스캐닝이 불가능하도록 손상되거나 혹은 망가지기 쉬운 것을 그릴 때 많이 이용된다.

2) 탁상형 디지타이징(table digitizing)

인쇄 복사 기록을 눈금이 있는 디지타이저 판 위에 위치시킨다. 작업자는 선추적형으로 변환되는 기록상의 점들을 선택한다. 장점으로는 확립된 기술로서 눈금이 정확할 경우 높은 정확성이 있고 대단히 큰 크기를 그릴 수 있다. 단점으로는 넓은 물리적 공간을 차지하며, 시간 소모적이고, 작업자의 기술 정도와 기분 상태에 따라 정확도가 좌우된다. 이용 가능한 곳은 점대응형 디지타이징과 비슷하다.

3) 영상주시형 디지타이징(heads-up digitizing)

작업자는 전산기 영상면상에서 격자형의 파일을 보고 선추적형화할 특징점을 선택한다. 모든 선추적형 자료는 작업자에 의해 생성되는데 작업자는 반드시 각 선을 손으로 그려야만 한다.

장점으로는 격자형과 선추적형 파일들을 동시에 볼 수 있고 특정 지형공간정보체계의 메뉴하에서 실행되도록 할 수 있다. 단점으로는 곡선들과 비정규적인 다각형들의 재생성이 어렵고, 시간 소모적이며, 작업자의 기술 정도와 기분 상태에 따라 정확도가 좌우된다. 적은 수의 선들, 곡선들 그리고 비정규 다각형들을 가지는 단순한 형태를 그릴 때나 선추적형자료로 변환될 격자 부분만을 필요로 하는 것을 그릴 때 주로 이용된다.

4) 자동 디지타이징(automatic digitizing)

전산기는 스캐너에 의해 생성된 격자형 파일을 보고 전산기가 찾아 낸 모든 것을 선추적형 자료로 변환한다. 장점으로는 선 자료의 변환에 효율적이고, 변환 과정 동안에 작업자의 조절이 필요 없고, 일괄처리가 가능하며, 도형, 문자들, 기호들의 인식을 위해 모양을 일치시키고 기본적인 규칙들을 지원한다. 단점으로는 격자 형식의 영상의 증진을 위해서는 훈련된 인력이 필요하고, 기호와 글꼴(font) 인식에 제한이 있으며, 문자와 기호, 격자의 선택된 부분만의 변환이 정확하지 않고 어렵다. 또한, 편집과 프로그래밍시 시간이 많이 걸리고, 격자형 파일들의 정확도에 의존한다. 유사한 부분이 많은 경우나 선 자료를 그릴 때, 반복되는 상징기호를 그릴 때, 상태가 좋을 때 주로 이용된다.

5) 지능형 디지타이징(intelligent digitizing)

작업자는 전산기 영상면상에서 격자형 파일을 보고 선추적화하게 될 대상들을 선택한다. 선추적화는 대화식이며 자동 혹은 수동으로 수행될 수 있다. 장점으로는 전산기가 선을 자동적으로 반복해서 변환시킬 수 있게 하고, 따로 편집이 필요 없으며, 기호, 문자, 그리고 선-글꼴변환의 지원이 가능하다. 단점으로는 격자형 파일들의 정확도에 의존하고, 작업자의 기술 정도와 기분 상태에 따라 정확도가 좌우된다. 혼합 격자-선추적 응용, 부분적으로 수치화되어야만 될 때, 작업자 판단이 요구되는 복합도형자료, 특성부여 또는 계층분류가 요구되는 도형자료 그리고 상태가 좋은 도형자료에 주로 이용된다.

2. 격자형-선추적형 자료변환

1) 격자형의 선추적형 자료화

격자형의 선추적형 자료화에 있어서, 첫째 점(點) 자료로의 변환에서는 대응하는 망조직의 중심점을 점 자료로 하며, 둘째 선분(線分) 자료로의 변환에서는 스캐너로 읽은 지도자료와 같은 격자형의 자료를 다음과 같은 순서로 선추적형화 할 수 있다.

① 세선화(thinning) : 폭이 큰 격자형의 자료를 단위 폭의 조직망으로 바꾸는 처리이다.

② 잡음(noise) 제거 : 스캐너로 읽은 자료 중 잡음이나 불필요한 기호를 제거하거나, 임의로 생긴 선분이나 끊어진 선분을 잇는 처리이다.

③ 선추적형화(vectorizing) : 세선화된 격자형의 선분 자료를 선추적형 자료화시키는데, 필요에 따라 이 자료로부터 면 자료가 작성된다.

셋째, 면(面) 자료로의 변환에서는 윤곽선을 선추적형화하고 윤곽선과 면과의 위상관계를 구축한다.

2) 선추적형 자료의 격자형화

선추적형 자료의 격자형화에서, 첫째 점, 선분자료의 변환에서는 망조직의 중심 위치를 연결한 격자의 선과 선분과의 교점을 구하여, 좌표화하고 격자화한다. 둘째, 면 자료의 변환에서는 각 조직망의 중심점이 어느 면에 포함되어 있는지를 확인해야 하므로 비효율적이다. 윤곽선을 아래에서 위로 추적할 때에는 조직망의 특성 값에 음의 값을 붙이고, 위에서 아래로 추적할 때에는 특성 값을 그대로 추가하여 격자화시킨다.

1.2.3 위치자료와 특성자료의 결합

특성자료를 다루는 데 있어서 다양한 양의 이론과 실제적인 경험이 축적되어 왔으며, 특성자료와 연결된 공간정보를 다루기 위한 자료기반 체계의 발전은 최근에 보다 활발해졌다. 공간정보(空間情報)는 일반적으로 특성자료에 비해 자료를 저장하고 다루는 데 있어서 훨씬 복잡한 형태이다. 대부분의 위치자료는 여전히 종이지도, 영상, 표, 문서 등의 형태로 저장되어지고, 수동적인 기법으로 분석된다. 그러나 전산기를 이용하여 검색과 분석을 할 수 있도록 그에 적합한 수치형식으로 자료를 수집하고 저장할 수 있는 지형공간정보의 양이 급속히 증가되고 있다. 이러한 자료들 중 대부분은 기존의 지도를 수치적으로 표현한 것이다. 전산기를 이용한 처리는 일반적인 지도 형태로는 표현할 수 없는 많은 지형 자료군들을 처리 가능케 하여 동일한 공간자료기반에 적용시킬 수 있도록 한다.

자료입력 시에 지형번호와 고유번호가 직접적으로 도형 사상과 연관될 수는 있으나, 많은 수의 복잡한 특성자료를 대화형태로 입력한다는 것은 비효율적이다. 공간자료를 이미 수치화된 점, 선, 면과 연결시키는 것은 각 점, 선, 면들의 고유번호를 이용하여 자동처리할 수 있는 특별한 프로그램을 사용하는 것이 좋다. 이렇게 해서 고유번호와 좌표가 자료기반에 저장된다. 일반적으로 디지타이징 입력과정의 일부분으로서 고유번호를 수동적으로 입력하는 것은 쉽다.

1.3 자료의 관리

일반적으로 각종 자료를 수집하고 처리하는 동안 많은 오차를 발생시킬 수 있는데, 자료를 확인하고 편집 · 저장하는 자료관리는 이러한 과정에서 생기는 오차를 줄이고 보다 효율적인 자료이용이 가능하게 해주는 총괄적인 의미를 말한다.

[부표 1.1]은 자료의 확인과 편집에 사용되는 일반적인 지형공간정보체계의 자료관리 기능을 나타내고 있다.

[부표 1.1] 자료의 유지관리 및 조작에 대한 일반적인 지형공간정보체계 기능들

항목	내용
삽입/삭제/교환 (add/delete/change)	길이, 문자, 문자형태, 도형 사상(entity)의 특성들을 대화식으로 편집(점, 선, 면)
이동/회전(move/rotate)	사상(점, 선, 다각형, 영상소군)을 새로운 위치로 이동
확장/수정(stretch/rectify)	실제적인 기반에 맞도록 좌표를 조정
축척 변환(transform scale)	주어진 축척에 일치되도록 좌표를 조정
투영 변환(transform projection)	주어진 투영에 일치되도록 좌표를 조정

대상영역 추출(zoom/window)	관심지역의 확대/축소
클립(clip)	관심 지역을 개별적인 부분으로 절단
경계선정합(join/edge match)	선과 문자 정보의 연속성을 위해 두개 혹은 그 이상의 인접 지도를 결합
다각형중첩과 병합 (polygon overlay and merge)	두 개의 다각형망을 교차시켜 하나의 새로운 다각형망을 생성
3차원 투영 (3-dimensional projection)	자료를 3차원적으로 시각화
격자형의 선추적형 자료화 (raster to vector conversion)	격자형 자료를 선추적형 자료로 바꿈
선추적형 자료의 격자형화 (vector to raster conversion)	선과 다각형 자료를 영상소로 바꿈
일반화와 유연화 (generalization and smoothing)	축척에 따라 자료구조를 변화시키기 위한 자료축소 연산법으로써 수치화된 선들 중 필요 없는 좌표 제거
자료 검색과 결과 (data retrieval and reporting)	항목수를 계산하고, 면적, 둘레, 거리 등을 나타내는 단순한 처리, 단순한 불린(Boolean) 검색. 결과는 다음 과정을 위해 문자 파일로 쓰여 질 수 있다.

1.3.1 자료의 확인

정확하게 수치화된 위치자료를 확인하는 가장 좋은 방법은 전산기를 이용하여 반투명하고 얇은 종이에 본래의 자료와 동일한 축척으로 그리는 것이다. 두 지도를 조명이 있는 탁자 위에 두고 지도를 체계적으로 비교하여, 오차가 있을 경우는 굵은 펜으로 명확하게 기입한다. 어떤 선추적형자료의 체계에서는 각 그림 실체요소(entity)와 연결된 고유번호를 출력해 볼 수 있고 확인이 가능하다. 만일 지도가 유일하게 한 장뿐이라면 지도의 경계 내에서 고려되어야만 하고, 지도가 큰 지역을 포함하는 연속된 지도 중 하나이거나 수치화된 자료가 전산기의 지도자료와 연결되어야만 한다면 위치자료는 반드시 지도 경계의 근접부분을 검사해야만 한다. 다각형 형성과 같은 응용에 있어서는 위치자료가 오차를 내포하고 있을 수 있다.

특성 자료는 그것의 파일을 인쇄하여 검사하거나 직접 눈으로 열(재)을 검사할 수 있다. 보다 좋은 방법은 숫자를 문자로 인식하여 범위를 크게 벗어난 숫자들과 같은 뚜렷한 오차를 검사할 수 있는 전산 소프트웨어를 이용하여 자료 파일을 검색하는 것이다. 이러한 소프트웨어를 활용하게 되면, 위치-특성 자료의 연결이 바르게 이루어졌는가를 검사할 수도 있다.

1.3.2 자료의 편집과 오차

1. 자료의 편집

일단 자료가 지형공간정보체계에 입력되면 그것들은 적절하게 처리되어야만 한다. 그러한 자료처리에 있어서 두 번째 단계가 자료를 편집하는 것이다. 자료의 파일에 수치화된 선과 점을 위치시키는 처리 과정이 선추적형의 자료를 편집하고 적합한 자료구조를 택하는 데 기초적인 과정이 된다. 문자열과 점들의 좌표와 특성자료는 전산기로 검색되어야 하며, 전산기를 통해서 지형의 전체 혹은 부분 그리고 한 점은 삭제될 수도 있고 지형코드나 그들의 위치도 변할 수 있다.

편집 기능은 지형을 그림 혹은 문자-수치 형식으로 보여 주기 위한 첨가, 삭제, 교환, 단순한 검색 기능이 가능해야만 한다. 디지타이저의 영상면 지시기인 커서를 이동시켜, 영상면 위의 지형에 지시자(pointer)를 직접 위치시킨다. 지시자의 좌표는 그림 파일 내의 자료와 일치시키는 데 사용되며, 연결되지 않은 점들은 전산 명령으로 연결시킬 수 있다. 지형공간정보를 편집하는 과정은 많은 시간을 필요로 한다. 오차가 생기는 부분은 자판과 디지타이저를 이용하여 원하는 지형을 확대시켜 그 특성값과 공간적 위치값을 수정하게 되는 데, 필요한 경우에는 전산명령을 이용하여 그림 사상을 이동, 회전, 삭제, 삽입, 확장시키게 된다.

2. 발생 가능한 오차

자료는 인간과 전기적 · 기계적인 이유 때문에 항상 오차(誤差)를 내포하게 되고, 따라서 어떤 항목의 자료는 삭제되거나 수정될 필요가 있고 정보가 누락된 경우는 첨가시켜야만 한다. 지형공간정보체계를 이용함에 있어 각 단계에서 발생 가능한 오차는 다음 [부표 1.2]와 같다.

[부표 1.2] 발생 가능한 오차

단계	발생 가능한 오차
자료 수집	현장자료 수집 시 생기는 오차 본 자료로 사용되는 기존지도의 오차 원격탐측에 의해 얻어진 자료의 분석에서 생기는 오차
자료 입력	운용자와 장비에 의해 발생하는 수치화 과정의 부정확성 지형형상의 본질적인 부정확성
자료 저장	수학적인 정확도의 부족 공간적인 정확도의 부족
조작	분류 간격의 부적합 경계 부분의 오차 다중중첩으로 인한 오차전파 다각형 중첩 절차에 의해 발생하는 틈새
자료 출력	축척의 부정확성 출력장치의 부정확성에 의해 발생하는 오차 매체의 불안정성에 의해 발생하는 오차
결과의 이용	정보의 부정확한 이해 정보의 부정확한 사용

1.3.3 자료의 갱신

많은 지형공간정보는 항상 변화하기 때문에 그것을 정적인 상태로 놓아두어서는 안 되며, 이들 변화는 예측이 어려워 자동적으로 수행될 수도 없다. 실제로, 지형정보가 변화되었다는 것은 이것이 수정되어야 할 필요가 있는 것으로써, 이러한 갱신에 필요한 기능들은 자료 편집 시 사용되는 기능과 일치한다. 그러나 갱신이란 단순히 구식이 되어 버린 자료기반을 수정한다는 개념을 넘어서, 재측량(再測量)을 하여 새로운 정보를 처리한다는 개념을 내포하고 있다. 자료기반의 갱신을 위해 측량계획을 세운다는 것은 무엇이 변했는가를 알기위해 현재의 자료기반을 참조해야 하기 때문에 조직적이어야만 한다. 지구의 표면과 같아 그 변화가 느린 경우에는 자료를 갱신한다는 것은 큰 문제가 되지 않지만, 여러 종류의 지형자료는 구식이 되어 버린 자료기반을 갱신하고자 하는 것보다 오히려 몇 년 간격으로 완전히 재측량을 하는 것이 보다 효율적일 수도 있다. 특성 자료와 변하지 않는 공간 실체요소 사이를 1대 1로 연결시킬 수 있다면 상대적으로 특성 자료를 갱신하는 것은 사소한 일이 된다.

1.3.4 자료의 저장

1. 자료의 저장기기

지형공간정보체계를 효율적으로 이용하기 위해서는 많은 양의 자료를 저장(貯藏)하고, 저장된 자료를 쉽게 처리할 수 있어야 한다. 특히 지형공간정보체계에서와 같이 대형 전산기를 이용하는 경우에 있어서는 필요한 정보를 저장하기 위하여 수십억 문자를 저장할 수 있고, 필요한 자료를 호출할 수 있는 기능을 지녀야 한다. 지형공간자료는 크게 종이로 된 서류, 마이크로필름, 그리고 전자기 저장매체에 저장된다고 볼 수 있는데, 이러한 저장 방법이나 기기를 선택할 때에는, 첫째, 자료의 호출방법, 둘째, 기억 내용이 비휘발성이고 반영구적인 보존이 가능할 것, 셋째, 자료의 삽입, 삭제, 갱신 등이 용이할 것과 같은 사항들을 잘 고려해 야만 한다.

1) 종이종류

실제적인 자료기반을 기록하는 데 있어 가장 많이 사용해 온 방법으로서, 자료의 용량이 방대해져 가고 있는 요즘에는 거의 그 효용성을 잃어 가고 있는 고전적인 방법이다.

2) 마이크로필름(microfilm)

마이크로필름 기술은 토지와 관련된 다양한 기록들을 저장하는 데 있어서 중요한 매체이다. 이 기술은 원래의 문서보다 적어도 50배 이상 축소시킬 수 있는데, 이것은 많은 공간을 절약할 수 있어 매우 비용이 적게 든다. 예를 들면, 2만 페이지 이상의 A4용지가 한 개의 16㎜필름 롤에 기록될 수 있다. 기록 관리자들이 이용하는 마이크로필름의 제품들은 다양하다. 이러한 제품들에는 기록들이 연속적으로 호출되는 연속화 마이크로필름과 단일화 마이크로필름과 같은 것들이 포함되는데, 이것으로부터 기록들이 직접 호출될 수 있다. 1970년대에는 자료의 갱신이 가능한 마이크로피치(microfiche)가 많이 이용되었다. 이것은 첨가된 내용을 마스터(master) 복사에 의해 필름에 기록할 수 있었다.

3) 테이프 드라이브(tape drive or magnetic tape)

표면에 자성재료를 엷게 발라서 제작된 것을 릴(reel)에 감아 놓은 형태이다. 테이프에 의한 저장은 자료가 오픈릴식이거나 카트리지 형태일 때 유용하다. 카트리지 테이프나 릴에 감겨 있는 테이프는 지형공간정보체계에서 필요한 방대한 양의 자료와 소프트웨어(software)를 저장하거나 전송하는 데 사용된다. 테이프 드라이브에 의한 자료의 저장은 효과적이며 상대적으로 적은 비용을 요한다. 테이프에 의한 저장은 특히 체계의 사용자가 자주 이용하지 않는 자료를 저장할 때에 이용된다.

카트리지 테이프 드라이브는 대개 폭 6.35㎜, 길이는 일반적으로 24피트 정도로서, 소형전산기 체계를 제작하는 많은 사람들에 의해서 표준형으로 여겨진다. 이 장치에는 비디오나 카세트 카트리지와 유사한 테이프 카트리지가 있는데 여기에 300메가바이트의 자료가 저장될 수 있다. 이것은 반복적인 저장작업과 각종 소프트웨어를 저장하는 데 유용하다. 릴에 의한 테이프 드라이브는 대개 폭 12.7㎜, 길이는 일반적으로 800, 1200, 1600, 2400피트로서, 1950년 수치전산기의 상업화가 이루어진 이후로 자료를 저장하는 방법으로서 널리 사용되어 왔다.

자료는 자석(磁石)의 순간파동에 따라서 테이프 위에 연속적으로 저장된다. 테이프에 의한 저장은 수용하는 형태로 자료를 저장하였다가 큰 용량의 자료나 소프트웨어를 운반하는 데 유용하다. 전산기에 의한 지도제작체계의 경우, 테이프에 의한 자료의 저장은 다음과 같이 이용된다.

① 자주 필요하지 않은 자료나 소프트웨어를 기록
② 디스크의 손상에 의해서 발생하는 자료의 손실을 방지하기 위해서 자료를 계속적으로 저장시키는 작업을 진행
③ 서로 다른 전산기체계 사이의 자료나 소프트웨어의 이동

자료는 하나의 기록이 다른 기록 뒤에 순차적으로 저장되며 다시 순차적으로 읽혀진다. 저장된 기록들은 레코드간 간격(IRG : Inter Record Gap)에 의해 구분되는데, 이것은 자료가 판독되고 기록되는 과정에서 생기는 물리적인 가속 · 감속 시간에 의해 발생하는 것이다. 그러나 기록들 사이마다 한 개의 IRG가 있으면 매우 비효율적이므로 몇 개의 기록을 합하여 1개의 블록으로 만들게 되는데(따라서, 블록간 간격(Inter Block Gap : IBG)이 발생), 이러한 블록의 길이를 너무 크게 해주어도 버퍼가 너무 커지게 되어 효율이

떨어지므로 적당한 길이로써 블록을 만든다.

4. 디스크 드라이브

디스크 드라이브는 짧은 시간에 자료의 검색이 필요한 업무에 적용되는 장치로서 자기 테이프와는 달리 직접적으로 자료를 저장하고 검색하는 직접적인 접근 저장장치(DASD : Direct Access Storage Devices)로서 가장 효과적인 장치인데, 이는 자석 혹은 광학적 기술에 의해서 자료를 저장하며 초고속 채널을 통하여 처리장치에 연결된다.

1) 자기 디스크 매체

자기 디스크는 디스크 드라이버와 금속 산화물이 칠해진 여러 개의 디스크 카트리지로 이루어진 디스크 팩으로 구성되어 있다. 자기 디스크는 디스크 팩이 3,600회/분의 속도로 회전하면서 기록된 자료를 헤드로부터 읽어내는데, 헤드와 디스크 사이는 공기의 완충에 의해 약 1/100만 인치 정도 이하로 간격이 떨어져 있으며, 표면에 있는 자화된 점을 인식하여 기록된 자료를 전산기의 중앙처리장치에 전송하게 된다. 따라서 디스크의 회전속도는 자료의 전송 시간에 영향을 미치게 되는데, 이것은 자료가 호출되는 시간(data access time)에 대해 다음과 같은 관계가 성립하게 된다.

자료 호출 시간=위치 설정 시간+회전 지연 시간+자료 전송 속도

자기 디스크의 내부는 트랙과 실린더로 되어 있는데, 각 트랙은 홈 어드레스(home address)와 트랙 서술 레코드(track descriptor record) 및 여러 개의 자료 레코드로 구성되어 있다. 홈 어드레스는 그 트랙의 물리적 주소와 트랙의 상태를 보여 주며, 트랙 서술 레코드와 자료 레코드는 또 다시 계산 영역(count area), 키 영역(key area), 자료 영역(data area)으로 구성된다. 자기 디스크 매체에 대한 디스크 저장밀도와 자료의 접근비율은 점차적으로 발전해 왔다. 1980년 이후로 자기 디스크 매체의 저장밀도는 두 배가 넘게 되었다. 소형 전산기를 위한 자기디스크 드라이브인 5.25 혹은 3.5인치 형태의 디스크는 원래 20에서 500메가바이트를 저장할 수 있는 용량을 가진다. 소형 전산기 체계에서 14인치의 자기 디스크는 20메가바이트에서 수기가 바이트의 저장용량을 가진다. 점차 빠른 속도로 프로그램을 실행시키기 위해서 처리장치는 처리장치와 디스크 사이의 빠른 자료의 전송을 요하는데, 이러한 요구를 충족시키기 위해서 하드웨어를 개발하는 사

람들은 자료의 전송체계 혹은 버스, 디스크 조절장치 등을 갖춘 더욱 효과적인 읽기-쓰기 체계를 개발했다. 지형공간정보체계를 발전시키고자 하는 사람들은 이러한 발전양상을 방대한 지형정보의 자료기반(資料基盤)과 상호작용적인 처리를 위해서 사용해 왔다.

자기 디스크의 종류는 다음과 같다.

① 대형 금속 디스크 : 대형 전산기에 이용

② 중형 금속 디스크(윈체스터 디스크) : 밀폐된 용기 속에 디스크와 헤드가 함께 들어 있으며, 소형 전산기에서 많이 이용

③ 하드 디스크

㉠ 여러 개의 고정된 디스크가 영구히 설치되어 있다.

㉡ 용량은 일반적으로 GB(Giga Byte)로 표시하며, 다양한 용량의 하드디스크가 있다.

㉢ 동작 속도는 ms(millisecond)로 표시하며, 점점 그 처리 속도가 빨라지고 있다.

2) 광디스크 매체

광디스크는 원반 형태의 모형으로 레이저를 이용하여 각인을 하고, 빛을 감지함으로써 자료를 읽는 고용량 · 고속도의 디스크 매체로서 CD-ROM과 더불어 현재 가장 활발히 연구 · 개발되고 있는 저장 매체이다.

지형공간정보체계에서 사용되는 기타저장매체로 자기드럼, 자료 셀(data cell), 자기 버블 기억장치 등이 있다.

2. 자료의 저장형식

영상자료는 테이프 혹은 다른 매체에 의해 여러 가지 방식으로 저장된다. 그들 중 가장 일반적으로 쓰이는 저장형식은 다음과 같다.

(1) BIL(Band Interleaved by Line)

(2) BSQ(Band Sequential)

(3) BIP(Band Interleaved by Pixel)

자료가 블록화되지 않는 한, 단일 파장대에 대해 모든 자료 형식들은 동일하다.

1) BIL(Band Interleaved by Line)

BIL형식에 있어서, 파일 내의 각 기록은 단일 파장대에 대해 자료의 격자형 입력선(열)

을 포함하고 있다. 주어진 선에 대해 모든 자료의 파장대는 [부그림 1.18]과 같이 연속적으로 파일 내에 저장된다.

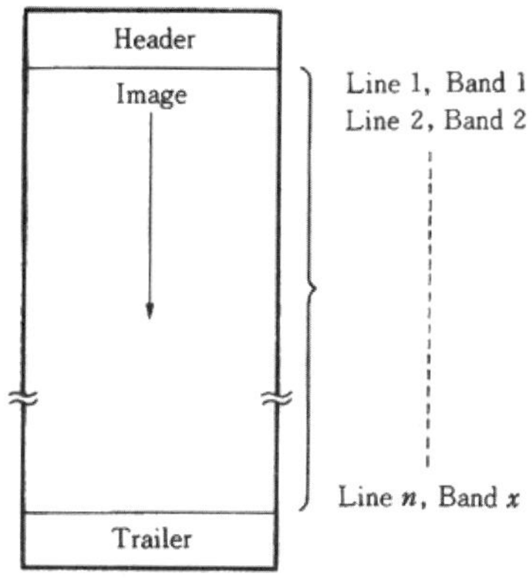

[부그림 1.18] BIL의 구성

그림에서는 헤더(header)와 트레일러(trailer)가 보이지만, 모든 BIL자료가 헤더와 트레일러를 포함하고 있는 것은 아니다.

2) BSQ(Band SeQuential)

BSQ형식에 있어서, 각 파장대는 분리된 파일을 포함하고 있다. BSQ형식의 장점은 단일 파장대가 쉽게 읽혀지고 보여질 수 있으며, 다중 파장대는 원하는 목적에 따라 불러올 수 있다.

BSQ자료는 블록화 될 수 있으며, 블록화 된 영상을 디스크에 불러 오기 전에 블록화 인수를 알고 있어야 하는 데, 이러한 정보는 9트랙 테이프의 경우 BSQ영상의 헤더 파일 내에 포함되어 있다.

LANDSAT의 TM자료는 빠른 형식으로 알려진 BSQ의 형식으로 저장되는데, 그러한 형식의 자료는 다음과 같은 특성을 가지고 있다.

① 테이프 사이에서 파일들은 분리되지 않는다. 만약 하나의 파장대가 첫 번째 테이프에서 시작되었다면, 끝도 첫 번째 테이프에서 끝난다.

② 각 파장대에는 파일의 끝(EOF)을 알리는 기호가 표시되어 있다.

③ 용량의 끝을 알리는 기호 역시 각 용량 끝에 표시되어 있다. 용량의 끝을 알리는 기호는 파일의 끝을 알리는 세 개의 기호로 구성되어 있다.

④ 각 테이프당 한 개의 헤더가 있다.

⑤ 영상 자료 앞에는 헤데 기록이 없다.

⑥ 규칙적인 결과(지형코드를 제외)는 일반적으로 블록화되지 않고, 지형코드는 블록화된다(EOSAT).

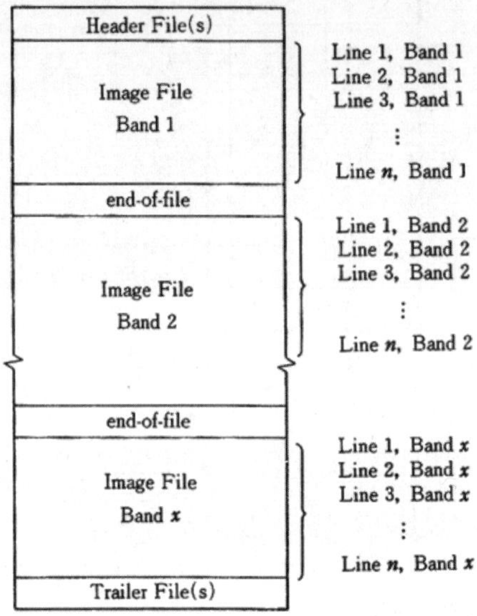

[부그림 1.19] BSQ의 구성

3) BIP(Band Interleaved by Pixel)

BIP형식에서는 각 파장대의 값들이 주어진 영상소(pixel) 내에서 순서적으로 배열된다. 영상소는 테이프에 연속적으로 배열된다. 이러한 BIP형식은 구식 방법이기 때문에 오늘날 거의 사용되지 않는다.

pixel 1, Band 1
pixel 1, Band 2
pixel 1, Band 3
⋮
pixel 2, Band 1
pixel 2, Band 2
pixel 2, Band 3
⋮

[부그림 1.20] BIP의 구성

1.4 자료의 출력

출력(出力)은 지형공간정보체계에서 형성된 정보가 사용자에게 적합한 형태로 보여지는 절차이다.

자료는 세 가지의 형태, 즉 인쇄복사, 영상복사, 전기적 형태 중 하나로 출력된다.

인쇄복사에 의한 출력들은 반영구적인 표시방법으로, 정보는 종이, 마일러(mylar) 도화용 물질, 사진필름, 또는 이와 비슷한 물질들에 인쇄된다. 지도와 표는 일반적으로 이러한 형태의 출력이다. 영상복사 출력은 한 마디로 전산기 모니터에 보이는 형태이다. 이것은 단색, 유색의 문자열 또는 도형들이다. 영상복사 출력들은 조작자의 상호작용을 가능하게 하기 위해 그리고 최종출력 전에 자료를 표현해 보이기 위해서 사용된다. 영상복사 출력은 크기가 작고, 영상면 영상이 사진화되거나 전자적으로 출력될 때 질적인 면에서의 손실 때문에, 일반적으로 최종 출력에 사용되지 않는다.

인쇄복사(hard copy)와 영상복사(soft copy)의 출력 결과들은 단지 매체만이 다른 것이 아니라 근본적으로 다른 방식을 사용하고 있다. 영상복사 출력은 대화식으로 바뀔 수 있지만, 이것의 시계는 모니터의 크기에 의해 제한된다. 더 큰 지도영역은 낮은 설명도로 보여 질 수 있다. 인쇄복사 출력 산출은 시간 소모가 많고 고가의 장비를 요구하나, 이것은 운반이 용이하고 쉽게 볼 수 있는 영구적 기록이다. 커다란 지도 하나는 어떠한 수준의 세부 묘사가 요구되든, 출력 크기를 실제보다 확대함으로써 나타낼 수 있고, 각각의 지도용지들은 필요한 크기를 갖춘 하나의 지도로 합성될 수 있다. 하나의 인쇄복사 출력은 쉽게 쓰여지고, 조정되며, 접할 수 있고, 다양한 위치에서 나타낼 수 있다. 따라서, 지형공간정보체계는 일반적으로 영상복사와 인쇄복사 출력 모두를 제공한다.

전자적 형태의 출력은 전산기에 적합한 파일들로 되어 있다. 그것들은 부가적인 분석을 위해 또는 먼 거리에서도 인쇄복사 출력이 가능하도록 자료를 다른 전산기 체계로 옮기는데 사용된다.

지형공간정보체계에서 출력장치의 역할은 특별한 응용에 대한 요구, 즉 사용자의 요구에 의해서 결정되는데, 크기와 속도, 해상력, 색의 표현 능력과 같은 모양과 특성이 고려되어야 한다.

1.4.1 출력방식

1. 선추적형 자료 출력

1) 라인 프린터(line printer)

최초의 것이고 가장 간단한 격자형 도화기로서 문자와 숫자를 모두 처리하기 위해 고안된 충격식 프린터이다.

출력해야 할 내용이 많은 보고서나 표, 다른 서류의 경우에 대해서는 속도와 낮은 가격 때문에 이 라인 프린터가 많이 이용된다. 이것들은 완전한 문자형태나 혹은 점 행렬(dot matrix)에 의해서 문자를 출력하는 두 방식 중에서 어느 하나를 이용하여 출력된다.

완전한 문자에 의한 방법은 매우 빠른 속도로 수평으로 회전하는 사슬이나 줄 위에 문자를 배열한다. 리본에 있는 문자를 두들기면 프린터를 통해서 주어지는 종이 위에 사슬톱니 방식에 의해서 영상이 형성된다. 영상은 문자들이 직사각형이고, 이들이 그리는 격자형의 셀들이 사각형이기 때문에 모양이 비틀려 보인다. 이러한 비틀림은 겹쳐서 인쇄함으로써 고칠 수 있다.

점 행렬 라인 프린터는 자유롭게 점화될 수 있는 핀들로 구성된 프린트 헤드를 이용함으로써, 위 문제들을 대부분 해결하기 위해 고안되었다. 이는 문자와 숫자 모두를 처리하고, 정사각형 또는 직사각형 문자인 도형들을 산출하는 데 사용될 수 있으며, 값이 싸고 용도가 넓다. 점 행렬에 의한 프린터는 다양한 철사나 핀으로 구성된 헤드를 가지고 있고 헤드가 종이를 타격함에 따라 점의 형식을 가진 문자가 형성된다.

라인 프린터의 인쇄되는 속도는 분당 300줄에서 2,000줄까지 다양하며, 일반적으로 지형공간정보체계에서는 최소 분당 600~1,200줄 정도의 인쇄가 가능한 장치가 필요하다.

2) 펜 도화기 (pen plotter)

펜 도화기는 몸체에서 다양한 선과 색의 경중을 이용하여 선추적형자료의 파일을 그려낸다. 펜 도화기는 편평한 형태와 원통 형태의 두 가지 범주로 분류된다.

편평한 형태의 펜 도화기는 수평면을 가지고 있고 그 위쪽으로 펜이 위치한 받침대를 가지고 있다. 이 받침대는 펜의 위치를 올리기도 하고 내리기도 하며, 도화 장치가 X, Y 방향으로 움직이게 된다.

원통 형태의 도화 장치는 원통에 의해 Y방향으로 앞뒤로 움직이게 되며 펜은 X축을 따라서 움직이게 한다. 원통 도화기는 도형이 도화되는 동안 안정된 상태를 유지하기 위해서 사슬톱니 방식이나 격자(grid) 방식을 사용한다.

지형공간정보체계에서 원통 도화기는 편평한 형태의 펜 도화기보다 효용성이 큰데 그 이유는 다음과 같다. 즉, 원통에 의해서 다양한 형상(形狀)을 계속 그릴 수 있으며, 출력 길이를 자유로이 조절할 수 있고, 공간을 적게 차지하며, 비용면에서 적절하다.

그러나 아직도 편평한 형태의 도화기가 높은 안정성을 필요로 하는 지도의 제작에는 많이 이용된다.

펜 도화기를 평가할 때에는 다음과 같은 내용들을 잘 분석해야 한다.

① 해상력 혹은 정확도 : 출력 파일이 가진 절대좌표에 대해서 펜이 상대적으로 위치할 때 기대되는 최대의 오차로 표현.

② 반복성 : 출력장치상의 특정한 곳에 펜이 다시 위치할 수 있는 정확도를 나타내며, 지도의 제작과정에서 0.005인치의 반복성이 표준이다.

③ 속도 : 도화기가 매체를 따라 펜을 얼마나 빨리 움직일 수 있는가 하는 것을 나타냄.

④ 가속 : 펜에 가해지는 힘의 관측단위로서 중력단위인 G로 표시함.

⑤ 펜의 수와 펜의 카트리지 체계 : 커다란 형태를 가진 대부분의 도화기는 4개에서 8개까지의 펜을 가지고 있으며, 이것은 지도의 제작에 충분한 것이다.

다른 커다란 도화 장치와 비교해 볼 때, 펜 도화기는 높은 해상력을 지니고(격자 형식으로 자료를 변환시킬 수는 없음) 상대적으로 가격도 저렴하다(미화 7,000~ 12,000 달러). 그러나 정전기 도화기에 비해 볼 때 속도와 생산 용량면에서는 더 떨어진다.

3) 선추적형 스크린

선추적형 스크린은 펜 도화기와 원리면에서 서로 비슷하나, 주요한 차이점은 펜 대신 전자빔이 이용되고, 종이 대신 녹색 형광 스크린이 이용된다. 일단 영상면이 스크린에 기록되면 이것은 전체 영상면이 지워질 때까지 남는다. 중요한 것은 선추적형 스크린에 움직임을 보여 주는 것은 불가능하다는 것이다.

인쇄복사 장치는 선추적형 스크린의 영상면을 반영구적인 종이에 빠르게 복사할 수 있다. 인쇄복사 장치는 스크린의 출력 생성기와 연결된 단순한 열전사 프린터로, 영상면에 있는 정보를 대략 10초 동안에 A4처리용지에 인쇄한다. 인쇄복사 장치는 지도의 부분적인 편집과 지도의 범례, 기호 설계시에 유용하다.

2. 격자형 출력

1) 레이저 프린터(laser printer)

레이저에 의한 출력은 비충격식 프린터로서, 문자나 도형의 인쇄를 위해 사용되는 여러 방법에 비해서 상대적으로 새로운 기법이다. 레이저 프린터는 전하를 회전하는 원통에 적용시키는 레이저를 이용함으로써 한 번에 한 페이지의 영상면을 생성한다. 원통은 건조한 토너에 노출되고 토너의 입자는 원통에서 전하가 있는 부분에 들러붙게 된다. 종이는 원통에 대해서 압축되어 있고 토너가 종이에 녹게 된다. 원통이 한 번 회전하면 한 페이지가 생성된다. 레이저 프린터는 대용량이고 높은 질을 가진 보고서를 작성하거나 도형출력을 하는 데 이용된다. 요즘에 나오는 대용량의 레이저 프린터는 1인치당 300~1,200개 이상의 점을 찍는 해상력으로 분당 30페이지 이상을 생성할 수 있다.

최근 지형공간정보체계에서 레이저 프린터의 이용이 급격히 많아졌으며, 그것의 다양한 능력 때문에 앞으로는 그 이용이 더욱 증가될 것이다.

2) 잉크제트 프린터(ink-jet printer)

잉크제트 프린터는 서로 다른 색깔의 잉크를 종이나 마일러(mylar) 도화용 물질에 쏘아 떨어뜨림으로써 유색출력을 만드는 발전된 충격식 프린터이다(비충격식으로 볼 수도 있다). 기본적인 구조는 헤드 핀으로 종이를 때리는 것이 아니라 종이에 잉크를 뿌리는 방식이므로 소음이 작고, 작은 잉크 기포를 착색하는 방식이므로 고해상도를 얻을 수 있다.

잉크제트 프린터는 도트 매트릭스 프린터의 장점인 여러 규격의 용지를 사용할 수 있고, 레이저 프린터의 장점인 프린터 명령어(PCL)가 가능하고 해상도도 60~300dpi 정도인 레이저 급의 해상도를 얻을 수 있다.

잉크제트 프린터는 1970년대 중반부터 이용되기 시작했으나, 지형공간정보체계에서는 1980년대 중반 이후 그 속도와 해상력, 신뢰성이 개선됨에 따라 사용되게 되었다.

3) 열전사 프린터(thermal transfer printer)

열 전사 프린터는 비충격식 프린터로서 리본에 열을 가해 종이에 인쇄하게 되는데, 일반적으로 유색 영상을 도화할 수 있는 3개나 4개의 패스(pass)를 필요로 하며, 노랑, 진홍, 청록의 색깔들과 이들을 조합한 녹색, 파랑, 빨강, 검정의 총 7가지 색깔이 생성될 수 있다. 해상도는 일반적으로 200~300dpi 정도로서 작은 형식의 출력에 많이 이용되고, 가격도 전자기 프린터보다 훨씬 저렴하나, 유지비는 많이 드는 편이다.

1.4.2 자료의 출력 형태

출력 형태는 출력 결과의 해석을 위한 준비형태이다. 지도가 출력되는 형식은 펜도화기, 정전기적인 도화기, 사진 장치와 같은 인쇄복사(hard copy) 형태와 흑백 또는 유색 모니터(color monitor)에 전기적인 영상을 보여 주는 영상복사(soft copy)의 형태가 있다.

1. 지도주석(map annotation)

제목, 범례, 축척 잣대(scale bar), 북쪽 화살표 등은 일반적인 주석의 형태이다. 가장 단순한 형태에서 제목과 범례는 일반적으로 지도의 바깥쪽 경계 부분 같은 고정된 위치에 놓고 문자나 범례 기호를 입력할 수 있다.

2. 문자표지(text label)

문자표지는 지도 내에 위치하거나 지도정보와 함께 배열된다. 지도상에 표지를 설계하는 일반적인 원칙은 다음과 같다. 첫째, 이름은 읽기 쉬워야만 하고, 그것들을 묘사하는 지형에 근접하게 위치시켜야만 하며, 둘째, 이름과 대상의 연관성은 쉽게 인식되어야만 한다. 셋째, 표지는 중첩되지 말아야 하고, 지도 정보가 차지하는 영역은 최소화되어야만 하며, 넷째, 이름 표지의 형식과 위치는 상대적인 중요성, 지형 확장, 연결, 지도지형의 그룹간의 구별에 도움을 주어야 한다.

3. 문서형태와 선양식(texture patterns and line styles)

선의 폭과 색깔의 선택은 출력장치에 좌우된다. 대부분의 장치는 문서형태로 생성될 수 있다. 선의 폭과 색깔은 선의 특성을 묘사하는 데 사용된다. 선은 지형을 표현하고, 형태는 지역의 서로 다른 형식을 구별하는 데 사용된다.

4. 도형기호(graphic system)

도형기호는 지도상에 사물을 표현하는 데 사용된다. 체계에 따라서 어떤 체계는 표준 기호를 제공하고 운용자가 새로 기호를 만들 수가 없지만, 어떤 체계에서는 새로 기호를 만들어 이것을 저장하였다가 필요할 때 사용할 수도 있다.

1.5 지형공간정보 자료처리 소프트웨어

1.5.1 소프트웨어와 자료구조의 추세

1. 도형자료 구조

지난 몇 십 년 동안 도형자료의 구조에 커다란 발전이 있었다. 현재의 도형자료 구조에서는 간단한 도형의 묘사와는 달리 지도상에 나타난 형상의 지형공간적 상호관계에 대해서도 묘사를 한다. 위상관계(topology)라는 용어는 도형자료의 구조에 대해서 말하는 것으로서 형상들 사이의 공간적 접속성에 대한 내용이 저장되고 유지 · 관리된다. 이러한 구조는 기본적인 도형출력이나 지도의 조작과는 대조적으로 지형공간분석을 더욱 용이하게 한다.

위상관계를 가지는 자료기반은 간단한 도형구조에서 가능한 지형공간분석보다도 훨씬 복잡하기 때문에 이러한 관계를 가지는 자료를 이용한다는 것도 쉽지 않다. 파일 구조가 복잡하게 됨에 따라 자료의 입력과 갱신, 분석과정에서 응답시간이 느려지게 되고 상호작용적인 환경에 있는 체계의 운용이 방해를 받는다. 응답시간의 지연과 같은 문제는 적은 비용에 의한 계산력과 자료구조의 정화를 통해서 많이 감소될 것으로 보인다.

지형공간정보체계를 발전시키고자 하는 사람들이 직면하게 되는 문제는 질의와 검색과정에서 최대의 효율을 줄 수 있는 지형공간자료기반을 논리적으로 저장할 수 있는 방법이 무엇인가 하는 문제이다.

지형의 위치가 2차원 혹은 3차원적으로 식별되기 때문에 논리적 자료저장에 관한 문제는 표에 의한 자료구조보다도 훨씬 복잡하다.

다양한 소프트웨어의 판매자들은 지형자료기반을 고정된 지역에 배분하기 위한 계획을 발전시켜 왔다. 이러한 소프트웨어들이 지형자료의 처리에 관한 몇 가지 문제에 적용되고는 있지만 충분하지는 않다. 대부분의 체계에서는 사용자들이 확실하게 알 수 있는 방식으로 목록 작성과 질의를 하고자 하며, 이를 위하여 자료기반을 논리적으로 배분할 수 있는 여러 가지 기법 중에서 하나를 사용한다. 예를 들어, 몇 개의 소프트웨어에서는 지형공간을 자료밀도의 함수로 배분하고 이를 목록화하며 효율적인 지형공간분석을 하기 위해서 연속적인 사각형으로 나누는 사지수형 접근법(quadtree approach)을 이용한다. 지형공간자료 구조를 완전하게 최적화하고 지도에서 나타난 형상이나 관련된 특성자료에 대한 지형공간적 질의를 효율적으로 하기 위해서는 더 많은 연구와 노력이 필요하다.

지형공간자료의 3차원적으로 처리하고 이를 효과적으로 저장하는 능력을 가진 상업적인 지형공간정보체계는 거의 없다. 지형공간분석, 표면화에 대한 모형화, 지하의 유용시설, 다층에 대한 건축계획, 내부 공장관리, 3차원 지형공간을 포함하는 기타 분석 등과 같은 다양한 응용을 위해서는 더욱 높은 수준의 해결책이 필요하다. 지형공간정보체계에서는 전산기에 기초한 도안과 3차원 모형체계를 지형적인 문제에 적용한다.

2. 비도형 자료기반 관리와 조작

1980년대 초 이후 자료처리에서는 일반적으로 관계모형을 사용하고 있으며, 지형공간정보체계를 발전시키는 사람들은 지도에서 나타나는 형상과 관련된 비도형자료를 관리하기 위하여 기존의 관계 자료기반을 이용하는 데 성공했다. 이러한 과정에서 관계기법은 운용하기가 용이하다는 점을 장점으로 하나, 훨씬 구조화된 자료모형과 비교해 볼 때 더 느린 응답시간을 갖기 때문에 비효율적이라는 단점도 가지고 있다.

관계적 자료기반에 대한 처리기법의 발전은 이러한 비효율성을 대단히 감소시켰고 전산기내의 처리기는 관계적 자료기반에 훨씬 적합하도록 설계되어 왔다.

많은 개발자들은 그들의 소프트웨어를 현존하는 관계적인 일련의 프로그램에 연결하거나 통합하는 여러 가지의 사항들을 제공할 것이다.

자료 질의어는 자료기반으로부터 복잡한 검색을 실행하기 위해서 명령어를 이용한다. 최근에 나온 이러한 표준은 구조화된 질의어, 즉 SQL(Structured Query Language)이다. 초기에 IBM에 의해서 발전된 SQL은 많은 소프트웨어의 개발자들에 의해서 많이 이용되고 있다.

고단계의 프로그래밍 언어는 자료처리 부문에서 응용분야를 빠르게 발전시키고 변형하기 위한 수단으로서 사용되고 있다. 특별한 자료기반 관리를 위한 일련의 프로그램과 관련이 있는 제4세대 언어는 응용분야를 개척하고자 하는 프로그래머들의 효율성을 많이 증대시켰다. 가까운 장래에 지형공간정보체계는 통합된 고단계의 프로그램을 위한 언어를 제공하게 될 것이다. 더 나아가서 구조화된 문장을 거의 사용하지 않으며 자연어라고 불리는 제5세대 언어는 지형공간정보를 다루는 기술발전에 한층 더 기여를 하게 될 것이다.

3. 하이퍼미디어(hypermedia)

서로 다른 형태의 지형공간자료와 서류를 통합한다는 것은 사용자의 난해한 의사결정에 대해서 유연한 환경을 제공하게 될 것이다. 선추적형 지도와 그에 따른 비도형 자료로 구성된 지형공간정보체계는 고성능매체인 하이퍼미디어로 대체될 것이다.

지형공간자료의 체계에는 서로 다른 형태의 자료들을 기준을 가지고 검색할 수 있는 능력을 가지고 있어야 하며, 또한 선추적형 지도와 표 형태를 가진 자료기반, 자유로운 양식을 가지는 문장, 격자방안형 지도, 공학적 도안, 표준형식, 사진, 음악적인 기록 등이 포함된다.

'하이퍼미디어'라는 개념의 한 예로서 특성지도를 스캐닝(scanning)된 특성사진에 연결시킴으로서 어떤 평가를 내릴 수 있게 하는 것이다. 지도는 한 지역에 대한 영상면(또는 사진)에 대해서 수치 색인을 제공한다. 이러한 개념들은 길 안내도나 영상면, 건축허가, 건축계획, 문맥의 서술 등과 같은 많은 자료요소들에까지 확장될 수 있다. 전산 처리기나 광디스크에 의한 저장, 주사기법, 응용처리기법에 있어서의 발전은 하이퍼미디어에로의 접근을 더욱 용이하게 할 것이다.

지형공간의 분석과 출력을 위한 격자형 자료와 선추적형 자료를 통합하는 방향이 또 하나의 추세이다. 지형공간정보체계의 몇몇 응용분야에 대해서 격자형 선추적형자료를 중첩시킬 수 있다는 능력은 대단히 유용한 도구가 될 것이다. 한 예로서 격자형의 정사영상면(또는 사진)이나 위성영상면이 선추적형으로 잘 나타난 자료가 유용할 수 있다.

4. 전문가 체계, 인공지능, 객체지향 접근

많은 정보를 관리하는 부문에서 전문가 체계(expert system)나 인공지능의 도입에 대단한 관심을 두고 있다. 규칙에 기초한 논리, 전문가 체계의 특성 등이 지형공간자료관리의 발전에 많이 이용되고 있다. 발달을 시키고자 하는 지역에 대한 평가를 하기 위해서 다각형 중첩분석을 실시하는 것은 그 한 예라고 할 수 있다. 사용자들은 중첩부분과 같은 작업에서 기본자료들을 정선(精選)하는 필수적인 과정을 거쳐야 한다. 이와 같은 자료선정 작업에서는 지형공간정보체계를 운용하기 위한 프로그램 처리자들이 중요한 역할을 하게 되며, 이러한 전문가들이 작업에 참여하면 보다 효과적인 결과가 도출된다.

지형공간정보체계에서 인공지능의 잠재적인 역할은 아직 확실하지는 않다. 이중에서 가장 기대되는 부분은 자료의 변환과 현재 수작업에 의해서 행해지고 있는 결과값의 질을 높이기 위한 편집과정 등이며, 이 부분에서 불필요한 작업량의 감소가 예상된다.

자료기반설계에서 객체(object)는 완전하게 정의되지 않았고, 지형공간정보체계에서 이것의 응용은 이제 시작단계에 있다. 객체지향(object orientation)에서 가장 기본이 되는 것들 중 하나는 객체와 관련된 자료, 이에 대한 구체적인 서술을 통한 객체 정의 부분이다. 그러므로 객체지향형은 지능과 지식을 가지고 다양한 응용분야에서 대응할 수 있다. 이러한 특성 때문에 프로그래머는 서로 분리된 자료기반에서 작동되는 세부화된 기호를 써야 할 필요가 없게 된다. 객체지향적 자료기반의 일반적인 두 번째 주제는 특성이 계속 계승되어 객체가 계층적으로 여러 가지의 부류들로 세분화되어 배열될 수도 있다. 하부체계에서는 상위체계의 특성을 그대로 이어간다. 지형공간정보체계에서 목표는 그들의 비도형 특성을 가진 지도의 형상이 될지도 모른다.

몇몇 지형공간정보체계의 소프트웨어를 판매하는 사람들은 객체지향 접근법을 이용하여 체계를 발전시키고 있다.

객체지향적 접근법이 지형공간정보체계 응용분야의 발전에 훨씬 유연성을 가지게 되며, 자료의 정확도와 지형공간자료의 특성을 가지는 질을 관리하기에 더욱 좋은 방법이 제공되고 있다.

4.5.2 소프트웨어의 종류 및 특성

1. 개설

응용 소프트웨어는 지형공간정보체계에서 많이 이용되며, 지도제작이나 관리, 그리고 지리적인 자료의 분석 등을 하기 위한 다양한 프로그램의 형태로 제공된다. 지형공간정보체계를 위한 응용 소프트웨어는 크게 다음과 같은 두 가지의 형태가 있다.

첫 번째 기본적인 지도제작과 자료를 관리하는 능력을 가진 핵심적인 패키지의 형태이며, 두 번째는 특별한 지도제작이나 지리적 분석을 행할 수 있는 핵심적인 프로그램을 집적시켜 분리한 패키지의 형태이다.

2. 지형공간정보체계 응용 소프트웨어 패키지의 예

국내에는 많은 종류의 지형공간정보체계 관련 소프트웨어 패키지들이 도입되어 사용되고 있다. 모든 패키지들이 공통적으로 갖추고 있는 기능들도 있고, 각각 고유하게 갖추고 있는 기능들도 있어, 적용하고자 하는 목적에 맞는 지형공간정보체계 소프트웨어 패키지를 선택하는 작업이 매우 중요한 일이다.

다음에 국내에 도입되어 사용되고 있는 패키지 중 ARC/INFO, ERDAS, ORACLE, INTER-GRAPH에 관해 기술하기로 한다.

1) ARC/INFO

(1) 개설

INFO는 미국의 환경체계 연구기관(ESRI : Environmental System Research Institute)에 의해 1970년 개발되기 시작해, 1981년 완성된 선추적형 자료에 기초한 지형공간정보체계이다.

ESRI사는 1969년 캘리포니아의 Redlands에 컨설팅 그룹으로 설립이 되었으며, 1970년대부터 상업용 소프트웨어를 개발하고, 사업(project)을 수행할 수 있는 기술개발에 역점을 두었다. 소프트웨어 제품으로는 1981년 최초의 상업용 지형공간정보체계 제품인 "ARC/INFO"를 개발하였다. 처음에는 미니컴퓨터용으로 개발된 ARC/INFO의 개인용 컴퓨터용 버전으로 "PCARC/INFO"를 개발하기에 이르렀다.

ARC/INFO는 두 가지의 주된 요소로 구성되어 있는데, ARC와 INFO가 바로 그것이다. ARC는 좌표에 대한 자료를 저장하고 이와 관련된 조작을 행하게 하며, INFO는 관계형 자료기반 관리체계이다. ARC/INFO에서 사용되는 지형공간 자료는 관계모형과 위상모형을 이용하여 구성되며, 사용자는 표의 행과 열에 대한 논리적 혹은 산술적 조작을 행함으로서, 각각의 형상에 대한 특성을 조작하고 갱신할 수 있다.

ARC/INFO는 지형공간정보체계의 도구로서, 다양한 업무를 지원할 수 있도록 4,000여개 이상의 기능이 있다. 그리고 ARC/INFO는 지속적으로 연구개발이 이루어지고 있으며, 전 세계 60만 명 이상의 사용자들에 의해 사용수준이 점점 높아지고 있다.

(2) ARC/INFO 기능 및 특성

① GIS 요구에 대한 통합 솔루션

ARC/INFO는 지도상의 위치자료와 조직 내에 존재하는 각종 속성자료를 통합하며, 더 나은 위치분석 및 의사결정을 위해 위치자료와 속성자료를 접근, 가시화 · 질의 등을 할 수 있게 하는 도구를 제공한다.

② 빠른 자료입력

ARC/INFO 소프트웨어는 공공기관, 업무, 교육분야 등 다양한 지형공간정보 분야에 널리 사용되고 있다. 또한, 자료 자동화에 있어서 ARC/INFO는 스캐닝, GPS, 자료 리코딩에 있어서 최신의 기술을 이용하며, 이는 사용자가 자료 자동화에 시간과 노력을 덜 소비하며, 분석 등의 과정에 더 많은 집중을 할 수 있게 해준다.

③ 손쉬운 그래픽 사용자 인터페이스

ARCTools라고 불리는 ARC/INFO의 그래픽 사용자 인터페이스는 사용자에게 풀다운 메뉴와 버튼을 제공한다. ARCTools는 응용 프로그램 개발자에 생산적인 환경이며, 개발자가 응용프로그램 도구를 수정, 생성하기 위해 개발 가능한 객체지향 방법을 채택한다.

④ 강력한 자료관리

ArcStorm은 다중사용자접근 지리자료기반을 관리하는 데 도움이 되는 자료저장, 트랜잭션관리자이다. ArcStorm의 핵심요소들은 공간형상 레벨 트랜잭션 관리, DBMS에서 위치자료와 특성자료의 통일된 트랜잭션 관리, 분산자료 지원, 자료기반 변경기록, Oracle, INCHES, SYBASE, INFORMIX, DB2, AS/400 DBMS에 저장된 특성자료를 확장, SQL 도구를 이용해서 연결하는 등의 기능을 포함한다.

⑤ 지형공간자료처리 도구

ARC/INFO의 핵심은 지형공간정보의 입력, 편집, 조작, 관리, 분석, 디스플레이, 출력 기능을 제공하며, 다음과 같은 분석기능을 제공한다.

- 위상적 지도중첩
- 버퍼 생성
- 접근성 분석
- 위치(공간), 논리적 질의
- 수문 모형화(modeling)

- 고도(표고) 분석
- 네트워크 모형화
- 래스터 모형화
- 정교한 특성분석

⑥ 개방형 체계

ARC/INFO는 35개 이상의 벡터, 래스터, 특성 자료기반 포맷들을 지원한다. 또한 ARC/INFO의 개방형 표준, 클라이언트/서버 컴퓨팅, 통합자료 접근, 응용 프로그램 개발환경은 기술적 대안을 선택하고, 자료 및 체계에 대한 투자를 보호하는 많은 기회를 제공한다.

(3) 활용분야

① 응용 프로그램의 사용자 환경화

ARC/INFO는 어떠한 지형공간정보체계 응용 프로그램도 사용자가 개발할 수 있도록 하며, 특정요구에 대한 최적화 목적으로 그 절차를 사용자 환경화(customizing)로 해준다. 사용자는 지도 디스플레이를 위해 자신만의 메뉴 인터페이스, 아이콘, 버튼, 특정 GUI를 만들 수 있다. 지형공간정보 응용의 다양성은 ARC/INFO가 개방형 아키텍처를 통해 제공하는 손쉬운 사용자 환경화를 통한 분석도구가 지원된다. [부표 1.3]은 ARC/INFO의 주요기능을 나타낸다.

[부표 1.3] ARC/INFO의 주요기능

세부기능	내용
ARCTools	메뉴 인터페이스를 통해 지형공간자료처리 기능제공
ARCPLOT	고품질의 지도제작, 공간자료의 복잡한 분석 및 가시화 수행
ARCEDIT	커버리지, 테이블, GRID의 공간 자료기반 구축 및 유지관리, 위상정보 편집 기능
ARC Macro Language(AML)	복잡한 과정을 자동화하고, 손쉬운 메뉴구성을 통한 ARC/INFO 사용자 환경화
지형공간자료관계 자료 모형	도로, 필지, 빌딩 등 실세계 공간형상 표현 및 분석, DBMS에서 특성자료 관리
분석 및 의사결정 지원	이미지 통합, 폴리건 중첩, 래스터 지형공간처리, 고도 모형화, RDBMS 통합지원

② extension : 응용 프로그램의 강화

옵션으로 ARC/INFO extensions는 ARC/INFO에 부가적인 응용기능을 제공하며, [부표 1.4]와 같은 분야에 활용된다. 이 모든 것은 ARC/INFO 기능과 자료로써 완벽하게 통합된다.

[부표 1.4] ARC/INFO extension의 활용분야

extension	활용
ARC NETWORK	차량경로, 교통분석 및 계획, 도시계획, 상업 마케팅, 학군배정, 버스노선 결정, 배달경로, 정치 구역화 등과 같은 ARC/INFO에서 공간 네트워크를 모형화하고 분석하는데 사용된다.
ARC TIN	가시도 특성평가, 등고선 생성 등과 같이 ARC/INFO 환경에서 3차원 표면 정보의 생성, 저장, 분석, 디스플레이에 사용된다.
ARC GRID	ARC/INFO와 통합되는 래스터 지리 처리 도구박스이며, 토지이용 계획, 마케팅 연구, 적지분석, 회랑 및 경로분석, 수문모형화 등과 같은 실세계 문제를 해결하는 데 도움을 제공한다.
ARC COGO	측량관리의 대화식 좌표 기하학을 지원하는데, 토지 레코드 관리, 자산평가, 탐사지원, 개발검토, 지적도 기본도 작성 등에 사용된다.
ArcScan	입력과정에서 스캔된 래스터 이미지를 사용하여 벡터자료를 구축하는 데 사용되며, 래스터 전처리, 자료기반 구축, 통합 래스터-벡터변화, 편집 등에 사용된다.
ArcExpress	디스플레이 수행능력을 가속화하기 위한 목적으로 사용되며, 대규모 지형공간 자료기반에 대한 디스플레이 속도의 빠른 향상, 사전 심벌화, 메모리 관리들을 포함한다.
ArcPress	그래픽 래스터화, 도화(plotting) 패키지이며, 산업표준 postscript 언어를 지원하며, 이 패키지는 ARC/INFO에서 널리 사용되는 Postscript rasterizer, 입력자료 해석, 출력 도화기(plotter) 드라이버를 지원한다.

2) ERDAS

(1) 개설

ERDAS(Earth Resources Data Acquisition System)사는 1978년 설립이후, 지형공간자료에 대한 영상분야에 중점을 두고, 매핑 및 원격탐측분야의 소프트웨어를 개발하고 있는 전문업체이다. 전 세계 100여개 국가에 20,000세트 이상의 제품을 판매하였으

며, 제품은 고도의 사용자중심개념과 학습이 용이하다. ERDAS사의 제품은 주로 석유, 가스 및 광물탐사, 그리고 자연자원 관리, 도시 및 지역계획, 환경감시, 산림관리, 학술적 연구, 공학분야, 장거리 통신, 지도제작, 해양, 기상, 수문학 및 군사적인 응용에 사용되고 있다. ERDAS사의 원격탐사 및 영상탐측 소프트웨어 패키지는 IMAGINE이며, 현재 버전은 13.0.2이다. IMAGINE 제품은 Essentials, Advantage, Professional, Developers' Toolkit, VirtualGIS, Vector, NITF, Subpixel Classifier, ATCOR 2, OrthoMAX, Radar Mapping System 모듈 등으로 구성되어 있다.

(2) IMAGINE 모듈별 기능 및 특성

소프트웨어를 구성하고 있는 주요 모듈은 essential, advantage, professional이며, SAR 영상을 처리 및 분석할 수 있는 radar 모듈이 있다. 여기에서는 위 네 가지 모듈에 대하여 설명하기로 한다.

① IMAGINE essentials

영상면 가시화 및 분석, 정보통합 및 지형보정을 통하여 양질의 지도를 생성할 수 있는 지도제작 체계이다. 이 모듈의 주요기능은 다음과 같다.

- 도시를 할 수 있는 도시창
- 단순한 분류
- 지도 제작기
- 영상면 카탈로그 및 분할
- 3차원 영상구성
- 벡터형 질의 및 편집
- 기하보정(부등각사상변환, 다항식 및 rubber sheeting)
- 래스터 자료 import/export
- ESRI ARC/INFO 자료와의 상호교환
- EML 프로그래밍

② IMAGINE advantage

영상면 모자이킹, 표면내삽 등을 통하여 영상면으로부터 자료를 분석하고, 고도의 영상면 판독 및 정사편위수정을 가능하게 해주는 환경을 제공한다. 이 모듈의 주요기능은 다음과 같다.

- essential의 모든 기능사용 가능
- 영상판독기
- 모자이크
- 표면생성기
- SPOT, Landsat TM 및 프레임 사진에 대한 편위수정
- 공간모형 언어(SML, Spatial Modeler Language)

③ IMAGINE professional

원격탐측 분야의 복합적인 분석에 사용되며, 신속한 영상면 해석 및 모형화를 하게 하도록 자료처리가 이루어지며, 신속하고 자동화된 광역의 토지피복 분류지도 생성이 가능하다. 지형공간자료의 모형화와 레이더 영상의 분석 및 분류도구를 제공하고 있다.

- essential의 모든 기능 사용가능
- advantage의 모든 기능 사용가능
- 고급 분류
- 모형 생성기
- 고급 레이더 영상분석

④ IMAGINE orthoMAX

수치영상탐측에 의한 지형 도면화 모듈이며, 정사영상면과 수치지형고도 모형제작에 사용된다. 국가적 차원이나 지역의 계획과 도면화를 위한 고고도 정사영상면의 제작, 시설용지 및 정비, 수송, 지적도 제작, 도시계획 및 측량 등에 사용할 인공물의 식별에 사용하기 위한 저고도 정사영상면의 제작 등이 가능하다. 또한, 식생연구를 위한 SPOT XS 및 천연색 적외선 정사영상면의 제작과 장거리 통신망 설계에 활용되는 지형 및 건물 높이를 알기 위한 고해상 고도모형의 제작과 자연자원 조사, 환경관찰 및 감시 등을 위한 중해상도 고도모형의 제작에 이용된다.

⑤ IMAGINE virtualGIS

3차원 가시분석 도구로서 단순한 3차원 묘사보다는 실제적인 가상 지형정보환경을 가능하게 해준다. 이 모듈은 동적 가시환경과 항공기 모의관측 등을 통하여 실시간의 3차원 환경에서 다양한 자료형태에 대하여 지원한다. 동적으로 연결된 윈도(window)를 이용하여 2차원과 3차원 환경을 동시에 작동시킬 수 있다.

⑥ IMAGINE radar mapping system

영상 레이더(SAR) 센서에 대한 모형화와 영상처리 모듈이다. 본 모듈에는 레이더 영상을 처리하고 향상시킬 수 있는 기본적인 도구인 Radar Interpreter, 레이더 영상의 정밀 보정과 정사편위수정을 위한 OrthoRadar, SAR 입체영상의 상관에 의한 수치지형고도 모형의 생성에 사용되는 StereoSAR DEM, 그리고 SAR 입체영상으로 DEM을 생성하는 위상간섭기법 모듈인 IFSAR DEM 모듈이 포함되어 있다.

(3) 활용분야

IMAGINE을 구성하는 주요 소프트웨어 모듈에 대한 활용분야를 살펴보면 [부표 1.5]와 같다.

[부표 1.5] IMAGINE의 주요 소프트웨어 모듈과 활용분야

모듈명	활용
essential	• 영상면과 함께 지도자료를 다루는 관리자 • 수치 벡터자료 기반을 생성, 최신화 및 유지 • ARC/INFO 및 다른 GIS 소프트웨어를 함께 사용하여 환경계획을 함 • 음향자료를 3차원으로 도시
advantage	• 대축척 지도제작을 위한 기하보정 및 모자이킹 • 농작물 수확시 기계화 장비의 이동지원 • 자연재해에 의한 피해지역 분류를 하는 환경공학 분야 • 세금부과를 위한 항공영상 분석
professional	• 기존자원에 대한 지도제작과 새로이 취득될 자원에 대한 지도제작 • 토지이용, 피복변화 지역판단 및 수자원 오염관찰 및 감시 • 헬기착륙, 기동로 선정 등 군사분야

3) Oracle

(1) 개설

Oracle사는 미국 캘리포니아 샌프란시스코 근교 레드우드 쇼어에 위치하고 있는 정보관리용 소프트웨어 공급업체로서, 1979년에 설립되어 최초의 상용화된 관계형 자료기반 관리체계 RDBMS(Relation Database Management System)를 출시하였다.

1970년 ACM 통신(the communications of the ACM)은 "대규모 공유자료 뱅크용 자료의 관계형 모델"이라는 제목의 논문을 발표하였다. 그리고 IBM 샌저스 연구소의 연구위원인 E.F. Codd 박사가 저술한 논문에서, 관계형 자료기반의 개념을 위한 이론적이고 수학적인 토대가 마련되었다. Codd는 그의 논문에서 관계형 자료기반의 요소(관계, 특성, 도메인, 그리고 관계 연산자)를 설명하였다. 그리고 그 후에 논리적 자료의 독립성, 참조 무결성 및 자료 무결성, 특수 질의(query) 등 이 세 가지 특성들을 갖는 자료저장 체계를 그대로 활용하는 실질적인 제품이 나오기까지는 많은 세월이 흘렀다. Oracle, Sybase, IBM, Inormix, Microsoft, Asso-ciates, Gupta 등, 관계형 자료기반 관리체계(RDBMS) 판매사들이 많이 등장했으며, 이 중에 Oracle RDBMS 엔진은 오늘날 90여개의 다중 플랫폼 지원기능 때문에 상당한 인기를 끌었다.

오라클 RDBMS는 1988년 V6에서 출발하여 1997년 버전 7.3까지 구조 및 성능향상을 위한 업그레이드를 계속해 왔으며, 관계형 자료기반에 객체지향 개념을 보강한 ORDBMS로의 기술전환을 위한 노력도 병행함으로써 Oracle Data Base 11g이라는 신제품도 출시하고 있다. 오라클은 안전성과 성능을 믿을 수 있으며, 메모리 유지관리의 보안이 뛰어나고 속도가 빠르다는 장점을 가지며, 대중적인 A/S 및 뛰어난 확장성으로 인해 가장 많은 사용자를 확보하고 있다.

(2) 기능 및 특성

기본적인 오라클 자료기반 서버는 다음과 같은 기능과 특징을 갖고 있다.

① 분산처리 환경

오라클은 현재 사용하는 컴퓨터 체계나 네트워크를 최대한 활용할 수 있도록 자료기반 서버와 클라이언트 응용 프로그램에 처리를 분산시킨다. 즉, 자료기반 관리체계를 실행하는 컴퓨터는 자료기반 서버 역할을 담당하고, 자료기반 응용 프로그램을 실행하는 워크스테이션은 자료해석과 표시를 담당한다.

② 대규모 자료기반과 영역관리

오라클은 테라(Tera : 10^{12}) 바이트 크기의 대규모 자료기반을 지원하며, 고가의 하드웨어 장치를 효과적으로 활용할 수 있게 영역사용을 완벽하세 제어한다.

③ 다중 동시 자료기반 사용자

오라클은 여러 사용자가 동일한 자료에서 작동하는 다양한 자료기반 응용 프로그램을 실행하도록 지원하여 자료경합을 최소화하고 자료 동시성을 보장한다.

④ 고성능 트랜잭션 처리

오라클은 전체 체계의 성능을 높게 유지하면서 위와 같은 기능을 제공하므로, 자료기반 사용자들은 느린 처리속도로 고생하지 않아도 된다.

⑤ 높은 가용성

자료기반 백업 같은 정상적인 체계기능이나 부분적인 컴퓨터 체계장애는 복구가능하다.

⑥ 가용성 제어

오라클은 자료기반 레벨과 하위 자료기반 레벨에서 자료 가용성을 선택적으로 제어할 수 있다.

⑦ 개방성과 산업표준

오라클은 자료 처리 언어, 운영체제, 사용자 인터페이스, 네트워크 통신 프로토콜 등에 대한 산업표준을 준수한다.

⑧ 보안처리

인증되지 않은 자료기반 처리와 사용을 방지하기 위해 오라클은 비상 안전보완 기능을 사용하여 자료 처리를 제한하고 관찰 및 감시한다.

⑨ 자료기반 무결성 강제수행

허용할 수 있는 자료의 기준이 되는 '업무규칙'인 자료 무결성을 강제로 수행한다. 따라서 많은 자료기반 응용 프로그램에서 자료 확인을 위한 코딩과 관리에 드는 비용을 줄일 수 있다.

⑩ 분산체계

분산 네트워크 환경에서 오라클은 물리적으로 서로 다른 컴퓨터에 있는 자료를 네트워크상의 모든 사용자가 처리할 수 있는 하나의 논리적 자료기반으로 결합한다. 분산체계는 비분산체계와 동일하게 사용자 투명성과 자료 일관성을 유지하면서 로컬 자료기반 관리의 장점을 지닌다.

⑪ 이식성

오라클 소프트웨어는 다른 운영체제로 이동해도 작동한다. 오라클로 개발된 응용 프로그램이라도 거의 수정하지 않고 다른 운영체제에서 사용할 수 있다.

⑫ 호환성

오라클 소프트웨어는 대부분의 산업표준 운영체제를 포함하여 산업표준 체계와 호환할 수 있다. 오라클로 개발된 응용 프로그램은 모든 체계에서 거의 수정하지 않고도 효과적으로 사용할 수 있다.

⑬ 접속성

오라클 소프트웨어는 서로 다른 유형의 컴퓨터와 운영체제가 조직망(network)을 통해 정보를 공유하도록 한다.

⑭ 환경복제

오라클 소프트웨어는 테이블 그룹과 지원하는 개체를 여러 용도로 복제한다. 자료레벨이나 설계(scheme) 레벨에서의 변경사항도 복제한다.

(3) 활용분야

오라클 RDBMS 및 ORDBMS는 현재 산 · 학 · 연에서 [부표 1.6]과 같은 용도로 활용되고 있다.

[부표 1.6] 오라클의 주요 자료특성과 활용분야

자료특성	용도	옵션
수백 기가바이트의 지형공간자료	GIS, 수치영상지도, 해양탐측(탐사 및 관측)	spatial data option
멀티미디어 자료(공간, 문서, 이미지, 비디오, 오디오 자료)	멀티미디어 업무응용	video option
비정형 자료를 갖는 경영정보(매뉴얼 리포트, 전자메일, 웹 페이지 등의 문서)	문서검색 및 자동문서 변형과 분류	context option
다양한 기업정보 자료	의사결정 지원, 회계보고 및 분석, 영업과 마케팅, 제조, 유통분야	OLAP(On-Line Analysis Processing) Option

4) INTERGRAPH

(1) 개설

미국 앨라배마주의 헌츠빌에 위치하고 있는 인터그래프사는 CAD/CAM/CAE 분야에서 많이 이용되고 있으며, 주요사업 분야로는 기계, 전기, 전자, 건축, 토목, 플랜트, 조선, GIS/매핑, 시설물, 도면관리 등 모든 산업분야와 산업전반에 걸친 컴퓨터 그래픽 부문을 지원하고 있다. 인터그래프는 기술적이고, 컴퓨터 전문가를 위한 서비스와 소프트웨어, 하드웨어에 대한 많은 프로그램을 다루고 있으며, microsoft window를 기반으로 하고 있다. 또한 산업표준과 기술자, 디자이너, 모형화, 분석, 도면화(mopping), 정보기술 등을 필요로 하는 그래픽을 만들어 준다.

수치화된 항공영상 제작으로 국제시장에서 강력한 수치 항공영상 처리체계인 Image Station은 초고속 처리속도와 부드러운 입체형상(stereo roam)을 볼 수 있는 것이 특징이다.

(2) 기능 및 특성

인공위성 자료나 항공영상 등을 이용한 영상처리 분야의 세부기능에 따라 여러 모듈로 나뉘어져 있으며, 각각의 특징은 다음과 같다.

① 영상탐측 사업관리

㉠ 영상탐측 사업관리자(ISPM : Image Station Imagematics Manager)

영상탐측자료 처리를 위한 작업순서상에서 사업(project)의 생성 및 관리, 모형생성 등의 작업을 주로 수행하며, 영상탐측자료의 입력/출력 및 편집, 표정작업을 위한 자료변환 등의 기능을 수행 한다.

② 표정/항공삼각측량

㉠ 모형 초기화(ISMS : Image Station Model Set-up)

수치항공영상면들에 대한 내부표정, 단사진 후방교선법, 상호표정, 절대표정 등의 작업을 수행한다.

㉡ 수치관측(ISDM : Image Station Digital Measuration)

6개 이상의 다중영상자료에 대한 동시적인 다중탐측 점이적기능과 항공삼각측량 작업 순서상의 기본적인 관측환경을 제공한다.

㉢ 자동항공삼각측량(ISMT : Image Station MATCH-AT)

수치항공영상면들에 대한 높은 정밀도의 자동삼각측량 수행은 계층적 영상자료 구조의 사용을 통해 이루어지며, 접합점의 정합을 통해 외부표정의 계산을 위한 연속적인 광속조정(bundle adjustment) 작업을 지원하게 된다.

㉣ 다중탐측 항공삼각측량(ISMST:Image Station Multi-Sensor Triangulation)

SPOT, Landsat, IRS-1C 등의 다중탐측 위성영상자료에 대한 다중탐측 항공삼각측량 기능을 제공한다.

ISMST는 지원하는 영상자료의 종류에 따라 TRMSTSP, TRMSTLS, TRMSIRS의 세 가지 module로 구성되어 있으며, 이들은 각각 SPOT, Landsat, IRS-1C의 다중탐측기에 대한 항공삼각측량을 수행한다.

③ 3차원 형상과 DTM 추출

㉠ 입체표현(ISSD : Image Station Stereo Display)

표정작업이 수행된 한 쌍의 영상자료를 이용하여 3차원의 입체로 표현한다. 대상물에 대한 3차원 디지타이징, DTM 추출 등의 작업을 수행할 수 있으며, 이를 통해 기존의 기계식 도화기가 하던 작업을 효과적으로 대체한다.

㉡ 수동 DTM 추출(ISDC : Image Station DTM Collection)

3차원 환경에서 수치지형모형(DTM : Digital Terrain Model)의 추출작업을 수행한다. DTM추출작업은 경로설정을 통해 사용자가 수동으로 수행할 수 있다.

㉢ 형상추출(ISFC : Image Station Feature Collection)

3차원 입체화면 출력환경에서 마이크로스테이션(Microstation)과 호환 가능한 형상들의 디지타이징 작업을 수행하며, 생성된 벡터요소들은 편집 및 수집이 가능하며, 일반적인 지형공간정보체계의 입력자료로써 그대로 사용할 수 있다.

㉣ 자동 DTM 추출(ISMT : Image Station MATCH-T)

3차원 모형으로 구성되어 있는 영상자료들에 대해 일정 간격으로의 DTM 추출을 가능하게 한다.

④ 정사사진생성

㉠ 편위수정(ISBR : Image Station Base Rectifier)

항공영상과 위성영상자료에 대한 즉각적인 정사영상면 생성이 가능하다.

㉡ 자동정사영상면생성(ISAO : Image Station Auto Ortho)

복수의 영상자료에 대한 정사영상면 제작을 자동으로 수행한다. 그리고 다중영상자료에 대한 연속적인 모자이크 기능을 제공한다.

(3) 활용분야

위와 같이 이 소프트웨어들은 SPOT, IRSI-C, 항공영상 등과 같은 좌우에서 촬영한 한 쌍의 영상자료를 이용하여 3차원 입체모형을 형성함으로써, 편광안경을 이용한 3차원 입체 viewing, DTM 자동추출, 3차원 공간상의 형상추출, 정사영상면 제작, 입체영상면 생성 등의 보다 진보된 작업을 가능하게 해준다.

1.6 체계정비

자료의 근원을 살펴보면 지형, 지적, 수리, 지질, 심지어는 사회 통계학에 이르기까지 다양하며 또한 자료의 구조에도 선추적형과 격자형이 있으며 여기에 비도형 특성과 위상관계가 들어가게 된다. 지형공간정보체계에서 이러한 공간적 자료의 교환과 표준화는 중요하다. 왜냐하면 이러한 활동들은 자료의 통합과정에서 중요한 요소로써 서로 다른 자료 집합들을 연결시키고자 할 때 필수적이기 때문이다. 이에 지형공간자료의 교환 이전에 표준화가 반드시 선행되어야 한다.

자료의 교환을 통해서 더 많은 효과를 얻게 될 것이며, 일단 얻어진 자료는 여러 가지의 목적을 위한 작업에 맞게 지형공간정보체계 내에서 활용될 수 있다.

1.6.1 자료교환의 형식

전산기 상호간에 자료를 이동시키는 방법은 자료의 복잡성과 효율성에 따라 다양하며, 각각의 체계에 맞도록 자료를 교환하기 위해서는 자료를 기호화하는 것과 통신제어절차(protocol)가 필수적으로 이루어져야 한다.

자료교환의 기법은 장치 호환(device emulation), 매체의 운송, 직접적인 일괄처리 전송, 상호작용적인 연결 등 네 가지가 있다.

1. 장치 호환(device emulation)

엄밀한 의미에서 이것은 자료의 교환은 아니지만 주변장치와 외부 전산체계들 상호간의 전송에 하드웨어와 소프트웨어가 이용되는 과정을 나타내고 있다. 예를 들어, 사용자가 ASCII문자를 인식하는 소형전산기의 단말기로부터 IBM의 본체에 접근하기를 원할 때가 있다. 소프트웨어와 하드웨어는 모든 필요한 부호 변환과 통신제어절차(protocol)를 행한다. 이러한 과정을 통해서 사용자는 하나의 소형 단말기를 통하여 여러 체계에 대해 직접적인 접근을 하게 된다.

2. 매체의 운송

매체의 운송이라는 것은 체계들 상호간에 많은 양의 자료를 효율적이고 비용면에서 효과적으로 전송하기 위한 것이며 테이프나 디스크, 운반이 가능한 다른 저장장치들이 체계 상호간에 운송된다. 자료는 기본적인 체계에 기록되며 다른 체계로 복사되기도 한다. 가령 사용자가 저장매체의 분류형식을 알고 있고 이것들을 읽을 수 있는 하드웨어와 소프트웨어를 가지고 있다면 이러한 과정은 빠르게 진행될 것이다. 물론 서로 다른 위치에 있는 매체 사이의 전송에 걸리는 시간이 길어진다거나 잠재적인 지연(delay) 가능성의 존재, 인간의 실수 등과 같은 장애요소가 있기도 한다. 지형공간에 관한 자료들을 이용할 때에, 매체 사이의 자료전송은 매우 빠르게 행해지므로 이 접근법은 매우 효과적이다.

3. 직접적인 일괄전송

직접적인 일괄전송을 하기 위해서는 전산기 상호간에 자료를 전송하기 위한 연결이 필요하다. 이러한 연결은 특별한 조건이나 두 지점간의 거리에 따른 상호전송을 이용한다.

직접적인 일괄전송에서 자료파일은 하나의 체계에서 만들어지고 저장을 위해서 다른 체계로 직접 전송된다. 이러한 전송에서는 두 개의 체계에서 모두 이용될 수 있는 특별한 프로그램이 이용되는데, 이러한 프로그램에 의해 전송과 상호전달을 위한 통신제어절차(protocol)가 이루어진다.

대부분의 일괄처리 전송은 바쁘지 않은 작업 환경에서 이루어지게끔 설정되어 있다.

매체의 운송과 직접적인 일괄전송방법에서 자료파일은 체계 상호간에 서로 중복되면서 전달되고 있다. 자료의 전송을 위한 이러한 과정이 행해지기 전에 자료파일은 몇 가지 사항에 대한 준비를 해야 한다.

먼저 지형공간적 응용을 위해서 자료들은 자료기반에서 추출되어 전송이 될 자료파일에 자리를 잡아야 한다. 두 번째로 자료 파일은 전송되어 다른 전산기에 저장된다. 세 번째 이러한 전송이 있고 난 후 파일은 전산기에 적합하도록 형식을 바꾸어야 하는데, 이는 지형공간 자료관리를 위한 소프트웨어에 맞도록 하기 위함이다. 마지막 단계는 소프트웨어를 사용하여 자료 파일을 지형공간 자료기반에 적재하는 것이다. 이러한 과정은 직접적으로 행해진다. 지난 몇 년 동안 관계형 자료기반과 고급 프로그래밍 언어가 광범위하게 이용되었는데, 이것에 의해서 사용자는 복잡한 과정 없이 자료를 조작하게 되었다.

4. 상호작용적인 연결

전산기 사이의 상호작용적인 연결을 통해서 사용자는 실시간 환경에서 하나 혹은 두 개 이상의 전달작업을 하게 된다. 어떠한 체계에서도 자료에 대한 질의를 할 수 있고 지형공간적 분석 프로그램을 이용할 수 있으며 다른 체계에서도 자료에 대한 접근이 가능하게 된다. 동적인 작업환경일 경우 한 체계에 있는 프로그램은 다른 체계의 프로그램을 기본으로 삼고 이를 사용하게 된다.

상호작용적인 연결은 일반적으로 근거리 통신망(Local Area Network : LAN)이나 고성능 망에 의한 고속전송을 필요로 한다. 하드웨어를 판매하는 많은 사람들은 자신들의 전산기 사이의 효과적인 상호전달을 위해서 많은 노력을 해왔다. 그러한 조직망을 구성하기 위해서는 특별한 하드웨어와 소프트웨어가 필요하다.

전산기 상호간의 전달을 위한 하드웨어나 소프트웨어, 서로 다른 기준을 인지할 수 있는 장치들이 많이 있다. 여기에서 생성되는 대용량의 결과물들을 배열시킴으로써 자료파일은 주전산기로부터 하부체계의 소형 전산기에게 이르기까지 전해지게 된다. 주전산기와 소형 전산기사이의 연결은 소형 전산기 내에 들어 있는 접속을 위한 카드 또는 주전산기나 소형 전산기에 적재된 소프트웨어, 혼합된 하드웨어와 소프트웨어 등에 의해서 가능하다.

다양한 전산기 망은 하드웨어와 소프트웨어를 연결시키는 통로(gateway)를 통하여 연결될 수 있다. 또한, 이 통로를 통하여 전송 통신제어절차(protocol)의 변환, 장치 호환과 일괄처리 파일의 전송, 상호작용적인 연결도 가능하며, 통로 연결(gateway link)을 통해서 하나의 전산기 체계나 조직망이, 다른 조직망상에서 논리적인 연결고리로서 기능을 할 수 있다.

1.6.2 자료교환을 위한 표준화와 형식

1. 자료교환을 위한 표준화의 필요성

사전에서 정의하는 '교환'은 서로 주고받는다는 의미이나, 지형공간정보체계에서 자료의 교환은 자료의 상호전달과정을 말하는 것으로서, 자료의 구입과 판매를 의미한다. 원래 자료의 교환과정은 상호적이지 않고 사용자는 정부기관이나 상업적으로 이를 판매하는 자료공급자 등에게 대가를 지불하고 이를 얻는 형태였다. 이러한 공식적인 자료 교환 외에도 연구자들 사이에서는 수많은 자료의 교환이 발생하고 있다. 많은 원천자료(source)로부터 자료를 받아들이고 지형공간정보체계 내의 여러 구성요소들 사이에서 이를 교환할 필요가 있으며 이 문제를 해결하기 위해서는 여러 가지의 문제점이 있다. 사용자의 측면에서 먼저 해결해야 할 문제는 서로 다른 환경에서 얻어진 자료들을 통합하는 것이다. 다양한 측면을 가지는 환경은 처리과정에 대한 구입이나 판매에 영향을 미치게 되며, 이렇게 다양한 환경이 조성된 것은 자료교환과 전송과정이 의미 있고 중요하다는 것을 나타내기 때문이다.

수치 지형공간자료의 집합(set)은 지형공간상에 존재하는 실체에 대한 어떤 모형을 나타낸다. 사용자들이 얻은 자료를 이해하기 위해서는, 기본적인 자료에 대한 모형을 개념적으로 이해해야 한다. 지형공간상에 존재하는 실체(實體, reality)에 대한 표현을 하거나 실체에 대한 개념화를 정확히 하기 위해서는 의미의 연결(semantic)을 위한 자료 모형, 지식의 표현, 의미의 연결을 위한 망에 대한 서술 등을 기준으로 삼아야 한다. 인공지능과 자료기반에 대한 연구가 활발히 진행됨에 따라서 여러 가지의 용어가 많이 생겨났다.

개념적인 자료모형은 추상적인 장치이며, 이를 통하여 실재 현상에 대한 어떤 측면이 얻어지고 표현된다. 개념적인 자료모형은 중간 단계의 추상적 관념으로서 실체에서부터 물리적인 자료모형에 이르기까지 다양하다. 이러한 관념들은 [부표 1.7]에 나타나 있다.

[부표 1.7] 자료의 추상적 관념 단계

추상적 단계	정의
실체	실제적으로 존재하는 전체적인 현상
개념적인 자료모형	요소들의 모음과 특별한 현상과 관련 있는 요소들 사이의 관계. 자료의 모형은 특별한 체계나 자료를 구성하고 관리하는 자료구조와는 무관하다.
논리적 자료모형과 자료구조	자료모형의 요소들의 논리적 구성과 요소들 사이의 관계를 명확하게 정의하는 방식.
물리적 자료모형이나 파일 구조	다양한 계산체계에 의해서 만들어지는 환경 내에서 자료구조의 기구들이 수행되도록 한 규칙들의 모음.

모든 지형공간정보체계는 개념적이고 논리적인 자료모형을 가지고 있다. 자료모음을 판매하기 위해서는 내부적인 물리적 자료모형이 중간단계의 특별한 서류구조로 변환되어야 한다. 자료모음을 사기 위해서는 이와는 반대과정이 이루어져야 한다.

첫 번째 방법은 하나의 체계로부터 다른 체계로의 직접적인 변환이다.

두 번째 방법은 각 부서들이 자료의 판매와 구입을 위해서 표준화된 일반적인 교환 파일 구조를 이용하도록 하는 것이다. 이러한 중립적인 교환구조를 만든다는 것은 많은 나라에서 비공식적으로 행하고 있는 표준화를 하나의 범주로 귀속시키는 것이다. 자료교환과 표준화는 표준화와 이에 따른 동의, 자료모형과 자료내용의 구조 등에 대한 이해를 필요로 한다.

자료교환을 원하는 각 부서들은 자료와 파일구조를 생성하는데, 이 경우 이용되는 개념적인 자료모형과 열거방법에 대한 이해를 해야 한다.

2. 표준화를 위해 선행되어야 할 요건

지형공간 자료를 모은다는 것은 선택된 형상에 대한 지형공간적 위치와 그에 따른 특성값, 그리고 주변 형상과의 관계를 수집한다는 것이다. 지형공간정보체계의 측면에서 본다면 이러한 형상들은 지리적인 현상 즉 건물, 다리, 도로, 강, 초원 등에 대한 해석들의 총합이라고 볼 수 있다. 요소들의 모음과 요소들 사이의 관계를 열거하는 지형공간자료모형은 관심 있는 측면이 가지는 위치정보와 특성정보를 나타내게 된다.

지형공간 자료에는 지진에 관한 세부내용과 고고학에 관련된 지역의 설명, 인구이동에 대한 통계학적인 측면뿐만 아니라 수치지도제작을 위한 자료, 원격탐측에 의한 영상, 인구조사지역 등과 같은 표준화된 생산물 등이 포함된다. 문자 그대로 공간적 자료는 위치와 관련된 정보를 언급하는 것이다. 넓은 의미에서 본다면 지형자료는 공간자료와 다르지는 않지만 지구표면의 형상에 관한 정의에 포함된다. 수치지도제작을 위한 자료는 이전의 지도에 나타난 형상을 부호화한 것이며, 이것은 지형적 자료의 응용을 위해서 가장 기본적인 조건이다. 수치지도제작을 위한 자료는 앞에서 언급된 지형공간정보체계의 자료의 교환과 표준화에서 가장 많이 고려되는 지형 자료 및 공간 자료의 한 유형이다.

지형공간 자료의 위치적인 측면은 하나 혹은 두 가지의 자료형태에 의해서 설명될 수 있다. 즉, 격자형과 같은 바둑판 형태와 선추적형 자료가 있음을 말한다.

지형공간자료 모형은 자료기반 내의 형상에 대한 특성정보를 반드시 다루어야 한다. 사용자가 가지고 있는 자료의 특성을 이해하기 위해서는 대상으로 정한 형상에 대한 내용이 심도 있게 열거되어야 하며, 이러한 열거에는 특성과 특성값이 포함되어야 한다. 표준화를 위해서 필요한 몇 가지 사항은 [부표 1.8]과 같다.

표준화를 위해서 필요한 사항 중에서 다른 것보다도 선행되어야 할 몇 가지 사항이 있으며, 이 중 몇 가지는 자료의 교환과 무관하게 표준화에만 관련된 영역이다.

즉 표준들은 서로 연관을 가지고 있으며, 하나의 표준이 다른 표준들을 만들기도 한다. 표준은 현재의 표준을 기준으로 하여 생겨야 하며, 이것들이 채택되어 사용될 때 새로운 내용을 포함하고 있어야 한다.

[부표 1.8] 표준화를 위해서 필요한 사항

구분	표준화를 위해서 필요한 사항
1	기록 능력
2	관련된 특성정보를 다룰 수 있는 능력
3	보이지 않는 교환(interchange)에 대한 지원
4	특별한 전산언어에 무관하게 실행될 수 있는 능력
5	다양한 좌표 정밀도에 대한 허용
6	2차원 내지 3차원 좌표를 다룰 수 있는 능력
7	자료의 편집을 지원
8	교환단계 내에 자료사전(data dictionary)을 첨부
9	자료의 질을 열거할 수 있는 능력
10	자료의 부수적인 집합이나 변화가 발생한 정보의 이동
11	원래의 자료기반과의 연결
12	실행의 용이함
13	효율적인 자료의 조작
14	자료 내에 존재하는 오차의 소거
15	일관성 있는 방법의 유지
16	모형열거에 대한 개략도를 가지고 있어야 함
17	전송매체에 대해서 독립성을 유지
18	다양한 자료의 모음을 소유
19	지도투영과 기준에 대한 지원 필요
20	격자형 방식의 자료 조작 능력
21	이음마디가 없도록 자료를 조작

3. 자료교환을 위한 단계

앞에서 언급되었던 것처럼 자료구조는 자료모형 내에 있는 구성요소들 간의 논리적인 구성과 그 내용을 나타낸다. 파일구조는 하나의 계산을 하기 위한 작업환경 내에서 자료구조의 실행에 대한 내용을 나타낸다. 이러한 내용들을 문서화함으로써 전산기의 프로그램이 자료의 교환을 행할 수 있게 된다.

자료교환을 위한 소프트웨어를 만드는 데 기본계획이 필요하며, 이를 위해서 세 가지의 처리방안이 있는데 직접적인 변환(direct translation), 내부 표준을 기본으로 한 이동, 중립형식(neutral format)을 이용한 이동 등이다.

술 어 학 (terminology)	대부분의 자료교환 표준과 열거에는 용어정리가 포함되지 않는다.
공간적 기준 (spatial Referencing)	이것은 표준화된 방식으로 열거된 좌표계와 투영에서 중요하다.
대상물의 표현 (object representation)	다양한 지리적 대상에 대한 표현이 있어야 한다.
자료의 질에 대한 분류 (data quality specification)	자료의 질에 따라 다양한 수준의 열거가 있어야 한다.
형상의 분류 (feature specification)	실제의 자료교환 단계와 밀접하게 연관을 가지고 있다. 형상의 열거는 선형, 계층적, 망상의 형태 등으로 이루어져야 한다.

[부그림 1.21] 표준화를 위해서 선행되어야 할 요건

직접적인 이동(direct translation)에서 응용소프트웨어는 A체계의 내부파일 구조 내에 있는 자료를 B체계의 내부파일 구조로 변환시킨다.

이러한 과정은 효율적인 자료교환 단계를 제공하며, 이 단계는 두 체계의 내부작용에 대한 이해를 필요로 한다.

그러나 두 개 이상의 체계에서 자료교환이 필요하다면 문제는 더욱 복잡해진다. C와 D라는 체계를 더함으로써 자료교환 양식은 혼합된다. B에 대해서 A를 해석하고 A에 대해서 B를 해석하는 데 두 개의 프로그램이 필요했는데 이제는 12개의 프로그램이 필요하게 된다. 더욱 많은 체계가 자료의 교환에 참여하게 됨에 따라 교환되는 횟수도 증가하게 된다. 예를 들어, 10개의 체계 사이의 교환에는 직접적인 해석과정이 90개가 필요하게 된다.

직접적인 변환에 대한 대안은 '스위치야드(switchyard)'라는 변환개념이다.

이러한 소프트웨어는 유입되는 자료를 내부적 표준에 따라 해석하고, 내부적 표준으로부터 원하는 형태로 출력을 하게 된다.

각각의 부서에서는 2번의 해석과정을 필요로 한다. 예를 들어 10개의 체계 사이에서 자료교환이 필요한 경우에 단지 20개의 해석과정이 필요한데, 이는 직접적인 해석에서 90개의 과정이 필요한 경우와 비교된다.

세 번째 방법은 각 부서가 표준화된 일반교환 파일구조(common exchange file structure)를 사용하는 것이다. 체계 A는 이것의 내부파일 구조를 표준구조에 맞추어 해석하고 체계 B는 표준구조를 읽어 들이고 이를 자신의 내부파일 구조로 변환시킨다.

이러한 방법은 적어도 이론적인 면에서 볼 때는 장점이 있는데, 단지 2개의 소프트웨어만이 필요하다는 것이다.

그러나 이 방식은 중립적인 파일 양식이 반드시 어느 정도의 유연성을 갖추어야 한다는 것을 필수요건으로 하고 있다. 가령 하나의 양식이 많은 기록을 보유하고 있을 경우, 자료를 중립적인 형태로 부호화하거나 원래의 상태로 되돌리는 작업이 용이하지 않다. 또한 지형공간정보체계에서 파생되는 수많은 편차를 수정하기 위해서는 여러 가지의 분산된 경로가 필요하다. 표준화되고 중립적인 파일에 의한 접근 방법은 자료교환을 위해서 필요한 과정 수를 감소시킨다. 중립적 서류구조는 지형공간정보체계 내에 있는 다양한 자료구조를 다루기 위하여 '스위치야드'라는 것을 이용함으로써 여러 가지의 상황에 대응할 수 있게 된다.

자료교환을 할 때에 각 부서들이 중립적인 형태가 실행되는 것에 대해서 동의하지 않는다면 실행과 표준형태를 위한 다양한 비표준 언어(dialect)가 사용될 수도 있다. 이들 각각은 분리되어 있는 구입과 판매경로를 가지게 되며 이 두 가지의 경로만으로 표준화를 하고자 하는 접근법은 실패하기 쉽다. 균일성과 유연성을 적절하게 조절하여 균형을 맞춘다는 것은 표준화 작업을 하는 모든 사람에게는 공통된 문제이다. 그러나 여러 가지의 원천(source)으로부터 자료를 받는 사용자의 입장에서 본다면, 같은 형태로 자료를 얻게 된다는 것은 매우 긍정적인 일이 될 것이다.

선추적형 자료의 교환을 위해서 노력하는 사람 중에는 자료의 생산자나 소프트웨어의 개발자들이 주로 관련되어 있는데, 예를 들어 미국 지질조사측량국(USGS : US Geological Survey)에서는 DLG라는 형식을 사용하고 AutoCAD에서는 DXF형식을 사용한다. 이와 유사한 상황이 격자형 자료에도 존재하는데 USGS에서는 고도(또는 표고)에 대한 자료를 위해서 DEM이라는 형식을 사용하며, LANDSAT 위성에서는 전산기 호환 테이프(CCT : Computer Compatible Tape) 형식, SPOT 위성에서는 수치 영상자료를 사용한다. 이러한 표준 형식을 사용하는 것은 자료를 균일하고 명확하게 표현하기 위함이다.

4. 자료교환을 위한 표준화와 형식

1) 지형공간정보체계와 관련된 자료교환의 표준

지형공간정보체계와 관련된 자료의 형태 중에서 여기에서는 12가지에 대해서 설명하고자 한다.

(1) 브리티시 콜롬비아－공간 자료와 저장과 상호 교환(BC－SAIF : British Colombia－Spatial Archives and Interchange Format)

British Colombia에서 제안된 이 형식은 MOEP(또는 TRIM)를 대체하기 위한 것이다. 이 형식은 미국에서 사용하는 형식(united states format)을 기본으로 하여 제작된 것으로서 현대적인 개념과 원칙을 나타내고 있다. 이러한 형태 내에서 형상의 부호화를 계층적(階層的)으로 한 분류를 하고 있다.

(2) 캐나다 지형정보학 심의회(CCOGIF : Canadian Council On Geomatics Interchange Format)

이 형식은 처음에는 캐나다 측량 및 도면화 심의회(CCSM : Canadian Council On Surveying and Mapping)로 언급되었으며 지형정보학 자료의 교환을 목적으로 설계되었다. 그리고 연속적인 테이프 저장방식을 가지고 있다. CCOGIF에는 자료의 취득에 대한 정보, 자료의 근원, 정확도, 투영과 기준에 대한 정보를 포함한 광범위한 표제(header)가 들어 있다.

또한 이 형식에는 논리적인 요소가 들어 있는데 이것은 테이프와 같은 하나 이상의 물리적인 요소로 구성되어 있으며, 물리적인 요소 내에는 요소구조에 관한 정보가 있다. 이 형식은 원호와 타원을 주로 다루며 모든 자료에 대한 좌표는 자료값을 3개의 좌표에 기록하며, ASCII문자로 이루어진 3차원 절대 좌표 자료로 변환된다. 공간적 관계뿐만이 아니라 특성정보도 여기에 포함된다. 위상관계는 마디와 선에 대해서 왼쪽과 오른쪽에 있는 면적으로 구성된다. 형상의 분류는 CCOGIF에 있어서 매우 중요한 측면이다. 형상의 분류는 고정된 10개의 알파벳과 숫자로 이루어지고 계층적인 구조를 따른다. 이러한 형태에서는 격자형 자료를 다루지 않는다.

(3) 수치자료 공간 변환형식을 위한 교환위원회(CEDD-STF : Committee on the Exchange of Digital Data-Spatial Transfer Format)

캐나다를 비롯한 15개국에서 전자 목록을 작성(electronic charting)할 수 있는 교환 형식을 제작하였는데, 이 형식은 초보자나 숙련가 모두가 사용할 수 있게끔 만들어졌다. 1985년에 이를 시험하기 위한 자료가 배포되었고 이듬해인 1986년에 CEDD-STF가 나오게 되었다. CEDD-STF는 ASCII형식을 가진 고정된 영역을 이용하며, 표현된 특성들은 일련의 가능한 특성 내에 고정된 위치를 가지고 있다. 대부분의 특성들은 문맥을 나타내는 수치이며 세 가지의 계층구조로 이루어진다. 이 구조에는 긴 형태(spaghetti)를 가진 선추적형 자료, 사슬과 마디로 이루어진 위상관계를 가진 선추적형 자료 등이 포함되며, 격자형 자료를 다룰 수는 없다. 현재 이 구조의 발전에 관한 연구는 진행 중이지 않다.

(4) 수치로 나타낸 선 도표(DLG : Digital Line Graph)

이 형식은 처음에 미국 지질조사측량국이 수치 지형표준자료에 의해서 전국적인 지도를 제작하기 위한 프로그램의 일환으로 시작되었다.

이 형식은 USGS의 수치지도를 분포시키는 데 이용되어 왔다. 표제에 들어가는 정보와 지리자료의 질에 관한 내용, 투영에 관한 정보 등에 대한 양에는 제한이 있다.

이 형식에서는 원호, 타원과 같은 대상물에 대한 부호화가 불가능하며 7개의 숫자를 사용함으로써 위상관계를 열거하고 형상의 분류를 하였다. 지형공간에 대한 DLG좌표는 2차원이며, 12개의 유효숫자를 가진 채로 저장된다. 이러한 형식에서는 격자형 자료를 다룰 수 없다. DLG는 3차원 좌표를 삽입하는 것과 같은 부가적인 위상관계의 구성에 의해서 변환될 수 있다.

(5) 수치지도 자료형식(DMDF : Digital Map Data Format)

이 형식은 앨버타(Alberta) 정부가 축척 1 : 20,000인 기본도를 제작할 때, 이 계획을 지원하기 위한 과정에서 발전되었다. 이 형식이 특별한 목적에 맞도록 엄격하게 설계되고 실행되는 동안에, 유용하게 쓰일 만한 다른 교환체계가 없다는 사실이 밝혀졌다. 이 때문에 이러한 형식이 더욱 발전하게 된 것이다. DMDF는 이해하기 쉽고 빠른 시간 내에 실행이 가능하며, 기본적인 지도상의 대상물을 조작할 수 있는 능력을 가지고 있다. 이 형식에서 사용하는 자료는 3차원으로서 X와 Y좌표는 10개의 유효숫자를 가지며 Z좌표는 8개를 가진다. 축척요소를 가진 지리적 상징을 나타내기 위해서 점이 사용된다.

(6) 지도와 도표자료 교환형식(MACDIF : Map and Chart Data Interchange Format)

쌍방통신(telecommunication)을 지향하는 이 형식은 지형도와 수리적 도표 자료를 다루며 국가적 그리고 전 세계적인 표준으로서 제시되었다. MACDIF는 쓰여진 인간의 언어를 지원하기 위해서 설계되었고, 기록에 적합한 형태로 만드는 것뿐만 아니라 보이지 않는 자료의 교환을 위한 광범위한 표제 정보를 가지고 있다. 이 형식에서는 형상에 대한 분류가 미리 정의되어 있지 않지만 사용자의 의도에 따라서 정의할 수 있도록 되어 있다.

여기에서 사용되는 좌표는 2차원이나 3차원이며 정밀도는 다양하다. MACDIF는 현재의 자료모음의 일부를 갱신할 수 있도록 설계되어 왔다.

(7) 지도 자료교환 형식(MDIF : Map Data Interchange Format)

MDIF는 캐나다 남부에 있는 온타리오(Ontario)주의 천연자원을 관리하는 부서에 의해서 발달되었으며, 격자형과 점에 관한 자료에 대해서 명확한 정의를 내리고 있다. 이 형식은 구조적인 또는 비구조적인 자료를 모두 다룬다.

(8) 환경과 공원담당부-공간변환 형식(MOEP-STF : Ministry Of Environment and Parks-spatial Transfer Format)

이 형식은 DMDF를 향상시킨 것으로서 앨버타 주에 의해서 발달된 것이다. 이 형식은 1 : 20,000의 지형과 지적에 대한 자료의 교환을 위한 것이며 대부분의 DMDF의 형태 대부분이 여기에 사용된다. DMDF과 MOEP-STF과의 중요한 차이점은 원호, 알파벳과 숫자에 의한 명확한 특성에 대한 기록, 선구조에 대해서 사용이 가능하도록 준비가 되어 있다는 것이다.

정보를 나르는 선구조는 실제적인 자료의 일부가 아니기 때문에 도형 자료를 교환하기 위한 단계가 부가적으로 제공된다.

(9) 남아프리카-공간변환 형식(SA-STF : South Africa-Spatial Transfer Format)

주로 관계 모형을 기초로 하는 SA-STF는 두 개로 구성된 파일에 의해서 자료모음들의 교환이 이루어진다. 첫 번째 파일은 고정된 형태의 파일로서 자료가 사람들이 읽을 수 있는ASCII문자로 이루어져 있다. 물리적인 두 번째 파일은 일반 정보를 담는 구역과 지리적 기준에 대한 정보의 관계를 나타내는 구역으로 나뉘어 있다. 일반정보를 담는 구역은 투영과 좌표계, 단위와 같이 교환될 자료에 대한 세부사항을 포함하고 있으며, 지형공간적 기준에 대한 정보의 관계를 나타내는 구역은 교환될 수 있는 실제자료를 포함한다. 이 표준형식은 원호와 지역, 행렬 대상물(matrix objects), 복잡한 형상, 격자형 등을 다룰 수 있다.

SA-STF에는 일치(coincidence)와 제외(exclusion)라는 두 가지의 지형관계가 포함된다. 이 형식에서는 한 구역 내에 있는 점과 선, 선이나 구역의 교차를 다룰 수는 없다.

(10) 영국-국가적인 교환 형식(UK-NTF : United Kingdom-National Transfer Format)

선추적형 자료를 구조적으로 혹은 비구조적으로 전달하기 위한 이 형식은 광범위한 표제 정보와 4단계로 나누어지는 질에 관한 정보를 다루게 된다.

질에 관한 정보는 전체적인 자료기반, 구역, 형상, 좌표의 4단계로 나누어지며, 여기에서 사용되는 좌표는 2차원이나 3차원이다. 2차원이나 3차원을 가지는 격자형 자료는 간단한 행렬에 의해서 부호화될 수 있으며, 형상의 분류는 계층적 형태를 가지게 된다. 위상관계에 대한 정의를 내리는 과정에 도움을 주기 위해서 보이지 않는 선이 정의되어 있다. 위상관계는 주로 연결성에 관한 것이다.

(11) 미국-공간자료 변환 명세서(US-SDTS : United States-Spatial Data Transfer Specification)

이 형식은 격자형 자료와 선추적형 자료를 모두 다루며 점, 선, 면적과 같은 0, 1, 2차원 요소에 대해서 적용된다. 광범위한 공간적 실재와 대상물이 여기에 포함되며 선추적형 자료는 교환을 위해서 관계 방식이나 계층적 방식으로 구성된다.

이 형식은 고도의 구성요소를 반 관계방식(semi-relational manner)에서 볼 수 있는 양식으로 세분화시킨다. 이러한 양식에는 일반 정보에 대한 참고목록, 식별, 안전, 지형공간적 기준, 지형공간영역, 자료 사전 등이 포함된다. 지형공간자료는 선추적형 혹은 관계 형식, 격자방안식의 형태로 기준이 될 수 있다. 형상의 분류는 선형 목록과 같은 형태에 의한다. US-SDTS는 여러 권에 해당하는 자료모음을 가지고 있으며 하드웨어에 전혀 구애를 받지 않는다. 이 형식은 광범위하며 자료교환에 있어서 전 세계로 주된 영향을 미치며, 이 영향을 받는 사람들은 유럽, 영국, 일본, 호주 등지에 있는 지형공간정보체계의 공급자들이다.

2) 기타 자료교환 표준과 형식

앞에서 언급된 형식 이외에도 자료변환을 위한 형식이 많이 있다. 여기에서는 이러한 기타형식들을 지도와 지형에 관한 정보에서 사용되고 있는 형식과 다른 목적으로 사용되고 있는 형식으로 나누어서 서술하고자 한다.

(1) 지도와 지형에 관한 정보에서 사용되는 기타 형식

① 두 개의 독립된 지도 부호화(DIME : Dual Independent Map Encoding)는 1970년대 초 미국정부가 인구와 관련된 지리적 정보를 저장하기 위해서 발전시킨 형식이다.

② 자료교환형식(DXF : Data eXchange Format)은 전산기 지원 자동설계(AutoCAD)의 제작자에 의해서 제안된 형식으로서 전산기지원 설계(CAD) 등을 지향한다.

③ 초기 도형출력을 위한 교환의 분류(IGES : Initial Graphics Exchange Specification)는 전산기 상에서 표현되는 공학적인 도안을 서로 다른 CAD/CAM 사이에 전송하기 위하여 중립적인 형태로 발전되었다.

④ 인터그래프 표준 교환형식(ISIF : Intergraph Standard Interchange Format)은 도형과 그와 관련된 자료를 전송하기 위해서 인터그래프사에서 발전시킨 형식이다.

⑤ Mini-Topo는 미국의 군사 지도제작국(DMA : Defense Mapping Agency)이 그들의 자료를 배포할 목적으로 발전시킨 형식이다.

⑥ 지형학적으로 통합된 지리 부호화와 기준(TIGER : Topologically Integrated Geographic Encoding and Referencing)은 미국 상무성(department of commerce)에 의해서 발전되었으며, 인구조사국의 활동을 지원하기 위한 수치지도의 기준으로 사용된다.

(2) 다른 목적으로 사용되는 기타 형식

① 전산기 도형출력을 위한 메타파일(CGM : Computer Graphics Metafile)은 서로

다른 형태의 출력장치 사이에서 도형에 관한 영상의 교환을 위해서 사용된다.

② 전자 설계를 교환하기 위한 형식(EDIF : Electronic Design Interchange Format)은 설계에 관한 정보를 교환하기 위해서 만들어진 것이다.

③ 사무실 서류의 구성과 교환을 위한 형식(ODA/ODIF : Office Document Architecture/ Office Document Interface Format)은 격자방안식 도형으로 열거되는 서류의 교환을 위해서 만들어진 것이다.

④ 생산품에 대한 자료 분류(PDES : Product Data Exchange Specification)는 미국의 표준국(Bureau of Standards)과 국제 표준기관(ISO : International Standards Organization)의 활동으로 제작된 것이다.

⑤ 자료 교환과 전달을 위한 표준(SET : Standard d'Echange et de Transfert)은 유럽의 우주국과 항공회사들의 노력으로 이루어진 형식이다.

⑥ 생산품에 대한 자료의 교환을 위한 표준(STEP : Standard for The Exchange of Product data)은 개념 설계에서부터 상세 설계, 시작/시험, 생산, 지원에 이르는 하나의 제품 수명 전체에 걸쳐 필요한 모든 제품 데이터를 표현하고 교환하기 위한 규격이다.

3) 자료의 표준화에 따른 이점

여기에서는 자료의 표준화에 따른 장점을 5가지로 나누어서 설명하고자 한다.

첫째, 자료의 표준화를 통해서 수치지도제작을 위한 형상의 표현이 용이하게 이루어질 수 있으며, 이것은 지형에 대한 간단한 자료의 모음에 의해서 가능하다.

둘째, 자료의 표준화에 의해서 수치적인 지형공간자료가 서로 다른 체계 사이에서 원래의 내용이 변형되지 않고 전달된다.

셋째, 사용자가 자신의 용도에 따라 자료를 평가할 수 있는 자료의 질에 관한 정보가 제공된다.

넷째, 자료를 공유함으로써 연구과제에 드는 비용을 절감할 수 있다.

다섯째, 다양한 자료에 대한 접근이 용이하기 때문에 자료를 쉽게 갱신할 수 있다.

4) 자료교환을 위한 표준화의 추세와 문제

지형공간정보체계의 자료를 교환하기 위해서 사용되는 표준에는 현재 명백한 흐름이 있는데 자료의 교환과정을 자동화하기 위한 보이지 않는 노력이 국가적 그리고 국제적으로 있다는 것이다. 이러한 이유 때문에 표준에 관한 내용들을 더욱 심도 있게 표현할 수 있는 전산기 소프트웨어가 발전되어야 한다. 또한 과거에는 형상과 대상물에 대한 정의를 하는 데 있어서 분리된 방식을 사용하였으나, 지금은 하나의 지점으로 지향하는 방식이 사용되고 있다.

최근에 지리 자료구조(GDA : Geographic Document Architecture)라는 개념이 대두하고 있는데, 이는 자료를 내용구조(Content Architecture)라는 요소 내에 구성하기 위한 것이다. 이것은 사무 자료구조(ODA : Office Document Architecture)와 매우 흡사한 것이다. 지리 자료구조(GDA)에서는 분리된 몇 개의 단계가 지형공간정보체계의 표준에 의해서 각색된다는 것이 기본 가정이며 각각의 내용물의 형태에 따라서 각기 다른 구조를 가지게 된다.

위상관계와 이에 대한 표현이 완전하게 이루어지지 않고 있으며 아직까지도 논의되고 있는 문제이다.

사용자의 측면을 고려해 볼 때 서로 다른 자료의 환경을 통합하는 것도 시급히 행해져야 한다. 자료의 구입과 판매에 영향을 미치는 자료 환경은 자료의 교환과 전송을 위해서 고려되어야 하는 것이다.

지형공간정보체계에서 사용되는 자료의 교환을 위한 표준화 과정은 매우 느리게 진행되기 때문에 오랜 시간이 지난 후에 원래의 자료는 쓸모없게 될지도 모른다.

표준화 과정 동안 각 기관들이 지형공간정보체계의 자료를 교환하기 위한 전략을 발달시킨다는 것은 매우 중요한 일이다. 좋은 전략은 어떤 것이며 이러한 전략을 관리할 방법, 수요에 대한 대응방법 등에 대한 신중한 고려가 있어야 할 것이다. 자료의 교환을 위한 전략을 구상하게 되면 여러 가지의 문제점이 발생하게 되며 이러한 문제들은 쉽사리 해결되지 않을 것이다. 각 기관들의 전략은 그 기관의 내부적인 환경과 자료교환의 방식에 따라 좌우된다.

앞에서 언급된 것처럼 지형공간정보체계의 자료 교환문제는 광범위하고 매우 난해하다. 표준화를 위해서는 도입할 표준과 이러한 표준을 실행시키기 위한 과정을 설정해야 한다. 표준화 과정은 관심에 비례하여 이루어지는 것도 아니며 여러 기관들의 동의를 얻는 과정을 반드시 거쳐야 한다.

Chapter 0

부록 2. 지형공간정보의 처리시 오차, 위상기학적 공간분석, 공간보간법

2.1 자료의 처리시 오차

2.1.1 오차를 처리하기 위한 체계

현재 지형공간정보체계에 의해서 제공되는 정보가 자료의 질을 표시하는 지시자(indicator)를 가지는 것은 일반적으로 보기 어렵다. 정보가 개발투자의 기초가 되고자 한다면 사용자는 자료의 신뢰성과 결과의 중요성을 잘 알아야만 한다. 지형공간정보체계에 저장되는 자료는 강우, 토양깊이, 표고, 채소재배, 온도 등과 이와 유사한 정보를 포함한다. 이러한 자료는 관측값의 모든 함수이고 무작위 변수를 표현한다. 그러므로 지형공간정보체계에서 임의의 자료를 처리함으로써 얻은 결과는 무작위 변수이며, 자료의 질을 표시하는 지시자를 유도하기 위해서 통계학적 유추기법을 사용한다.

하나의 이용 가능한 자료질의 지시자는 백분율 확률, 즉 백분율 항으로 표현되는 확률이다(확률은 종종 0에서 1까지의 범위를 가지는 값으로서 표현되며, 계산을 위해서 이러한 형태로 변환될 수 있다). "이 토지는 벼를 재배하기에 매우 적합한 92%의 확률을 가진다."거나 또는 "이 토지는 벼를 재배하기에 매우 적합한 56%의 확률을 가진다."라고 말할 수 있다면, 이러한 통계학의 사용을 고려하는 것이 효과적이다.

분명히, 제한된 자원은 두 번째 토지보다 첫 번째 토지에 투자하는 것이 보다 이상적일 것이다. 이러한 능력을 성취하기 위해서 임의의 확률이론에 대해서 윤곽을 잡아야 할 것이다. 이제 기술하려는 통계학적 지식은 미래의 지형공간정보체계 관리자가 되려는 지도제작자들에게 자료질의 향상을 위하여 도움이 될 것이다.

1. 수학적 모형과 논리모형

지형공간정보체계에 의해서 제공되는 지형공간정보의 두 가지 예로는 매년 헥타르(ha) 당 토지손실과 곡물적합도(crop suitability rating)를 들 수 있다. 이 두 가지 접근 방법이 토지구획을 추정하는 데 사용되지만, 아래와 같은 두 가지 다른 접근방법을 이용하여 지형공간자료를 처리할 수도 있다.

매년 토양손실 헥타르를 계산하기 위해 사용되는 첫 번째 접근방법은 보편적 토양손실식(universal soil loss equation)과 같은 수학적 모형을 사용한다. 두 번째 접근방법은 몇 가지 열대 곡물에 대한 곡물적합도를 결정하기 위하여 필리핀의 Agusan강 유역에서 개발된 식으로 논리모형을 사용한다.

좌표 및 다른 관측값을 결정하기 위해서 토지측량사와 영상탐측학자들이 사용하는 모형은 수학적 모형이다. 수학적 모형에서 미지의 변수(예를 들어 매년의 토양손실)는 초기 단계에서 추정되는 관측값의 함수로써 표현된다. 일반 오차전파 이론식을 이러한 모형에 적용함으로써 유도되는 결과값에 대한 자료의 질을 결정하기 위하여 하나의 무작위 오차만이 결과값에 영향을 미친다는 명제도 고려해야 한다. 지구과학에서 사용되는 몇 가지 수학적 모형은 미지의 크기를 가지는 계통오차를 가지고 있으며, 모형은 차원의 분석 또는 자연과학에서 사용되는 다른 기술의 정밀한 적용으로부터 얻어지는 결과는 아니다. 이러한 것을 경험수학모형(empirical mathematical models)이라 한다. 보편적 토양손실식은 이러한 경험수학모형의 한 종류이다.

논리모형은 수학공식에 기초하지 않고, 또한 오차전파 이론도 적용하지 않는 모형이다. 그러나 많은 현장적용에 있어서 논리모형이 수학적 모형을 적용하는 것보다 좋은 결과를 제공하기 때문에 지형공간정보체계에서 논리모형이 많이 사용되는 모형이다. 예를 들어 논리모형은 쌀을 재배하기 위해서 토지의 적합도를 추정할 경우 쌀을 재배하는 데 "매우 적합하다", "적합하다", 또는 "적합하지 않다"의 용어로 정의된다. 재배율은 임의의 토지에 강우량이 700㎜보다 많으며, 표고가 200m미만이고, 그리고 토양깊이가 100㎝보다 깊다면, 관개용 쌀을 재배하는 데 매우 적합하다고 유도될 수 있다. 논리모형을 사용할 때 자료의 질을 추정할 수 있는 기술은 현재로선 없는 실정이다.

2. 통계학적 가정

수학적 모형은 실측을 통해 얻은 관측값 또는 다른 변수로부터 얻어지는 미지의 관측값을 추정하는 데 사용될 수 있다. 변수들에 대한 가장 적절한 추정값 또는 가장 적당한 방법은 평균값을 이용하는 것이다. 반복적으로 관측값을 관측할 때 관측값은 변화하기 때문에, 가장 적절한 추정값, 즉 가장 확률이 높은 관측값은 추정값의 질을 나타내는 형상 또는 분포와 관련된 확률분포를 가진다. 표준편차(SD 또는 σ)는 추정값에 대한 분포를 나타내는 범위를 알려 주므로 표준편차는 자료질의 지시자로서 사용될 수 있다.

수학적 모형은 아래와 같은 몇 가지 가정을 사용해야만 한다.

첫째, 추정값은 편의를 가지지 않으며, 둘째, 관측값의 확률분포를 알 수 있으며, 셋째 관측값에 관련된 오차는 정규분포(正規分布)를 가진다. 넷째, 변이는 한정적인 값을 가진다.

표준편차는 자료질을 고려함에 있어서 중심적 역할을 하며, 추정값 주위의 관측값에 대한 분산은 기존의 처리방법으로부터 결정할 수 있다고 가정한다. 그러므로 표준편차와 확률을 연결할 수 있으며, 신뢰구간에 의해서 추정값을 유도하는 기법이 사용될 수 있다.

미지의 값(θ)의 추정값($\bar{x}$)은 몇 개의 관측값(x_1, x_2, x_3, $\cdots$, x_i)으로부터 유도된다. $\bar{x}$에 대한 신뢰구간은 θ값이 미리 선정된 확률, 즉 95%(0.95) 또는 99.7%(0.997)를 가지는 신뢰구간의 하한계와 상한계 사이의 임의의 점에 있는 관측값으로부터 계산될 수 있다고 가정할 때 아래와 같은 부등식으로 표현할 수 있다.

$$p[L < \theta < U] = 0.95 \tag{2.1}$$

또는

$$p[L < \theta < U] = 0.997 \tag{2.2}$$

관측값으로부터 얻은 추정값이 0에 맞춰져 있다면, $-\infty$에서 ∞까지 분포하는 종모양의 곡선인 가우스 확률분포와 이 확률분포하에 존재하는 면적은 추정값에 기여하는 모든 가능한 관측값에 관한 함수이다. 이러한 곡선은 만약 두 개의 x값이 선택되고 곡선하에 존재하는 전체 면적이 90%를 차지한다면, 하부면적은 관측값의 90%를 폐합하는 특성을 가진다. 즉 확률을 벗어나는 10%의 하부면적이 존재한다는 것을 뜻하며, 이러한 확률은 a로 표현된다. 따라서 범위 안에 포함될 확률은 $100(1-a)$%이다.

x축에서 선택되는 두 개의 값이 중심축에 대해서 등방성을 가진다면, 포함되지 않을

하부면적의 확률(a)은 위의 [부그림 2.1]에서 보는 바와 같이 두 개의 등방성을 가진 부분인 면적의 $a/2$의 값을 가지게 된다. x값의 상한계(때때로 상한 F값으로 부른다)는 $z_{a/2}$에 의해서 표현되며, 하한계분할점(하한F값)은 $-z_{a/2}$에 의해서 표현된다. 중심값 주위에 등방적으로 위치된 분할점의 경우에서 $z_{a/2}$과 $-z_{a/2}$의 절대값은 같다. 따라서 곡선하에 존재하는 전체면적의 값을 벗어나는 확률 100(a/2)%는 각 $z_{a/2}$또는 $-z_{a/2}$와 연관되어 있다고 고려할 수 있으며 곡선하에 존재하는 전체 면적의 값에 포함되는 확률 100{(1-a)/2}도 $z_{a/2}$ 또는 $-z_{a/2}$과 연관되어있다고 할 수 있다. 정규분포표는 0(0%)으로부터 1(100%)까지의 범위를 가지는 다른 F값과 연관되는 면적을 결정하기 위해서 사용된다.

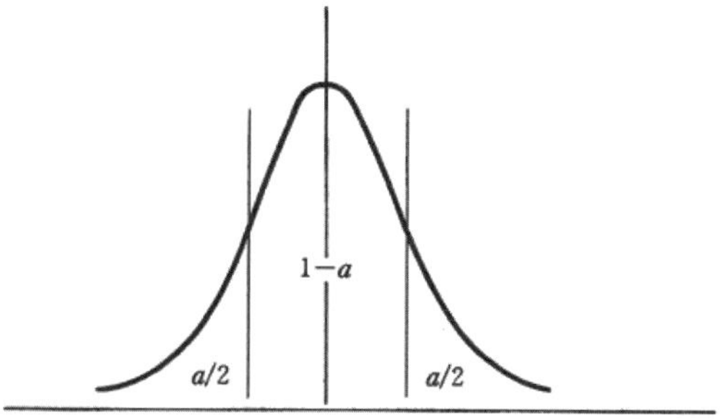

[부그림 2.1] a값을 보여주는 정규확률분포

F값은 변수에 표준편차를 곱한 값으로 정한다. 따라서 F값이 1이라면, θ값이 $\bar{x}-1\times$SD와 $\bar{x}+1\times$SD 사이에 존재할 확률은 68%이다([부표 1.1] 참조). 이것은 아래와 같은 식 (2.3)로 표현될 수 있다.

$$P[\bar{x}-\bar{z}_{ax}+z_{a/2}\times\sigma]=1-a \tag{2.3}$$

이 공식은 필요한 확률과 표준편차를 알 때 신뢰구간을 결정하는 데 사용될 수 있다.

적합도 작성에 사용되기 위해 지형공간정보체계에 저장되는 자료의 위치는 약간씩 달라지게 된다. 이 경우에 있어서, 신뢰구간은 제공되고 표준편차에 관한 값을 알 수 있지만 필요한 것은 확률이다.

[부표 1.1] 정규확률분포 곡선하에 존재하는 면적에 대해서 선택된 F값과 a값

(F값$=z_{a/2}$)

$\lvert z_{a/2} \rvert$	1.00	1.28	1.64	1.96	2.00	3.00
a	.318	.200	.100	.050	.0465	.00270
$a/2$	.159	.100	.050	.025	.0228	.00135
$1-a$	.682	.800	.900	.950	.9544	.99730
$(1-a)/2$	.341	.400	.450	.475	.4772	.49865

2.1.2 적합도 분석에서 발생하는 오차의 해석

1. 적합도 분석

지형공간정보체계의 적용에서는 서로 다른 수준의 정확도를 가진 자료를 결합하게 된다. 각 자료층에서의 오차가 마지막 결과에 어떠한 영향을 미치는가?

여기에서 제시되는 방법은 수학적 계산처리과정을 정의할 수 있는 임의의 지형분석에 적용될 수 있다. 협의의 의미로, 분할 중첩(intersection overlay)과 다차원적 축척 적합도 분석은 특성에서의 오차와 관계되는 신뢰도 한계의 개발을 위한 원형(prototype)으로서 사용된다. 우리가 연구하고자 하는 적합도 분석은 민감도 관측과 계산가능한 신뢰한계, 그리고 지형공간정보체계에 대한 조사를 할 수 있는 한 개 또는 여러 개의 초기 지도에 대한 특성의 수학적 함수로써 다루어진다.

이 연구에 적절한 질의의 범위는 적합도 분석과정이 0단계에서부터 4단계까지 움직인다고 생각되는 2, 3과 4단계로 서술된다.

지형공간정보체계에서 민감도 분석의 기본적 개념, 관련성 그리고 연관성은 아래에서와 같이 정의된다.

1) 적합도 분석의 의의

초기 지도(primary map)는 현존하는 대상 지형의 실체요소(entity)에 관한 지도로서, 지질도 또는 식생도를 들 수 있다.

등급지도(rank map)는 자신의 특성에 대한 수치적 등급이 주어지고 한 개 이상의 지도

로부터 특성에 대한 수학적 관계(예, 함수, 변환식)가 있는 지도로서, 토양도는 표면에 독성폐기물을 버림으로써 지하수층을 오염시킬 것이 확실한 잠재성 또는 이러한 토양이 토양활동(landslides)을 야기할 수 있는 잠재적인 독성을 나타내기 위해서 등급이 매겨질 수 있다.

지형적 적합도 분석(단순 적합도 분석)은 하나 이상의 지도특성에 하나 이상의 수학적 관계(예를 들어, 함수, 변환식)를 적용시킨 합성을 의미한다. 그러므로 등급지도는 적합도 분석의 예이며 중첩의 예라고 할 수 있다. 사용될 수 있는 기호를 특화시키거나 서술하기 위해서 중첩되는 지도 N(초기지도 또는 등급지도)이 있다고 가정하면, $P(N)$은 N지도의 상호분할 지도에 의해서 생성되는 다각형의 전체 수를 나타내며, a_{pn}은 분할된 중첩지도의 p번째 다각형 $1 \le p \le P(N)$에 포함된 등급지도 $1 \le n \le N$의 특성을 나타낸다. 그리고 w_n은 n번째 등급지도에서 주어진 경중률(W : weight)을 나타낸다.

합성지도(또는 합성적합도 지도)의 p번째 다각형에 대해서 적합도 분석은 아래에 표현되는 바와 같이 경중률 벡터 $w = (w_1, \cdots, w_N)^T$와 특성 벡터 $a_p = (a_{p1}, \cdots, a_{pN})^T$에 대한 수학적 함수인 합성 특성 r_p를 만들어 낸다.

$$\begin{aligned} r_p &= f(w_1, \cdots, w_N \quad a_{p1}, \cdots, a_{pN)} \\ &= f(w, a_p) \end{aligned} \tag{2.4}$$

그러므로 합성 적합도 지도의 특성은 벡터합의 요소이다.

$$r = (r_1, \cdots, r_{p(N)})^T \tag{2.5}$$

a가 다각형 특성 대신에 점 또는 선 특성으로 대치된다면, 식 (2.4)과 식 (2.5)는 가장 일반적으로 사용되는 상업적 지형공간정보체계와 연관된 지형적 적합도 분석을 가지게 된다. 특별한 경우 경중률이 주어진 분할 중첩에 의해서 함수 (2.4)은 아래 식 (2.6)과 같이 된다.

$$r_p = f(w, a_p) = \sum_{n=1}^{n} w_n a_{prv} \text{ for } p = 1, 2, \cdots, P(N) \tag{2.6}$$

다차원적 축척 접근방법은 주어진 특성값과 등급지도의 차를 제곱한 항에 대한 경중률 합의 제곱근에 관한 합성값의 특성 r_p를 얻게 된다. 즉 합성적합도 지도의 p번째 다각형에 대한 특성은 함수 (2.7)에 의해서 주어진다.

$$r_p = f(w,\ a_p) = \left(\sum_{n=1}^{n} wMn(a_{pn} - I_n)^2 \right)^{1/2} \quad \text{for } 1 \leq p \leq P(N) \tag{2.7}$$

여기서 I_n은 n번째 등급지도와 연관된 가장 적절하거나 아니면 가장 부적절한 특성값이다. 물론 식 (2.7)은 이상적 특성(ideal description) $I = (I_1,\ \cdots,\ I_N)$ 의 벡터에 교차되는 다각형 p, a_p에 포함된 특성의 벡터에 대한 경중률 유클리드 거리를 나타낸다.

식 (2.7)은 다중차원 축척 또는 표적 적합도(target suitability)인 데 반해 적합도 분석식 (2.6)은 중첩 적합도라 부른다. 지수 r_p를 형성함에 있어, 이러한 특성값이 형성되는 방법을 결정하는 함수는 지수 r_p를 가지고 행해지는 분석의 형태에 적합하도록 구성된다. 이들은 신뢰한계를 개발하는 데 있어서 원형으로 사용될 수 있는 두 가지 적합도 분석이 될 것이다.

2) 도형적 민감도와 오차전파 분석(geographic sensitivity and error propagation analysis)

오차전파 분석(또는 오차분석)은 민감도 분석과 밀접하게 관련되어 있다. 몇몇 지형공간정보체계 연구가 또는 실행가에 의해서 사용되는 오차전파는 초기지도의 집합에서 기지의 오차를 이용하여, 출력지도의 정확도를 지상(ground)에서 입증함으로써 최종 출력지도의 오차에 영향을 미치는 것을 관측한다. 초기지도의 질과 정확성은 '지상 검증(ground truth)'에 의해서 미리 결정된다.

한편 민감도 분석은 초기지도를 가지고 시작한다. 그러므로 변화 또는 변동은 최종 출력지도에 끼치는 영향을 분석하기 위하여 초기지도에 부과된다. 지리적 민감도 분석의 초점은 변동되지 않은 원지도와 비교하여 입력자료를 변동시킴으로써 만들어지는 합성지도상에서의 적합도 분석에 있는 것이지 주어진 지도에 존재하는 실제 오차에 분석의 기준이 있는 것이 아니다. Walsh, Lightfoot과 Butler(1987)에 의해서 서술되는 오차전파 분석에 의하면 적합도 분석식 (2.6)과 (2.7)에 부과된 변동은 이론적 오차전파 분석으로 간주될 수 있다는 사실에 비추어볼 때 전파되는 실제 오차의 관측이라 할 수 있다. 식 (2.4)에서 오차전파 분석은 자료 a_p에서의 변화를 관측하게 된다. 민감도 분석은 식 (2.4)에 의해서 주어지는 함수 f자체와 그리고 a_p와 w의 변동이 r_p값에 어떻게 영향을 주는가에 많은 관심을 가지고 있다. 대응하는 합성 출력 특성값에 영향을 주는 입력 특성값에 대한 오차의 범위가 주어졌다면, 특성 오차에 대한 신뢰한계는 출력 특성값의 유효범위를 나타내게 된다.

2. 지형적 민감도 관측

개별 다각형의 민감도는 T_n에 대한 표현식을 찾으면 얻을 수 있다. 이 절에서는 적합도 지도에 존재하는 $P(N)$다각형 전체 집합에 대한 변이에 포함되는 관측을 개발한다. 대체로 전체 적합도 지도에 대한 지형 민감도 관측법이 최소한 5개로 정의될 수 있다. 첫째로, 특성 민감도 관측이라고 하는 변화하지 않는 값으로부터 특성의 전반적 변화 크기에 대한 관측이 있다. 둘째로, 위치 민감도 관측이라고 하는 변동하지 않는 위치로부터 등급차원에 따라 특성의 변화크기를 관측하는 관측법이 있다.

적합도 분석으로부터 일련의 지도의 제거와 연관되는 민감도를 관측하기 위해서, 지도 제거민감도 관측이라고 하는 민감도 관측의 세 번째 범주가 있다. 이 관측법은 경중률 선추적 w의 변동에 영향을 받는다. 특히, 지도 제거는 제거되는 것에 대한 경중률 변동의 크기는 같지만 변동되지 않는 적합도 분석에서의 값과 부호가 반대인 지형 민감도 분석이다. 지형의 변화에 가장 적합한 다각형의 결정을 위해서 다각형 민감도 관측을 행하며, 마지막으로 면적 민감도 관측은 특성 변화가 발생하는 전체 면적을 계산한다.

1) 특성 민감도 관측

r_p를 (2.6) 또는 (2.7)의 무변동으로부터 얻은 특성이라고 하고, r_p를 (2.6) 또는 (2.7)의 임의의 변동으로부터 얻은 특성이라고 하자. 적합도 분석으로부터 지도의 집합 처리과정에 포함되지 않는 민감도 분석에 대해서, 경중률 특성 민감도 관측은 아래 식 (2.8)와 같다.

$$m_1(s,\ r,\ \underline{r}) = \sum_{p=1}^{P(N)} s_p \mid r_p - \underline{r_p} \mid \tag{2.8}$$

여기에서, $s = (s_1, \cdots, s_{p(N)})^T$이다. $s_p = 1$이라면, 경중률이 주어지지 않은 관측이다. $s_p = A_p$라면, 면적 경중률 특성 민감도 관측(areal weighted descriptive sensitivity measure)이 된다. 여기서, A_p는 p번째 다각형의 면적이다. 만약 s_p가 아래 식과 같다면,

$$s_p = \frac{A_p}{\left(\sum_{p=1}^{P(N)} A_p\right)} \tag{2.9}$$

일반화된 면적 경중률 특성 민감도 관측(normalized areal weighted description sensitivity measure)을 얻는다.

2) 위치 민감도 관측(position sensitivity measures)

$R(r_p)=j(R(\underline{r_p})=j)$을 중첩(각각 표적)의 적합도에 관하여 지도의 모든 $P(N)$특성에 등급차수(낮은 것부터 높은 것까지)를 정하는 함수라고 가정하면, 경중률이 적용된 등급 민감도 관측은 식 (2.10)와 같게 된다.

$$m_2(s,\ r,\ \underline{r}) = \sum_{p=1}^{P(N)} s_p \mid R(\underline{r_p}) \mid \tag{2.10}$$

만약, $s_p = 1$이라면 경중률이 주어지지 않는 관측이다. $s_p = A_p$라면 면적 경중률 등급 민감도 관측값을 얻게 되고, s_p가 전체 면적의 비율이라면 일반화된 면적 경중률 등급 민감도 관측을 얻게 된다.

3) 지도 제거 민감도 관측(map removal sensitivity measures)

적합도 분석에서 하나나 그 이상의 지도를 제거하는 것은 모든 지도가 적합도 분석에서 사용될 때 그들의 값에 비교되는 모든 다각형에 대한 변동된 합력 특성값 $\underline{r_p}$은 일반적으로 낮아지게 될 것이다. 이러한 편의를 제거하기 위해서, 지도의 수에 의해서 적합도 지도 특성의 각각을 나누며, 민감도 관측에서 이들 값을 사용한다. 특히, 경중률이 적용된 지도 제거 민감도관측에 관한 식은 다음과 같다.

$$m_3(s,\ r,\ \underline{r}) = \sum_{p=1}^{P(N)} s_p \mid r_p/N - \underline{r_p}/K \mid \tag{2.11}$$

여기서, N은 원래의 적합도 분석에서 사용되는 초기지도의 전체수이며 K는 일련의 지도가 적합도 분석에서 제거된 후에 남아 있는 지도의 수이다.

4) 다각형 민감도 관측(polygon sensitivity measures)

변동의 결과로서 최대의 값의 변화가 진행되는 특성(s)은 $|r_p - \underline{r_p}|$ 값이 최댓값인 지수를 찾음으로써 얻어진다. 이에 상응하는 크기는 단순히 벡터의 차 $d = r - \underline{r}$에 대한 무한평균(infinity norm)이다. 이와 같은 방식으로, 지도에서 주어진 변동 또는 오차의 변화에 가장 민감한 다각형은 아래와 같은 지수 J의 집합이다.

$$J = \left\{ (j : |r_j - \underline{r_j}| = \max_{1 \le i \le P(N)} |r_i - \underline{r_i}| \right\} \tag{2.12}$$

여기서, 최대 변화의 크기는 위의 식의 우항의 값이므로 다각형 민감도 관측은 아래 식에 의해서 표현된다.

$$m_4(s,\ r,\ \underline{r}) = \max(|r_i - \underline{r_j} = 1,\ \cdots,\ p(N)) \tag{2.13}$$

$$s_p = \begin{matrix} 1 & \text{if} & r_p = \underline{r_p} \\ 0 & \text{otherwis} & \end{matrix}$$

5) 면적 민감도 관측(area sensitivity measures)

변동-오차의 결과로서 특성값에서의 변화가 진행되고 있는 절대 전체 면적의 관측값을 얻기 위한 절대 면적 민감도 관측(absolute area sensitivity measure)은 아래와 같다.

$$m_5(s,\ r,\ \underline{r}) = \sum_{p=1}^{P(N)} s_p A_p \tag{2.14}$$

경중률 s_p가 변화의 크기와 같도록 되게 하고 식 4.27을 적용하면 상대적 면적 민감도 관측값을 얻을 수 있다. 식 (2.9)에서 사용되는 경중률은 아래 식과 같다.

$$s_p = |r_p - \underline{r_p}| \tag{2.15}$$

지형 민감도 분석에 의해서 의미하는 바는 변동된 적합도 지도 특성 $\underline{r_p}$가 등급지도에 그들의 특성값과 경중률의 변동을 적용시킴으로써 얻어지는 적합도 지도에 적절한 민감도 관측식 (2.8)~(2.15)를 적용하여 얻을 수 있는 r_p와 $\underline{r_p}$의 계산이다.

3. 지형 민감도 분석을 적용하는 과정(procedure of implementing geographic sensitivity analysis)

일반적인 지형공간정보체계에서 민감도 분석을 수행하기 위해서 지형공간정보체계가 분할 중첩을 실행할 수 있는 능력을 가지고 있어야 된다. 두 번째로, 분할의 결과로서 생성되는 다각형에 상응하여 중첩되는 각 $n=1, \cdots, N$ 지도로부터 특성값에 접근하는 방식이 있어야 할 것이다. 지형공간정보체계가 이러한 두 가지 능력을 가지고 있다고 가정하면, 민감도 관측의 적용에 대한 연산법, 식 (2.8)~(2.15)는 입력값이 합성(resultant)된 적합도 지도의 $P(N)$ 다각형과 연관된 특성이 되는 곳에서 발전될 수 있다. 가장 널리 사용되는 상업적 지형공간정보체계에 대해서, 이것은 원칙적으로 매우 간단한 처리과정이다.

그러므로 민감도 분석을 실시하는 방식은 특성과 경중률의 변동된 값을 가지고 합성된 특성 $\underline{r_p}$를 얻을 수 있다. 민감도를 관측하기 위해서 적합도 분석의 형태에 적절한 관측식 (2.8)~(2.15) 중 하나가 적용된다. 특성에 대한 접근이 가능하다면, 적용이 정확하게 될 것이다. 때로는 입력 지도 특성의 오차와 연관되는 확률분포 함수(probability distribution function)가 알려지기도 한다. 이러한 경우에, Monte Carlo 모의관측이 중첩 적합도 분석에 대해서는 표적 적합도 분석에 따라 입력특성에 실행될 수 있다. 이것은 통계가 계산될 수 있는 합성특성(resultant description)을 만들어 낸다. 초기 분할 중첩(initial intersection overlay)이 실행된다는 것이 강조되며(이것은 가장 계산량이 과중한 처리과정이다), 이것은 다각형이 분할된 중첩 다각형을 형성하게 된다고 가정하는 정보가 파일에 보관되기 때문에 대부분의 지형공간정보체계에서는 다시 실행될 필요가 없다. 민감도 분석과 변이 특성 $\underline{r_p}$값은 분할파일(intersection file)을 읽어 들이고 특성값이 합성하거나 변동을 사용한 Monte Carlo 모의 관측값일 때를 제외하고는 비슷한 값을 만들어 내는 하부구조에 의해서 얻어진다.

2.1.3 지도중첩에서 발생하는 오차와 오차의 처리

1. 분류단계별 요구사항, 지도중첩 및 제작상 오차

GIS는 표와 도식의 출력으로 공간 자료에 적용되는 넓은 범위의 처리과정을 가능하게 해준다. 이러한 처리과정들이 그 안에 포함되는 오차의 형태나 수준을 거의 고려하지 않고 적용된다. GIS적용을 상술한 많은 편집물들에서 오차원인에 대한 정밀한 검토가 결여되어 있으며, 출력된 결과는 그 신빙성의 평가 없이 제시된다. 그러나 대부분의 경우, 이러한 생략이 아주 적은 그 오차라도 무시되어서는 안 된다. 또한, 높은 신뢰성을 갖는 입력자료가 사용되더라도 출력결과에 오차가 없을 것이라는 보장은 없다.

GIS의 유용성은 처리과정단계에서 발생되는 오차의 정식 모형의 개발과 보급에 달려 있다. 출력결과의 오차를 제거하려는 목표는 현재 실행 불가능한 것으로 판명될 수도 있으나, 최소한 결정자들에게는 그들의 결정에 기본이 되는 정보의 정확성을 평가하는 방법이 제공되어야 한다. 비록 특정한 GIS처리과정을 위한 오차 모형이 개발되었지만, 실제로는 이러한 모형들이 폭넓게 채택되지 않았다. 이 모형들의 채택에 장애가 되는 것은 모든 경우에 있어서 적용될 수 있는 오차모형과 '정확도'에 대한 명확한 정의가 없다는 것이다.

이 절에서는 몇 가지 지도 중첩 조작의 오차모형들이 주위의 상황에 관련되는가를 재검토하게 된다. 그러한 모형들을 적용하는 데 있어서 입력자료 내의 오차원인뿐 아니라 오차들을 관측하는 방법들도 고려하는 것이 중요하다. 지도중첩과 연관된 오차의 성공적인 제어와 출력의 오차를 줄이는 능력은 적용된 오차모형의 특성에 달려 있다.

1) 분류단계별 요구사항

분류단계별 요구사항의 개념은 인간의 정서개발 과정을 설명하는 인간심리학 분야에서 비롯되었다. Maslow(1954)는 기본적 인간의 요구는 '상대적 우위'의 체계로 이루어진다는 것을 보여 주었다. 즉, 체계의 계통상태를 고려해 볼 때, 낮은 단계의 요구가 충족되어야만 보다 높은 단계의 목적이 이루어짐을 알 수 있다. 어느 특정 수준의 요구가 충족되어야 그 개인은 더 높은 수준으로 발전할 수 있으며, 이러한 요구들이 충족되지 않으면 더 높은 수준의 성취는 늦춰지거나 방해를 받게 된다.

오차는 크게 두 가지로 분류되는데, 점이나 선의 위치 선정문제 때문에 발생하는 지도제작상의 오차와 대상영역의 특성값에서 발생하는 오차가 있다. Chrisman(1987)이 이 두 가지 오차를 각각 위치오차와 특성오차로 설명했고, Bedard는 이것을 위치오차와 특성오차(descriptive error)라고 불렀다. 또 다른 구분방법에 따르면 지도제작이나 대상영역의 특성값의 부정확성에 의해서 발생하는 관측오차와 실제의 형상을 지도상에 위치시키는 과정에서 발생하는 개념적인 오차가 존재한다. 몇몇 저자들은 공칭자료와 서수자료의 범주별 오차인 정성적 오차와 간격 및 비율 자료의 수치적 오차인 정량적 오차로 구분하기도 했다.

2단계(오차의 추적과 관측)는 지형공간자료의 정확도를 평가하는 방법들에 중점을 둔다. 주제오차의 경우, 오차관측은 혼돈행렬(confusion matrix)을 만들어 수행한다. 이 방법은 원격탐측된 자료들을 분류하는 연산법의 성과를 평가할 때에 일반적으로 사용된다. 혼돈행렬이 범주별 자료에 적합한 반면, 수치자료에 적용하기 위한 다른 방법이 필요하다. 또한 다양한 방법들이 지도제작상의 오차를 평가하기 위해 제안되었다. Graffith는 관측오차와 개념오차의 차원에서 지도제작상 오차를 검토했는데, 그것들은 각각 수치화 오차와 일반화 오차에서 발생한다.

3단계(오차전파 모형화, error propagation modeling)는 지형공간자료에 적용된 GIS조작의 결과에 관련된다. 이 단계는 오차전달 그 자체와 오차결과로 나누어진다. 앞의 내용은 공간자료에서 나타나는 오차가 GIS처리과정을 거치면서 출력결과에 축적되는 과정에서 발생하며, 어떤 경우에는 결과값이 입력자료의 오차와 전혀 달라질 수도 있는데, 일련의 조작들이 적용된 경우에 가능성이 더욱 크다. 반대로 오차의 생성은 출력결과 내의 오차가 주로 처리단계에서 발생하므로 수집, 가공된 자료에는 존재하지 않는 오차가 출력결과 내에 나타날 수도 있다.

이 분류단계별 요구사항의 1단계부터 3단계까지는 기본적 요구사항이라고 할 수 있다. 분류단계의 4단계(오차 관리 방법)는 출력물 내의 오차를 처리하는 방법 또는 오차 내에 대해 결정을 내리는 방법에 중점을 둔다. 간단한 예로는 출력물들이 인정되기 위해 갖춰야 하는 최소한의 정확도 기준사항들이 있으나 기준들은 주제의 특성이나 출력물의 지도제작상의 형상들에 의해 결정된다. 좀 더 복잡한 예들은 인공 지능과 정보 이론으로부터 파생된 추론방법 등을 포함한다.

5단계(오차 감소 방법)는 결과물의 오차를 감소시키거나 제거하는 방법에 관한 것이다.

2) 지도중첩(map overlay)

GIS처리과정 시 오차를 모형화하기 위한 분류단계별 요구사항은 지도중첩 처리과정을 참조하여 결정될 수 있다. 지도중첩이란, 각 자료층에 지도처리 과정단위(mapping unit)의 공통부분을 보여 주는 합성지도를 만들 목적으로, 둘 또는 그 이상치 입력지도나 자료층을 겹치는 것을 의미한다. [부그림 2.2]는 선추적형 자료에 기초한 구조를 갖는 두 장의 지도제작 자료층에 대한 간단한 경우로서 지도제작 단위는 다각형이다. 자료층

1은 지표를 나타내고, 자료층 2는 경작 가능성을 나타낸다. 이 경우에 지도중첩의 목적은 비도시적이고 경작가능성이 낮은 미래 주거지역 개발을 위한 지역의 윤곽을 잡기 위한 것으로 불린(Boolean) AND 처리과정이 적용될 수 있다.

[부그림 2.3]은 격자형에 기초한 구조를 갖는 두 수치자료층의 지도중첩의 예이다. 여기서 지도화 단위는 셀이나 영상소이다. 이 보기에서 자료층들은 두 가지 다른 공간 파장대(spatial band)에서 원격 탐측된 수치명암값(DBVs : Digital Brightness Value)을 나타낸다. 또 지도중첩은 수학적인 '뺄셈'으로 이루어졌다. 원격탐측에서 이것은 파장대 분리(band differencing)로 알려져 있다. 다른 수학적인 조작도 또한 파장대의 덧셈, 비율 그리고 규격화의 계산 등과 같이 적용될 수 있다. 이 방법은 또한 적합성 분석에 일반적으로 이용되는데, 일련의 평가된 적합성에 대한 값들이 가중되고 복합적인 적합성 값을 유도하기 위해 더해진다.

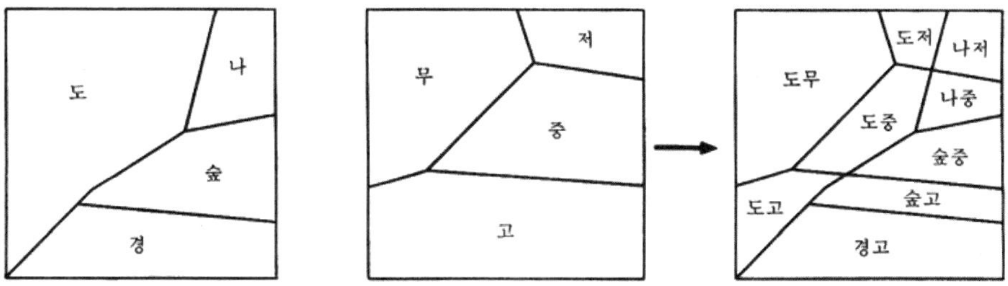

자료층 1 : 토지피복　　자료층 2 : 경작 능력　　합성지도

도=도시　경=경작지　숲=숲　나=나대지
고=고　중=중　저=저　무=무자료

[부그림 2.2] 주제도의 오차의 처리

자료층 1 : DBVs, 파장대 1

80	77	78	76	72
83	82	80	77	68
84	91	88	77	69
91	90	84	75	62
83	87	80	70	64

\+

자료층 2 : DBVs, 파장대 2

54	46	44	40	44
53	48	46	46	45
54	47	49	43	52
53	44	47	43	42
55	50	49	42	40

=

합성지도

26	31	34	36	28
30	34	34	31	23
30	44	39	34	17
38	46	37	32	20
28	37	31	28	24

[부그림 2.3] 수치적 자료에 대한 지도중첩

[부그림 2.2]와 [부그림 2.3]은 지도중첩을 위해 오차 전달모형을 적용함에 있어서 몇 가지 요소들의 중요성을 확인시킨다. [부그림 2.2]에서는 자료층 2의 북서쪽에는 경작가능성을 예측하기 위해 유용한 자료가 없다. 이것은 자료층 1에서 보이는 바와 같이 도시가 이루어진 지역의 일부이기 때문에 자료층 1의 도시지역의 경계는 자료층 2의 자료가 없는 층을 포함하는 지역과 정확하게 일치하지 않는다. 이 차이점에는 많은 이유들이 있을 수 있다. 지도의 축척이 다를 수도 있고, 서로 다른 투영법을 이용했을 수도 있으며, 두 지도 중의 하나가 지도화 단위의 경계를 따라 더 고밀도의 점들로 수치화되었을 수도 있다. 이러한 것들은 분류단계별 요구사항의 1단계에서 서술한 바와 같이 지도제작상 오차의 예이다.

두 자료층 사이의 차이점은 또한 주제오차에 기인한다. 예를 들면, 자료층 1의 지표면 지도는 도시와 시골의 경계를 분류하는데 비효율적인 분류방법인 원격탐측 자료에서 추출되었을 수 있는 경우로서 지도화 단위의 경계위치는 표면종류 지정의 산물이다.

지도중첩에 적용되는 오차모형의 형태는 지도제작상 오차와 주제별 오차가 어느 정도까지 중요하다고 가정하는가에 달려 있다. 주제오차의 경우, 수치자료와 지도제작 자료를 구분하는 것은 중요한 과제이다.

관측오차 모형과 개념오차 모형의 구분이 중요하다 해도, 여기서 재검토되는 모형들의 오차는 개념적인 모호성과 고유의 불확실성에서 기인하는 것이 아니라 관측의 부정확성에 기인한다는 절대적인 가정에 기초를 두고 있다.

3) 지도제작상 오차(cartographic error)

지도제작상 오차를 포함하는 자료층에 적용되는 지도중첩의 주된 결과는 합성지도 위의 유사다각형(類似多角形)이 발생하는 것이다. 유사다각형은 실제의 형상을 표현하지 않는 지도중첩 조작의 부산물로서 서로 다른 자료층 위에 표시하는 같은 선의 위치적 차이에서 발생한다.

유사다각형 문제는 오차모형 연구에서 McAlpine과 Cook(1971)은 여러 합성지도 다각형 m_c는 식 (2.16)과 같은 각 자료층의 여러 다각형 m_i와 연관된다는 것을 관찰했다.

$$m_c = [\sum_{i}^{n} m_i^{1/2}]^2 \tag{2.16}$$

여기서 n은 자료층의 수이다. 이 식은 실험을 통해 얻어지는 다각형과 거의 같은 근사값을 구할 수 있는 것으로 알려졌다. 식 (2.16)은 m_c는 n이 증가함에 따라 지수함수적으로 증가하며 작은 다각형들이 합성지도에서 더 현저히 나타난다는 것과 이러한 많은 다각형들은 유사하지만 사실상 다른 것임을 보여 주었다.

이 모형은 다각형들의 수치표현의 추정 정확도보다는 각 자료층의 다각형의 수에 영향을 받으므로 다각형의 크기(또는 다른 유사성의 대체 관측)는 오차를 관리하거나 감소시키기 위한 기초로 채택되어야 한다. 이 방법은 적절한 초기값을 결정하는 실험을 필요로 하므로 이 방법의 효용성은 다각형의 크기와 실제 변수 사이의 완전한 상관관계의 결여로 제한될 수도 있다. 그러므로 오차모형으로부터 유도되는데 적합하지만 그렇지 않은 경우에는 오차추적과 관측방법의 신뢰도에 의해 달라질 수 있다.

유사다각형 문제에 대한 모형은 Goodchild(1978)에 의해 제안되었다. [부그림 2.4]에서와 같이 이 모형은 실제 지도제작선과 다른 자료층에 관한 선의 수치화된 표현과의 교차를 기본으로 실제선을 따라 있는 각 교점은 그 점에서 선의 수치화된 표현을 포함하는 자료층을 의미하는 2진부호로 표시된다.

유사다각형은 일련의 2진부호에 의해 [부그림 2.4]에서와 같이 …12121…이 만들어진다. 이 예에서 유사다각형은 옆의 부호가 다른 5개와 부호의 연속으로 나타나므로 이 일련의 순열들이 확장되면 다른 유사다각형이 추적될 수도 있으나, 일반적으로는 임의의 유사다각형이 추적된다.

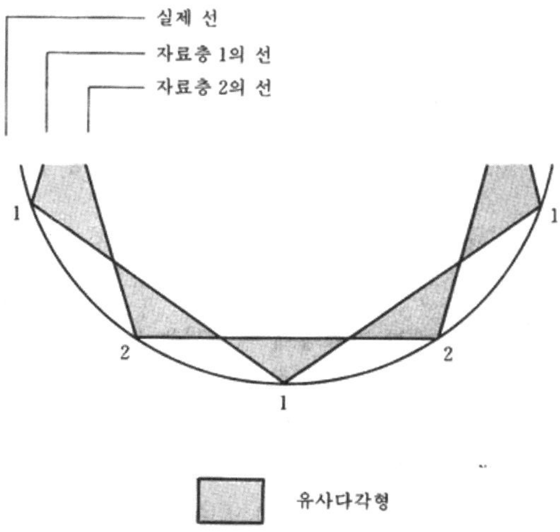

[부그림 2.4] 유사다각형의 방향

어떤 수치화된 선의 실제 모양과 위치가 거의 알려지지 않으므로, 이 유사다각형 추적방법은 서로 다른 조건하에서 부호의 해석을 위한 통계를 이용해야 한다. 이런 통계는 각 자료층의 여러 개의 정점에 기준을 두고 잠재적으로 처리과정환경 내에서 계산될 수 있는 것들이다.

유사다각형의 최대수 $s_{\max}$

$$s_{\max} = 2\min(v_1,\ v_2) - 4 \tag{2.17}$$

여기서 v_1과 v_2는 각각 자료층 1과 2의 정점의 수로서 2진부호의 무작위의 순열에 대해, 유사다각형의 수는

$$s = \frac{2v_1v_2}{v_1 + v_2} - 3 \tag{2.18}$$

으로 표현된다.

식 (2.18)이 유사다각형의 수를 극도로 과대 추정한다는 것을 경험적으로 알 수 있다. 정점의 수와 유사다각형의 수 사이의 관계는 중대한 가변성을 지니고 있다.

이러한 모형은 비록 식 (2.18)이 확률적 방법이 가능하다는 것을 알려 주지만, 오차 관리나 감소를 위한 일련의 결정적 방법들을 제안할 수는 없다. 이 모형은 어렵고 무작위적인 경우의 유사다각형의 수를 추정하는 것을 용이하게 하지만, 특정 합성지도 다각형이 유사한지, 수렴되어야 하는지의 여부를 결정할 수 있는 기준을 제공할 수는 없다.

현대의 몇몇 상업적 GIS 패키지에서 수행된 세 번째 오차모형은 위치 정확도의 관측으로 입실론(epsilon) 파장대 개념을 채택했다. 이제는 서로 다른 층에 위치한 점들이 일치하는 것인가 아닌가를 결정하기 위해 이 파장대를 사용함으로써 유사다각형을 삭제하는 연산법(algorism)이 존재한다. 오차감소를 위한 또 다른 방법은 더욱 상세한 지도제작상의 항목들을 얻기 위해 서로 다른 자료층으로부터 자료를 통합하는 방법을 포함한다. Chrisman(1987)은 일반적 지질도의 토지와 물의 경계가 대축척 토지 이용도에 관하여 경계와 대체되는 예를 검토했다.

2. 주제오차(thematic error)

앞의 모형들은 입력자료 내에 나타나는 오차가 초기 지도제작상의 오차라는 가정 하에

서 적용될 수 있다. 오차는 이러한 자료들의 주제별 원인에서 기인할 수도 있으므로 지도 중첩을 위한 오차 모형화에 대한 많은 접근 방법을 요구한다. 또한 이러한 모형들은 수치 오차와 범주적 오차에 대한 적용성에 따라 분화될 수 있으나 오차에 대한 연구는 격자형 자료에 주로 기준을 두고 있으므로 오차모형화에 적용되는 원칙들이 반드시 선추적형 자료에 적용 가능한 것은 아니다.

1) 수치자료(numerical data)

수치오차에 있어서 주어진 자료층의 정확도는 각 영상소나 셀(cell)과 연결된 실제값과 추정값 사이의 편차의 항으로 정의된다. 지도중첩을 위한 오차모형화의 한 접근 방법은 각 자료층의 오차분산과 각 쌍의 자료층의 오차공분산의 계산을 포함하므로 자료층 i와 자료층 j의 공분산 s_{ij}는 다음과 같이 정의된다.

$$s_{ij} = \frac{1}{M}\sum_{m=1}^{M}(z_{mi} - \hat{z}_{mi})(z_{mj} - \hat{z}_{mj}) \tag{2.19}$$

여기서 M은 자료층 내의 셀의 수이며, z_{mi}와 $\hat{z}_{mi}$는 각각 자료층 i내의 셀 m의 실제값과 추정값이다(자료층 j에 대해서도 같다). $i=j$이면, 이 식은 자료층의 오차분산을 의미한다.

이 접근방법은 지도중첩에 적용되는 수학적 처리과정의 기능으로 합성지도의 오차분산의 계산을 용이하게 만든다. 예를 들면 n자료층이 더해지면 합성지도의 오차분산 s_c^2은

$$s_c^2 = \sum_{i=1}^{n}\sum_{j=1}^{n} s_{ij} \tag{2.20}$$

비록 각 자료층의 오차분산이 항상 (+)이라도, 오차 공분산은 (+) 또는 (−)일 수도 있다. Chrisman이 지적했듯이, (−)공분산의 발생은 합성지도가 가지는 오차분산이 각각의 자료층의 분산보다 적다는 것을 의미한다. 이것은 특정한 정확도를 가지는 각 층들을 이용하여 합성지도를 제작하면, 정확도가 더 낮아진다는 것을 의미한다.

합성지도의 오차분산을 다른 수학적 처리과정에 의해 정의하는 것도 또한 가능하다. 예를 들면(−)의 경우 합성지도의 오차분산은 다음과 같이 표시할 수 있다.

$$s_c^2 = \sum_{i=1}^{n}\sum_{j=1}^{n} s_{ij} - 4\sum_{j=2}^{n} s_{ij} \tag{2.21}$$

[부그림 2.5]에 나타난 바와 같이 식은 하나의 조작 이상을 포함하는 더욱 복잡한 상황에도 유도될 수 있다. 이러한 경우는 원격탐측에서 표준화 계산과 다른 파장대(band) 결합 등에서 일반적으로 발생한다.

실제 자료층

91	76	79	84	77
87	84	80	79	77
88	99	90	90	72
92	94	88	76	72
84	93	85	79	62

−

58	51	52	42	55
57	55	43	49	42
59	58	47	57	53
60	51	47	47	44
67	63	51	53	51

=

33	25	27	42	22
30	29	37	30	35
29	41	43	33	19
32	43	41	29	28
17	30	34	26	11

추정 자료층

80	77	78	76	72
83	82	80	77	68
84	91	88	77	69
91	90	84	75	62
83	87	80	70	64

−

54	46	44	40	44
53	48	46	46	45
54	47	49	43	52
53	44	47	43	42
55	50	49	42	40

=

26	31	34	36	28
30	34	34	31	23
30	44	39	34	17
38	46	37	32	20
28	37	31	28	24

자료층 1 : DBVs, 파장대 1 / 자료층 2 : DBVs, 파장대 2 / 합성지도

[부그림 2.5] 빽셈에 대한 오차의 모형

위에서 설명된 모형은 일련의 자료층의 오차분산과 공분산을 관측하는 능력에 달려 있으므로 자료층의 지도화 단위들이 공간적으로 일치하는 것으로 비정규적 다각형에서는(위에서 설명한 영상소이나 셀과는 대조적으로) 거의 일어나지 않는다. 그러므로 이것은 오차모형에서 설명되어야 할 다른 오차의 처리에도 도입할 수 있다.

2) 범주별 자료(categorical data)

범주별 자료에 있어서, 각 자료층의 오차는 원격탐측에서 자주 사용되는 분할표 접근법(contingency table approach)을 사용하여 관측된다. 이 방법에서 선택된 표본 셀의 실제 등급과 추정 등급은 교차표(cross tabulated)로 되어 있으므로, 정확히 분류되고 유추통계에 기초한 전체 지도의 정확도를 추정하는 셀의 비율을 계산할 수 있다. 더 정교한 방법은 각 등급으로부터 같은 수의 표본을 취하는 임의계층 표본추출(random-stratified sampling) 방법으로 낮은 등급들이 표본에서 표현될 수 있다는 장점이 있으므로 각 등급의 정확도를 계산할 수 있다.

수치자료의 경우에서와 같이 범주별 자료에 대한 오차모형은 지도중첩 처리과정에 적용된 연산부호에 달려 있다. Newcomer와 Szajgin은 주어진 자료층 i의 정확도 $P[\overline{E_i}]$가 정확히 분류된 자료층 내의 셀의 비율로 이루어진 Boolean and Operator에 대한 모형을 제시했다. 정확도 $P[\overline{E_1}]$과 $P[\overline{E_2}]$를 가진 두 자료층에서 합성지도의 정확도 $P[\overline{E_c}]$는

$$\begin{aligned} P[\overline{E_c}] &= P[\overline{E_1} \cap \overline{E_2}] \\ &= P[\overline{E_1}]P[\overline{E_2} \mid \overline{E_1}] \end{aligned} \tag{2.22}$$

$$\begin{aligned} P[\overline{E_c}] &= P[\overline{E_1} \cap \overline{E_2} \cap \cdots \cap \overline{E_n}] \\ &= P[\overline{E_1}]P[\overline{E_2} \mid \overline{E_1}] \prod_{i=3}^{n} P[\overline{E_1} \Theta(\overline{E_i})] \end{aligned} \tag{2.23}$$

여기서, $\Theta(\overline{E_i})$는

$$\Theta(\overline{E_i}) = \overline{E_1} \cap \overline{E_2} \cap \cdots \cap \overline{E_{i-1}} \tag{2.24}$$

위의 식에서, 두 자료층은 다른 두 시점의 지표면 등급을 표시하는 것으로 지도중첩의 목적은 시간에 따른 지표의 변화를 분류하는데 이용된다.

앞의 식에서 합성지도의 최대 및 최소 정확도가 결정될 수 있으므로 최대 정확도는

$$P[\overline{E}_c^{\max}] = \min\{P[\overline{E_i}]\} \quad i = 1,\ 2,\ \cdots,\ n \tag{2.25}$$

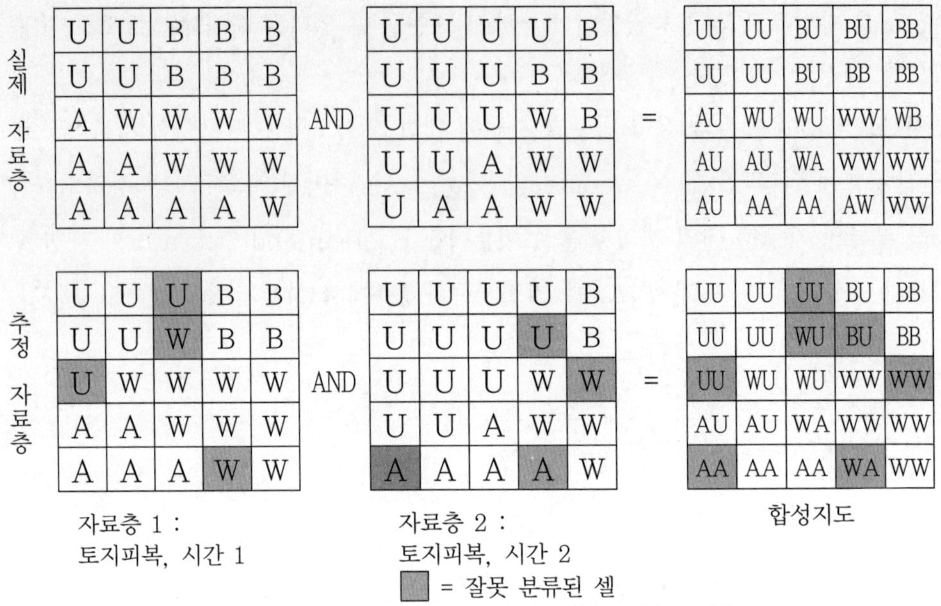

$$\mathrm{P}[\overline{\mathrm{E_C}}] = \mathrm{P}[\overline{\mathrm{E_1}}]\,\mathrm{P}[\overline{\mathrm{E_2}}|\overline{\mathrm{E_1}}] = \frac{21}{25} \times \frac{18}{21} = \frac{18}{25}$$

[부그림 2.6] AND 조작에 대한 오차모형

최소 정확도는

$$P[\overline{E_c}^{\min}] = \max\left\{0,\ (1 - \sum_{i=1}^{n} P[E_i])\right\} \tag{2.26}$$

로 나타낼 수 있다.

여기서 $P[E_i]$는 잘못 분류된 자료층 i내에 있는 셀의 비율이다.

이러한 식들은 AND연산부호의 합성지도 정확도에 대한 것으로 합성지도 정확도는 아무리 낮아도 가장 낮은 정확도를 갖는 자료층의 정확도와 같으며 각 자료층의 잘못 분류된 셀들이 가장 낮은 정확도를 갖는 자료층의 셀들과 공간적으로 일치하는 경우에 일어날 수 있다. 합성지도의 정확도는 {1-각 자료층의 잘못 분류된 셀들의 비율의 합}과 같다(또는 이 합이 (-)값이면 {0-각 자료층의 잘못 분류된 셀들의 비율의 합}), [부그림 2.7]과 같이 많은 자료층들이 증가할수록 정확도의 기울기는 마이너스 지수함수 커브와 같아지며 일반화를 위해서 이 그림은 자료층 정확도-각 자료층의 정확도는 같다-의 다양한 수준에 대한 곡선들을 도시하였다(즉, $P[\overline{E_i}]$=0.9, 0.7, 0.5, 0.3 그리고 0.1). 이러한 곡선들은 또한

오차들이 독립적이라고 가정한 상황을 나타낸다. 이런 경우 식 (2.27)은

$$P[\overline{E_c}] = \prod_{i=1}^{n} P[\overline{E_i}] \tag{2.27}$$

가 된다.

이것은 MacDougall(1975)에 의해 제안되었다. [부그림 2.7]에서 도시된 일반적 기울기의 편차는 잘못 분류된 셀의 공간적 일치성의 변화로부터 발생하며 합성지도의 정확도는 일치성의정도가 높을수록 증가한다.(즉, $P[E_j \mid E_i] \rightarrow 1$)

앞의 식은 AND처리과정을 위한 적절한 모형을 형성하지만, 모든 처리에 적절한 것은 아니다. AND처리과정에 있어서, 합성지도는 자료층 1의 특정한 등급과 자료층 2의 특정 등급의 존재를 묘사(두 자료층의 경우)하므로 합성지도상에서 정확해야 하는 셀을 위해, 모든 각각의 자료층은 정확해야 한다. 반대로 OR조작에 있어서, 합성지도는 자료층 1의 특정한 피복등급이나 자료층 2의 특정 피복등급의 존재를 묘사하므로 셀은 합성지도상에서 정확해지기 위해 단지 한 개의 층에서 정확해야 한다.

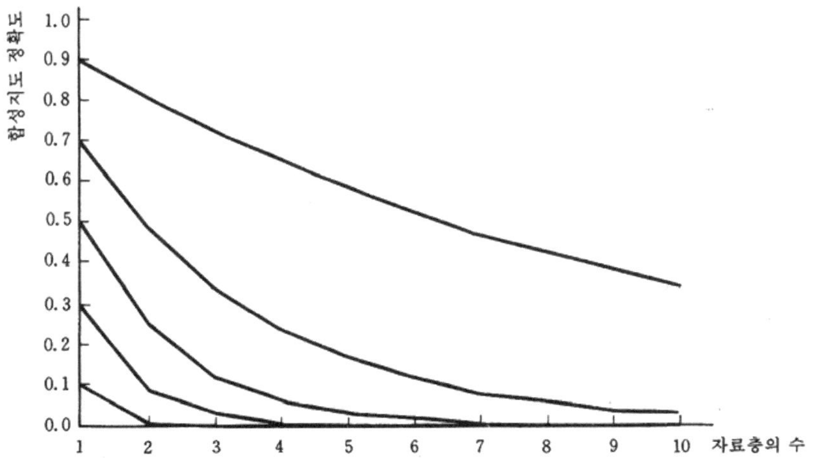

[부그림 2.7] AND조작에 대한 합성지도의 정확도

OR조작을 위한 합성지도 정확도는 각 자료층의 잘못 분류된 셀의 교차의 항으로 표시될 수 있다. 두 자료층의 경우,

$$\begin{aligned} P[\overline{E_c}] &= 1 - P[E_1 \cap E_2] \\ &= 1 - P[E_1]P[E_2 \mid E_1] \end{aligned} \tag{2.28}$$

이고, 두 자료층 이상을 포함하는 경우, 식(2.28)은 다음과 같이 확장된다.

$$P[\overline{E_c}] = 1 - P[E_1 \cap E_2 \cap \cdots E_n]$$

$$= 1 - P[E_1]P[E_2 \mid E_1]\prod_{i=3}^{n} P[E_1 \mid \Theta(E_i)] \qquad (2.29)$$

여기서

$$\Theta(\overline{E_i}) = E_1 \cap E_2 \cap \cdots E_{i-1}$$

이다.

[부그림 2.8]에서와 같이 지도중첩의 대상물은 두 시점에서의 특정한 등급 내에 있는 셀(cell)들이 동일시 될 수 있다. [부그림 2.8]에 묘사된 자료층은 [부그림 2.7]과 같지만, 합성지도는 OR조작이 적용된 [부그림 2.8]에서 더욱 정확하다.

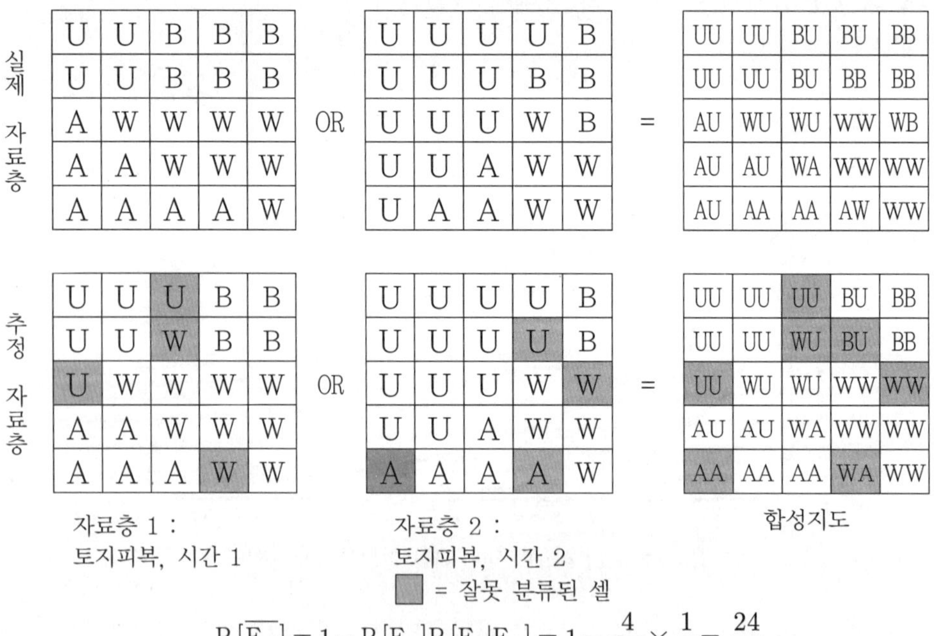

$$P[\overline{E_C}] = 1 - P[E_1]P[E_2|E_1] = 1 - \frac{4}{25} \times \frac{1}{4} = \frac{24}{25}$$

[부그림 2.8] OR 조작에 대한 오차모형

합성지도의 최대와 최소 정확도는 앞의 식으로 결정될 수 있으므로 최대 정확도는

$$P[\overline{E}_c^{max}] = \min\left\{1, \left(\sum_{i=1}^{n} P[\overline{E_i}]\right)\right\} \quad (2.30)$$

최소 정확도는

$$P[\overline{E}_c^{min}] = \max\{P[\overline{E_i}]\} \quad i = 1,\ 2,\ \cdots,\ n \quad (2.31)$$

이다.

앞의 식은 OR처리 과정에서의 합성지도에 대한 일반적인 경우이나 AND처리 과정과는 대조적으로 합성지도의 정확도는 가장 정확한 자료층의 정확도와 비슷한 값을 유지할 수 있다. 자료층의 수가 증가할수록 합성지도의 정확도는 [부그림 2.9]에서와 같이 증가하는 경향이 있으므로 OR조작의 적용은 합성지도를 만드는 데 있어서 각각의 자료층들이 갖는 정확도보다 더 높은 정확도를 갖는다. 이것은 합성지도의 정확도는 각각의 자료층들이 갖는 정확도보다 높을 수 없다는 사실과 대조가 되는 결과이다. [부그림 2.9]와 같이 [부그림 2.8]은 오차들이 독립적이라고 가정하는 상황을 묘사한 것으로 합성지도의 정확도는 다음과 같이 표현된다.

$$P[\overline{E_c}] = 1 - \prod_{i=1}^{n} P[E_i] \quad (2.32)$$

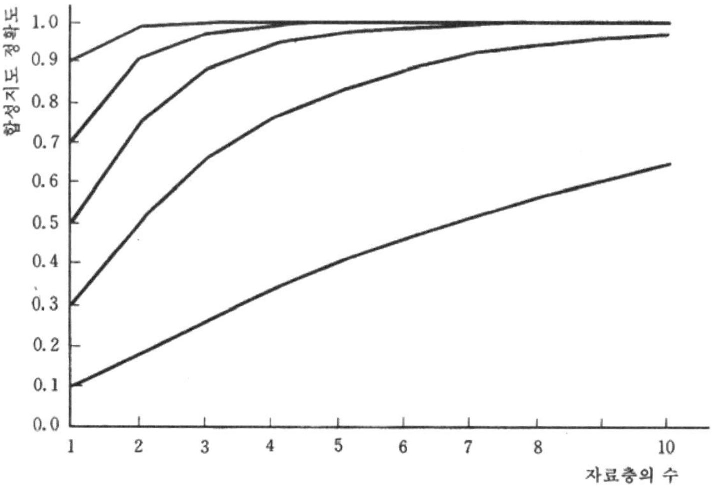

[부그림 2.9] OR조작에 대한 복합지도의 정확도

주제도의 모형을 수행하는 데 있어서의 주요한 장애는 조건 확률의 계산에 있다. 주제도의 오차 추적과 관측에 응용되는 기본 기술은 혼돈행렬(confusion matrix)인데, 이것은 셀의 표본을 위한 실제 등급과 추정 등급이 교차표로 되어 있다. 이 기술은 정확히 분류된 셀들의 백분율 계산을 가능하게 하는 반면, 셀(cell)들의 실제 위치를 행렬구조 안에 연결시키지는 못한다. 이것은 모형에 사용된 조건적 확률이, 공간적으로 각 자료층과 일치하는 일련의 셀들의 부가적인 기본 정확도의 부여 없이는 일반적으로 계산이 불가능하다. 이런 면에서, 식 (2.22)과 (2.27)에 나타난 일반적인 형태의 모형은 식 (2.18)와 (2.19)에 나타난 상세한 형태의 모형보다 더 응용가능성이 크다.

De Morgan의 법칙에 의해서 AND의 NOT은 NOT의 OR와 같다(그 역도 성립). 이 두 경우의 정확도는 같지 않다. 예를 들면 [부그림 2.6]의 두 자료층에서 비도시 지역인 셀들을 연관시키는 것에 관심을 둘 수 있다. 만약, AND조작의 NOT이 얻어졌다면 합성지도의 정확도는 식 (2.23)에 의해 구할 수 있다. 각 자료층의 NOT에 대한 OR조작을 적용함으로써 똑같은 합성지도가 얻어지지만 이 경우의 정확도는 식 (2.27)에 의해 구해진다. 정확도에 있어서의 차이는 두 합성지도의 해석에 있어서의 차이를 반영한다. 첫 번째 것은 도시지역 셀의 교차선의 NOT을 묘사하고, 반면에 두 번째 것은 비도시지역 셀의 연합을 묘사한다. 이 예는 오차전달모형으로부터 유도되는 결론이 오차모형 그 자체로부터 분리될 수 없다는 것을 보여 준다. 출력물이 같은 것으로 나타나더라도, 이것들은 각각의 모형이 가지는 오차에 의해서 정확도가 달라진다. 즉, 출력물 그 자체를 기준으로 하여 정확도를 평가할 때, 비용효과 측면 외에도 다른 면을 고려해야 한다는 것을 의미한다.

3. 지도중첩 모형화

지도중첩을 위한 오차모형화에는 중요한 부가적인 문제들이 있다. 첫째, 여기서 논의한 오차모형들은 개념적 오차보다는 관측오차에 초점을 둔 경향이 있으나 개념적 오차는 지도중첩에 있어서 큰 중요성을 갖는다. 그 일반적인 예가 토양형태와 같이 결정되지 않거나 모호한 경계를 갖는 자료층의 중첩으로서 자료층의 지도제작상의 형상이 실제로는 존재하지 않기 때문에 자료층 정확도를 어느 표준에 맞추어야 하는지에 관한 기준이 마련되어 있지 않다. 그러나 지도제작의 목적으로 만들어진 것은 실제 형상을 나타낸 것으로 적용된 오차모형은 이미 만들어진 적절한 추상적 형상으로 해석될 수 있기 때문이다.

또 다른 중요한 문제는 표본화의 방법론에서 발생한다. 여기서 논의된 모형들은 표본의 필연성을 설명하기 위해 확장될 필요가 있으나 모형들은 격자형 자료에 기준을 설정하는 경향이 있고, 다각형의 모양과 크기에 있어서의 비정규성을 설명하기 위해 확장될 필요가 있으므로 격자형에 기초한 자료구조의 신뢰는 서로 다른 지도층에서 일치하지 않는 지도화 단위문제를 소홀히 할 수 있다. 이로써 경중률 인자의 도입을 통해 합성지도의 정확도 평가를 복잡하게 한다.

이제까지 살펴본 모형들은 합성지도에서 생기는 오차의 공간적 분배를 평가하는 데 최선의 방법을 제공하기 어렵다. 그러므로 합성 지도가 아주 작은 오차를 포함하고 있어도 부정확하다고 할 수도 있고, 아주 큰 오차를 포함하더라도 허용오차라 할 수도 있다. Clarke(1985)는 선추적형 자료를 격자형으로 바꾸는 조작을 하기 위하여 오차분배에 있어서의 공간적 일정성을 표현하는 오차 표면(error surface)을 제시하였다.

4. 중첩된 지도에서 발생하는 오차의 해석

1) 중첩된 지도에 대한 지형공간정보체계

최근 지형공간정보체계의 발전에도 불구하고 분석도구로서의 확산은 저조한 편이며, 지형공간정보체계 기술이 보급되어 사용되는 것은 단순히 전통적인 지도 중첩의 자동조작 분야에 국한되어 있다. 또한, 자료와 관련되어 발생 가능한 오차를 고려하지 않은 결과값을 그대로 이용하고 있는 실정이다.

지형공간정보체계에서 오차에 대한 문제는 우선적으로 연구되어야 할 과제이다. 지형공간정보는 여러 형태로 주어지는데, 이 절에서는 지형공간정보체계 중첩에서 사용되는 많은 범주별지도에서 이전의 다른 연구에서 발전되어 왔던 일반적인 연구방법과는 다른 오차모형이 필요하므로 오차의 이론을 이해하기 위한 새로운 기초적 접근방법을 서술한다.

(1) 다각형 중첩(polygon overlay)

지형공간정보체계에 의해서 수집되고 관리되는 자료의 많은 부분은 연관된 특성을 가진 폐합된 2차원적 대상물인 다각형의 형태로 표현된다. 지형공간정보체계의 소프트웨어의 현재의 추세는 Brian Berry(1964)에 의해 제시된 지리 행렬(geographical matrix)의 기존 지형의 전형적인 예로 되돌아가는 특성의 관계적 구조에 많은 노력을 집중하고 있다. 그러나 지형공간정보체계는 SPSS, SAS 또는 연관되는 자료기반과 같은 패키지에 의해서 제공되는 특성의 표준처리과정 이상의 것을 포함한다.

처리과정의 개발은 아직도 진행 중에 있으며 현재의 소프트웨어는 체계의 결과에 대한 오차를 추정하지 못한다. 오차와 중첩분석의 잘못된 적용에 관하여 서술하는 몇 개의 주목할 만한 논문이 제시되어 왔으나(MacDougall, 1975 : Hopkins, 1977), 이 주제에 대한 연구는 계속되고 있다.

중첩된 지도의 오차는 지형공간정보체계의 적절한 사용을 보증할 수 있도록 연구되어야 한다. 첫 번째 목적은 일반적으로 사용되는 여러 종류의 정보에 대한 적절한 오차의 모형을 세우는 것이다. 이후 이러한 오차의 결과는 새로운 해석적인 처리과정을 만들기 위해서 수행되어져야 한다.

(2) 지도오차모형의 생성

지형공간정보체계를 위한 공간해석방법(spatial analytical methods)을 향상시키는 가장 중요한 업무는 자료에서 일반적으로 받아들여지는 오차모형을 발전시키는 것이다. 지형공간자료를 위해 개발된 통계학적 분석은 다른 학문부분에서 발전된 오차의 모형에 의존해 왔다.

오차의 통계학적 개념은 수작업에 의해서 제작되던 오랜 전통으로부터 배출된 지도제작자들이 습득하기에는 어렵다. 전통적인 지도제작자들이 이용한 방법에는 여러 형태 오차가 발생하였으므로 이들 오차를 없애려는 시도를 계속하여 왔다. 이는 오차를 통계학적 정의와는 다르게 정의한다는 사실이며, 실제 지도제작에 있어서 오차라고 불리는 현상은 영상탐측학에서 착오의 개념에 가장 근접한 개념이다. 착오는 쉽게 찾을 수 있는 실수이며, 따라서 원인을 알 수 있고 제거할 수 있다. 착오를 제거하는 처리과정에는 무리가 없으나 전문가들은 여러 가지로 다른 보다 미묘한 오차의 형태가 있다는 것을 인식해야만 한다. 이러한 오차의 형태는 피할 수 없는 변형을 나타내므로 분류통계학에 의해 오차를 표본화하기도 하였다. 오차는 다양한 원인에 의해 지도에 나타나며 각 오차원은 다른 형태의 결과를 나타낸다. 즉, 지형공간정보의 모든 형태를 처리하기 쉬운 과제가 되도록 특별한 형태의 정보들로 다루는 오차의 모형이 필요하다.

2) 주제도

주제도는 지형공간정보체계 적용에 있어서 빈번하게 사용되는 다각형지도의 특별한 형태이다. 많은 공간 통계학의 발전은 공간 수집 단위별 인구조사(또는 유사)정보의 이용가능성에 의해서 이루어져 왔다. 공간 자동상관관계는 '수정가능한 단위(modifiable units)'로 불리는 센서스 영역을 처리하기 위해서 발전되어 왔다. 비록 공간 자동상관관계가 강력한 도구이며 유용한 시작을 제공하지만 임의의 수집단위에 기초하고 있다.

중요한 고려사항은 공간특성(spatial description) 또는 특성과 같은 요소가 논리적 선행성을 가지고 있는가 하는 것이다. 순수한 경우에 있어서(시와 같은 관리단위) 대상물의 위치는 임의의 정해진 특성을 우선한다. 이러한 지도는 가장 순수한 의미에서 코로플레스 지도(choropleth map)이며, 위치가 존재하기 때문에 이러한 장소가 채워진다. 수집영역(collection zones)은 대체로 임의적(arbitrary)이며, 영역 경계에서 우연히 발생하는 편의(bias)를 제거하려고 하는 공간 자동상관관계와 같은 통계학적 처리를 발전시키는 것이 중요하다. 이러한 처리 과정은 몇 가지 기본적인 공간 분포가 수집 영역의 사용에 의해서 모호해진다고 가정한다. 처리의 어려운 점은 경중률 행렬이며, 경중률 행렬은 대체로 수집단위 사이의 위상적인 관계나 또는 기하학적 관계에 기초한다. 결과적으로 경중률 행렬(weight matrix)은 수집 영역에 부속된 특성 정보를 사용함에 있어 발생가능한 오차의 특정한 오차모형을 포함한다.

공간분석의 실질적인 본체(substantial body)는 임의의 수집영역, 특히 사회 경제지리학과 같은 영역에 적용된다. 종종 분석단위는 사람, 공장 또는 가정이 될 수 있으나, 공간적으로 결집된 통계는 이용가능한 원천자료(source)뿐이다. 실질적인 진보는 이러한 공간모형에서 이루어졌으나 다른 형태의 공간자료는 또 다른 모형을 요구한다.

지형공간정보체계 소프트웨어의 많은 사용자는 수집단위 원천자료에 의존하지 않는다. 지형공간정보체계로 편입되는 자료층은 토양도, 식생도, 토지의 소유자 등등일 것이다. 구분이 절대적이지는 않지만, 이러한 지도는 다른 접근방법에 의해서 유도된다. 이러한 지도는 코로플레스 지도(choropleth map)처럼 영상출력되지만, 영상출력의 유사성은 근본적 차이점을 흐리게 한다. 몇몇 분류체계(토양구분, 식생 부류와 과세토지)는 논리적으로 지도에 선행된다. 지도는 각 영역을 부류별로 지정하는 것으로부터 생성된다. 위치, 정확도, 축척 등 지도제작과 관련된 문제는 이것들이 수집영역 내에 있는 것보다 더욱 현저하게 된다. 연속적인 분포에 의존하는 공간 자동상관관계에 내재된 오차의 모형은 불연속적이고 임의적인 공간단위로 결집된다. 주제도에 대한 오차모형은 논리를 역행한다. 공간 단위는 범주별 차이를 반영하는 연속적인 공간에서 수정된다. 주제도에 대한 오차모형은 지도제작 처리과정의 제한을 인식해야만 한다. 사회조사의 범주별 자료분석이 분류 회귀 오차모형과는 다른 오차모형을 요구하는 것과 같이 주제도는 연속적인 공간 분포와는 다른 오차모형을 요구하게 될 것이다.

(1) 주제도에서 오차를 관측하기 위한 체계

완벽한 추계학적 모형이 개발되기 위해서, 첫 단계는 모형화되는 오차를 정의하는 것이다. 통계학에서 근본적인 문제는 편차를 이해하는 것이다. 주제도에서의 편차는 뚜렷한 요소를 포함한다. 특히 위치적(기하학적) 문제와 특성문제가 존재한다. 이러한 두 가지에 사용되는 편차의 개념은 일반적으로 매우 다르지만, 주제도에서는 다양한 오차 결과들이 조합될 수 있다.

임의의 '무작위'로 지도상의 위치를 확인하는 것 대신에 이러한 표현은 간단한 상황, 즉 동일한 것으로 간주되는 지도들의 비교와 같은 것으로부터 얻어진다. 같은 현상을 지도화하기 위한 두 가지 주제도가 포괄적으로 중첩되며, 그 결과로 정확도를 시험한다. 하나의 원천자료가 "적정하다"고 가정된다면, 다른 것의 검정이 되지만 이것은 또한 반복성의 검정이 될 것이다. 많은 통계학적 적용에서와 같이 반복 관측을 통해서 검정이 행해진다. 공간검정(spatial test)은 일반 검정과는 달리 대상물들을 지도상에 한 점으로 표시한다. 무한개의 점을 가진 이러한 배열(arrangement)은 접근방법에서 유도된 '경우(case)'라는 다른 오차모형을 요한다. 이러한 체계에 대해 간단한 경우에서 시작하여 보다 복잡한 경우를 제공하는 경우까지 서술한다.

중첩된 지도에서 가장 일반적인 오차의 형태는 '중복부(sliver)'라고 불리는 형태이다. [부그림 2.13]에서 도시되는 것과 같이 간단한 중복부는 두 범주 사이의 경계가 중복되는 두 개의 자료지도에서 약간 다르게 나타날 때 발생한다. 작고, 의도하지 않았던 영역이 생성된다. 중첩에 대한 몇몇의 연산법은 사용자가 용인할 수 있는 수준까지 중복부를 제거하는 필터(filter)를 포함한다. 필터의 유효성은 이러한 관계를 이론적으로 이해시키는 데 중요하다.

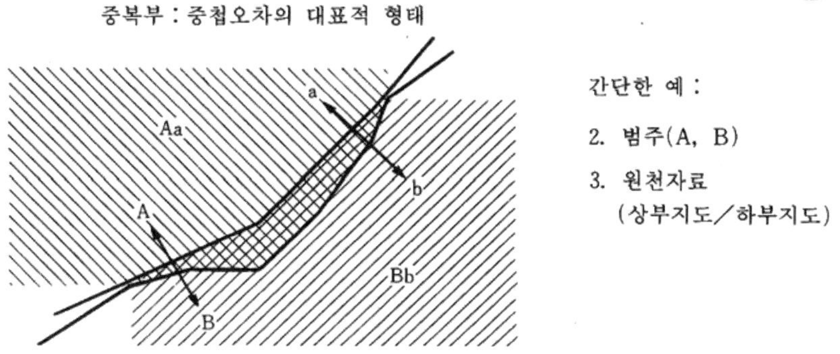

[부그림 2.10] 중복부 중첩 오차의 고전적 형태

중복부 오차가 가장 빈번하게 언급되지만, 중첩은 다른 문제들도 발생할 수 있다. 위에서 언급된 예를 따른다면(같다고 생각되는 두 개의 지도에 대한 비교), [부그림 2.11]에서 보이는 바와 같이, 다른 지도에서 완전히 사라지는 형상을 한 원천지도가 가지고 있을 가능성이다. 중복부 오차는 위치적 오차로부터 발생하는 것인 반면에 중첩에 의한 오차는 각 층이 가지는 고유 특성 값의 차이 때문에 파생되며 이분법적인 유사성을 지닌다. 이러한 이분법적 유사성은 연속적인 위상공간(continuous phase space)으로 모형화될 수 있다.

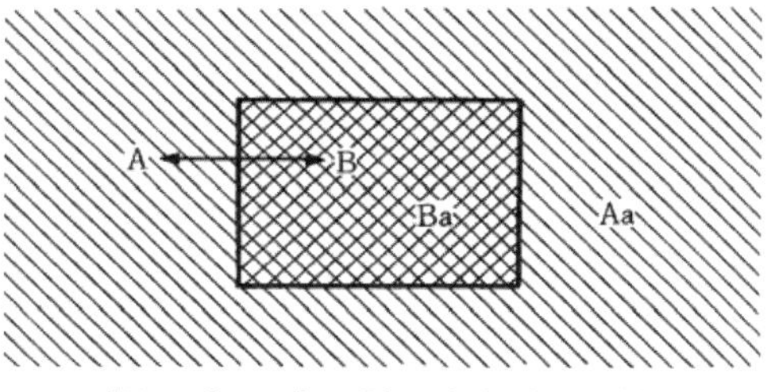

[부그림 2.11] 중첩오차의 다른 경우

위치적 중복부와 특성 분류오차는 완전히 구분된다. 그러나 두 개의 오차는 실제적으로 구분하기 어렵다. 예를 들어, 중첩오차는 위치적 오차와 각 층의 분류방법에 의해서 발생한다(이러한 문제는 위치 지정 기술에서의 오차보다는 특성 문제에서 더 많이 발생한다). 그러나 모든 오차가 [부그림 2.10]과 [부그림 2.11]에서 제시되는 바와 같이 두 가지 경우로 나누어지는 것은 아니다. 중복부는 각 자료지도로부터 대략적으로 작업을 같은 양으로 수행하는 반면, 분류 오차는 자료지도에 대한 작업과정에서 발생한다. [부그림 2.11]에서 보는 것처럼 분류하기 어려운 두 경계 사이에 연속체 가능성이 있다. 이러한 종류의 오차에 대한 예를 발견하기는 쉽지만 실제로 적용할 수 있는 이론은 없다.

앞에서는 위치와 특성오차를 함께 취급하였지만 축척의 문제는 무시되었다. 현대 지형공간정보체계 소프트웨어의 다양한 수행능력에도 불구하고 기본 정보는 여전히 축척에 의존하고 있다. 선에 대한 위치 정확도는 축척에 맞게 연결되어야 하지만 그 양은 거의 특정화되거나 관측되지 않는다. 특성오차 역시 축척에 연결된다. 임의의 축척에서 농장과 같은 지형은 토지 사용도에서 의식적으로 제거된다. 축척은 정보의 왜곡을 포함하지만 왜곡은 허용될 수 있다. 분석체계를 발전시키기 위하여, [부그림 2.13]은 위치와 특성오차가 축척 문제에 대해서 체계적으로 상호작용하는 방법을 보여 준다. 위에서 언급된 분석체계는 도표 이상의 내용을 보여 준다.

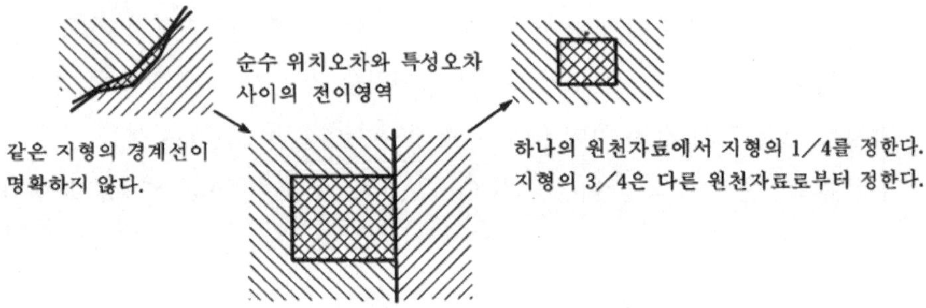

[부그림 2.12] 위치오차와 특성오차 사이의 과도적 매개체

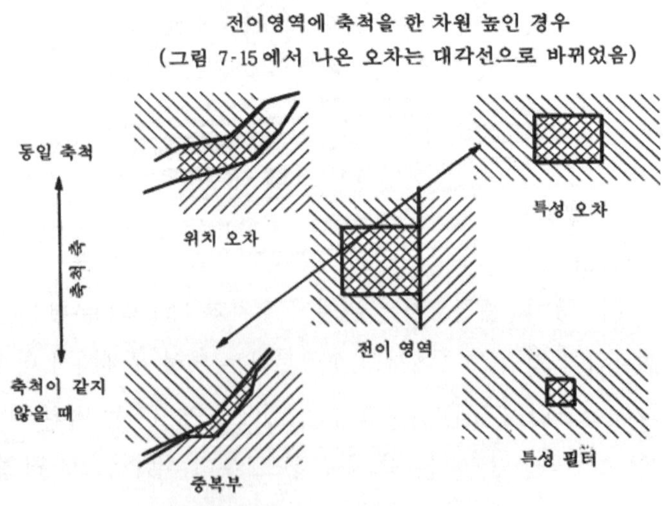

[부그림 2.13] 변이에 대한 축척자원

분석체계는 총 오차가 동시에 작업을 수행하는 추계학적 처리의 집합으로 분석되는 수학적 모형을 만드는 기초를 제공한다. 경계오차에 대한 추계학적 처리는 지도제작 표현과 처리의 기하학적 영향을 반영하도록 해야 할 것이며 특성오차는 부류의 분류학적인 유사성을 반영하여야 할 것이다.

단순히 위치정확도를 감소시키는 기술적인 처리오차에 대해서 입실론 모형(epsilon model, Chris-man, 1982a ; 1982b)은 유용한 출발을 제공할 것이다. 분류학적 문제에 대해서, Goodchild의 단계 공간을 수정한 이론이 필요하다. 보다 복잡한 문제를 위해서 위의 두 가지 처리과정은 필터(filter)와 여러 가지의 제약조건에 대한 모형화를 통해서 행해진다. 이러한 분석체계는 실험적인 정확도 점검으로부터 얻어지는 결과를 설명할 수 있다.

3) 중첩된 지도에 대한 해석적 관측

오차에 대한 모형화는 단순히 그 자체가 최종목표가 아니며, 오차모형의 근본적인 목적은 분석을 지원하는 것이다. 이 절에서는 지도의 중첩을 통해 나타난 결과에 대한 검토를 하고자한다.

근본적으로, 두 개의 영역의 중첩은 두 개의 입력 영역에 대한 범주를 교차분석(cross tabulation) 함으로써 표현된다. 통계학 교재에서는 교차분석 조작을 설명하기 위한 벤다이어그램의 기하학적 형태를 사용한다. 벤다이어그램의 관측(metric)이 임의적인 반면에 중첩된 지도는 관측 공간에서 같은 관계를 만들어 낸다. 반복적인 중첩을 통하여 임의의 차원을 가진 표가 만들어진다. 실제적인 지형공간정보체계를 사용함에 있어 교차분석은 도화되는 도형처럼 많이 사용되지는 않지만 정보 내용은 동일하다. 어떤 지형문제에 사용하게 되는 불연속 다변자료(discrete multivariate data)의 분석에 대하여 개발되고 있는 문헌은 있지만 지도 자료에 대한 문헌은 거의 없다. 이러한 새로운 분야를 다루기 전에 지도에 적용되어 왔던 간단한 접근방법을 검토하는 것이 중요하다. 위에서 언급된 바와 같이 '동일하다고 가정된 지도'라는 점에서 특징화될 수 있다. 특성 용어로 본다면 행과 열이 같은 범주를 가지는 교차분석을 만들게 된다. 지리학에서 정량분석 방법의 초기단계에 지도 중첩 문제가 발생하였다(Zobler, 1957). 이 초기단계에서 통계적 방법인 카이제곱(chi-square)이 그 오차 모형에 대한 세밀한 조사 없이 적용되었다. 카이제곱근은 교차분석이 통계학적으로 독립적인 경우에 대한 계산을 포함한다고 가정하기 때문에 지도 중첩에는 부적절하다. 지도화된 영역(중첩된 지도에 대해서 가장 일반적인 빈도의 관측)은 명확하지 않으며 통계학적으로 독립적인 단위 '경우(case)'를 가진다. 다른 지리학자들은 제안된 처리과정에서 결점을 인식했지만(Mackay, 1958 ; 1959), 대체할 수 있는 처리과정이 개발되지 않았다. 지도중첩을 위한 지수를 만들려는 또 다른 시도가 있었지만(Court, 1970, Adejuwon, 1975), 이 관측들은 통계학적 기초가 미약하였다(Chrisman, 1982a). 지도비교 지수에 대한 필요성은 원격탐측 분야에서 보다 일반적이다. 몇 년 전에 가장 일반적인 관측은 '백분율 정확성(percentage correct)'이었으며, 많은 저자들은 이러한 접근방법으로 수행해 왔다(Turk, 1979 ; Chrisman, 1982c ; Congalton and Mead, 1981). 대부분의 저자에 의해서 제안된 관측은 Cohen의 Kappa이었으며, 이러한 관측은 독립적 과정을 통하여 발생하는 '맞는' 답에 대한 올바른 백분율을 이끌어 낸다. 이러한 관측은 간단하게 성과를 얻을 수도 있지만, 독립성의 성질은 중첩된 주제도에 대해서 그렇게 간단한 방법으로는 작동될 수는 없다. 특성오차는 공간적 구조에 독립적이며, 상호의존성은 경계 오차의 결과에 기인할 것으로 기대된다.

(1) 오차모형의 개발

① 지도오차의 분석

위에서 제시된 위치 및 특성, 축척 영향 등을 통합하는 모형은 정교함과 타당성을 검증받아야 한다. 첫 단계는 실험적 자료에서 오차의 다양한 기하학적 형태의 존재를 예측하여 증명하는 것이다. 이러한 예측하여 증명하는 것은 위치와 특성 정확도의 상호작용에 대한 범위를 정하는 것으로 시작하게 된다. 그런 다음, 이 작업은 변동과 모의관측을 통하여 다른 요소의 결과물을 도시하기 위하여 간단한 공간 표현양식(직사각형, 원)에 연결시켜야 한다. 각 오차처리는 모의관측 될 것이며, 결과값은 원래의 값과 비교된다. 모의관측에 대한 오차분포는 측량사, 영상탐측학자와 다른 지도와 관련된 과학자들에 의해 실행되는 검정의 결과로부터 개발될 수 있다.

모의관측의 목적은 분리 오차과정이 실험적 결과값과 유사한 결과를 만들어 낼 수 있다는 사실을 예측하여 증명하는 것이다. 이러한 작업은 위치와 특성 결과에 대한 분리 처리의 문제를 해결하는 것이 필요하다(Goodchild and Dubuc, 1987). 이러한 작업으로 위치 오차와 특성오차를 구분하는 규칙이 얻어진다. 최소한으로 수치지도제작 자료질에 대한 표준제안에 따라서 실행되는 철저한 검정을 하여야 할 것이다. 또한 경우에 따라서는 철저한 검정을 하지 않고 표현양식의 관측을 허용할 수도 있을 것이다.

② 면적에서 필연적인 경계의 기록

지형공간정보체계의 가장 간단한 사용은 면적에 지형공간정보를 넣는 것이다. 면적형태는 세금 산정 처리, 삼림관리와 다른 많은 적용에서 사용된다. 면적계산은 관례적으로 많은 수치로 표현되는 유사 정밀도(spurious precision)로 처리되며 불확실성의 산정은 하지 않는다. 검정을 할 수 있는 오차의 명확한 분류법은 오차율을 쉽게 처리한다.

위치 정확도의 가장 복잡한 요소는 제대로 정의되지 않은 형태와 연관된 문제-퍼지 경계문제-와 부딪칠 때이다. 아주 드문 현장 검정으로 과도영역의 너비와 수치 표현을 비교하기 위하여 과도지점의 지상위치를 정량화할 수도 있다. 전문가들은 경계에 직각으로 단면도를 검사한 다음, 개개의 원천 내에서 각각의 점을 선택하였으며, 이러한 정보는 완벽하게 이용되어 오지 않았다.

③ 오차의 상관(correlation of error)

상관오차 구조는 지형도 또는 측지기준점과 같은 원정보에 연결되는 지도제작물의 변천과정을 통하여 발전된다. 상관오차는 어떤 경우에는 그리 영향을 주지 않는다. 특히, 면적의 개략적인 관측 및 연관성 있는 측지학적 기준의 사용은 위치결정에서 상대적 오차는 남게 되지만 절대 오차의 결과를 제거하게 될 것이다. 판독의 상관 오차와 같은 다른 측면에서도 그중요성은 아주 크다.

지도중첩에 있어 상관된 오차의 한 형태가 결합하는 과정에서 발생할 수 있다. 두 위치의 단일성을 만들어 내는 처리과정인 기록(registration)은 중요하다. 기록오차는 종종 강한 계통적 요소를 가지지만 원자료 내에서의 다른 왜곡은 몇 가지 다른 결과를 만들게 된다. 기록오차의 영향은 모의관측을 사용하여 결정될 수 있다. 기록오차에 관한 가정이 주어졌다면, 중첩결과에 대한 영향은 충분한 수로 분리되어 옮겨지는 중첩으로부터 모의관측될 수 있다. 이러한 모의관측 작업의 종류는 지형공간정보체계 문헌에서 보고되지 않았으며, 아마도 분포의 믿을 만한 모의관측을 실행하기 위해서는 과중한 계산 자료원(computing resources)이 필요하기 때문일 것이다. 다른 모의관측에 기초한 연구는 몇 개의 매개변수로부터 무작위 지도를 만드는 방법을 찾으며, 이것은 전적으로 다른 접근방법이다.

(2) 오차모형의 적용

① 일반적 선형모형의 개발

해석적 처리과정은 지형공간자료에 대해 예상되는 다양한 오차량을 고려하여야 한다. 이러한 처리과정은 무작위 표본과 다른 실험적인 설계에 적용되는 표준 통계학에서는 일반적으로 다루고 있다. 위에서 언급되었던 것과 같이 지리학자와 통계학자는 지형공간오차에 대한 특별한 형태를 다루는 통계학을 발전시켜 왔지만, 아직은 이러한 통계학이 지도중첩에 적용될 수는 없다. Ehrlsman(1982a)은 적절한 공분산 행렬이 주어진 일반 선형모형에 적용시키는 방법을 제시하였다(Bishop, Fienberg와 Holland, 1975 ; Bibby, 1977).

일반 선형모형을 추정하기 위해서 요구되는 공분산 행렬은 실험적 검정과 입실론 모형의 결과로 얻어지는 오분류 행렬(misclassification matrix)과 같은 차원을 가지고 있다. 물론 해석과 관측에서 주요한 차이가 있다. 오차분포는 자료 자체의 특성, 즉 통계학에서 '부트트랩핑(bootstrapping)' 또는 '재크나이핑(jackknifing)'이라는 용어로 사용되는 접근방법에 의해서 파악되고 있다. 통계학적 연구는 일반 선형 모형이 이 문제의 요구와 유사한 '더블 샘플링(double sampling)' 문제에 적용될 수 있다는 사실을 예측하여 증명해 왔다(Eckholm과 Palmgren, 1987).

불연속 다변인 분석을 위해 사용되는 적합도의 관측은 전형적으로 카이제곱(chi-square)이 사용된다. 그러나 계산할 수 있는 '경우(case)'가 없으므로, 이러한 관측이 중첩된 지도에는 부적절하다(Mackay, 1958 ; Ehrisman, 1982a), 카이제곱이 상대적인 거리관측으로서 유지될 수 있다면 편리하게 될 것이지만, 수치적 처리(numerical verification)는 주의 깊게 조사되어야만 한다. 몇몇 새로운 관측법은 위치요소와 특성요소를 합성시키는 오차 모형을 발전시키는 작업으로부터 발전시켜 왔다. 이에 대한 연구로 Cohen의 Kappa를 들 수 있다. Cohen의 Kappa는 많은 수의 원격탐측 논문에 의하여 정확도 비교를 위해 제안된 관측이다(Rosenfield와 Motley, 1980 ; Ehrlsman, 1982c). 이러한 관측은 '오차의 비율적 감소(proportional reduction oferror)'로서 해석될 수 있으며, 오차의 비율적 감소는 유용한 접근방법이 될 것이다. 그러나 Kappa에 대해서 사용되는 표준은 믿을 만한 공간분포로서 인지하기에는 어려운 크로스 프로덕트(gross-product) 독립성이다. 이것이 유용하지 않다면, 상응성의 다른 관측이 요구될 것이며, 아마도 선형모형에 사용되는 적합도의 관측과 밀접하게 연관될 것이다.

입실론 모형(epsilon model)에 의해서 기록되는 오차 행렬(Chrisman, 1982a)을 이용하여 선의 표준편차에 의해 지배되는 영역의 면적을 도표화할 수 있다. 많은 주제도는 변환하기 어려운 산재된 행렬을 만들어 내지만, 지형공간모형이 가지는 특성을 파악함으로써 오차에 대한 분석이 더욱 발전되었다. 예를 들어, 지형공간오차의 행 또는 열은 대각선 자료가 적절하게 분류된 면적을 나타내고 임의의 행 또는 열에서 가장 큰 셀이므로, 다른 행 또는 열과 곱해질 것 같지 않다. 또 다른 문제는 '구조적인 영(structural Beros)'-유효한 결합이 아닌 교차분석(cross tabulation)에서의 셀(cell)-의 처리이다. 이러한 0셀은 곱해질 수 있는 모형에 큰 영향을 주게 된다. 이러한 문제는 특별한 적용에서 유도되었기 때문에 일반적인 경우에는 해결되지 않는다.

2.2 위상기학적 공간분석

2.2.1 점자료의 공간분석

점해석은 점으로 표현되는 대상물의 관계를 분석하는 것이다. 점은 일정한 표현양식으로 나타나게 된다. 명목자료로 표현되는 점은 지도화되는 대상물에 대한 정보를 제한하지만, 각각의 대상물의 위치(x, y)에 대한 정확한 정보를 가지고 있으며, 점대상물의 지형공간적 표현양식을 연구함으로써 심층적으로 분석할 수 있다. 점 표현양식 분석을 이해하기 위해서는 표현양식의 개념을 정확하게 이해하는 것이 필수적이다. 표현양식은 한 점에서 다른 점까지의 상대적인 위치를 이용하여 점의 위치를 서술하는 무차원적 특성이다. 즉, 상호점에 관해서 개개의 점이 간격을 가지는 지형공간적 배열특성이다. 그러므로 표현양식은 연구영역의 형상과 관련이 없으며, 폐합된 형상에 관계하는 대상물의 간격인 분산의 성질과 반대의 성질을 가지고 있다. 밀도는 면적에 관계되는 분산의 성질이지만, 밀도는 면적형상이나 대상물의 분산에 의존적이다.

표현양식의 분석방법은 크게 두 가지 방법으로 나눌 수 있다. 첫 번째 방법은 점 사이의 물리적 거리를 관측하는 방법이며, 두 번째 방법은 대상영역의 하부면적에 존재하는 점의 변이를 분석하는 방법이다. 첫 번째 방법을 최근린 보간법(nearest neighbor method)

이라 하며, 두 번째 방법을 쿼드랫 방법(quadrat method)이라 한다.

1. 쿼드랫(quadrate) 방법

점 표현양식을 관측하는 가장 간단한 방법은 한 영역 내의 밀도나 면적 내에 존재하는 점의 수를 세는 것이다.

$$\text{밀도}(d) = \frac{\text{점의 수}}{\text{점을 포함하는 면적}} = \frac{n}{a} \tag{2.33}$$

그러므로 밀도의 기본차원은 L^{-2}이며, 이따금 사용되는 대체방법은 역수, 즉 $1/d = a/n$을 이용하는 것이다. 따라서 역수는 L^2의 차원을 가지고 있으며, 각각의 점에 의해서 차지되는 평균면적이다. 관측방법에 의해서 얻어지는 관측값을 통해서 표현양식의 다양성을 알 수 있지만, 점 표현양식은 점이 분포하는 대상영역에 의존적이라는 사실을 알 수 있다. 따라서, 점 표현양식을 관측하는 방법은 대상영역을 일정한 격자로 나누어 그 격자 또는 사각형 내에 분포하는 대상물을 세는 방법이다. 결과적으로, 이 방법은 면적에 따라서 변화하는 밀도변화의 도표를 만들게 된다. 그러나 $m = 0, 1, \cdots, n$점을 포함하는 사각형 수의 통계적 빈도분포는 표현양식을 효과적으로 요약할 수 있으며, 통계학적 근거를 제시한다. 쿼드랫 처리방법은 [부그림 2.14]에서 보여지는 바와 같이 특정 면적을 일정한 격자로 나누고, 이 격자 내에 존재하는 점의 빈도분포를 조사하는 방법이다.

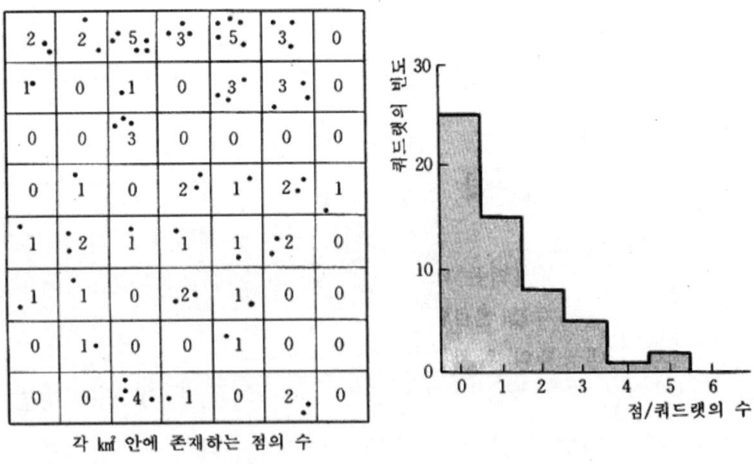

(a) 쿼드랫 계산 (b) 히스토그램 요약

[부그림 2.14] 사각형 계산방법

[부표 1.2] [부그림 2.14]에서 계산되는 평균과 분산

분류수(m_j)	요소의 빈도(f_i)	($f_i m_i$)	평균과의 편의($m_i - m$)	$\{f_i(m_i - m)^2\}$
0	25	0	−1.701	28.688
1	15	15	−0.071	0.077
2	8	16	0.929	6.898
3	5	15	1.929	18.597
4	1	4	2.929	8.577
5	2	10	3.929	30.867
	56	60		93.714

평균, $m = \dfrac{\sum f_i m_i}{\sum f_i} = \dfrac{\text{점의 수}}{\text{요소의 수}} = \dfrac{60}{56} = 1.071$

분산, $s^2 = [\sum f_i (m_i - m)^2] / (\sum f_i - 1) = \dfrac{93.714}{55} = 1.704$

분산/평균 비 $= \dfrac{s^2}{m} = \dfrac{1.704}{1.071} = 1.5903$

쿼드랫 방법은 카운팅 방법이라 하며, 모든 카운팅 방법은 사각형을 사용한다. 원칙적으로 쿼드랫은 측량면적을 제한하기 위해 지상에 설치되는 사각형 모양의 나무틀이다. 하지만 쿼드랫이라는 용어의 사용이 확장되어, 현재에는 고정된 크기의 정방형, 직사각형, 원형과 같은 특정 형상을 가진 것을 나타낸다. 쿼드랫 방법은 식물생태학과 지리학에서 광범위하게 사용되어 왔으며, 다른 문제의 적용에도 사용되어 왔다. 결과값으로 나오는 빈도분포는 쿼드랫 크기, 형상과 최초의 형태에 크게 의존한다. 쿼드랫 내에 포함되어 있는 점의 수가 감소됨에 따라 쿼드랫 크기는 감소되므로, 쿼드랫의 최적 크기가 중요한 문제가 된다. 쿼드랫의 최적 크기에 대한 해는 여러 가지 쿼드랫 크기에 따라서 계산을 반복함으로서, 반복된 계산값에 기초하여 특정 요약 통계값을 얻는다.

일반적으로 지리학에서 사용되는 쿼드랫 방법은 면적이 연속적으로 변화하는 쿼드랫으로 분할하는 방법이다. 쿼드랫 내에 존재하는 점의 빈도는 일괄적으로 계산된다. 이와 같은 방법을 쿼드랫 통계조사방법이라 하며, 생태학자들이 흔히 사용하는 방법이다. 이 방법은 각각의 단계에서 빈도분포를 제공하는 빈도를 계산하는 하나의 쿼드랫을 선택하고 k번째의 면적에 무작위로 사각형을 위치시키는 방법이다. 이와 같은 방법은 쿼드랫 표본화방법이다. 쿼드랫 분석의 통계학적 이론 중 대부분은 통계조사로부터 얻어지는 것이 아니라

표본모형으로부터 유도된다는 것을 잊지 않아야 한다.

2. 최근린 방법(NNM : Nearest Neighbor Method)

두 번째 표현양식의 서술방법은 점기호 사이의 거리에 기초한 공간적 접근방법이다. 거리는 가장 기본적인 공간개념 중의 하나이며, 대부분의 공간개념처럼 관측이 용이하지만은 않다. 유클리드 기하학을 사용하면 두 점 사이의 거리를 관측할 수 있다. 유클리드체계의 기본적인 특징은 [부그림 2.15 (a)]에서 보이는 바와 같이 피타고라스의 법칙(식 (2.34))은 직각삼각형의 계산에 잘 적용된다.

$$l_c^2 = l_a^2 + l_b^2 \tag{2.34}$$

두 점 (x_1, y_1), (x_2, y_2) 사이의 직선거리는 공간좌표로부터 알 수 있다. 그림에서 보는 바와 같이 l_a는 길이가 $(y_1 - y_2)$이며, l_b는 $(x_1 - x_2)$이고 l_c는 식 (2.35)와 같음을 알 수 있다.

$$l_c = [(x_1 + x_2)^2 + (y_1 - y_2)^2]^{1/2} \tag{2.35}$$

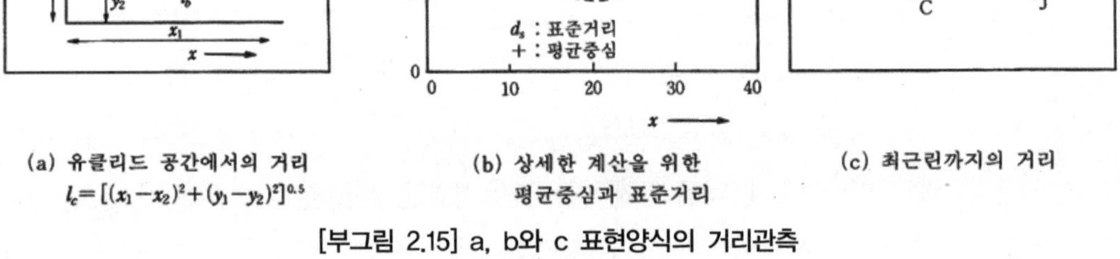

(a) 유클리드 공간에서의 거리 $l_c = [(x_1 - x_2)^2 + (y_1 - y_2)^2]^{0.5}$

(b) 상세한 계산을 위한 평균중심과 표준거리

(c) 최근린까지의 거리

[부그림 2.15] a, b와 c 표현양식의 거리관측

1) 평균중심

점기호 지도에 적용하기 위해 관측을 통해 얻은 거리는 표현양식의 중심으로 향하는 경향을 가지며, 이 거리를 평균중심이라 부른다. 평균중심은 n점의 공간적 좌표의 대수학적 평균 $\bar{x}$와 $\bar{y}$를 계산함으로써 얻어진다.

$$(\sum x_i/n,\ \sum y_i/n) \tag{2.36}$$

평균중심을 가진 점 표현양식의 예는 [부그림 2.15 (b)]이며, [부표 1.3]에 관계된 대수식을 나타냈다. 평균중심은 점 표현양식의 단순한 형태이며, 특히 지도제작자가 시간에 대한 분포를 기록하려 하거나, 좌표가 정해진 점자료에 대한 연속분포상의 차이를 요약하려고 할 때 유용하다.

[부표 1.3] 평균중심과 표준거리의 계산

점	x	y	$(x-\bar{x})$	$(y-\bar{y})$	$(x-\bar{x})^2$	$(y-\bar{y})^2$	l_{ic}
1	5	15	−15.5	−4.166	240.25	17.36	16.05
2	10	30	−10.5	10.833	110.25	117.36	15.09
3	15	10	−5.5	−9.166	30.25	84.03	10.69
4	16	20	−4.5	0.833	20.25	0.69	4.58
5	20	15	−0.5	−4.166	0.25	17.36	4.20
6	20	20	−0.5	0.833	0.25	0.69	0.97
7	20	25	−0.5	5.833	0.25	34.03	5.85
8	25	15	4.5	−4.166	20.25	17.36	6.13
9	25	20	4.5	0.833	20.25	0.69	4.58
10	30	10	9.5	−9.166	90.25	84.03	13.20
11	30	20	9.5	0.833	90.25	0.69	9.54
12	30	30	9.5	−9.166	90.25	117.36	14.41
	246	230	0.0	0.000	713.00	491.66	105.29

$\bar{x} = \dfrac{126}{12} = 20.500$

$\bar{y} = \dfrac{230}{12} = 19.166$ 평균중심은 (20.500, 19.166)

표준거리 : $d_s = [\sum l_{ic}^2/n]^{1/2} = \left[\dfrac{1204.66}{12}\right]^{1/2} = 10.019$

분리된 축으로부터 d_s의 계산

x에 대한 표준거리 $x = d_{sx} = [\sum 9x - \bar{x})^2/n]^{1/2} = [713/12]^{1/2} = 7.708$

y에 대한 표준거리 $y = d_{sy} = [\sum (y-\bar{y})^2/n]^{1/2} = [491.66/12]^{1/2} = 6.401$

통합관측 $d_s = [d_{sx}^2 + d_{sy}^2]^{1/2} = [7.7082^2 + 6.401^2]^{1/2} = 10.019$

이러한 간단한 기호는 비율로 표시된 기호지도에 의해서 나타나는 좌표가 정해진 간격 또는 비를 포함할 수 있다. 이러한 경우, 해는 그곳에 위치된 양 z_i에 의해서 각각의 점에 대해 경중률을 주는 것이다.

$$\bar{x} = \sum z_i x_i / \sum z_i \text{와 } \bar{y} = \sum z_i y_i / \sum z_i \tag{2.37}$$

여기서, $(\bar{x}, \bar{y})$는 경중률 평균중심이라 한다.

2) 표준거리

일반 통계학에서 표준편차를 이용하여 평균값의 변수에 대한 분산을 관측하는 것과 같이 표준거리 d에 의해서 점 표현양식의 공간적 분산을 관측할 수 있다. 표준거리 d를 계산하는 방법에는 두 가지가 있다. 첫 번째 방법은 모든 점에서 평균중심에 대한 거리제곱의 평균값을 구하여, 이 값의 제곱근을 구하는 방법이며, 구하는 식은 (2.38)과 같다.

$$d_s = [\sum l_{ic}^2 / n]^{1/2} \tag{2.38}$$

여기서, l_{ic}는 평균중심으로부터 i번째 점까지의 거리이다. l_{ic}는 식 (2.35)와 같이 피타고라스의 식을 사용하여 구할 수 있다. [부그림 2.15 (b)]에서 나타난 점 표현양식에 대한 계산은 [부표 1.3]의 가장 오른쪽에 위치한 열에 나와 있다. 현대적인 계산기를 사용할 때조차도, 이 작업은 시간이 많이 걸리는 오차증명작업이다. 거리 l_{ic}의 마지막 열은 잉여(redundant)를 나타내는 항이다. 엄격히 말해서, $\sum l_{ic}^2$를 구하기 위해서 $(x-\bar{x})^2$와 $(y-\bar{y})^2$의 합을 구하는 것이 필요하며, 이것은 적절한 계산검정방법을 형성한다. 계산된 d는 10.019 길이단위이다. [부그림 2.15 (b)]에서 보여지는 바와 같이 평균중심을 중심으로 하고 d(=10.019)의 반지름을 가진 원으로 표현한다. 계산을 통해 보다 많은 정보를 얻기 위해서 계산값이 [부표 1.3]의 아래 부분에 나타내 있다. 여기서, 독립적으로 x축과 y축을 따라서 분산값을 계산했으며, 종합적으로 표준거리를 구하는 두 가지 방법이 있다. 비록 이러한 종합적인 d_s는 첫 번째 방법에 의해서 계산된 값과 같으며, 이 두 축은 7.708과 6.401 단위에서 다소 다른 분산값을 갖는다. 이 값들은 표현양식에 대한 표준거리 타원체를 정의하고 도시하는 데 사용된다. 위치된 점 간격 또는 비율로 표시된 자료를 처리하는 평균중심을 일반화했던 것과 유사한 방법으로 표준거리 공식에 대한 경중률을 두는 것도 가능하다.

3) 최근린 거리

점 표현양식의 특성을 나타내는 세 번째 거리에 기초한 관측방법은 각 점과 점의 최근린 또는 2차, 3차 그리고 고차원 근린(high-order neighbors) 사이의 거리평균이다. 최근린 거리의 계산방법은 매우 간단하다. 차례로 각 점을 택하여 특정점에 가까이 있는 점을 찾고, 각각의 거리를 관측한다. 관측은 대체로 빠르게 진행되며, 도형상으로도 적절한 근린점을 찾을 수 있지만 보다 정밀한 관측을 위해서 각 점의 좌표로부터 거리를 계산하여야 한다.

[부표 1.4] [부그림 2.15 (c)]에서 나타난 점 표현양식에 대한 최근린 거리

점	좌표		최근린	근린의 좌표		l_{12}거리
	(x)	(y)		(x)	(y)	
A	5	15	C	15	10	11.18
B	10	30	G	20	25	11.18
C	15	10	E	20	15	7.07
D	16	20	F	20	20	4.00
E	20	15	H	25	15	5.00
F	20	20	D	16	20	4.00
G	20	25	F	20	20	5.00
H	25	15	I	25	20	5.00
I	25	20	K	25	15	5.00
J	30	10	H	25	15	7.07
K	30	20	I	25	20	5.00
L	30	30	K	30	20	10.00
						79.50
최초 근린에서의 평균거리, l=79.50/12=6.625						

[부표 1.4]에서는 [부그림 2.15]의 점 표현양식에 대한 계산을 한 것이다. 최근린 거리는 6.625값에서 평균값을 가진 4부터 11.18 단위의 범위에 존재한다. 최근린 거리는 지리학에서 많이 사용되어 왔으나 많은 한계를 가지고 있다. 첫 번째로, 점의 근린으로부터 각각의 점의 방향은 고려되지 않으며 이에 따른 많은 정보의 손실이 발생한다. 두 번째로, 경계선 부근에 존재하는 점에서 심각한 경계효과가 발생한다. 지도경계에 근접한 점은 지

도화된 영역 안에서 근린을 찾아야 하며, 이에 따라 실제세계에 존재하는 진정한 최근린점은 지도 밖에 존재할 수 있다. 마지막으로, 앞에서 서술된 바와 같이 최근린 방법은 점자료만을 다룬다. 이러한 문제에 관심을 가지고 많은 연구가 진행되어 왔으며, 점이 위치된 간격과 비자료로 사용되는 고차원근린에서의 거리를 검사하는 기술이 연구되어 왔으며, Getis(1964)는 각 점 주위의 방향부채꼴에서 최근린이 관측되는 방법을 연구하였다.

4) 거리계산

거리를 기준으로 한 마지막 관측방법은 거리와 밀도를 묶어 유용한 해석기구로 결합하는 방법이다. 이 방법은 특별한 명칭이 붙어 있지는 않지만, 앞으로 거리계산이라는 용어로 표시한다. 이 방법은 각 점기호 주위에 특별한 반경의 원을 그리고, 원 안에 포함된 점의 수나 비율로 표시된 지도기호에서의 값의 합을 계산하는 간단한 방법이다. [부그림 2.16]은 15와 30 거리단위의 원을 사용하여 점의 거리와 밀도를 조사하는 방법을 예시하고 있다. 위의 방법을 통해 얻은 지도는 원래의 점 분포에 위상관계를 제공하며, 원반경의 선택은 최종 결과값에 영향을 준다. 원반경의 선택은 임의적으로 선택되는 값이지만, 이의 결정이 이 방법의 핵심이 된다.

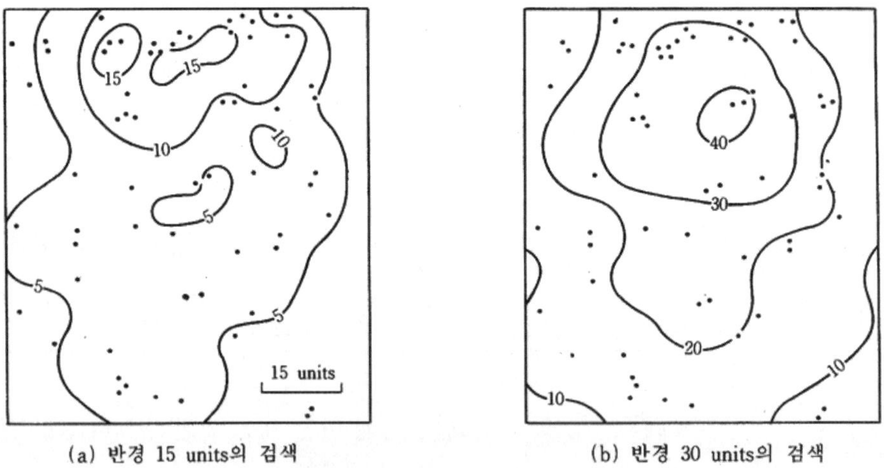

(a) 반경 15 units의 검색 (b) 반경 30 units의 검색

[부그림 2.16] a와 b 거리계산

이 방법의 두 가지 특징은 다음과 같다. 첫째, 특정 영역에 대한 각 점의 밀도로 얻어진다. 즉, 단위면적당의 수로 표현된다. [부그림 2.16 (a)]에서 이 면적은 $\pi l_r^2 = 3.142 \times 15^2 = 707$

(거리단위^2)이며, [부그림 2.16 (b)]에서의 면적은 $3.142 \times 30^2 = 2{,}828$(거리단위^2)로부터 점분포를 가진 밀도지도를 얻게 된다. 둘째, 자료점들은 불연속적이고 고유한 값을 가진 점분포를 이루고 있으며 탐색원에 의해서 중요한 점들이 검색된다. 이러한 과정을 도면상의 임의의 부분에 대한 밀도 계산이 실행된다. 그러므로 같은 높이의 등고선으로 표현될 수 있는 점분포와 연관된 연속적인 밀도 표면을 얻을 수 있다.

2.2.2 선자료의 공간분석

부록 1.2.1절에서 0차원을 가진 점자료의 분석방법을 다루었다. 이 절에서는 길이의 공간적 차원 L^1을 가진 선자료에 대해 기술하고자 한다. 선은 한 영역을 통과하는 길, 연결된 수로, 상호연결된 망 등 넓은 범위의 다양한 정보를 표현하는 데 사용되며, 지표면 등을 표현하기 위해 사용되는 등고선과 경계를 나타내는 데에도 사용된다. 선은 면 또는 표면 사이의 차이를 명확하게 구분할 수 없지만, 길, 수로, 그리고 망 등의 대상물들은 주로 선으로 표현된다.

한 영역을 통과하는 도로를 선으로 표현한다고 하면 앞 절에서 서술된 점 표현양식이 동일한 방식으로 적용되며, 그 외에 거리, 방향과 연결성의 세 가지 기본적인 공간개념이 첨가된다. 선은 방향뿐만 아니라 길이를 가지며, 최소한 두 점을 연결해야 한다.

[부그림 2.17]에서 예시되는 바와 같이, 선은 선으로 표현되는 대상물이 규칙적으로 표현되든가 또는 불규칙적으로 표현되든가에 상관없이 방향, 거리, 연결성을 통해서 표현된다. 비록 선은 규칙적 또는 불규칙적으로 구별이 명확한 것처럼 보이지만, 많은 실험을 통해서 이들의 명확한 분류는 어렵다는 것을 알 수 있다. 규칙적인 선은 함수로 표현될 수 있으나, 이와는 반대로 불규칙적인 선은 간단한 수학적 함수로 표현될 수는 없다. 기찻길과 운하와 같은 실세계의 지형적 특성은 대체로 규칙적이며, 해안선과 수로와 같은 실세계의 지형적 특성은 불규칙적이다. 그러나 지도상에서 표현되는 차이는 지도의 축척에 따라 다르게 나타난다. 편리성과 간편성을 위해서 불규칙적인 선은 좀 더 크게 또는 좀 더 작은 범위로 일반화되어야 하며, 규칙적인 선의 경우에도 좀 더 규칙적인 선으로 표현하는 것이 필요할 때가 있다.

A

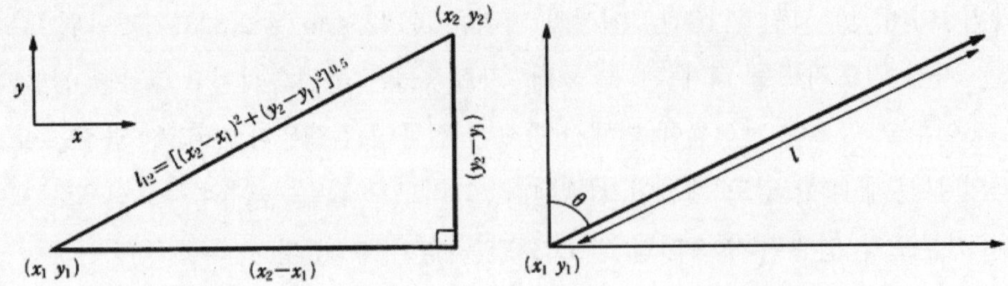

B

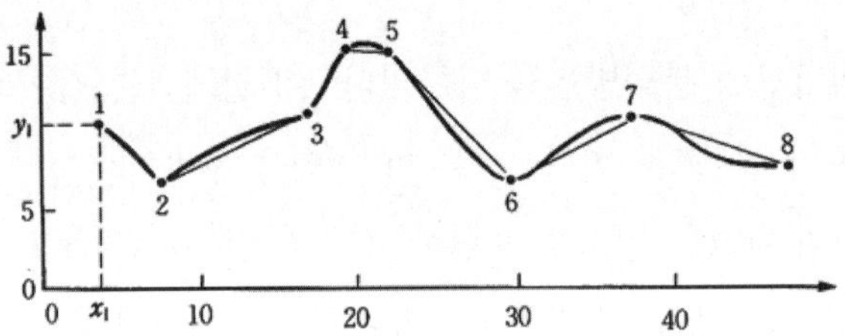

연속적 부호화

	x	y	l
1	3.5	10.5	
2	7.5	7.0	5.32
3	17.0	11.0	10.31
4	19.5	15.0	4.72
5	22.0	15.0	2.50
6	29.5	7.0	10.97
7	37.5	11.0	8.94
8	47.0	8.0	9.96

$\sum l = 52.72$units

C

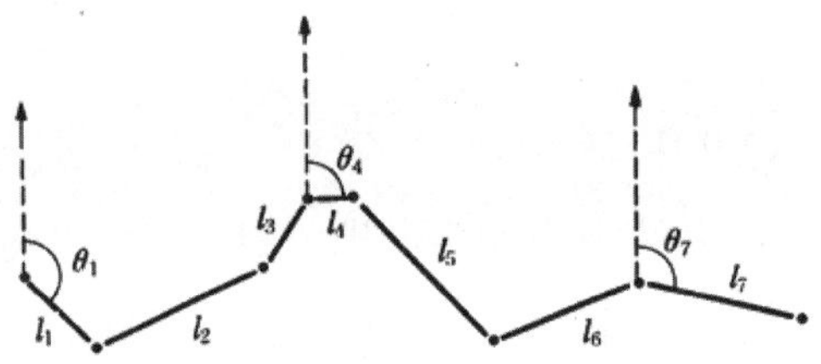

거리/방향 부호화

원점 : (3.5, 10.5)

2	5.32	134°
3	10.31	64°
4	4.72	32°
5	2.50	90°
6	10.97	136°
7	8.94	68°
8	9.96	103°

D

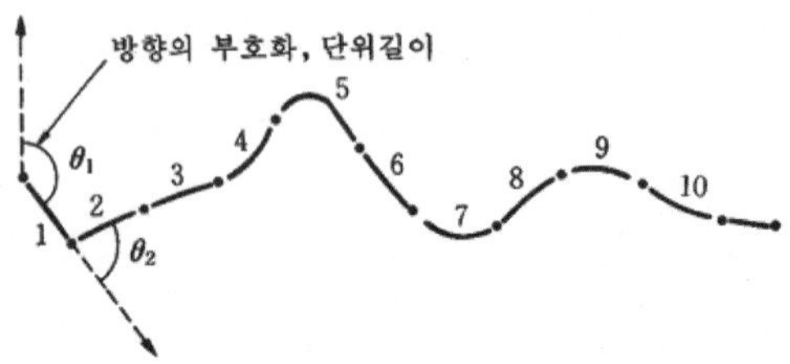

단위거리 부호화

선 길이 :

단계길이 길이의 수

$5 \times 10 = 50$

$4 \times 13 = 52$

$3 \times 18 = 54$

$2 \times 28 = 56$

$1 \times 57 = 57$

[부그림 2.17] 경로를 기록하는 방법

이 절에서는 1차원의 위상기하학적 차원을 가지는 선에 대한 공간해석기법을 기술하고자 한다. 우선, 지도 또는 전산기 영상출력을 통해 표현되는 선을 표현하는 방법을 기술하고, 이를 통해 선으로 구성된 망구조로 표현하는 방법과 이를 기초로 하여 망분석 기법을 유도한다. 그리고 프랙탈의 개념과 프랙탈의 차원을 이용하여 선을 해석하고자 한다.

1. 선자료의 표현법

각각의 선 또는 경로는 임의의 기본적인 선 표현양식으로, 이를 관측하는 중요한 요소는 경로의 길이(l)이다. 평면의 표면에 위치하는 두 점 사이의 직선거리를 관측하는 것은 [부그림 2.17]에 나타낸 바와 같이 시점(x_1, y_1)에서 종점(x_2, y_2)까지의 차를 피타고라스의 정의에 대입함으로써 쉽게 구할 수 있다.

이러한 선자료를 구하기 위해서 경로 또는 흐름의 형태에 대한 관측값 (z)와 함께 시점과 종점의 좌표값만을 알면 된다. 따라서 선의 기술은 x_1, y_1, x_2, y_2와 z의 다섯 개 변수를 가지게 된다. 이 외의 방법으로는 거리와 방향각으로 표현하는 시점 또는 두 번째 점에 대한 방위각 θ로 표현하는 방법, 즉 [부그림 2.17]의 오른편에 나타나 있는 방법에 의해서 경로를 기록하는 방법을 사용한다. 방위는 일반적으로 북쪽방향으로부터 시계방향의 각으로 주어지며, 각도기를 이용하여 관측된다. 따라서, 결과값으로 나오는 관측값은 다섯 개, 즉 x_1, y_1, l, θ와 z의 값을 가지게 된다. 위의 방법은 간략하게 보이지만, 실제로 항공영상측량에서 경로를 기록하는 가장 유용한 방법이다.

직선은 두 점 사이의 거리 중에서 최단거리를 말하는 것으로 불규칙한 경로를 따라 움직이는 선에 대한 거리는 대체적으로 짧게 나타내게 된다. 불규칙한 경로의 길이를 얻기 위해서는 [부그림 2.17 (b)]에 나타낸 것과 같이 짧은 단위직선을 가지고 직선을 연결시키는 중간점을 삽입하여 표현하는 것이 필요하다. 거리를 구하는 방법에는 두 가지 방법이 있는데 첫 번째 방법은 선상에서 중요한 변곡점을 모두 표기하고, 변곡점 사이의 거리를 구하여 합산함으로써 전체의 길이를 구하는 방법이다. 그림에서 볼 수 있는 것처럼 연결 부호입력(chain encoding)을 실행함으로써 57.72단위의 길이를 구할 수 있다. 이러한 연결 부호입력 방법은 전산기에 의해 조정되는 탁상용 디지타이저(tablet digitizer)에 의해 실행되므로 그 과정이 복잡하지는 않다. 길이를 구하는 두 번째 방법으로는 [부그림 2.17 (c)]에서 볼 수 있는 것처럼, 거리-방향을 사용하는 방법이다. 앞의 두 가지 방법에서 원래의 불규칙한 선에 대하여 짧은 분할부분을 일치시키는 작업을 효율적으로 진행시키기 위해서 다양한 분할선을 적용해 왔다. 실제적으로 많은 문제에 있어서 [부그림 2.17 (d)]와 같이 고정된 분할길이에 기초한 관측을 행하는 것이 훨씬 빠르고 경제적으로 장점이 있다. 또한, 시작전과 방위각 $\theta_1, \cdots, \theta_n$ 의 연속에 의해서 생기는 단계적인 거리로 매우 간단하게 기록될 수 있으며, 이러한 방법을 단위 길이 부호화(unit length coding)라고 부른다. 길이 관측 방법이 무엇이든 간에 비교관측은 같은 방식으로 이루어져야 하며 대상물의 정확도가 일정하게 유지되도록 하여야 한다.

경로의 길이를 연속적으로 관측함으로써 전체적인 선 표현양식을 위한 색인을 만들어 내는 것이 가능하다. 구불구불하거나 굽이치는 듯한 경로를 표현하기 위한 간단한 관측방법은 만곡비(彎曲比, sinuosity ratio)를 이용하는 것이며, 관계식은 다음과 같다.

$$S = \frac{\text{관측된 경로 길이}}{\text{시점에서 종점까지의 직선거리}} \tag{2.39}$$

2. 조직망과 망분석

선자료를 표현하는 방식 중 하나인 회로는 경로가 폐합된 형태를 가지며 순환성을 가진다. 연결의 성질을 가장 잘 특성화한 것이 조직망이며, 조직망에 대한 관측방법은 교통학 분야에서 많은 연구가 진행되어 왔다. 도로, 철도, 운하와 항공로 등의 교통망 조직은 회로를 대표하는 형태이다. 연결성은 이상기하학적 도형의 개념을 사용하여 표현되는데, [부그림 2.18]는 우리나라 주요도로를 망형태로 표현한 예이다.

[부그림 2.18]에서 도시되는 것과 같은 위상기하학적 도형은 선, 연결성, 관계에 의해 구성되는 경로에 의해 연결된 점인 꼭짓점 또는 마디로 구성된다. 그러나 그림에서 볼 수 있는 바와 같이 길이, 만곡 또는 방향에 대한 아무런 서술이 되어 있지 않으므로 경로는 한 방향의 흐름을 나타내고 방향이 표시된 도형, 즉 이중자(digraph)를 제공받음으로써 방향을 표현할 수 있다. 또한 경로는 경로 자체에 대한 특성값을 사용함으로써 경로의 흐름, 특성 또는 능력에 따른 Z값을 가지게 된다. [부그림 2.18]에 나타낸 도형은 평면으로만 표현되며, 이러한 위상기하학적 도형은 경로가 중간에서 교차하거나 점이 만나지 않도록 하기 위해서 평평한 평면으로 도시 된다.

도형에 관한 개념은 매우 일반적이며, 지형공간정보체계에서는 도형을 수송망과 빙하계곡에 대한 연구를 수행하는 데 사용하고 있으며, 산업지대간의 연계, 정기적으로 열리는 시장 등을 포함하는 넓은 범위의 문제를 해결하는 데 이용하고 있다. 회로망을 구성하는 도형은 망구조를 간략화시키기는 하지만 많은 연결을 해야 하는 경우에는 처리가 곤란하게 된다. 연결이 많이 된 조직망을 해석하기 위해서는 [부그림 2.18 (c)]에서 보여지는 형태의 연결행렬로 만들어 계산하는 것이 바람직하다. 이러한 행렬을 구성하는 방법은 도형의 꼭짓점을 행렬의 열과 행으로 규정하고 각각에 대해 고유번호를 붙여 처리를 하게 된다. 만약 두 점이 만나게 되면, 이에 상응하는 열과 행에 맞추어 1이 아닌 숫자를 부여함으로써 처리를 한다. 예를 들어, 수원은 서울, 춘천과는 연결되어 있지만 다른 도시들과는 직접적으로 연결되지는 않는다. 따라서 수원은 서울과 춘천이 만나는 행에서 1의 수를 가지게 된다.

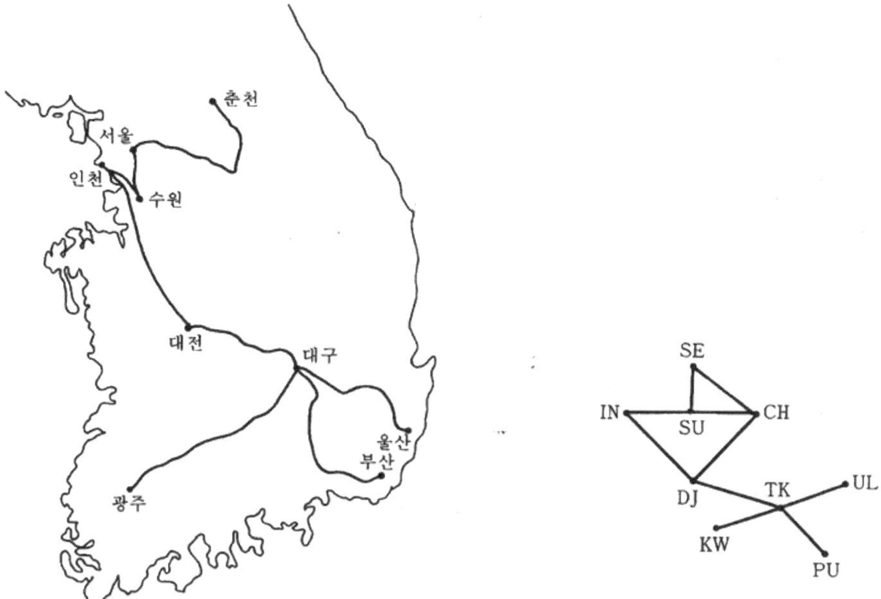

(a) 선지도 (b) 위상학적 연결

	SE	SU	CH	IN	DJ	TK	UL	KW	PU	결절성
서울(SE)	1	1	1	0	0	0	0	0	0	2
수원(SU)	1	1	1	1	0	0	0	0	0	3
춘천(CH)	1	1	1	0	1	0	0	0	0	3
인천(IN)	0	1	0	1	1	0	0	0	0	2
대전(DJ)	0	0	1	1	1	1	0	0	0	3
대구(TK)	0	0	0	0	1	1	1	1	1	4
울산(UL)	0	0	0	0	0	1	1	0	0	1
광주(KW)	0	0	0	0	0	1	0	1	0	1
부산(PU)	0	0	0	0	0	1	0	0	1	1

(c) 연결행렬

[부그림 2.18] 회로망을 구성하는 방법

연결행렬을 만드는 방법은 다음과 같다.

첫째, 도시의 명단에 연결의 유무를 판단하는 이진법으로 구성된 특성(0/1)을 입력한다.

둘째, 왼쪽 상단에서 오른쪽 하단까지 내려오는 행렬의 대각선 항은 자신과 연결되어 있다는 것을 표현하기 위해서 1의 값을 부여한다. 셋째, 행렬은 대각선 항을 대칭으로 하는 대칭행렬(symmetric matrix)을 만든다.

조직망에 대한 도형 또는 연결행렬 C가 주어지면, 점과 경로의 수에 대해서 상대적으로 간단한 조합을 포함할 뿐만 아니라 행렬이론을 사용하는 관측방법이 구성될 수 있다. 이중 가장 간단한 방법은 아래와 같은 세 가지 기호를 이용하는 방법이다.

e=조직망에서의 경로수
v=점의 수
g=분리되고 연결이 되지 않은 하부도형의 수

[부그림 2.18]의 예에서 기호 각각에 대한 값은 e=10, v=9, g=1이다. 평면적 도형에서, 기본적 회로의 수는 순환수(cyclomatic number) μ로 부르며, 아래 식 (2.40)와 같이 정의된다.

$$\mu = e - v + g \tag{2.40}$$

이것은 조직망이 점의 수에 의해서 결정되는 최댓값에 연결이 될수록 증가하며, [그림 5.9]에 나타낸 우리나라 도로망에 대한 연결 수는 다음과 같다.

$$\mu = 10 - 9 + 1 = 2$$

크기가 다른 조직망을 비교하기 위해서는 아래와 같은 α색인과 같은 최대 회로수에 순환수를 연결시키는 것이 보다 유용하다.

$$\alpha = \frac{\mu}{(2v - 5)} \tag{2.41}$$

위의 식은 완벽하게 연결된 조직망에서 0에서 1의 범위를 가지며, 우리나라의 도로망에 대한 예에 대해서는 0.154의 값을 가지며, 이 값은 상대적으로 적은 연결성을 가진다는 것을 나타낸다. β색인은 아래와 같이 표현되며,

$$\beta = \frac{e}{v} \tag{2.42}$$

순환수와 같이, β색인은 점의 수에 따라서 변화하나, 분석을 위한 도구로서는 적절하지

못하다. 예에 대해서 β색인은 1.1의 값을 갖는다. 그러나 특별화된 점의 수에 주어진 최대 경로수에 대한 비로 표현할 수 있는데, 이를 γ색인이라 하며 아래의 식 (2.43)로 표현된다.

$$\gamma = \frac{e}{[3(v-2)]} \tag{2.43}$$

γ색인은 α색인과 마찬가지로, 0과 1 사이 범위를 가진다. 예에 대해 γ색인은 $\gamma = \frac{10}{3(9-2)}$의 값을 갖는다. 경로와 점을 세는 대신에 연결행렬을 조사한다면, 다른 색인이 제안될 수 있다. 각 절점의 결절성(nodality)은 그 점에 연관된 경로의 수이며, 각 조직망에 대한 평균 결절성은 이들 값의 단순한 평균값이다. [부그림 2.18 (c)]에서 보는 바와 같이, 결절성은 대각선에 대해서 1보다 작은 C행렬의 각 열을 합산함으로써 얻어진다. [부그림 2.18 (b)]에 대해서 이 값은 1에서 4까지 변화하며, 2.2의 낮은 평균 결절성을 가진다. 이 평균에 대한 변이를 관측하기 위해서 결절성의 빈도분포를 합산하고 비교하는 것이 바람직하다.

회로에 대한 관측은 연결행렬 C의 연산에 종속된다. 즉, C행렬을 다른 행렬에 곱하는 것이 가능하며, 연속적으로 C행렬 자신을 곱합으로써 회로망에 대한 구조적 정보를 구할 수 있다. 행렬계산은 행렬의 크기가 커질수록 계산량이 많아지게 된다. 따라서 우리나라 주요 도로망의 경우에 있어서 C와 같이 크기가 큰 행렬의 경우에는 계산의 각 단계를 분리시켜 계산하거나 전산기를 이용하는 것이 보다 유용한 방법이 된다.

[부그림 2.18]의 경우에서, C^2의 첫 번째 요소[즉, 서울(SE)에 서울을 곱하는 경우]는 아래와 같이 표현된다.

열		행		
1	×	1	=	1
1	×	1	=	1
1	×	1	=	1
0	×	0	=	0
0	×	0	=	0
0	×	0	=	0
0	×	0	=	0
0	×	0	=	0
0	×	0	=	0
				3

그리고 두 번째 요소에 대해서, 서울과 수원은 행은 같지만 두 번째 열에 배치를 하게 된다.

열		행		
1	×	1	=	1
1	×	1	=	1
1	×	1	=	1
0	×	1	=	0
0	×	0	=	0
0	×	0	=	0
0	×	0	=	0
0	×	0	=	0
0	×	0	=	0
				3

C에 대한 제곱항은 아래와 같다.

$$C^2 = C \times C = \begin{pmatrix} 3&3&3&1&1&0&0&0&0 \\ 3&4&3&2&2&0&0&0&0 \\ 3&3&4&2&2&0&0&0&0 \\ 1&2&2&3&2&1&0&0&0 \\ 1&2&2&2&4&2&0&0&0 \\ 0&0&1&1&2&5&2&2&2 \\ 0&0&0&0&1&2&2&1&1 \\ 0&0&0&0&1&2&1&2&1 \\ 0&0&0&0&1&2&1&1&2 \end{pmatrix} \tag{2.44}$$

다음으로 C에 대한 세제곱은 다음과 같이 표현되며

$$C^3 = \begin{pmatrix} 9&10&10&5&5&1&0&0&0 \\ 10&12&12&8&7&2&0&0&0 \\ 10&12&12&7&9&2&0&0&0 \\ 5&8&7&7&8&3&1&1&1 \\ 5&7&9&8&10&9&3&3&3 \\ 1&2&3&3&9&13&7&7&7 \\ 0&0&1&1&3&7&4&3&3 \\ 0&0&1&1&3&7&3&4&3 \\ 0&0&1&1&3&7&3&3&4 \end{pmatrix} \tag{2.45}$$

마지막으로, C^1에 대한 계산값은 아래와 같이 얻어진다.

$$C^1 = \begin{pmatrix} 29 & 34 & 34 & 20 & 21 & 6 & 1 & 1 & 1 \\ 34 & 42 & 41 & 27 & 29 & 9 & 2 & 2 & 2 \\ 34 & 41 & 43 & 28 & 31 & 15 & 4 & 4 & 4 \\ 20 & 27 & 28 & 23 & 25 & 14 & 4 & 4 & 4 \\ 21 & 29 & 31 & 25 & 36 & 28 & 12 & 12 & 12 \\ 6 & 9 & 15 & 14 & 28 & 43 & 20 & 20 & 20 \\ 1 & 2 & 4 & 4 & 12 & 20 & 11 & 10 & 10 \\ 1 & 2 & 4 & 4 & 12 & 20 & 10 & 11 & 10 \\ 1 & 2 & 4 & 4 & 12 & 20 & 10 & 10 & 11 \end{pmatrix} \tag{2.46}$$

이 단계에서 0의 값을 가진 항이 없다는 것을 확인할 수 있으며, 이러한 작업은 0의 값을 가진 항이 없어질 때까지 계속하여야 한다.

연결행렬의 멱(power) 요소는 망조직에 대한 많은 정보를 가지고 있지만, 이러한 요소의 해석은 원행렬이 대각선항에서 0또는 1의 값 중 어느 것을 가지느냐 하는 것에 따라 달라진다. 0을 가지고 시작하였다면, 각 점의 쌍 사이에 정확히 n연결의 경로수인 n번째 멱에 대한 요소를 제공한다. 우리나라 주요 도로망에 대해서 4개의 접속을 최대로 하는 임의의 두 장소를 연결하는 것이 가능하며, 이러한 것을 그래프 지름(graph diameter)이라 한다. 그래프 지름과 같이 많은 수에 의해서 멱으로 표현된 연결행렬은 0이 아닌 항을 갖도록 하는 것이 필수적이지만 이러한 것이 일반적인 것은 아니다.

대각선 항에서 1의 값이 사용된다면 각 n번째 멱에 대한 요소는 최소한의 n단계의 연결수를 제공하며 연결 최소단계에서 저장된다.

멱 n에 대한 연결행렬의 대각선 이외의 항의 요소는 n단계의 연결수에 $n-1$단계로의 경로수에 경중률을 곱한 수를 더하고, $n-2$단계의 수에 2차 경중률을 곱한 값을 더한 값을 합한 수이다.

원래의 행렬 각각에 대한 경중률이 일정할 경우를 [부표 1.5]에서 나타내고 있으며, $n=8$의 값을 가진다.

[부표 1.5] 연결행렬의 대각선 묘소 이외의 항에 대한 경중률

멱	단계 수							
n	n	$n-1$	$n-2$	$n-3$	$n-4$	$n-5$	$n-6$	$n-7$
1	1							
2	1	2						
3	1	3	3					
4	1	4	6	4				
5	1	5	10	10	5			
6	1	6	15	20	15	6		
7	1	7	21	35	35	21	7	
8	1	8	28	56	70	56	28	8

3. 프랙탈(Fractal)

약 20년 전까지 대상물의 '위상적 차원(位相的 次元)'에 대한 정의는 문제로 간주되지 않았다. 그러나 1967년에 프랑스 수학자 Mandelbrot는 Lewis Richardson의 초기 논문과 프랙탈 차원의 선에 관한 개념을 일반화시킨 논문을 간행하였다. Richardson은 실험적으로 불규칙적인 선의 관측된 길이는 그 선이 관측된 축척에 의존한다는 것을 증명하였다. 즉, 축척이 증가하면 그 선의 길이도 증가한다. 이것은 선을 따라서 디바이더(divider)로 분할을 하게 되고, 좀 더 짧은 거리를 가진 디바이더로 이러한 작업을 계속하면 쉽게 밝혀지게 된다.

전통적으로 실재 세계의 대상물은 유클리드 기하학의 표현방식에 의해서 표현된다. 유클리드 기하학에서는 대상물을 점, 선, 면, 공간으로 나누어 다룬다. 이러한 위상기하학적 대상물을 유클리드 차원(E)으로 표현하며, 유클리드 차원은 양의 정수로 표현된다. 여기서 유클리드 차원은 점을 정의하는 데 필요한 좌표의 수를 나타내며, 단면도 상의 임의의 점을 표현하기 위해서는 두 개의 좌표를 필요로 한다. 따라서 단면도는 2의 유클리드 차원을 가지게 된다. 또한 지표면 상에 존재하는 점을 정의하기 위해서는 3차원을 요구하며, 이 때 표면은 3의 유클리드 차원을 가지고 있다.

이러한 실재 세계에 존재하는 현상의 위상기하학적 차원(D_T)은 유클리드 차원과 매우 밀접하게 연관되어 있다. 2의 유클리드 차원을 가지는 평평한 도면에서, 2차원의 대상물

($D_T=2$), 1차원 대상물($D_T=1$), 그리고 0차원의 대상물($D_T=0$)인 점을 그릴 수 있다.

프랙탈 기하학은 점 · 선 · 면과 공간을, 유클리드 기하학에서의 양의 정수차원만으로의 표현이 아니라, 양의 실수를 이용하여 표현한다. 이러한 실수에 대한 범위는 현상의 위상기하학적 차원과는 크거나 같아야 하며, 유클리드 차원보다는 작거나 같아야 한다(즉, $0 \le D_T \le D \le E$). 평면의 종이에 그려진 선은 어느 곳에서나 1에서 2사이의 프랙탈 차원을 가진다.

선은 유클리드 기하학으로 표현하면 1차원을 가지지만, 프랙탈 차원을 이용하여 표현하면 다른 특성을 보이게 된다. 직선은 위상기하학 차원과 프랙탈 차원에서 1의 값을 가지게 된다. 그러나 약간의 곡률을 가진 선은 위상기하학적 차원값 1을 가지지만, 프랙탈 차원은 1보다 큰값을 가지게 된다.

매우 곡률이 큰 선($D_T=1$)은 높은 프랙탈 차원값을 가지게 된다. 종이 안을 가득 메운 선은 2의 프랙탈 차원값을 가지게 된다. 그러나 많은 지도제작에 사용되는 선은 1.15와 1.30사이의 프랙탈 차원값을 가진다. 또한, 표면은 2에서 3 사이의 프랙탈 차원을 가진다.

프랙탈 차원은 일반화에 따라 대상물의 관측값이 어떻게 변하는가를 나타낸다. 예를 들어 낮은 프랙탈 차원을 가진 선이 일반화되면 급격히 길이가 줄어들게 된다.

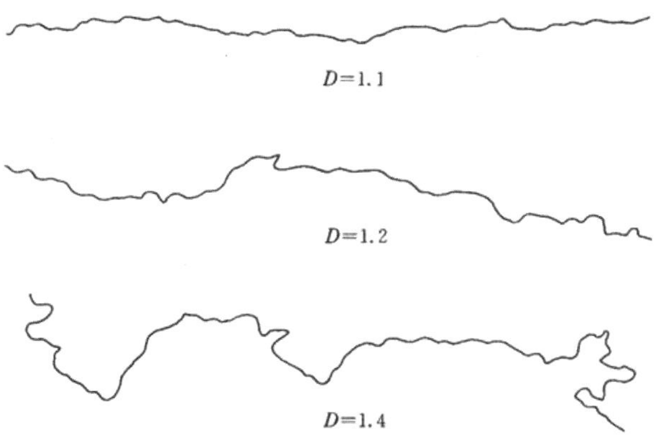

[부그림 2.19] 다른 프랙탈 차원을 가지는 선

1) 축척에 따른 변화

관측값(특히 지도상에서 관측된 값)의 축척 의존성은 많은 사람들에 의해서 발견되었다. 예를 들어 대축척 지도에서 자연 경계선의 길이를 관측하거나 또는 정밀한 기기를 이용하여 관측하게 되면 길이가 점차적으로 증가하게 된다.

프랙탈 차원은 새롭고 간단한 양식으로 선과 표면에 대해서 예측 가능한 정보로 바꾸는 역할을 한다. 반면에, 완벽한 직선은 축척에 관계없이 일정한 길이를 가지게 된다. 표본길이의 로그값을 x축으로 하고 길이의 로그값을 y축으로 하면 대략적으로 선형 관계가 있음을 알 수 있다. 관측된 직선에 대해서 이러한 관계는 수평선으로 나타나게 될 것이다. 이 직선의 기울기는 1차원으로 나타나게 되며, 이것은 지도에 존재하는 완벽하게 완화된 곡선이 $D=1$이라는 사실을 제시한다. 지도상의 선이 더욱더 불규칙해지고 그래프상의 선의 기울기가 더욱 급해지면, D의 차원은 좀 더 커지게 된다. 한계값으로서 선은 매우 불규칙하게 되므로 그 결과 지도를 채우게 된다고 상상할 수 있는데, 이러한 선은 $D=2$의 성질을 가진다. Mandelbort는 이것이 분수값을 갖기 때문에 불규칙한 선을 '프랙탈'이라 명명하였다.

같은 이론이 표면에도 적용된다. 완벽하게 평평하고, 특징 없는 평면은 $D=2$를 가지고 있으며, 반면에 육면체는 $D=3$을 가지고 있다. 변화하는 불규칙형의 표면은 2와 3사이의 프랙탈차원을 가지고 있다. 표면의 굴곡이 심한 변화의 다양한 정도를 가지고 표면을 모형화하는 것이 가능하고, '지형학적인 관측의 해석을 위한 기준'을 제공한다고 주장해 왔다.

프랙탈의 주요한 성질 중의 하나는 프랙탈이 '자체유사적(self-similar)'이라는 것이다. 이 사실은 대상물이 확대될 때 대상물의 어느 부분은 대상물 전체와 구별할 수 없다는 것이다. 실제적으로, 이것이 의미하는 것의 예로는 해안선의 관측값과 축척 사이의 관계로, 해안선을 지도에서 관측할 때 길이가 축척의 증가에 따라 소축척 지도에서 무시되었던 위상관계가 추가된다. 이러한 논리에 따르면 극한에서는 경계선의 길이가 무한하다고 할 수 있으며, 자연현상에서 해상력은 기본적으로 축척의 함수라는 것이다. 즉 축척의 증가는 정밀도를 절대적으로 증가시키기보다는 소축척에서 무시되었던 변동을 드러낼 뿐이다. 따라서 다른 해안선의 처리과정은 다른 지형공간적 축척에서 실행되기 때문에, 이것이 논리적으로 정보를 판단한다는 것은 어렵다. 이러한 것에도 불구하고, 지도제작자들은 특히 선 일반화와 선 강화의 연구에서 프랙탈이 유용하다는 것을 발견해 왔다.

좀 더 광범위하게, 축척은 지형공간대상물의 프랙탈뿐만 아니라 위상관계를 특성화하는 방법을 결정한다. 그 예를 들면, 전체의 영역이나 국가에 대한 자료를 처리하는 소축척에서, 거주지는 적절한 특성과 적절한 작은 점으로 저장될 수 있다. 물론, 대축척에서는 이러한 대상물은 기존에 생성된 면(面)의 경계를 가진 면대상물로 정의되어야만 한다. 사실

좀 더 큰 축척에서 이러한 면대상물은 그 축척에서 점대상물로 저장된 건물의 집합이다.

(1) 프랙탈 차원결정

지도상에 표현되는 선의 프랙탈 차원을 결정하는 방법을 나타내면 다음과 같다.

① 선을 따라 s_1의 크기를 길이로 나눈다. 나누어진 선의 개수를 n_1이라 한다.

② 선의 길이는 $s_1 n_1$으로 계산한다.

③ s_2로 길이를 s_1보다 감소시켜 이러한 과정을 반복한다. 나누어진 선의 개수를 n_2라 한다.

④ 선의 길이를 $s_2 n_2$로 계산한다.

⑤ 프랙탈 차원은 아래의 식 (2.47)을 이용하여 구할 수 있다.

$$D = \log(n_2/n_1)/\log(s_1/s_2) \tag{2.47}$$

(예) 선의 길이(s_1) : 10m　　　선의 길이(s_2) : 5m

선의 개수(n_1) : 100　　　선의 개수(n_2) : 220

D=log(220/100)/log(10/5)

=log(2.2)/log(2.0)

=0.3424/0.3010

=1.14

여기서는 로그의 밑으로 10을 사용하지만, 어느 수를 사용해도 무방하다.

선이 불규칙적일수록 두 추정값 사이에서 관측값의 길이가 더 커지게 되며, 프랙탈 차원도 커진다.

2) 자체 유사성(self-similarity)과 축척(scaling)

(1) 자체 유사성(self-similarity)

자체 유사성은 처리과정 또는 현상의 한 양상이 단순 확대 또는 축소와 같은 축척 변환시 변하지 않는 특성을 나타낸다. 이러한 자체 유사성에는 두 가지 종류가 있다.

첫째, 기하학적 자체 유사성이다. 이것에는 대축척과 소축척 사이의 엄격한 동등성(equality)이 있으며, 자연현상에서는 발견되지 않는다. 기하학적 유사성은 사지수형에서와 같은 표현양식을 반복함으로써 같은 개념을 사용하는 Melton차수를 예로 들 수 있다.

둘째, 통계학적 자체 유사성이다. 통계학적 자체 유사성에서는 동등성이 확률분포로써 표현된다. 이러한 무작위적 자체 유사성의 형태는 보다 일반적이며, 해안선, 토양 pH 단면도, 수로망과 같은 많은 자연현상에서 발견되는 형태이다.

자체 유사성의 가장 간단한 시험은 시각적으로 행해질 수 있다. 현상이 자체 유사적이라면, 임의의 한 부분을 적절히 확대하면 전체 또는 다른 부분과 유사하다. 자연적 경관이 자체 유사성을 가지고 있다면, 그 축척을 결정하는 것이 불가능하다. 예를 들어, 사진의 축척에 관한 아무런 단서가 없다면, 자체 유사적인 지형을 가진 사진이 산맥인지 아니면 작은 언덕인지 구분하는 것은 불가능하다.

많은 축척에 대한 단서는 농림학, 지질학적 또는 지세학적으로 적용되기 때문에, 자체 유사적 지형은 달이나 최근의 화산 경관에서 흔히 볼 수 있다.

(2) 축척(Scaling)

자체 유사성과 축척은 상호 교환적으로 사용되지만, 축척은 반드시 자체 유사성과 같지는 않다. 표면과 등고선에 의해서 표현되는 경관을 고려해 보자. 2차원만으로 표현되는 좌표인 등고선도에서 좌표축은 경관의 성질을 근본적으로 변화하지 않고 대체할 수 있다. 그러므로 등고선은 간단한 축척에 대한 프랙탈의 예이다.

3차원 표면의 경우에서는, 경관의 특성을 변화시키지 않은 채로 x 또는 y축을 z축과 바꿀 수는 없다. 왜냐하면, z축은 x 또는 y축과는 다른 축척 매개변수를 가지고 있으므로, 지구 표면의 3차원적 표현은 비균일(또는 다중) 축척 표현이라 할 수 있다.

(a) 기하학적 자체 유사성

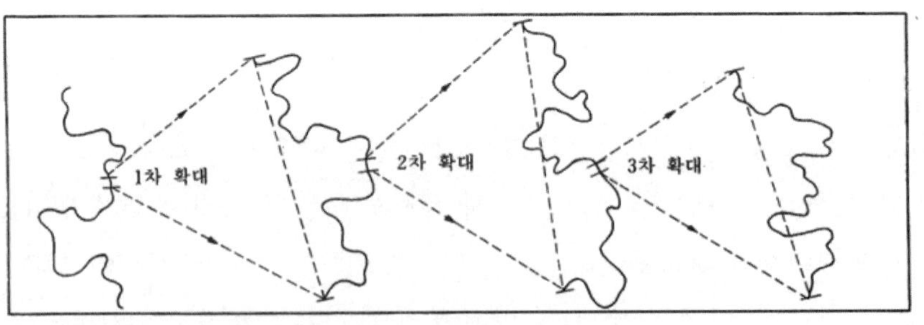

(b) 통계학적 자체 유사성

[부그림 2.20] 자체 유사성의 종류

2.2.3 면해석(area analysis)

이 절에서는 길이가 X인 L^2의 공간 차원을 가지는 면자료의 표현양식을 분석하고자 한다. 이러한 자료는 관측수준과 면의 특성에 의존하는 많은 방법에서 발생할 수 있지만, 이러한 면자료는 해석적으로 이들의 개념을 얻기 위해서 몇 가지 새로운 고안적 개념, 특히 면 · 형상을 소개한다. 면과 형상의 관측은 모든 지리학 개념 중에서 가장 어려운 개념에 속한다.

지형공간정보체계에서 면의 해석은 면에 대한 형상관측과 공간적 자동상관성, 그리고 위치할당 모형화를 통해서 이루어진다.

1. 형상관측

면(面)자료는 이차원적 면, 형상 그리고 공간적 표현양식과 같은 관측대상으로서 많은 성질을 가지고 있다. 유색주제도(有色主題圖)를 분석할 때 하나의 특별한 색으로 칠해진 면(예, 토지이용도의 삼림), 각 면(面) 요소의 평균 형상, 그리고 전반적인 표현양식으로 산정되기도 한다. 면적이 제한되는 영역 안에 있을 때에도 밀도 계산을 위한 기초로서 이들 면을 알아내는 것이 필요하다.

1) 면적

거리를 관측하는 방법과 마찬가지로 면적의 관측은 외관상 뚜렷하게 보이지만 실재에서는 관측하기 훨씬 어렵게 되며, 정확하지만 계산하는 데 많은 노력이 필요한 방법에서부터, 빠르지만 부정확한 방법에 이르기까지 많은 수의 면적관측 방법이 존재한다. [부그림 2.21 (a)]에서 표현되는 것과 같이 가장 간단한 방법은 지도상에 작은 사각형으로 이루어진 격자를 사용하여 관측대상 면에서 사각형의 개수를 계산하는 방법이다. 격자를 이용할 때 투명한 그래프용지를 사용하면 보다 능률적이며, 관측되는 지역이 적은 수이며, 간단한 형태를 가지고 있을 때 높은 정확도를 얻지만 작은 면이 수많이 존재할 때 많은 오차가 생긴다. 또 다른 간단한 방법은 [부그림 2.21 (b)]에서 나타난 바와 같이, 면을 가로지르는 횡단선을 이용하여 그 길이를 합하고 길이를 곱하는 방법이다. 작고 불규칙한 토지로 이루어진 복잡한 표현양식에 대해서는 점계산(point counting)을 사용하는 것이 보다 일반적이다. [부그림 2.21 (c)]에서 도시되는 바와 같이 점계산 방법의 개념은 점으로 사각형 또는 선을 대치하는 것이며, 면적계산이 요구되는 토지에 많은 수의 점을 넣어 계산하는 방법이다. 약간의 수학 계산을 함으로써 원하는 면적에 대한 산정값을 얻는다. 이 방법은 완벽한 점의 계산에 기초하지 않으며, 지형공간적 표본의 개념을 포함한다. 대체로 면적관측과 지형공간적 표본 이론은 각각 연구되었지만, 이러한 방법은 많은 공통점을 가지며, 지형공간적 표본화에서 사용되는 표본화 설계는 면적관측에 적절한 방법이다. [부그림 2.21 (c)]에서 체계적인 격자 표본이 사용되며, [부그림 2.21 (d)]에서 이것은 단순 무작위 표본에 의해서 대치된다. 여기서 각 점은 x와 y좌표 모두에 대해서 무작위 난수표를 사용하여 위치되어진다. 사각형-계산 접근방법과는 달리, 두 방법은 취득된 표본의 성질에 대해서 기지항이 많다는 장점을 가지고 있다. Frolov와 Mailing(1969)은 이 두 가지 방법은 작은 면적이 관측될 때 이용되며, 모든 점 밀도는 토지 크기가 작아질수록 다양해지고 증가하는 분리화(stratification)작용을 일으킨다는 것을 보여 준다.

다른 방법은 [부그림 2.21 (e)]에서 볼 수 있다. 이 방법은 요구되는 정확도와 포함되는 작업량 사이의 타협점으로 선택된 변의 수를 가지고 불규칙한 다각형의 형상을 개략적으로 표시한 다음 이를 요약함으로 시작한다. 변의 수가 많으면 많을수록 이에 비례하여 결과값은 정확해진다. 다음 [부그림 2.21 (e)]의 아래 부분에 있는 표에서 나타내고 있는 바와 같이 임의의 점으로부터 시계방향으로 각 꼭짓점의 $(x,\ y)$좌표를 기록한다. 폐합된 면적은 아주 간단한 식에 의해서 얻어진다.

$$a = 0.5\sum_{i=1}^{n} y_i \times (\text{다음 꼭짓점의 } x\text{좌표} - \text{이전 꼭짓점의 } z\text{좌표}) \tag{2.48}$$

그림에서 첫 꼭짓점 $i=1$에 대해, 이전 꼭짓점은 2.5의 값을 가지는 X_{11}이며, 다음 꼭짓점의 X좌표는 1의 값을 가진다. 따라서 이것의 값을 구하면,

6.5(1−2.5)=−9.75

두 번째 꼭짓점 $i=2$에 대해서, 식 (2.48)을 이용하여 값을 구하면

9.5(4.5−1)=+33.25

등의 값을 얻는다. 이들을 구한 합은 262.75이며, 이 면적의 값은 131.375의 값을 가지고, 이 값은 위의 다른 방법과 같은 수준의 값을 얻는다. 이 방법은 작업량이 많고 부적절한 것처럼 보이지만, 매우 빠르게 계산할 수 있다.

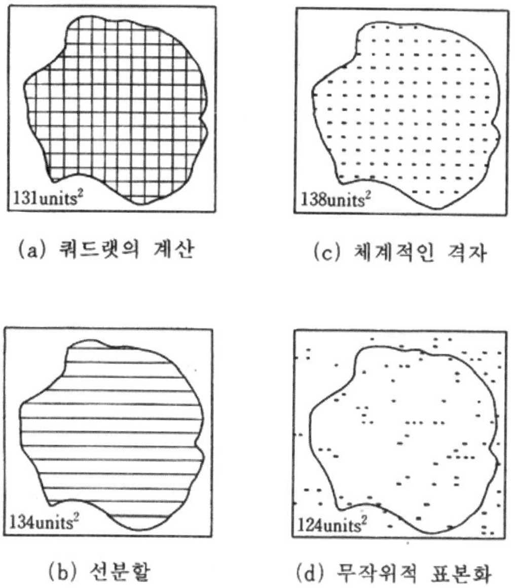

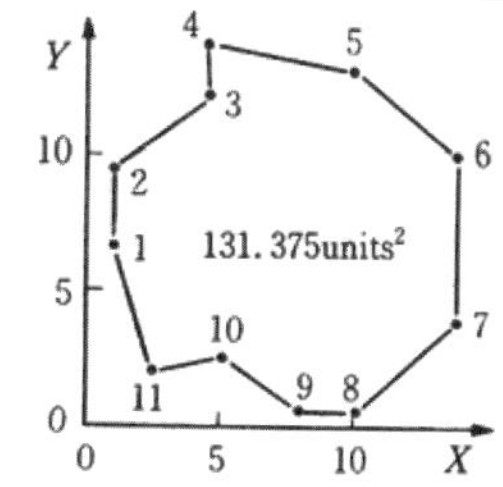

점	x	y	
1	1	6.5	−9.75
2	1	9.5	33.25
3	4.5	12	42.00
4	4.5	14	77.00
5	10	13	123.50
6	14	10	40.00
7	14	4	−16.00
8	10	0.5	−3.00
9	8	0.5	−2.50
10	5	2.5	−13.75
11	2.5	2	−8.00
			262.75

(e) 좌표계산

[부그림 2.21] 면적을 관측하는 방법

[부그림 2.21]에서와 같이, 채택되는 방법에 따라서 형상의 면적은 124에서 138 사이의 값을 가지게 된다. 이와 같이 면적의 관측값은 사용되는 방법뿐만 아니라 관측되는 면적의 공간적 특성에 의존하기 때문에, 이후의 검정이 없이는 임의의 일반적 법칙을 정한다는 것이 매우 어렵다.

2) 형상

면적단위는 모두 2차원적 형상을 가지고 있으며, 면의 주변길이에서 점의 위치와 거리에 대하여 일정한 관계를 가진다. 형상은 빙퇴구(drumlins), 환상 산호초대(coral atolls), 그리고 중심 상업지구와 같이 지리학에서 관심을 가지고 있는 많은 대상물의 기본적인 성질이다. 중심위치 이론의 팔각형과 같은 몇몇 형상은 처리과정을 형성하는 중요한 이론적 적용 또는 관계를 가지고 있다.

가장 명백한 정량적 접근방법은 원, 팔각형 또는 사각형과 같이 잘 알려진 형상의 기하학적 지형에 주어진 실제 형상을 연관시키는 색인(index)을 만드는 것이다. 한 형상으로부터 얻을 수 있는 형상과 관련된 많은 수의 관측, 즉 주변길이(l_p), 면적(a), 장축(l_1), 단축(l_2) 그리고 형상에 내접하는 내접원과 외접원을 관측함으로써 불규칙한 형상을 기하학적 도형과 연관시키는 방법이다. 원칙적으로 특정한 방법으로 이들 값을 결합하는 것은 임의성을 가지지만, 이러한 방법이 반드시 좋은 색인을 만드는 것은 아니다.

이러한 색인 중 하나가 조밀비(稠密比, compactness ratio) S_2이며 식 (2.49)과 같이 정의된다.

$$S_2 = \left(\frac{a}{a_C}\right)^{0.5} \tag{2.49}$$

여기에서 a : 형상의 관측 면적

a_c : 관측된 면적으로서 같은 주변길이 l_p를 가지는 원의 면적

형상이 정확히 원이면, 조밀비는 1.0의 값을 가지며, $L^2L^{-2} = L^0$차원, 무차원량을 가진다. 또한 사용될 수 있는 다른 무차원비는 인장비 l_1/l_2와 형태비 a/l_1^2이다.

2. 면표현 양식과 공간적 자동상관성

지금까지 면이 생성되는 전반적인 표현양식이나 또는 면 안에서 지도화되는 값에 대한 기준 없이 개별적 연구단위로서 면의 관측가능한 성질에 관심을 두었다. 이 절에서는 두 가지문제, 즉 순수 면 표현양식(pure area pattern)과 공간적 자동상관관계(spatial autocorrelation)을 다룬다.

1) 면 표현양식과 접촉수

면에 의해서 만들어지는 표현양식은 체스판, 벌집, 또는 현무암 용암에서 생기는 수축균열처럼 규칙적이거나, 우리나라의 도구획(道區劃)처럼 불규칙적인 표현양식을 가진다.

이러한 표현양식을 분석하는 접근방법에는 두 가지가 있다. 첫 번째는 연결 행렬(connectivity matrix)을 사용하는 방법이다. 이 방법은 절점 사이의 연결의 유무를 기록하는 대신에 면사이의 접촉(contacts)을 기록하게 된다. 여기서 접촉이란 대상면이 같은 경계선을 공유하는 것을 의미한다. 행렬 C에서의 명부(entry)는 0/1의 이진수로 표현되거나 또는 공유된 경계선의 길이로써 표현된다. 연결행렬의 처리는 인접행렬(adjacency matrix)을 이용하여 처리된다.

적은 정보를 주는 가장 간단한 접근 방법은 접촉수(接觸數), 즉 각 면과 같은 경계선을 공유하는 면수의 빈도분포를 수집하는 방법이다.

2) 자동상관성

도(道)나 시(市)와 같은 면(area) 단위는 유도하고자 하는 분석에 적절하지 않으며, 본질적으로 연구 대상의 공간적 표현양식을 가지지 않는다. 그 대신에 면에 관련되는 자료에 의해 만들어지는 표현양식 분석을 하게 된다.

이러한 자료에 의해서 만들 수 있는 가장 간단한 면 지도는 이진법 지도(binary map)이며, 이진법 지도에서는 공칭적으로 축척이 표시되는 현상의 존재 유무를 검은색(B)과 흰색(W)으로 색칠된 면을 이용하여 표현한다. 위와 같이 색으로 표현함으로써 얻는 효과는 같은 색으로 칠해진 연속적인 지도 면에 의해 형성되는 구분이 뚜렷한 영역임을 알 수 있다는 데 있다. 그러나 B와 W로 표시되는 면의 수에 대해서 가능한 경우의 수는 아래의 식 (2.50)에 의해서구할 수 있다.

$$\binom{n}{x} = \frac{n!}{k!(n-k)!} \tag{2.50}$$

여기서 n은 전체 면의 수와 같으며 k는 B로 표시되는 면의 수를 나타낸다. 16개의 셀, 즉 반이 검은 색으로 색칠된 셀에서도 지도의 경우 수는

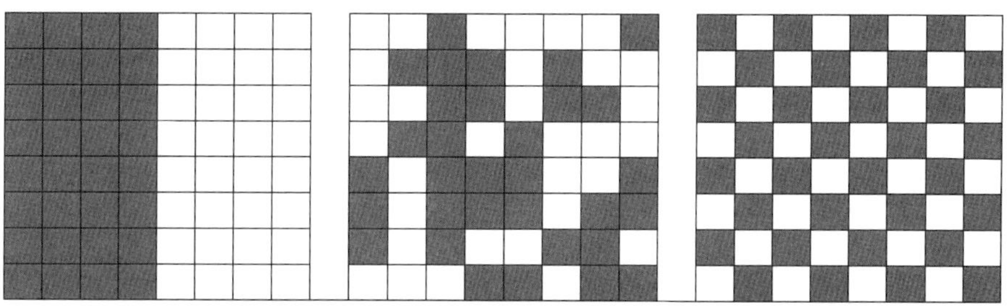

(a) 양 자동상관관계	(b) 무작위적 자동상관관계	(c) 음의 자동상관관계
BB=94	BB=56	BB=49
WW=94	WW=47	WW=49
BW=22	BW=107	BW=112

[부그림 2.22] 공간적 자동상관에 대한 연결계산(joint count)

$$\binom{16}{8} = \frac{16!}{8!\,8!} = 12,870$$

을 가진다.

[부그림 2.22]에 나타난 이진법 지도를 고려해 보자. 논리학에서 중요한 단계는 B 또는 W로 색칠되는 방식을 결정하는 처리방법이 만들어 내는 결과를 이용하여 이러한 지도를 관측하는 것이다. 여기서 사용되는 처리과정은 일반화된 개념을 사용한다. 이러한 개념은 때때로 새로운 제품의 판매나 전염병의 확산에서처럼 실재 시간의 연속을 포함하지만, 여기서 사용되는 의미에서는 어떠한 시간경과도 포함할 필요가 없다. 면을 단순히 관측된 표현양식으로 분류하는 가상의 역학체계라 할 수 있다. 이러한 분류과정은 B로 색칠된 사각형으로 표현되는 것과 같이 결정론적일 수 있지만 대부분 확률요소를 포함하는 추계학적인 방법으로 이용된다. 점자료와 선자료에 대해서 사용된 것과 같이 여기서 만들어 낼 수 있는 가장 간단한 처리과정은 면을 임의의 고정된 확률에 따라서 독립적으로 B 또는 W로 표현될 수 있다는 독립적 무작위성을 이용한다. [부그림 2.22 (a)]에서 B로 칠해진 면들에 의해서 둘러싸여져 있다. 그러나 이러한 과정은 독립적으로 발생하지 않는다. 값이 각기 다른 것에 근접하는 경향이 있는 경우를 양의 공간적 자동상관성이라 한다. 반면에 근접해 있는 색과 다른 색을 가지는 경향을 보이는 표현양식을 음의 공간적 자동상관성이라 할 수 있으며, 그 예는 [부그림 2.22 (c)]에 도시되어 있다. [부그림 2.22 (b)]는 아무런 공간적 자동상관성을 보여 주지 않는 순수한 무작위 처리과정을 보여준다.

이러한 현상을 관측할 수 있는 많은 수의 관측방법이 있으며, 가장 확실한 방법은 연결계산(joint count)의 개념을 이용하는 방법이다. 이 방법에서 특별한 형태의 '연결수', 즉 검은색과 검은색(BB), 흰색과 흰색(WW), 그리고 검은색과 흰색 또는 흰색과 검은색(BW)이 계산된다. 이와 같이 각 면과 면의 모든 연결을 도표화하는 것이 최선이며, 이렇게 함으로써 각 연결은 두 번 계산되며, 결과값을 2로 나누어야 한다. 그러므로 [부그림 2.22 (b)]에 대한 계산은 아래와 같다.

영상소 색	BB	WW	BW	연결수(j)
	0	2	1	3
	0	2	3	5
	3	0	2	5
	0	2	3	5
	0	3	2	5
	0	4	1	5
	0	3	2	5
	0	0	3	3
	3	16	17	36

구석에서만 접족하는 면을 포함한 모든 연결을 계산했다는 것을 알 수 있다. 완벽한 계산의 결과는 [부그림 2.22]에서 주어진다. 모두 합해서 210개의 연결이 있지만, 양의 자동상관성에 대해서 [부그림 2.22 (a)]는 같은 색의 연결이 우세하며(BB=WW=94), 음의 자동상관성에 대해서는 [부그림 2.22 (c)]와 같이 완전히 다른 연결이 가장 일반적이다(BW=112). 채택된 접근방법은 점과 선 표현양식에 대한 연구에서와 같은 방법을 사용한다. 첫째로, 독립적 무작위 처리과정이 형상화되며 연결수의 값이 얼마인가 예측하는 데 사용되는 확률이론이 사용된다.

독립적 무작위 처리과정이 아래의 결과를 제공한다는 것을 볼 수 있다.

$$
\begin{aligned}
&\text{BB연결의 기대수} \quad J_{BB} = kp^2 \\
&\text{BB연결의 기대수} \quad J_{WW} = kq^2 \\
&\text{BB연결의 기대수} \quad J_{BW} = 2kpq
\end{aligned}
\qquad (2.51)
$$

여기서, k는 지도상의 전체 연결수이며, p는 B로 표시되는 확률, 그리고 q는 W로 표시되는 면의 확률을 나타낸다. [부그림 2.22]에서 도시되는 모든 표현양식에 대해서, k=210이며, $p=q$=0.5, 따라서

$$
\begin{aligned}
J_{BB} &= 210(0.5)^2 &&= 52.5 \\
J_{WW} &= 210(0.5)^2 &&= 52.5 \\
J_{BW} &= 2(210)(0.5)(0.5) &&= \underline{105.0} \\
& && \ 210.0
\end{aligned}
$$

이다.

정의에 의해 $kp^2 + kq^2 + 2kpq = k(p+q)^2$이고 $p+q=1$이기 때문에, 이러한 기댓값은 전체 연결수인 k까지의 합을 구해야 한다.

독립적 무작위성에 대한 기댓값의 표준편차를 나타내는 식은 아래 식 (2.52)에 의해 구해진다.

$$
\begin{aligned}
&J_{BB}\text{의 표준편차}=[kp^2 + 2mp^3 - (k+2m)p^4]^{1/2} \\
&J_{WW}\text{의 표준편차}=[kq^2 + 2mq^3 - (k+2m)q^4]^{1/2} \\
&J_{BB}\text{의 표준편차}=[2(k+m)pq - 4(k+2m)p^2q^2]^{1/2}
\end{aligned}
\qquad (2.52)
$$

하나의 새로운 항은 m이며, 아래 식 (2.53)와 같이 정의된다.

$$m = 0.5\sum_{i=1}^{n} j_i(j_i - 1) \tag{2.53}$$

여기서, j_i는 i번째 면에 대한 연결수를 나타낸다.

[부그림 2.22]의 표현양식에 대해서, m은 3개의 연결을 가지는 4개의 구석이 있으며, 5개의 연결을 가지는 24개의 면이 있고, 8개의 연결을 가지는 36개의 내부 면이 있다. 그러므로,

$$\begin{aligned} m &= 0.5[4\times(3)(3-1)+24\times(5)(5-1)+36\times(8)(8-1)] \\ &= 0.5(24+480+2016) \\ &= 1260 \end{aligned}$$

이며, 표준편차는 아래와 같다.

$$\begin{aligned} J_{BB}\text{의 표준편차} &= [210(0.5)^2+2(1260)(0.5)^3-(210+2520)(0.5)^4]^{0.5} \\ &= [52.5+315-170.625]^{0.5} = 14.031 \end{aligned}$$

$$\begin{aligned} J_{WW}\text{의 표준편차} &= [210(0.5)^2+2(1260)(0.5)^3-(210+2520)(0.5)^4]^{0.5} \\ &= 14.031 \end{aligned}$$

$$\begin{aligned} J_{BW}\text{의 표준편차} &= [2(210+1260)(0.5)(0.5)-4(210+2520)(0.5)^2(0.5)^2]^{0.5} \\ &= 7.246 \end{aligned}$$

주어진 독립적 무작위 처리과정에서 특별화된 형태의 연결수는 표준정규편의(standard normal deviate), 즉 아래 식과 같이 나타나는 z점수(z-score)를 계산함으로써 얻어지며,

$$z = \frac{\text{관측된 연결수} - \text{기대 연결수}}{\text{기대값의 표준편차}} \tag{2.54}$$

그런 다음 얻은 값을 정규분포함수의 표에 넣어 구한다. 각 연결수에 대해 세 가지 다른 검정을 하는 세 가지의 z값을 얻는다. 예를 들면 [부그림 2.22]에서 BB연결에 대한 z점수는

$$zz_{BB} = (94-52.5)/14.031 = 2.953$$

이며, 세 가지 표현양식에 대한 모든 9개의 검정 결과는 [부표 1.6]에 나타나 있다. 자동

상관성에 대한 아무런 방향 즉 양 또는 음이 주어지지 않기 때문에 두 가지 사항에 대한 검정이 타당하며, 실제 평균이 95% 신뢰수준에서 0의 값을 가지는 표본으로부터 얻어지는 값에 대한 귀무가설(null hypothesis)에 대한 부정을 하기 위해서는 크기에서 ±1.96보다 큰 z점의 수를 요구한다. [부그림 2.22 (a)]에 존재하는 표현양식의 경우에서는 이 수준에서 귀무가설이 기각될 수 있다.

[부표 1.6] 연결수에 대한 z 점수[부그림 2.22]

연결형태	표현양식 A 양의 자동상관 관계	표현양식 B 독립적 무작위적 관계	표현양식 C 음의 자동상관 관계
BB	+2.953	0.249	−0.249
WW	+2.953	−0.392	−0.249
BW	−11.455	0.276	0.966

실제 세계에서 얻은 자료를 사용하는 공간적 자동상과성 검정의 예를 보여주기 전에 검토해야 할 5개의 중요한 문제가 있다. 첫째, 자동상관성의 방향이 올바르게 해석되는지를 확인하는 것이 중요하다. 이러한 자동상관성의 방향은 단순히 적절한 z 점수의 부호에 따라서 양 또는 음을 결정하는 문제는 아니다. [부그림 2.22 (a)]의 표현양식과 같이 음의 자동상관관계를 보이는 곳에서 z_{BW}는 양의 자동상관성을 보인다. 이러한 사실은 우리가 기대하는 것보다 BW연결이 적게 존재한다는 사실을 알려 주며, 함께 군집화되는 색칠된 면의 유사성에 대한 경향을 알려 준다.

둘째, 매우 확실한 규칙성에도 불구하고 체스판과 같은 표현양식을 보이는 [부그림 2.22 (c)]는 일정한 표현양식을 보인다. 이러한 면은 대각선 면을 포함하여 면에 대한 모든 연결수를 택하기 때문에 발생한다. 체스에서 여왕(queen)의 움직임과 같은 유사성에 의해서 '여왕의 경우(queen's case)'로 불리며, 각 색깔의 근린이 수와 같은 수의 무작위적 기댓값으로 끝나는 거의 모든 면의 결과로서 발생한다. 분석이 단지 행과 열만을 따르는 연결수에 제한되었다면 '룩의 경우(rook's case)', BW연결에 대한 분석과 매우 다른 결과를 얻게 된다.

BW연결의 관측수=85

$k=85$

$$m = 0.5[4\times(2)(2-1)+6(3)(3-1)+36(4)(4-1)]$$
$$=238$$

BW연결의 기대수 $J_{BW} = 2(85)(0.5)(0.5) = 42.5$

J_{BW}의 표준편차

$$= [2(85+238)(0.5)(0.5) - 4(85+476)(0.5)^2(0.5)^2]^{0.5}$$
$$= [161.5 - 140.25]^{0.5}$$
$$= 4.6098$$

$$z_{BW} = (85 - 42.5)/4.6098 = 9.220$$

위의 결과값은 '기대되는 높은 신뢰값'의 음의 공간적 자동상관성을 나타낸다. 또한 위의 결과값은 검정되는 정밀한 기호에 대한 통계적 가설과 연관되는 중요성과 하나의 정량적 가설 이상의 것이 간단하고 명확한 정량적인 개념에서 기초가 될 수 있는가를 보여준다.

셋째로, 이러한 중요도 검정은 연결-계산 통계학이 이러한 정규분포를 가진다고 가정함으로써 도표화된 정규분포를 사용한다. 실제적으로 면의 수 n이 무한대에 접근할 경우에서만 참이다. 실제적으로는 n이 적절할 정도로 크고 확률 p와 q가 0과 1에 아주 가깝게 근접해 있지는 않으며, 면의 격자가 하나 또는 두 개의 매우 큰 면에 의해서 지배받지 않는다면 정규 근사법(normal approximation)이 적용될 수 있다. Dacey에 의해 개발된 다른 검정방법은 특별한 형태의 연결을 가진 면수의 관측빈도와 기대빈도에 대한 카이제곱(chi-square, χ^2)검정을 사용하는 방법이다.

넷째로, 연결의 기대수를 계산하는 데 있어서 확률 p와 q는 기지값이며 검정에서 사용되는 자료는 독립적으로 존재한다고 가정한다. 이러한 검정방법을 독립표본추출(free sampling)이라 하며, 연구대상이 되는 영역이 p와 q를 알 수 있는 큰 영역에 위치하고 있다면, 이러한 검정방법은 적절한 방법이다. 그러나 많은 지형적 적용에 있어서 이러한 확률은 미리 얻을 수 없지만, 아래 식 (2.55)과 같은 자동상관성에서 사용되는 같은 자료로부터 추정할 수 있다.

$$p = \frac{\text{검은색으로 칠해진 면의 수}}{\text{면의 전체수}} = n_1/n \tag{2.55}$$

여기에서, n_1 : 검은색으로 칠해진 면의 수

n : 면의 전체수

$q = (1-p) = (n-n_1)/n$

이와 같은 방식으로 p와 q를 추정하는 것이 필요하기 때문에 기대연결과 기대연결의 표준편차 둘에 대한 수식을 변경하게 된다. 왜냐하면, 결과는 전체에서 B로 칠해진 면 n_1과 W로 칠해진 $n_2 = n - n_1$이 존재하는 것과 같은 색칠하는 처리과정을 제한하기 때문이다. 이러한 검정방법을 종속표본추출(non-free sampling)이라 한다. 확률을 이와 같은 방식으로 찾을 수 있다면, 결과는 기댓값에 대한 수식을 변경하게 된다. 예를 들어 BW 연결에 대한 수식은 아래와 같이 바뀌게 된다.

$$\text{BW연결의 기대수} \quad J_{BW} = 2kn_1n_2/n(n-1) \tag{2.56}$$

$$\text{표준편차} = \left[J_{BW} + \frac{2mn_1n_2}{n(n-1)} + \frac{4\{k(k-1)-2m\}n_1(n_1-1)n_2(n_2-1)}{n(n-1)(n-2)(n-3)} J_{BW}^2 \right] \tag{2.57}$$

k와 m은 독립표본추출에 대해서와 같이 같ㅇ느 정의를 가지며, z점수의 계산은 앞의 방법과 같은 방식으로 진행된다.

마지막으로, 하나의 검정만을 다루어 왔으며, 가까운 면 사이에 이진법 자료와 자동상관성에 적용될 수 있다. 모든 형태의 자료는 이들 자료가 평균값보다 큰 값을 가지거나, 작은 값을 가지게 될 때 B 또는 W로 입력될 수 있으며, 높은 값일 때 B로, 낮은 값일 때 W로 표시된다. 중간값을 가지는 접근성에 적용되는 두 번째 제한조건은 지연된 거리(lagged distance)와 정의하기가 힘든 대상물과 연결의 계산에서의 연결을 조사함으로써 극복될 수 있으며, 검정은 같은 방식으로 진행된다.

2.3 공간보간법

2.3.1 개설

공간보간법은 관측을 통해 얻어진 관측값을 이용하여 관측이 실행된 영역 내에서 조사되지 않은 변수값을 평가하는 과정이다. 거의 모든 경우에 있어서 성질은 간격 또는 비(interval or ratio) 값을 가져야 한다.

공간보간법은 표면을 정확하게 표현하는 수치고도모형으로부터 몇 개의 점을 선택하는 과정과는 반대로 진행된다.

공간보간법의 이론적 근거는 공간에서 함께 근접해 있는 점들이 멀리 떨어져 있는 점보다는 유사한 값을 가진다는 것이다. 따라서 공간보간법은 많은 지형공간정보체계들에서 사용되는 가장 중요한 특징이다. 공간보간법은 DEM을 표현하는 데 중요한 역할을 하게 된다. DEM이 연속적인 표면을 표현하기 위해서 고도값 뿐만이 아니라 저장된 점들 사이를 보간하는 방법도 가져야 한다. 따라서 이러한 방법이 매우 중요하게 된다.

보간법의 적용은 두 가지 경우에 필요하다. 첫 번째는 자료 지도의 기준점으로부터 DEM절점을 유도하는 경우에 발생하며, 두 번째는 DEM이 완결된 후에 DEM자료가 응용될 때 발생한다.

지형공간정보체계에서 공간보간법의 사용목적은 다음과 같다.

첫째, 도형적으로 자료를 영상면 출력하기 위한 등고선을 제공하기 위해서, 둘째 주어진 점에서 몇 가지 표면성질을 계산하기 위해서 사용된다. 셋째, 다른 층에서 다른 자료구조를 사용할 때 비교의 단위를 변환하고, 넷째 공간보간법은 종종 자연지리 및 인문지리(physical and human geography), 그리고 광물탐색 및 탄화수소 개발과 관련된 학문분야의 공간의사 결정과정에서 사용된다.

공간보간법 기술 대부분은 원래 연속시간분석을 위해 발전되어 온 일차원 방법을 이차원적으로 발전시킨 것이다.

이 단원은 공간보간법을 소개하고 점에 기초한 보간법을 조사하며, 이와 동시에 면처리과정과 몇 가지 적용 예를 기술하고자 한다.

2.3.2 보간법의 분류

1. 점, 선 및 면 보간법

1) 점 보간법(point-based interpolation)

점에 기초한 보간법은 기지의 값인 점위치가 주어진다면 임의의 위치에 있는 다른 점의 값을 결정 한다.

점 보간법은 기상관측소 관측값, 점표고(spot height), 유정관측값(oil readings), 공극비 관측과 같은 점위치에서 수집되어질 수 있는 자료를 처리하는 데 사용된다. 보간된 격자점은 전산기 등고선 작성을 위한 연산법에 대한 자료로 입력된다. 일단 점의 격자가 결정되어졌다면 등고선은 각 격자쌍 사이의 직선에서 선형보간법을 사용하여 이들 사이를 연결한다.

점 대 점 보간법(point to point interpolation)은 GIS에서 수행되는 공간보간법 중 많이 사용되는 형식이다.

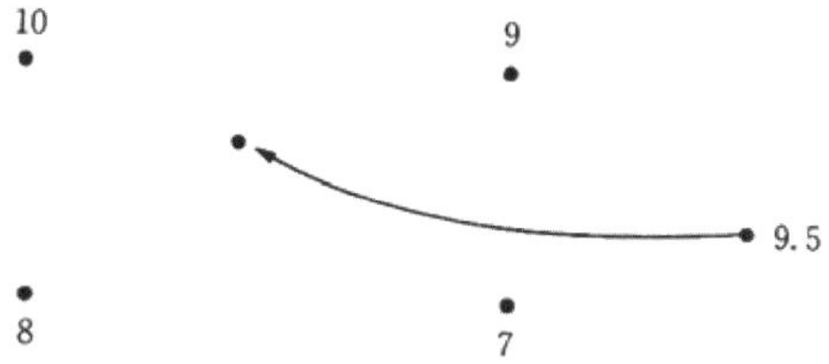

[부그림 2.23] 점 보간법

2) 선 대 선 보간법(lines to lines interpolation)

선 대 선 보간법은 표고격자간의 등고선에 대한 보간법을 말한다.

3) 면 보간법(areal interpolation)

자료영역(source zones)의 한 집합에서 지도화되는 자료집합은 표적영역(target zones)의 다른 집합에 대한 자료의 값을 결정한다. 예를 들어 주어진 인구수는 국세조사 표준구역(census tracts)에 대해서 계산되며, 선거구역에 대한 인구를 추정한다.

2. 영역 및 방법론에 따른 보간법

1) 전역적 보간과 국소적 보간

전역적 보간은 전체면을 가로질러 지도화되는 하나의 함수를 결정한다. 전역적 보간에서 한 입력값의 변화는 전체지도에 영향을 미친다. 경향표면분석(trend surface analysis), 푸리에 급수를 이용한 보간법은 전역적 보간법의 대표적인 예이다.

국소적 보간은 전체 점집합의 작은 부분에 반복적으로 연산법을 적용하는 방법을 사용한다. 국소적 보간에서 입력값의 변화는 대상영역(window) 안에서의 결과값에만 영향을 미친다. B-spline은 국소적 보간법의 대표적인 예이다. 다른 몇 가지 보간은 집합에서 자료점의 큰 부분을 포함하게 되며, 이러한 부분을 전역적으로 처리하게 된다. 그러므로 전역적 보간과 국소적 보간 사이의 구분은 연속적인 것이지 이분법적인 구분은 아니다.

2) 엄밀보간(exact into, potation)과 근사보간(approximate interpolation)

엄밀보간은 아래의 사항과 같은 보간의 기초가 되는 점들에 중점을 둔다.

첫째, 표면은 값이 알려진 모든 점을 통과한다. 둘째, 값을 가진 자료점은 정유 산업과 같은 적용에 있어서 중요한 특징으로 간주된다. 셋째, 인접보간(proximal interpolation), B-spline과 크리깅 방법 모두는 주어진 자료점에 값을 준다.

근사보간은 주어진 표면값에 대해서 몇 가지 불확실한 것이 존재할 때 사용된다. 근사보간은 많은 자료집합에 전역적인 경향이 존재한다는 근거를 이용하며, 이러한 전역적 경향은 매우 완만하게 변한다. 국소적인 변환에 의해서 지배받는다면, 이러한 국소적 경향은 급격히 변화하며 기록된 값에서 오차를 만들게 된다. 그러므로 평활화의 효과는 결과로 나오게 되는 표면에서 오차영향을 감소시킨다.

3) 추계학적 보간(stochastic interpolation)과 결정론적 보간(deterministic interpolation)

추계학적 방법은 무작위성의 개념을 사용한다. 보간된 표면은 관측되어 왔던 많은 표면 중의 하나로써 개념화되며, 이들 모두는 기지(旣知)의 자료점을 만들 수 있다.

추계학적 보간은 경향표면분석(trend surface analysis), 푸리에 분석과 크리깅을 포함한다. 경향표면분석과 같은 처리과정은 표면의 통계학적 중요성과 계산되는 예측값의 불확실성을 허용한다.

반면에 결정론적 방법은 확률이론을 사용하지 않는다.

4) 점진보간(gradual interpolation)과 급격보간(abrupt interpolation)

점진보간의 전형적인 예는 거리 경중률 이동평균(distance weighted moving average)이며, 일반적으로 점진적 변화를 가진 보간된 표면을 만든다. 그러나 이동평균에서 사용되는 점의 수가 적어진다면, 또는 하나일지라도 표면에서 급격한 변화가 생긴다.

보간과정에서 경계(barriers)를 포함하는 것이 필요할 것이다. 예를 들어, 기후전선과 같은 반투수성 장애물은 급격히 변화하지만 연속적인 값을 만들어 낸다. 반면에 지질학적인 문제인불투수성 장애물은 급격한 변화를 일으킨다.

2.3.3 점에 기초한 보간 – 엄밀 방법

Lam(1983)과 Burrough(1986)는 전산기에 의한 등고선 작성 연산법에 적용할 수 있는 다양한 정량적인 보간방법을 서술하였다. 이 절과 다음 절에서 이러한 보간방법을 엄밀보간법과 근사보간법으로 나누어 기술하고, 이 절에서는 엄밀방법에 대해서 다룬다.

1. 프로시말(Proximal)과 B-스플라인(B-Spline)

1) 프로시말(Proximal)

모든 값은 최근린 기지점과 같다고 가정한다. 이는 국소적 보간이며, 따라서 계산량이 상대적으로 작다. 결과자료구조는 경계선에서 급격한 변화를 가진 티센 다각형이며, 동물의 세력권과 영향영역과 같은 생태학적인 적용에 사용된다.

프록시말은 강우자료로부터 면적을 산정하기 위한 티센(thiessen)에 사용되지만 공칭자료로 사용되는 것이 가장 적절하다. 이는 매우 강력하며 항상 결과를 얻을 수 있지만, 분석되는 체계에 관한 지능을 가지고 있지는 않다. 또한 몇 가지 되지 않는 지도제작 패키지에서 이용가능하며, SYMAP이 대표적인 프록시말 사용 패키지이다.

2) B-스플라인(B-Spline)

보간되는 함수의 미분항 들이 주어지지 않거나 계산될 수 없을 때, Spline보간법을 이용하는 것이 효율적이다.

B-스플라인은 연속적인 제1차와 제2차 미분계수를 가지는 표면에서 결과로 나오는 일련의 패치(patches)를 제공하기 위하여 소구간별(piecewise) 다항식을 사용한다.

독립변수 x의 변화에 따라서 반응변수 $y(x)$의 변화를 조사하기 위해 여러 구간으로 나누어진 다항회귀모형, 즉

$$\begin{aligned} \eta(x) &= \beta_{10} + \beta_{11}x + \cdots\cdots\cdots + \beta_{1q1}x^{q1}\ ,\ a \le x \le a_1 \\ &= \beta_{20} + \beta_{21}x + \cdots\cdots\cdots + \beta_{2q2}x^{q2}\ ,\ a_1 \le x \le a_2 \\ &= \beta_{r0} + \beta_{r1}x + \cdots\cdots\cdots + \beta_{1qr}x^{qr}\ ,\ a_{r-1} \le x \le a_r \end{aligned} \tag{2.58}$$

일 때, $q_i = n$, $i = 1,2, \cdots\cdots, r$ 이고 전 구간 $a \le x \le b$에서 η가 연속함수이며, x에 대한 η의 미분항이 모두 연속함수인 B-스플라인 함수를 이용하여 선형방정식 즉 체계를 형성

함으로써 스플라인 보간법을 적용할 수 있다.

B-스플라인은 아래와 같을 때 연속성을 가지며 발생한다.

① 표고(제0차 연속성) : 표면은 벼랑을 가지고 있지 않다.

② 사면(제1차 연속성) : 사면은 급격히 변화하지 않으며, 등고선에서는 아무런 얽힘(kink)이 없다.

③ 곡률(제2차 연속성) : 최소 곡률을 가지게 된다.

결과자료 구조는 격자 방안방식에서의 점이다. 여기서 주의할 점은 최댓값과 최솟값이 자료점에서 반드시 일어나는 것은 아니다. B-스플라인은 국소적 보간이며, 엄밀보간이 될 수 있으며 또한 완화 표면에 사용될 수 있다. 그리고 계산량은 적절하다. 또한, B-스플라인은 완화표면에 가장 적절하며, 눈에 띄는 변화를 보이는 표면에 대해서는 적용이 잘 안 되며, 이것은 스플라인에서 큰 진동을 일으킬 수 있기 때문이다.

B-스플라인은 일반 표면 보간패키지에서 많이 사용되지만, GIS에서는 잘 사용되는 편은 아니며, TIN 모형을 통하여 작도되는 완만한 등고선에 의해서 근사화된다.

B-스플라인은 최소 허용범위(gain tolerance)에 기초한 선택된 선을 완화하거나 일반화시키는 데 사용된다. 이것은 들쭉날쭉한 호의 형상을 완만하게 하는 데 유용하다. 만약 최소 허용 범위가 선택된 호에서 꼭짓점 사이에 위치시키는 것보다 더 크다면 Spline은 호를 표현하는데 사용되는 꼭짓점의 수를 감소시킬 수 있다.

2. 크리깅(Kriging)

크리깅은 Theory of regional variables의 저자 Georges Matheron과 D.G. Krige에 의해 개발되었으며, 광산업에서 사용하기 위한 최적의 보간법으로 개발되었다.

크리깅 보간법의 기초는 점들 사이의 분산이 공간에 걸쳐 변화하는 비이다. 이것은 점에서의 값 사이의 평균차(average difference)가 점 사이의 거리에 따라 어떻게 변화하는가를 보여주는 분산도(variogram)로 표현된다.

크리깅 보간법은 연구대상인 토양특성의 공간적 변이가 추계학적 표면에 의해서 모형화될 수 있다고 가정한다. 추계학적 표면으로 변화하는 특성은 영역화된 변수(regionalized variables)라 불리며, 이러한 영역화된 변수는 본질적인 가정을 만족시킨다.

영역화된 변수이론에 의하면 임의변수의 공간적 변이는 세 가지 주요한 요소의 합으로 표현될 수 있다. 세 가지 주요한 요소는 일정한 평균값 또는 다항식 경향과 관계되는 구조적 요소, 공간적으로 상관되는 무작위 요소, 공간적으로 상관되지 않는 잔차이다. 1, 2또는 3차원에서의 위치를 x라 하면, x에서 공간적 변수 Z_i는 다음 식에 의해서 구할 수 있다.

$$Z_i(x) = m(x) + \epsilon'(x) + \epsilon'' \tag{2.59}$$

여기서, $m(x)$는 x에서 Z_i이 구조적 요소를 표현하는 결정론적 함수이다. $\epsilon'(x)$는 $m(x)$로부터 국소적으로 변화하는 공간종속 잔차(spatially dependent residuals)를 추계학적으로 표현하는 항이며, 0의 평균과 분산 σ^2을 가지는 공간독립 노이즈(spatially independent noise)항인 ϵ''은 잔차를 나타낸다. 문제를 단순화하기 위해서, 여기서는 $m(x)$가 일정하다고 가정하면, 공간에 걸쳐 무작위 함수 $\epsilon'(x)$의 변이는 h의 표본분리(sample separation)에 대해서 아래 식 (2.60)와 같이 주어지는 반분산에 의해 요약된다.

$$\gamma(h) = 1/2E[Z_{x+h} - Z_x] \tag{2.60}$$

일차원적 횡단(transect)에 대해서, 래그 h의 반분산은 아래 식 (2.61)에 의해서 관측된다.

$$\gamma(h) = \frac{1}{2(n-h)} \sum_{i=1}^{n-h} [Z_{\epsilon+h} - Z_\epsilon]^2 \tag{2.61}$$

여기서, h는 표본위치 Z_i, Z_{i-h}의 $(n-h)$쌍 사이의 거리이다. 함수는 2차원 또는 3차원에 존재하는 표본위치에 대한 비등방성을 결정하는 것에 대해서 추정될 수 있다. $\gamma(h)$를 h로 변환하는 도표를 실험적 분산도(variogram)라 한다. 반분산(semi variance) 특성값이 표면견본위치 지정에 따라 변화하는 방식을 표현하기 위해서, 경험적 분산도를 이용하여 다양한 이론적 모형(구형, 선형, 지수형, 가우스형, 베셀 함수형, Wijssian형)에 적용시킬 수 있다.

1) 분산도의 작성법

① 크리깅을 위한 입력자료는 일반적으로 점들이 불규칙적으로 공간상에 배열된 점들의 표본이다.

② 분산도를 계산하기 위해서는 변이가 거리에 따라 어떻세 증가하는가를 결정할 필요가 있다.

③ 거리의 범의를 불연속적인 간격의 집합으로 나눔으로써 계산할 수 있다. 예를 들어 대상영역에서 거리 0과 최대거리 사이를 10개의 간격으로 나누어 계산할 수 있다.

④ 점의 모든 쌍에 대해서 Z값에서 거리와 제곱의 차를 계산한다.

⑤ 거리범위의 하나에 대한 각 쌍을 지정하고, 각 범위에서 총 변이를 합한다.

⑥ 모든 쌍 또는 큰 자료집합에서 쌍의 견본이 사용된 후에 각 거리범위에서 평균변이를 계산한다.

⑦ 각 범위의 중점 거리에서 이 값을 도시한다.

2) 추정값의 계산

(1) 도화를 위해서 표본을 최적화시키는 분산도의 사용

분산도가 알려졌다면 도화단위 내의 점에서 특성의 값은 그 점의 근린에 위치한 도화단위의 점에서 예측될 수 있다. 예측의 오차는 분산도, 자료점의 수와 형식과 예측이 되는 구획의 크기에만 의존한다. 분산도는 전통모형과 비교되는 주어진 예측오차에 대해서 평균값 위치-특이점, 또는 구획을 예측하는 데 필요한 표본의 수를 감소시킨다.

(2) 점 예측 보간에 대한 분산도의 사용

점 X_i에서 Z값의 관측값을 이용하여 표본화되지 않은 임의의 점 X_0에서의 특성 Z의 값을 예측하는 데 필요한 경중률 λ_i를 결정하는 데 조정된 분산도를 사용한다. 예측값은 선형적으로 경중률이 주어진 합으로 표현된다.

$$Z(x_0) = \sum_{i=1}^{n} \lambda_i Z(x_i) \tag{2.62}$$

여기서, $\sum_{i=1}^{n} \lambda_i = 1$이다.

경중률 λ_i는 예측값, $Z(x_0)$가 편의를 가지지 않도록 선택되며, 예측분산값 σ_e^2은 다른 관측값의 선형조합에 대한 분산값보다는 훨씬 작게 된다.

$Z(x_0)$의 최소 분산값은 식 (2.63)와 식 (2.64)일 때 얻어진다.

$$\sum_{i=1}^{n} \lambda \cdot j \cdot \gamma(x_i,\ x_j) + \phi = \gamma(x_i,\ x_0) \tag{2.63}$$

모든 i값에 대해서

$$\sigma_e^2 = \sum_{j=1}^{n} \lambda \cdot j \cdot \gamma(x_j,\ x_0) + \phi \tag{2.64}$$

$\gamma(x_i,\ x_j)$의 크기는 표본점 x_i와 x_j 사이의 Z값에 대한 반분산값이며, $\gamma(x_i,\ x_j)$는 표본점 x_i,와 표본화되지 않은 x_0사이의 반분산값이며, 이 양들은 모두 조정된 분산도로부터 얻어진다. ϕ의 크기는 최소화를 요구하는 라그랑제 승수(multiplier)이다.

(3) 구획 예측을 위한 보간에 대한 분산도의 이용

식 (2.65)과 식 (2.66)은 특성에 대한 예측과 원래의 표본화 지역과 같은 크기를 가지는 토양면적 또는 토양 체적에 대한 표본화되지 않은 위치에서 예측 분산값을 제공한다. 실험적 도화 또는 원격탐측된 영상소나 격자형 지형공간정보체계에서 동등한 격자 셀(cell)에 의해서 지배되는 면적과 같이 실제적으로 표본화되는 단위보다 큰 면적에 대한 국소적 평균값을 예측하는데 필요한 조건은 다음과 같다. 이것은 블록 B에 걸쳐 Z의 평균값을 예측하는 크리깅 식을 수정함으로써 얻을 수 있으며, 아래 식 (2.65)에 의해서 주어지며,

$$Z(x_B) = \int_B \frac{Z(x)d(x)}{\text{area}B} \tag{2.65}$$

식 (2.65)은 아래의 식에 의해서 얻어진다.

$$Z(x_B) = \sum_{i=1} n\lambda_i Z(x_i) \tag{2.66}$$

여기서, $\sum_{i=1}^{n} \lambda_i = 1$이라면, 경중률은 자료점과 블록에서의 모든 점 사이의 평균 반분산을 이용하여 계산될 수 있다. 최소 분산값은

$$\sigma_B^2 = \sum_{j=1}^{n} \lambda_j \cdot \gamma(x_j,\ x_B) + \phi_B - \gamma(x_i,\ x_B) \tag{2.67}$$

이며,

$$\text{모든 } i\text{값에 대해서 } \sum_{j=1}^{n} \lambda_j \cdot \gamma(x_j,\ x_B) + \phi_B = \gamma(x_i,\ x_B) \tag{2.68}$$

3) 토양학에서 크리깅보간법의 확장

(1) 적절한 공간 영역의 선택

토양과학에서 크리깅을 사용하기 위한 첫 번째 시도는 기존 도화의 결과를 가지고 보간 결과를 비교하는 것이다. 크리깅은 평균과 표준편차에 의해서 특징화되는 동질의 단위로서 토양다각형의 집합인 각 도화단위를 처리함으로써 얻어지는 값보다 정확한 값을 가지는 것은 아니다. 보간은 토양의 종류와 처리과정에 크게 의존한다. 결과적으로 토양 단면도를 선택하기 전에 토양 단위로 경관단위를 나누는 것이 보간을 하기 위한 현명한 방법일 것이다([부그림 2.24]참조). 토양 도화단위가 다중 빈도를 가지고 있을 때, 빈도에서 주어진 자연 특성은 분산도에 의해서 표현된다. 분산도가 자연특성을 나타내는 특징을 가진다면, 분산도의 각 중요특성에 대한 매개 변수는 각 토양 다각형에 연결되는 표를 이용하여 새로운 특성으로 저장되게 된다.

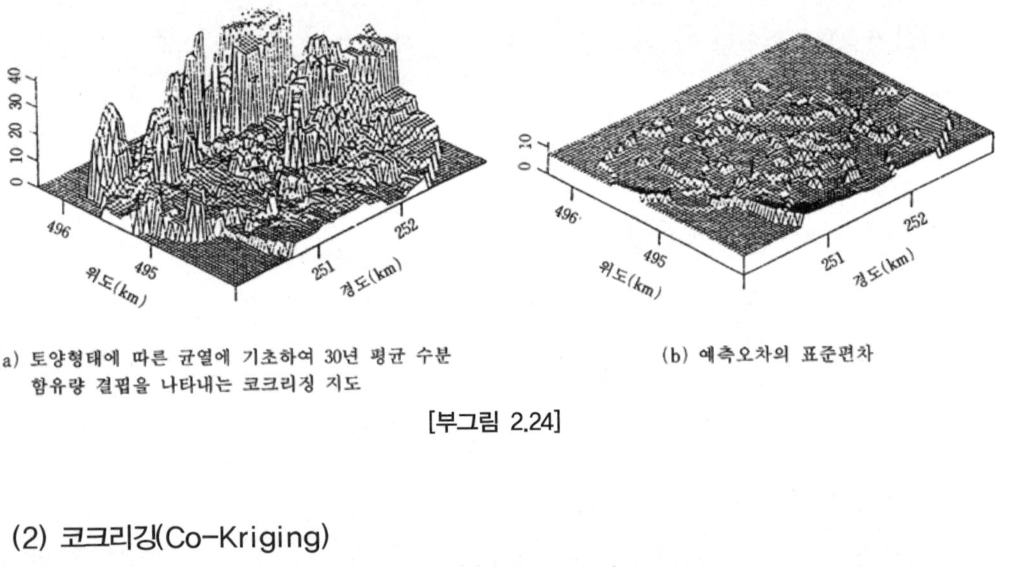

(a) 토양형태에 따른 균열에 기초하여 30년 평균 수분 함유량 결핍을 나타내는 코크리징 지도

(b) 예측오차의 표준편차

[부그림 2.24]

(2) 코크리깅(Co-Kriging)

관측하는 데 용이하며 비용이 적게 드는 특성값을 흔히 자료로 사용한다. 그러나 위의 자료의 신뢰성을 증명하기 위해서는 관측이 어렵고 비용이 많이 드는 자료와 비교하여야 하지만, 이러한 자료는 이용하기에 충분할 만큼 많지 않다는 단점을 가지고 있다. 관측비용이 비싼 특성에 대한 충분한 자료가 있다면, 네 가지 접근방법을 이용하여 결과값을 추정하고 도화할 수 있다. 이 네 가지 접근 방법으로는 관측비용이 저렴한 특성과 관측비용

이 비싼 토양특성 사이의 실험적 관계로 표현되는 전이모형(transfer models), 회귀식, 수치적 모형 그리고 코크리깅 방법을 들 수 있다. 코크리깅 방법은 두 개 이상의 특성과 특성의 연결 공간변이(joint spatial variation)를 이용하여 보간을 유도하는 데 사용된다. 코크리깅 방법은 특성과 코크리깅 연결공분산도(co-variogram)에 대한 분산도를 산정하는데 사용된다.

(3) 분리적 크리깅(disjunctive kriging)

토양측량과 환경영향평가에서는 실제값이 기지인 확률로 주어지는 결과를 초과하는지 아는 것만으로 충분하다. 분리적 크리깅의 사용은 표본 위치에서의 점자료, 특성의 한계 수준에 대한 지식, 그리고 특성상태의 확률분포를 요구한다. 분리적 크리깅은 자료가 특이하게 분포하는 상황에서 매우 중요하다.

(4) 분산도의 적용

분산도가 완성되면, 거리 경중률을 계산하는 데 분산도를 사용할 수 있다. 보간값은 경중률이 보간된 값과 기지값 사이의 거리에 의존하는 기지값의 몇 가지 수에 대한 경중률값의 합이다.

경중률은 추정값이 변이를 가지지 않도록 하기 위해서 선택된다. 경중률을 반복적으로 적용하면 평균에 대한 정확한 크리깅 값을 얻게 된다. 또한 추정값이 최소의 변이를 가지기 위해서 경중률을 선택한다.

(5) 이러한 방법이 가지는 문제점

자료점의 수가 클 때는 크리깅 계산량이 매우 크게 되며, 변이의 통계학적인 특성에 대해서 몇 가지 미비한 가정이 존재하므로 어떠한 방법을 적용해도 분산도를 추정하는 것이 쉽지 않게 된다.

단순 크리깅 방법은 Surface Ⅱ 패키지(Kansas Geological Survey), Surfer(Golden Software),그리고 US 환경보호청(US Environmental Protection Agency)에 의해 개발된 PC용 GEOEAS 패키지에서 이용 가능하다.

4) 수작업을 통한 보간법(manual interpolation or eyeballing)

수작업을 통한 보간법은 전통적으로 지질학자와 지도 제작자 사이에서 크게 평가받지 못했다. 그러나 수작업을 통한 보간법과 공학기술을 통합하여 보간을 위한 전문가체계를 만들기 위한 연구가 진행되어 왔으며, 전문가체계는 다음과 같은 특징을 포함한다.

① 다른 방법과 마찬가지로 국소적 보간은 지도의 다른 부분에서 전문가에 의해서 사용될 수 있는 처리과정을 가진다.

② 수작업을 통한 보간법은 자료점이 포함하고 있는 경향을 보여 준다.

③ 수작업을 통한 보간법을 사용하면 단층과 같은 급격한 변화를 보다 쉽게 모형화할 수 있다.

[부그림 2.25 (a)]에 나타난 조절점의 분포를 이용하여 등고선을 그려 보자. 등고선을 그리는 가장 쉬운 방법은 자료가 가지는 값의 분포 중에서 중간값을 택하여 등고선을 그린 다음, 이 등고선을 이용하여 상위값의 등고선과 하위값의 등고선을 순차적으로 그리는 것이다. 등고선을 그리는 데 있어서 도면화되는 표면은 등고선에서 가장 중요한 고려사항이 되는 표고값을 가진다는 사실을 알고 있어야 한다.

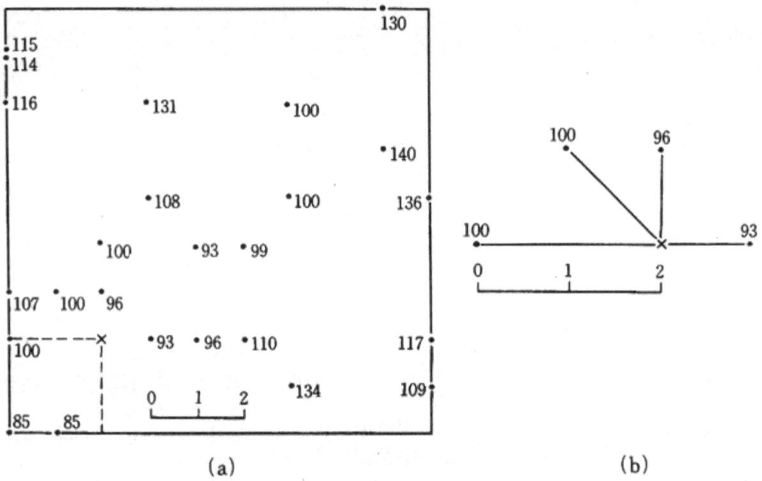

[부그림 2.25] 객관적 보간방법

그러나 육안을 이용하는 보간법은 많은 문제점을 가지고 있다.

첫째로, 이 방법은 객관적이지 못하다. 많은 사람들이 같은 자료를 가지고 등고선을 그리게 되지만, 각 개인들은 다른 기술, 경험과 선입관에 따라서 다른 지도를 만들게 된다.

둘째로, 우리의 눈은 표현양식을 찾는 것에만 훈련받아 왔기 때문에, 무작위로 선택된 자료에서 등고선과 같은 표현양식을 만드는 것은 오차를 포함할 가능성을 가지고 있다.

셋째로, 등고선의 정확도는 많은 수의 상호연관된 요소에 의해서 조절되며, 도면화되는 면적에 대해서는 항상 일정한 값을 가지지는 않는다. 등고선 정확도는 조절점의 수와 분포, 선택된 간격과 표면 자체의 알려지지 않은 특성에 의존한다. 넓은 면적을 다루는 소축척 지도에서 등고선을 일반화하고 완만하게 하는 것이 필요하기 때문에 등고선의 정확도에 영향을 미치는 가장 큰 요인은 지도축척이다.

2.3.4 점에 기초한 보간 – 근사방법

1. 경향표면 해석

지형공간정보체계에서 다루는 표면은 자신의 경향(trend)을 가지고 있으며, 여기서 경향이란 하나의 지도경계에서 다른 경계로 완만하게 움직이는 체계적인 변화를 말한다. 이러한 체계적 경향의 예는 도시 전반에 걸쳐 있는 대기오염의 돔(dome)과 도시 전반에 걸친 인구밀도에서의 돔(dome) 등을 들 수 있다. 따라서 표면은 아래와 같은 식으로 표현될 수 있다.

$$z_i = f(x_i,\ y_i) \tag{2.69}$$

위의 식은 각 위치 $(x_i,\ y_i)$에 표면 높이 (z_i)를 연관시키며 모든 자료점에 이와 같은 방식을 사용하여 평면의 점에 표면 높이를 연관시키게 된다. 여기에서 위의 식 (2.69)과 같은 표현은 특별화 되지 않은 임의의 함수 f로 표현되기 때문에 모호하게 보인다. 경향표면을 나타내는 함수는 식 (2.69)과 같이 표현되며, 이 함수식은 최소제곱 회귀법(least-squares regression)을 이용하여 정밀한 수학적 공식으로 표현된다. 임의의 단순 함수는 실제로 존재하는 표면이 간단하다 하더라도 관측오차가 자료에 포함되기 때문에 관측된 자료와 차이가 생기게 된다. 따라서 식 (2.69)을 이용하여 얻은 결과간은 오차를 가지게 되며, 이러한 잔차를 포함시켜야 한다. X와 Y좌표값을 이용하여 경향표면을 단수 함수로 표현하면 식 (2.70)와같이 표현된다.

$$z_i = f(x_i,\ y_i) + e_i \tag{2.70}$$

식 (2.70)는 표면높이=경향+잔차를 나타내며, 여기서 e_i는 i번째 자료점에서의 잔차를 나타낸다. 경향표면 분석에서 가장 중요한 문제는 식의 경향 부분에 대한 함수를 정하는 것이다. 비록 함수를 정하는 것은 많은 임의성을 가지지만, 가장 간단히 표현하면 아래와 같은 경향표면 함수와 같다.

$$z_i = a_0 + a_1 x_i + a_2 y_i + e_i \tag{2.71}$$

수학적으로, 경향은 선형 다항식에 의해서 구해지며, 선형 다항식을 이용하여 얻은 표면은 선형 경향표면이라 한다. 경향 부분에 대한 값을 계산하기 위해서, 점(x_i, y_i)의 위치 및 관측값 z_i뿐만 아니라 계수 a_0, a_1과 a_2의 값을 알아야 한다. 여기서 a_0은 지도 원점, 즉 $x_i = y_i = 0$에서 평면(plane surface)의 높이를 나타내며, 두 번째 계수 a_1은 x방향에서의 표면 기울기를 나타낸다. 그리고 세 번째 계수 a_2는 y방향에서의 기울기를 나타낸다. 위의 계수가 다른 값을 가진다면, 선형 경향표면은 다른 기울기를 가지게 되며, 최소제곱 회귀식을 이용하여 가능한 최소 잔차에 대한 제곱항의 합을 가지게 된다.

이와 같이 결과자료구조는 격자형에서 격자점의 값 또는 임의의 위치에서 값을 추정하기 위해 사용될 수 있는 다항함수이다.

경향표면 분석에 사용되는 함수는 다항함수이며, 이러한 다항함수 중 쿼드랫식(제2차)인 식 (2.72)는 단순한 언덕이나 계곡을 서술하는 데 사용된다.

$$z = a + bx + cy + dx^2 + exy + fy^2 \tag{2.72}$$

일반적으로, 차수 n표면의 임의의 단면은 적어도 최댓값과 최솟값을 대체하는 $n-1$을 가져야 한다. 예를 들어, 정육면체의 표면은 임의의 단면에서 하나의 최댓값과 최솟값을 가진다. 이러한 정육면체에 대한 식은 아래와 같다.

$$z = a + bx + cy + dx^2 + exy + fy^2 + gx^3 + hx^2y + ixy^2 + jy^3 \tag{2.73}$$

경향표면은 표면의 일반적 경향이 각 표본점에서 발견되는 무작위 오차와 독립적이라고 가정하는 전역적 보간이다.

경향표면은 계산하는 실제 세계의 표면을 모형화하고 수식화하여 단순화시킨 것이므로 다음과 같은 문제점을 가지게 된다. 첫째로, 이 모형의 통계학적인 가정은 실제적으로 충족되지 못한다. 둘째, 경계효과(edge effect)가 심각하며, 셋째, 다항모형은 인문 또는 자연현상에 적용할 때 둘러싸인 표면을 만들어 낸다. 그러나 경향표면 분석은 많은 지도제작 패키지에서 이용가능하다.

2. 푸리에 급수

푸리에 급수는 sine과 cosine함수의 급수를 중첩함으로써 표면을 근사화한다. 푸리에 급수는 전역적 보간이며 계산량은 그다지 많지 않다.

결과자료구조는 격자형 또는 임의점에 대한 격자값을 산정하는 데 사용되는 푸리에 급수이다.

푸리에 급수는 바다의 파도와 같은 두드러진 주기성을 보이는 자료집합에 잘 적용된다. 그러나 이 방법은 전산기 패키지에서는 거의 사용되지 않고 있다.

2.3.5 재분류법(resampling)

DTM자료의 자료기반구축에서 임의로 분포된 실측자료점을 이용하여 격자형 자료를 생성하거나, 인공위성 영상의 지상기준점(GCP : Ground Control Point) 자료를 이용하여 영상소를 재배열할 경우에는 최근린보간법, 이중선형보간법(공1차보간법), 3차곡선보간법 등이 널리 이용된다.

1. 최근린 보간법(nearest neighbor method)

출력영상소의 최근린(nearest neighbor)을 결정하기 위해 영상소의 수정좌표 (x_0, y_0)를 역변환행렬을 사용하여 원좌표계로 다시 바꾼다. 재변환된 좌표 (x_r, y_r)는 공일차보간법(bilinear interpolation)과 공3차보간법(cubic convolution)에서도 사용된다. 최근린보간법을 이용하는 경우의 장점은 다음과 같다.

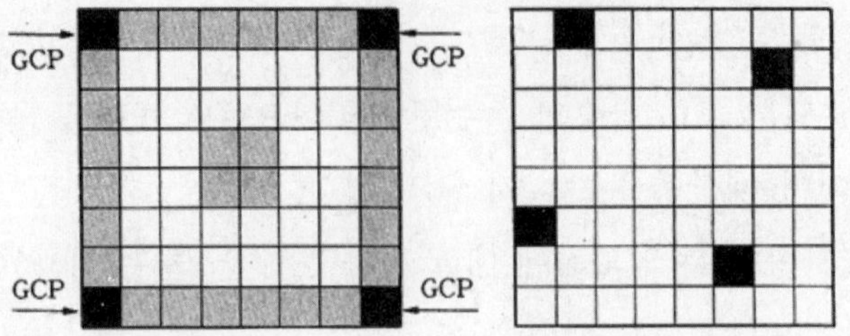

(a) 원 지상기준점을 가진 입력영상

(b) (a)에 나타난 지상기준점을 가진 격자출력

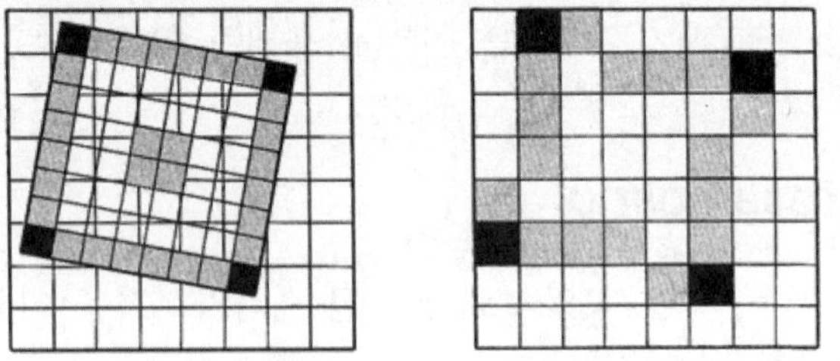

(c) 지상기준점을 맞추기 위해 출력격자영상 위에 입력격자를 중첩하여 두 개의 격자를 비교

(d) 재분류법을 사용하여 입력영상 영상소값이 출력격자의 영상소에 지정

[부그림 2.26] 재분류법

첫째, 재배열의 최근린보간법은 원래의 자료값을 다른 방법들처럼 평균하지 않고 바꾼다. 그러므로 자료값의 최댓값과 최솟값이 손실되지 않는다. 최근린보간법은 세 가지 방법 중 계산하기에 가장 쉽고 가장 빠르다. 둘째로, 최근린 값은 GIS파일에 적당하며, 질적 체계(ordinal) 또는 양적 체계(ratio)에 기초한 자료 파일값을 가질 수 있다

공1차보간법과 공3차보간법에서 행해지는 평균값을 이용하는 방법은 질적 등급체계(class value system)에는 알맞지 않다. 그러나 크기가 작은 격자를 재배열하는 데 최근린보간법을 이용하면 사선과 곡선 주위에 상승계단(stair stepped) 효과가 생긴다는 단점을 가지고 있다.

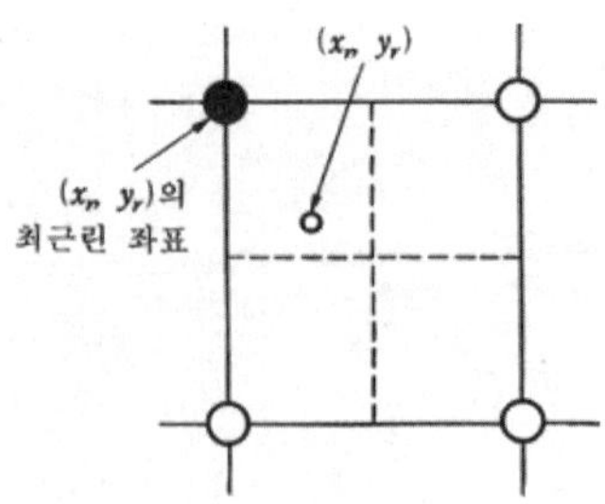

[부그림 2.27] 최근린 보간법

2. 공1차보간법

공1차보간법(二重線形補間法)에서는 편위수정(偏位修正)된 영상소의 자료파일값은 재변환된 좌표위치 (x_r, y_r)와 입력 영상 내의 가장 가까운 4개의 영상소 사이의 거리에 의하여 처리한다. [부그림 2.28]을 참조하면, 근린 영상소는 1, 2, 3, 4로 번호가 붙여졌다. 이 네 개의 자료 파일값이 주어지면, $r(V_r)$의 자료파일값을 계산한다.

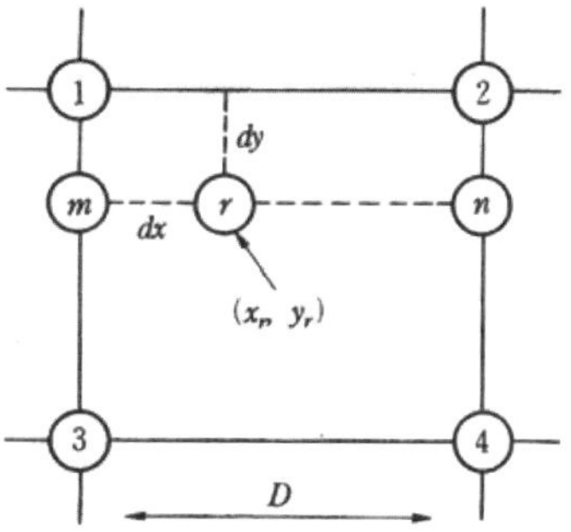

[부그림 2.28] 공1차보간법의 원리

V_r을 계산하기 위하여 우선 V_m과 V_n을 고려한다.

V_m과 V_n을 보간함으로써 선형보간할 수 있는데 이것은 간단한 작업이다. 서로 다른 두 점들 간의 거리그래프에 자료파일값을 정하면 공1차보간을 눈으로 확인할 수 있다. $m(V_m)$의 자료파일값은 영상소 3과 1(즉, $V_3 - V_1$) 사이의 자료파일값의 변화함수이다.

V_1과 V_3으로부터 V_m을 계산하는 식은 (2.74)과 같다.

$$V_m = \left[\frac{V_3 - V_1}{D}\right] \times dy + V_1 \tag{2.74}$$

여기서, Y_i : 영상소 i의 Y좌표

V_i : 영상소 i의 자료파일값

dy : 원 좌표계의 Y_1과 Y_m 사이의 거리

D : 원 좌표계의 Y_1과 Y_3 사이의 거리일 때

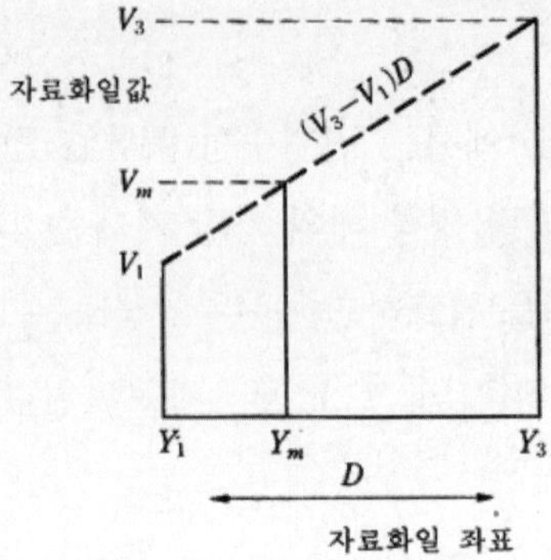

[부그림 2.29] 선형보간법

$\frac{V_3 - V_1}{D}$이 위 그래프의 직선의 기울기이므로, 이 식은 직선의 식 $y = mx + b$로 바꿀 수 있다.

마찬가지로 격자영상소 내의 $n(V_n)$에 대한 자료파일값을 계산하기 위한 식은 식 (2.75)와 같다.

$$V_m = \left[\frac{V_4 - V_2}{D}\right] \times dy + V_2 \tag{2.75}$$

V_m과 V_n으로부터 r[재변환된 좌표위치 $(X_r,\ Y_r)$]의 자료파일값도 같은 방식으로 계산될 수 있다.

$$V_r = \left[\frac{V_n - V_m}{D}\right] \times dx + V_m \tag{2.76}$$

V_r을 구하는 마지막 식에 V_m과 V_n의 식을 대입하면

$$V_r = \frac{\left[\frac{V_4 - V_2}{D} \times dy + V_2\right] - \left[\frac{V_3 - V_1}{D} \times dy + V_1\right]}{D} \times dx + \left[\frac{V_3 - V_1}{D}\right] \times dy + V_1$$

$$= \frac{V_1(D-dx)(D-dy) + V_2(dx)(D-dy) + V_3(D-dx)(dy) + V_4(dx)(dy)}{D^2} \tag{2.77}$$

자료파일 좌표가 원 좌표로 사용되고 자료파일 좌표는 1씩 증가하므로, 대부분의 경우

$D=1$이다.

이중선형보간법의 어떤 식들은 단지 출력 자료파일값만을 나타낸다.

$$V_r = \sum w_i V_i$$

여기서, w_i는 경중률인자(weighting factor)이다.

위 식은 같은 형식으로 표현될 수 있다.

$$V_r = \sum_{i=1}^{4} \frac{(D-\Delta x_i)(D-\Delta y_i)}{D^2} \times V_i \tag{2.78}$$

여기서, Δ_{xi} : $(x_r,\ y_r)$와 영상소 i의 자료파일 좌표 사이의 x방향의 변화량

Δ_{yi} : $(x_r,\ y_r)$와 영상소 i의 자료파일 좌표 사이의 y방향의 변화량

V_i : 영상소 i의 자료파일값

D : 원 좌표계의 영상소들(x방향 또는 y방향)간의 거리

4개의 영상소들 각각에 대하여, 자료파일값은 영상소들이 $(x_r,\ y_r)$에 가까울수록 경중률이 커진다.

이중선형보간법은 첫째, 최근린보간법에서 나타나는 상승계단현상 없이 출력영상이 매끄럽게 나타난다. 둘째, 최근린보간법보다 공간적으로 더욱 정확하다는 장점을 가진다. 그러나 영상소들이 평균되므로 저빈도보간(low-frequency convolution) 효과가 발생한다. 즉, 가장자리는 매끄러우나 몇몇 자료파일의 최고값들이 손실되는 단점을 가진다.

3. 공3차보간법(cubic convolution)

공3차보간법은 다음의 사항들을 빼고는 공1차선형보간법과 흡사하다. 첫째, 출력 자료파일값을 결정하기 위해 4×4배열의 16영상소들을 평균한다. 둘째, 이 16개의 입력값에는 선형함수보다는 3차함수의 근사값들이 적용된다.

재배열된 좌표 $(x_r,\ y_r)$ 내 16개의 영상소들을 확인하기 위해 영상소$(i,\ j)$가 이용된다.

즉

$$i = \text{int}(x_r)$$
$$j = \text{int}(y_r) \tag{2.79}$$

$(x_r,\ y_r)$는 자료파일 좌표 내에 표시된다. 아래 그림과 같이 $(i,\ j)$ 주위의 영상소들은 4×4격자의 입력영상소들을 만든다.

선형함수보다는 3차함수가 16개의 입력영상소에 경중률을 주기 때문에 $(x_r,\ y_r)$로부터 멀리 있는 영상소는 $(x_r,\ y_r)$에 가까운 영상소들보다 경중률이 작다.

공3차보간법식의 몇몇 변형들이 실제대상에서 이용된다. 각각의 식은 출력에 각각 다른 효과를 가져온다. 어떤 공3차보간법들은 이중선형보간법과 같은 저밀도 여과(low frequency filter) 효과보다 더 평균적 이 고 매끄러운 값을 갖는다. 다른 식들은 고밀도 여과(high-frequency filter)처럼 더욱 날카롭게 만든다. 공3차보간법에서는 식 (2.80), 식 (2.81)와 같은 식이 사용된다.

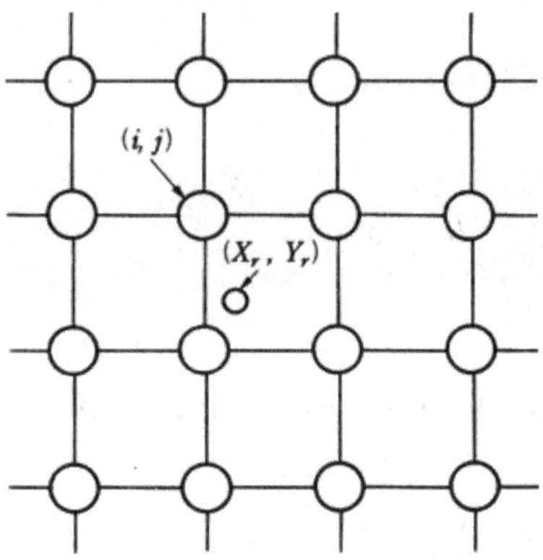

[부그림 2.30] 공3차보간법

$$f(x) = \begin{cases} (a+2)\,|x|^3 - (a+3)\,|x|^2 + 1, & |x| < 1\text{일 때} \\ a\,|x|^3 - 5a\,|x|^2 + 8a\,|x| - 4a, & 1 < |x| < 2\text{일 때} \\ 0, & \text{기타의 경우} \end{cases} \tag{2.80}$$

$$\begin{aligned} V_r = \sum_{n=1}^{4} & V(i-1,\ j+n-2)\times f\{d(i-1,\ j+n-2)+1\} + V\{i,\ j+n-2)\times f\{d(i,\ j+n- \\ & + V(i+1,\ j+n-2)\times f\{d(i+1,\ j+n-2)-1\} \\ & + V(i+2,\ j+n-2)\times f\{d(i+2,\ j+n-2)-2\} \end{aligned} \tag{2.81}$$

0.5라는 a값은 대부분의 경우 원래 자료의 평균과 표준편차에 가까운 출력파장대를 만든다. 공3차보간법은 가장 정확한 재배열이다. 대부분의 경우, 다른 재배열보다 출력영상

소의 평균과 표준편차가 입력 영상소의 평균과 표준편차와 잘 맞으며, 공3차 경중률 효과는 영상을 날카롭게도 매끄럽게도 만들 수 있다는 장점이 있다.

단점으로는 공3차보간 재배열의 보간 효과는 요망되는 결과를 가져오지 못할 수도 있다는 것과 공3차보간법은 가장 계산이 힘든 재배열법이고 그러므로 가장 속도가 느리다는 것이다.

Chapter 0

부록 3. 국제 단위계 및 도량형 환산표

3.1 국제 단위계(SI 단위계)

SI 단위는 1971년 국제도량형 총회의 결의에 따라 7개의 기본단위, 2개의 보조단위, 그리고 이들로부터 유도되는 19개의 조합단위를 요소로 하는 일관성 있는 단위의 집합과 이들 단위에 SI접두어(20개)를 붙여서 구성되는 10의 정수배로 활용된다.

1. 기본단위

관측량	길이	질량	시간	전류	열역학적온도	물량	광도
관측단위	meter	kilogram	second	ampere	kelvin	mol	candela
기호	m	kg	s	A	K	mol	cd

(1) 길이 : 1m=무한히 확산되는 평면전자기파(plane electromagnetic wave)가 1/299, 792, 458초 동안 진공중을 진행하는 길이

(2) 질량 : 국제 kg원기를 기준으로 한다. 1879년에 백금 90%, 이리듐 10%의 합금으로 만들어서 국제도량형국(Berea Internationale des Poids et Measures, BIPM)에서 보관중이다.

(3) 시간 : 원자시 1초=Cs^{133}의 바닥상태에 있는 두 개의 초미세준위 사이의 천이에

대응하는 방사선의 9,192,631,770주기의 지속시간

(4) 전류 : 1A=무시할 정도로 작은 단면적과 무한대의 길이를 가진 두 개의 서로 평행한 직선도체가 진공 중에서 1미터 떨어져 있고 여기에 일정한 전류가 흐를 때 상호작용하는 힘이 1미터마다 2×10^{-7}뉴턴(N)이 될 때의 전류

(5) 열역학적 온도 : 1K=물의 삼중점에서 열역학적 온도의 1/273.16

(6) 물량 : 1mol=C^{12}의0.012킬로그램에 포함되어 있는 원자수만큼 많은 기본 구성체를 포함하는 어떤 체계의 물량

(7) 광도 : 1cd=주파수 540×1012헤르츠의 단색광을 방출하는 광원의 복사체가 매 스케라디안당 1/683 와트일 때의 광도

2. 보조단위

(1) 라디안(평면각의 SI단위)

$$1\text{rad} = \frac{1(\text{호의길이})}{1\text{m}(\text{반경})} = 1\text{m/m}$$

(2) 스테라디안(입체각의 SI단위)

$$1\text{sr} = \frac{1\text{m}^2(\text{구의 일부 표면적})}{1\text{m}^2(\text{구의반경의 제곱})} = 1\text{m}^2/\text{m}^2$$

3. 조합단위

양	명칭	기호	정의
주파수	헤르츠	HZ	s^{-1}
힘	뉴턴	N	$m \cdot kg \cdot s^{-2}$
압력, 응력	파스칼	Pa	N/m^2
에너지, 일량, 열량	줄	J	N · m
공률, 방사속	와트	W	J/s
전기량, 전하	쿨롱	C	A · s
전압, 전위	볼트	V	W/A
정전용량	패럿	F	C/V
전기저항	옴	Ω	V/A
콘덕턴스	지멘스	S	A/V
자속	웨버	쮸	V · s
자속밀도	테슬라	T	$Wb \cdot m^2$
인덕턴스	헨리	H	Wb/A
섭씨온도	섭씨온도	℃	t℃=(t−273.15)K
광속	루멘	lm	cd · sr
조도	룩스	lx	lm/m^2
방사능	베크렐	Bq	s^{-1}
흡수선량	그레이	Gy	j/kg
선량, 당량	시버트	Sv	J/kg

4. 접두어

배수	접두어	기호	배수	접두어	기호
10^{24}	요타(yotta)	Y	10^{-1}	데시(deci)	d
10^{21}	제타(zetta)	Z	10^{-2}	센티(centi)	c
10^{18}	엑사(exa)	E	10^{-3}	밀리(milli)	m
10^{15}	페타(peta)	P	10^{-6}	마이크로(micro)	μ
10^{12}	테라(tera)	T	10^{-9}	나노(nano)	n
10^{9}	기가(giga)	G	10^{-12}	피코(pico)	p
10^{6}	메가(mega)	M	10^{-15}	펨토(femto)	f
10^{3}	킬로(kilo)	k	10^{-18}	아토(atto)	a
10^{2}	헥토(hecto)	h	10^{-21}	젭토(zepto)	z
10^{1}	데카(deca)	da	10^{-24}	욕토(yocto)	y

3.2 도량형 환산표

1. 길이

단위	cm	m	인치	피트	야드	마일	자	간	정	리
1cm	1	0.01	0.3937	0.0328	0.0109	…	0.033	0.0055	0.0009	…
1m	10.0	1	39.37	3.2808	1.0006	0.0006	3.3	0.55	0.00997	0.00025
1인치	2.54	0.0254	1	0.0823	0.0278	…	0.0838	0.0140	0.0002	…
1피트	30.48	0.3048	12	1	0.3333	0.00019	1.0058	0.1676	0.0028	…
1야드	91.438	0.9144	36	3	1	0.0006	3.0175	0.5029	0.0083	0.0002
1마일	160930	1609.3	63360	5280	1760	1	5310.8	885.12	14.752	0.4098
1자(尺)	30.303	0.303	11.93	0.9942	0.3314	0.0002	1	0.1667	0.0028	0.00008
1간(間)	181.818	1.818	71.582	5.965	1.9884	0.0011	6	1	0.0167	0.0005
1정(町)	10909	109.091	4294.9	357.91	119.304	0.0678	360	60	1	0.0278
1리(里)	392727	2927.27	154619	12885	4295	2.4403	12960	2160	36	1

* 1해리(海里, nautical mile)= 1,852m

1길(丈)=10자(尺)=100치

2. 넓이

단위	평방자	평	단보	정보	m2	아르(a)	ft2	yd2	acre
1평방자	1	0.02778	0.00009	0.000009	0.09182	0.00091	0.98841	0.10982	…
1평	36	1	0.00333	0.000033	3.3058	0.03305	35.583	3.9537	0.00081
1단보	1080	300	1	0.1	991.74	9.9174	10674.9	1186.1	0.24506
1정보	10800	3000	10	1	9917.4	99.174	106749	11861	2.4506
$1m^2$	10.89	3025	0.001008	0.0001	1	0.01	10.764	1.1958	0.00024
1a	1089	30.25	0.10083	0.01008	100	1	1076.4	119.58	0.02471
$1ft^2$	1.0117	0.0281	0.00009	0.000009	0.062903	0.000929	1	0.1111	0.000022
$1yd^2$	9.1055	0.25293	0.00084	0.00008	0.83613	0.00836	9	1	0.000207
1acre	44071.2	1224.2	4.0806	0.40806	4046.8	40.468	43560	4840	1

3. 부피

단위	홉	되	말	cm3	m3	리터(l)	in3	ft3	yd3	gal(미)
1홉	1	0.1	0.01	180.39	0.00018	0.18039	11.0041	0.0066	0.00023	0.04765
1되	10	1	0.1	1.8039	0.00180	1803.9	110.041	0.0637	0.00234	0.47656
1말	100	10	1	18039	0.01803	18.039	1100.41	0.63707	0.02359	4.76563
1cm^3	0.00554	0.00055	0.00005	1	0.00001	0.001	0.06102	0.00003	0.00001	0.00026
1m^3	5543.52	554.325	55.4352	1000000	1	1000	611027	35.3165	1.30802	264.186
1l	5.54352	0.55435	0.05543	1000	0.001	1	611.027	0.03531	0.00130	0.26418
1in^3	0.09083	0.00908	0.00091	16.386	0.00001	0.01638	1	0.00057	0.00002	0.00432
1ft^3	156.966	15.6666	1.56966	28316.8	0.02931	28.3169	1728	1	0.03703	7.48051
1yd^3	4238.09	423.809	42.3809	764511	0.76561	764.511	46656	27	1	301.974
1gal	20.9833	2.0983	0.20983	3875.43	0.00378	3.78543	231	0.163368	0.00495	1

4. 무게

단위	g	kg	t	그레인	온스(oz)	파운드(lb)	돈(匁)	근(斤)	관(貫)
1g	1	0.001	0.0000001	15.432	0.03527	0.0022	0.26666	0.00166	0.000265
1kg	1000	1	0.001	15432	35.273	2.20459	266.666	1.6666	0.26666
1t	1000000	1000	1	···	25273	2204.59	266666	1666.6	266.666
1그레인	0.06479	0.00006	···	1	0.00228	0.00014	0.01728	0.00108	0.000017
1온스	28.3459	0.02835	0.000028	437.4	1	0.0625	7.56	0.0473	0.00756
1파운드	453.592	0.45359	0.00045	7000	16	1	120.96	0.756	0.12096
1돈	3.75	0.00375	0.000004	47.872	0.1323	0.00827	1	0.00625	0.001
1근	600	0.6	0.006	9259.556	21.1647	0.32279	160	1	0.16
1관	3750	3.75	0.00375	57872	132.28	8.2672	1000	6.25	1

그리스 문자표

문자		명칭		문자		명칭	
A	α	alpha	(알파)	N	ν	nu	(뉴)
B	β	beta	(베타)	Ξ	ξ	xi	(크싸이[크시])
Γ	γ	gamma	(감마)	O	o	omicron	(오미크론)
Δ	δ	delta	(델타)	Π	π	pi	(파이[pail])
E	ϵ	epsilon	(입실론)	P	ρ	rho	(오우)
Z	ζ	zeta	(제타)	Σ	σ	sigma	(시그마)
H	η	eta	(에타)	T	τ	tau	(타우)
Θ	θ	theta	(쎄타)	Υ	υ	upsilon	(윱실론)
I	ι	iota	(아이오타)	Φ	ϕ	phi	(피, 파이[fai])
K	κ	kappa	(카파)	X	χ	chi	(카이)
Λ	λ	lambda	(람다)	Ψ	ψ	psi	(사이)
M	μ	mu	(뮤우)	Ω	ω	omega	(오메가)

참고문헌

(1) 유복모, 「측량학원론(Ⅰ)」 개정판 박영사, 1995
(2) 유복모, 「측량학원론(Ⅱ)」 제3판 박영사, 2004
(3) 유복모, 「경관공학」 3판 동명사, 2003
(4) YEU, Bock-Mo, Toni SCHENK, 「Modern Digital imagematics」 Prentice Hall, 2002
(5) 유복모, 「측지학」 최신토목공학강좌⑥ 제3회 배본 동명사, 1992
(6) 유복모, 「측량공학」 제6판 박영사, 2006
(7) 유복모 · 유연, 「측량학 개관」 2판 박영사, 2013
(8) 유복모 · 유연, 「영상탐측학개관」 동명사, 2012
(9) 유복모, 「지형공간정보학」 개정3판 동명사, 2008
(10) 유복모, 「건조물측량」 대가, 2007
(11) 유복모 · 유연, 「지공탐측학개관」 박영사, 2013
(12) 국토해양부, 제4차 국가공간정보정책기본계획(2010~2015). 2010.3
(13) 국토해양부, 제3차 국가 GIS 사업백서, 2010.12
(14) 대한토목학회, 「최근10년 한국토목사」, 2010.
(15) 김수경, 「컴퓨터 그래픽」, 디자인신문사 출판국, 1992.
(16) 김용운, 「위상의 기하학」, 동아출판사, 1992.
(17) 김우철, 「현대통계학」, 영지출판사, 1989.
(18) 방석현, 「行政情報體系論」, 법문사, 1989.
(19) 삼성데이터 시스템, 「정보경제 2월호」, 삼성데이터 시스템, 1993.
(20) 서만석, 「우주의 기하학」, 동아출판사, 1991.
(21) 이상범, 이계영, 「전산학 개론」, 정익사, 1992.
(22) 국토개발연구원, 「국토정보지」, 국토개발연구원, 1992.
(23) 국토와 건설, 「서베이 하이테크 50선」 ①~⑪, 국토와 건설, 1992~1993.
(24) 道路環境研究所, 「道路京觀整備 マニュアル(案)」, 大成出版社, 1990.
(25) 都市夜間景觀研究會, 「都市の夜間景觀の演出」, 大成出版社, 1990.
(26) 東京大學 土木工學科 測量研究室, 「都市 · 地域計劃における地理情報 システーム(GIS)の利用に關す ワークショップ」, 日本測量協會, 1992.
(27) 星仰, 「地形情報處理學」, 森北出版社, 1991.
(28) 日本土木學會, 「港の景觀設計」, 技寡堂出版社, 1991.
(29) ACSM 외, ***GIS/LIS' Proceedings*** Volume 1, ACSM 외, 1991.
(30) ACSM 외, ***GIS/LIS' Proceedings*** Volume 2, ACSM 외, 1989.
(31) Bernd Jahne, ***Digital Image Processing***, Springer-Verlag Berlin Heidelberg, 1991.
(32) Gunter Seeber, Satellite Gedesy, 1993.
(33) Hanan Samet, ***Application of Spatial Data Stucture***, Addison-Wesley, 1989.
(34) Michael Goodchild, ***Accuracy of spatial database***, Taylor & Francis, 1989.
(35) Micheal Heit & Art Shortreid, ***GIS Applications in Natural Resources***, GIS World Inc., 1990.
(36) Otto Kolbl, ***Photogrammetry And Land Information Systems***, Presses Poly-Techniques Romandes, 1992.
(37) Thomas M. Lillesand, ***Remote Sinsing And Image Interpretation***, WILEY, 1987.
(38) Willam E. Huxhold, ***An Introduction to Urban Geographic Information Systems***, oxford University Press, 1991.

Chapter 0

찾아보기

(ㄱ)

(ㄴ)

(ㄷ)

(ㄹ)

(ㅁ)

(ㅂ)

(ㅅ)

(ㅇ)

(ㅍ)

(ㅎ)

영 문

(A)

(B)

(X)

(Y)

기 타

공저자 약력

◈ 유복모(柳福模 : Yeu, Bock-Mo)

주요약력

서울대학교 공과대학 토목공학과 학사 졸
네덜란드 ITC에서 사진측량학 수학
1975년 6월 19일 일본, 동경대학에서 공학박사 학위수여
연세대학교 공과대학 토목공학과 교수역임(1976.3~2001.2)
서울대학교 공과대학 토목공학과, 환경대학원 강사역임(1978~1980, 1980~1984, 1986~1992)
1982년 토목분야 측량 및 지형공간정보기술사 취득
IUGG의 IAG 한국분과위원장 역임(1987~1993)
한국지형공간정보학회 회장 역임(1993~1997)
한국전통조경학회 회장 역임(1995~1996)
대한토목학회 회장 역임(1997~1998)
한국측량학회 회장 역임(1998~2000)
서울시 문화상 수상(1999. 10. 28 건설 부문)
홍조근정훈장수여(2000. 3. 30 제5609호)
현 재단법인 석곡관측과학기술연구원 이사장
연세대학교 명예교수(2001. 2~현재)
미국, 사진측량 및 원격탐측학회 명예회원
[Emeritus Member of ASPRS(American Society of Photogrammetry & Remote Sensing)](2004. 1~현재)

주요저서

측량공학(박영사 간), 1977초판, 2006 6판, 912쪽
사진측량학개론(희중당 간), 1997초판, (사이택미디어 간), 2005 3판, 432쪽
도시계획(문교부 간), 1979초판, 228쪽
측량학원론(I)(박영사 간), 1984초판, 1995개정판, 692쪽
측량학원론(II)(박영사 간), 1989초판, 2004 3판, 864쪽
사진측량학(문운당 간), 1991초판, 2007 5판, 512쪽
측지학(동명사 간), 1992초판, 2000년 5판, 394쪽
원격탐측(개문사 간), 1992초판, 260쪽
지형공간정보학(동명사 간), 1994초판, 2001 3판, 492쪽
경관공학(동명사 간), 1996초판, 2003 3판, 306쪽

현대 디지털 사진측량학(Toni F. Schenk 공저, 피어슨 에듀케이션 코리아 간), 2003초판, 434쪽
건조물측량학(대가 간), 2007초판, 270쪽
지형공간정보학개관, 유연 공저(동명사 간), 2011초판, 2014 개정판, 600쪽
영상탐측학개관, 유연 공저(동명사 간), 2012초판, 558쪽
측량학개관, 유연 공저(박영사 간), 2012초판, 2013 2판, 968쪽
기본측량학개관, 유연 공저(동명사 간), 2013초판, 684쪽
지공탐측학개관, 유연 공저(박영사 간), 2013초판, 932쪽
알어야 할 지공 지혜로운 개선(地空改善), 유연 공저(문운당 간), 2014초판, 440쪽
외 3권 출간

◈ 유 연(柳 然 : Yeu, Yeon)

주요약력
서울대학교 공과대학 토목공학과 학사 졸
2011년 6월 12일 미국 OSU(The Ohio State University)에서 Geodetic Science 전공으로 공학석사 및 공학박사 학위수여
현 재단법인 석곡관측과학기술연구원 선임연구위원

주요저서
지형공간정보학개관, 유복모 공저(동명사 간), 2011초판, 2014 개정판, 600쪽
영상탐측학개관, 유복모 공저(동명사 간), 2012초판, 558쪽
측량학개관, 유복모 공저(박영사 간), 2012초판, 2013 2판, 968쪽
기본측량학개관, 유복모 공저(동명사 간), 2013초판, 684쪽
지공탐측학개관, 유복모 공저(박영사 간), 2013초판, 932쪽
알어야 할 지공 지혜로운 개선(地空改善), 유복모 공저(문운당 간), 2014초판, 440쪽

지형공간정보학개관(제2판)

초 판 발행 2011년 10월 25일
제 2 판 발행 2014년 3월 3일

지은이 유복모 · 유 연
펴낸이 최국주
펴낸곳 동명사
출판등록 1950년 11월 1일(제1-76호)
주소 (우 413-756) 경기도 파주시 회동길 50(문발동)
전화 031-955-7200(대표)~2, 7203(편집부), 7204(물류)
팩스 031-955-7205
전자우편 webmaster@dmsbook.com
홈페이지 www.dmsbook.com

ISBN 978-89-411-8130-9
값 32,000원

東明社